微生物电化学原理与应用

冯玉杰　任南琪　李　达　何伟华 等　著

科学出版社
北　京

内 容 简 介

本书全面介绍了微生物电化学相关理论与技术，综合论述了微生物电化学技术在环境科学与工程领域的研究进展，系统总结了哈尔滨工业大学研究团队在该领域近20年的研究成果。全书分为生物学原理与机制、电化学界面、功能拓展、系统构建四部分，共12章。全书从电能生物膜构建、功能材料与界面反应过程、微生物电化学系统中污染物转化及能源化、水处理微生物电化学系统设计与放大、土壤修复系统设计与效能评估等方面使读者深入了解微生物电化学理论与技术。

本书可供从事水处理科学与技术的研究人员、高等学校师生、企业技术工作者及其他相关人员阅读和参考。

图书在版编目（CIP）数据

微生物电化学原理与应用／冯玉杰等著. —北京：科学出版社，2022.7
ISBN 978-7-03-072654-4

Ⅰ.①微… Ⅱ.①冯… Ⅲ.①微生物-生物电化学-研究 Ⅳ.①O646

中国版本图书馆CIP数据核字（2022）第114092号

责任编辑：朱 丽 董 墨／责任校对：何艳萍
责任印制：吴兆东／封面设计：无极设计

科学出版社出版
北京东黄城根北街16号
邮政编码：100717
http:// www.sciencep.com
北京建宏印刷有限公司印刷
科学出版社发行 各地新华书店经销
*
2022年7月第 一 版 开本：787×1092 1/16
2023年11月第三次印刷 印张：30
字数：671 000

定价：258.00元

（如有印装质量问题，我社负责调换）

序

微生物电化学现象的发现可追溯至1911年，英国科学家波特（Potter）证明微生物代谢有机物产生电能；1962年，戴维斯（Davis）和亚伯勒（Yarbrough）在《科学》杂志发文提出了微生物燃料电池（microbial fuel cell，MFC）的概念；2002年，韩国金炳弘（Kim Byung Hong）教授研发无介质微生物燃料电池，为该技术的广泛应用奠定基础；2004年宾夕法尼亚州立大学洛根（Bruce E. Logan）教授建立单隔室微生物燃料电池污水处理与原位电能回收方法。此后十余年中，水处理微生物电化学系统的相关研究呈爆发式增长，并在胞外电子传递机制、关键材料开发及功能拓展等方面取得长足进步。除最早的微生物燃料电池构型外，面向厌氧电解产氢、高值化学品电合成、海水淡化脱盐等不同功能的微生物电化学系统也相继问世，除污水处理外更衍生出面向水体修复、土壤修复等场景的环境治理技术。

微生物电化学作用是指微生物在和胞外电子受体或供体进行电子交换过程中所表现出的电化学现象，其核心是微生物胞外电子传递。微生物电化学作用在自然界普遍存在，是其应用于水处理工艺的自然基础。微生物电化学水处理技术依其电极总反应是否自发，可分为原电池型和电解池型两类系统，也即一般所述的微生物燃料电池和微生物电解池。微生物电化学水处理过程具有污水化学能原位利用和碳氮磷协同资源化的协同特征，亦表现出污染物转化效率高、剩余污泥产率低和电化学参数易调控的技术潜势，有望发展为未来污水低碳治理的优选路径。随着微生物胞外电子传递过程机制研究的逐渐深入，具有实际应用价值的微生物电化学水处理技术不断创新跨越。近年来，我国学者在此方向上的研究成果渐显优势，技术应用也不断推陈出新。

冯玉杰教授是国内最早开展微生物电化学水处理技术研究的学者之一，在基础理论与应用范式上均有建树。应对减污与降碳协同对污水处理工艺提出的新挑战，微生物电化学技术研究也将进入从理论到实践的新阶段，系统总结和提炼现有理论与技术成果，对该技术的深入研究和应用颇具意义。基于这种考虑，本书作者将他们在微生物电化学水处理方面十余年的研究积累和经验总结编撰成书，从微生物电化学原理与机制，阳极材料、阴极材料和生物阴极，分别阐述了微生物电化学系统的关键结构及功能材料，在此基础上详细论述了电化学水处理过程对污染物强化转化、脱盐和资源能源回收的主要功能，并对该系统的放大准则、关键技术及在环境领域应用的最新进展进行了重点介绍。

本书作为一本具有学科交叉典型特性的专门著作，对环境工程及相关领域的读者有研学借鉴之价值，对人们了解微生物电化学水处理技术的研究前沿和应用进展亦有裨益。我们期待它出版。

中国工程院院士　曲久辉

2022年1月15日

前　言

微生物学（microbiology）是生物学的重要基础分支学科之一。它着眼于在分子、亚细胞、细胞和群体水平上研究各类微小生物的形态结构、生长规律、代谢特征、遗传变异、生态分布和分类进化等生命活动基本规律。微生物的生命活动之中最重要的过程莫过于营养物质和能量的获取，而一切物质和能量代谢又以氧化还原为基础。在典型的微生物代谢分类中，无论微生物所获得的能量最初来源于电磁辐射能（光能营养型）或物质的化学反应（化能营养型），氧化还原都是其中的核心过程。在微生物获得能量的过程中，根据最终电子受体不同，划分为发酵作用、无氧呼吸和好氧呼吸 3 种形式。本书所述的“微生物电化学”可以定义为“微生物在与胞外的电子受体或供体进行电子传递过程中所表现出的电化学现象”抑或“以电化学的基本原理和实验方法研究微生物与胞外的电子受体或供体间进行的电子传递过程”。可以归纳为微生物电化学的核心过程是微生物与胞外的电子受体或供体间进行的电子传递过程，统称为微生物胞外电子传递。

但当我们想要将微生物胞外电子过程归类为微生物的某种能量代谢类型时，结果却不完全清晰。无论光能营养型或化能营养型，或者无氧呼吸和好氧呼吸，都可以经微生物胞外电子传递完成。微生物电化学过程几乎涉及微生物能量代谢的所有类型。微生物的电化学现象最早可追溯到1911年，英国杜伦大学植物学家M. C. Potter发现分别插入大肠杆菌与酵母菌的培养液和无菌培养液的电极之间可以产生电位差。20世纪80年代末，微生物电化学研究的两个重要模式菌属以及细菌异化金属还原现象就已由美国Derek Lovley 教授（*Geobacter metallireducens* GS-15，1987 年）和美国 Kenneth Nealson 教授（*Shewanella oneidensis* MR-1，1988年）发现。1999年，韩国Kim Byung Hong（金炳弘）教授在200多株Fe（III）还原菌中更发现80%的菌株都具有可被循环伏安测试探知的电化学活性，证明胞外电子传递微生物在自然界中广泛存在，从而极大扩展了微生物电化学现象的应用潜力。2004年，Bruce E. Logan教授和Liu Hong博士借鉴质子交换膜燃料电池的结构，首次开发单室式空气阴极（air cathode）微生物燃料电池反应器，验证了微生物电化学技术用于污水处理与同步电能回收的可行性。此后十余年间，相关微生物电化学在环境领域的基础及应用研究论文数量大幅增长，基于微生物电化学原理的环境应用逐渐推进，也即本书所涉及的主要内容。

由于微生物电化学现象最早发现于微生物代谢有机底物作为电子供体并将电子传递给

阳极所产生的电压和电流。1962年，Davis和Yarbrough就在*Science*上发文，据此提出了微生物燃料电池（microbial fuel cell, MFC）的概念。在这种原电池类型的微生物电化学系统中，运行基础是阳极结构及微生物向阳极的胞外电子传递过程。因此，本书在第2章中涉及了微生物/电极间的胞外电子传递过程调控及借助此胞外电子传递过程形成的微生物种间协同，并在第3章涉及了利用微生物胞外电子传递过程的阳极材料的构建、优化以及表面修饰。MFC系统的阴极半反应中最常见的过程是氧化还原反应。参考氢燃料电池阴极构造而设计的空气阴极简化了MFC的结构并显著提升了系统效能。然而依赖贵金属铂催化剂和碳布材料的空气阴极成本居高不下，无法直接应用于环境系统。在第4章中，本书论述了低成本含氮碳粉催化剂的开发过程与催化机制，以及辊压法空气阴极的制备、效能与优化。阳极底物所蕴含的化学能是MFC的重要能量来源。潜在阳极底物范围的扩大也意味着微生物电化学系统潜在应用范围的扩展。第6章阐述了多种纯物质、污水、天然生物大分子甚至尿液为底物时MFC系统的运行特征。

事实上，在空气阴极MFC开发并运行验证后仅两年，2006年"生物阴极"的概念也被明确提出。它指的是微生物通过胞外电子传递过程以电极（阴极）作为电子供体并还原氧化性物质的过程。生物阴极微生物甚至被认为相比含贵金属的商品铂炭催化剂有更强的氧还原催化能力。同时，相比于空气阴极，生物阴极在构建成本和运行可持续性等方面的优势使其在环境系统中的应用具有更好的可行性。在本书的第5章涉及了生物阴极的分类以及反硝化和氧还原两大类生物阴极的作用效能与机制。在原电池型微生物电化学系统中，研究者除了利用生物的电极反应外，系统电解质中阴阳离子分别向阳极和阴极定向迁移的特征也被研究者加以利用。结合阴离子交换膜与阳离子交换膜的选择透过性，阴阳离子定向迁移过程会使中间隔室的离子浓度逐渐降低，从而构建为微生物脱盐电池（microbial desalination cell, MDC）。在第7章，本书涉及了微生物脱盐电池的构建、运行优化及功能拓展等内容。

相对于原电池型的微生物电化学系统，即微生物燃料电池，电解池型的微生物电化学系统被称为微生物电解池（microbial electrolysis cells, MEC）。借助于外源能量的补偿，原本无法自发发生的阴阳极反应得以进行，从而使微生物电化学系统的功能得到巨大拓展。在本书的第8章论述了微生物电解产氢、产烷系统的构建与运行特征，并涉及微生物电化学系统的金属/非金属元素回收和二氧化碳固定等内容。基于微生物电化学的污染物去除及同步电能转化能力，其在水处理领域的应用一直广受关注。在本书第9章涉及了微生物电化学与厌氧反应器（折流板厌氧反应器和全混合厌氧反应器）的耦合运行，探索了其与光催化系统的耦合特征，并针对多模块微生物电化学系统能量回收进行了外电路设计。

本书写作的核心，旨在论述微生物电化学技术在环境领域的应用研究进程。微生物电化学系统的首要应用目标是污水处理领域，对系统进行工程放大是必经阶段。在本书的第10章，编者系统论述了微生物电化学系统放大过程中的关键因素以及构型设计特征。受污水环境修复也是微生物电化学系统的潜在应用领域之一。在本书第11章，论述空气/生物阴极微生物电化学水体/沉积物修复系统的构建及运行效能，及水生植物对系统的效能强化作用。受限于土壤介质缓慢的传质过程，土壤修复过程中电子受体的逐渐缺乏是导致土壤修复进程缓慢的重要原因之一。微生物电化学系统可通过电化学过程为土壤有机污染修复提供持续的电子受体（电极）。在本书第12章本书涉及了土壤微生物电化学修复系统的设计构建及其典型土壤有机污染物的去除效能。

本书由冯玉杰主编，具体写作分工如下：第1章由王鑫编写；第2章由张鹏编写；第3章由王鑫、刘佳编写；第4章由王鑫、史昕欣、李达编写；第5章由杜月编写；第6章由王鑫、周向同、曲有鹏编写；第7章由曲有鹏编写；第8章由刘佳、李达编写；第9～10章由何伟华、王海曼编写；第11章由李鹤男编写；第12章由王鑫、李晓晶编写。本书编写过程中还得到李贺、杨俏、董跃的大力支持与帮助。全书由李达、刘国宏统稿，任南琪院士审核定稿。

截至目前，微生物电化学技术在环境领域的工程应用案例仍然不多。本书基于微生物电化学系统，总结并凝练多年研究经验与进展，从关键结构材料、电极反应机理、微生物代谢机制、功能拓展及环境应用等多个维度进行论述，以期在环境领域为微生物电化学技术的研究者在应用基础研究方面提供一定参考。由于编制水平和编写经验有限，如有疏漏与不当之处，恳请有关专家、老师与科学工作者提出宝贵意见，以便再版修订时不断完善！

编　者

2021年12月17日于哈尔滨

目　　录

第 1 章　微生物电化学系统导论

在地球上，微生物的种类和数量超出人们的想象。它们中既有体积较小的病毒、支原体等，又包含细菌、真菌、原生动物和藻类等相对复杂、具有完整细胞结构的个体。它们遍布世界的每个角落，对自然界中物质循环和能量流动发挥重要的作用。据估算，人体携带的微生物细胞数量是人体自身细胞数量的10倍。然而，目前已知的微生物种类仅为其总量的不到百分之一。也就是说，微生物中绝大多数成员都是未知的。随着生物学研究手段不断进步，越来越多的微生物被探索和分离出来。我们惊喜地发现，其中的一些微生物具有独特的功能，而对这些特殊功能微生物的研究一方面能拓展人类对新现象的认知，另一方面为我们创造全新的、具有应用前景的新技术提供了科学基础。

近20年来，一类具有直接胞外电子转移功能的微生物吸引了全世界范围内地球生物学、微生物学、环境工程、化学工程和生态学领域科学家和工程师的广泛关注，其研究曾多次作为热点登上各大媒体。“细菌能发电”，这种说法可能是人们最直接的也是最通俗的解读。这类微生物可以不借助任何外源化学物质或者导电载体直接将电子传递至细胞外，甚至跨越多层细胞最终实现远距离电子传输。在此过程中微生物代谢有机物产生的能量一部分以ATP形式贮存在细胞内，另一部分用于驱动胞外形成微小电流，这是一种在厌氧环境中全新的能量代谢方式。尽管胞外电子传递和远距离电子传输的微生物学机理尚在争论中，但基于这种独特现象的新技术研究已广泛报道，初步展现了广阔的应用前景。通过人工提供阴极氧化剂（如氧气），可实现氧气作为最终电子受体的专性厌氧微生物的好氧呼吸，细胞外可获得的能量随电子受体电位的不断升高而增大。这是一种利用人类已有的电化学知识创造出的新型微生物能量输出系统，我们称其为微生物电化学系统。本章将详细介绍微生物电化学系统的基本原理、发展历程、结构特点和功能以及微生物电化学研究方法。

1.1　微生物电化学系统基本原理

微生物电化学系统（microbial electrochemistry system，MES）是一种以电活性微生物为活体催化剂，将有机物中的化学能直接转化为电能或其他形式能量的电化学装置。图1-1

是典型的氧还原MES示意图。附着生长在阳极表面、具有胞外直接电子传递能力的微生物（exoelectrogenic bacteria）在氧化有机生物质的同时获得电子和质子。电子通过一系列的呼吸酶在细胞内经过一系列传递至醌，而后经一系列不同的细胞色素或导电附属物将电子传递到阳极表面，同时释放质子（图1-2）。在此过程中，细胞以ATP的形式获得生命活动所需的能量。电子通过外电路传递到阴极，同时质子透过分隔介质扩散到阴极室。在阴极表面，电子、质子和氧化剂反应，最终生成稳定的还原产物，从而完成了整个能量转化的电化学过程。

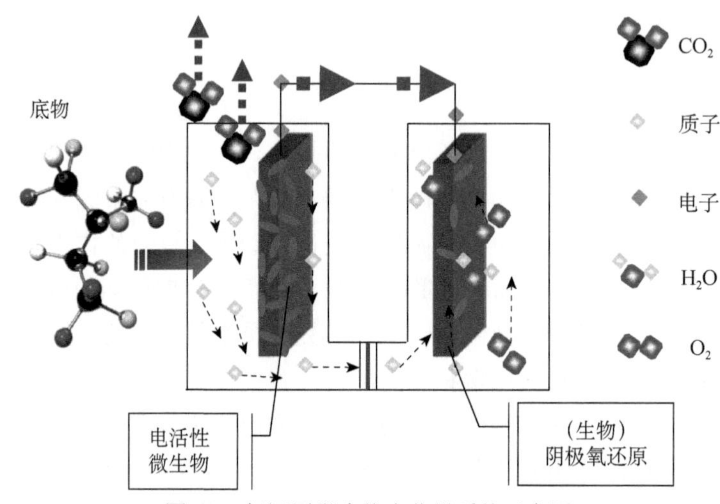

图1-1　氧还原微生物电化学系统示意图

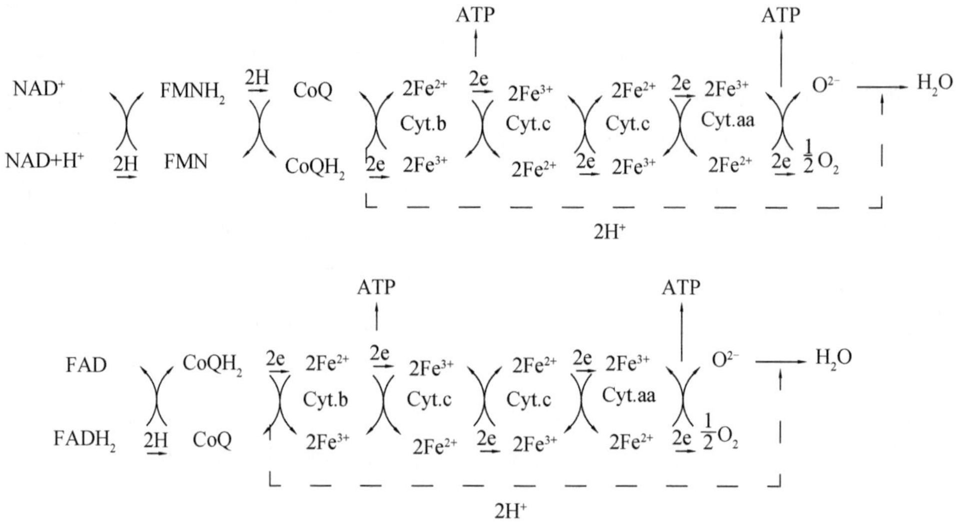

ATP　ATP

NAD^+　$FMNH_2$　2H　CoQ　$2Fe^{2+}$　2e　$2Fe^{3+}$　$2Fe^{2+}$　2e　$2Fe^{3+}$　O^{2-}　H_2O

Cyt.b　Cyt.c　Cyt.c　Cyt.aa

$NAD+H^+$　2H　FMN　$CoQH_2$　2e　$2Fe^{3+}$　$2Fe^{2+}$　2e　$2Fe^{3+}$　$2Fe^{2+}$　2e　$\frac{1}{2}O_2$

$2H^+$

ATP　ATP

FAD　$CoQH_2$　2e　$2Fe^{2+}$　2e　$2Fe^{3+}$　$2Fe^{2+}$　2e　$2Fe^{3+}$　O^{2-}　H_2O

Cyt.b　Cyt.c　Cyt.c　Cyt.aa

$FADH_2$　2H　CoQ　$2Fe^{3+}$　$2Fe^{2+}$　2e　$2Fe^{3+}$　$2Fe^{2+}$　2e　$\frac{1}{2}O_2$

$2H^+$

图1-2　胞内NADH呼吸链和$FADH_2$呼吸链电子传递途径

由于阳极微生物的生长环境限制，整个MES需要在中性pH下运行。为了维持中性pH和降低MES内阻，在早期实验室研究中，MES中的溶液通常加入磷酸盐缓冲液（phosphate buffer solution，PBS）或碳酸盐缓冲液（bicarbonate buffer solution，BBS）[1]。在缓冲液中，由于其他阳离子的浓度远远高于质子浓度（约高出10^5倍），因此诸如Na^+、Ca^{2+}、K^+和NH_4^+等会替代质子成为内电路正电荷迁移的主力（99.999%）[2]。

电池开路电压是衡量电池性能的重要指标之一。以氧气为最终电子受体时，质子、电子和氧气在阴极反应生成水。假设阳极使用CH_3COO^-作为电子供体，阳极反应和阴极反应如式（1-1）和式（1-2）所示：

$$\text{阳极：}CH_3COO^- + 4H_2O \rightarrow 2HCO_3^- + 9H^+ + 8e^- \tag{1-1}$$

$$\text{阴极：}O_2 + 4H^+ + 4e^- \rightarrow 2H_2O \tag{1-2}$$

假设乙酸钠浓度为1g/L，生成的HCO_3^-浓度为5mmol/L，在常温、常压及pH中性条件下，则根据能斯特方程计算阳极电位［式（1-3）］

$$E_{An} = E_{An}^0 - \frac{RT}{8F}\ln\frac{[CH_3COO^-]}{[HCO_3^-]^2[H^+]^9} \tag{1-3}$$

式中，E_{An}为MES的理论阳极电位，E_{An}^0为标态下乙酸盐完全氧化的氧化还原电势（0.187V，氢标参比），R为理想气体常数［8.314J/（mol·K）］，T为反应温度（298.15K），F为法拉第常数（96485C/mol），8为该化学反应转移的电子数。代入上述各物质浓度，得到在上述条件下阳极理论电位为−0.3V。

同理，阴极电位E_{Ca}可由式（1-4）计算得到

$$E_{Ca} = E_{Ca}^0 - \frac{RT}{4F}\ln\frac{1}{p_{O_2}[H^+]^4} \tag{1-4}$$

式中，E_{Ca}^0为标态下氧气还原的氧化还原电势（1.229V，氢标参比），p_{O_2}为氧气分压（假定为1atm）。由此可得，空气阴极MES阴极理论电位为0.815V。

由上述热力学计算可得，当使用1g/L的乙酸钠作为底物时，MES的理论最大电压为$E_{cell}=E_{Ca}-E_{An}=0.815-(-0.3)=1.115V$。当阴极电子受体更换氧化还原电位更高的高锰酸钾时，整个电池的理论输出电压会随着电子受体氧化还原电位的升高而升高[3]。

除了能够产生电流的原电池构型外，MES还包括利用电能的微生物电解池（microbial electrolysis cell，MEC）。2005年，Liu等报道了一种新型的利用乙酸为底物的电辅助微生物产氢系统，并命名为生物电化学辅助微生物系统（bioelectrochemically assisted microbial system，BEAMS）[4]，开启了生物辅助阴极电合成的新领域。对于产电的MES来说，基于能斯特方程，为了保障阳极产生的电子能够自发流向阴极，阴极电子受体的氧化还原电位需高于阳极微生物反应（通常认为是NAD^+/NADH）的氧化还原电位。然而当阴极反应的氧化还原电位等于甚至低于阳极时，电子不能自发转移，理论上该系统不可产生电流。如果从外部施加一定的偏压后，阴极反应的电极电位可低于阳极，从而实现了微生物辅助的阴极产氢、产甲烷甚至合成低碳有机物。与传统的电合成相比，因为微生物降解有机物的能量部分转移至产品中，微生物辅助的电合成所需能量非常低。以产氢的微生物电解池为例，其产出的氢能可以达到外部供给电能的2倍[5]。

此外，MES还包括一些具有特殊功能的系统，如微生物辅助的脱盐电池（microbial desalination cell，MDC）、微生物碳捕获电池（microbial carbon capture cell，MCC）、微生

物反向电渗析电池（microbial reverse-electrodialysis cell，MRC）等，这些系统将在后面的章节进行详述。由于该技术最早的叫法是MFC，即微生物燃料电池，因而在2009年第二届国际微生物电化学技术协会（ISMET）世界大会上，美国宾夕法尼亚州立大学Logan教授、亚利桑那州立大学的Rittman教授等联合提出MXC的命名规则，其中M代表微生物辅助的，C代表电池，X代表其功能。MES可理解为利用电活性微生物胞外电子传递特性的一切系统，它既是一系列环境友好、可持续的污染物能源化和资源化新技术的代表，又为我们探索这类微生物的特性提供了新的研究平台。已报道的MES功能主要包括：废水/废物中回收电能、生物辅助绿色电合成（包括氢气和甲烷等）、生物传感器、生物电辅助的污染物快速降解、植物MES用于城市水中污染物及内源污染防治等。在后面的章节中将对其中的部分内容进行详细介绍。

1.2 MES研究与发展现状

1911年英国植物学家Potter使用两支铂电极、酵母和细菌，首先发现微生物能产生电流，并考察了培养基成分、温度和酵母数量对产电过程的影响[6]。50年后，Davis和Yarbrough Jr.将*Escherichia coli*加入有电子中介体的葡萄糖溶液中，1000Ω负载的电压由150mV骤升至625mV，并在1h内保持稳定[7]。在该研究中，首次提出了“微生物燃料电池（microbial fuel cell）”这一概念。由于这些研究都需要向系统中添加电子中介体，而部分电子中介体具有生物毒性且长时间运行后流失严重，该研究仅停留在现象水平，其应用价值受中介体流失的影响而受到限制。20世纪90年代初，燃料电池开始受到人们的关注，越来越多的工作又重新投入到微生物产电领域[8]。但是，所有研究依然需要使用化学中介体或电子穿梭体将电子从细胞内部传递至外部电极，瓶颈问题仍得不到有效解决。

直至1999年，韩国科学技术研究院（KIST）的Kim等首次报道了一株*Shewanella putrefaciens*在不添加中介体时也能产电，即微生物的胞外直接电子转移，从而在MES领域取得了重大突破，使MES的研究范围大大扩展[9]。在此项工作中，Kim教授提出了使用电活性微生物作为传感单元检测乳酸盐，开创了基于MES原理的广谱型生物传感器的研究[10]。Kim教授的团队早期的工作集中于MES传感器，开发了生化需氧量（BOD）测量[11]、生物毒性传感器[12]等，并获得了首个BOD在线传感装备的专利。与传感器同步开展的是MES产能研究。科学家将燃料电池原理与微生物直接电子传递现象结合，创造出了海底沉积物MES电池，在海底设备持续供电领域获得了极大的关注，开发的MES沉积物电池在美国军方的支持下获得了快速发展[13, 14]。伴随着分子生物技术的迅猛发展，两株模式电活性微生物*Geobacter sulfurreducens*和*Shewanella oneidensis*基因组全序列测定完成，以马萨诸塞大学Lovley教授、南加州大学的Nealson教授、美国海军的Tender教授等为代表的微生物学家的研究大量集中于电活性微生物的导电机理和远距离电子传输机制[15-18]。

2004年，宾夕法尼亚州立大学的Logan教授将微生物直接电子传递现象与废水处理技术结合，创造出了全新的、有望能量自持的可持续废水处理系统[19]。将MES的研究引入废水处理领域，在全球范围内吸引了大量的微生物学、电化学、材料学、工程学研究者加入，大量研究专注于无介体MES的反应器构型、电极材料、工艺条件、微生物菌种等方面，限制功率输出的因素不断被发现和改进[19]。此时，我国的MES研究逐渐开展，迅速成为该领域的一枝独秀，早期的主要从事MES研究的机构包括哈尔滨工业大学、清华大学、中国科学院、中国科技大学、大连理工大学等，这些研究机构为本领域的发展贡献了中国智慧。以关键词“microbial fuel cells”在*Web of Science*核心集的论文数量为例，截至2020年2月，来自中国的论文数量达到3000余篇，超过美国位居世界首位。而来自中国的论文中，排名前两位的作者单位为中国科学院和哈尔滨工业大学，分别占中国论文总量的19%和11%。在迅速开展的研究中，MES的输出功率从2001年前的不足0.1W/m^{2}已经提高至6.86W/m^2[20]。除了产电外，MES还可去除污水中的氮、硫等可变价、可发生氧化还原的营养元素[21]，而磷元素可配合化学法形成鸟粪石沉淀去除[21]或基于MDC原理与氮元素同步从废水中回收[22]。可以说，MES强化了废水中微生物的氧化还原作用，理论上可去除任何可被微生物氧化还原的元素，具有巨大的潜在应用价值，其功能也不断拓展。

早期的研究目标集中于从污染物中提取电能，包括电极材料、微生物电子传递机理、电池结构优化等，相应的MFC研究至今为止仍为MES研究的主要内容。2005年，宾夕法尼亚州立大学的刘红和Bruce Logan教授发表了第一篇微生物电解池（microbial electrolysis cell，MEC）论文，将生物电化学系统拓展至生物制氢领域[23]。该研究开创性地提出了通过外加电压提供额外的能量，突破阴极反应电位需要高于阳极微生物氧化有机物电位（产能反应）的限制，将阴极反应类型拓展至电位更低的质子还原，甚至后来基于该原理研究者还实现了CO_2还原（生产甲烷、乙醇、乙酸等）。微生物脱盐电池（microbial desalination cell，MDC）是原位利用MES中微生物电场的最典型例子。2009年清华大学黄霞教授课题组发明了MDC系统，利用微生物产生的电场实现了无外加电能的海水淡化，是MES与电渗析技术的完美结合[24]。而与电渗析相反的过程，反向电渗析（reverse electrodialysis），可与MES结合将海水与淡水间的浓差势能借助MFC体系释放，产生远高于MFC理论极限的电压和功率密度，Logan教授团队将其命名为MRC（microbial reverse electrodialysis cells）[25]。双室运行的MES通常会出现阳极酸化和阴极碱化的问题，高pH的阴极碱液可用来吸收阳极排放的CO_2，既中和了阴极pH又实现了CO_2的原位捕获。此时如果在阴极液中培养藻类，藻类利用光合作用可将吸收的CO_2进一步转化为O_2，为阴极提供了额外的电子受体。阴极生长的藻类生物质又可作为阳极的底物进一步发电。这是一个人造的封闭生态系统，在此系统中CO_2实现了循环利用。2010年，冯玉杰教授团队首先报道了这种无需曝气的CO_2捕获MES，并将其命名为微生物碳捕获电池（MCC）[26]。

随着MES研究不断深入和完善，许多工作亟需从实验室水平走向大型化验证，MES也从单纯的现象、机理研究进入了工业化应用研究时期。本书中将在第十章详细探讨MES在放大过程中的关键问题和解决途径。哈工大冯玉杰教授团队等在此领域开展了大量的工作，也是率先使用MES描述该过程的团队。

1.3 MES结构特点和限制因素

作为一种特殊的燃料电池系统，所有的MES都包含阳极区、阴极区和填充其间的电解液。早期研究中，MES的阴阳极必须采用具有离子交换功能的介质隔开，大多数MES研究是在这一类反应器中开展的[27]。由于该种反应器大多由中间夹有阳离子交换膜的两个带有单臂的玻璃瓶组成，外观上很像字母H，因此又被形象地称为H型MES（图1-3）。

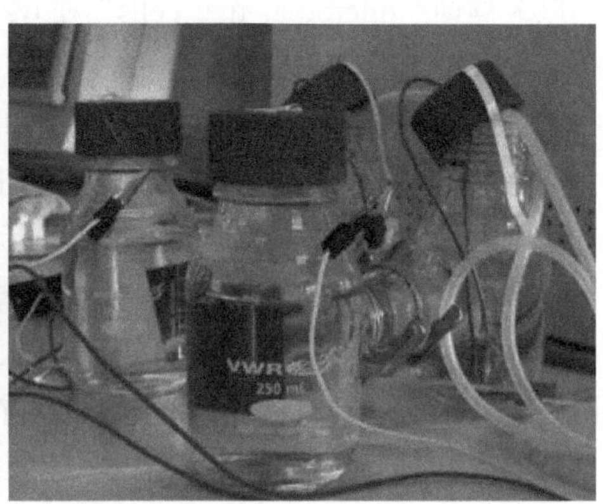

图1-3 双室H型MES[28]

双室H型MES由阳极室和阴极室构成，中间由阳离子交换膜隔开，保证了阳极电子供体和阴极电子受体在空间上的独立性。由于阴阳极分别处在不同的空间，因此可以保证两个极室互不干扰的前提下独立进行实验。由于双室MES的密闭性较好，抗生物污染的能力较强，因此产电菌的分离及其性能测试的实验通常在双室MES中进行。而当固定阳极室条件时，研究人员使用双室MES进行了阴极电子受体的测试，验证了如$K_3Fe(CN)_6$、$KMnO_4$和$K_2Cr_2O_7$这类可溶性氧化剂可以作为阴极电子受体[3]，同时也证明了在阴极无氧的条件下以硝酸盐作为电子最终受体可以实现阴极反硝化脱氮[29]。此外，这种构型的优点是容易组装，甚至使用矿泉水瓶就可以组装简易的反应器[30]。

但是，隔膜带来的内阻以及阴极连续曝气是双室MES的显著缺点。H型双室MES的欧姆内阻通常为900～1000Ω[31]。Oh和Logan的研究表明，当膜面积分别为3.5cm^2、6.2cm^{2}和30.6cm^{2}时，MES的功率输出分别为45mW/m^2、68mW/m^{2}和190mW/m^2（固定阴阳极面积均为22.5cm^2）[32]。如果使用盐桥替换隔膜，MES的内阻会进一步升高（内阻约为20000Ω）[33]。质子透过隔膜的速率受到隔膜面积和扩散系数的影响，因此在双室MES中由于阴极消耗质子的速率大于质子补充的速率，导致了阴极pH升高和阳极pH降低[2]。

为了最大限度地降低内阻，MES的阴极和隔膜可热压成膜电极，所有的阴极反应发生在阴极与隔膜的界面溶液层中，相应的阴极需要同时具备防水、透氧和催化氧还原的三重功能——空气阴极。空气阴极的设计思路来源于质子交换膜（proton exchange membrane，PEM）燃料电池[34]。空气阴极MES可以将阴极室压缩为很薄的一层，因此表观上来看，空气阴极MES只有阳极室（图1-4）。2003年，Park和Zeikus首次设计出单室空气阴极MES，他们将阳离子交换膜更换为2mm厚，50mm直径的高岭土陶瓷膜，利用Mn^{4+}-石墨作为阳极材料，Fe^{3+}-石墨作为阴极材料，功率输出为91mW/m^2[35]。Liu等将PEM热压在碳布上并卷成筒状，在外圈设置了8根石墨棒阳极，圆筒内侧为空气阴极，在连续流运行条件下以生活污水为底物，获得了26mW/m^{2}的最大功率输出[19]。Min等基于燃料电池流场板的设计思路，在阳极板和阴极板上分别设计了15cm×15cm×2cm的矩形盘状流道，使用生活污水为底物连续流运行，平均输出功率72mW/m^2[27]。2004年Liu和Logan发现，在空气阴极MES中去掉PEM，最大功率密度由262±10mW/m^{2}上升到494±21mW/m^2（葡萄糖为底物），但与此同时库仑效率从40%～55%下降到9%～12%[36]。从未来应用的角度看，在不考虑底物的利用率和能量转化率时，去掉PEM既降低了MES成本又提高了功率输出。该研究设计的立方体MES因其操作方便和功率输出高等特点，被后来的研究者广泛应用于考察MES的底物、电极材料以及产电影响因素等方面。

图1-4 单室空气阴极MES[28]

在实际的MES体系中，电子从微生物传递至最终电子受体的过程伴随着能量的损失，在电化学中表现为内阻。内阻降低了MES电压输出，从而降低了能量效率。内阻可以分为活化内阻、欧姆内阻和传质内阻（图1-5）。

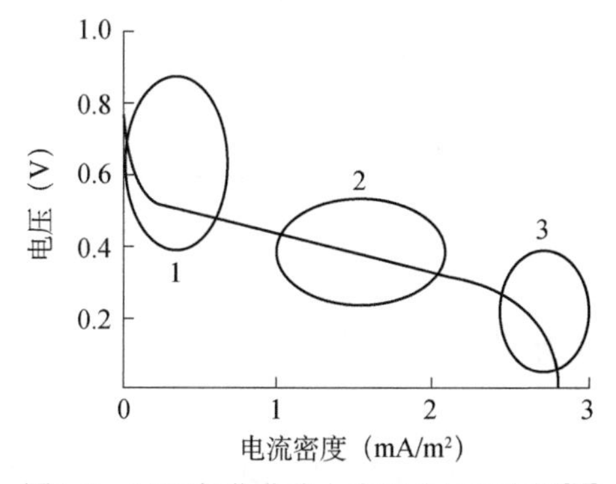

图1-5 MES极化曲线上内阻分区示意图[37]

1为活化内阻控制区；2为欧姆内阻控制区；3为传质内阻控制区

不论是在阳极表面氧化有机物还是在细菌表面的氧化还原过程，都需要一定的能量活化氧化反应，这部分能量造成的电子传递内阻就是活化内阻，而这种活化作用导致的电势损失一般称为活化过电势。活化过电势可以用Tafel方程[式（1-5）]来描述：

$$\eta = a\lg\left(\frac{i}{i_0}\right) \tag{1-5}$$

式中，η是过电势，a是相关系数，由化学反应自身决定，i是电流密度，i_0为交换电流密度，即过电势为零时的电流密度。交换电流密度与温度有关，升高反应温度、对电极表面进行化学修饰（如添加电子中介体）、提高细菌传输电子的能力等手段均可降低活化过电势，从而减少活化内阻。

欧姆内阻是由电极、溶液和膜的物理电阻造成的。尤其在高电流密度区，欧姆内阻是限制MES功率提升的重要因素。可以通过增加溶液的电导率、选择导电性好的电极材料以及增加分隔介质的离子扩散系数，使欧姆内阻降至最低。当阳极氧化底物的速率很快时，化合物被氧化的速率大于它们补充到电极表面的速率，会造成传质内阻。这只发生在更高电流密度的情况下。一般来说，只有当扩散过程被厚厚的生物膜阻碍或者在极小外电阻下运行MES时，扩散内阻才成为一个问题。

以燃料电池为模板设计MES可最小化内阻，提升电流密度和功率密度。然而MES兼具废水处理功能，研究者意识到在提升功率密度的同时，还需达到大规模废水处理的要求。即便是实验室规模的测试，也需在等比例放大后具备快速的废水处理能力。因而，研究者一直尝试将多种废水处理构型与MES结合，实现产能和废水处理的同步进行。例如，He等以升流式厌氧污泥床（UASB）为模板，开发的升流式MFC，体积功率密度达到29W/m^3，有机负荷高达3.4kg COD/（m^3·d）[38]。折流板厌氧反应器作为另一种广泛应用于高浓度有机废水处理的反应器构型，Feng等将其中的折流挡板更换为导电的石墨板，并在石墨板间填充活性炭颗粒构建了填充床折流板MFC反应器，得到了15W/m^3的体积功率密度，并将有机负荷进一步提升至4.1kg COD/（m^3·d）[39]。随着MES研究的不断深入，模块化、方便操作、可放大、成本低是MES构型设计的新要求，也标志着MES正式从实验室水平进入中试水平研究。哈尔滨工业大学开发的插入式模块化阴阳极组件是其中研究较多、相对成熟的一项技术。在随后的章节中，作者将详细探讨MES放大过程中反应器的设计规则和技术细节。需要强调的是，MES反应器构型的研究并不是孤立的，它伴随着电极材料、催化材料的拓展以及人们对阴阳极微生物电子传递过程、微生物群落形成及演替机制的认知而不断改进。

1.4 MES研究与分析方法

作为一种刚刚出现的废弃物资源化装置，MES的研究日趋繁荣，研究方法也不胜繁多。总结起来，常规方法包括水质分析、电化学分析、材料学分析和生物学分析四个方面的内容。

1.4.1 水质分析

MES 的底物通常来自废水。为了表征废水中可被氧化物质的浓度，研究中通常采用化学需氧量（COD）来表示混合有机物的含量。水中 COD（密闭小管法）、氨氮、硝酸盐、亚硝酸盐、磷酸盐、总悬浮物等常规指标的检测方法依照第 20 版 *Standard Methods for the Examination of Water and Wastewater* 进行测定[40]。在水中溶解氧（dissolved oxygen，DO）测试中，常规的溶氧消耗型 DO 探头不能满足本实验要求。在 MES 中通常使用光纤相位测量溶解氧仪对阴极水中溶氧进行在线测量，溶氧探头为无 DO 消耗型光纤探头，采样间隔可调整。测试前准备 30℃饱和溶解氧去离子水和消氧去离子水，使用两点法对仪器进行校正。

1.4.2 电化学分析

MES 技术首先涉及电化学领域，但是由于阳极使用的是活体微生物，它又不同于传统的化学燃料电池，在电化学测试方法上也有一定的特殊性。下面从电压采集，极化曲线和功率密度曲线的获得，循环伏安和交流阻抗的测试等方面详细介绍 MES 涉及的电化学方法。

1）电压采集

研究表明，温度对 MES 的电压输出有较大的影响[41]。为了排除温度的干扰，获取稳定的 MES 电压数值，MES 通常要在恒温条件下运行。研究中通常采用两种控温方法：一是使用电阻线-温度传感器的温控系统，另外一种就是搭建恒温工作房，控制整个房间的温度在指定的数值（一般为 30℃）。图 1-6 为作者使用的恒温房-数据采集系统照片。数据采集系统由连接在电脑上的数据采集器和相应的数据采集软件组成。每块数据采集器能够同时连接多台 MES，每隔 1min 采集一次各路电压值并保存到相应的文件中。每隔 30min，数据采集软件将获得的 30 个电压数值由高到低排序，去掉最大值和最小值，其余的 28 个数据计算平均数，并最终作为每 30min 获得的电压值保存在另一个文件中。电流密度（i）由欧姆定律计算：$i = V / RA$，式中 V 为外电阻上的电压，R 为外电阻阻值，A 为电极面积。

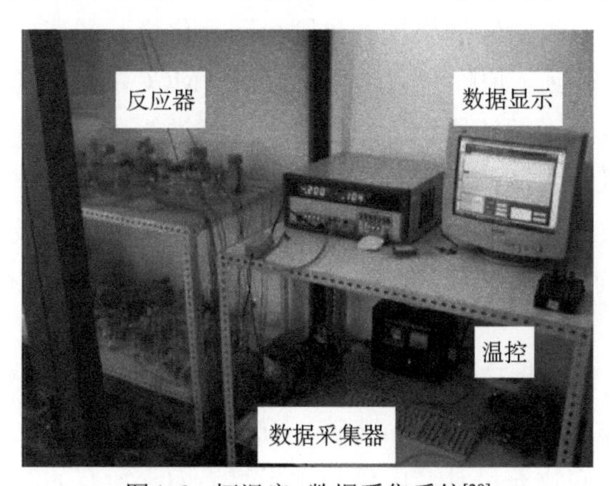

图 1-6 恒温房-数据采集系统[28]

2）极化曲线和功率密度曲线

极化曲线是分析和描述燃料电池特性的强大工具，它能够体现出随着电流（或电流密度）增大，MES电压的变化情况。极化曲线的测量可以通过梯度改变外电阻或借助电化学工作站实现。先前的研究表明，通过电化学工作站获得的最大功率输出受扫描速率影响较大[42]。因此，通常极化曲线采用改变外电阻的方法获得。梯度改变外电阻的方法测量极化曲线通常由开路或1000Ω外电阻电压稳定后开始。根据不同的研究目的，通常选取递减的5～10个阻值进行测试，每个阻值下MES需要获得稳定的电压值才能记录并调到下一个阻值。随着阻值的不断降低，能够得到一组电压值，并计算出电流值。对于双室MES和单室瓶型MES，由于反应器容积较大，底物的降解一般不会在极化曲线的测试期间影响到电压输出，因此这些MES的极化曲线测量是在一个周期内进行的。当MES电压上升到最高点后，开始进行极化曲线测量，一般每个阻值稳定30～60min。而单室方形空气阴极MES由于容积较小，尤其是2cm电极间距的MES，极化曲线测试过程一般采用每个阻值运行一个周期，取周期内最大电压作为该阻值下电压输出的方法。根据功率密度 $P = iV$ ，可以绘制功率密度P随电流密度i的变化曲线，即功率密度曲线。最大功率密度点通常在外电阻R与内电阻R_i相等的时候获得[43]。

3）计时电流法（chronoamperometry）

在三电极系统中，为保障工作电极的电化学环境稳定，通常使用计时电流法精密控制电极电位稳定在特定值。以阳极恒电位为例，为了快速获取电活性生物膜，阳极电位通常恒定于−0.2～0V（Ag/AgCl参比）。计时电流法可用于研究不同电位下电极生物膜群落组成差异、MES启动时间对比、微生物基因和蛋白水平表达差异以及远距离电子传输机理等。

4）循环伏安法（cyclic voltammetry，CV）

CV是在电化学工作站上，以施加一循环电位的方式来进行，从一起始电位以固定速率施加到一终点电位，再以相同速率改变回起始电位，记录电流响应并记为一个循环。当从低电位往高电位扫描时，被测物如果被氧化则出现氧化峰。同理，如果是可逆反应，我们会在反向扫描的时候观察到还原峰。例如，为了确定MCC的氧化还原机理，考察藻类是否具有直接从电极上获取电子并还原CO_2的能力以及藻类能否分泌具有电子中介体功能的有机物，可以根据文献报道选择−0.2～+0.3V（饱和甘汞参比电极）作为扫描范围，使用电化学工作站进行循环伏安实验，扫描速度为1mV/s[44]。当MES的阳极采用多孔或表面粗糙的材料时，如果CV的扫速过快，电容电流会对测试结果造成极大干扰。因此通常MES的CV扫速控制在1mV以内。

当研究对象为电活性生物膜时，为严格控制电容对CV的干扰、获取真实电流值，建议选择表面光滑的材料作为工作电极（如玻碳、石墨或氧化铟锡导电玻璃等）[45, 46]。以阳极电活性生物膜为例，当底物充足时，电极与微生物界面上所有的细胞色素被氧化后，微生物代谢底物转出的电子可迅速补充并形成稳定的电流，因而当电位逐渐升高时会出现极限电流［图1-7（a）］，这种叫作周转CV（turnover CV）。在周转CV结果中，如果纵坐标换成电流密度对电位的一阶导数，则可初步判断其中发挥关键作用的氧化还原物质的中点电位［图1-7（b）］。当系统底物耗尽，电极上的电活性物质在从MES开路电位逐渐升高时，其放电后不能补充电子，是一次性的反应，因而在不同位点会出现显著的氧化峰和还原峰［图1-7（c）］，我们称其为非周转CV（Non-turnover CV）。图1-7中的CV均来自污水接种的混菌电活性生物膜。对比三组数据可知，周转CV中可读出极限电流密度，其一阶导数可确定其中主要电活性物质的中点电位。然而通常很多物质的电位非常接近，一阶导数无法将其逐个分离。而非周转CV是一个有效补充，可以看出其中约有4对电活性物质的氧化还原峰。此外，对不同扫速下（扫速差别至少达到1个数量级）峰电流与扫速或扫速的平方根作图可进一步获取动力学信息。理论上认为，如果峰电流与扫速成正比，可初步判定电流是受反应控制的；而当峰电流与扫速平方根成正比时，电流主要是受到扩散控制的。

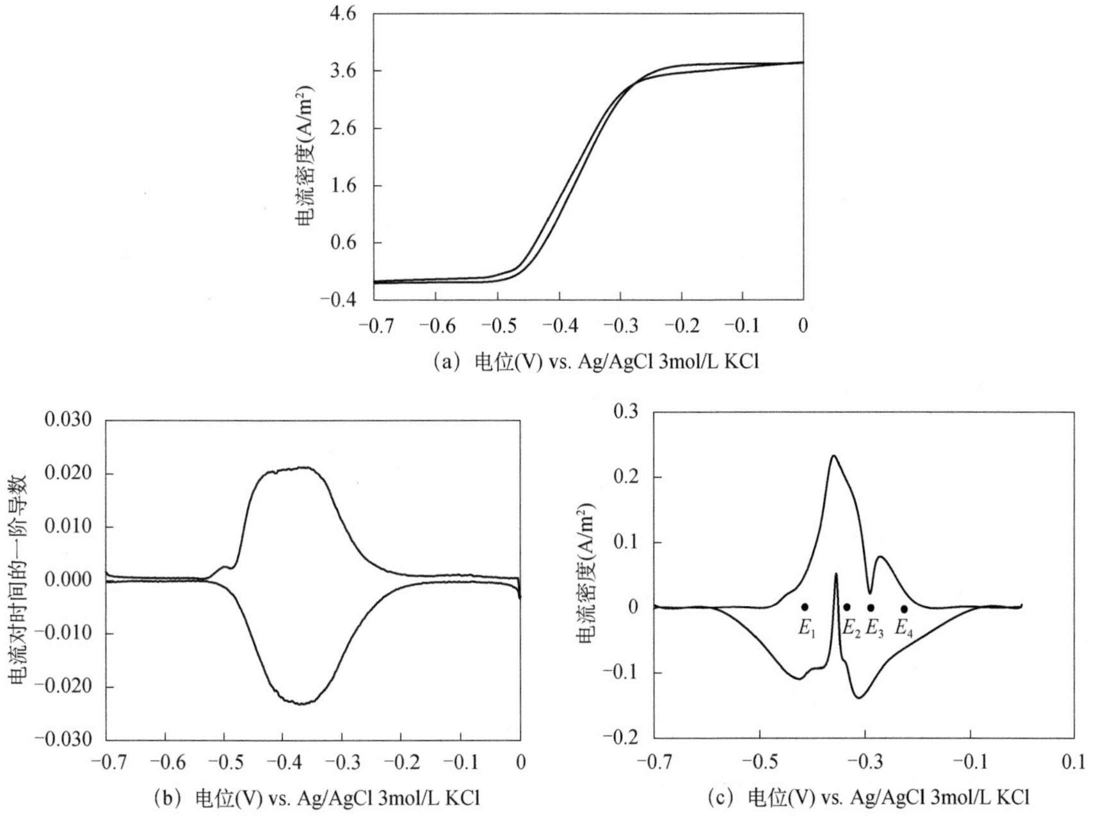

图1-7　污水接种的MES阳极生物膜周转CV（A）、周转CV一阶导数（B）和非周转CV（C）[45]

5）线性扫描伏安法（linear sweep voltammetry，LSV）

LSV是将线性电位扫描（电位与时间为线性关系）施加于电池的工作电极和辅助电极之间获得电流响应信号的方法。在电化学工作站上，将被测电极作为工作电极，辅助电极为Pt片，阴极扫描范围通常为+0.2～−0.3V（由正到负，Ag/AgCl参比），阳极扫描电位为

−0.7～0.2V（Ag/AgCl参比），扫描速率1mV/s。每个样品重复扫描3次，如果第2次和第3次数据相同，取第3次数据。

6）电化学交流阻抗法（electrochemical impedance spectroscopy，EIS）

EIS是一种以小振幅的正弦波电位为扰动信号的电化学测量方法。由于以小振幅的电信号对体系扰动，一方面可避免对体系产生大的影响，另一方面也使得扰动与体系的响应之间近似呈线性关系，使测量结果的数学处理变得简单。当我们想了解MES系统的整体阻抗时，通常使用两电极体系进行测量。此时工作电极连接阳极，参比电极和辅助电极连接阴极，扫描频率范围为100kHz～10mHz，电压设置为开路电压。等效电路如图1-8（a）所示，图中R_0为MFC的欧姆内阻，R_1和R_2分别为阳极电荷转移内阻和阴极电荷转移内阻。C_1和C_2分别代表了阳极和阴极的常相位角元件（constant phase element，CPE），用来表征实际粗糙的电极表面[38]。使用软件对得到的Nyquist图进行分析可获得上述阻抗数值，结果误差控制在±10%以内。

当我们研究的目标不是全电池而是其中的某一电极（如阳极或阴极），则需要针对单电极进行测试。测试前将被测电极连接至工作电极端，参比连接参比端（尽量靠近被测电极），对电极可以使用铂片、玻碳电极，也可使用反应器上的另一极。如测试需要尽量降低欧姆内阻，可考虑用鲁金毛细管将参比电极与被测电极表面的溶液相连。根据反应过程设计等效电路，如图1-8（b）所示，这是一个活性炭空气阴极的等效电路[47]。设计等效电路前首先判定，该EIS图谱中具有一个时间常数，因此采用了一组电容-电阻并联项。由于Nyquist阻抗图谱中，低频区出现了显著的直线，夹角约为45°，因而判定系统受到了扩散内阻的限制。在等效电路中，增加了扩散元件W。图中其他元件的物理意义分别为：欧姆内阻（R_s）、电荷转移内阻（R_{in}）、双电层电容（C_{dl}）以及扩散阻抗（W）。当然，如果针对粗糙的真实电极表面，电容元件C可以用更加复杂的元件Q替代。

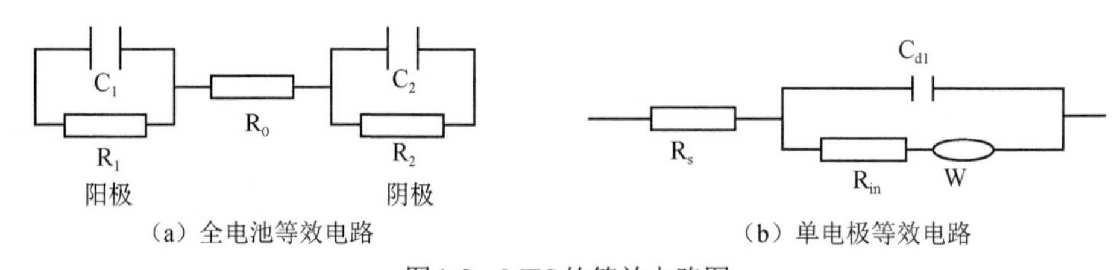

（a）全电池等效电路　　（b）单电极等效电路

图1-8　MES的等效电路图

7）电化学活性表面积和电荷传递系数

我们可以使用亚铁氰化钾循环伏安的方法确定阳极材料的电化学活性表面积。首先配制1L含有5mmol/L的$K_4Fe(CN)_6$和0.2mol/L的Na_2SO_4溶液，高纯氮气曝气10min，然后置于厌氧手套箱内，磁力搅拌器搅拌过夜消氧。在厌氧操作箱内，将待测的洁净电极装到空气阴极方形MFC阳极一侧，阴极为载Pt的空气阴极，朝向空气一侧使用防水硅胶封好，并加盖无孔有机玻璃片，灌入测试溶液静置于厌氧操作箱内过夜。取出反应器，在恒温房内的电化学工作站上，工作电极连接阳极，参比电极为Ag/AgCl，辅助电极连接Pt/C阴极，在−0.2V～+1.0V的电位范围内进行CV测试，扫描速率50mV/s，获得峰电流i_p（A）。根据Matsuda方程

$$i_p = 0.4463 \times 10^{-3} n^{3/2} F^{3/2} A(RT)^{-1/2} D^{1/2} C_R^* v^{1/2} \tag{1-6}$$

式中，n为Fe^{2+}被氧化转移的电子数（n=1），F为法拉第常数（96485C/mol），R为气体常数[8.314J/（mol·K）]，T为环境温度（303K），C_R^*为亚铁氰化钾的初始浓度（mol/L），v为扫描速率（0.05V/s），A为电极电化学活性表面积（cm^2）。为了获得亚铁氰化钾的扩散系数D（cm^2/s），首先使用经过预处理的标准不锈钢电极（$7cm^2$）作为阳极材料，扫描结果计算出亚铁氰化钾的扩散系数为D=$5.79\times10^{-6}cm^2/s$，该数值与已经报道的数据相似（～$8\times10^{-6}cm^2/s$；35℃）。不锈钢电极在安装前使用0.5mol/L的H_2SO_4进行预处理。将获得的亚铁氰化钾扩散系数代入式1-7，得简化的电极活性表面积（cm^2）计算公式为

$$A = 1.395 \times 10^3 \times i_p \tag{1-7}$$

根据Butler-Volmer方程

$$i = i_0 \left\{ \exp\left[\beta nF\Delta V/(RT)\right] - \exp\left[-(1-\beta)nF\Delta V/(RT)\right] \right\} \tag{1-8}$$

式中，i_0为交换电流密度（A），β 为电荷传递系数，ΔV为电压改变量（V）。式1-8的后面一半描述的是阴极反应过程，当我们只考察阳极过程时此项可以忽略。简化后的Butler-Volmer方程可以变形为

$$\log i = \log i_0 + 16.63\beta\Delta V \tag{1-9}$$

式中，电荷传递系数β 可以通过log$i$和电压变化曲线相应的线性区斜率求得。

1.4.3 材料学分析

1）X射线光电子能谱分析

为了分析阳极表面元素对MFC性能的影响，实验过程中以单色化Al Kα 为X射线激发源，使用X射线光电子能谱（X-ray photoelectron spectroscopy，XPS）对阳极材料表面元素进行了分析。在分析前，首先在80℃下对样品进行真空干燥，然后在1350～0eV间进行全谱扫描，扫描结果存入PHI ACCESS数据系统。扫描结束后，使用CasaXPS software对结果进行分析，标出除俄歇峰外所有元素的电子峰。

2）扫描电子显微镜（scaning electron microscope，SEM）

通常使用SEM对阳极材料及阳极表面微生物形貌进行观察。含有微生物的样品预处理过程如下：①取样：用无菌剪刀从阳极上剪下一块2mm直径大小的电极生物膜样品。②固定：用镊子将电极生物膜样品放入5mL的离心管中，加入2.5%，pH=6.8的戊二醛，置于4℃冰箱中固定1.5h。③冲洗：用pH=6.8的磷酸缓冲溶液冲洗3次，每次10min。每次冲洗时先用注射器（含针头）缓慢吸走上一步骤的冲洗液。④脱水：分别用浓度为50%，70%，80%，90%的乙醇进行脱水，每次10～15min，再用100%的乙醇脱水3次，每次10～15min。⑤置换：100%乙醇、乙酸异戊酯=1∶1和纯乙酸异戊酯各置换一次，每次15min。

⑥干燥：将置换后的样品用针头挑出，使用CO_2临界点干燥仪对样品进行干燥。⑦粘样：用导电胶布将样品观察面向上粘贴在扫描电镜铝板上，放入干燥器内。⑧喷金：用IB-5型离子溅射镀膜仪（Giko）在样品表面镀上一层1500nm厚度的Au膜。⑨进样和观察：将样品固定在扫描电子显微镜的进样室，调整好样品角度后将进样室推入机器内，根据电压设定值（20keV）预设样品高度并开始抽真空，操作SEM对样品进行拍照。

3）接触角（contact angle）

接触角是指在气、液、固三相交点处所作的气-液界面的切线穿过液体与固-液交界线之间的夹角 θ，是润湿程度的量度，其数值大小对微生物的附着有巨大影响。润湿过程与体系的界面张力有关。一滴液体落在水平固体表面上，当达到平衡时，形成的接触角与各界面张力之间符合下面的杨氏公式：

$$\gamma^{sv} = \gamma^{sl} + \gamma^{lv}\cos\theta \tag{1-10}$$

式中，γ^{sv}为液-气表面张力，γ^{sl}为固-气表面张力，γ^{lv}为液-气表面张力，θ 为接触角（$0° < \theta < 180°$）。固体表面对水分子的吸附能力随 θ 的增大而降低，通常定义 $\theta < 90°$的固体表面具有亲水性，$\theta > 90°$的固体表面具有疏水性。实验研究中，通常使用接触角分析仪对表面光滑的电极材料表面进行接触角测量。测试前，将样品平铺于水平载物台上，将7.0μL的水滴置于样品表面，调节光束平行通过该水滴，捕捉水滴从接触膜表面开始的形状变化，利用切线法确定接触角。

4）比表面积

BET比表面积测试法是颗粒表面吸附的经典理论。它是一种通过测试固体颗粒物在氮气分压为0.05～0.35范围内时对氮气的吸附，根据BET方程作出吸附脱附等温线来表征多孔材料表面积，根据BJH模型分析孔分布等相关特性的技术。实验中通常使用综合吸附仪对粉末状的材料进行氮气吸脱附的测试，得到表面积、孔径分布等重要信息。

5）压汞测试

对于已经制备好的片状电极材料，通常很难原位表征其孔隙特性。此时我们需要进行压汞测试。压汞测试方法由于受到汞颗粒粒径的限制，只能对中孔和大孔范围（6～300nm）的孔径有效。由于汞颗粒存在表面张力，它对多数固体是非润湿的，汞与固体的接触角大于90°，在外界压力作用下才能进入固体孔中。在均衡的增加压力使汞浸入材料细孔的过程中，被浸入的孔隙大小与所加的压力成反比。孔径与外界压力之间的关系符合遵循瓦什伯恩（Washburn）方程：

$$r = -2\sigma\cos\theta/P \tag{1-11}$$

式中，P为外界压力（Pa）；r为孔的半径（nm）；σ 为汞的表面张力，通常取485dyn/cm；θ 为汞与固体表面的润湿角，取130°[48]。

6）氧扩散系数

使用单室立方体反应器进行空气阴极的测量氧扩散系数。被测的空气阴极固定在一侧，另一侧用盖板密封。在厌氧条件下，向反应器中加入消氧的溶液（无营养物）。将反应器移至空气中，同时插入溶解氧探头（无氧气消耗型）开始记录溶液中溶解氧的变化。待10h过后停止实验，取出数据。氧气的传递系数为

$$k_O = -\frac{V}{At}\ln\left[\frac{c_{1,0}-c_2}{c_{1,0}}\right] \tag{1-12}$$

式中，V为反应器内溶液体积，A为空气阴极面积，$c_{1,0}$为测试条件下饱和溶解氧，c_2为时间t时左侧瓶中的溶解氧浓度。

式1-12变形为$t=-\frac{V}{Ak_0}\ln\left[\frac{c_{1,0}-c_2}{c_{1,0}}\right]$，我们可以根据此方程获得$t$与$\ln\left[\frac{c_{1,0}-c_2}{c_{1,0}}\right]$的直线斜率，从而计算出传递系数$k_0$。扩散系数$D_0=k_0L_D$，$L_D$为空气阴极的厚度。

1.4.4 生物学分析

1）电极生物

依照Bond和Lovley使用的方法，通过测定电极表面蛋白质的含量来表征电极表面的生物量[49]。实验开始前，首先为每个样品准备3mL浓度为0.2mol/L的NaOH溶液。将带有生物膜的电极置于离心管中，反复剧烈震荡使生物膜洗脱。取出电极，在新的离心管中向每个电极分别加入3mL去离子水，反复震荡后，将获得的溶液与先前的NaOH溶液混合。基于BCA（bicinchoninic acid）方法，参照试剂盒说明进行蛋白质的测定，标样为去离子水稀释的不同浓度小牛血清蛋白。

2）微生物群落

为了考察MES电极表面生物相变化，通常在反应器运行一段时间后，将生物膜取出置于甘油（25%）和PBS（50mmol/L）的混合液中储存在−80℃的冰箱中留作生物相比对分析。早期的群落分析通常使用变性梯度凝胶电泳（denaturing gradient gel electrophoresis，DGGE）技术。主要包括如下步骤：①DNA提取和PCR扩增：提取DNA前，将生物样品取出，室温溶解并在无菌的PBS中震荡来使细菌从电极或秸秆上脱离，转移出细胞的悬浮液并在高速离心机上离心（12000rpm）。使用PowerSoil DNA分离试剂盒提取细菌DNA。经过琼脂糖电泳检测确定DNA提取成功后，在PCR扩增实验中使用细菌通用引物对V3-V4区进行扩增。PCR结束后同样进行琼脂糖凝胶电泳检测PCR产物是否成功获得。②DGGE检测：使用Bio-Rad基因突变检测系统进行DGGE检测，变性剂梯度为30%～60%（100%变性剂成分为7mol/L尿素和40%去离子甲酸）。当样品的PCR产物加载到相应的胶孔后，150V电压下温度设定为60℃，电泳6h。电泳结束后，使用银染方法对样品进行染色，并使用扫描仪获得DGGE谱图。使用不加权配对组算法（UPGMA）分析DGGE条带的相似度信

息并构建系统树图。基于相邻连接法构建进化树。③切胶测序：用无菌小刀将聚丙烯酰胺凝胶上的条带切下，放入40μL去离子水中，置于4℃环境中过夜。取出2μL溶液作为模板，以通用引物再次PCR扩增，PCR产物使用Agarose Gel DNA纯化试剂盒（Ver.2.0，TaKaRa，日本）。纯化后的DNA经过链接和克隆转化后，随机挑选克隆菌落进行质粒分离。最终将分离得到的质粒进行测序。测序结果提交到BLAST进行比对，获得同源性较高的菌株名称和相似度信息。

随着分子生物学方法和生物信息学的飞速发展，近年来兴起的高通量测序技术为MES微生物群落分析提供了强有力的工具。我们以MiSeq高通量测序为例说明其测试步骤。DNA提取和PCR扩增方法同DGGE，在Miseq测序时，DNA片段的两端分别连接“Y”字形通用接头以构建文库，然后将其固定在测序芯片上，通过与引物碱基互补构成桥式PCR扩增，进而产生DNA簇。碱基不断延伸，带有4种不同荧光信号的dNTP在循环中用以合成正确配对的碱基，且每个循环过程只合成一个碱基。统计多个聚合循环后的荧光信号，便获得整个DNA片段的序列。对Miseq测序之后得到的序列质量进行质控和过滤，然后进行运算分类单位（operational taxonomic units，OTUs）聚类分析和物种分类学分析。以OTU聚类分析结果为基础，可以得到多种物种多样性指数以及对测序深度的检测；以分类学信息为基础，可以在各级分类水平上统计分析群落结构的组成。将上述分析结合在一起，便可进行一系列系统发育等更为深入的统计学和可视化分析。

3）荧光定量PCR技术

目前分析混合微生物菌群中微生物比例关系，主要是基于细菌的16S rDNA核酸分析技术，其中包括已经被广泛使用在环境微生物含量的定量和半定量分析的PCR-DGGE技术、T-RFLP技术、16S rDNA基因文库技术等。本研究中所使用的混合培养反应器中只有两种微生物，群落结构比较简单便于分析，因此针对两种微生物特定的16S rDNA基因序列，设计了其特异性的引物，使用实时荧光定量PCR技术分析其混合培养中各微生物含量。这里以*G. sulfurreducens*和*E. coli*为例介绍测试过程。

使用Oligo 6.0软件针对两种微生物的16S rDNA基因序列分别设计两对引物序列，其中*E. coli*的特异引物对为E266F/E477R和E394F/E553R，*G. sulfurreducens*的特异引物对为G995F/G1137R和G1110F/G1300R。为进一步验证所设计引物的特异性，使用上述四对引物分别对两种微生物的DNA进行扩增。PCR产物进行琼脂糖凝胶电泳，确保*G. sulfurreducens*的两对引物对*G. sulfurreducens*基因组DNA扩增均出现特异性的PCR产物，而对*E. coli*基因组DNA扩增无特异PCR产物出现。为保证基因序列扩增效率的一致性，使用E394F/E553R和G995F/G1137R两对引物分别对*E. coli*和*G. sulfurreducens*基因组DNA进行扩增，利用获得的特异性基因片段制作相应的标准曲线。将获得的PCR产物经切胶回收后，克隆到pMD18-T载体上，提取重组质粒。使用超微量分光光度计测量重组质粒的核酸浓度，通过计算获得相应的拷贝数。通过稀释两种微生物的重组标准曲线模板分别设定了8个浓度梯度。

使用E394F/E553R和G995F/G1137R两对引物分别对模板的DNA进行定量PCR扩增，定量PCR反应体系为10μL，其中含SYBR® Premix Ex Taq™ 5μL、上下游引物各0.2μL（10μmol）、模板DNA样品1μL，加去离子水补齐到10μl。定量PCR反应条件为：95℃ 30s预变性，95℃ 5s、60℃ 30s共40个循环，最终获得*E. coli*和*G. sulfurreducens*的定量PCR结果。

1.4.5 计算方法

1）电流密度和功率密度

MES的研究中，通常使用测量定值电阻两侧电压的方法获取其性能。电流密度j（A/m^2）由欧姆定律获得：

$$j=V/(RA) \tag{1-13}$$

式中，V（V）为电阻两端电压，A（m^2）为电极的投影面积。在BES体系中，电流密度通常是基于限制系统功率的一极进行计算的。例如，在使用三维碳刷阳极和二维平面阴极的系统中，电流密度通常基于阴极的投影面积计算。此外电流密度也可根据MES的容积进行计算，获得的容积电流密度单位为A/m^3。

同理，功率密度P（W/m^2）通过$P=Vj$计算获得。与电流密度相似，我们可根据系统体积计算出体积功率密度，单位为W/m^3。

2）库仑效率和能量效率

在MES的研究中，为了方便比较不同系统的性能优劣，除了如功率密度、电流密度等电化学指标外，底物的利用效率也是非常重要的指标。

库仑效率（Coulombic efficiency，CE），又称为电子回收率，它表征的是底物氧化过程中用于外电路转移的电子数占理论总电子转移数的百分比。CE按照下式计算：

$$\mathrm{CE}=\left(M\int_0^T I t\mathrm{d}t\right)/\left[nVF(\mathrm{COD}_0-\mathrm{COD}_\mathrm{T})\right] \tag{1-14}$$

式中，M为氧气的分子量（32g/mol），t（s）为时间，I（A）为t时刻的电流，T（s）为周期时间，n为每摩尔氧气被还原转移的电子数（4），V（m^3）为反应器容积，COD_0为起始COD浓度（mg/L），COD_T为出水COD浓度（mg/L）。能量效率（energy efficiency，EE）是外电路回收的电能占消耗有机物的总能量的百分比。有机物的总能量一般用热值计算。以秸秆为底物的EE计算按照下式进行：

$$\mathrm{EE}=\left(\int_0^T I^2 R\mathrm{d}t\right)/\left(\Delta Hm\right) \tag{1-15}$$

式中，ΔH（10000J/g）为秸秆的热值，m（g）为T时间内消耗的秸秆质量。设质量为m的秸秆固体产生外电路电能为$E_1=\int_0^T I^2 R\mathrm{d}t$，考虑到汽爆能耗，式1-15变为：

$$\mathrm{EE}=(E_1+E_2)/(\Delta Hm+E_\mathrm{ex}) \tag{1-16}$$

式中，E_2（J）为消耗质量为m的秸秆产生的洗液在MES中作为底物产生的电能，E_{ex}为质量为m的秸秆所需的汽爆能耗。

3）阴极局部pH理论计算

当氧传质造成的电位降在可忽略的范围内时，总过电位（η_{Total}，V）由二电子和四电子混合过电位（η_{mix}，V）、活化过电位（η_{act}，V）以及OH^-积累造成的浓差过电位（$\eta_{\mathrm{OH^-}}$，V）组成。因此，$\eta_{\mathrm{OH^-}}=\eta_{\mathrm{Total}}-\eta_{\mathrm{mix}}-\eta_{\mathrm{act}}$。当pH=13时，$\eta_{\mathrm{OH^-}}=0$，则：

$$\eta_{\mathrm{act}}=\eta_{\mathrm{Total}}-\eta_{\mathrm{mix}}=\left(E_{mf}-E\right)-\left(E_{mf}-\mathrm{OCP}\right)=\mathrm{OCP}-E \tag{1-17}$$

式中，E_{mf}（V）为阴极电动势，OCP（V）为开路电位，E（V）为阴极电位。

基于Tafel方程

$$\ln j=\ln j_0+\frac{\alpha nF\eta_{\mathrm{act}}}{RT} \tag{1-18}$$

式中，α为电极–溶液界面上可降低活化能的热力学电位分数[50]，n为氧还原转移电子数，j_0（A/m^2）为交换电流密度，F（96500C/mol）为法拉第常数，R[8.314J/（mol・K）]为气体常数，T为热力学温度。α和j_0均可通过pH13条件下的Tafel曲线拟合得到。

由于热力学电位同时受到OH^-浓度的影响，我们有：

$$\eta_{\mathrm{OH^-}}=\frac{RT}{nF}\ln\left(\frac{C^*_{\mathrm{OH^-}}}{C^0_{\mathrm{OH^-}}}\right)=\frac{2.3RT}{nF}\left(\mathrm{pH}_*-\mathrm{pH}_0\right) \tag{1-19}$$

式中，$C^*_{\mathrm{OH^-}}$为阴极局部OH^-浓度，$C^0_{\mathrm{OH^-}}$为溶液中OH^-浓度，pH_*为阴极局部pH，pH_0为溶液pH。

当我们在中性溶液中对阴极进行LSV测试时，我们有

$$\eta_{\mathrm{OH^-}}=\eta_{\mathrm{total}}-\eta_{\mathrm{mix}}-\eta_{\mathrm{act}}=\mathrm{OCP}-E-\frac{\left(\ln j-\ln j_0\right)RT}{\alpha nF}=\frac{2.3RT}{nF}\left(\mathrm{pH}_*-\mathrm{pH}_0\right) \tag{1-20}$$

根据上式可估算阴极局部pH（pH_*）。

1.5 小结

自1999年Byung-Hong Kim教授发现细菌胞外直接电子传递的现象起[9]，近二十年间MES研究得到了飞速的发展，其作为污染物资源化的新途径、科学家研究微生物直接电子传递机制的新平台，受到了世界范围内的重点关注。本章简要介绍了MES的基本原理、发展现状、结构特点、研究方法等基本知识，涉及电化学、微生物学（微生物生态学）、工程学、材料学、土壤学等多学科交叉内容，是世界各国科研工作者智慧的结晶。从第2章起，本书将就MES相关的不同内容详细展开。第2章将详细介绍电活性微生物及其胞外电子传递机制。第3～5章将就阳极材料、阴极氧还原电极和生物阴极分别阐述构成MES的关键材料。第6～8章将就MES降解污染物、脱盐和资源能源回收的主要功能进行详细介绍。第9、10章将介绍在实际废水处理系统中构建MES的基本原则和放大关键技术。第11、12章将介绍MES在沉积物和土壤修复领域的最新进展。

参 考 文 献

[1] Fan Y Z，Hu H Q，Liu H. Sustainable power generation in microbial fuel cells using bicarbonate buffer and proton transfer mechanisms. Environmental Science & Technology，2007，41（23）：8154-8158.

[2] Rozendal R A，Hamelers H V M，Buisman C J N. Effects of membrane cation transport on pH and microbial fuel cell performance. Environmental Science & Technology，2006，40（17）：5206-5211.

[3] You S J，Zhao Q L，Zhang J N，et al. A microbial fuel cell using permanganate as the cathodic electron acceptor. Journal of Power Sources，2006，162（2）：1409-1415.

[4] Liu H，Cheng S A，Logan B E. Production of electricity from acetate or butyrate using a single-chamber microbial fuel cell. Environmental Science & Technology，2005，39（2）：658-662.

[5] Cheng S，Logan B E. Sustainable and efficient biohydrogen production via electrohydrogenesis. Proceedings of the National Academy of Sciences of the United States of America，2007，104（47）：18871-18873.

[6] Potter M C. Electrical effects accompanying the decomposition of organic compounds. Proc Roy Soc London Ser B，1911，84：260-276.

[7] Davis J B，Yarbrough Jr. H F. Preliminary experiments on a microbial fuel cell. Science，1962，137（3530）：615-616.

[8] Allen R M，Bennetto H P. Microbial fuel-cells-Electricity production from carbohydrates. Applied Biochemistry and Biotechnology，1993，39（2）：27-40.

[9] Kim H J，Hyun M S，Chang I S，et al. A microbial fuel cell type lactate biosensor using a metal-reducing bacterium，*Shewanella putrefaciens*. Journal of Microbiology and Biotechnology，1999，9（3）：365-367.

[10] Prévoteau A，Rabaey K. Electroactive biofilms for sensing：reflections and perspectives. ACS Sensors，2017，2（8）：1072-1085.

[11] Kang K H，Jang J K，Pham T H，et al. A microbial fuel cell with improved cathode reaction as a low biochemical oxygen demand sensor. Biotechnology Letters，2003，25（16）：1357-1361.

[12] Kim M，Hyun M S，Gadd G M，et al. A novel biomonitoring system using microbial fuel cells. Journal of Environmental Monitoring，2007，9（12）：1323-1328.

[13] Reimers C E，Tender L M，Fertig S，et al. Harvesting energy from the marine sediment-water interface. Environmental Science & Technology，2001，35（1）：192-195.

[14] Bond D R，Holmes D E，Tender L M，et al. Electrode-reducing microorganisms that harvest energy from marine sediments. Science，2002，295（5554）：483-485.

[15] Heidelberg J F，Paulsen I T，Nelson K E，et al. Genome sequence of the dissimilatory metal ion-reducing bacterium *Shewanella oneidensis*. Nature Biotechnology，2002，20（11）：1118-1123.

[16] Methe B A，Nelson K E，Eisen J A，et al. Genome of Geobacter sulfurreducens：Metal reduction in subsurface environments. Science，2003，302（5652）：1967-1969.

[17] Gorby Y A，Yanina S，Mclean J S，et al. Electrically conductive bacterial nanowires produced by Shewanella oneidensis strain MR-1 and other microorganisms. Proceedings of the National Academy of

Sciences，2006，103（30）：11358-11363.

[18] Tender L M，Reimers C E，Stecher H A，et al. Harnessing microbially generated power on the seafloor. Nature Biotechnology，2002，20（8）：821-825.

[19] Liu H，Ramnarayanan R，Logan B E. Production of electricity during wastewater treatment using a single chamber microbial fuel cell. Environmental Science & Technology，2004，38（7）：2281-2285.

[20] Logan B E. Exoelectrogenic bacteria that power microbial fuel cells. Nature Review Microbiology，2009，7：375-381.

[21] Zang G L，Sheng G P，Li W W，et al. Nutrient removal and energy production in a urine treatment process using magnesium ammonium phosphate precipitation and a microbial fuel cell technique. Physical Chemistry Chemical Physics Pccp，2012，14（6）：1978-1984.

[22] Chen X，Sun D，Zhang X，et al. Novel Self-driven Microbial Nutrient Recovery Cell with Simultaneous Wastewater Purification. Scientific Reports，2015，5：15744.

[23] Liu H，Grot S，Logan B E. Electrochemically assisted microbial production of hydrogen from acetate. Environmental Science & Technology，2005，39（11）：4317-4320.

[24] Cao X，Huang X，Liang P，et al. A New Method for Water Desalination Using Microbial Desalination Cells. Environmental Science & Technology，2009，43（18）：7148-7152.

[25] Kim Y，Logan B E. Microbial Reverse Electrodialysis Cells for Synergistically Enhanced Power Production. Environmental Science & Technology，2011，45（13）：5834-5839.

[26] Wang X，Feng Y，Liu J，et al. Sequestration of CO_2 discharged from anode by algal cathode in microbial carbon capture cells（MCCs）. Biosensors & Bioelectronics，2010，25（12）：2639-2643.

[27] Min B，Logan B E. Continuous electricity generation from domestic wastewater and organic substrates in a flat plate microbial fuel cell. Environmental Science & Technology，2004，38（21）：5809-5814.

[28] 王鑫. 微生物燃料电池中多元生物质产电特性与关键技术研究[D]. 哈尔滨：哈尔滨工业大学，2010.

[29] Clauwaert P，Rabaey K，Aelterman P，et al. Biological denitrification in microbial fuel cells. Environmental Science and Technology，2007，41（9）：3354-3360.

[30] Logan B E. Microbial fuel cells[M]. New York：John Wiley & Sons，2008.

[31] Oh S，Min B，Logan B E. Cathode performance as a factor in electricity generation in microbial fuel cells. Environmental Science & Technology，2004，38（18）：4900-4904.

[32] Oh S E，Logan B E. Proton exchange membrane and electrode surface areas as factors that affect power generation in microbial fuel cells. Applied Microbiology and Biotechnology，2006，70（2）：162-169.

[33] Min B K，Cheng S A，Logan B E. Electricity generation using membrane and salt bridge microbial fuel cells. Water Research，2005，39（9）：1675-1686.

[34] Wang Z H，Wang C Y，Chen K S. Two-phase flow and transport in the air cathode of proton exchange membrane fuel cells. Journal of Power Sources，2001，94（1）：40-50.

[35] Park D H，Zeikus J G. Improved fuel cell and electrode designs for producing electricity from microbial degradation. Biotechnology and Bioengineering，2003，81（3）：348-355.

[36] Liu H，Logan B E. Electricity generation using an air-cathode single chamber microbial fuel cell in the

presence and absence of a proton exchange membrane. Environmental Science & Technology，2004，38（14）：4040-4046.

[37] Westermann P，Haberbauer P，Lens M. Biofuels for fuel cells：Biomass fermentation towards usage in fuel[M]. City：IWA Publishing，2006.

[38] He Z，Wagner N，Minteer S D，et al. An upflow microbial fuel cell with an interior cathode：Assessment of the internal resistance by impedance spectroscopy. Environmental Science & Technology，2006，40（17）：5212-5217.

[39] Feng Y J，Lee H，Wang X，et al. Continuous electricity generation by a graphite granule baffled air-cathode microbial fuel cell. Bioresource Technology，2010，101（2）：632-638.

[40] American Public Health Association A W W A，Water Pollution Control Federation. Standard methods for the examination of water and wastewater，20th edn. Washington D C：American Public Health Association，1998.

[41] Liu H，Cheng S A，Logan B E. Power generation in fed-batch microbial fuel cells as a function of ionic strength，temperature，and reactor configuration. Environmental Science & Technology，2005，39（14）：5488-5493.

[42] Velasquez-Orta S B，Curtis T P，Logan B E. Energy from algae using microbial fuel cells. Biotechnology and Bioengineering，2009，103（6）：1068-1076.

[43] Logan B E，Hamelers B，Rozendal R A，et al. Microbial fuel cells：methodology and technology. Environmental Science & Technology，2006，40（17）：5181-5192.

[44] Cao X X，Huang X，Liang P，et al. A completely anoxic microbial fuel cell using a photo-biocathode for cathodic carbon dioxide reduction. Energy & Environmental Science，2009，2（5）：498-501.

[45] Wang X，Zhou L，Lu L，et al. Alternating current influences anaerobic electroactive biofilm activity. Environmental Science & Technology，2016，50（17）：9169-9176.

[46] Du Q，Li T，Li N，et al. Protection of electroactive biofilm from extreme acid shock by polydopamine encapsulation. Environmental Science & Technology Letters，2017，4（8）：345-349.

[47] Li X，Wang X，Zhang Y，et al. Opening size optimization of metal matrix in rolling-pressed activated carbon air-cathode for microbial fuel cells. Applied Energy，2014，123：13-18.

[48] 董恒. 基于活性炭的低成本、高性能微生物燃料电池空气阴极研究[D]. 天津：南开大学，2013.

[49] Bond D R，Lovley D R. Electricity production by *Geobacter sulfurreducens* attached to electrodes. Applied and Environmental Microbiology，2003，69（3）：1548-1555.

[50] Popat S C，Ki D，Rittmann B E，et al. Importance of OH-transport from cathodes in microbial fuel cells. Chemsuschem，2012，5（6）：1071-1079.

第 2 章　电化学活性微生物胞外电子传递过程与调控

电活性微生物是指能够将代谢产生的电子传递到胞外电子受体或者接受来自胞外的电子并完成生理代谢过程的一类微生物的统称，近年来也有学者将此类微生物称为“电能微生物”。依赖于电化学活性微生物而建立的微生物电化学系统（MES）可以实现污染物的降解和能源资源的再生。迄今为止，虽然对于电子传递机制没有确定的描述，但一般认为电化学活性微生物可以借助细胞膜上的蛋白或者自身形成的“纳米导线”完成与特殊的“电子受体—电极”之间的直接电子传递，也可以借助可溶性的胞外电子传递中间体实现该电子交换过程。现阶段，基于模式菌株 *Geobacter* 和 *Shewanella* 的胞外电子传递机理研究取得了长足的进展，但非模式菌株和由胞外向胞内进行电子传递的机理研究较为薄弱。毫无疑问，对微生物胞外电子传递机理的深入研究将推动MES系统在实际中的应用，因而在该领域的研究中凸显重要和紧迫。本章将系统阐述已有的微生物电子转移机制方面的研究，并系统总结本研究团队近年来在胞外电子传递及种间电子传递方面的研究成果。

2.1　电化学活性微生物概述

2.1.1　阳极电化学活性微生物

目前电化学活性菌的绝大多数研究集中于异化金属还原菌属，该类微生物可以通过胞外电子传递过程还原铁、锰等金属氧化物，或者将电子传递到电极[1]。现阶段研究最为深入的异化金属还原菌是地杆菌属（*Geobacter* spp.）和希瓦氏菌属（*Shewanella* spp.）[1]。随着研究的不断深入，越来越多的电化学活性微生物被发现，主要属于革兰氏阴性菌（G^-）的变形菌门（Proteobacteria），包括 α-，β-，γ-，δ-和 *Epsilonproteobacteria*。此外，厚壁菌门（Firmicutes）和酸杆菌门（Acidobacteria）也有个别微生物被证实具有电化学活性。

1）希瓦氏菌属（*Shewanella* spp.）

属于变形杆菌纲（Proteobacteria）的γ亚纲的希瓦氏菌属（*Shewanella*）是最早用于MES的电化学活性菌。其中*Shewanella oneidensis*是研究最为广泛的电化学活性微生物模式菌之一[2]。该属是1988年在美国纽约州的奥奈达湖中分离得到的，并且以发现地命名。韩国科学与技术研究院金炳宏等[3]将希瓦氏菌（*S. putrefacians*）MR-1、IR-1和SR-21接种于以乳酸为基质的MES，系统中观测到较小电流。奥奈达希瓦氏菌（*S. oneidensis*）的胞外电子传递机理和*S. putrefacians*相似，也以乳酸盐为底物进行胞外电子传递。

*Shewanella*是兼性微生物，对各种各样的环境的适应能力较强。因此，*Shewanella*的纯菌株的分离以及培养一般在有氧条件下进行就可以实现。尽管希瓦氏菌可以从诸如水体沉积物等发生Fe（Ⅲ）和Mn（Ⅳ）还原的环境中分离得到，但能从一个特别的环境中分离纯化出微生物并不意味着该菌就在这种环境中起着关键作用[1]。研究表明，希瓦氏菌在各种Fe（Ⅲ）和Mn（Ⅳ）的还原环境中并不是优势菌株[4]。例如，水下沉积物以及各种地下环境，甚至是用专门设计的检测希瓦氏菌的高度敏感的PCR引物都没有检测到这些环境中存在希瓦氏菌。此外，希瓦氏菌对电子供体的代谢也有限，据目前所知希瓦氏菌还不能利用乙酸盐，该盐在很多环境中都是关键的支持Fe（Ⅲ）还原的电子供体；对于多碳有机电子供体的利用也仅限于乳酸盐和丙酮酸盐，而这两种盐在有机物的厌氧降解中不可能是重要的自由中间产物。此外，这些多碳底物也只是被不完全氧化为乙酸盐，因此，希瓦氏菌从这些底物中传递给Fe（Ⅲ）的电子还不到潜在的一半，其竞争力远低于完全氧化底物来还原Fe（Ⅲ）的其他微生物。

2）地杆菌属（*Geobacter* spp.）

*Geobacter*菌属是最早被发现具备电化学活性的微生物，它也属于变形杆菌纲（Proteobacteria），在环境中更多地存在于土壤和水体底泥中的厌氧区域。1987年，Lovley等从华盛顿特区的波托马克河（Potomac River）的底泥中分离出获得厌氧菌硫还原地杆菌（*G. metallireducens*），这株具有固体Fe（Ⅲ）还原特性的微生物奠定了电化学活性菌分离的基础[5]。

*G. sulfurreducens*是以Fe（Ⅲ）还原能力为指标通过平板分离法最早分离得到的异化金属还原菌[6, 8]。在MES中，电化学活性较高的混合菌群中的优势菌种往往被发现也是*G.sulfurreducens*[6, 7]，该微生物能在完全氧化有机底物的过程中依靠产生导电性能类似金属的“纳米导线”定向地将电子传递至电极。这些特性使*G. sulfurreducens*占优势的阳极生物膜能有效地传递电子到阳极，从而使MES获得高的胞外电子传递能力。在MES系统中，*G. sulfurreducens*纯培养和驯化得到的*G. sulfurreducens*占优势的混合培养均具有相当的电化学活性，从而使得*G. sulfurreducens*逐渐成为研究胞外电子传递机制的生物学材料。但是，最早发现的*Geobacter*菌属的另一菌种——金属还原地杆菌（*G. metallireducens*）在MES群落分析中并不常见，这很有可能是因为该菌种生长所需要的是严格厌氧环境是采用空气阴

极的MES很难保持的。

3）其他阳极电化学活性微生物

铜绿假单孢菌（*Pseudomonas aeruginosa*）的纯培养物能单独进行胞外电子传递，但胞外电子传递能力比混菌培养条件下低。该菌株的胞外电子传递是通过自分泌可溶性吩嗪类电子传递介体完成的，这类介体能辅助*P. aeruginosa*和群落中的其他微生物将电子传递到电极[9]。红育菌（*Rhodoferax ferrirducens*）是一类从底泥表面分离得到的铁还原细菌，其本身不能利用葡萄糖作为碳源生长，但在MES中能以葡萄糖、果糖、蔗糖和木糖作碳源进行胞外电子传递，这说明自然界中异化金属的还原过程和电化学过程并不完全相同[10]。在MES中，硫酸盐还原菌（*Desulfobulbus propionicus*）能利用乳酸、丙酸及乙醇等多种小分子有机物作为电子供体并通过将电子传递至不溶性受体获得生长能量[11]。在双室空气阴极MES中，乙酸氧化脱硫单胞菌（*Desulfuromonas acetoxidans*）可以获得的功率密度与底泥MES相当[12]。外加介体2，6-双磺酸蒽醌的加入可以将功率提高24%，这表明*D. acetoxidans*自身的胞外电子传递能力已接近这个实验装置的极限胞外电子传递能力。在2005年，Bond和Lovley发现了变形菌门外能耦合将底物氧化过程与胞外电子传递过程的电化学活性微生物地发菌（*Geothrix fermentans*）[13]。*G. fermentans*的电子传递机理与*P. aeruginosa*一样，均是通过自身分泌的电子介体传递电子到电极。

研究人员利用传统平板分离技术从MES的阳极微生物中筛选获得电化学活性微生物（*Geopsychrobacter electrodiphilus*）。该菌株具有丰富的细胞色素c，可以耐受的温度范围很大，在4～30℃之间都可以生长，能利用乙酸、氨基酸、长链脂肪酸等有机酸和芳香族化合物生长[14]。Pham等[15]用同样的方法从MES中分离得到一株电化学活性菌嗜水气单胞菌（*Aeromonas hydrophila*）PA3。沼泽红假单胞菌（*Rhodopseudomonas palustris*）DX-3是第一株被报道具备胞外电子传递能力的光合细菌，其胞外电子传递能力略高于混菌，所在系统的最大功率密度可以达到2.7W/m^2[16]。从酸性MES中分离得到的布氏弓形菌（*Arcobacter butzleri*）能在pH=5.6的环境中进行胞外电子传递，是*Epsilon*变形菌纲中第一株被证实具有电化学活性的微生物[17]。虽然通过传统的平板分离法获得了一些电化学活性微生物，但是平板并不能完全模拟MES电化学行为。2008年，Zuo等[18]设计了U-tube装置，采用连续稀释的方法，直接从MES中分离得到苍白杆菌（*Ochrobactrum anthropi*）YZ-1和可以同步降解纤维素进行胞外电子传递的阴沟肠杆菌（*Enterobacter cloacae*）FR。

南开大学周明华等[19]由微生物燃料电池中分离得到一株革兰氏阳性电化学活性菌（*Tolumonas osonensis*），该菌可以利用乙酸钠作为电子供体，并可以在微生物燃料电池中获得424mW/m^{2}的对外输出功率密度。*Enterococcus faecalis*也是一株革兰氏阳性菌，该菌被发现同样具有电化学活性[20]。此外，厚壁菌门微生物也是革兰氏阳性菌，因此，厚壁菌门的电化学活性微生物是研究革兰氏阳性菌胞外电子传递机制非常好的微生物资源。目前关于该门类电化学活性微生物的研究主要集中在产芽孢细菌（*Clostridium* spp.）和*Thermincola* spp.。*Clostridium* spp.的胞外电子传递能力比混菌要小很多，但是这类细菌能利用的底物范围较广。拜氏梭菌（*C. beijerinckii*）和丁酸梭菌（*C. butyricum*）可利用葡萄糖、糖蜜、淀粉等多种底物进行胞外电子传递[15]。*Thermincola* spp.是嗜热MES中的优势菌属，其中*T. potens* strain JR是从嗜热MES中筛选得到的分离菌株[21]。以*T. potens* strain JR和*T. ferriacetica* strain Z-0001为模式菌株研究革兰氏阳性菌的胞外电子传递机理，证明其是通过短距离直接接触传递电子，即当细胞与电极直接接触时胞内的电子传递到电极[22]。

2.1.2　阴极电化学活性微生物

最早的MES研究大多采用的是空气阴极，氧气作为电子受体接收来自阳极的电子和质子[23]。后面的研究发现，如果电极电势足够低，则电极上的电子会通过产生氢气或其他的电子载体间接地传递给微生物，微生物可以用电极还原的蒽醌-2，6-二磺酸（AQDS）或是甲基紫罗碱作为电子供体来分别催化还原高氯酸盐和三氯乙烷[24]，这些都是微生物间接利用电极电子的例子。也有一些微生物还可以直接从电极表面获得电子。电极直接传递电子给微生物的现象首先在*Geobacter*属内被观察到，它们能利用电极作为电子供体还原延胡索酸盐、硝酸盐或铀（Ⅵ）。微生物利用电极作为电子受体催化还原硝酸盐、铀和氯化物等，相比传统的生物修复方式，具有潜在的优势。

即使在以氧还原主导的化学阴极中，虽然可能的电子受体有氧气和质子，但在阴极表面附着生长的生物膜能促进氧气的还原，只是还没有找到表明该过程为微生物利用电极电子进行呼吸还原氧气的直接证据，可能还存在其他的耦合机制。还原质子产氢代表了一个潜在的能源产生途径，利用处于低电势的电极能富集出产氢能力更高的微生物，表明该途径能选择到质子还原菌。此外，微生物也可以直接接受来自阴极的电子可以用以合成一些诸如甲酸、乙酸、乙醇等高附加值的化学物质或者能源物质，即微生物电合成技术（microbial electrosythesis）。因为该技术可以将二氧化碳还原为能源物质或化学物质，其在二氧化碳固定领域极具应用潜力。

但是，现阶段关于微生物如何从阴极接受电子的研究较少。对*Geobacter*的研究表明，其外膜上的关键蛋白细胞色素c对于电子的传递具有可逆性，这一结果说明微生物进行胞外电子传递，无论是电子由胞内流向胞外还是由胞外流向胞内都可能依靠同一条电子传递途径[25]。也有研究指出*Shewanella*从电极接受电子可能也是依靠了其将电子从胞内传递到胞外的Mtr途径，其蛋白CymA和胞内的甲基蒽醌类电子传递物质在该电子传递途径的可逆转性中发挥着重要作用[26]。总体而言，现阶段关于该电子传递机理的研究仍较为薄弱，需要进一步从分子水平上阐明微生物接受电子的机理，以促进该技术在实际中的应用。

2.1.3　电化学活性微生物的分离与鉴定方法

1）电化学活性微生物的分离

利用电化学活性微生物纯培养开展相关研究可以极大地简化研究体系，排除其他微生物的影响，再进一步结合以基因和蛋白为基础的生物信息学研究，则可以探究微生物的生化反应的机理[27]。建立电化学活性微生物分离方法，才可以获得进行机制研究的生物学材料，进行电子传递机制研究，电化学活性微生物的分离显得格外重要。为实现电化学活性微生物的分离，需要在选择合适的培养基的基础上，优化温度、pH、溶解氧等培养条件，依据具有的胞外电子传递特性采用特殊的选择性培养基或分离得到。早期的分菌工作基本是用传统的以三价铁作为电子受体的平板分离法进行的，目前应用的培养基主要有利用有机碳源的培养基和利用铁锰氧化物作为电子供体和电子受体的培养基等。1987年，Lovley等[5]从Potomac河的底泥中利用选择性培养基首次分离得到电化学活性菌*Geobacter metallireducens* GS-15，所用的选择性培养基分别以乙酸钠和无定形铁氧化物作为电子供体和电子受体。1988年，Nealson等[28]在纽约市的奥奈达湖底泥中首次分离得到了*Shewanella oneidensis* MR-1。当时，该纯菌富集分离所用到的培养基为LO培养基，利用琥珀酸盐或者醋酸盐作为电子供体，而利用MnO_2作为电子受体。哈尔滨工业大学邢德峰教授与Bruce Logan教授合作在2008年利用以无定形三价铁氧化物为电子受体的培养基，从MEC的阳极上分离获得了一株电化学活性菌*Rhodopseudomonas palustris* DX-1[16]。

对于电化学活性微生物的分离，还可以利用传统的基础培养基进行[27]。但是传统培养基不具备选择性，因为需要提前对所分离的微生物进行富集，而MES系统中的阳极则可以作为很好的电化学活性微生物富集场所。比利时根特大学的Korneel Rabaey教授[9]在2004年利用基础培养基从微生物燃料电池的阳极微生物中成功分离出具有电化学活性的*Pseudomonas aeruginosa*。2009年，哈尔滨工业大学邢德峰教授等合作同样从MES系统的阳极分离得到电化学活性菌*Comamonas denitrificans*。分离该菌所用的培养基即传统的基础培养基，MES系统起到了电化学活性菌的富集作用。该研究指出这一电化学活性菌不能利用铁氧化物作为电子受体，只能利用电极作为电子受体完成胞外电子传递过程[18]。利用传统基础培养基进行分离电化学活性微生物的缺点是增加了后续的电化学活性分析工作。

大部分的电化学活性微生物是基于培养基分离技术分离获得的。培养基分离技术操作简便，但很多电化学活性菌通过平板筛选技术是不可培养的，因而会漏筛很多高电化学活性的电化学活性菌。因此直接从MFC反应器中筛选电化学活性菌可能是一种最佳的方法，例如U型管反应器稀释分离法。如图2-1所示，U型管反应器由两段玻璃管构成的U型MFC反应器，其阳极为碳纤维布，阴极为铁氰化钾溶液阴极，阴阳极室由阳离子交换膜隔开，U型管两段由橡胶塞密封，保持阴阳极室与空气隔绝和无菌环境。通过不断稀释和接种操作，利用U型管MFC逐步筛选分离电化学活性菌，U型管MFC同时作为菌株电化学活性的监测分析方法。

总之，对于电化学活性微生物的分离，需要根据具体微生物群落的功能和生长特点等，合理地设计相应的选择性培养基，从而从目标群落中获得相应的电化学活性菌株[27]。许多异养型微生物对营养物质的要求比较严苛，因而在选择性培养基中就必须添加相应的特殊营养物质。对于无法利用培养基进行筛选的电化学活性微生物则可以选择利用MES系统，原位地进行电化学活性菌的筛选分离。具体的分离纯化方法则有稀释平板法、固体/液体稀释摇管法和厌氧滚管法等。

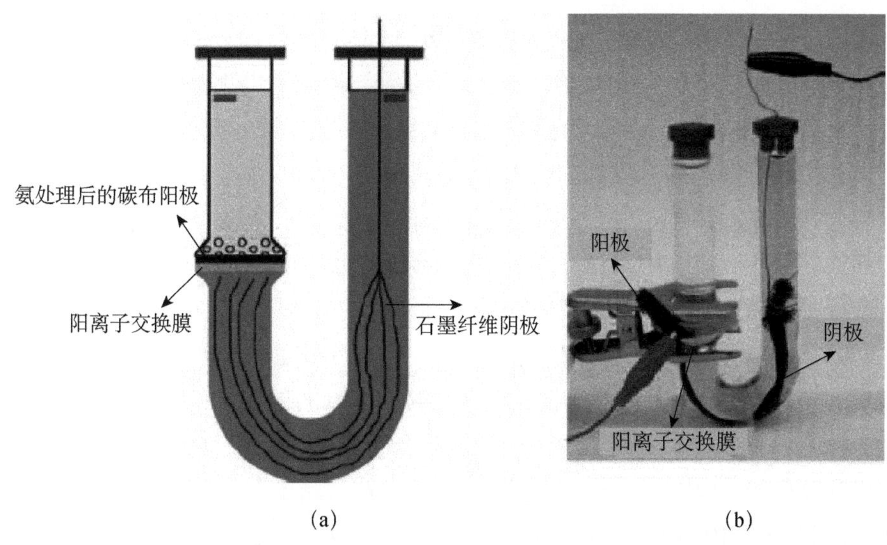

(a)　　　　　(b)

图2-1　用于不可培养电化学活性菌分离筛选的U型管反应器[18]

除了选择合适的分离方法之外，培养条件也是不可忽视的重要影响因素。不同的pH、温度和溶解氧等条件下，不同微生物在同一培养基中的生长速度可能存在明显差异，培养条件选择不合理则可能导致目标电化学活性菌不能被筛选分离出来。因而，在利用培养基进行电化学活性菌的分离之前，需要通过一定的预实验确定最佳的培养条件，以利于电化学活性菌的分离。最佳培养条件的确定则可以借助于PCR-DGGE技术检测目标微生物的相对丰度，作为最佳培养条件确定的重要指标。

2）电化学活性微生物的鉴定

对于分离得到的菌株，需要通过生物学的方法进行分类鉴定。电化学活性微生物的鉴定除了包括一般的形态学鉴定、生理生化指标鉴定和分子生物学鉴定外，还包括电化学活性鉴定。

微生物的形态学鉴定需要借助光学显微镜和电子显微镜进行，光学显微镜可以对微生物的形状、大小和染色情况等进行简单的观察，而电子显微镜分为扫描电子显微镜和透射电子显微镜。细菌的大小、形状和一些细菌的附属结构等都可以通过扫描电子显微镜进行观察。而利用透射电子显微镜则可以观察到细菌内部的细微结构。近年来，原子力显微镜也被用来对电化学活性微生物进行观察。在2005年科学家利用原子力显微镜观察到*Geobacter*的鞭毛结构，并证明了该菌利用这类鞭毛结构实现向电极的直接电子传递过程[29]。不同微生物的生理生化指标之间一般存在着一定的差异，比较这些生理生化指标是进行微生物鉴定的重要基础方法。微生物生理特性的主要指标有生长温度、生长pH、运动性、氧化酶、接触酶、水解纤维素和水解淀粉等。用于微生物菌体鉴定的生化指标主要有呼吸醌、脂肪酸和极性脂三种[30]。

生物的核糖体RNA（rRNA）基因既有保守性又有可变性。保守性反映生物物种的亲缘关系，可变性则揭示生物物种的进化差异。因此rRNA基因可用于生物物种的分子鉴定，也是微生物进行分子生物学鉴定的主要方法[27]。目前，菌株的分子生物学鉴定方法的主要流程一般包括DNA的提取、PCR扩增、扩增产物克隆测序和测序对比与结果提交四个步骤。该技术目前比较成熟，一般认为16S rRNA基因序列同源性不小于97%即可归为同一物种。虽然基于rRNA基因的分子生物学鉴定可以用于菌株的快速鉴定，但是其在邻近种水平上区分不同菌株的能力则较为有限。为区分邻近种细菌，基于不同微生物代谢产物和生化指标不同，则可以选用相应的生理生化进一步区分所分离的微生物。此外，为更加高效地区分邻近菌种，还可以应用DNA/DNA同源性测定的技术[27]。

微生物的电化学活性表征包括计时电流法、循环伏安法和化学方法。计时电流法是一种向工作电极施加一定的电压，通过测定电流响应随时间的变化进行分析的方法。在构建了MES系统后，在工作电极施加一定的工作电压，在微生物和电极之间形成一定的电势差，为电极和微生物之间的电子交流提供电化学动力。通过分析MES系统中的电流响应随时间的变化图以确定微生物的电化学活性。计时电流法分析微生物的电化学活性，施加于工作电极上的电极电势的选择是关键。Schroder等[31]的研究结果发现，随着电极电势的增大，*Shewanella putrefaciens*在MES体系中产生的电流密度就越大。

循环伏安分析也可以用于微生物的电化学活性鉴定。作为一种常见的电化学分析技术，该技术可以同时反映电极和微生物之间进行电子传递的热力学和动力学信息，常被用于研究微生物和电极之间的界面电子传递过程。循环伏安分析可以反映微生物/电极界面电子传递过程的一些重要信息，包括：氧化还原反应的电位及可逆性，底物的传质过程和电子传递中间体的吸附和扩散过程等[27]。当目标测定物质浓度较低时，或者一些诸如氧气的电解电流或双电层电流等干扰电流较大时，循环伏安分析的应用则会受到限制，此时微分脉冲伏安法和方波伏安法则可以用于测定其中体系中的微量成分。

中科大俞汉青教授课题组[32]在2013年提出了一种利用电还原变色材料WO_3作为探针监测所分离微生物的电化学活性，将待测定微生物置于含有WO_3的培养液中，通过观察培养液颜色的变化，可以在5min内鉴定出相应微生物是否具有电化学活性。该鉴定方法简单易行，可以作为微生物电化学活性分析的前期筛选方法。

2.2 胞内呼吸链的电子传递过程

在MES反应器内部，附着生长在阳极表面具有胞外电子传递能力的电化学活性微生物在氧化有机物的同时产生电子和质子。电子在一系列的呼吸酶的催化作用下在细胞内传递，于呼吸链末端特定某些点位［如细胞色素c（Cyt. c）］将电子传递到阳极表面，同时释放质子。细菌呼吸的过程就是电子转移的过程，电子传递过程伴随着ATP的产生，细菌在电子传递过程中获得生长和代谢的能量，电子通过外电路传递到阴极的同时，质子透过阳离子交换膜（cation exchange membrane，CEM）或者直接穿过电解液扩散到阴极室。在阴极表面，电子、质子和电子受体反应，最终生成稳定的还原产物，从而完成了整个能量转化的电化学过程。

微生物体内的能量代谢来自呼吸链的电子传递过程，电子传递所产生的跨膜质子梯度是推动ATP合成的原动力。呼吸链上的电子传递体在细胞膜上按电势由低到高的顺利依次排列，下级电子传递体接受上级传来的电子而被还原，又被下下级电子传递体氧化而失去电子，从而实现电子的定向传递，同时伴随着质子的跨膜转移。其中电子传递体包括NADH脱氢酶、辅酶Q和细胞色素等。

最早，韩国科学技术研究院金炳虹等以混合污泥接种的MFC为对象，研究了胞外电子传递与呼吸电子链的关系，得到电子传递模型如图2-2所示。他们观察到MES中电流会被多种电子呼吸链的抑制剂所阻断。当加入鱼藤酮（rotenone）时输出电流明显降低，鱼藤酮是复合体Ⅰ、Ⅱ、Ⅳ的专性抑制剂，可阻断电子由NADH向辅酶Q传递；在加入HQNO和*p*-CMPS之后，体系的输出电流也会迅速减小，这说明抑制辅酶Q和细胞色素b将阻断电流，这两种电子传递体也是正常胞外电子传递所必需的；而加入抗霉素A（antimycin A）、叠氮化钠（azide）和氰根（cyanide）时电流基本不变，这说明微生物至电极的传递位点已先于末端氧化酶细胞色素aa3，对于它们的抑制不会影响到电子向电极的传递[34]。

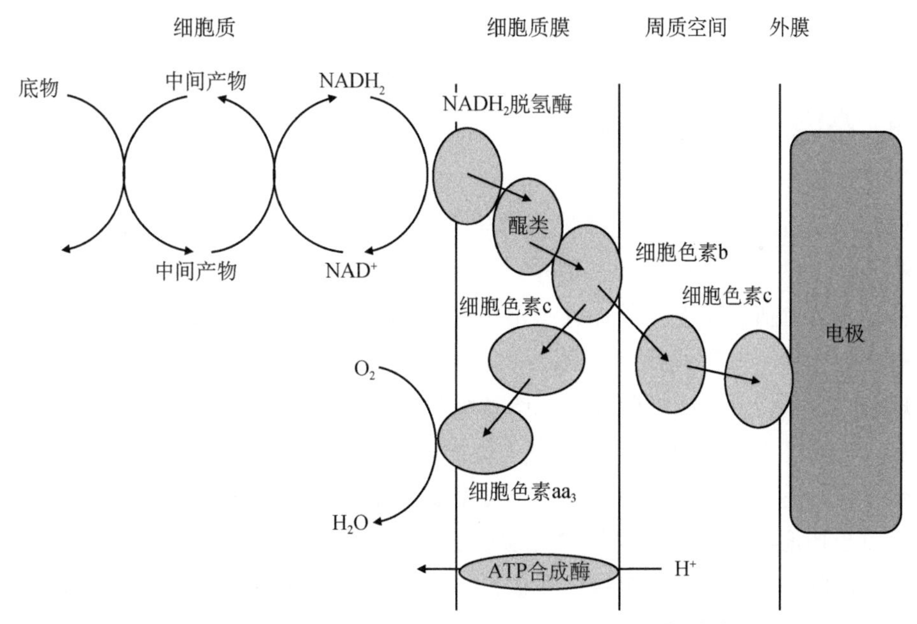

图2-2　通过呼吸链抑制研究给出的电子传递模型[33]

基于典型电化学活性菌*G. sulfurreducens*的全基因组序列已完成，Lovley等[35]使用基因工程技术敲除呼吸链上相关的电子传递体的基因进行胞外电子传递途径的研究。发现敲除外膜细胞色素c中编码OmcS、OmcE、OmcF等对应的基因后，电流明显减小，此研究证明了MFC中阳极接收的电子来自电化学活性菌呼吸链的传递。

研究阳极室柠檬酸铁、氢氧化铁（固体）和硫酸钠等电子受体瞬间投加的试验，发现投加可溶性柠檬酸铁的实验组阳极电势迅速升高，而投加固体氢氧化铁和硫酸钠的试验组电势基本不变。阳极电势升高说明本来应该传给电极的电子传到了其他电子受体上，其示意图如图2-3所示。通过以上分析可知：在MFC中，电化学活性菌向阳极传递电子是呼吸链的延续，微生物把阳极作为其替代的电子受体进行能量代谢以满足生长等各种生理活动的需要。

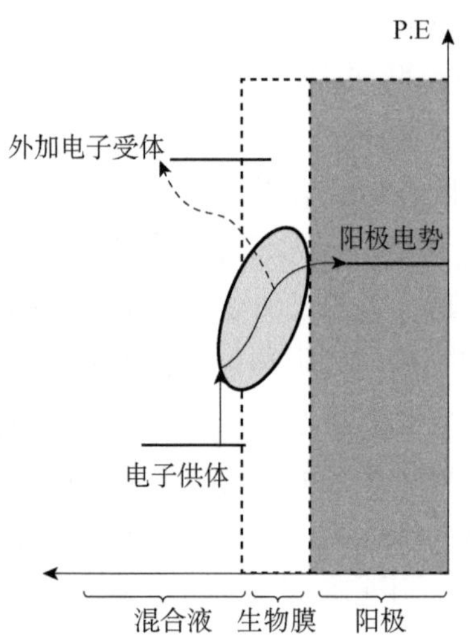

图2-3 外加电子受体对胞外电子传递的影响[34]

2.3 胞外电子传递机理

早期的MES需要外加人工电子穿梭体辅助微生物进行胞外电子传递，常见的电子穿梭体有甲基紫精、中性红和硫堇等。但是，这些电子穿梭体往往是不稳定和有毒的，在实际工艺中不具应用价值。在无需外加人工电子穿梭体的MES中，目前研究人员一般认为微生物传递电子到电极有三种途径[36]（图2-4）。①微生物和电极表面间，通过氧化还原活性蛋白进行短距离电子传递，如细胞外膜上或者胞外矩阵中的细胞色素c；②导电性生物膜内，通过具有导电功能的菌毛进行长距离电子传递；③通过细胞自身分泌的可溶性电子穿梭体传递电子。在细胞外膜，氧化性的穿梭分子得到细胞释放的电子被还原，随后还原态的穿梭分子将电子传递给电极。生物膜中外层细胞的电子经由纳米导线传递至内层后，再由短距离电子通过胞外色素传递给电极。下面详细介绍的硫还原地杆菌*G. sulfurreducens*，是所

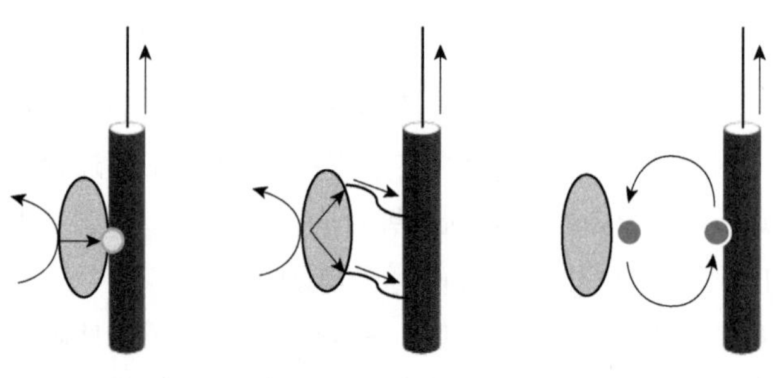

图2-4 微生物传递电子到电极的可能的三种途径

有纯菌中微生物电化学活性最高的，而且往往是高电化学活性混菌中的优势种群，它传递电子的方式包含了上述的两种途径，即通过胞外细胞色素c在生物膜和电极间短距离传递电子和通过跨越厚的导电性生物膜进行长距离传递电子。

2.3.1 依靠细胞色素的直接电子传递

细胞膜上相关的电子转移过程，即氧化还原过程，是通过参与电子传递呼吸链的物质进行的。这些物质如细胞色素c，可以自由往返于胞内和细胞膜表面，当菌体与电极接触时它们就可以作为电子中介体向电极转移电子[37]。多种微生物都能通过直接接触传递的方式完成胞外电子传递。研究人员以硫还原地杆菌（*G. sulfurreducens*）为模型广泛地研究了这种直接电子传递的机理。早期的研究表明，地杆菌不依赖电子穿梭体可以还原Fe（Ⅲ）氧化物，在MES中胞外电子传递的过程也不涉及电子穿梭体[38]，随后的电化学研究进一步证实了这一机理[39]。*G. sulfurreducens*有多种细胞色素c，其中很多暴露在细胞外膜上[40]，研究表明纯化的外膜细胞色素c能在体外还原胞外电子受体[41]。基因敲除研究表明，电化学活性微生物正是依靠这些细胞色素c将电子传递给胞外电子受体。关于*G. sulfurreducens*阳极生物膜的研究已经证实细胞色素c与阳极间有电子交换[42]。当细胞色素c与电极间的距离足够近，电子能直接从细胞色素c传递到电极，因此，细胞色素c的功能就是连接细胞与电极间的电化学阀门[43]。通过比较阳极细胞和非阳极细胞基因表达的情况，研究人员可以确定几种可能帮助*G. sulfurreducens*实现和电极间电子交换的外膜细胞色素c。其中OmcS在较薄生物膜能产生低水平的电流过程中发挥作用，而OmcZ似乎是产生较高胞外电流的生物膜中最重要的细胞色素[44]。

除地杆菌属的微生物外，令人惊奇的是G^+的*Therminocola*菌属的微生物也能通过与电极直接接触传递电子。*T. potens*中大量的细胞色素c与该微生物的胞外电子传递有关。研究发现只有与电极直接接触的*T. potens*细胞才能参与电流的产生，这说明*Therminocola*不具备长距离电子传递能力[22]。

2.3.2 通过“纳米导线”的直接电子传递

与电极直接接触的胞外电子传递方式只允许单层细胞进行电子传递，其胞外电子传递的能力受电极与微生物接触表面积的限制。相关研究发现导电性生物膜能产生更高的电流密度，因为这种方式允许距离阳极有多个细胞长度的微生物也能参与电流的产生过程[45]。2005年，Reguera等[29]在《自然》杂志上报道了*G. metallireducens*能够附着在阳极表面，并通过胞外“纳米导线”进行电子传递。这种菌产生的“纳米导线”与三价铁氧化物直接接触，可以将Fe（Ⅲ）还原成Fe（Ⅱ）；而不能产生该“纳米导线”的突变菌株则不具有三价铁还原性。在此之前，研究都认为几乎所有的微生物的生物膜都是绝缘体而不是电的导体，导电性生物膜是一个存在争议的新概念。

在硫还原地杆菌（*G. sulfurreducens*）阳极生物膜的研究中第一次提出可能存在导电性

生物膜，随后研究者利用传导探针–原子力显微镜揭示了*G. metallireducens*的周生“纳米导线”具有良好的导电能力[46]，已知的证据表明生物膜的导电性来源于菌毛的致密网络。*G. sulfurreducens*的菌毛具有和金属类似的导电性。*G. sulfurreducens*的菌毛大致的尺寸为3～5nm宽和10～20μm长，这和其他的Ⅳ型菌毛相类似，但是到目前为止只有*G. sulfurreducens*的菌毛被证实具有导电性。基因表达和敲除实验显示，高电化学活性的*G. sulfurreducens*生物膜必须依赖OmcZ和菌毛，加之OmcZ分布于生物膜/阳极的界面，表明这是一个两相电子传递过程，存在沿着菌毛网络在生物膜中长距离电子传递和OmcZ辅助电子从生物膜传递给电极的过程[47]。生物膜长距离电子传递的模型提出增大生物膜导电性可能是提高电流产生的途径。比较*G. sulfurreducens*不同菌株的生物膜导电性（直接测量）和其在MES中的胞外电子传递能力证实生物膜的导电性和其胞外电子传递能力直接相关[48]。

研究还发现，光合藻青菌、*Synechocystis* PCC6803和嗜温发酵细菌（*Pelotomaculum thermopropionicum*）同样能够产生“纳米导线”类的菌毛，这表明了该菌毛附属物并非异化金属还原菌独有的结构，而它的出现则是常见细菌为了传导电子和分配能量而采用的一种策略[49, 50]。已知*G. sulfurreducens*的菌毛具有电传导性，且组成*G. metallireducens*菌毛的关键基因PilA在胞外电子传递过程中发挥了重要作用[51]，然而其他微生物的菌毛电传导性仍需进一步的研究。

2.3.3 通过电子穿梭体进行的间接电子传递

根特大学Korneel Rabaey等分离得到一株能够自身产生电子中介体的微生物*Pseudomonas aeruginosa* strain KRP1，这株细菌通过绿脓菌青素（pyocyanin）和吩嗪-1-酰胺（phenazine-1-carboxamide）向电极进行电子传递[52]，而阳极的存在促进了脓菌青素的产生。缺乏合成绿脓菌青素和吩嗪-1-酰胺能力的菌株则不能传递电子，与原始菌株相比只获得了5%的胞外电子。加入绿脓菌青素之后，胞外电流恢复到原来的50%。绿脓青菌素不仅能被*P. aeruginosa*利用来提高电子传递效率，而且能提高其他细菌的电子传递能力。通过计算，在MES中的绿脓菌青素被微生物回收再利用的速率是大约每天11次[53]。

多种G^-和G^+微生物都有产生电子穿梭体的能力，促进电子传递至电极，例如奥奈达希瓦氏菌（*S. oneidensis*）能分泌黄素作为穿梭体[4]。通过电化学手段的研究，黄素在促进*S. oneidensis*电子传递中所起的作用已经被充分阐明。*S. oneidensis*在细胞外膜通过细胞色素c蛋白MtrC将电子传递给黄素，MtrC是将电子从周质传递到外膜的多蛋白电子传递链的一部分。此外，*S. oneidensis*主要浮游在阳极室中而不是附着在电极表面形成生物膜，这也说明其电子传递到电极的过程依赖于电子穿梭体。微生物通过电子穿梭体途径产生的电流要远低于通过导电性生物膜长距离传递电子方式产生的电流。这是因为前者的胞外电子传递能力受电子穿梭体扩散系数的限制。尽管电子穿梭体途径在密闭的实验室体系中或许是有效的，但是在开放环境中，这种过程易遭受微生物–电极界面上电子穿梭体的浓度损失，这可能也是希瓦氏菌不是开放环境中电化学活性群落的重要组成的原因。

2.4　微生物/电极间电子传递过程及调控

阴阳极是MES的动力中心，MES输出的胞外电子来自发生在阴阳极的氧化还原反应。电极反应释放的能量，一部分被微生物利用用于自身的代谢和生长，另一部分则通过外电路负载进行收集利用。探究MES中电极和电化学微生物之间电子传递的规律是进一步提高MES功率输出的基础。

2.4.1　电极电势调控微生物/电极间电子传递过程

向阳极施加正电位可以提高沉积物MFC的电流响应。我们将阳极电位恒定在+200mV（vs. Ag/AgCl）可以显著地提高系统的胞外电流输出[54]。这一强化作用首先归因于阳极电位变化导致的势能变化。在吉布斯自由能的公式中 $\Delta G = -n\Delta EF$ ，ΔE 为电子供体和电子受体之间的氧化还原电位差，F 为法拉第常数，n 为氧化还原过程中转移的电子数。我们可以用电位差代表电子传递所需的势能（图2-5），这里 ΔE_1 表示葡萄糖氧化的势能，即氧化葡萄糖的推动力。ΔE_2 反映了电子从细菌传递到阳极所需的势能，ΔE_3 则为电子在外电路中传递所需要的势能。在忽略阴阳两极的过电位的情况下，阳极电位的变化会导致底物氧化推动力的变化。

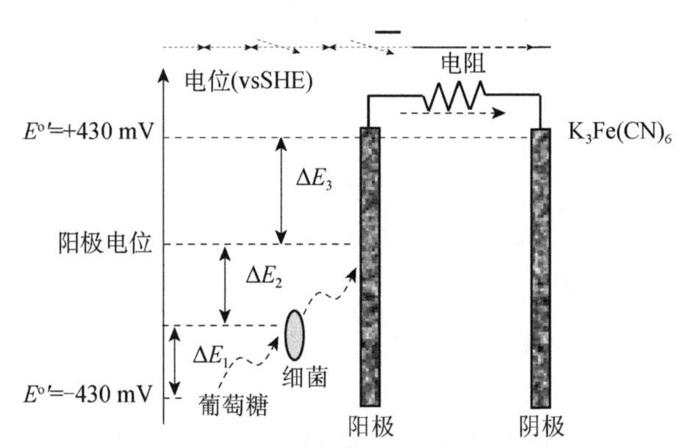

图2-5　MFC中电子由电子供体终端（葡萄糖）传输到电子受体终端[$K_3Fe(CN)_6$]的电位升高示意图[54]

调控阳极的电位除了能够提高阳极的电化学活性，还可以缩短启动时间。首先，MES的阳极生物膜充当了底物氧化的催化剂，然而这些电化学活性菌自身也需要能量维持生命活动。研究显示，恒定的阳极电位越高，等量的底物被氧化的条件下，细菌获得的能量就越多。其次，电极的表面电荷状况会影响到电化学活性菌的附着。恒定为正电位阳极电极表面正电荷较多，在表面正电荷的静电吸引作用下，带有负电荷的革兰氏阳性菌更容易附着于阳极表面，有利于稳定阳极生物膜的形成。

最后，阳极电位还会影响电子在气态代谢产物、外电路和细胞生长之间的分配。根据

电子平衡有

$$Q_{th} - Q_G - Q_R - Q_M - Q_H = 0 \tag{2-1}$$

式中，Q_G为用于微生物生长的电量，Q_{th}为基于COD去除（ΔCOD，mg/L）计算得到的周期内理论电子转移总量，Q_R为实际外电路转移的总电量，Q_M为生成甲烷转移的电量，Q_H为生成氢气转移的电量。

图2-6中可以看出，在低阳极电位下，气态产物中明显含有甲烷和氢气。阳极电位控制在−400mV时，产甲烷和产氢过程与胞外电子传递过程存在明显竞争。这个竞争主要体现在细菌是以阳极还是甲烷氢气作为电子受体的竞争。如图2-6所示，阳极电位较低时电化学活性菌氧化葡萄糖的推动力（ΔE_1）较弱，因此在与产氢产甲烷过程的竞争中处于劣势，系统转移的所有电子中，有10%和1.6%的电子分别用于产甲烷和产氢。微生物生长获得的电量占25%。当电位进一步升高至−200mV后，产甲烷过程受到明显抑制，产氢量也相应减少，分别占总电荷输出的1.5%和0.6%。此时微生物生长获得的电量比例最大（32%），表明在此电位下最利于微生物生长。

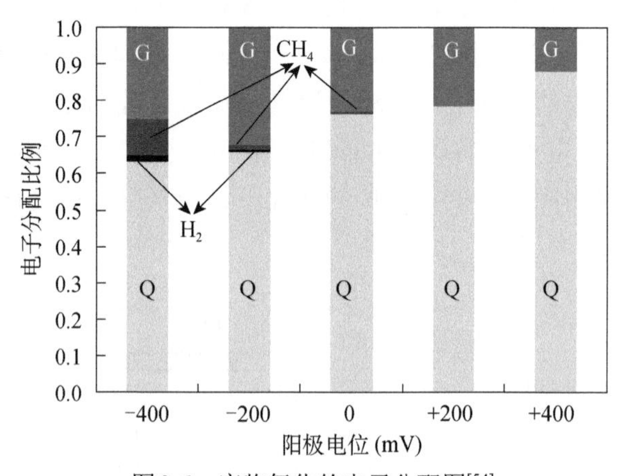

图2-6 底物氧化的电子分配图[54]

Q为电子用于外电路电子传递，G为电子用于微生物生长

阳极电位在0mV和+200mV时，用于微生物生长的电量相似，分别为23%和21%。0mV的阳极电位下还有少量的甲烷生成，但在+200mV下，产氢产甲烷过程被完全抑制，氢气甲烷均低于检出限。当阳极电位达到+400mV时微生物生长受到限制，其生长所占电量比例下降到12%。

综上所述在较低阳极电位下（−400mV），由于产甲烷和产氢作用消耗了部分电子，导致了CE较低（64%）。阳极电位升高，由于底物竞争作用，胞外电子传递和产甲烷过程被抑制。尤其是当阳极电位升高至0mV后，氢气含量低于检测限；而在+200mV电位下，阳极产生的气体中检测不到氢气和甲烷，说明较高的阳极电位能够减少发酵性气体的产生，从而提高胞外电子传递效率。这一方面可能是由于电化学活性菌与发酵细菌之间的底物竞争过程中，阳极电位的升高提高了电化学活性菌氧化底物的推动力，从而令电化学活性菌的胞外电子传递代谢方式在竞争中占优，提高了电子的利用效率。另一方面也可能是由于阳极电位的升高改变了某些发酵细菌的代谢模式。例如先前的研究表明，一些特殊的产甲烷菌在产甲烷和生长被抑制的条件下，可以使用H_2为电子供体还原Fe（Ⅲ）。

2.4.2　电极修饰强化微生物/电极间电子传递过程

研究人员采用了许多方法来促进电活性微生物和电极之间的胞外电子传递过程，其中就包括选择适宜的电极材料[55]。目前，已经采用了许多材料来作为电子接受体的材料，包括碳材料[10, 56-60]、不锈钢[61]、金属[10, 57]等。为了获得更高的胞外电子传递效率，在电极材料的选择和设计过程中，研究人员更倾向于选择那些更有利于微生物附着生长的材料、具有稳定物理化学性能的材料和有利于电子快速收集传递的材料[62]。

除了选择合适的电极材料之外，细菌和电子接受体之间的界面特性可以影响电化学活性微生物的密度和电子传递的效率，因而其对于胞外电子传递过程非常重要。随着材料科学和技术的发展，利用一些相应材料进行界面修饰成为了一个越来越重要的选择（图2-7）。一方面，材料对界面进行修饰可以形成具有很大比表面积的多孔结构，这将有利于细菌的附着和生物膜的形成；另一方面，一些过渡金属及其氧化物可以在细菌和电子受体的界面上构建氧化还原活性中心并加速界面上的电子传递效率[63]。

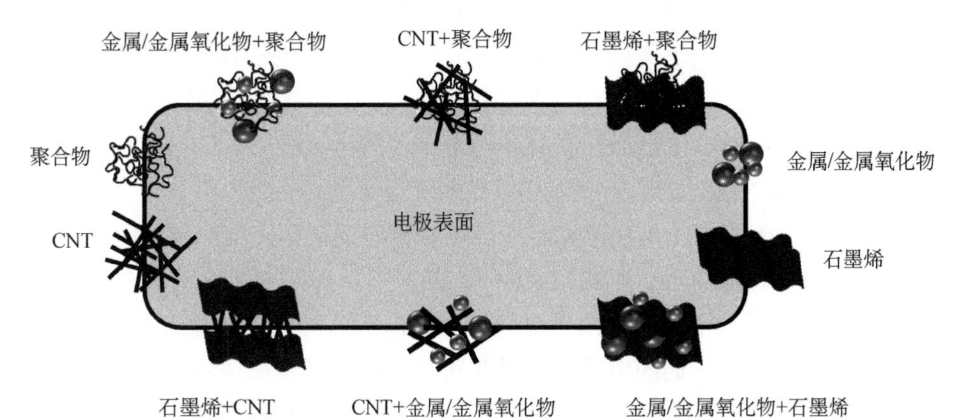

图2-7　细菌/电极界面上不同的修饰方式[64]

1）界面修饰材料的单独使用

由于CNT独特的导电和结构特点，研究人员一直以来都在研究CNT在促进阳极界面上的胞外电子传递过程方面的应用[65, 66]。研究人员可以利用CNT在玻碳电极[67]、碳纸[68]、碳布[69]和石墨电极[70]的表面构筑多孔性的阳极结构。相关的机理分析表明CNT网络结构可以充分地强化电极和细胞色素c之间的连接，并且能加强微生物在表面的附着。美国斯坦福大学的崔屹等设计并通过利用CNT进行界面修饰的方法制备了三维微孔电极，CNT可以为微生物的附着提供更多的活性位点，并且加快了电子从电化学活性微生物向阳极传递的过程[62, 71, 72]。在MES传感器研究方面，研究表明CNT修饰阳极可以通过加快微生物和电极之间的电子传递速度提高生物传感器的灵敏度[73-75]。

石墨烯有很多优良性能，其中包括良好的机械性能、很高的化学稳定性、良好的导电性和很高的比表面积[76]。研究人员可以在碳布阳极表面上通过沉积方式构筑复合的网状电极结构，以此促进微生物在电极表面的生长[77, 78]。除此以外，通过电化学剥离的方法可以在石墨电极的表面原位地形成石墨烯结构；附着了石墨烯结构的电极促进了MFC中更多电流的产生[79, 80]。通过CNT和石墨烯在MFC阳极表面的修饰可以同时增大阳极表面的比表面积和电极的导电性，而这有利于微生物在电极表面的附着和有助于加快电子从微生物向电极表面的传递。然而，虽然利用CNT和石墨烯进行阳极表面的修饰方法较为简单，但是所制备的电极的稳定性较低，而这一缺点则会限制这一类电极修饰方式在MFC中长期应用的表现。

研究人员也曾利用导电聚合物修饰MFC阳极的表面以加快微生物胞外电子传递速度。通过将导电性多孔聚苯胺（PANI）纳米结构构筑到MFC阳极的表面可以获得相比于未修饰电极更高电流的输出[81-83]。当在MFC阳极表面构筑了聚吡咯的纳米结构之后，可以获得更高的来自MFC的电流输出，同时电极的长期运行效果也更好[84-86]。在之前的研究中，聚3，4-乙烯二氧噻吩（PEDOT）可以通过电化学的方法聚合到MFC阳极的表面，进而可以将MFC的功率输出提高43%[87]。此外，聚苯胺–共氨基酚（PAOA）也可以被用来修饰碳毡阳极，MFC系统的最大功率密度相比于未修饰的阳极提高18%[88]。聚合物修饰阳极的比表面积更大、电化学活性也更强，这有利于增加微生物在电极表面的附着量也有利于微生物产生电流的收集。此外，用于聚合物修饰的电化学聚合方法调控较为方便，聚合物的高稳定性也有利于MFC系统的长期稳定运行。相比于CNT和石墨烯，导电聚合物的生物相容性也更高，这也有利于阳极电化学活性生物膜的形成。然而，相比于CNT和石墨烯，导电聚合物的导电性能较差，这会限制进一步从MFC系统获得电流的能力。

为了提高微生物胞外电子传递速度，许多重金属和金属氧化物都可以用来修饰MFC阳极的表面。研究人员利用纳米结构的MnO_2[89]、WO_3[90]、TiO_2[91]和铁氧化物[92]对MFC的阳极进行了修饰，并获得了相比于空白组更高的电流输出。这些纳米结构不仅能促进微生物在电极表面的附着，同时它们的电化学活性也可以加快电子从微生物向电极表面传递的速度。还可以在活性炭做材料的MFC阳极中掺杂进入纳米铁氧化物颗粒[93]。纳米材料的加入可以加快电子由微生物向电极的界面传递速度，进而提高了MFC系统的功率密度和电流输出。在微生物胞外电子传递的过程中，铁氧化物可以在生物膜和电极的界面形成由二价铁和三价铁构成的氧化还原对，从而加速电子由微生物向电极的传递。修饰有金纳米颗粒或者钯纳米颗粒的石墨阳极可以增加MFC的电能输出[94, 95]。此外，电化学活性微生物在金纳米颗粒修饰的电极表面更容易附着，也更容易形成阳极生物膜。然而，利用金属或者金属氧化物进行电极修饰的缺点是它不能在电极的表面形成三维的电极结构，因此不能缓解由于较厚的生物膜的形成而导致的底物传质障碍。

2）界面修饰材料的联合使用

除了界面修饰材料可以单独用于MFC阳极的界面修饰，它们也可以组合使用，保持各个纳米材料的优势同时弥补各自的缺点，因而表现出更高的对于微生物胞外电子传递的促进效果。例如，纳米材料CNT和其他纳米材料的结合使用可以保持CNT的长度优势，正如就像许多电化学活性微生物分泌的“纳米导线”一样。同时，CNT本身较大的比表面积可以为其他的纳米材料的附着提供更多的修饰位点，这些修饰又可以改善CNT的电化学活性[96, 97]。

CNT和石墨烯因其优良的导电性能、良好的稳定性和优良的生物相容性而成为近几年研究最多的纳米材料。CNT对于很多的生物电化学过程具有优异的促进微生物电子传递的优势，但它的缺点是不易于构建具有足够界面的三维结构以利于微生物的附着[98]。石墨烯则可以通过适宜的交联手段构筑具有更大比表面积的3D电极结构，石墨烯的缺点是它自身很容易在制备过程中因为其很强的范德华力而形成团聚体[99, 100]。将多壁碳纳米管（muli-walled carbon nanotube，MWCNT）像脚手架一样植入石墨烯的结构中可以构筑复合的多孔阳极[101, 102]。MWCNT的介入可以有效地阻止石墨烯的团聚同时也能像桥梁一样增强石墨烯之间的连接。这种复合的电极结构可以为微生物附着提供足够的表面积、为底物的有效传质提供足够的孔隙度以及提供更低的电子传递电阻。因而，复合电极相比于纳米材料的单独使用可以获得更高的电流输出。

石墨烯巨大的比表面积可以为金属氧化物或者金属纳米颗粒的附着修饰提供更多的位点，而金属氧化物或者金属纳米颗粒的修饰则可以增强石墨烯的生物相容性和电化学活性。研究人员利用纳米Pt和石墨烯同时修饰用作MFC的阳极，而对于该阳极的修饰加快了微生物胞外电子从细菌向电极表面传递的速度[103]。MFC的阳极也可以同时用石墨烯和导电聚合物（PANI或者PEDOT）进行修饰，并且其性能相比于未修饰或者单独纳米材料修饰的电极都要高[104-106]。石墨烯也可以与聚合物黏结剂PTFE相结合对MFC的阳极界面进行修饰进而提高了阳极收集电子的能力[107, 108]。一方面，石墨烯和导电聚合物对电极表面的组合修饰可以利用较大的比表面积促进微生物在电极表面的附着，导电聚合物也可以增强石墨烯和电极表面的结合；另一方面，石墨烯在导电聚合物中的嵌入极大地降低导电聚合物的电阻，并可以促进三维电极结构的形成，这有利于底物和离子在生物膜中的传质。

聚乙烯亚胺（PEI）[109]，聚吡咯（PPy）[110]，聚苯胺（PANI）[111]和聚乙烯醇（PVA）[112]可以同时和CNT一起来修饰生物电化学系统中的阳极表面。CNT在聚合物基体中的分布有助于形成三维的材料结构同时能够降低阳极的电阻。CNT在其中发挥了一种骨架的作用；这种联合使用的策略可以避免单纯CNT在稳定性和生物毒性方面的缺陷和单纯的聚合物在导电性和比表面积方面的缺点[65]。

聚苯胺可以与WO_3[113]或者TiO_2的纳米材料[114]结合到一起，并且用于MFC阳极的修饰；经过修饰后的电极应用在MFC系统中可以获得更高的电流输出。为了提高电极在电能产生方面的性能，铁氧化物纳米颗粒可以结合PVA这一黏结剂用于MFC阳极的修饰[61]。在PTFE黏结剂的作用下，可以将Pt/WO_3纳米片层固定到MFC阳极的表面并能获得相比于对照组电极高出45%的功率输出[115]。在最近的一份研究中，可以利用*S. oneidensis*纯菌生物原位合成Pd纳米颗粒，并且可以在黏结剂PTFE的帮助下固定到阳极的表面[116]。得益于金属氧化物或者金属纳米颗粒的电化学活性和聚合物的导电性，利用金属氧化物或金属纳米颗粒以聚合物作为黏结剂修饰的MFC阳极表现出更高的电子收集能力。聚合物既可以提高金属氧化物或者金属纳米颗粒在阳极表面的稳定性又可以为纳米催化剂的附着提供较大的比表面积。

在其他的一些研究中，超过两种纳米材料可以结合到一起用于修饰MFC的阳极。研究人员曾经设计制备了利用浸没包覆的方法以聚二甲硅氧烷为黏合剂将石墨烯和CNT固定到海绵的表面；这可以为*E. coli*的附着提供更多的导电性比表面积以及更高的电流产生[117]。也有研究指出，可以利用MWCNT作为基体在其表面修饰TiO_2或者SnO_2的纳米颗粒制备催化剂，该催化剂可以利用聚合物作为黏结剂固定到阳极表面并且能够提高MFC系统的电能产出[118, 119]。更高的电流收集效率得益于这类纳米界面的更高的电子传递速度、更大的比表面积和更好的生物相容性。拥有更高比表面积和电化学活性的石墨烯与SnO_2的复合催化剂可以利用PTFE作为粘结剂固定到MFC阳极的表面，并且取得了相比于只使用石墨烯和空白组2.8和4.8倍的功率密度输出。显而易见地，当更多的纳米材料介入到MFC阳极界面的修饰中后，单个的纳米材料的缺点将会被充分地弥补；而那些包括更长的稳定性、更大的比表面积和更高的电化学性能等优点则可以同时实现。

一些包括较大比表面积、优良导电性和电化学性能以及较长的稳定性等阳极的优良特性只有在多种纳米材料同时修饰的情况下才可以同时实现。此外，三维电极结构中的微孔和介孔结构非常有利于微生物的附着，而多种纳米材料的参与更易于形成这样的结构。笔者认为利用多种纳米材料制备的3D电极结构将会在未来促进微生物胞外电子传递这一过程中发挥重要的作用。在过去的十年中，研究利用多种纳米材料结合的方式来提高微生物胞外电子传递效率的研究逐渐增多，这一现象即证明了上述结论。事实上，上述提到的每一种纳米材料都表现出一定的对于微生物胞外电子传递过程的促进作用，然而这些纳米材料以适宜的方式的结合在提高胞外电子传递的效率方面表现出了更高的效率。这一趋势的背后的原因在于纳米材料的组合使用可以克服单种纳米材料的缺点并能发挥纳米材料联合使用的优点。

2.4.3 MWCNT强化微生物/电极间电子传递过程

本团队建立了MWCNT和微生物复合生物膜的构筑方法，即利用“吸附-过滤”的方法，在阳极的表面，将MWCNT材料和微生物同时固定到阳极的表面。将构建的MWCNT复合生物膜作为阳极应用到单室微生物燃料电池中，和普通自然生长生物膜相比，在功率密度输出、库仑效率和启动时间方面均显示出很大的差别。

1）MWCNT复合生物膜的制备

分别将25mL的菌液转移到三个玻璃管中，在其中一个玻璃管中加入2mL的MWCNT溶液（浓度为6g/L），将MWCNT的溶液在使用前先超声处理1h。同时，在另一个玻璃管中也将2mL的MWCNT的溶液（浓度为6g/L）加入到25mL的去离子水中。在最后一个玻璃管的菌液中不做任何处理（图2-8）。以上三个玻璃管静置3h，以备接下来的过滤处理。

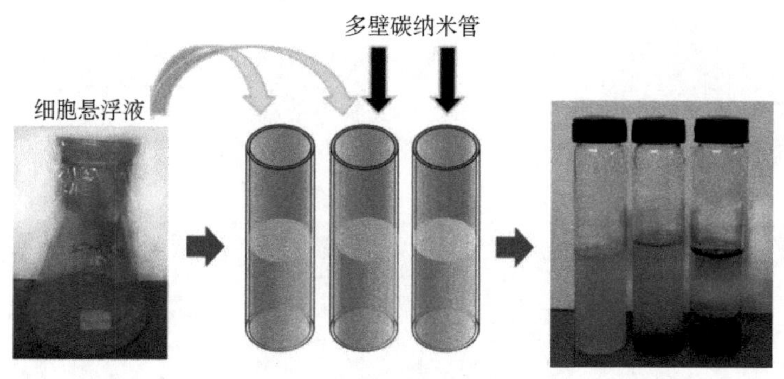

图2-8 菌液的准备过程[120]

用于复合生物膜制备的过滤装置由上下两个腔室组成，活性炭阳极被固定在上下两个腔室之间（图2-9）。首先，将MWCNT和菌体的混合物加入到上腔室中，然后利用真空泵对下腔室抽真空，将上述MWCNT和菌体的混合物过滤到活性炭阳极的表面。细菌和MWCNT的混合物逐渐地固定到了活性炭阳极的表面，本研究把这个阳极定义为ACA-MWCNT-Biofilm（AMB）。单纯的不含MWCNT的菌体也会单独地固定到活性炭阳极的表面，并且标记为ACA-Biofilm（AB）。单纯的MWCNT也会被固定到活性炭阳极的表面，并且标记为ACA-MWCNT（AM）。

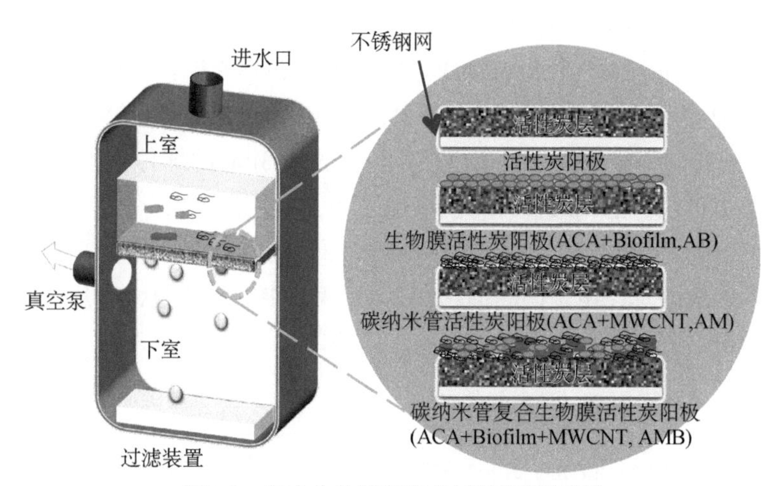

图2-9 复合生物膜制备的过滤装置图[120]

在图2-10中，将仅仅把电化学活性菌过滤到活性炭电极表面的阳极标记为ACA+Biofilm；把仅仅将MWCNT过滤到活性炭电极表面的阳极标记为ACA+MWCNT；将MWCNT和电化学活性菌的复合体过滤到活性炭电极表面的阳极标记为ACA+MWCNT+Biofilm。

从图2-10观察到的结果看，普通活性炭阳极表面较为平整和干净，更为具体的扫描电子显微镜照片显示，活性炭阳极表面是由一个一个活性炭颗粒紧密排列到一起构成的，活性炭颗粒虽然紧密排列，但是活性炭颗粒之间仍然留有微米级别的缝隙。这些缝隙的存在说明活性炭阳极可以通过过滤操作将微生物和MWCNT过滤固定到活性炭阳极的表面。如

图2-10　不同阳极的照片和SEM图片：普通活性炭阳极（a和e），ACA+Biofilm（b和f），ACA+MWCNT（c和g）和ACA+MWCNT+Biofilm（d和h）[120]

图2-10（b）中，ACA+Biofilm阳极电极的表面将电化学活性微生物过滤到阳极表面后，在阳极电极的表面附着固定了一层淡白色的微生物层。由图2-10（f）中的扫描电子显微镜的结果可以看出，微生物的菌体经过过滤操作后，紧密地排列在电极的表面；因而，如果这些电化学活性菌群产生的电子则可以将电子直接传递到活性炭阳极的表面。图2-10（c）中ACA+MWCNT阳极表面附着了厚厚的一层炭黑色的MWCNT材料；同时图2-10（g）中的扫描电镜结果显示，MWCNT首先团聚成球状，而后过滤聚集到了活性炭阳极的表面；但是从扫描电镜的结果可以发现，MWCNT之间的连接并不紧密，在后续的实验中，也观察到了MWCNT从活性炭阳极表面脱落的现象。对于只过滤了MWCNT的阳极，由图2-10（c）和（g）可以看出，MWCNT团聚为直径大约2～3μm的球体，然后聚集到阳极的表面。然而，从图中可以看出，MWCNT团聚体之间的连接是很松散的。图2-10（d）显示，一层黑色紧密的混合层被过滤到活性炭阳极的表面，而且过滤到活性炭阳极表面的这层黑色混合层可以紧密地固定在电极的表面；图2-10（h）中的扫描电镜照片同样显示，微生物和MWCNT充分混合到了一切，并且固定到了阳极的表面。

2）胞外电子输出表现分析

不同处理的阳极制备完毕后，将各个阳极安装于单室空气阴极微生物燃料电池中，分析各个操作处理下阳极的性能，进而分析MWCNT的介入对生物膜的影响。如图2-11所示，安装了活性炭阳极MWCNT复合生物膜（ACA+MWCNT+Biofilm）的微生物燃料电池在胞外电子传递性能方面要明显地高于安装了普通活性炭阳极、ACA+MWCNT阳极和ACA+Biofilm阳极的微生物燃料电池反应器。ACA+MWCNT+Biofilm和ACA+Biofilm阳极所对应的反应器都在安装之后立马获得即时电流，这表明过滤到电极表面的微生物都是具有电化学活性的，即这些微生物可以立马将胞内产生的电子传递给阳极，进而获得胞外电流。

这一结果说明：①本团队建立的筛选电化学活性菌菌群的方法是正确的，在厌氧条件下扩培来自微生物燃料电池阳极的菌种的过程中，保留并扩增了这些混合菌群中的电化学

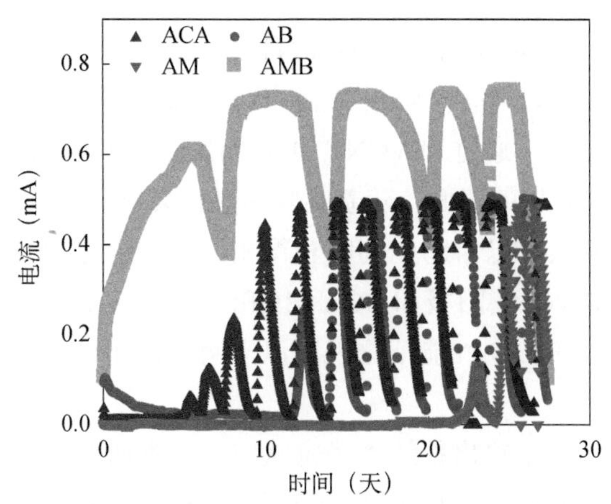

图2-11　不同阳极在MFC中的胞外电子传递随着时间的变化图[120]

ACA，普通活性炭阳极；AB，ACA+Biofilm；AM，ACA+MWCNT；AMB，ACA+MWCNT+Biofilm

活性菌；②本研究扩培获得并固定在阳极表面的电化学活性菌可以将电子传递到阳极的表面，进而在该胞外电流检测体系中检测到电流的产生，但是从这样的结果中，无法判断电化学活性菌到底是通过直接电子传递的方式还是间接电子传递的方式完成了向阳极传递电子的过程，或者说两种电子传递方式在其中都发挥着作用。

从安装到该单室微生物燃料电池检测平台之后，ACA+MWCNT+Biofilm阳极在该检测平台上立马可以检测到电流，且该电流快速地升高到0.28mA，之后便稍微缓慢地继续上升；而ACA+Biofilm阳极在安装之后获得的最大电流仅为0.10mA，而且这一电流还在前期随着时间逐渐地降低。ACA+MWCNT+Biofilm和ACA+Biofilm生物膜的区别仅仅在于是否有MWCNT的介入，因此这一结果的对比充分表明，MWCNT的介入构筑可以极大地改善生物膜的胞外电子传递能力，胞外电流输出更高且更稳定。其中的原因可能来自MWCNT特殊的导电性和物理性能等，这些性能影响到了电子的跨生物膜传递过程和底物在生物膜内部的扩散过程。而没有微生物过滤到表面的普通活性炭阳极和ACA+MWCNT阳极在安装后的即时电流都微弱到可以忽略不计，这一结果也从另一个方面表明过滤到电极表面的微生物具备电化学活性，是即时电流产生的主要原因，没有过滤上微生物的阳极则不具备进行胞外电子传递的能力。

虽然从图2-10（a）和（b）可以看出，MWCNT的介入构筑极大地增加了生物膜的厚度，虽然厚度增加了，但是ACA+MWCNT+Biofilm复合生物膜的胞外电子传递能力反而得到了提升，厚度并没有阻碍生物膜的胞外电子传递能力的发挥，这可能是由于MWCNT的构筑改善了生物膜的导电性，这应该是整个生物膜胞外电子传递性能提高的重要原因；因为介入了MWCNT后更大的导电性可以加速生物膜中从细胞外膜细胞色素c或者电子传递中间体向阳极传递的速度[121, 122]，也可能改善底物在生物膜内部的传输问题。

在经历了大约一个月的运行后，安装了不同操作处理阳极的单室微生物燃料电池反应器的胞外电子输出都达到了稳定状态（图2-11）。安装了普通活性炭阳极、ACA+MWCNT阳极和ACA+Biofilm阳极的单室微生物燃料电池反应器在运行稳定期的最大电流都在

0.51mA左右；而安装了复合阳极ACA+MWCNT+Biofilm的单室微生物燃料电池反应器的最大电流则稳定在了0.73mA，这一结果相比前面三者高出了46.2%。以上结果充分表明，所制备的各个阳极在稳定后，通过MWCNT的介入添加可以极大地促进生物膜的胞外电子输出过程。在普通活性炭阳极的表面，随着实验的进行会形成一层自然生长的生物膜。

总之，MWCNT的介入可以帮助生物膜获得相比于普通生物膜更高的胞外电子传递性能。在稳定期的ACA+MWCNT阳极和ACA+Biofilm阳极则没有表现出和普通生物膜（活性炭阳极）更高的胞外电子传递性能，这表明以上两种操作可能对最终生物膜的胞外电子传递过程并无明显影响。

在各个反应器的胞外电子输出都达到稳定状态后，本研究对各个单室微生物燃料电池反应器进行了极化曲线的测定，分析了功率密度和电极电势随着电流密度变化的趋势。根据图2-12（a）中的功率密度曲线，安装了普通活性炭阳极上面的普通生物膜获得了0.71W/m^{2}的最大功率密度；而安装了复合阳极AMB（ACA+MWCNT+Biofilm）的单室微生物燃料电池反应器取得了1.13W/m^{2}的最大功率密度，这一数据相比于自然生长生物膜高出了58.8%。对于普通活性炭阳极取得的这一最大功率密度的对外输出和前人类似的相关研究处于同一水平[115]。而安装了AB（ACA+Biofilm）阳极和AM（ACA+MWCNT）阳极的单室微生物燃料反应器所取得的最大功率密度仅仅分别为0.61W/m^{2}和0.56W/m^2。AB（ACA+Biofilm）阳极和AM（ACA+MWCNT）阳极所取得的最大功率密度相比于自然生长阳极（普通活性炭阳极）都较低，这可能是由于单独过滤的生物膜或者MWCNT对于普通胞外电子输出生物膜的形成可能产生不利的影响，单纯过滤上去的细菌和MWCNT可能阻碍了自然生物膜的生长。

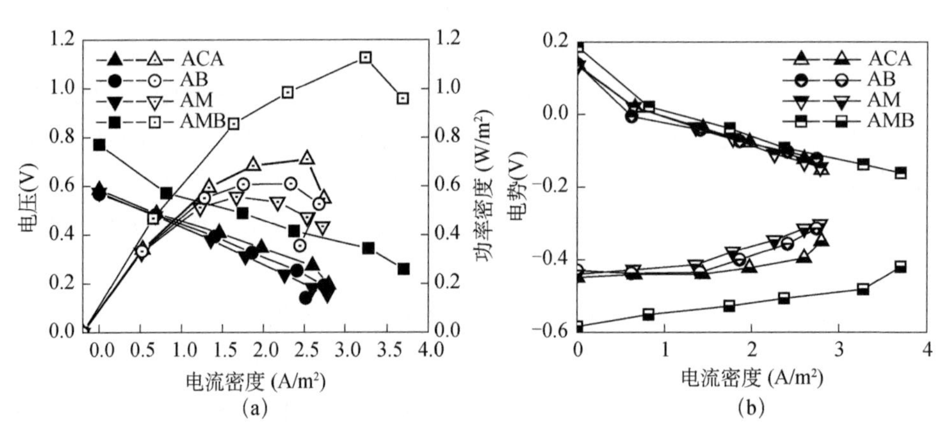

图2-12 不同阳极在稳定期的MFC中的（a）功率密度曲线和（b）极化曲线图[120]

ACA，普通活性炭阳极；AB，ACA+Biofilm；AM，ACA+MWCNT；AMB，ACA+MWCNT+Biofilm

根据图2-12（b）中展示的不同电流密度下电极电势的变化结果可以发现，各个反应器的阴极电势基本处于同一水平线下，因而所观测到的在最大功率密度方面的差异都来自阳极的电极电势差异。因而，可以获得进一步的结论，即AMB（ACA+MWCNT+Biofilm）阳极更好的表现和更低的阳极电势从电化学动力学上讲是由于生物膜结构中导电框架结构

（MWCNT“纳米导线”）有利于更低的阳极电势的获得，因为该导电结构降低了电子跨越生物膜的电势消耗[123]。

考虑到反应器的启动时间和稳定阳极生物膜的形成有关，具有最短启动时间的AMB（ACA+MWCNT+Biofilm）阳极（图2-13），在构筑到内部的MWCNT帮助下其稳定生物膜的形成时间应该是最快的[124]。在反应器安装了AMB（ACA+MWCNT+Biofilm）之后，立马获得了0.11mA的即时电流，而在反应器运行了2个周期近6天后获得了最大电流密度。而对于普通活性炭阳极，其启动时间仅约为13天，而这大约需要7个周期的运行。因而，该复合AMB（ACA+MWCNT+Biofilm）阳极可以将普通活性炭阳极的启动时间缩短53.8%。

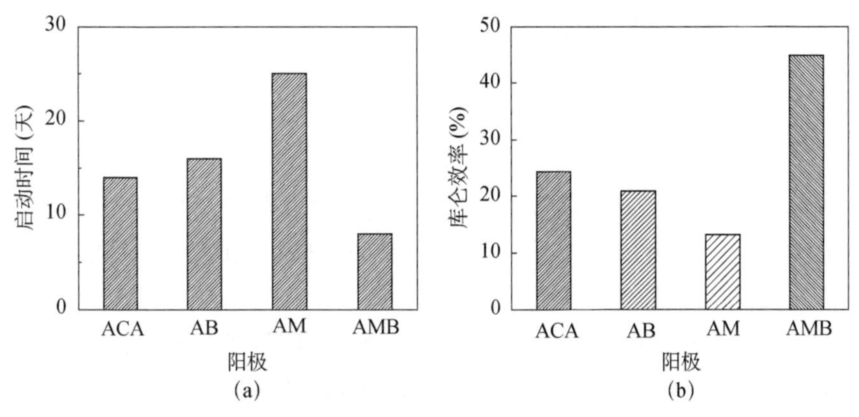

图2-13 不同阳极的启动时间（a）和库仑效率（b）[120]

图2-13展示了不同处理阳极的单室微生物燃料电池反应器在稳定期所取得库仑效率。AMB（ACA+MWCNT+Biofilm）阳极反应器的库仑效率明显更高，达到了44.9%，这一数值是自然生长生物膜的1.84倍。这一结果表明复合生物膜将底物中化学能转化为电能的效率更高，约有44.9%的底物中的化学能转化为了电能。对于普通活性炭阳极上的自然生长生物膜，其库仑效率为24.4%，该结果和类似的MFC反应器所获得的库仑效率相一致[58]。由于通过过滤固定的生物膜和单纯MWCNT过滤层对于生物膜形成的阻碍作用，AB（ACA+Biofilm）阳极和AM（ACA+MWCNT）阳极所安装的反应器取得的库仑效率仅分别为20.9%和13.2%，都低于普通活性炭阳极上的自然生长生物膜。

3）电化学特性分析

图2-14中结果分析了开始阶段四种不同阳极的电化学阻抗变化。在普通活性炭阳极表面过滤固定上一层微生物层后，从上述结果可以发现，电荷转移电阻R_{ct}和扩散电阻R_d都升高了，这表明在电极表面过滤了一层生物膜后，对于电极而言，其电荷传递过程和底物传质的过程都增加了阻力。AB阳极的电荷转移电阻R_{ct}和扩散电阻R_d分别为22.17Ω和12.03Ω，以上两个电阻都高于普通活性炭阳极。AB（ACA+Biofilm）阳极的欧姆内阻R_o也比普通活性炭阳极要更高，这是由于微生物本身的内阻增大而造成的。对于AB（ACA+

Biofilm）阳极来说，以上电阻的增加是由于在阳极表面过滤固定微生物层造成的，过滤固定的微生物层不仅增加了整体阳极的欧姆内阻，同时也不利于阳极上的电子和底物传递过程，因为电荷转移电阻和扩散内阻也都观测到了升高的现象。

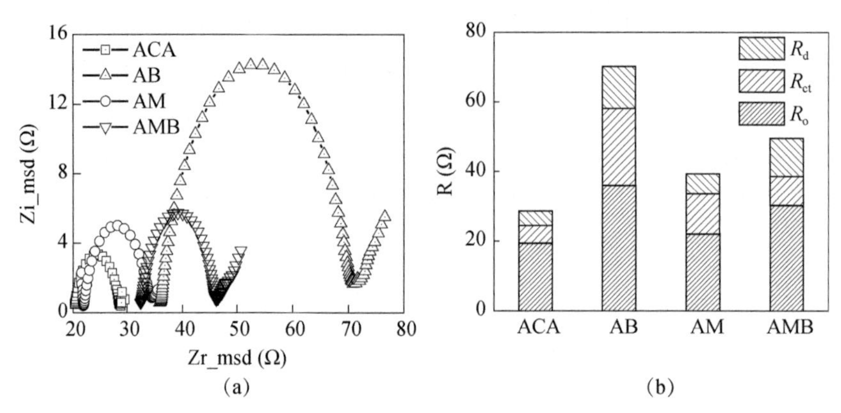

图2-14 不同阳极在启动期（a）EIS测定结果和（b）内阻组成分析结果[120]

此外，AB（ACA+Biofilm）阳极更大的内阻与其更长的启动时间的结果是一致的。然而，在生物膜中加入了MWCNT之后（ACA+MWCNT+Biofilm阳极），相比于AB（ACA+Biofilm）阳极，整体阳极的电阻都发生了很大的下降。电荷转移内阻R_{ct}从22.17Ω 下降到了8.46Ω，降幅达到了63.9%；这一结果说明，虽然MWCNT的加入后整体生物膜的厚度从AB阳极的10μm左右升高到了AMB阳极（ACA+MWCNT+Biofilm）的40μm左右，构筑到内部的MWCNT仍然可以极大地提高电子穿过生物膜的效率。同样地，尽管AMB（ACA+MWCNT+Biofilm）生物膜的厚度要明显地高于AB（ACA+Biofilm）阳极生物膜，但是相比于AM（ACA+MWCNT）电极（12.03Ω）的AMB更低的底物扩算（10.88Ω）电阻表明生物膜中的MWCNT同时可以改善生物膜中的底物扩散情况；这可能是得益于MWCNT介入后生物膜中形成的微孔结构有关。

因此，有理由相信复合阳极更强的胞外电子传递性能来源于两个方面，其一是更快的电子传递，其二为更加快速的底物传质过程。单独地在阳极表面过滤固定MWCNT后，AM（ACA+MWCNT）阳极欧姆内阻、电荷转移电阻和底物扩散电阻都比普通活性炭阳极要高；这一结果表明：单纯的MWCNT的过滤固定不仅增加了阳极的欧姆内阻，同时也会阻碍底物在电极表面的扩算过程。具体的，普通活性炭阳极的电荷转移内阻和底物扩算内阻分别从5.17Ω和4.10Ω升高到了AM（ACA+MWCNT）阳极的11.53Ω和5.76Ω。

经过一个月的运行之后，各个反应器的胞外电子传递输出都达到了稳定状态。图2-15（a）和（b）所展示的各个阳极的总电阻的大小和其胞外电子传递能力是相一致的。正如上述结果中所展示的，各个阳极的欧姆内阻基本处于同一水平；其中AMB（ACA+MWCNT+Biofilm）阳极的总体内阻最小，其电荷转移内阻R_{ct}仅为2.17Ω，是其他阳极电荷转移内阻的一半左右。普通活性炭阳极、AB（ACA+Biofilm）阳极和AM（ACA+MWCNT）阳极的电荷转移内阻分别为4.17Ω、5.08Ω和5.53Ω。

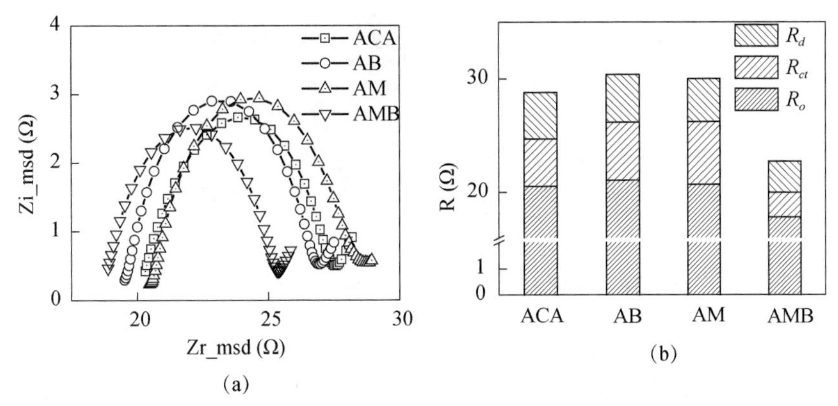

图2-15　不同阳极稳定期的（a）EIS测定结果和（b）内阻组成分析结果[120]

以上结果表明，尽管复合阳极AMB（ACA+MWCNT+Biofilm）过滤层更厚，仍然表现出了比自然生长生物膜更好的胞外电子传递性能。在该稳定阶段，复合AMB（ACA+MWCNT+Biofilm）阳极的扩散内阻依然是各个阳极中最小的；这一结果表明，对于复合阳极而言，在其中加入的MWCNT可以改善整个生物膜的底物传质过程。

2.4.4　碳量子点强化微生物/电极间电子传递过程

碳量子点（carbon quantum dots，CQDs）是一种新型的碳基零维材料。碳量子点具有良好的生物相容性和导电性能。碳量子点的尺寸仅为几个纳米左右，是典型的准球形的碳基纳米材料[125]。已有研究报道，碳量子点可以渗入到细胞的细胞膜中，而细胞膜正是细胞色素c这一电子转运蛋白存在的位置[126]。也有报道指出碳量子点可以耦合到细胞膜上具有生物活性的基团或者可以通过功能性的共轭结合到可生物识别的元件上；这一类的生物活性基团或者元件就包括细胞色素类的蛋白质[127]。因而，碳量子点具有加速电活性微生物跨细胞膜电子转运过程的潜力。本团队选择碳量子点作为促进细菌/电极之间电子传递过程的潜在材料。

1）形貌和元素分析

通常情况下，碳量子点是由分散的类球状碳颗粒组成，尺寸极小，一般在10nm以下。图2-16（a）中的透射电子显微镜（transmission electron microscope，TEM）图片展示了碳量子点的形貌及大小，制备的碳量子点为平均粒径在2nm左右的颗粒。而高分辨TEM的结果［图2-16（b）］显示在每一个碳量子点上发现0.21nm大小的网格间距；该网格间距与石墨烯（100）的层间距相一致，因此所制备的碳量子点的结构更接近于石墨烯的结构。

传统的量子点一般是从铅、镉和硅的混合物中提取出来的，但这些量子点一般有毒，对环境也有很大的危害。所以科学家们寻求在一些良性的化合物中提取量子点。碳量子点作为一种新型的碳纳米材料，与各种金属量子点类似，在制备的过程中不涉及重金属的使用，更有一些研究直接从食物饮料中提取碳量子点，如蛋清、冬瓜等[128]。

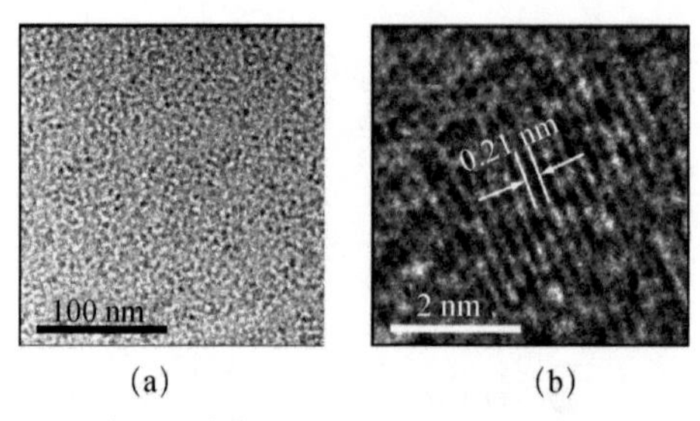

图2-16　碳量子点的（a）TEM和（b）HRTEM图片

XPS的结果则显示了碳量子点的元素组成：碳量子点主要由碳和氧两种元素组成（图2-17）；在碳量子点的XPS能谱中出现了C和O元素的特征峰。C元素的特征峰在285eV附近；O元素的特征峰在532eV附近。XPS能谱中550eV附近的杂峰则来自制备过程中的Na元素。其中XPS的定量分析结果，碳元素在碳和氧两种元素中的占比为47.23%，氧元素在这两种元素中的占比为52.77%。以上结果显示，在本研究制备的碳量子点主要由碳和氧两种元素组成。含氧官能团的存在可以增加碳量子点和细胞色素蛋白之间的可能连接，进而增强潜在的碳量子点对胞外电子传递过程的促进作用。

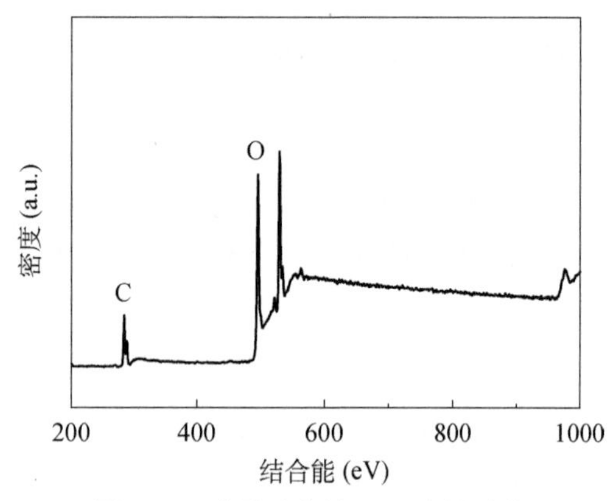

图2-17　碳量子点的XPS分析图谱

2）胞外电子传递分析

利用三电极系统作为胞外电子传递的监测方法，选择*S. oneidensis* MR-1这一模式菌株作为实验所用的电活性微生物。在三电极体系中，利用18mmol/L的乳酸钠作为唯一电子供体和碳源。在反应器中接种了*S. oneidensis* MR-1之后，立即将不同浓度的碳量子点加入到对应反应器中，在相同的外加电势和环境条件下运行各个反应器。在该三电极体系反应器的工作电极上施加0.2V（vs. Ag/AgCl参比电极）的电势。各个反应器中加入的碳量子点的浓度梯度分别为0mg/L、50mg/L、100mg/L、200mg/L和300mg/L。

如图2-18所示，对于对照组和不同碳量子点添加浓度实验组而言，反应器的电流随着时间的变化情况有很明显的差别。就整体的变化趋势而言，所有的三电极体系反应器在两个小时后都可以观察到明显电流的产生，同时也可以观测到该电流有逐渐升高的过程。对于所有的三电极体系而言，在15个小时左右可以达到最大的峰电流；之后，反应器中的输出电流逐渐地下降。对比不同碳量子点添加浓度的结果发现，加入碳量子点的三电极反应器的电流情况都明显地高于没有添加碳量子点的对照组。比较以上的实验数据可以发现，在希瓦氏菌的三电极体系里面加入碳量子点可以极大地促进希瓦氏菌的胞外电子传递能力；最佳浓度下，希瓦氏菌的胞外电流提高了有 5.13 倍；过多碳量子点的加入对胞外电子传递的促进效果产生不利影响。

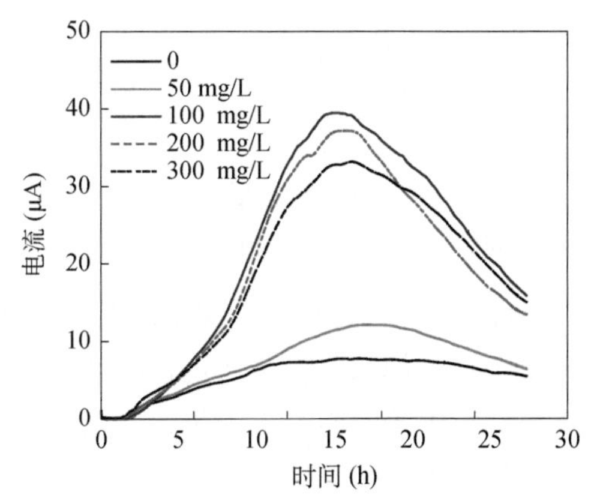

图2-18　不同碳量子点浓度下的三电极体系中电流随时间变化图

由以上结果可知，碳量子点的加入可以促进了希瓦氏菌在三电极系统中的胞外电子传递能力的提升。众所周知，希瓦氏菌完成其胞外电子传递过程可以通过两条途径：即直接电子传递过程和间接电子传递过程。碳量子点的加入有可能作为电子传递中间体，在希瓦氏菌向电极进行电子传递的过程中发挥作用；但是，如果作为电子传递中间体，碳量子点的促进作用并没有随着其添加浓度的增大而增强。因而，碳量子点对胞外电子传递的促进作用有可能来自其对希瓦氏菌直接电子传递过程的影响，即碳量子点可以和细胞膜上的细胞色素蛋白结合，促进了该蛋白的电子转运能力。

通过对各个反应器的电流随时间的变化曲线积分可以计算得到每个反应器所收集的电荷量。图 2-19 则展示了不同反应器对应的收集的电荷的库仑量。碳量子点添加浓度为 100mg/L 情况下，反应器收集的电荷量为 2.2C；而对照组所收集的电荷量仅为 0.55C；碳量子点的添加提高了 *S. oneidensis* MR-1 的胞外电子输出能力。碳量子点添加浓度为 50mg/L 情况下，反应器收集的电荷量为 0.75C。从 200mg/L 和 300mg/L 添加量下的反应器收集的电荷量结果（200mg/L，1.9C；300mg/L，1.85C）可以发现，过多的碳量子点的加入则会减弱碳量子点对 *S. oneidensis* MR-1 胞外电子传递能力的促进作用；这一现象可能来自碳量子点对微生物生长存在的一定程度的抑制作用[129]。

3）循环伏安曲线分析

通过分析不同碳量子点添加浓度下各个工作电极的循环伏安曲线，可以探究碳量子点对希瓦氏菌胞外电子传递过程的具体影响，以阐明胞外电子传递过程得到促进的机理。循环伏安曲线控制电极电势以不同的速率，随时间以三角波形一次或多次反复扫描，电势范

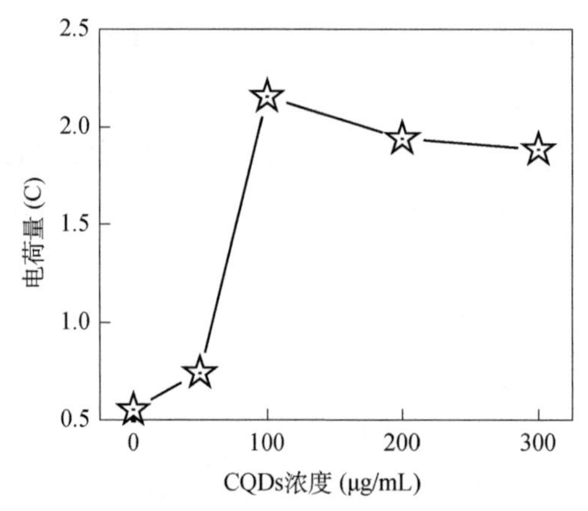

图2-19 不同碳量子点添加浓度下反应器所收集的电荷量

围是使电极上能交替发生不同的还原和氧化反应，并记录电流–电势曲线。

如图2-20所示，不同碳量子点添加浓度下工作电极的循环伏安曲线都表现出相似的形状。这表明各个三电极系统中希瓦氏菌的胞外电子传递机理与碳量子点的存在与否及其浓度无关。因为只有在相同的胞外电子传递机理下，循环伏安曲线所对应的氧化还原峰的出现才会一致，即表现出来的循环伏安的曲线形状一致。而且，循环伏安曲线中的电流大小和电流随着时间变化图中的大小一致，这表明循环伏安曲线的分析可以正确地反应电流随着时间变化曲线中的差异。在上图2-20中，在电极电势为0.1V下，循环伏安曲线对应的最大电流约为15μA，该电流值和电流随时间变化图中最后时间段的电流值差不多，这表明所进行的电化学分析可以反映工作电极上所发生的电化学反应的情况[96]。

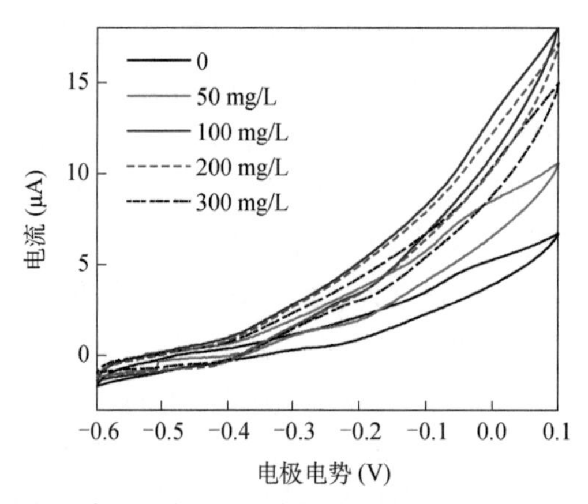

图2-20 不同碳量子点添加浓度下反应器工作电极的循环伏安曲线（Ag/AgCl电极为参比电极）

为了准确地研究希瓦氏菌在碳量子点存在条件下胞外电子传递能力得到提升的机理，进一步研究了在碳量子点浓度为100mg/L和未添加碳量子点条件下工作电极的循环伏安曲线。如图2-21所示，对于对照组和100mg/L碳量子点添加量的实验组而言，在相同的位置上都表现了类似的电化学峰电流的相应。根据以往的文献研究[4, 130]，在以−0.4V为中心的这一对氧化还原峰对应于希瓦氏菌自产生的核黄素，它作为电子传递中间体是希瓦氏菌实现间接电子传递过程的重要媒介，即希瓦氏菌先将电子传递给溶液中的核黄素，而后核黄素再将电子传递给工作电极。而以−0.25V和0V为中心的这两对氧化还原峰则对应于细胞外膜表面蛋白细胞色素c[131, 132]，而细胞色素c是希瓦氏菌向电极表面进行直接电子传递的重要蛋白元件，细菌通过该类蛋白的氧化还原价态之间的变化实现对于电子的传递。

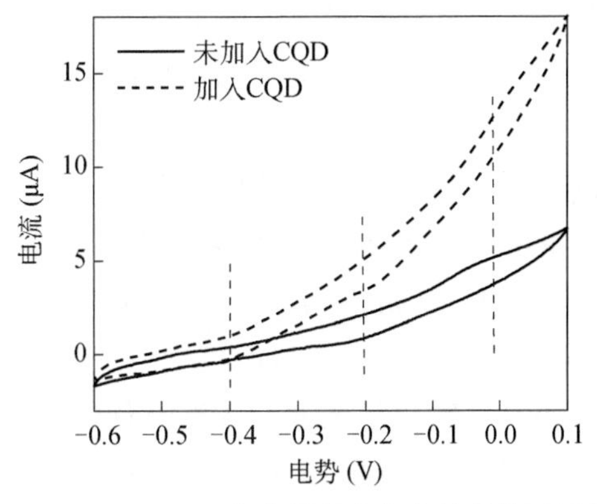

图2-21　*S. oneidensis* MR-1工作电极的底物充足条件下循环伏安曲线图

图2-21中的结果显示，在前文所述位置处的氧化还原峰，相比于对照组，在有碳量子点的体系里面氧化还原峰电流都得到了加强。这表明，碳量子点的存在对于希瓦氏菌的直接和间接电子传递过程都起到了一定程度的促进作用，进而实现了对希瓦氏菌胞外电子传递能力的提高。为了探寻胞外电子传递性能提高的机理，对不同处理条件下的阳极进行了循环扫描伏安曲线的测定。

图2-22表示在底物乳酸钠耗尽的情况下，对照组和实验组（CQDs浓度为100mg/L）的阳极在1mV/s扫速下所测得的循环伏安曲线。整体而言，循环伏安曲线中可以发现三对氧化还原峰（分别以−0.4V、−0.2V和0V为中心），这与有底物条件下测得的循环伏安曲线（图2-21）是一致的。其中，以−0.4V为中心的这一对氧化还原峰对应于微生物自合成的电子传递中间体核黄素；而核黄素可以作为电子中间体实现希瓦氏菌和电极之间的间接电子传递。另外的两对氧化还原峰分别以−0.25V和0V为中心的这两对氧化还原峰对应于外膜表面的细胞色素c，该蛋白控制着微生物胞外电子传递的直接电子传递过程，微生物借此蛋白将电子直接传递到阳极的表面。

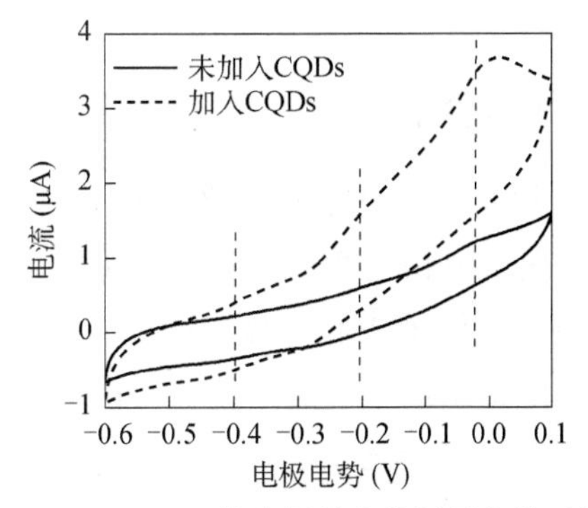

图2-22　*S. oneidensis* MR-1工作电极的底物耗尽条件下循环伏安曲线图

在该循环伏安曲线的结果中可以明显地观察到，这三对氧化还原峰所对应的氧化还原峰电流都明显地高于对照组的峰电流。对于以−0.40V为中心的这对氧化还原峰，添加了CQDs后，更高的峰电流，表明溶液中可能含有更多的希瓦氏菌分泌的电子传递中间体核黄素；而对于分别以−0.25V和0V为中心的氧化还原峰，实验组相比于对照组更高的峰电流表明可能更多的细胞色素c在电极的表面发挥直接电子传递的作用。在图2-22中，在底物完全消耗的情况下，在1mV/s的扫速下阳极的循环伏安曲线。无论是否添加碳量子点，在循环伏安曲线中，都可以发现处于同一电极电势的三对氧化还原峰。中心点位于−0.40V处这一对氧化还原峰对应*S. oneidensis* MR-1自分泌的核黄素[4, 133, 134]；核黄素这一电子传递中间体可以实现*S. oneidensis* MR-1和电极之间的间接电子传递过程。而另两对分别以0V和−0.20V为中心点的氧化还原峰则与*S. oneidensis* MR-1外膜上的细胞色素c有关；而该细胞色素c则可以帮助*S. oneidensis* MR-1实现向电极的直接电子传递过程[135, 136]。

无论是底物充足条件下还是底物耗尽条件下的循环伏安曲线，对于这三对氧化还原峰而言，添加了碳量子点的实验组都明显地高于对照组。对于以−0.40V为中心的这一对氧化还原峰，100mg/L碳量子点添加浓度下的实验组的氧化峰电流为0.49μA，其还原峰电流为−0.61μA；而对照组的氧化峰电流仅为0.27μA，其还原峰电流仅为−0.42μA。对于以−0.20V为中心的这一对氧化还原峰，100mg/L碳量子点添加浓度下的实验组的氧化峰电流为1.84μA，其还原峰电流为0.49μA；而对照组的氧化峰电流仅为0.64μA，其还原峰电流仅为−0.16μA。对于以0V为中心的这一对氧化还原峰，100mg/L碳量子点添加浓度下的实验组的氧化峰电流为3.68μA；而对照组的氧化峰电流仅为1.18μA。对于与核黄素有关的氧化还原峰，添加了碳量子点的实验组也高于对照组，这表明碳量子点可以促进*S. oneidensis* MR-1的间接电子传递过程；而这一促进作用可能是由于碳量子点促进了核黄素的分泌导致的[137]。对于与细胞色素c相关的氧化还原峰，添加了碳量子点的实验组高于未添加的对照组，这表明碳量子点可以促进*S. oneidensis* MR-1中细胞色素c的活性或者在电极表面的密度。这种对于其直接电子传递过程的促进作用也可能是由于阳极碳布表面附着更多的*S. oneidensis* MR-1细菌或者单个的细胞色素c的电化学活性得到了提高引起的。更多的*S. oneidensis* MR-1细菌的附着则意味着更多的细菌参与到胞外电子传递的过程中，因而可以有更多的电流；此外，单个细胞中的胞外电子传递能力的提高同样也可以加快整体的胞外电子传递过程。

4）细菌附着和核黄素浓度分析

利用BCA蛋白检测的方法测定了溶液中和电极表面的蛋白质的含量，通过蛋白质的含量间接地表征溶液中和电极表面微生物生物量，进而分析碳量子点对*S. oneidensis* MR-1菌生长的影响。图2-23结果则展示了溶液中和电极表面的蛋白质密度，通过蛋白质的含量间接地表征细菌生物量。图2-23中结果显示溶液中*S. oneidensis* MR-1的生物量随着碳量子点浓度的升高而逐渐降低；这一现象可能是由于碳量子点对微生物生长的某些抑制作用造成的[129, 138]。在没有碳量子点添加的情况下，溶液中*S. oneidensis* MR-1的生物量浓度达到了

51.7mg/L。当碳量子点的浓度为50mg/L后，溶液中生物量的浓度为43.5mg/L；当碳量子点的浓度为100mg/L后，溶液中生物量的浓度为39.4mg/L；当碳量子点的浓度为200mg/L后，溶液中生物量的浓度为36.7mg/L；当碳量子点的浓度达到了300mg/L后，溶液中生物量的浓度下降到了35.7mg/L，这一浓度只有对照组的70%左右。

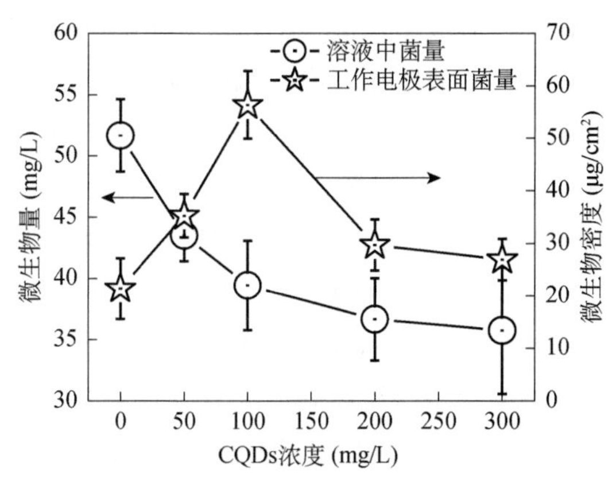

图2-23 不同碳量子点浓度下溶液中和电极表面细菌的生物量

许多研究表明，低浓度的碳量子点浓度对细胞并无显著毒性，在某些情况下甚至可以促进细胞生长[138]。但是，如果碳量子点浓度超过一定浓度后，其对细胞的毒害作用会逐渐增加，并具体表现为对细胞生长的抑制作用。刘文娟等[139]的研究成果发现，碳量子点在低浓度（0～5mg/L）下对大肠杆菌无明显损伤，甚至表现出对大肠杆菌生长的促进作用；但是当碳量子浓度升高后，大肠杆菌的生长也受到了明显的抑制。黄淮青等[140]的研究成果发现，碳量子点浓度低于27.5mmol/L时，其对酿酒酵母的生长并无明显的抑制作用；但是，当浓度高于66.6mmol/L时，其对大肠杆菌的抑制率为11.9%。

然而，工作电极表面的*S. oneidensis* MR-1的生物量密度并没有表现出和溶液中生物量相同的变化趋势。当碳量子点浓度为100mg/L时，碳布工作电极表面的生物量密度达到了最大值56.4μg/cm^2。没有添加碳量子点的对照组的碳布工作电极表面的菌体密度仅为21.4μg/cm^2。碳量子点浓度逐渐升高到100mg/L时，碳布工作电极表面的生物量逐渐增加；而当碳量子点浓度超过100mg/L时，碳布工作电极表面的生物量又逐渐降低。当溶液中碳量子点的浓度逐渐增加到200mg/L和300mg/L后，碳布工作电极表面的生物量密度分别下降到了29.7μg/cm^2和26.9μg/cm^2；这个生物量密度仅仅比对照组高一点。因此，以上结果显示适量碳量子点的添加可以促进*S. oneidensis* MR-1在碳布工作电极表面的附着。在碳量子点浓度为200mg/L和300mg/L时，碳布工作电极表面的生物量的降低可能来自前文提到的碳量子点对微生物生长的抑制作用[129]。不同碳量子点浓度下碳布工作电极表面生物量的变化趋势与前文中的胞外电子传递情况和循环伏安情况相一致；这一结果表明，碳量子点对于直接电子传递过程的促进可能来自对*S. oneidensis* MR-1在碳布工作电极表面的附着过程的促进。更多的*S. oneidensis* MR-1在碳布工作电极表面的附着则对应着循环伏安曲线中监测到的更高的关于细胞色素c的氧化还原峰电流。

如图2-24所示，通过测定溶液中核黄素（ribonflavin）的含量来分析其中CQDs的添加对希瓦氏菌间接电子传递过程的影响。由上图中结果可以发现，随着CQDs含量的升高，核黄素的含量逐渐升高，最大含量达到了约1.0mg/L。而对照组核黄素含量只有0.26mg/L。当碳量子点的浓度为50mg/L时，溶液中核黄素的浓度为0.32mg/L，是对照组的1.23倍。当碳量子点的浓度为100mg/L时，溶液中核黄素的浓度为1.09mg/L，是对照组的4.19倍。当碳量子点的浓度为200mg/L时，溶液中核黄素的浓度为0.96mg/L，是对照组的3.69倍。而当碳量子点的浓度为300mg/L时，溶液中核黄素的浓度为0.31mg/L，是对照组的1.19倍。该结果说明碳量子点的添加，可以促进希瓦氏菌对核黄素的分泌，进而强化了*S. oneidensis* MR-1细菌的胞外间接电子传递过程。以上分析和循环伏安的测试结果是一致的。在循环伏安曲线的结果中，在−0.4V左右的氧化还原峰对应于核黄素发生氧化还原反应的位置；在该位置处的氧化还原峰电流的大小，也是随着碳量子点浓度的升高先增加后降低，在碳量子点浓度为100mg/L时，氧化还原峰的电流达到最大值。以上结果证明了，碳量子点的添加可以促进*S. oneidensis* MR-1细菌的间接电子传递过程。总结前文中的各个结论，可以发现通过添加碳量子点而得到强化的*S. oneidensis* MR-1细菌的胞外电子传递过程，可能来自两个方面的强化：其一，虽然碳量子点对*S. oneidensis* MR-1细菌表现出了一定程度的生长抑制作用，但是一定浓度的碳量子点强化了*S. oneidensis* MR-1细菌在碳布工作电极表面的直接电子传递过程；其二，一定浓度碳量子点的加入还可以促进*S. oneidensis* MR-1细菌对于核黄素的分泌，核黄素作为*S. oneidensis* MR-1细菌进行间接电子传递的电子传递中间体，其含量的增多表明体系中得到强化的胞外电子传递一部分得益于间接电子传递过程的强化。

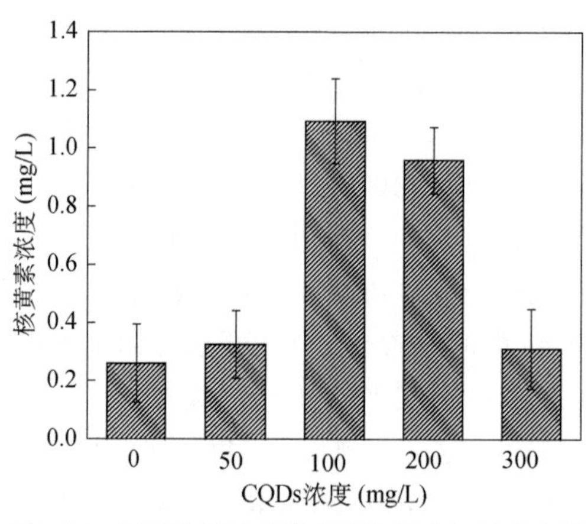

图2-24 不同碳量子点浓度下溶液中核黄素含量

总结之，希瓦氏菌在碳量子点存在条件下胞外电子传递能力得到促进的机理如图2-24所示。碳量子点和外膜的细胞色素c存在结合，该结合可以加快电子从蛋白向电极上的传递速度，使电子由胞内向胞外直接传递到电极上的过程更加容易。因而，更多的细菌吸附到了工作电极表面，通过直接电子传递的方式完成呼吸作用。通过在碳量子点存在的情况下，溶液中更多的核黄素被检测到，这一结果证明碳量子点也可以促进希瓦氏菌的间接胞外电子传递过程。

2.5　种间电子传递过程强化

电化学活性微生物可以将氧化有机物得到的电子传递给胞外的电子受体，这一胞外电子传递现象在可再生能源的制备、环境修复和生物地球化学循环中都扮演着非常重要的作用[141, 142]。微生物将电子传向胞外过程中，其电子受体可以是电极、金属氧化物和其他微生物等电子受体。电子由一种微生物传向另一种微生物，这一过程被称为种间电子传递过程，它可以通过间接或者直接两种方式实现。在厌氧条件下，直接电子传递方式（direct interspecies electron transfer，DIET）相比于利用氢气或者甲酸等的间接电子传递方式（mediated interspecies electron transfer，MIET）效率更高，因为后者依赖于底物的扩散作用[47, 143, 144]。研究人员首次在 *G. metallireducens* 和 *G. sulfurreducens* 的共生体系中发现导电性的细菌团聚体，在其中这两种 *Geobacter* 可以进行直接电子传递利用乙醇和延胡索酸分别作为电子供体和受体进行代谢[145]。

2.5.1　微生物种间电子传递过程强化

对于种间间接电子传递方式，许多因素可以影响到微生物之间的电子传递，比如电子传递中间体的种类、浓度、溶解度、氧化还原电势、扩散系数和电子转移能力等[146]。此外，一些诸如温度和 pH 值一类的环境因素也会影响到微生物的种间间接电子传递过程。在微生物种间胞外电子传递过程中，电子传递中间体主要依靠其氧化态和还原态在溶液中的扩散实现。电子传递中间体浓度较低，则进行种间电子传递的效率就会较低。因而，理论上，通过增加电子传递中间体的浓度可以强化微生物的种间电子传递过程。但是，增加电子传递中间体的浓度，一方面会增加成本，另一方面，过多的电子传递中间体还会产生对微生物的毒害作用，抑制微生物的生长[147]。对于介导种间电子传递的电子传递中间体，其氧化还原电势不能比电子供体微生物的氧化还原电势低，否则无法被充分还原；同理，电子传递中间体的氧化还原电势也不能比电子受体微生物的氧化还原电势高，否则不能被充分氧化。例如，AQDS 可以作为电子传递中间体促进 *G. metallireducens* 和 *G. sulfurreducens* 共培养体系中乙醇氧化和琥珀酸还原过程，但是，它却不能介导 *G. metallireducens* 和 *Methanosarcina barkeri* 的共生产甲烷过程中的电子传递。究其原因，是因为 AQDS 反应的氧化还原电势（−184mV）低于延胡索酸的还原电势（+30mV），但是却高于二氧化碳还原生成甲烷的电势（−240mV）[146]。因此，种间间接电子传递过程的强化手段，主要是基于电子传递中间体的浓度或者种类上的调控。但是，这些调控手段在实际应用中会受到很大的限制。

诸如矿物颗粒和碳材料等的导电材料可以通过加速种间直接电子传递的方式促进体系中厌氧代谢的速率[148-151]。颗粒活性炭的加入可以加速 *G. metallireducens* 和 *G. sulfurreducens* 种间电子传递进而加快共生体系的代谢速度[143]。类似的研究报道指出，导电性的磁铁矿可以加速*G. sulfurreducens*和*Thiobacillus denitrificans*之间的种间电子传递进而加快底物中乙酸的氧化和硝酸盐的还原[149]。也有研究报道过生物炭（biochar）可以加速种间电子传递过程；电镜结果表明，在生物炭表面的细菌分散排列彼此并不相互接触，这说明种间的电子传递可能是通过生物炭本身传递的[152]。许多研究都报道过铁氧化物可以通过加快种间直接电子传递过程而促进厌氧产甲烷过程[153-156]。除了铁氧化物，在厌氧废水处理中产甲烷污泥中的碳纳米管CNTs也可以加速甲烷的产生和底物的降解速率[157]。在本实验室最近的一个研究工作中，向利用厌氧消化技术处理甜菜废水的反应器中加入MWCNTs可以增加甲烷的产生，MWCNTs在其中发挥了电子传递的作用[158]。

最近的研究报道过底泥环境中具备胞外电子传递能力的微生物可以利用“纳米导线”传递的电流去连接在不同区域分布的生物地球化学氧化还原过程[159]。这种直接的电子传递过程在*Geobacter*的共生体系中也得到了相应的研究[145, 160]。微生物的混菌群落是污水处理过程、环境修复过程和生物质能生产过程中的重要微生物催化剂[161]。在这些混合菌群中种间电子传递的速率对于生物化学反应的可行性和反应速度都具有非常重要的意义。包括铁氧化物和碳材料在内的纳米材料都可以用作电子传递的介体来提高相关微生物种群之间的电子传递效率[151]。

首先，在研究中，铁氧化物较多地被用来促进电活性微生物的种间电子传递过程。厌氧发酵过程可以在厌氧条件下从有机物中制备甲烷，是一个应用很广泛的生物能源回收技术。然而，厌氧发酵过程较低的效率和较长的反应时间限制了其在实际中的应用。研究报道了利用导电性纳米材料可以促进发酵菌群和产甲烷菌群之间的种间电子传递进而实现更高的产甲烷效率。纳米Fe_3O_4颗粒可以通过强化互养的丁酸盐氧化的方式促进底泥中甲烷的产率［图 2-25（a）］[153]。该实验发现这种对于产甲烷的促进作用会随着纳米Fe_3O_4颗粒添加量的增加而提高，同时该促进作用会因为在纳米Fe_3O_4颗粒的表面利用二氧化硅进行绝缘处理而消失。这一结果表明纳米Fe_3O_4颗粒材料的导电性可能在促进种间电子传递的过程中发挥着重要作用。如图2-25所示，纳米Fe_3O_4颗粒团聚到了细菌的表面并且将细菌相互之间连接起来，从而在细菌之间构筑了实现电子传递的通道。在另一个研究中，三种不同的铁氧化物纳米颗粒（导电性的磁铁矿，半导体的赤铁矿和不导电的水铁矿）都被添加到了由水稻田底泥接种的厌氧系统中[148, 162, 163]。结果显示导电的磁铁矿和半导体的赤铁矿可以极大地促进从乙酸和乙醇的产甲烷过程，而不导电的水铁矿则会抑制产甲烷过程。铁氧化物纳米颗粒还可以促进以木质纤维素生物质为底物[155, 164]或以产氢反应器为底物[165]的产甲烷过程。上述研究结论也在本课题组的研究结果中获得了验证，铁氧化物的纳米颗粒可以促进膨胀污泥颗粒床反应器的甲烷产生；而这些纳米颗粒可以作为电子传递的介体实现向产甲烷菌的快速电子传递[158]。

除了促进产甲烷过程，纳米磁铁矿的加入可以对厌氧消化过程中的金属固定也表现出了促进作用，具体的机理显示这种促进作用也是来自微生物胞外电子传递过程的增强[166]。铁氧化物纳米颗粒也可以被用来促进种间电子传递过程以此增强底物的降解速度。在之前

（a）　　　　　　　　　　　　（b）

图2-25　（a）Fe_3O_4在底泥微生物中的扫描电镜照片[153]；
（b）磁铁矿在G. sulfurreducens和Thiobacillus denitrificans组成的共生体系中的扫描电镜照片[149]

的研究中，研究人员利用导电性磁铁矿纳米颗粒将乙酸氧化细菌和三氯乙烯的脱氯菌连接到一起以此提高脱氯效率[167]。该研究证明可以通过在生物电化学系统中添加导电性磁铁矿纳米颗粒的方式促进底物中污染物的转化速率。类似地，研究指出导电性磁铁矿可以加速*G. sulfurreducens*和*Thiobacillus denitrificans*之间的种间电子传递过程，以此促进乙酸的氧化和硝酸盐的还原［图2-25（b）］[149]。

其次，一些研究中利用碳纳米材料促进电活性微生物的种间电子传递过程。与铁氧化物纳米颗粒一样，CNTs也被添加到厌氧废水处理系统中的产甲烷污泥中[157]。该研究的结果显示污泥中CNTs的添加可以促进底物的降解和甲烷的产生。污泥的导电性也可以在CNTs的添加后得到提高，而这可以改善厌氧发酵细菌和产甲烷菌之间的种间电子传递过程。由市政固废颗粒碳化得到的纳米颗粒在厌氧消化系统中的添加也可以在加快电子传递的过程中实现甲烷产量的提速[168]。在本课题组的最新的研究成果中，MWCNTs也被加入到了以甜菜工业废水为底物的厌氧消化反应器中[158]。结果中虽然没有观测到COD降解效率的提高，但是可以观测到了明显的甲烷产量的提升，而这一结果也是得益于MWCNTs可以作为种间电子传递的介体。

2.5.2　MWCNT强化种间电子传递过程

MWCNT作为纳米材料可以较好地克服生物炭的缺点。首先，MWCNT的结构为纳米结构，这样的结构有利于对于细菌/电极之间界面或者生物膜内部的修饰，克服了生物炭物理尺寸较大所造成的不足。其次，MWCNT具有很好的导电性能，可以作为“桥梁”沟通共生体系中的两种细菌，实现对于胞外电子传递过程的促进，而其本身并没有过高的电容效应，故不会影响系统的库仑效率的提升。

1）添加量对种间电子传递过程的影响

SEM（图2-26）的结果发现MWCNT发生了团聚的现象，MWCNT相互聚集成为一个团块，但是在团块的表面仍然可以清楚地观察到MWCNT的结构以结构间的纳米级别的孔道。而且在团块结构之间可以发现MWCNT的连接：MWCNT纳米结构的线性结构可以将相邻的MWCNT团块连接起来。

图2-26 MWCNT的SEM形貌分析[169]

总之，通过对MWCNT的形貌学分析可以发现MWCNT的两个特点及对应的优势：①MWCNT以团块的形式存在，有利于电活性微生物在其表面的附着，而附着过程是实现微生物和材料之间电子传递的重要前提条件；同时，团块结构中也存在纳米级别的孔道结构，这对于底物的传质将起到有力的推动作用。②MWCNT的团块之间有线性结构的碳纳米管相连接，这些连接可以起到电子传递的“桥梁”作用。

本研究主要分析了MWCNT的不同添加量对种间电子传递过程的影响，通过分析底物的代谢情况和琥珀酸的产生情况间接地表征种间直接电子传递的速度。如图2-27所示，无论添加MWCNT与否，底液中乙醇的浓度随着时间的延长而逐渐降低，这表明底液中的乙醇在*Geobacter*的共生体系中逐渐被降解。而且由以上结果还可以发现，添加了MWCNT后，乙醇的降解速度也得到了不同程度的提升；大体的趋势为，随着MWCNT添加浓度的升高，乙醇的降解速度先升高后下降。

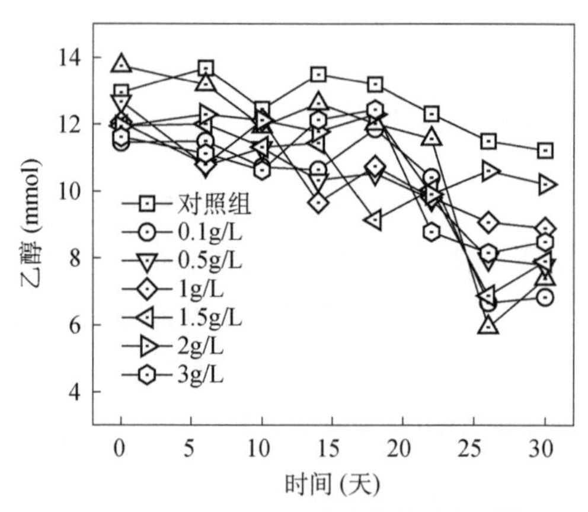

图2-27 *G. metallireducens*/*G. sulfurreducens*的共生体系在不同浓度的MWCNT条件下乙醇浓度随时间的变化情况[169]

图2-28中具体分析了各个MWCNT浓度条件下乙醇的降解速度，图中结果可以清晰地看出乙醇的降解速度随着MWCNT的浓度先升高后降低。对于未添加MWCNT的对照组而言，乙醇的降解速度为0.066mmol/d；而当添加了0.1g/L的MWCNT后，乙醇的降解速度加快了，升高到了0.104mmol/（L • d）；而当MWCNT浓度继续升高到0.5g/L后，乙醇的降解

速度又升高到了0.158mmol/d；而当MWCNT添加浓度达到1.0g/L和1.5g/L时，乙醇的降解速度逐渐达到了最大值，两个浓度下乙醇的降解速度分别为0.150mmol/d和0.169mmol/d；此后，更高的MWCNT浓度下，即2.0g/L和3.0g/L时，乙醇的降解速度反而有所下降；两个浓度下的乙醇的降解速度分别为0.118mmol/d和0.074mmol/d。

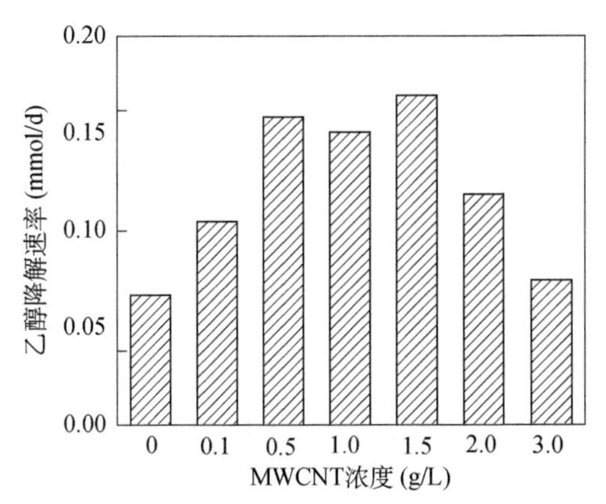

图2-28　乙醇降解速率随着MWCNT浓度变化图[169]

在该共生体系中，*G. metallireducens*可以将产生的电子传递给*G. sulfurreducens*，与此同时则*G. metallireducens*将乙醇氧化为乙酸，*G. sulfurreducens*将延胡索酸还原为琥珀酸。更高的乙醇降解速率表明，*Geobacter*种间电子传递的速度更快；更快的电子传递速度，则意味着更快的微生物代谢速度和增殖速度。

如图2-29所示，无论添加MWCNT与否，底液中琥珀酸的浓度随着时间的延长而逐渐增加，这表明底液中的延胡索酸在*Geobacter*的共生体系中逐渐被降解而逐渐生成琥珀酸。而且由以上结果还可以发现，添加MWCNT后，琥珀酸的生成速度也得到了不同程度的提升；大体的趋势为，随着MWCNT添加浓度的升高，琥珀酸的生成速度先升高后下降。

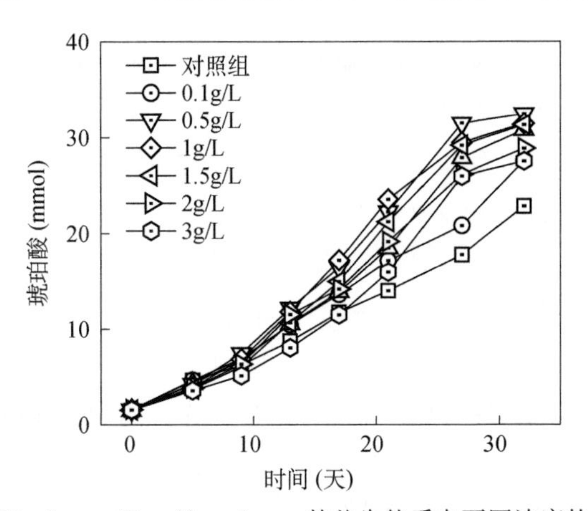

图2-29　*G. metallireducens/G. sulfurreducens*的共生体系在不同浓度的MWCNT条件下琥珀酸浓度随时间的变化情况[169]

图2-30中具体分析了各个MWCNT浓度条件下琥珀酸的生成速度，由图中结果可以清

晰地看出琥珀酸的生成速度随着MWCNT的浓度先升高后降低。对于未添加MWCNT的对照组而言，琥珀酸的生成速度为0.42mmol/d；而当添加了0.1g/L的MWCNT后，琥珀酸的生成速度加快了，升高到了0.64mmol/d；而当MWCNT浓度继续升高到0.5g/L后，琥珀酸的生成速度又升高到了0.97mmol/d；而当MWCNT添加浓度达到1.0g/L和1.5g/L时，琥珀酸的生成速度逐渐达到了最大值，两个浓度下琥珀酸的生成速度分别为1.12mmol/d和1.10mmol/d；此后，更高的MWCNT浓度下，即2.0g/L和3.0g/L时，琥珀酸的生成速度反而有所下降；两个浓度下的琥珀酸的生成速度分别为0.92mmol/d和0.81mmol/d。

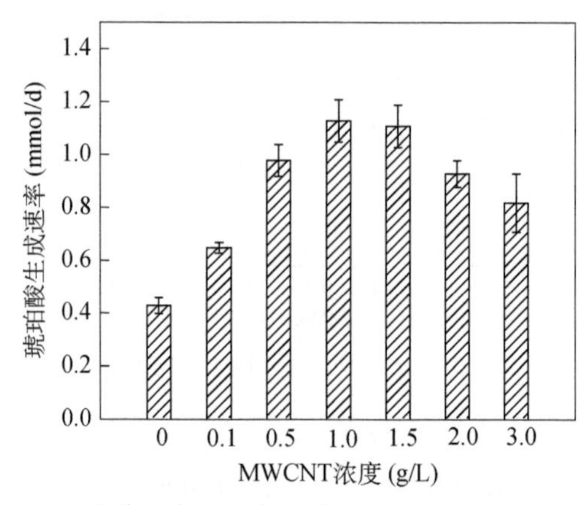

图2-30 琥珀酸生成速率随着MWCNT浓度变化图[169]

结合前文中乙醇降解速率的分析结果可以得出，MWCNT的添加可以促进*Geobacter*种间的电子传递过程。更高MWCNT浓度下，该促进作用越明显。但是过高的MWCNT浓度则造成了该促进效果的下降，这可能是由于MWCNT作为纳米材料本身所具有的对于微生物的毒性造成的。

2）MWCNT表面菌量分析

除了分析体系中乙醇的降解和琥珀酸的生成情况以外，在本研究中还分析了MWCNT对于微生物的附着情况。通过测定溶液中和MWCNT表面上的蛋白质的含量间接地分析溶液中和MWCNT表面的微生物的量，具体结果如下图2-31所示。

对于不同MWCNT添加浓度条件下的体系而言，总微生物的含量随着MWCNT浓度的升高先增加后减少。对于对照组而言，体系中总微生物含量为12.32mg/L；当MWCNT的浓度升高到0.1g/L时，体系中总微生物的含量升高到了13.21mg/L。此后，更高的MWCNT添加浓度下，体系中总的微生物量则逐渐降低；当MWCNT的浓度升高到0.5g/L时，体系中总微生物的含量升高到了13.18mg/L；当MWCNT的浓度升高到1.0g/L时，体系中总微生物的含量升高到了11.95mg/L；当MWCNT的浓度升高到1.5g/L时，体系中总微生物的含量升高到了10.91mg/L。而MWCNT的浓度达到最高浓度3.0g/L时，体系中总微生物的含量升高到了10.35mg/L。对于体系中总微生物含量这一先增加后降低的趋势，这也是由MWCNT对种间电子传递过程的促进作用和MWCNT的生物毒性两者的共同作用所造成的。

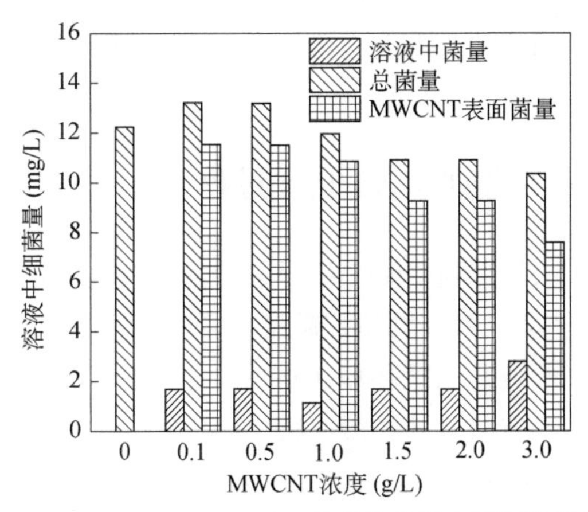

图2-31　*G. metallireducens*/*G. sulfurreducens*的共生体系在不同浓度的MWCNT条件下蛋白质浓度的变化[169]

同时由上图结果还可以发现，在MWCNT介入的*Geobacter*共生体系中后，体系中绝大部分的微生物都是处于MWCNT团聚体的表面。由于MWCNT团聚体具备很强的导电性能，因而可以断定MWCNT对于种间直接电子传递过程有促进作用。

3）MWCNT表面菌群形貌分析

与前文蛋白含量测试结果一致，在加入MWCNT的共生体系中，微生物多数都附着于MWCNT团聚体的表面，这是MWCNT发挥种间直接电子传递桥梁作用的重要前提。后续的研究中又分析了共生体系中MWCNT的扫描电镜照片，进一步验证了上述结论。

如图2-32所示，当MWCNT的浓度为0.1g/L时，在MWCNT团聚体的表面发现了较多的细菌；这类细菌都为杆菌，这一形貌特征符合了*Geobacter*的菌体的特点。而且，对于表面的大部分菌体而言，彼此之间并不接触，因而菌种间电子传递的功能的实现将依赖于MWCNT的导电性能。对于不同MWCNT浓度下的团聚体而言，随着MWCNT浓度的升高，MWCNT团聚体表面的微生物的密度也有所下降。这一下降趋势是由两方面的因素造成的：首先，随着MWCNT添加浓度的增加，相对的平均分配到单位质量的MWCNT团聚体表面的微生物数量就会变得更少；其次，过高的MWCNT浓度下，微生物的生长受到了一定程度的抑制，这也会导致单位质量MWCNT表面微生物含量的下降。

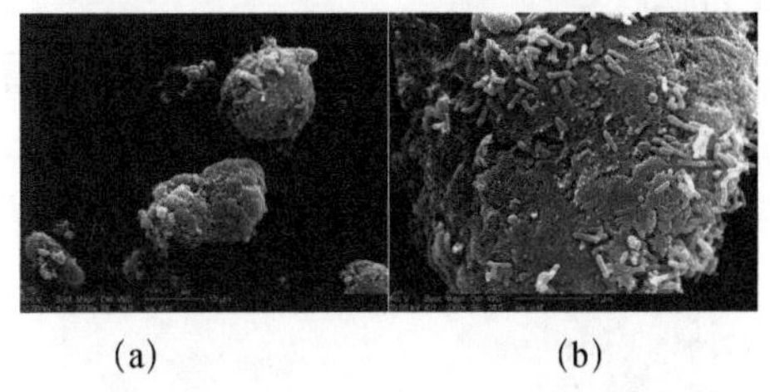

(a)　　　　(b)

图2-32　在MWCNT浓度为0.1g/L的条件下体系中MWCNT的扫描电镜照片[169]

MWCNT相比于生物炭，其表面没有大量的含氧官能团，因而不可能通过含氧官能团的电子交换能力实现其对种间电子传递过程的促进；MWCNT具有优良的导电性能，电活性微生物附着于MWCNT团聚体的表面，可以通过MWCNT的电子传递的导体作用，加速种间的直接电子传递过程。

2.5.3 活性污泥生物炭强化种间电子传递过程

污水处理中的主要方法就是利用微生物降解污水中的有机污染物同时产生大量的剩余污泥作为副产物[170]；剩余污泥中有机物、微量元素、微生物和微量污染物等组成[171]。然而，剩余污泥的后续处理一直是困扰环境领域的一个难题[172, 173]。相比于传统的填埋和农田回用的手段，利用热解的方法将剩余污泥转化为生物炭的方法因其可以减少污泥体积并能杀灭病原菌等优点成为了剩余污泥处理的一个重要选择[174-176]。

已有研究报道，生物炭可以促进微生物的种间电子传递过程[177-180]。生物炭在该领域的研究虽然具有很重要的应用价值，但是，现阶段大家对由剩余污泥制备的生物炭对种间电子传递过程的影响的研究却很少。对活性污泥生物炭促进种间电子传递过程的深入研究既有利于更好的污泥碳化处理技术的设计同时又可以更深地了解生物炭对微生物系统的影响。

1）生物炭的特性分析

图2-33中SEM的结果显示更高碳化温度下制备的生物炭表现出表面更崎岖、更富多孔结构等特点；随着碳化温度从700℃逐渐升高到1000℃，所制备生物炭表面的颗粒粗糙度逐渐增加。但是，在1100℃的碳化温度下，生物炭结构的崎岖度有所降低，这可能是由于更高的温度引起了材料结构的坍塌所造成的。图2-33中的TEM结果显示，随着碳化温度的升高，生物炭材料片层的边缘逐渐变得崎岖。但是，在1100℃的碳化温度下，可以观测到生物炭材料片层边缘重新变得平滑，这可能是由于生物炭结构在更高的温度下发生了坍塌现象造成的。以上结果显示，碳化温度极大地影响了生物炭的形貌结构，对生物炭的孔道

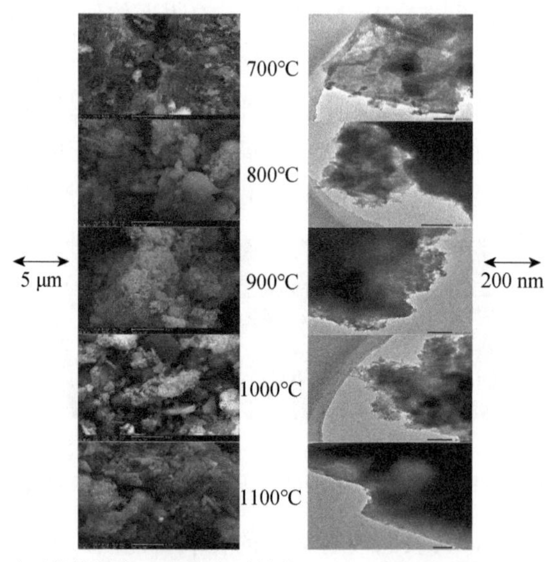

图2-33 不同碳化温度下生物炭材料的SEM（左图）和TEM（右图）[181]

结构的形成和崎岖度将产生主要影响。生物炭的表面形貌会影响到微生物在生物炭表面的附着过程。一般情况下，崎岖的表面有利于微生物的附着，生物炭与微生物之间的直接接触或微生物在生物炭表面的附着过程是实现电活性微生物和生物炭之间电子传递的前提条件。

图2-34显示了不同碳化温度下所制备生物炭的颗粒粒径的分布图。对于每个碳化温度下的曲线而言，曲线的峰值位置即为生物炭颗粒的平均粒径。由图中结果显示，随着碳化温度的升高，该峰值位置逐渐左移；这表明平均粒径随着碳化温度逐渐降低。随着碳化温度的升高，所制备的生物炭的平均粒径逐渐降低，这一结果表明碳化温度的升高会削弱材料结构的抗张强度，因而该碳材料也更易碎[182, 183]。更高的碳化温度下，材料的相邻结构间的连接逐渐地被弱化，因而所制备生物炭的粒径则逐渐降低。在碳化温度为700℃下，所制备的生物炭颗粒的平均粒径达到了346μm；随着碳化温度的升高，该平均粒径逐渐降低：碳化温度为800℃下，平均粒径则降低为322μm；碳化温度为900℃时，平均粒径则进一步降低为244μm。当碳化温度进一步升高，平均粒径进一步降低：碳化温度为1000℃时，平均粒径降低到了211μm；而当温度升高到最高的1100℃后，平均粒径则降到了最低的180μm。

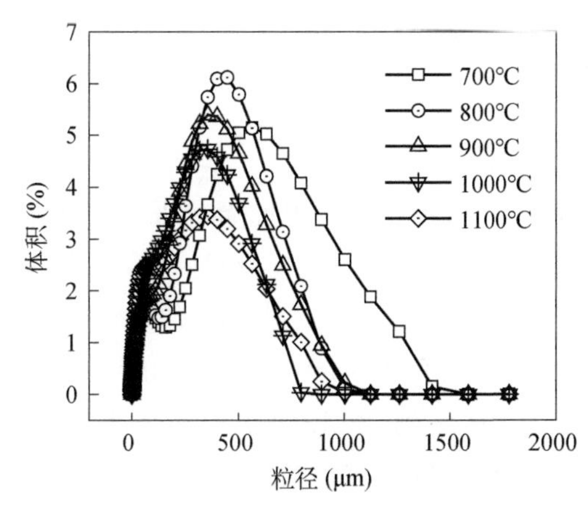

图2-34　不同碳化温度下制备的生物炭颗粒的粒径分布[181]

由图2-35所示，不同碳化温度下制备的生物炭都表现出Ⅳ型氮气的吸附/解吸曲线；其中明显的H_2型的滞后圈表明碳材料结构中介孔网状结构的形成[184]，这与扫描电子显微镜中的结果相一致。Biochar-700的BET比表面积是最小的，这可能是由于碳材料的不充分碳化造成的（表2-1），其比表面积只有29.96m²/g。Biochar-1000的生物炭的比表面积最大，达到了122.38m²/g；更高的碳化温度1100℃下，比表面积有所下降，Biochar-1100的比表面积降为120.24m²/g，这也是由前文提到的碳结构的坍塌现象造成的。此外，碳化温度为800℃下，Biochar-800的比表面积则为61.83m²/g；碳化温度为900℃下，Biochar-900的比表面积则稍高，不过也仅为94.02m²/g。

导电性在研究中是生物炭的重要物理特性，因此本研究通过粉末导电性测试仪测定了所制备的生物炭的导电性能。前人的研究指出，对于促进种间电子传递而言，介体材料的导电性能发挥着至关重要的作用。微生物通过介体材料的导电性能，发挥类似于“桥梁”的作用，加快种间电子传递过程。

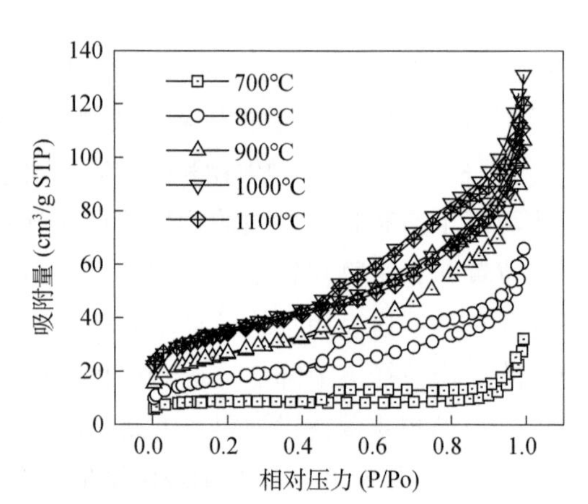

图2-35 不同碳化温度下制备的生物炭的BET吸附解吸曲线[181]

表2-1 不同碳化温度下生物炭的BET比表面积，Zeta电位和pH值[181]

不同温度下的生物炭	比表面积（m^2/g）	Zeta电位（mV）	pH
Biochar-700	29.96	−17.4±0.70	6.45±0.16
Biochar-800	61.83	6.39±2.07	4.99±0.14
Biochar-900	94.02	10.55±1.52	4.83±0.13
Biochar-1000	122.38	7.15±0.88	5.32±0.06
Biochar-1100	120.24	−3.09±1.19	5.98±0.06

注：Biochar表示碳化温度为T℃下的生物炭

如图2-36中结果显示，生物炭粉末的导电性随着压力的升高而逐渐增加。然而，在相同的压力下，不同碳化温度下制备的生物炭的导电性却表现出很大的差异。随着碳化温度的升高，生物炭的碳化和石墨化程度就更高，生物炭的导电性也随之增大[185]。在28.5MPa的压力下，Biochar-700的电导率只有0.41S/m；而Biochar-800，Biochar-900，Biochar-1000和Biochar-1100的电导率则分别达到了21.07S/m、86.51S/m、281.69S/m和582.92S/m。Biochar-1100的电导率达到了Biochar-700的1433倍之多。

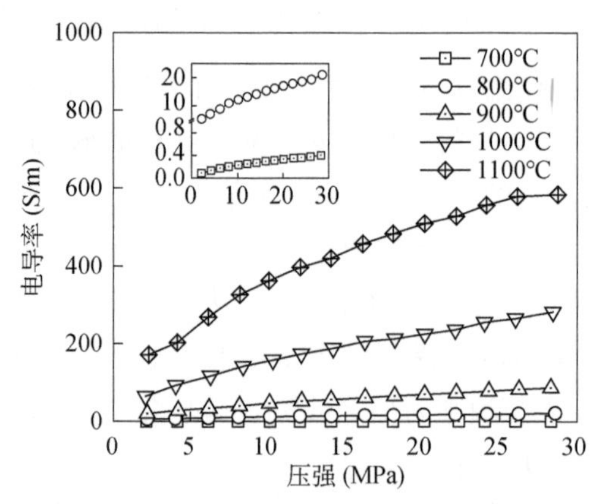

图2-36 不同碳化温度下制备的生物炭的电导率随着压力的变化图[181]

生物炭的XPS测量扫描图谱出现了C1s、N1s和O1s的峰，这表明在该生物炭的元素组成中，存在着碳、氮和氧这些元素。需要特别指出的是在这些生物炭样品中都没有监测金属元素的存在。这是由于所制备生物炭的前体来自仅仅处理生活污水的剩余污泥所造成的。C1s峰的位置在285eV附近；N1s的峰在400eV附近；O1s的峰则在530eV附近。如图2-37所示，属于N（400eV）和O（532eV）元素特征峰的峰高随着碳化温度的升高而逐渐降低，这表明随着碳化温度的升高，生物炭组成元素中的N和O元素的含量逐渐降低。

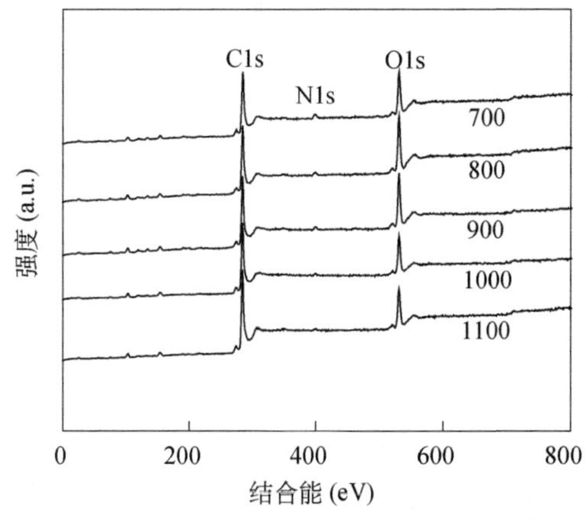

图2-37　不同碳化温度下生物炭的XPS图谱[181]

如表2-2中结果所示，随着碳化温度由700℃升高到1100℃，C元素的含量由72.9%升高到81.98%。而随着碳化温度由700℃升高到1100℃，N元素的含量由4.26%逐渐降低到了1.14%；类似地，O元素的含量也随着碳化温度由700℃升高到1100℃而逐渐从22.86%降低到了16.88%。同时，对于另一个很重要的生物炭特征数据，O元素和C元素含量的比值也逐渐降低，由碳化温度为700℃时的0.31降低到了1100℃时的0.20。如上表结果所示，从Biochar-700到Biochar-1100，C元素的含量从72.90%逐渐上升到81.98%；而N元素和O元素的含量分别由4.26%和22.86%下降到1.14%和16.88%。这一结果与前文提到的更高的碳化温度可以提高生物炭的碳化程度[186, 187]这一现象相一致。更高的碳化温度导致的N元素和O元素含量的降低可能源自生物炭结构中与N和O相关的较弱的化学键的破裂有关[183, 188]。

表2-2　不同碳化温度下生物炭的元素含量[181]　（单位：%）

不同温度下的生物炭	C	N	O	O/C
Biochar-700	72.9	4.26	22.86	0.31
Biochar-800	75.46	2.31	22.23	0.29
Biochar-900	75.88	2.07	22.05	0.29
Biochar-1000	80.8	1.21	18.01	0.22
Biochar-1100	81.98	1.14	16.88	0.20

表2-2中不同碳化温度下生物炭的Zeta电位的数值显示，当碳化温度从700℃升高到900℃时，生物炭的Zeta电位逐渐从−17.4升高到10.55mV。然而，当碳化温度继续升高到1000℃和1100℃时，Zeta电位又逐渐下降到了7.15mV（biochar-1000）和−3.09mV（biochar-1100）。不同碳化温度下生物炭的pH的变化趋势和Zeta电位是相对应的，Biochar-900的pH最低，为4.83。Zeta电位显示了生物炭表面的电荷状况，而生物炭的表面电荷状况将影响

到微生物和生物炭之间的物理接触过程。

如图2-38中的结果，生物炭的FTIR结果可以反映生物炭表面化学键结构。FTIR图中所展示的结果和由其他材料制备的生物炭的FTIR结果类似[189-191]。此外，在1032cm^{-1}附近的倒峰随着碳化温度的升高逐渐降低，这表明与该倒峰对应的生物炭的羧基官能团逐渐减少。芳香族和异芳族的表面官能团结构与800cm^{-1}和600cm^{-1}处C-H的震动峰相关。在这些位置处的峰高也随着碳化温度的升高而逐渐降低，这也表明生物炭中的芳香族和异芳族的结构遭到了破坏[171]。这种降低的趋势在位于1544cm^{-1}附近的C—N—C的震动峰和1620cm^{-1}附近C═O的震动峰[187]。

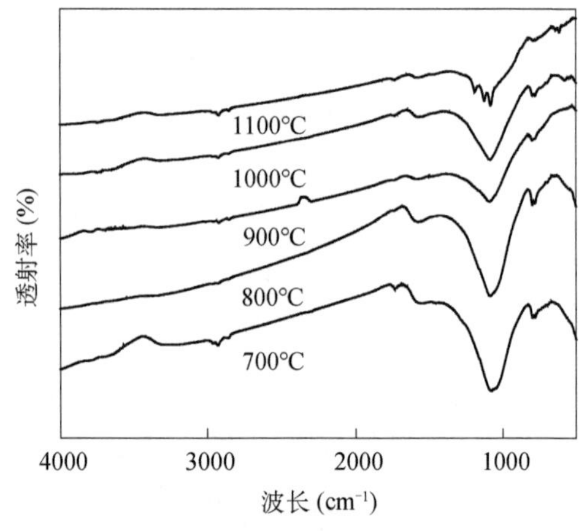

图2-38 不同碳化温度下生物炭的FTIR[181]

生物炭具备接受或者给出电子的能力；其接受电子的能力，研究中称之为电子接受容量（electron acception capacity，EAC），其给出电子能力在研究中统称为电子供给容量（electron donation capacity，EDC）；电子接受容量和电子供给容量的总和称之为电子交换容量。对生物炭的电化学特性研究，就是集中在研究生物炭的电子交换容量。

利用了间接电化学氧化检测体系去分析生物炭的电子供给容量。在该检测体系中，加入了生物炭后，都可以获得一定的氧化电流响应，即表现为一定的氧化峰电流。图2-39（a）中结果为在该检测体系中加入了一定量的碳化温度为700℃的生物炭后，获得了持续时间接近600min的氧化峰，该氧化峰的最大峰电流约为0.4μA；而在图2-39（b）中的结果中，在该检测体系中加入了相同质量的碳化温度为800℃的生物炭后，峰电流持续的时间和峰电流的大小都减小了，峰电流持续的时间只有400min左右，峰电流的大小也将为0.3μA左右；之后，对于添加了碳化温度为900℃和1000℃的生物炭，氧化峰电流的大小下降到了0.2μA左右，氧化峰的持续时间也下降到了200min左右；最后，对于碳化温度为1100℃的生物炭，虽然氧化峰电流仍然在0.2μA左右，但是峰电流的持续时间只有30min左右。

所以，通过对以上峰电流的积分可以得到不同碳化温度下生物炭的电子供给容量［图2-39（f)]：碳化温度为700℃时，该生物炭的电子供给容量为37.86μmol/g；碳化温度为800℃时，该生物炭的电子供给容量降低为18.83μmol/g；碳化温度为900℃时，该生物炭的电子

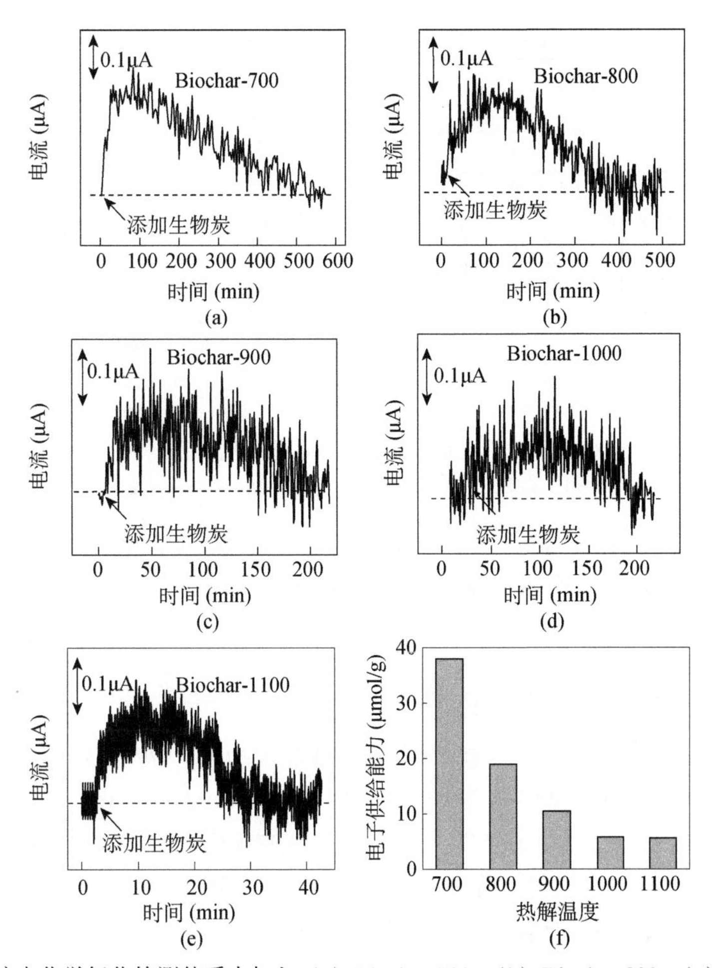

图2-39 在间接电化学氧化检测体系中加入（a）Biochar-700，（b）Biochar-800，（c）Biochar-900，（d）Biochar-1000 和（e）Biochar-1100后的氧化电流相应；（f）不同碳化温度生物炭的电子供给容量随着碳化温度的变化[181]

供给容量降低为10.35μmol/g；而碳化温度为1000℃时，该生物炭的电子供给容量进一步降低为5.70μmol/g；最终，当碳化温度升高到1100℃时，整个生物炭的电子供给容量降低为最低的5.52μmol/g。

图2-40展示了在间接电化学还原检测体系中测得的加入不同碳化温度的生物炭后所测得的电子接受容量。由图2-40中结果可以看出，在加入生物炭后，在该检测系统中迅速可以检测到还原峰电流；在该结果中，还原电流随着碳化温度的升高而逐渐降低，这表明生物炭的电子接受容量也随着碳化温度的升高而逐渐降低。相比于图2-39中较长的氧化峰持续时间（均大于 100 分钟），在图2-40中的还原峰持续的时间则只有几百秒的时间。

由图2-40（a）中的还原峰可以计算得到各个生物炭的电子接受容量，图2-40（b）中的结果显示，随着碳化温度的升高，生物炭的电子接受容量也逐步降低。其中电子接受容量最高的是碳化温度为700℃的生物炭，其电子接受容量为14.08μmol/g；而碳化温度为800℃的生物炭的电子接受容量则大幅度地下降到了0.93μmol/g；当碳化温度继续升高到

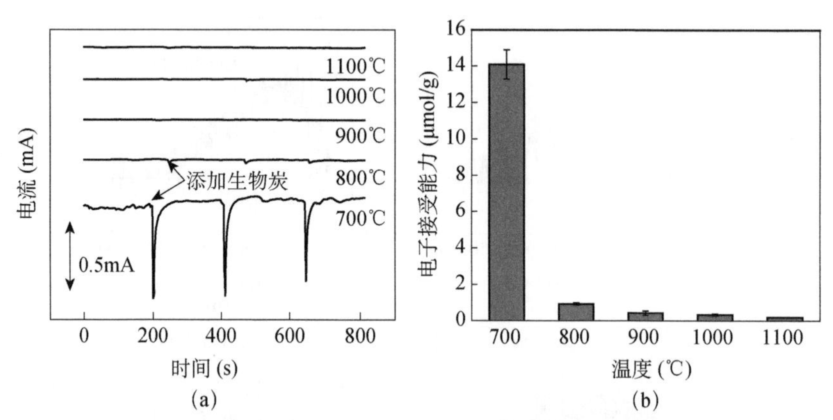

图2-40 （a）在间接电化学还原检测体系中加入不同碳化温度生物炭后的还原电流响应；（b）不同碳化温度生物炭的电子接受容量随着碳化温度的变化[181]

900℃时，其电子接受容量下降为0.43μmol/g；当碳化温度继续升高到1000℃时，其电子接受容量下降为0.32μmol/g；而碳化温度为1100℃的生物炭的电子接受容量是最低的，只有0.18μmol/g。

2）生物炭添加量对促进效果的影响

正如之前的研究中所报道的，在该*G. metallireducens*/*G. sulfurreducens*共生体系中，乙醇和延胡索酸分别作为电子供体和电子受体，而*G.metallireducens*可以直接将电子传递给*G. sulfurreducens*[145]。之前也有报道表明，生物炭可以加速*G. metallireducens*/*G. Sulfurreducens*之间的直接电子传递过程[152]。然而关于由活性污泥制备的生物炭是否对种间直接电子传递过程有促进作用的研究还没有被报道过。因此，在本研究中，首先选择Biochar-700来检验它是否可以促进该共生体系的代谢作用，同时分析了生物炭的添加量对可能的促进作用的影响。

如图2-41中的（a）和（b）所示，Biochar-700在该共生体系中的加入促进了乙醇的降解及琥珀酸的形成。在没有Biochar-700添加的情况下，乙醇的氧化和琥珀酸的生成量都相对较低。随着Biochar-700添加量的增加，生物炭对该共生体系代谢的促进作用也逐渐增强。

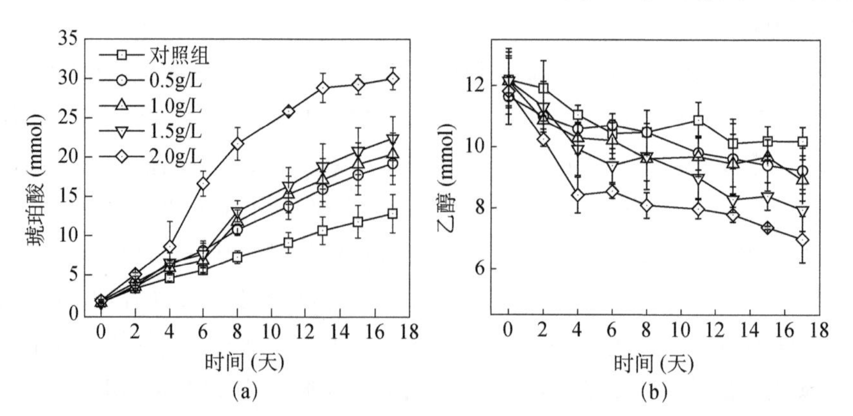

图2-41 *G. metallireducens*/*G. sulfurreducens*的共生体系在不同浓度的Biochar-700下（a）琥珀酸和（b）乙醇浓度随时间的变化情况；[181]

表2-3列出了在共生体系中底物浓度变化的线性阶段计算获得的乙醇代谢速率和琥珀酸的生成速率。对照组的乙醇代谢速率和琥珀酸的生成速率分别只有0.11±0.03mmol/d和0.66±0.01mmol/d，而这两个速率都随着Biochar-700添加量的增加而逐渐升高，对于Biochar-700浓度达到2g/L时，乙醇代谢速率和琥珀酸的生成速率分别达到了0.23±0.05mmol/d和2.37±0.18mmol/d。这一结果表明，所制备的生物炭可以有效地促进*Geobacter*共生体系的生长代谢。

表2-3 不同Biochar-700添加量下共生体系中乙醇的代谢速率和琥珀酸的生成速率[181]

样品（g/L）	乙醇代谢速率（mmol/d）	琥珀酸生成速率（mmol/d）
对照组	0.111±0.025	0.66±0.012
0.5	0.133±0.010	1.048±0.021
1	0.132±0.016	1.182±0.053
1.5	0.224±0.029	1.298±0.056
2	0.226±0.045	2.365±0.183

在这一共生体系中，微生物以两种形式存在：在溶液中以浮游状态存在和在生物炭表明以附着状态存在[192]。如图2-42（a）中结果所示，随着Biochar-700添加量的增加，共生体系中总微生物的含量逐渐增加；增多的原因可能是生物炭对于种间电子传递过程的促进作用随着生物炭添加量的增加而增强，而增强的促进作用加快了种间电子传递过程，即强化了微生物的代谢过程，进而提高了微生物的增殖速度。在Biochar-700添加量为2.0g/L时，共生体系中总的生物量为22.36mg/L，这是对照组（5.68mg/L）的2.94倍。添加的Biochar-700越多，对这一共生体系的代谢的促进作用就越强。同时可以发现，随着Biochar-700添加量的增加，附着在生物炭表面的微生物在总微生物中的比例也逐步提高［图2-42（b）］。在有Biochar-700添加的情况下，当Biochar-700浓度为2.0g/L时，约有71.54%的微生物附着在生物炭的表面；而对于Biochar-700浓度为0.5g/L时，只有56.11%的微生物附着在生物炭的表面。因此，对于促进了这两种*Geobacter*之间种间电子传递作用的Biochar而言，大部分的微生物是集中地附着在生物炭的表面的。

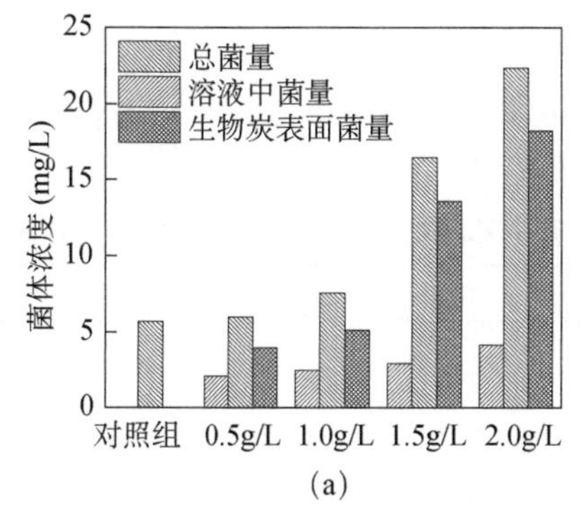

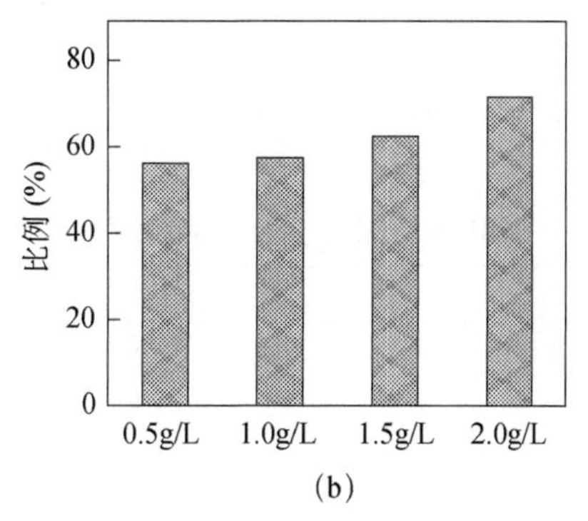

图2-42 *G. metallireducens/G. sulfurreducens*的共生体系在不同浓度的Biochar-700下（a）蛋白质浓度的变化和（b）生物炭表面微生物占总微生物量的比例变化[181]

3）生物炭碳化温度对促进效果的影响

在利用碳化温度为700℃的生物炭测试了生物炭对于促进微生物种间电子传递过程的可行性和生物炭添加量的影响后，本研究探究了不同的碳化温度影响该生物炭对种间直接电子传递过程的促进情况；在*Geobacter*的共生体系中，加入2g/L各个碳化温度下的生物炭，然后分析底物中乙醇的降解情况和琥珀酸的生成情况。

如图2-43所示，在研究中探究了不同碳化温度下生物炭对种间电子传递的影响。如图2-44和表2-4中的结果所示，不同碳化温度下得到的生物炭在*G.metallireducens*/*G. sulfurreducens*的共生体系中的加入都可以促进共生体系的代谢速率，但是其对于共生体系的促进作用不同。在没有生物炭添加的情况下，共生体系的代谢速率是最低的，琥珀酸的生成速率只有0.48±0.05mmol/d。Biochar-700、Biochar-800和Biochar-900对于共生体系代谢的促进作用基本处于同一水平。乙醇的代谢速率和琥珀酸的生产速率分析显示，Biochar-800对于共生体系代谢的促进作用是最高的，乙醇的代谢速率和琥珀酸的生产速率分别达到了0.16±0.04mmol/d和1.15±0.06mmol/d。Biochar-800添加下体系的乙醇的代谢速率和琥珀酸的生产速率分别是对照组（Re，0.08±0.01mmol/d；Rs，0.48±0.05mmol/d）的1.05倍和1.42倍。而Biochar-1000添加下体系的乙醇的代谢速率和琥珀酸的生产速率分别是0.11±0.03和0.89±0.04mmol/d，分别比对照组高出0.35和0.78倍。Biochar-1100添加下体系的乙醇的代谢速率和琥珀酸的生产速率分别是0.09±0.01和0.69±0.05mmol/d，分别比对照组高出0.10倍和0.44倍。

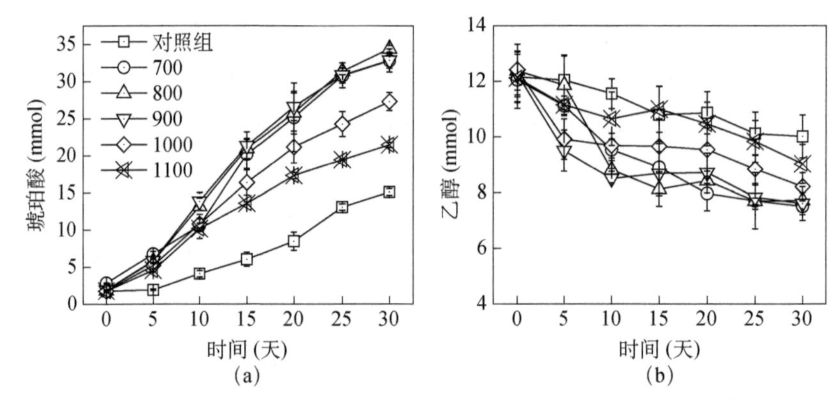

图2-43 *G. metallireducens*/*G. sulfurreducens*的共生体系在添加了不同碳化温度的生物炭后琥珀酸（a）和乙醇（b）浓度随时间的变化情况[181]

表2-4 不同碳化温度下生物炭的添加下共生体系中乙醇的代谢速率和琥珀酸的生成速率[181]

样品（g/L）	乙醇代谢速率（mmol/d）	琥珀酸生成速率（mmol/d）
对照组	0.079±0.007	0.475±0.048
700	0.157±0.019	1.088±0.071
800	0.162±0.038	1.151±0.058
900	0.122±0.034	1.110±0.080
1000	0.107±0.026	0.892±0.042
1100	0.087±0.013	0.685±0.046

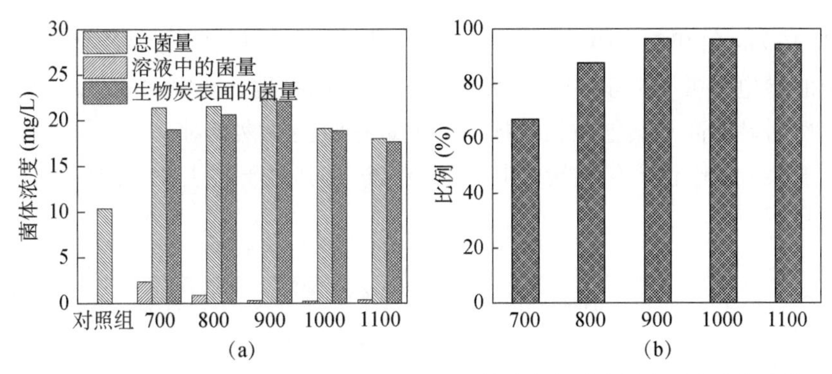

图2-44　*G. metallireducens/G. sulfurreducens*的共生体系内蛋白质浓度的变化（a）和生物炭表面微生物占总微生物量的比例变化（b）[181]

图2-44（a）中蛋白质含量的测定实验结果表明，不同碳化温度的生物炭都对*Geobacter*共生体系的代谢起到了促进作用。添加了Biochar-700、Biochar-800、Biochar-900、Biochar-1000和Biochar-1100的体系中总蛋白质的含量分别达到21.39mg/L、21.53mg/L、22.37mg/L、19.10mg/L和17.99mg/L，分别是对照组（10.34mg/L）的1.07倍、1.08倍、1.16倍、0.84倍和0.73倍。

而由图2-44（b）中结果显示，由于Biochar的吸附作用，在溶液中的微生物的含量大幅度地降低了。在添加了Biochar-700、Biochar-800和Biochar-900的共生体系的溶液中蛋白质的浓度为2.36mg/L、0.90mg/L和0.28mg/L，分别只有对照组的22.82%、9.48%和2.71%。当碳化温度从700℃升高到900℃时，生物炭表面微生物在总微生物含量中的比例是逐渐升高的。这一比例的升高可能和生物炭表面逐渐粗糙的变化趋势相关；更加粗糙的表面有利于微生物的附着。然而，更高的碳化温度下，这一比例却有所下降（Biochar-1000，96.07%；Biochar-1100，92.40%）。

4）影响因素之间关系分析

之前的研究报道指出，材料的导电性在促进种间直接电子传递方面发挥着重要的作用[153, 162]。研究发现，生物炭对于*Geobacter*种间电子传递的促进作用可能来源于生物炭基体的导电性并加速了种间电子传递过程[152]。另一个研究则表明，生物炭可以直接调控土壤中的电子传递过程进而影响土壤的生物地化系统，生物炭在其中作为微生物和三价铁矿物之间电子传递的中间体[193]。而在相同的条件下，不具备导电性的材料，例如玻璃球，并不能够促进种间的直接电子传递过程[143]。

然而，在本研究中，这种对于共生体系种间电子传递的促进作用并没有随着生物炭导电性的提高而增强。如图2-45（a）所示，生物炭的电导率和琥珀酸的生成速率之间呈现负的线性相关关系。众所周知，对于生物炭施加更高的碳化温度会提高生物炭的碳化程度和导电性[185]。正如图2-45（b）中所展示的结果一样，生物炭的导电性和生物炭中氧元素的含量呈负的线性相关关系（R^2=0.88）。添加了Biochar-700、Biochar-800和Biochar-900的*Geobacter*共生体系的代谢速率类似。然而，Biochar-800和Biochar-900的电导率却分别是

Biochar-700的50.84倍和212.80倍。这一结果表明，在本研究中对于共生体系代谢的促进作用，生物炭的导电性并不是其中的主要影响因素。同样地，虽然Biochar-1000和Biochar-1100的导电性明显地高于其他生物炭样品，但是这两类生物炭对于共生体系的促进作用却更低。因此，除了导电性，生物炭的其他性质应该在其对于共生体系的促进作用方面也发挥着重要作用[152]。

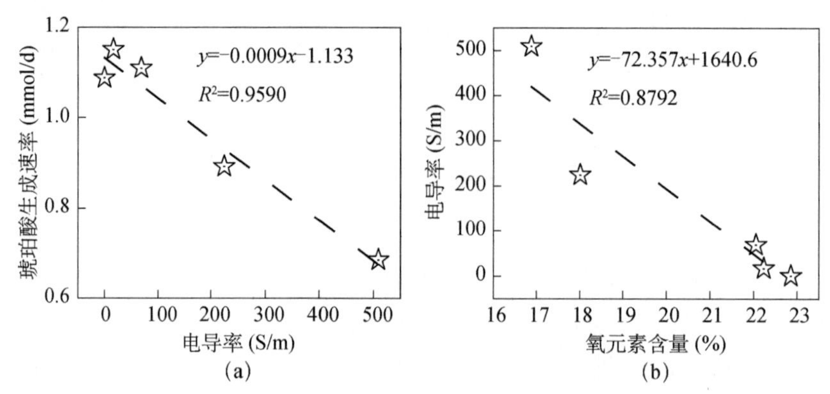

图2-45 （a）琥珀酸的生成速率和生物炭中氧元素含量的关系图；（b）生物炭的导电性和氧元素含量的关系图[181]

在之前的研究中，活性炭[194]和固体有机酸物质[195]都具有可以接受电子的能力。生物炭结构中的醌基、酚醛基和稠合芳烃基团也是具有电子接受能力的可能的电化学活性基团[177, 196]。碳化温度更低的生物炭中含有更多的这种电化学活性官能团，正是它们可能会参与到电子传递的过程中来。而那些处于还原态的电化学活性官能团也可以再作为电子供体为其他微生物提供电子。这种生物炭表面官能团的充放电循环能力也早已被证明可以可逆性的接受和释放电子[197, 198]。生物炭与电子受体或电子供体之间的这种界面电子传递过程与依赖材料导电性的电子传递过程有所不同[199]。

在最近的一个研究报道中，相比于依靠生物炭导电性的电子传递过程，这种依靠表面官能团的充放电循环的电子传递过程在生物炭的电子传递过程中发挥着重要的作用[180]。该研究指出，在O/C比低于0.09的生物炭样品中通过表面官能团充放电循环实现传递的电子占到了依靠材料导电性进行传递的电子的三分之一。在本实验的研究中，所有生物炭材料的O/C比都明显的高于0.09这一数值，这表明表面官能团在生物炭的电子传递过程中发挥着主要的作用。这一分析就可以解释在本研究中观测到的现象：更高的碳化温度带来的更大的生物炭电导率却没有促进微生物的种间直接电子传递过程。随着碳化温度的升高，生物炭表面官能团的量是逐渐降低的，这就可以解释为什么Biochar-1000和Biochar-1100生物炭对于种间电子传递的促进作用反而更低了。

图2-46（a）结果显示，琥珀酸的生成速度和生物炭中O元素的含量成较高的正相关关系；表明生物炭中的含氧官能团可以参与到生物炭对于*Geobacter*共生体系的种间电子传递过程中。之前报道过的氧化还原基体，例如醌基和酚醛基，都是含氧官能团。含氧官能团的氧化还原反应的过程中可以实现电子的接受或者给出，这一电子交换能力，有利于电活

性微生物给出或者接受电子。

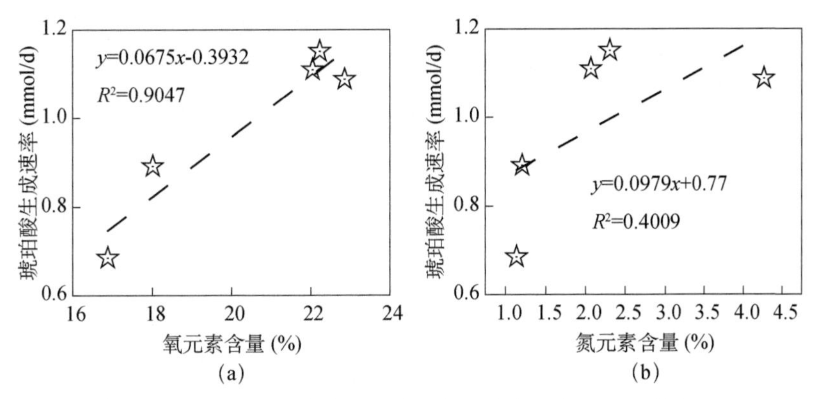

图2-46 （a）琥珀酸的生成速率和生物炭导电性的关系图；
（b）琥珀酸的生成速率和生物炭中氮元素含量的关系图[181]

但是，含氮官能团的含量和琥珀酸的生成速度之间没有很好的线性关系，这表明含氮官能团可能没有参与到该生物炭对于种间电子传递的促进过程中来［图2-46（b）］。

然而，Biochar-700、Biochar800和Biochar-900对于*Geobacter*共生体系的促进作用并不和O/C比的变化相一致。因此，除了生物炭的电子传递特征，其他方面的特征也可能影响生物炭对于该共生体系的促进作用。微生物在一个材料表面的附着过程对于微生物的代谢生长而言非常重要，该附着过程可以大体分为四个过程：①由弱键引起的可逆性的附着；②微生物和材料表面结合的强化；③微生物在材料表面的固定；④微生物在材料表面的繁殖。材料表面的物理和化学性质，例如表面电荷或者化学官能团将决定细菌在材料表面最初的附着过程[192, 200]。

之前的研究表明，生物炭的电子交换容量和生物炭表面含氧官能团的含量相关[193, 196]；因此，在研究中分析了生物炭的电子交换容量和氧元素含量之间的关系。由图2-47（a）中的结果可知，两者之间呈现一定的线性相关关系，但是该线性相关关系并不强，R^2只有0.30。这一结果表明，在生物炭的电子交换容量和氧元素含量之间存在较为复杂的关系。此外，我们还研究了生物炭的电子交换容量和共生体系的延胡索酸的生成速率之间的关系图，由图2-47（b）中的结果可以看出，两者之间并没有很明显的线性关系；这一结果表明，虽然电子交换能力会影响共生体系之间的种间电子传递，但是其他的一些影响因素也可以在该过程中发挥作用。

通过测定材料的Zeta电位的方式确定了生物炭样品的表面电荷。生物炭或者活性炭的表面往往带有负电荷，由于一般的细菌都带有负电荷，这对于细菌在其表面的附着是不利的[201]。Biochar-900的表面电荷为10.55±1.52mV，是正值。这有利于细菌在其表面的附着过程。而对于Biochar-700而言，其表面电荷为−17.4±0.70mV，是负值。这反而不利于细菌在其表面的附着。Biochar-800的表面电荷（6.39±2.07mV）则介于Biochar-700和Biochar-900之间。结合上述表面官能团含量的变化，从Biochar-700到Biochar-900到Zeta电位的变化趋势则可以解释在本研究中观测到的生物炭对于*Geobacter*共生体系的促进作用。

Biochar-1000（7.15±0.88mV）和Biochar-1100（−3.09±1.19mV）的Zeta电位随着碳化温度的升高逐渐降低了，这也有助于解释Biochar-1000和Biochar-1100对*Geobacter*共生体系的促进作用下降的现象。如图2-48（a）中结果所示，生物炭的表面电荷和细菌在生物炭表面的吸附率之间表现出很明显的线性关系，其线性相关关系为R^2=0.73。

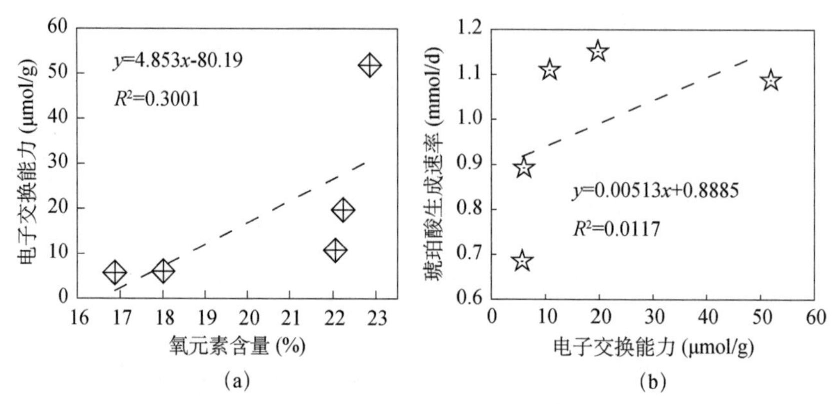

图2-47 （a）生物炭的电子交换容量和氧元素含量之间的关系图；（b）生物炭的电子交换容量和共生体系中琥珀酸的生成速率之间的关系图[181]

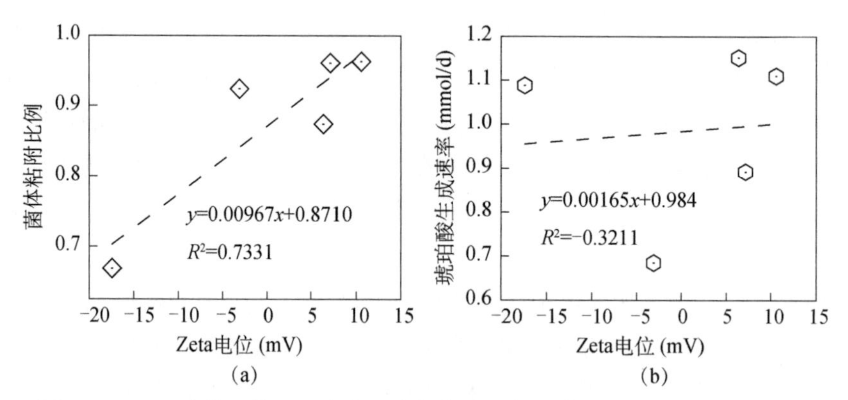

图2-48 （a）生物炭的Zeta电位和生物炭表面的细菌吸附率之间的关系图；（b）生物炭的Zeta电位和共生体系中琥珀酸生成速率之间的关系图[181]

在分析了Zeta电位和共生体系的代谢速度（延胡索酸生成速率）之间的线性关系后发现［图2-48（b）］，两者之间的线性关系并不明显；结合前文的结论，生物炭的表面电荷虽然会影响细菌在生物炭表面的附着情况，但是其对种间直接电子传递过程的影响却不明显。这一结果表明，生物炭表面官能团的电子交换能力在对种间直接电子传递的影响中占据着主导地位。

2.6 小结

现阶段，基于电化学活性微生物的MES技术的功能得到了逐步地拓展。MES技术由最开始阶段的能源回收功能逐步拓展到污染物降解、环境修复和生物合成等领域。所有这些功能的实现与电极表面的功能化电化学活性微生物或微生物菌群息息相关。因此，未来的研究中，针对电化学活性微生物或微生物菌群实现各个目标功能的微生物学机理研究将成为研究重点。深入地探究电化学活性微生物进行污染物降解和生物合成等过程的机理将有助于助推MES技术的应用。此外，现阶段对于电化学微生物胞外电子传递过程的机理研究主要集中于*Geobacter*和*Shewanella*两个属，对其胞外电子传递过程的认识也逐渐清晰，这两个模式菌株之外的电化学活性微生物在胞外电子传递机理方面的研究亟需加强。除此以外，细菌之外的许多微藻和真菌也被证明具有微生物电化学活性，这一全新研究领域的拓展让微生物胞外电子传递过程的研究领域更加丰富多彩，而这些新的领域也亟待进一步研究。

种间的胞外电子传递过程也是实现不同微生物协作降解污染物的重要途径，尤其是其中的种间直接电子传递过程，因其具有的更高的电子传递效率而成为了研究的热点。但是，现阶段对于种间直接电子传递过程的研究只集中于研究较多的几个模式菌株。许多在自然界中扮演着重要角色的种间电子传递过程还没有得到充分的研究。对微生物胞外电子传递过程机理的充分研究将为其应用打下重要的基础。现阶段对于微生物胞外电子传递过程的研究大多集中于由胞内流向胞外电子受体的过程上；而对于由胞外向胞内进行电子传递的过程的研究则较少。探明其中的电子传递途径并明确其与业已发现的胞外电子传递途径之间的关系将是未来研究的重点。此外，电子由胞外向胞内进行传递的过程中，如何与细菌的能量产生过程相结合也是值得重点研究的科学问题。

关于微生物胞外电子传递过程的强化研究，现阶段大部分的研究都集中于对微生物向电极表面进行的胞外电子传递过程的强化，即旨在通过对电极的相应修饰处理提高电极所收集到的微生物胞外电流。诸如CNT、石墨烯、导电聚合物和金属氧化物等的材料都被用来进行电极表面的修饰。而对于微生物种间的电子传递过程的强化研究则显得较为薄弱；目前用来强化种间电子传递的介体材料仅仅集中于碳基材料和铁氧化物两类。鉴于种间电子传递过程在环境修复和能源回收等领域的重要意义，开发高效的种间电子传递过程强化手段也是未来该领域的重要研究方向。

参 考 文 献

[1] 孙丹. 定向优选阳极微生物促进生物电化学系统效能的研究. 哈尔滨：哈尔滨工业大学，2013.

[2] Gorby Y A，Yanina S，Mclean J S，et al. Electrically conductive bacterial nanowires produced by *Shewanella oneidensis* strain MR-1 and other microorganisms. Proceedings of the National Academy of Sciences，2006，103（30）：11358-11363.

[3] Kim H J H M S，Chang I S，et al. A microbial fuel cell type lactate biosensor using a metal-reducing bacterium，*Shewanella putrefaciens*. Journal Of Microbiology And Biotechnology，1999，9（3）：3.

[4] Marsili E，Baron D B，Shikhare I D，et al. Shewanella secretes flavins that mediate extracellular electron transfer. Proceedings of the National Academy of Sciences，2008，105（10）：3968-3973.

[5] Lovley D R，Stolz J F，Nord G L，et al. Anaerobic production of magnetite by a dissimilatory iron-

reducing microorganism. Nature，1987，330（6145）：3.

[6] Torres C I，Krajmalnik-Brown R，Parameswaran P，et al. Selecting anode-respiring bacteria based on anode potential：phylogenetic，electrochemical，and microscopic characterization. Environmental Science & Technology，2009，43（24）：9519-9524.

[7] Yates M D，Kiely P D，Call D F，et al. Convergent development of anodic bacterial communities in microbial fuel cells. Isme Journal，2012，6（11）：2002-2013.

[8] Min B K，Cheng S A，Logan B E. Electricity generation using membrane and salt bridge microbial fuel cells. Water Research，2005，39（9）：1675-1686.

[9] Rabaey K，Boon N，Siciliano S D，et al. Biofuel cells select for microbial consortia that self-mediate electron transfer. Applied And Environmental Microbiology，2004，70（9）：5373-5382.

[10] Chaudhuri S K，Lovley D R. Electricity generation by direct oxidation of glucose in mediatorless microbial fuel cells. Nature biotechnology，2003，21（10）：1229-1232.

[11] Holmes D E，Bond D R，Lovley D R. Electron transfer by *Desulfobulbus propionicus* to Fe（Ⅲ）and graphite electrodes. Applied And Environmental Microbiology，2004，70（2）：1234-1237.

[12] Lowy D A，Tender L M，Zeikus J G，et al. Harvesting energy from the marine sediment-water interface Ⅱ-Kinetic activity of anode materials. Biosensors & Bioelectronics，2006，21（11）：2058-2063.

[13] Bond D R，Lovley D R. Evidence for involvement of an electron shuttle in electricity generation by *Geothrix fermentans*. Applied And Environmental Microbiology，2005，71（4）：2186-2189.

[14] Holmes D E，Nicoll J S，Bond D R，et al. Potential role of a novel psychrotolerant member of the family *Geobacteraceae*，*Geopsychrobacter electrodiphilus* gen. nov.，sp nov.，in electricity production by a marine sediment fuel cell. Applied and Environmental Microbiology，2004，70（10）：6023-6030.

[15] Pham C A，Jung S J，Phung N T，et al. A novel electrochemically active and Fe（Ⅲ）-reducing bacterium phylogenetically related to *Aeromonas hydrophila*，isolated from a microbial fuel cell. Fems Microbiology Letters，2003，223（1）：129-134.

[16] Xing D F，Zuo Y，Cheng S A，et al. Electricity generation by *Rhodopseudomonas* palustris DX-1. Environmental Science & Technology，2008，42（11）：4146-4151.

[17] Fedorovich V，Knighton M C，Pagaling E，et al. Novel electrochemically active bacterium phylogenetically related to arcobacter butzleri，Isolated from a Microbial Fuel Cell. Applied And Environmental Microbiology，2009，75（23）：7326-7334.

[18] Zuo Y，Xing D F，Regan J M，et al. Isolation of the exoelectrogenic bacterium *Ochrobactrum anthropi* YZ-1 by using a U-tube microbial fuel cell. Applied And Environmental Microbiology，2008，74（10）：3130-3137.

[19] Luo J M，Yang J，He H H，et al. A new electrochemically active bacterium phylogenetically related to *Tolumonas osonensis* and power performance in MFCs. Bioresource Technology，2013，139：141-148.

[20] Pankratova G，Leech D，Gorton L，et al. Extracellular electron transfer by the gram-positive bacterium enterococcus faecalis. Biochemistry，2018，57（30）：4597-4603.

[21] Wrighton K C，Agbo P，Warnecke F，et al. A novel ecological role of the Firmicutes identified in thermophilic microbial fuel cells. Isme Journal，2008，2（11）：1146-1156.

[22] Wrighton K C，Thrash J C，Melnyk R A，et al. Evidence for direct electron transfer by a gram-positive bacterium isolated from a microbial fuel cell. Applied And Environmental Microbiology，2011，77（21）：7633-7639.

[23] Fan Y，Hu H，Liu H. Enhanced coulombic efficiency and power density of air-cathode microbial fuel cells with an improved cell configuration. Journal Of Power Sources，2007，171（2）：348-354.

[24] 班巧英，刘琦，余敏，等. 氧化还原介体催化强化污染物厌氧降解研究进展. 科技导报，2019，37（21）：88-96.

[25] Rosenbaum M，Aulenta F，Villano M，et al. Cathodes as electron donors for microbial metabolism：which extracellular electron transfer mechanisms are involved? Bioresource Technology，2011，102（1）：324-333.

[26] Ross D E，Flynn J M，Baron D B，et al. Towards electrosynthesis in *Shewanella*：energetics of reversing the mtr pathway for reductive metabolism. PLoS One，2011，6（2）.

[27] 肖勇，吴松，杨朝晖，等. 电化学活性微生物的分离与鉴定. 化学进展，2013，25（10）：1771-1780.

[28] Myers C R N K H. Bacterial manganese reduction and growth with manganese oxide as the sole electron acceptor. Science，1988，240（4857）：4.

[29] Reguera G，Mccarthy K D，Mehta T，et al. Extracellular electron transfer via microbial nanowires. Nature，2005，435（7045）：1098-1101.

[30] 周顺桂. 微生物胞外呼吸：原理与应用[M]. 北京：科学出版社，2016.

[31] Carmona-Martinez A A，Harnisch F，Fitzgerald L A，et al. Cyclic voltammetric analysis of the electron transfer of *Shewanella oneidensis* MR-1 and nanofilament and cytochrome knock-out mutants. Bioelectrochemistry，2011，81（2）：74-80.

[32] Yuan S J，He H，Sheng G P，et al. A photometric high-throughput method for identification of electrochemically active bacteria using a WO_3 nanocluster Probe. Scientific Reports，2013，3.

[33] Kim B H，Park H，Kim H，et al. Enrichment of microbial community generating electricity using a fuel-cell-type electrochemical cell. Applied Microbiology and Biotechnology，2004，63（6）：672-681.

[34] 黄效鑫. 微生物燃料电池中产电菌与电极的作用机制及其应用. 北京：清华大学，2009.

[35] Leang C，Coppi M V，Lovley D R. OmcB，a c-type polyheme cytochrome，involved in Fe（Ⅲ）reduction in *Geobacter* sulfurreducens. Journal of Bacteriology，2003，185（7）：2096.

[36] Logan B E. Exoelectrogenic bacteria that power microbial fuel cells. Nature Reviews Microbiology，2009，7（5）：375-381.

[37] Wu W J，Xu D Q，Ren Z Q，et al. Isolation，sequence characterization，expression pattern analysis of porcine Pitx2c gene. Livestock Science，2011，141（2-3）：129-135.

[38] Taillefert M，Jones M E，Beckler J，et al. Non-reductive solubilization of Fe（Ⅲ）oxides during microbial iron reduction. Abstracts of Papers of the American Chemical Society，2012，243.

[39] Busalmen J P，Esteve-Nunez A，Berna A，et al. C-type cytochromes wire electricity-producing bacteria to electrodes. Angewandte Chemie-International Edition，2008，47（26）：4874-4877.

[40] Methe B A，Nelson K E，Eisen J A，et al. Genome of *Geobacter* sulfurreducens：metal reduction in

subsurface environments. Science，2003，302（5652）：1967-1969.

[41] Qian X，Reguera G，Mester T，et al. Evidence that OmcB and OmpB of *Geobacter* sulfurreducens are outer membrane surface proteins. FEMS Microbiol Lett，2007，277（1）：21-27.

[42] Busalmen J P，Esteve-Nunez A，Feliu J M. Whole cell electrochemistry of electricity-producing microorganisms evidence an adaptation for optimal exocellular electron transport. Environmental Science & Technology，2008，42（7）：2445-2450.

[43] Dumas C，Basseguy R，Bergel A. Electrochemical activity of *Geobacter* sulfurreducens biofilms on stainless steel anodes. Electrochimica Acta，2008，53（16）：5235-5241.

[44] Nevin K P，Kim B C，Glaven R H，et al. Anode biofilm transcriptomics reveals outer surface components essential for high density current production in geobacter sulfurreducens fuel cells. PLoS One，2009，4（5）.

[45] Franks A E，Nevin K P，Glaven R H，et al. Microtoming coupled to microarray analysis to evaluate the spatial metabolic status of *Geobacter sulfurreducens* biofilms. Isme Journal，2010，4（4）：509-519.

[46] Malvankar N S，Yalcin S E，Tuominen M T，et al. Visualization of charge propagation along individual pili proteins using ambient electrostatic force microscopy. Nature Nanotechnology，2014，9（12）：1012-1017.

[47] Lovley D R. Live wires：direct extracellular electron exchange for bioenergy and the bioremediation of energy-related contamination. Energy & Environmental Science，2011，4（12）：4896-4906.

[48] Malvankar N S，Tuominen M T，Lovley D R. Biofilm conductivity is a decisive variable for high-current-density*Geobacter sulfurreducens* microbial fuel cells. Energy & Environmental Science，2012，5（2）：5790-5797.

[49] Sure S，Torriero A a J，Gaur A，et al. Inquisition of microcystis aeruginosa and synechocystis nanowires：characterization and modelling. Antonie Van Leeuwenhoek International Journal of General and Molecular Microbiology，2015，108（5）：1213-1225.

[50] Logan B E，Regan J M. Electricity-producing bacterial communities in microbial fuel cells. Trends in Microbiology，2006，14（12）：512-518.

[51] Tremblay P L，Aklujkar M，Leang C，et al. A genetic system for *Geobacter metallireducens*：role of the flagellin and pilin in the reduction of Fe（Ⅲ）oxide. Environmental Microbiology Reports，2012，4（1）：82-88.

[52] Rabaey K，Boon N，Hofte M，et al. Microbial phenazine production enhances electron transfer in biofuel cells. Environmental Science & Technology，2005，39（9）：3401-3408.

[53] 马晨，周顺桂，庄莉，等. 微生物胞外呼吸电子传递机制研究进展. 生态学报，2011，31（7）：2008-2018.

[54] 王鑫. 微生物燃料电池中多元生物质产电特性与关键技术研究. 哈尔滨：哈尔滨工业大学，2010.

[55] Qiao Y，Bao S J，Li C M. Electrocatalysis in microbial fuel cells—from electrode material to direct electrochemistry. Energy & Environmental Science，2010，3（5）：544-553.

[56] Cheng S，Liu H，Logan B E. Increased power generation in a continuous flow MFC with advective flow through the porous anode and reduced electrode spacing. Environmental Science & Technology，2006，40

（7）：2426-2432.

[57] Min B，Logan B E. Continuous electricity generation from domestic wastewater and organic substrates in a flat plate microbial fuel cell. Environmental Science & Technology，2004，38（21）：5809-5814.

[58] Li D，Qu Y，Liu J，et al. Using ammonium bicarbonate as pore former in activated carbon catalyst layer to enhance performance of air cathode microbial fuel cell. Journal of Power Sources，2014，272：909-914.

[59] Wang X，Gao N，Zhou Q，et al. Acidic and alkaline pretreatments of activated carbon and their effects on the performance of air-cathodes in microbial fuel cells. Bioresource Technology，2013，144：632-636.

[60] Wang H M，Li D，Liu J，et al. Microwave-assisted synthesis of nitrogen-doped activated carbon as an oxygen reduction catalyst in microbial fuel cells. Rsc Advances，2016，6（93）：90410-90416.

[61] Jadhav D A，Ghadge A N，Ghangrekar M M. Enhancing the power generation in microbial fuel cells with effective utilization of goethite recovered from mining mud as anodic catalyst. Bioresource Technology，2015，191：110-116.

[62] Xie X，Ye M，Hu L，et al. Carbon nanotube-coated macroporous sponge for microbial fuel cell electrodes. Energy Environmental Science，2012，5（1）：5265-5270.

[63] Jeong H E，Kim I，Karam P，et al. Bacterial recognition of silicon nanowire arrays. Nano Lett，2013，13（6）：2864-2869.

[64] Zhang P，Liu J，Qu Y，et al. Nanomaterials for facilitating microbial extracellular electron transfer：recent progress and challenges. Bioelectrochemistry，2018，123：190-200.

[65] Yazdi A A，D'angelo L，Omer N，et al. Carbon nanotube modification of microbial fuel cell electrodes. Biosensors & Bioelectronics，2016，85：536-552.

[66] Zhao G C，Yin Z Z，Zhang L，et al. Direct electrochemistry of cytochrome c on a multi-walled carbon nanotubes modified electrode and its electrocatalytic activity for the reduction of H_2O_2. Electrochemistry Communications，2005，7（3）：256-260.

[67] Peng L，You S J，Wang J Y. Carbon nanotubes as electrode modifier promoting direct electron transfer from *Shewanella oneidensis*. Biosens Bioelectron，2010，25（5）：1248-1251.

[68] Liu X W，Chen J J，Huang Y X，et al. Experimental and theoretical demonstrations for the mechanism behind enhanced microbial electron transfer by CNT network. Sci Rep，2014，4：3732.

[69] Tsai H Y，Wu C C，Lee C Y，et al. Microbial fuel cell performance of multiwall carbon nanotubes on carbon cloth as electrodes. Journal Of Power Sources，2009，194（1）：199-205.

[70] Zhang X M，Epifanio M，Marsili E. Electrochemical characteristics of *Shewanella loihica* on carbon nanotubes-modified graphite surfaces. Electrochimica Acta，2013，102：252-258.

[71] Xie X，Hu L，Pasta M，et al. Three-dimensional carbon nanotube-textile anode for high-performance microbial fuel cells. Nano Lett，2011，11（1）：291-296.

[72] Xing Xie W Z H R L，Chong Liu，Meng Ye，et al. Criddle A Y C. Enhancing the nanomaterial bio-interface by addition of mesoscale secondary features crinkling of carbon nanotube films to create subcellular ridges. ACS Nano，2014，8（12）：11958-11965.

[73] Timur S，Anik U，Odaci D，et al. Development of a microbial biosensor based on carbon nanotube（CNT）modified electrodes. Electrochemistry Communications，2007，9（7）：1810-1815.

[74] Rawson F J, Garrett D J, Leech D, et al. Electron transfer from Proteus vulgaris to a covalently assembled, single walled carbon nanotube electrode functionalised with osmium bipyridine complex: application to a whole cell biosensor. Biosensors & Bioelectronics, 2011, 26 (5): 2383-2389.

[75] Wang G, Xu J J, Chen H Y. Interfacing cytochrome c to electrodes with a DNA – carbon nanotube composite film. Electrochemistry Communications, 2002, 4 (6): 506-509.

[76] Novoselov K S, Jiang Z, Zhang Y, et al. Room-temperature quantum hall effect in graphene. Science, 2007, 315 (5817): 1379.

[77] Liu J, Qiao Y, Guo C X, et al. Graphene/carbon cloth anode for high-performance mediatorless microbial fuel cells. Bioresource Technology, 2012, 114: 275-280.

[78] Gangadharan P, Nambi I M, Senthilnathan J, et al. Heterocyclic aminopyrazine-reduced graphene oxide coated carbon cloth electrode as an active bio-electrocatalyst for extracellular electron transfer in microbial fuel cells. RSC Advances, 2016, 6 (73): 68827-68834.

[79] Tang J, Chen S, Yuan Y, et al. In situ formation of graphene layers on graphite surfaces for efficient anodes of microbial fuel cells. Biosensors and Bioelectronics, 2015, 71: 387-395.

[80] Najafabadi A T, Ng N, Gyenge E. Electrochemically exfoliated graphene anodes with enhanced biocurrent production in single-chamber air-breathing microbial fuel cells. Biosensors & Bioelectronics, 2016, 81: 103-110.

[81] Zhao Y, Watanabe K, Nakamura R, et al. Three-dimensional conductive nanowire networks for maximizing anode performance in microbial fuel cells. Chemistry, 2010, 16 (17): 4982-4985.

[82] Lai B, Tang X, Li H, et al. Power production enhancement with a polyaniline modified anode in microbial fuel cells. Biosensors and Bioelectronics, 2011, 28 (1): 373-377.

[83] Ding C M, Liu H, Zhu Y, et al. Control of bacterial extracellular electron transfer by a solid-state mediator of polyaniline nanowire arrays. Energy & Environmental Science, 2012, 5 (9): 8517-8522.

[84] Ding C, Liu H, Lv M, et al. Hybrid bio-organic interfaces with matchable nanoscale topography for durable high extracellular electron transfer activity. Nanoscale, 2014, 6 (14): 7866-7871.

[85] Yuan Y, Kim S. Polypyrrole-coated reticulated vitreous carbon as anode in microbial fuel cell for higher energy output. Bulletin Of the Korean Chemical Society, 2008, 29 (1): 168-172.

[86] Feng C, Ma L, Li F, et al. A polypyrrole/anthraquinone-2, 6-disulphonic disodium salt (PPy/AQDS) -modified anode to improve performance of microbial fuel cells. Biosensors and Bioelectronics, 2010, 25 (6): 1516-1520.

[87] Liu X, Wu W, Gu Z. Poly (3, 4-ethylenedioxythiophene) promotes direct electron transfer at the interface between *Shewanella loihica* and the anode in a microbial fuel cell. Journal of Power Sources, 2015, 277: 110-115.

[88] Li C, Zhang L, Ding L, et al. Effect of conductive polymers coated anode on the performance of microbial fuel cells (MFCs) and its biodiversity analysis. Biosensors and Bioelectronics, 2011, 26 (10): 4169-4176.

[89] Gong X B, You S J, Yuan Y, et al. Three-dimensional pseudocapacitive interface for enhanced power production in a microbial fuel cell. ChemElectroChem, 2015, 2 (9): 1307-1313.

[90] Zhang F，Yuan S J，Li W W，et al. WO_3 nanorods-modified carbon electrode for sustained electron uptake from *Shewanella oneidensis* MR-1 with suppressed biofilm formation. Electrochimica Acta，2015，152：1-5.

[91] Jia X，He Z，Zhang X，et al. Carbon paper electrode modified with TiO_2 nanowires enhancement bioelectricity generation in microbial fuel cell. Synthetic Metals，2016，215：170-175.

[92] Ji J Y，Jia Y J，Wu W G，et al. A layer-by-layer self-assembled Fe_2O_3 nanorod-based composite multilayer film on ITO anode in microbial fuel cell. Colloids and Surfaces a-Physicochemical and Engineering Aspects，2011，390（1-3）：56-61.

[93] Peng X H，Yu H B，Wang X，et al. Enhanced anode performance of microbial fuel cells by adding nanosemiconductor goethite. Journal of Power Sources，2013，223：94-99.

[94] Fan Y，Xu S，Schaller R，et al. Nanoparticle decorated anodes for enhanced current generation in microbial electrochemical cells. Biosensors and Bioelectronics，2011，26（5）：1908-1912.

[95] Sun M，Zhang F，Tong Z H，et al. A gold-sputtered carbon paper as an anode for improved electricity generation from a microbial fuel cell inoculated with *Shewanella oneidensis* MR-1. Biosensors and Bioelectronics，2010，26（2）：338-343.

[96] Zuo X L，He S J，Li D，et al. Graphene oxide-facilitated electron transfer of metalloproteins at electrode surfaces. Langmuir，2010，26（3）：1936-1939.

[97] Chang J L，Chang K H，Hu C C，et al. Improved voltammetric peak separation and sensitivity of uric acid and ascorbic acid at nanoplatelets of graphitic oxide. Electrochemistry Communications，2010，12（4）：596-599.

[98] Hyun K，Han S W，Koh W G，et al. Direct electrochemistry of glucose oxidase immobilized on carbon nanotube for improving glucose sensing. International Journal of Hydrogen Energy，2015，40（5）：2199-2206.

[99] Li D，Muller M B，Gilje S，et al. Processable aqueous dispersions of graphene nanosheets. Nature Nanotechnology，2008，3（2）：101-105.

[100] Si Y，Samulski E T. Synthesis of water soluble graphene. Nano Letters，2008，8（6）：1679-1682.

[101] Zou L，Qiao Y，Wu X S，et al. Tailoring hierarchically porous graphene architecture by carbon nanotube to accelerate extracellular electron transfer of anodic biofilm in microbial fuel cells. Journal of Power Sources，2016，328：143-150.

[102] Huang Y X，Liu X W，Xie J F，et al. Graphene oxide nanoribbons greatly enhance extracellular electron transfer in bio-electrochemical systems. Chem Commun（Camb），2011，47（20）：5795-5797.

[103] Zhao S，Li Y，Yin H，et al. Three-dimensional graphene/Pt nanoparticle composites as freestanding anode for enhancing performance of microbial fuel cells. Science Advances，2015，1（10）.

[104] Yong Y C，Dong X C，Chan-Park M B，et al. Macroporous and monolithic anode based on polyaniline hybridized three-dimensional graphene for high-performance microbial fuel cells. ACS Nano，2012，6（3）：2394-2400.

[105] Huang L，Li X，Ren Y，et al. In-situ modified carbon cloth with polyaniline/graphene as anode to enhance performance of microbial fuel cell. International Journal of Hydrogen Energy，2016.

[106] Wang Y，Zhao C E，Sun D，et al. A graphene/poly（3，4-ethylenedioxythiophene）hybrid as an anode for high-performance microbial fuel cells. Chempluschem，2013，78（8）：823-829.

[107] Zhang Y，Mo G，Li X，et al. A graphene modified anode to improve the performance of microbial fuel cells. Journal of Power Sources，2011，196（13）：5402-5407.

[108] Xiao L，Damien J，Luo J，et al. Crumpled graphene particles for microbial fuel cell electrodes. Journal of Power Sources，2012，208：187-192.

[109] Sun J J，Zhao H Z，Yang Q Z，et al. A novel layer-by-layer self-assembled carbon nanotube-based anode：preparation，characterization，and application in microbial fuel cell. Electrochimica Acta，2010，55（9）：3041-3047.

[110] Zou Y，Xiang C，Yang L，et al. A mediatorless microbial fuel cell using polypyrrole coated carbon nanotubes composite as anode material. International Journal of Hydrogen Energy，2008，33（18）：4856-4862.

[111] Qiao Y，Li C M，Bao S-J，et al. Carbon nanotube/polyaniline composite as anode material for microbial fuel cells. Journal of Power Sources，2007，170（1）：79-84.

[112] Ren H，Pyo S，Lee J I，et al. A high power density miniaturized microbial fuel cell having carbon nanotube anodes. Journal of Power Sources，2015，273：823-830.

[113] Wang Y Q，Li B，Zeng L Z，et al. Polyaniline/mesoporous tungsten trioxide composite as anode electrocatalyst for high-performance microbial fuel cells. Biosensors & Bioelectronics，2013，41：582-588.

[114] Qiao Y，Bao S J，Li C M，et al. Nanostructured polyaniline/titanium dioxide composite anode for microbial fuel cells. ACS Nano，2007，2（1）：113-119.

[115] Varanasi J L，Nayak A K，Sohn Y，et al. Improvement of power generation of microbial fuel cell by integrating tungsten oxide electrocatalyst with pure or mixed culture biocatalysts. Electrochimica Acta，2016，199：154-163.

[116] Quan X C，Sun B，Xu H D. Anode decoration with biogenic Pd nanoparticles improved power generation in microbial fuel cells. Electrochimica Acta，2015，182：815-820.

[117] Chou H T，Lee H J，Lee C Y，et al. Highly durable anodes of microbial fuel cells using a reduced graphene oxide/carbon nanotube-coated scaffold. Bioresource Technology，2014，169：532-536.

[118] Mehdinia A，Ziaei E，Jabbari A. Multi-walled carbon nanotube/SnO_2 nanocomposite：a novel anode material for microbial fuel cells. Electrochimica Acta，2014，130：512-518.

[119] Wen Z，Ci S，Mao S，et al. TiO_2 nanoparticles-decorated carbon nanotubes for significantly improved bioelectricity generation in microbial fuel cells. Journal Of Power Sources，2013，234：100-106.

[120] Zhang P，Liu J，Qu Y，et al. Enhanced performance of microbial fuel cell with a bacteria/multi-walled carbon nanotube hybrid biofilm. Journal of Power Sources，2017，361：318-325.

[121] Zhao C E，Wu J，Ding Y，et al. Hybrid conducting biofilm with built-in bacteria for high-performance microbial fuel cells. ChemElectroChem，2015，2（5）：654-658.

[122] Eguílaz M，Gutiérrez A，Rivas G. Non-covalent functionalization of multi-walled carbon nanotubes with cytochrome c：enhanced direct electron transfer and analytical applications. Sensors and Actuators B：Chemical，2016，225：74-80.

[123] Torres C I，Marcus A K，Lee H S，et al. A kinetic perspective on extracellular electron transfer by

anode-respiring bacteria. FEMS Microbiol Rev，2010，34（1）：3-17.

[124] Feng C J，Liu Y N，Li Q，et al. Quaternary ammonium compound in anolyte without functionalization accelerates the startup of bioelectrochemical systems using real wastewater. Electrochimica Acta，2016，188：801-808.

[125] Lim S Y，Shen W，Gao Z Q. Carbon quantum dots and their applications. Chemical Society Reviews，2015，44（1）：362-381.

[126] Wang X，Qu K，Xu B，et al. Microwave assisted one-step green synthesis of cell-permeable multicolor photoluminescent carbon dots without surface passivation reagents. Journal of Materials Chemistry，2011，21（8）：2445-2450.

[127] Aldeek F，Mustin C，Balan L，et al. Surface-engineered quantum dots for the labeling of hydrophobic microdomains in bacterial biofilms. Biomaterials，2011，32（23）：5459-5470.

[128] Wang Y F，Hu A G. Carbon quantum dots：synthesis，properties and applications. Journal of Materials Chemistry C，2014，2（34）：6921-6939.

[129] Chang E，Thekkek N，Yu W W，et al. Evaluation of quantum dot cytotoxicity based on intracellular uptake. Small，2006，2（12）：1412-1417.

[130] Yong Y C，Cai Z，Yu Y Y，et al. Increase of riboflavin biosynthesis underlies enhancement of extracellular electron transfer of *Shewanella* in alkaline microbial fuel cells. Bioresource Technology，2013，130：763-768.

[131] Armstrong F A，Heering H A，Hirst J. Reactions of complex metalloproteins studied by protein-film voltammetry. Chemical Society Reviews，1997，26（3）：169-179.

[132] Jain A，Zhang X，Pastorella G，et al. Electron transfer mechanism in Shewanella loihica PV-4 biofilms formed at graphite electrode. Bioelectrochemistry，2012，87：28-32.

[133] Von Canstein H，Ogawa J，Shimizu S，et al. Secretion of flavins by Shewanella species and their role in extracellular electron transfer. Appl Environ Microbiol，2008，74（3）：615-623.

[134] Zhou Z M，Swenson R P. The cumulative electrostatic effect of aromatic stacking interactions and the negative electrostatic environment of the flavin mononucleotide binding site is a major determinant of the reduction potential for the flavodoxin from *Desulfovibrio* vulgaris[Hildenborough]. Biochemistry，1996，35（50）：15980-15988.

[135] Roy J N，Babanova S，Garcia K E，et al. Catalytic biofilm formation by *Shewanella oneidensis* MR-1 and anode characterization by expanded uncertainty. Electrochimica Acta，2014，126：3-10.

[136] Kane A L，Bond D R，Gralnick J A. Electrochemical analysis of Shewanella oneidensis engineered to bind gold electrodes. ACS Synth Biol，2013，2（2）：93-101.

[137] Xu Y S，Zheng T，Yong X Y，et al. Trace heavy metal ions promoted extracellular electron transfer and power generation by *Shewanella* in microbial fuel cells. Bioresour Technol，2016，211：542-547.

[138] 郑广强，吕小慧，朱小山，等. 碳量子点的生物毒性研究进展. 中国科学 B 辑，2008，38：396.

[139] 刘文娟，靳竞男，马家恒，等. 荧光碳点纳米材料对大肠杆菌的毒性研究. 化学与生物工程，2015，32（9）：26-30.

[140] 黄淮青，曾萍，韩宝福，等. 荧光碳点的合成及对酿酒酵母的毒性研究[D]. 沈阳，2012.

[141] Logan B E，Rabaey K. Conversion of wastes into bioelectricity and chemicals by using microbial electrochemical technologies. Science，2013，337：686-690.

[142] Wang X，Feng Y J，Wang H M，et al. Bioaugmentation for electricity generation from corn stover biomass using microbial fuel cells. Environmental Science & Technology，2009，43（15）：6088-6093.

[143] Liu F，Rotaru A E，Shrestha P M，et al. Promoting direct interspecies electron transfer with activated carbon. Energy & Environmental Science，2012，5（10）：8982-8989.

[144] Lovley D R. Electromicrobiology. Annual Review of Microbiology，2012，66：391-409.

[145] Zarath M. Summers H E F，Ching Leang，et al. Direct exchange of electrons within aggregates of an evolved syntrophic coculture of anaerobic bacteria. Science，2010，330（3）：3.

[146] 马金莲，马晨，汤佳，等. 电子穿梭体介导的微生物胞外电子传递机制及应用. 化学进展，2015，27（12）：8.

[147] Hong Y G，Gu J，Xu Z C，et al. Humic substances act as electron acceptor and redox mediator for microbial dissimilatory azoreduction by *Shewanella decolorationis* S12. Journal of Microbiology and Biotechnology，2007，17（3）：428-437.

[148] Kato S，Hashimoto K，Watanabe K. Methanogenesis facilitated by electric syntrophy via（semi）conductive iron-oxide minerals. Environ Microbiol，2012，14（7）：1646-1654.

[149] Kato S，Hashimoto K，Watanabe K. Microbial interspecies electron transfer via electric currents through conductive minerals. Proceedings of the National Academy of Sciences of the United States of America，2012，109（25）：10042-10046.

[150] Chen S，Rotaru A E，Liu F，et al. Carbon cloth stimulates direct interspecies electron transfer in syntrophic co-cultures. Bioresour Technol，2014，173：82-86.

[151] Karn B，Kuiken T，Otto M. Nanotechnology and in situ remediation：a review of the benefits and potential risks. environmental health perspectives，2009，117（12）：1823-1831.

[152] Chen S，Rotaru A E，Shrestha P M，et al. Promoting interspecies electron transfer with biochar. Science Report，2014，4：5019.

[153] Li H J，Chang J L，Liu P F，et al. Direct interspecies electron transfer accelerates syntrophic oxidation of butyrate in paddy soil enrichments. Environmental Microbiology，2015，17（5）：1533-1547.

[154] Cruz Viggi C，Rossetti S，Fazi S，et al. Magnetite particles triggering a faster and more robust syntrophic pathway of methanogenic propionate degradation. Environ Sci Technol，2014，48（13）：7536-7543.

[155] Ma D，Wang J，Chen T，et al. Iron oxide promoted anaerobic process of the aquatic plant of curly leaf pondweed. Energy & Fuels，2015，29（7）：4356-4360.

[156] Kato S，Hashimoto K，Watanabe K. Methanogenesis facilitated by electric syntrophy via（semi）conductive iron-oxide minerals. Environmental Microbiology，2012，14（7）：1646-1654.

[157] Li L L，Tong Z H，Fang C Y，et al. Response of anaerobic granular sludge to single-wall carbon nanotube exposure. Water Research，2015，70：1-8.

[158] Ambuchi J J，Zhang Z，Shan L，et al. Response of anaerobic granular sludge to iron oxide nanoparticles and multi-wall carbon nanotubes during beet sugar industrial wastewater treatment. Water

Research，2017.

[159] Nielsen L P，Risgaard-Petersen N，Fossing H，et al. Electric currents couple spatially separated biogeochemical processes in marine sediment. Nature，2010，463（7284）：1071-1074.

[160] Morita M，Malvankar N S，Franks A E，et al. Potential for direct interspecies electron transfer in methanogenic wastewater digester aggregates. MBio，2011，2（4）：e00159-00111.

[161] Cheng Q W，Call D F. Hardwiring microbes via direct interspecies electron transfer：mechanisms and applications. Environmental Science-Processes & Impacts，2016，18（8）：968-980.

[162] Kato S，Nakamura R，Kai F，et al. Respiratory interactions of soil bacteria with（semi）conductive iron-oxide minerals. Environmental Microbiology，2010，12（12）：3114-3123.

[163] Zhou S，Xu J，Yang G，et al. Methanogenesis affected by the co-occurrence of iron（Ⅲ）oxides and humic substances. FEMS Microbiology Ecology，2014，88（1）：107-120.

[164] Yang Z，Guo R，Shi X，et al. Magnetite nanoparticles enable a rapid conversion of volatile fatty acids to methane. RSC Advances，2016，6（31）：25662-25668.

[165] Yang Z，Xu X，Guo R，et al. Accelerated methanogenesis from effluents of hydrogen-producing stage in anaerobic digestion by mixed cultures enriched with acetate and nano-sized magnetite particles. Bioresource Technology，2015，190：132-139.

[166] Suanon F，Sun Q，Mama D，et al. Effect of nanoscale zero-valent iron and magnetite（Fe_3O_4）on the fate of metals during anaerobic digestion of sludge. Water Research，2016，88：897-903.

[167] Aulenta F，Rossetti S，Amalfitano S，et al. Conductive magnetite nanoparticles accelerate the microbial reductive dechlorination of trichloroethene by promoting interspecies electron transfer processes. ChemSusChem，2013，6（3）：433-436.

[168] Lo H M，Chiu H Y，Lo S W，et al. Effects of micro-nano and non micro-nano MSWI ashes addition on MSW anaerobic digestion. Bioresource Technology，2012，114：90-94.

[169] Zheng S，Li Z，Zhang P，et al. Multi-walled carbon nanotubes accelerate interspecies electron transfer between *Geobacter* cocultures. Bioelectrochemistry，2020，131：107346.

[170] Phuengprasop T，Sittiwong J，Unob F. Removal of heavy metal ions by iron oxide coated sewage sludge. Journal of Hazardous Materials，2011，186（1）：502-507.

[171] Hossain M K，Strezov V，Chan K Y，et al. Influence of pyrolysis temperature on production and nutrient properties of wastewater sludge biochar. Journal of Environmental Management，2011，92（1）：223-228.

[172] Zhang G D，Zhao Q L，Jiao Y，et al. Efficient electricity generation from sewage sludge using biocathode microbial fuel cell. Water Research，2012，46（1）：43-52.

[173] Xiao B Y，Yang F，Liu J X. Enhancing simultaneous electricity production and reduction of sewage sludge in two-chamber MFC by aerobic sludge digestion and sludge pretreatments. Journal of Hazardous Materials，2011，189（1-2）：444-449.

[174] Caballero J A，Front R，Marcilla A，et al. Characterization of sewage sludges by primary and secondary pyrolysis. Journal of Analytical And Applied Pyrolysis，1997，40-1：433-450.

[175] Koch J，Kaminsky W. Pyrolysis of a refinery sewage-sludge-a material recycling process. erdol &

kohle erdgas petrochemie，1993，46（9）：323-325.

[176] Singh B，Singh B P，Cowie A L. Characterisation and evaluation of biochars for their application as a soil amendment. Australian Journal of Soil Research，2010，48（6-7）：516-525.

[177] Tong H，Hu M，Li F B，et al. Biochar enhances the microbial and chemical transformation of pentachlorophenol in paddy soil. Soil Biology & Biochemistry，2014，70：142-150.

[178] Yu L P，Yuan Y，Tang J，et al. Biochar as an electron shuttle for reductive dechlorination of pentachlorophenol by *Geobacter* sulfurreducens. Scientific Reports，2015，5.

[179] Chen J，Wang C，Pan Y，et al. Biochar accelerates microbial reductive debromination of 2，2′，4，4′-tetrabromodiphenyl ether（BDE-47）in anaerobic mangrove sediments. Journal Of Hazardous Materials，2017.

[180] Sun T R，Levin B D A，Guzman J J L，et al. Rapid electron transfer by the carbon matrix in natural pyrogenic carbon. Nature Communications，2017，8.

[181] Zhang P，Zheng S L，Liu J，et al. Surface properties of activated sludge-derived biochar determine the facilitating effects on *Geobacter* co-cultures. Water Research，2018，142：441-451.

[182] Abdullah H，Wu H W. Biochar as a Fuel：1. Properties and grindability of biochars produced from the pyrolysis of mallee wood under slow-heating conditions. Energy & Fuels，2009，23（8）：4174-4181.

[183] Kim K H，Kim J Y，Cho T S，et al. Influence of pyrolysis temperature on physicochemical properties of biochar obtained from the fast pyrolysis of pitch pine（Pinus rigida）. Bioresource Technology，2012，118：158-162.

[184] Zhou K，Zhou W，Liu X，et al. Nitrogen self-doped porous carbon from surplus sludge as metal-free electrocatalysts for oxygen reduction reactions. ACS Appl Mater Interfaces，2014，6（17）：14911-14918.

[185] Gabhi R S，Kirk D W，Jia C Q. Preliminary investigation of electrical conductivity of monolithic biochar. Carbon，2017，116：435-442.

[186] Chen Y Q，Yang H P，Wang X H，et al. Biomass-based pyrolytic polygeneration system on cotton stalk pyrolysis：influence of temperature. Bioresource Technology，2012，107：411-418.

[187] Chun Y，Sheng G Y，Chiou C T，et al. Compositions and sorptive properties of crop residue-derived chars. Environmental Science & Technology，2004，38（17）：4649-4655.

[188] Demirbas A. Effects of temperature and particle size on bio-char yield from pyrolysis of agricultural residues. Journal of Analytical and Applied Pyrolysis，2004，72（2）：243-248.

[189] Gomezserrano V，Acedoramos M，Lopezpeinado A J，et al. Oxidation of activated carbon by hydrogen-peroxide-study of surface functional-groups by Ft-Ir. Fuel，1994，73（3）：387-395.

[190] Moreno-Castilla C，Carrasco-Marin F，Maldonado-Hodar F J，et al. Effects of non-oxidant and oxidant acid treatments on the surface properties of an activated carbon with very low ash content. Carbon，1998，36（1-2）：145-151.

[191] Burg P，Fydrych P，Cagniant D，et al. The characterization of nitrogen-enriched activated carbons by IR，XPS and LSER methods. Carbon，2002，40（9）：1521-1531.

[192] Garrett T R，Bhakoo M，Zhang Z B. Bacterial adhesion and biofilms on surfaces. Progress in Natural Science-Materials International，2008，18（9）：1049-1056.

[193] Kappler A，Wuestner M L，Ruecker A，et al. Biochar as an electron shuttle between bacteria and Fe（Ⅲ）minerals. Environmental Science & Technology Letters，2014，1（8）：339-344.

[194] Van Der Zee F P，Bisschops I a E，Lettinga G，et al. Activated carbon as an electron acceptor and redox mediator during the anaerobic biotransformation of azo dyes. Environmental Science & Technology，2003，37（2）：402-408.

[195] Roden E E，Kappler A，Bauer I，et al. Extracellular electron transfer through microbial reduction of solid-phase humic substances. Nature Geoscience，2010，3（6）：417-421.

[196] Kluepfel L，Keiluweit M，Kleber M，et al. Redox properties of plant biomass-derived black carbon（biochar）. Environmental Science & Technology，2014，48（10）：5601-5611.

[197] Lovley D R，Coates J D，Bluntharris E L，et al. Humic substances as electron acceptors for microbial respiration. Nature，1996，382（6590）：445-448.

[198] Klupfel L，Piepenbrock A，Kappler A，et al. Humic substances as fully regenerable electron acceptors in recurrently anoxic environments. Nature Geoscience，2014，7（3）：195-200.

[199] Xu W Q，Pignatello J J，Mitch W A. Role of black carbon electrical conductivity in mediating hexahydro-1，3，5-trinitro-1，3，5-triazine（RDX）transformation on carbon surfaces by sulfides. Environmental Science & Technology，2013，47（13）：7129-7136.

[200] Rattier B D，Hoffman A S，Schoen F J，et al. Biomaterials science：an introduction to materials in medicine. Journal of Clinical Engineering，1997，22（1）：26.

[201] Yao Y，Gao B，Inyang M，et al. Biochar derived from anaerobically digested sugar beet tailings：characterization and phosphate removal potential. Bioresource Technology，2011，102（10）：6273-6278.

第 3 章　微生物电化学系统阳极材料

在普通电化学系统中，典型的电极材料可以是固体金属、液体金属、碳材料或者半导体材料。由于微生物电化学系统（microbial electrochemical system，MES）的特殊性，阳极是以产电微生物作为催化剂，所以与一般化学燃料电池相比，阳极材料的选择具有特殊性，除保证电池正常运行之外，还要为微生物的生长富集提供良好的生存场所。阳极作为催化剂微生物生长的载体，以及电子从微生物细胞体内传递至细胞外的直接接触的电子导体，其重要性和特殊性不言而喻。

为了实现阳极微生物的催化和电子传输作用，阳极材料在选择时必须保证其对微生物无毒无害和良好的导电性，在这一大前提下再进行进一步的材料筛选。而且为了保证足够数量的阳极产电微生物能够进行正常的附着和生长富集，阳极材料需要尽可能大的表面积。碳材料是公认的适宜微生物附着和生长的材料，因此各种碳材料是目前MES中应用的主要阳极材料。除了碳材料，一些金属电极也经过验证可以作为MES的阳极材料。另外，研究人员对阳极碳材料进行表面处理、改性，或是添加导电聚合物、金属和其氧化物以提高阳极的性能。

本章系统总结了阳极材料的选择依据，以及目前MES常用的阳极材料及其特性，并总结了为提高阳极性能而进行的各种对阳极材料的改性研究，对MES研究阳极材料选择具有重要价值。

3.1　MES 系统阳极材料选择原则

阳极材料作为微生物电子传递的“桥梁”，需要具有高度的生物相容性、稳定性和导电性。由于电化学活性微生物附着于此进行电子传递，因此通常来说具有杀菌特性和疏水特性的材料不宜采用。微生物的早期附着被认为是生物膜形成的第一阶段，也是最关键的阶段，而这一过程直接影响到MES的启动时间、最大输出功率和污染物降解性能。

亲水的表面更利于细菌黏附，分泌的胞外聚合物会快速“占领”电极表面，形成电活性生物膜。除了良好的生物相容性，阳极材料还要在复杂的污水环境下长期保持电子传递活性，要求材料还需要具备一定的耐酸腐蚀性。这是由于阳极微生物的代谢会产生质子，造成微酸的阳极局部环境。需要注意的是，任何金属包括所谓的“不锈钢”材料，在特定的电位下都会发生腐蚀反应。因而如果使用金属材料阳极时要严格控制阳极电位，保障其低于金属腐蚀电位。用于废水处理的阳极通常以较大面积布置于废水池中，其机械强度也要特别关注。水流带来的剪切力会不断冲击其表面，如果强度不够会造成材料破损甚至断裂。最后，也是最重要的，材料的导电性一定要好。最理想的导电材料莫过于铜、银这种金属材质，但如上文所述，微生物很容易对金属材料造成腐蚀。因而，阳极材料的选择通常是在保障稳定性、生物可溶性的基础上尽可能提升材料的导电性。在单位面积上为了获得更多的产电生物膜，电极表面的物理特性（如粗糙度、孔隙率等）也是非常重要的，而涉及的内层生物膜的传质问题是难点。

3.1.1　阳极材料的生物相容性

微生物在阳极表面的富集生长状况直接影响 MES 系统的启动时间以及系统电化学性能，因此作为MES的阳极材料应具备良好的生物相容性。研究发现，经过材料表面特性的改善如亲疏水性、比表面积、粗糙度及官能团等的引入，微生物在电极表面的富集得以促进。冯玉杰团队[1]通过简单的电化学氧化技术或者化学氧化将酰胺基团和其他含氮官能团成功引入到碳布电极表面，电极表面亲水性得以提高，从而促进了微生物在电极表面的富集，系统最大功率密度提升 14.2%。Chen 等[2]通过还原氧化石墨烯/聚丙烯酰胺水凝胶改性的方法提高石墨刷阳极的比表面积，从而使得阳极表面微生物含量提升了 3 倍，系统库仑效率提升近 20%。Tao 等[3]制备了分层结构的纺织聚吡咯/聚纳米纤维/聚合物作为MES阳极材料，材料表面粗糙度的提高以及特有的分层多孔结构促进了微生物的富集生长，系统最大功率密度提高了 17 倍。Zhu 等[4]利用硝酸和乙二胺处理活性炭纤维毡作为MES阳极，经过处理后的碳毡表面基团由吡咯变为更有利于对细菌黏附的内酰胺、酰亚胺和酰胺基团，从而提高了阳极的电化学性能。此外，许多研究尝试使用三维材料作为MES阳极，这是由于三维结构阳极的建立为微生物提供了更多的附着位点。冯玉杰团队[5]通过简单易操作的方法制备出表面亲水的三维结构石墨烯阳极材料，亲水性的提升改善了材料的生物亲和性，加快了阳极表面生物膜的形成速度并缩短了系统启动时间，亲水性的提升增加了生物膜种群多样性，同时电极的三维片层结构增加了微生物的富集量，系统功率密度提高了 5 倍。

3.1.2　阳极材料的导电性

MES 在产电的过程中，微生物分解底物释放的电子经过电极体的传输到达集流体，电极材料的导电性将直接影响电子传递速率，进而改变MES的产电性能。由于碳材料具有优异的导电性，因此被广泛应用于MES阳极材料。采用相对于聚丙烯腈（28μΩ・m）电阻更小的沥青碳纤维（2.05μΩ・m）制备碳刷作为MES阳极材料，MES获得了更高的功率密度[6]。由于碳纳米管、石墨烯等新兴纳米材料具有优良的导电性也常被用作MES阳极材料，Peng 等[7]

通过碳纳米管修饰玻碳电极，提高了细胞色素与电极表面间的电子转移动力，电子转移速率常数可达到1.25/s，电流密度提高82倍。Tsai等[8]将碳纳米管通过简单的浸渍干燥法修饰在碳布表面，阳极内阻显著降低，系统功率密度提升了2.5倍。Liu等[9]将石墨烯沉积在碳布表面后，界面电荷转移内阻降低了近4倍，系统功率密度和能量转换效率分别提高了2.7倍和3倍。Najafabadi等[10]通过电化学的方法将石墨烯负载到石墨电极表面，随着石墨烯结构的形成，材料电荷转移内阻显著降低，进而提高了细菌与阳极表面的电子转移速率，使得系统最大功率密度增加超过300%。此外，聚苯胺与石墨烯共修饰的碳布阳极，其界面电荷转移内阻由115Ω 降低至14Ω，系统输出最高电压和峰值功率密度分别提升1.3倍和1.9倍[11]。可见，随着阳极材料导电性的改善，微生物与电极间的电子传递效率也随之增加，进而可以有效提升MES系统的性能。

3.1.3 阳极材料的成本分析

在构建MES时，材料的成本是限制其实际应用的一个重要因素[12]，MES所使用的阳极材料是电极材料研究的重要内容之一。2006年布罗斯・罗根课题组的研究中使用的亲水碳布阳极售价为1000$/m^2[13]。虽然传统的碳布或碳纸电极可以获得良好的功率密度输出，但是这些电极材料的成本往往较高。至2009年时，哈尔滨工业大学冯玉杰团队使用的碳纤维布阳极，价格已经下降至40$/m^2[14]，目前该团队使用的碳纤维布成本可以降低到10～15$/m^{2}左右。阳极材料的升级和改性一直是微生物电化学研究领域的研究重点之一，但往往也会造成电极成本的增加。通过构建三维结构的碳刷电极，在维持较高的功率密度输出的前提下，电极成本可显著降低。此外，面对不断放大的反应器体积，通过单纯增加二维阳极面积无疑会增加构建成本，此时开发制备方法简单，材料易得及成本低廉的三维电极对系统的构建是最佳选择。

3.2 金属阳极材料

由于铂具有优异的催化性能，在早期的研究中，铂是一种首选电极材料。1911年，英国植物学家Potter把酵母*Saccharomyces cerevisae*和细菌*Bacillus coli*（属于大肠杆菌）放入含有葡萄糖的培养基中，在进行厌氧培养的过程中在两个电极之间观察到了0.3～0.5V的开路电压和0.2mA的电流[15]。在这一项通常被认为是MES的最初起源研究中，Potter所用的电极主体部分就是金属铂。铂是一种十分昂贵的金属，为了减少铂的使用，Potter在具体操作中用银将一小段铂丝焊接在了铜线上与其他部分相连。50年后，Davis和Yarbrough在*Science*上发表文章，第一次使用了microbial fuel cell（微生物燃料电池）这一词语表达这一过程，他们在体系内使用10in×3in（1in=2.54cm）的两个铂电极片，分别验证葡萄糖氧化酶、*Escherichia coli*、*Nocardia*在与葡萄糖、乙烷等碳水化合物接触时能够产生可以观测到的电压输出，并试图对机理进行讨论[16]。

金属的电阻小，导电性好，在普通燃料电池中金属是一种常见的电极材料，但是实际上金属电极在MES中的使用并不广泛。金属电极表面不利于产电微生物附着生长，且有些金属可能在微生物生长的液体环境中腐蚀，析出的金属可能对产电菌产生毒害作用，所以其使用并不多。一些性能稳定的金属类阳极曾被用作微生物燃料电池的阳极，但关于这类金属阳极的研究并不多（表3-1）。Erable等使用不锈钢圆盘阳极得到了8.2A/m^2的电流密度[17]，Kargi等使用铜阳极，Richter等使用平板的金阳极，分别得到了2.9mW/m^2[18]和688mA/m^2[19]的结果。这些结果与使用碳材料阳极的产电结果相比还有一定差距。Sun等使用金喷溅碳纸阳极，得到了135mA/m^2的产电效果[20]，Liu等对比了相等表面积的矩形金电极和10μm宽金线阵列电极发现，金线阵列电极的单位电极表面积电流密度是普通矩形金电极的四倍[21]。黄金电极与碳电极的价格差距是这种电极不能得到实际应用的原因之一，因此黄金阳极一般仍然只是应用在机理研究中。为了能将金属电极推向实际应用，Guo等研究人员试图使用更有价格优势的不锈钢作为阳极，为了克服生物相容性差的缺陷，用火焰氧化的方法处理不锈钢，使其表面原位生成氧化铁纳米颗粒，将最大电流密度提高了16.5倍[22]。将不锈钢阳极在600℃马弗炉中热处理5min同样能够生成铁氧化层，方法也更加容易操作，电流密度从0.22±0.04mA/cm^2提高至了1.5±0.13mA/cm^2，当阳极面积从1cm^2放大至150cm^2时，电流密度几乎维持不变[23]。但也有研究人员指出，随着时间和条件的变化，不锈钢阳极腐蚀进而危害阳极产电微生物的风险不能忽视[24]。

当然，在严格控制电位的系统中，金属电极是可以在MES中应用的，在某些特殊研究需求下，导电金属氧化物阳极具有无可替代性。Baudler等在三电极控制电位的系统中发现，当阳极电位控制在不同金属的腐蚀电位以下时，铜、银、不锈钢、镍、金的表面均能生长电活性生物膜，铜和银电极的电流密度与石墨电极相比略高。阳极电位在−0.2V时，铜阳极的表面生物膜厚度是石墨电极的1.6倍[25]。而导电玻璃是一种特殊的金属氧化物阳极，由于其具有高透光性的优点，常被用作MES阳极生物膜原位成像。例如近期南开大学王鑫课题组以氧化铟锡（ITO）玻璃作为工作电极，恒定电位为−0.2V（Ag/AgCl），设计了双光源原位成像系统，对污水接种的电活性生物膜成膜过程进行了原位观测，发现了电活性生物膜成膜过程中电场强度对生物膜形态和产电菌种的影响规律[26]。相信随着成像技术的不断进步，导电玻璃阳极会在电活性生物膜成膜机理研究方面发挥更大的作用。

表3-1　使用金属阳极的MES对比

阳极材料	阴极/反应器	菌种	产电能力	参考文献
铂丝	铂丝	酵母 *Saccharomyces cerevisae* 和细菌 *Bacillus coli*	0.3～0.5V 的开路电压和0.2mA 电流	[15]
铂片（10in×3in）	铂片（10in×3in）	*Escherichia coli* 和 *Nocardia*		[16]
不锈钢圆盘电极			8.2A/m^2	[17]
铜	铜金阴极		2.9mW/m^2	[18]
平板金（7.8cm^2）		*G.sulfurreducens*	688mA/m^2	[19]
黄金溅射碳纸	单室空气阴极	*Shewanella oneidensis* MR-1	135mA/m^2	[20]

续表

阳极材料	阴极/反应器	菌种	产电能力	参考文献
10μm 金线阵列电极对比矩形金电极	三电极体系	*Geobacter sulfurreducens*	1600μA/cm² vs. 400μA/cm²	[21]
火焰氧化不锈钢	三电极体系	混菌	1.92mA/cm²，27.42mA/cm³	[22]

3.3 碳基体阳极材料

碳基体阳极材料，因其良好的生物兼容性和导电性在MES中使用非常广泛，是廉价易得且使用有效的一类阳极材料。未来阳极材料的发展方向应在电子传递机理突破研究之后，根据传递要求而设计最为适合的材料。而从现有的研究现状推测，碳基体材料仍是主要的研究内容和发展方向，所做的改性研究也主要围绕碳基体材料展开。

图3-1显示了几种在MES中经常使用的基本碳基体阳极材料的外貌特征。

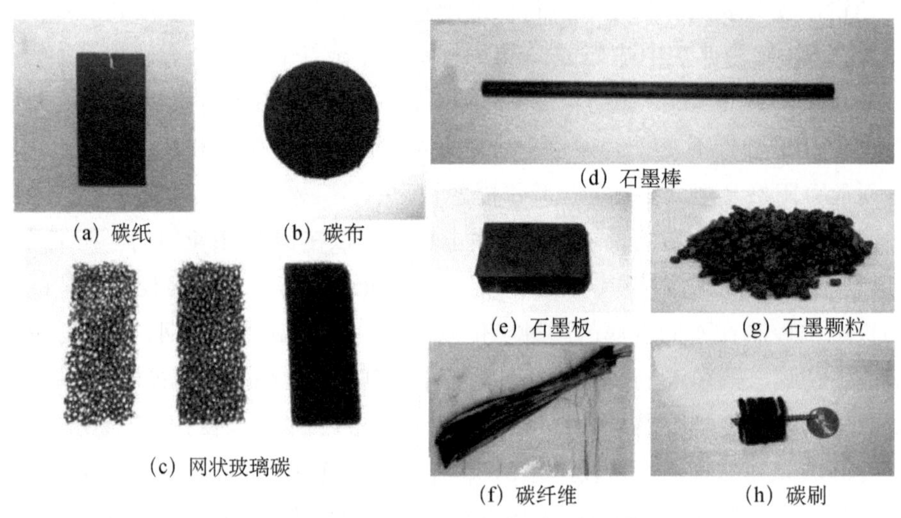

图3-1 MES中常用的碳阳极材料[27]

3.3.1 平面碳基体材料

本节所述的平面碳基体材料主要是指外观呈现扁平形状，主要以单侧或双侧表面与阳极微生物接触，作为阳极微生物载体的阳极材料，使用最广泛的此类碳基体材料包括碳纸、碳布、碳毡等。碳纸和碳布是最早用于MES研究的碳基阳极材料。在MES出现之前，这两种材料是为化学燃料电池研发的。它们均具有炭纯度高、比表面积大、导电性好和生物相容性好等优点，是理想的MES阳极材料。然而在随后的研究中，MES逐渐由实验室转向实际废水处理，碳纸和碳布的高成本（$1000/m²）是难以应用的，使用两种材料的研究也随之减少。因为过脆、易折断等缺点，在组装反应器时碳纸容易被压碎，造成接触电阻过大，碳纸是最早被MES研究使用的碳基材料。在研究电活性生物膜的系统中，由于碳纸表面平坦、碳纤维直且均匀，常被用来培养纯菌和荧光成像。Bruce Logan等将碳纸使用在MES的阳极上，在双室MES中得到了600mW/m^2的输出功率[28]。由于柔韧性好而且表面空隙更多，使用碳布代替碳纸能够产生更大的功率（766mW/m^2）[29]。He等在连续上升流反应器中使用网状玻璃碳作为阳极，得到了170mW/m^2的最大输出功率密度[30]。同样，这种材料由于过脆、容易破碎，所以没有广泛使用。

碳纤维布材料（carbon mesh）是使用碳纤维编制而成的片状且外形与碳布相似又具有碳纤维材料优点的一种碳材料，其具有比表面积大、成本低、导电性好等优点。碳纤维布是已大规模生产的碳纤维材料，工业上用于飞机机翼、球杆等的加固。2009年冯玉杰团队将其应用于MES阳极[14]。未经预处理的碳纤维布产电性能较差。使用马弗炉对碳纤维布进行热处理后（450℃，30min）获得了922mW/m^2的最大功率密度，比只经过丙酮清洗的碳纤维布阳极高3%，仅比高温氨处理的碳布低7%。预处理提高MES性能的机理是：丙酮清洗和热处理是通过去除电极表面影响电子传递的杂质，提供了更大的电化学活性表面积，促进了系统产电过程的进行。高温氨处理后除起到清洁作用外，表面N/C原子个数比与热处理相比升高了近1倍（由2.9%升高至4.6%），说明氨处理过程中生成的含氮官能团（如胺基）对产电过程有促进作用。后续的研究中，碳纤维布已被用于MES的放大试验，详细内容详见第十章。

表3-2中仅列举了早期使用碳阳极的一些数据，碳材料作为阳极使用十分广泛。在后续的研究中，虽然此类碳材料一直被研究人员广泛使用，但是一般不再作为专门的研究对象，仅是MES的必要电极组成部分，或者作为对照组观察研究现象使用。

表 3-2　MES中使用的阳极碳材料

阳极材料	反应器	菌种	产电能力	参考文献
碳纸	双室	混菌	600mW/m^2	[28]
碳布	单室空气阴极	混菌	766mW/m^2	[29]
网状玻璃碳	连续上升流		170mW/m^2	[30]
碳纤维布	单室空气阴极	混菌	893mW/m^2	[14]
活性炭布	空气阴极		0.51mW/cm^2	[31]
石墨刷	单室空气阴极		2400mW/m^2	[28]
石墨棒	单室连续流	混菌	26mW/m^2	[32]
石墨毡			28～32mA/m^2	[33]
石墨颗粒			90W/m^3	[34]
石墨毡三维堆砌电极	连续流	混菌	386W/m^3	[35]

3.3.2　立体碳材料

除了平面阳极，研究人员还选择了各种外形和厚度的石墨/碳板、石墨/碳棒作为立体阳极。石墨电极具有很好的导电性能，价格便宜，很容易购买到各种规格的石墨棒、石墨板和石墨毡等，因此常常是作为阳极的首选。作为阳极使用的另一种形态是石墨颗粒，Rabaey等使用石墨颗粒填充反应器的阳极，得到了90W/m^3的输出功率密度[34]。但使用石墨颗粒作为阳极时，必须要注意的是由于颗粒的形状和孔隙不同，要保证各颗粒之间的接触良好，才能确保阳极具有良好的导电性。

纤维状的碳材料也是目前被广泛使用的阳极材料之一。一般的碳纤维是由几千根单根直径在6～10μm的纤维丝结成一束来使用的［图3-1（f）］，因此理论上具有很大的比表面积，非常适合作为MES的阳极材料来使用。但Logan的实验证明，使用纤维质量的增加并不能明显提高功率密度，这说明成束的纤维容易结块，这影响了阳极的面积[36]。将碳纤维加工成碳刷能够获得最大的比表面积和孔隙率，因此成为目前最好的阳极材料之一。在单室MES中使用碳刷阳极，最高功率密度可达2400mW/m^2，折合成单位体积的功率密度值为73W/m^3[28]。碳刷阳极比碳布阳极所占的反应器体积增大，电子收集更有效，所以库仑效率也得到了提高。

使用碳刷阳极需要计算碳刷纤维表面积时，将单根碳纤维视为底面积十分小的圆柱体，根据制成单个碳刷所需的纤维总量，计算所有圆柱侧表面积之和，用以表达单个碳刷的总表面积S，用式（3-1）表示：

$$S = \pi dlmn \tag{3-1}$$

式中，d为单根纤维直径，单位为m；l为每束纤维的单位质量长度，单位为m/g；m为单个刷子所用纤维平均质量，单位为g；n为每束纤维的纤维根数。

单位体积的纤维面积A（m^2/m^3）可以用式（3-2）表示：

$$A = \frac{S}{\pi\left(\frac{d_B}{2}\right)^2 l_B} \tag{3-2}$$

式中，d_B为碳刷直径，单位为m；l_B为碳刷长度，单位为m。

3.3.3 三维蜂巢结构阳极材料

三维蜂巢结构阳极材料主要由碳纤维布（300g/m^2）、立体支撑材料和钛金属丝（φ=0.5mm）构成。将碳纤维布与支撑材料结合，构成立体结构阳极，钛金属丝起到收集和传导电子的作用。将蜂巢约束系统阳极材料放置于沉积物或者污泥中，阴极材料位于上层好氧的水相中，阴极和阳极之间通过导线和电阻相连接，沉积物中有机物在阳极区附近被沉积物中土著微生物氧化分解，产生的电子传递到阳极，再经过外电路到达阴极，与阴极区中的氧气和从阳极区传递来的质子结合生成水，从而实现在去除沉积物中有机污染物的同时又回收能量的目的。城市河道中使用蜂巢约束系统用于沉积物修复，产生稳定电压输出，功率密度达81～200mW/m^2[37]。

3.4 阳极材料的预处理及表面修饰

在目前的微生物燃料电池构建过程中，电极成本花费占反应器构建成本的主要支出，电极性能是直接影响电池性能的重要因素。因此低价且高效的电极选择对于构建微生物燃料电池时的成本控制和性能提升具有重要的意义。选择适宜的阳极材料并在后续使用过程中对材料进行适度的表面改性可以改变电极的表面形貌，为产电微生物的附着提供适宜的环境，促进电极表面电子传递效率，提高微生物燃料电池的具体表现性能，有助于对阳极表面电子传递的机理研究加深理解。目前阳极材料表面与产电菌间的电子传递机制并不完全清晰，因此对于阳极材料的改性研究范围广泛，目的和方向并不十分明确，各种方法都具有一定的探索性。我们将阳极材料的表面改性方法分为两类，一类是酸、碱、化学等预处理，另一类为表面化学修饰。

3.4.1 阳极材料的预处理

1）氨气预处理

成少安教授和Bruce Logan教授等率先使用氨气对MES阳极碳布进行预处理[38]，具体方法如下：首先在氩气气氛中将阳极材料以50℃/min的速率升温至700℃，然后将载气换为氨气，样品在700℃氨气环境中保持60min，而后置于氩气环境中（70mL/min）放置120min冷却至室温。

采用生活污水进行反应器接种，运行发现未使用氨气预处理阳极系统需要大约150h达到稳定的最高电压，而经过氨气预处理阳极的系统仅需60h就可达到最高电压。采用未经氨处理的阳极在200mmol/L的PBS缓冲溶液中系统最大功率密度为1640mW/m^2，采用氨处理的阳极系统最大功率密度达到1970mW/m^2。且氨处理阳极系统的库仑效率比未经预处理的系统提高20%。通过研究表明氨处理的阳极电极系统性能的提高主要由于碳布表面的电荷增加，测试发现在pH=7条件下表面电荷由0.38meq/m^{2}增加到3.99meq/m^2[38]。可见经过氨预处理的碳布阳极可通过加快阳极生物膜形成速度以及增加表面电荷使其促进整个系统的产电性能。将这种处理方法应用于碳刷阳极，在200mmol/L的PBS缓冲溶液的瓶状反应器（B-MES）中，最大输出功率能够从750mW/m^{2}提高至1200mW/m^2，在单室方形反应器（C-MES）中，最大功率密度可达2400mW/m^2[28]，但这种预处理方法流程复杂，操作困难，在最初的几年得到推广，但并没有成为优势方法被广泛采用。

2）酸热预处理

冯玉杰团队以提高表面电荷传递效能为目标，开展了大量的预处理方法研究，揭示了预处理对系统效能提高的本质原因，即阳极的活性表面积、BET面积、电荷分布等改变因素是系统效能提高的重要因素，并在理论研究基础上建立了碳材料最佳预处理工艺。

预处理的实验对象是碳刷，实验中使用到的碳刷阳极参照文献[28]的方法制作（表3-3）。两根钛丝作为轴心将碳纤维固定并旋转成纤维部分为 Φ25mm×25mm 的圆柱状碳刷阳极（图3-2）。所用纤维每束3000根，单根纤维平均直径8μm。经过测量，每束纤维单位质量的长度为6.401m/g，加工得到的单个碳刷所使用纤维的平均质量为0.61g。根据公式（3-1）、

（3-2）计算，自制的单个碳刷表面积为0.29m²，单位碳刷体积的纤维面积为23990m²/m³，空隙率97%。使用时按照与反应器腔体同心方式组装。

图3-2 碳刷阳极和反应器照片

表 3-3 实验中使用的碳纤维基本参数

单丝直径（μm）	密度（g/cm³）	含碳量（%）	抗拉强度（GPa）	弹性模量（GPa）	断裂伸长率（%）
7～9	≥1.74	≥93	≥3.0	210～220	≥1.4

对碳刷阳极采用不同的方法进行预处理。丙酮清洗是指将碳刷浸泡在丙酮液体中一昼夜以去除表面杂质，取出后多次用去离子水冲洗。使用200g/L过二硫酸铵与100mL/L浓硫酸混合液浸泡碳刷15min称为酸处理，处理后用去离子水多次冲洗，酸处理有利于改善材料表面的亲水性能。热处理碳刷是将加工好的碳刷经过丙酮清洗后放在预热的设定温度的马弗炉中加热30min，能在一定程度上影响表面元素的构成。酸热处理是指依次进行酸处理和热处理。

使用这些经过预处理的碳刷作为阳极启动单室空气阴极反应器，实验结果表明，与对照反应器相比，酸处理能将最大输出功率提高7%，热处理将最大输出功率提高25%，进行酸热处理将热处理的功率再提高7%（图3-3）[39]，虽然数值更高，但多了一步预处理的过程，且提高幅度并不大，因此可知不同预处理对提高功率都具有一定效果，但热处理的效果明显好于酸处理。综合考虑预处理的效果和操作的简便性，热处理是更好的预处理方法。

为了分析不同化学处理对碳刷阳极产生影响的原因，对电极表面进行X射线光电电子宽光谱扫描以确定预处理前后碳纤维表面元素的变化。

XPS全谱测试结果表明（图3-4，表3-4），碳纤维表面主要含有C、O、N元素，还有痕量的S、Cl、Si。与对照碳刷阳极相比，不同的化学预处理使得表面的元素比例发生了变化。酸处理使得O1s含量增加，热处理使O1s含量降低，使N1s含量升高。结合不同处理对功率的影响结果可以发现，N1s/C1s比例的提高与功率密度的升高是相关的。

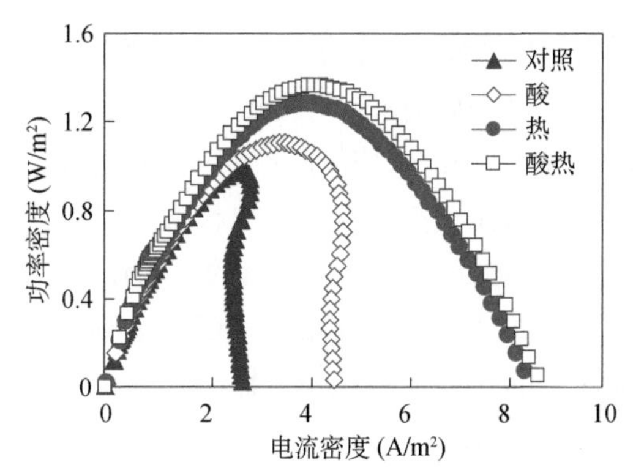

图3-3 碳刷阳极经不同预处理后输出功率对比

表3-4 不同预处理碳刷XPS宽光谱分析

元素	对照（%）	酸处理（%）	热处理（%）	酸热处理（%）
C1s	79.32	76.79	86.30	82.81
O1s	18.94	21.25	11.01	14.94
N1s	1.29	1.26	1.88	2.16
N1s/C1s	0.0163	0.0164	0.0218	0.0261
O1s/C1s	0.24	0.28	0.13	0.18

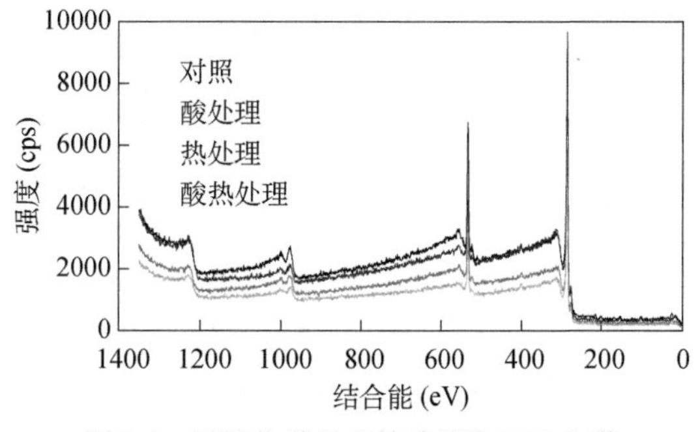

图3-4 不同化学处理的碳纤维XPS全谱

对样品的C、O、N具体元素进行高能量分辨率的X射线光电子能谱分析，且对得到的高能分辨率扫描的能谱结果进行分峰。

C1s的主峰在285eV附近，将其分为5个峰（图3-5）。284.2eV附近为C—C（H），是碳纤维碳骨架中碳原子。285.7eV附近为C—O，与羟基（C—OH）或醚键（C—O—R）相连。287.2eV附近为羰基C═O或O—C—O。288.7eV附近为羧基（COOH）或酯基（COOR）。在290.6eV附近为CO_3^-中碳原子[40]。对于O1s在531.6eV附近为C═O，在533eV附近为C—OH[41, 42]或化学吸附水中的氧[43, 44]。对于N1s，将N1s在400eV与401.9eV附近分为两个峰[45]。

从O的分峰结果来看，氧的主要组成包括C—O和C═O，在热处理过程中，变化明显的是C—O和C═O元素比例（表3-5），较低的C—O即较高的C═O含量与高功率密度相关。降低表面C—O/C的比例，能够提高微生物燃料电池的性能。从N1s的分峰结果来看，由于样品中氮的含量非常少，峰型不是十分明显。PAN基在热裂解过程中氮或是位于石墨烯层边缘六元环上的质子化吡啶型N，或是位于内部的类季铵型N[45]，将N1s主要分成两个峰，400eV附近代表铵型氮，401.9eV附近代表质子化氮。将氮的分峰结果与输出功率比较，质子化氮的含量与功率密度正相关，质子化N所占的比例越大，功率密度越高。其原因可以解释为：质子化的N带有正电荷，存在于电极表面时，更有利于一般带有负电荷的微生物富集在电极表面进行电子传递。Picot等[46]的实验中也证明了表面的负电荷（羧酸盐）降低输出功率而正电荷使最大输出功率翻倍。Cheng等[38]的实验结果表明氨处理使材料表面电荷从0.38升高到3.99meq/m^2，系统最大输出功率也得到提高。有以上分析结果可以得出结论，提高阳极表面的氮元素含量，尤其是质子化氮，有利于微生物燃料电池最大输出功率的提高。

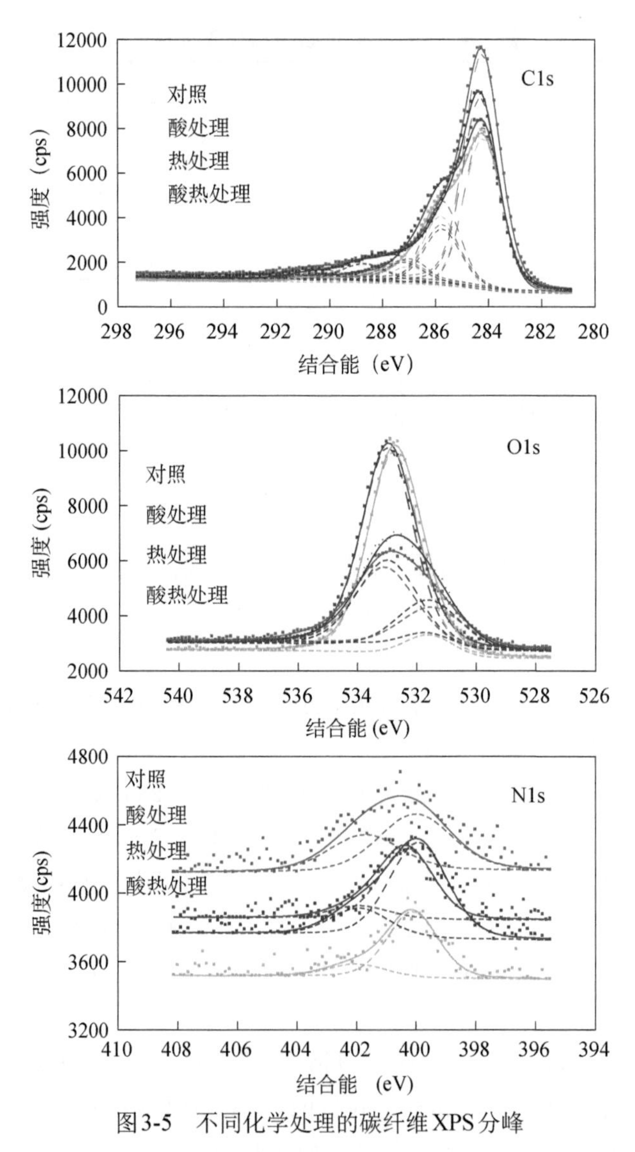

图3-5 不同化学处理的碳纤维XPS分峰

表3-5　不同预处理碳刷XPS分峰结果

元素	对照（%）	酸处理（%）	热处理（%）	酸热处理（%）
N1s	1.29	1.26	1.88	2.16
铵型氮	1.08	1.06	1.14	1.68
质子化氮	0.21	0.20	0.74	0.48
O1s	18.94	21.25	11.01	14.94
C=O	1.32	1.79	3.50	5.21
C—O	17.62	19.46	7.51	9.73
C—O/O1s	0.93	0.91	0.68	0.65

3）不同热处理温度对电极性能影响

加热处理对于碳纤维阳极性能的提高效果是明显的，为了进一步确定最适宜的加热处理温度，且明确加热预处理后纤维表面以及附着在纤维表面的菌群发生了哪些变化，对碳刷阳极进行了不同加热温度下的预处理。首先根据热重分析的结果（图3-6），在碳纤维从室温加热到1000℃过程中，碳纤维质量呈现基本均匀下降的趋势，共有约4.4%的质量损失。在300～350℃时，有一个小幅的波动，但随即恢复到原有趋势。

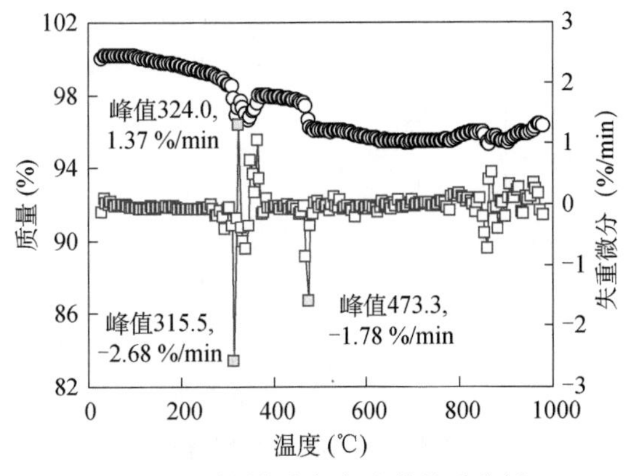

图3-6　碳纤维在氮气中的热重分析

碳纤维在460～480℃发生了明显的质量损失（约1.3%），说明这个温度范围是质量变化转折温度，因此选择了这一范围附近的450℃和500℃作为检测温度。600℃之后，质量变化趋于平坦，且过高的预温度会提高预处理的成本，不利于实验的操作。因此600℃和750℃被选为测试的另外两个温度。从图3-7得到，500℃处于一个转折位置，450℃之前质量可认为是在匀速下降，但500～600℃有个较大的质量落差损失。

选取十个经过丙酮清洗和酸处理的碳刷，其中两个作为对照，剩余八个平均分四组按照选择的四个处理温度（300℃、450℃、500℃和600℃）分别加热30min作为实验中使用的阳极。制作10个载铂量为0.5mg/cm^{2}的空气阴极，安装在反应器中使用之前，做线性扫描伏安测试，结果显示在图3-8中。图中10条几乎重合的LSV曲线证明实验中使用的十个阴极是平行的，说明实验中使用的阴极在实验初期基本相同，后续实验出现的结果的差异理论上应该是由经过不同温度处理的阳极所产生的。使用平行阴极和经过不同温度处理的碳刷阳极组装并启动 10 个反应器。反应器使用 1g/L 的乙酸钠为碳源培养基，加入 50mmol/L 的PBS缓冲溶液，以50%比例的生活污水作为接种源，在30℃恒温室和1000Ω 的外电阻条件下启动反应器。

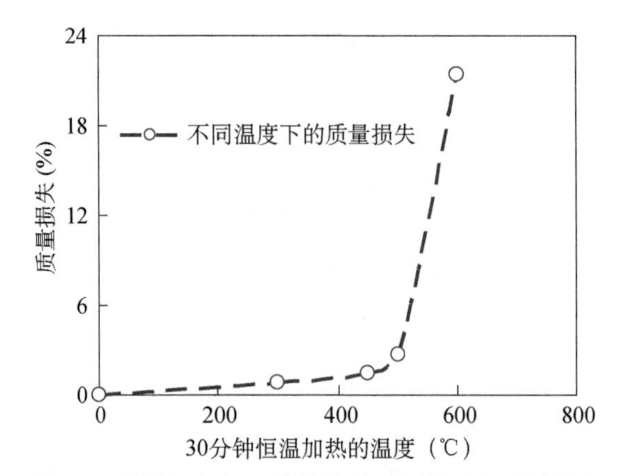

图3-7　碳纤维在恒温的马弗炉中加热后的质量损失

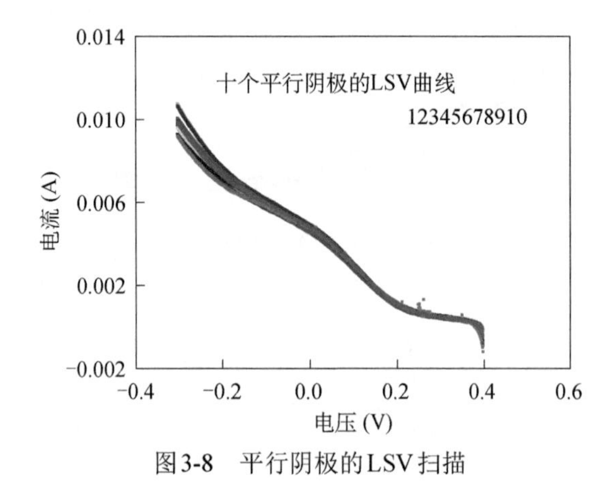

图3-8　平行阴极的LSV扫描

经过大约两周时间的启动，除组装了600℃预处理阳极的反应器之外，其余反应器都成功得到了约580mV的稳定输出电压，完成了系统启动。

在一个周期内阶梯式降低外电阻得到的功率曲线如图3-9所示。根据单周期法得到的功率曲线，对照反应器的最大输出功率密度为1206±55mW/m^2，300℃反应器最大输出功率密度为1160±82mW/m^2，450℃反应器最大输出功率密度为1305±67mW/m^2，500℃反应器最大输出功率密度为1149±11mW/m^2。从结果看出，与对照反应器相比，300℃加热对输出功率几乎没有影响，450℃加热将输出功率提高了8%，而经过500℃加热的阳极，输出功率又降至与未加热之前相当的水平。在热重分析的实验中，470℃附近的质量骤降说明在450℃和500℃之间电极纤维发生了质量和成分的变化，这一变化影响到了最大功率的输出，而具体的纤维成分变化将在XPS测试中得到说明。从阴阳极电位曲线上看阴极电位曲线严密重合，进一步说明各个反应器的阴极是完全一致的。对照、300℃和500℃热处理的阳极电位曲线几乎重合，450℃热处理的阳极电位略向负偏移，说明反应器性能的区别主要由阳极产生[47]。

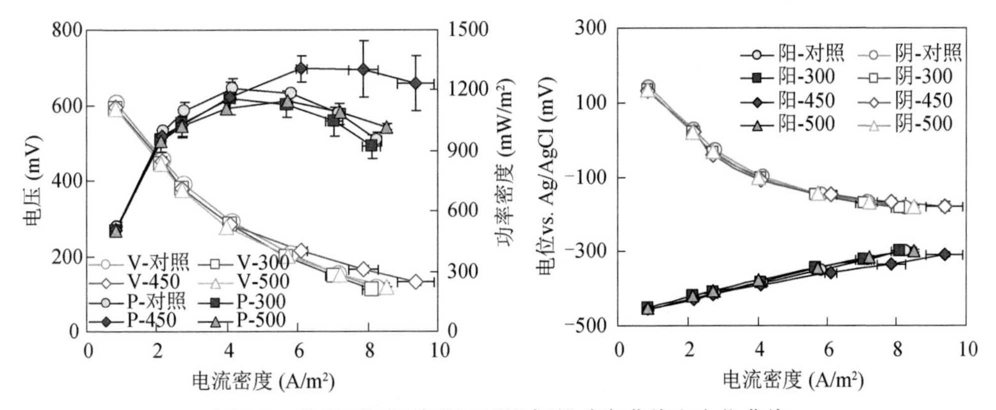

图3-9 使用不同温度预处理阳极的功率曲线和电位曲线

在不同的外电阻下（1000Ω、500Ω、200Ω、100Ω）测得的基于COD的库仑效率结果展示在图3-10中。在低电流密度时，各个反应器的库仑效率在22%～23%附近。在更高的电流密度区，温度对库仑效率的影响显现出的规律是，更高温度处理的反应器库仑效率也更高，500℃反应器在4A/m^{2}附近（100Ω外电阻）库仑效率最大，达到84.6%。

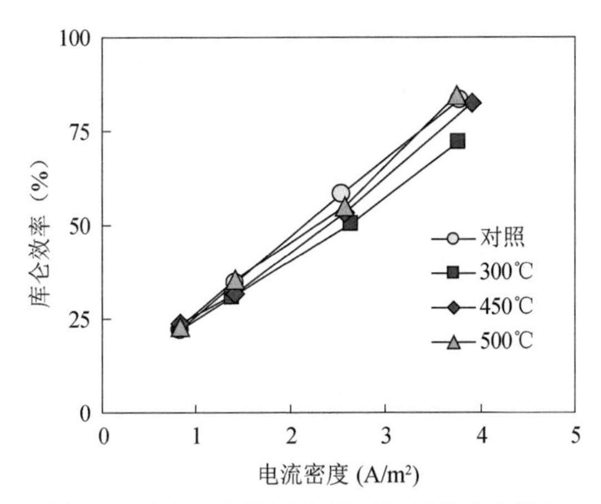

图3-10 使用不同温度预处理阳极的库仑效率

为了明确不同温度处理后碳纤维表面发生的具体变化，对经过处理前后的碳纤维表面以及在反应器中使用后的阳极纤维使用XPS分析。经过不同温度处理过后的碳纤维在放入反应器作为阳极使用之前，先对其进行XPS测试以对其表面环境进行元素表征分析（图3-11）。

实验中使用的碳纤维为PAN基碳纤维，PAN是聚丙烯腈的简称，其化学结构式为$\left[CH_2CH(CN) \right]_n$，其主要组成元素为碳、氢、氧、氮元素。碳纤维的形成过程是一个高分子聚合物的碳化过程[48, 49]。在碳化转变的过程中，氢、氧和氮元素逐渐脱除，使碳元素逐渐富集，最终形成碳含量超过90%的碳纤维（图3-12）。碳化过程的外界条件例如碳化时间和碳化温度会最终影响碳纤维中各个元素的含量，也会直接影响到碳纤维的化学结构[50]。因此从不同生产商处买到的作为阳极使用的碳纤维，由于其生产工艺的不同，产品基本成分和化学结构就有可能不同。Wang等对其使用的碳纤维材料编织成布状阳极进行过检验[14]，Xu等[51]也对其使用阳极进行了XPS测试，结果显示其所用材料表面成分和形态都与本实验

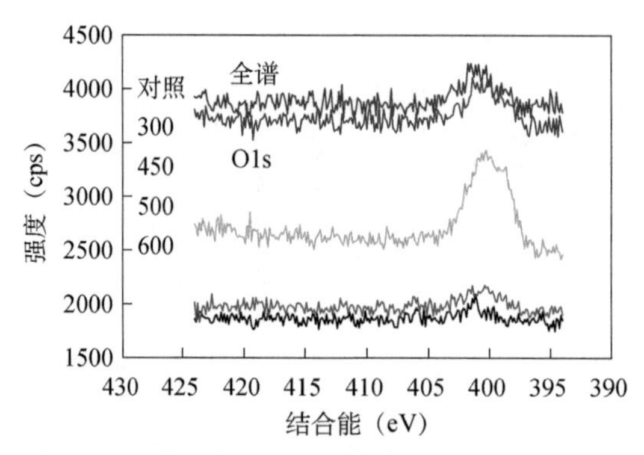

图3-11　碳纤维经不同温度处理后XPS扫描图

有一定的差别[51]。即使是同一厂商出产的材料，不同批次之间会存在微小差异，即使是同批次材料，在存储和运输等过程中也容易受到环境等的污染，可能会使材料表面产生细微的变化，而且XPS测试检测的是材料表面纳米级别厚度的组分，结合这两点原因，材料在各次类似的实验中得到不同的XPS分析结果也是正常的。在本批次实验中使用的新购买的碳纤维，其中的元素含量对照之前实验中的元素含量相比，碳元素含量升高。

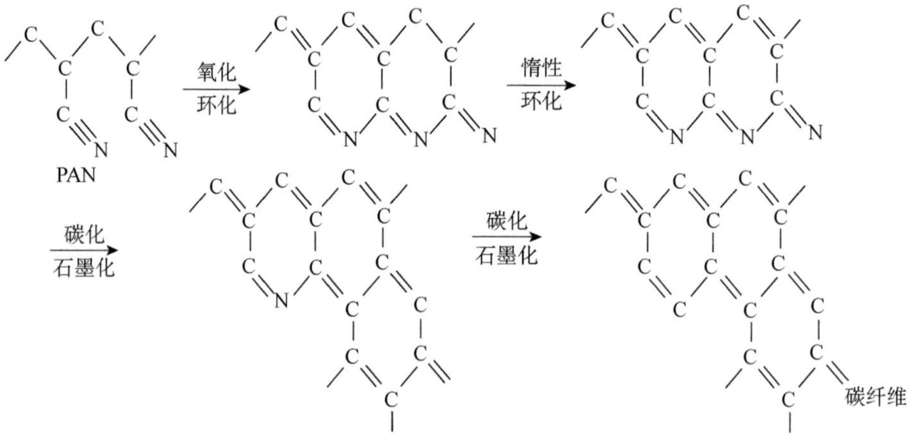

PAN　氧化 环化　惰性 环化　碳化 石墨化　碳化 石墨化　碳纤维

图3-12　PAN纤维形成碳纤维的化学结构变化[50]

本实验中未加热过的对照碳纤维C1s的百分含量为94.9%，经过高温加热处理之后，元素中的碳元素C1s比例开始下降，氧元素的比例和氮元素的比例略有升高（图3-13）。且温度升高与碳元素含量的降低有正相关趋势。但300℃、450℃、500℃与对照样品的差别并不大，但当处理温度为600℃时，根据XPS结果，纤维表面碳含量降低至66.7%，且经观察，纤维物理性状发生改变，结构变得十分易碎。这主要是因为600℃的加热温度使部分碳骨架化学燃烧，破坏了原有碳纤维的结构，因此600℃的高温也许并不适合作为阳极碳纤维的处理温度。在这一加热过程中，碳纤维表面的碳被逐渐氧化，逐渐形成C—O，C═O，COOR等，因此材料表面O1s的含量在加热过程中逐渐升高。碳的质量损失也使得N1s的比例升高，尤其是在600℃时，N1s的比例从1.0%升高至5.3%。另外在600℃样品中，出现了3.5%的Si。

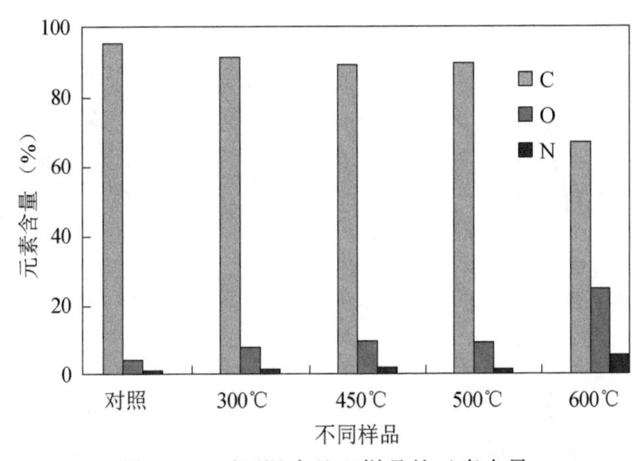

图3-13 不同温度处理样品的元素含量

对表面氮元素形态做具体的分峰分析，分峰之前使用C1s做校正。将C1s移至285eV做电荷校正，并根据此结果对N1s的结合能位置做偏移调整。原始对照样品中N的含量为1%，但是经过超过450℃高温处理后，N的含量升至1.74%。从600℃处理后的碳纤维XPS结果可以清晰看出峰型由多个小峰叠加而成，其余样品测得XPS结果虽然峰型不及600℃样品平滑，但与600℃样品在相同结合能位置的附近也有类似小峰（图3-14）。根据文献介绍，PAN高温聚合后的形态转变过程可能存在N的形态（图3-15）可能主要包括吡啶型氮（N-6）、吡咯类型氮（N-5）、季型氮（N-Q）和吡啶N氧化物（N-X）[45]。参考文献中的结合能位置，结合本实验中的N峰型，分别以399.6±0.3eV（N-6），400.3±0.5eV（N-5），401.5±0.4eV（N-Q）和高于402eV（N-X）的结合能为中心峰位置，半最高峰宽（FWHM）约1.8eV将各个样品的N1s分峰，其中N-Q的半最高峰宽略宽（图3-14）。分析分峰结果（图3-14），对照样品中只有很少量的N-Q和N-5，几乎没有N-6和N-X，这是因为PAN碳化成碳纤维过程中表面的N被逐渐碳化脱除。成品碳纤维在高温处理过程中，碳纤维在马弗炉中表面逐渐氧化，C逐渐生成CO_2脱除，因此C的百分含量随着处理温度的升高而逐渐降低，O的含量在加热的过程中逐渐升高。氧化态的N（N-X）渐渐生成（图3-15）。在300℃、450℃、500℃和600℃的样品中都能观察到N-X。用600℃高温处理后，N的百分含量增值5%，这可能是因为在500～600℃，碳纤维的质量损失提高到20%，原纤维表面的碳元素氧化成气体脱除，N元素的相对比例上升，且原内层的N元素暴露在纤维表面，N-6与N-Q比例增加，由XPS测试出来（图3-16）。

PAN在加热形成碳纤维过程中可能环化不理想或是不完全，使其中的氮原子具有多种成键形式形成多种含氮基团。氮的核外电子排布为$1s^22s^2p^3$，在吡啶中，氮原子有一个sp^2杂化轨道没有参与成键，被一对孤对电子所占据，使吡啶环上的氮原子具有较大的电负性。吡啶型氮（N-6）与吡咯类型氮（N-5）的氮原子均与3个化学键相连，季型氮和吡啶氮氧化物因氮原子由于孤对电子成键，连接4个化学键，较吡啶型氮带有更多的正电子。对照输出功率与纤维表面的元素含量与形态，可以看出，除了600℃条件下处理的样品，450℃条件下处理的样品中N1s的比例最大，最大输出功率也是最高。但N1s含量不是越高

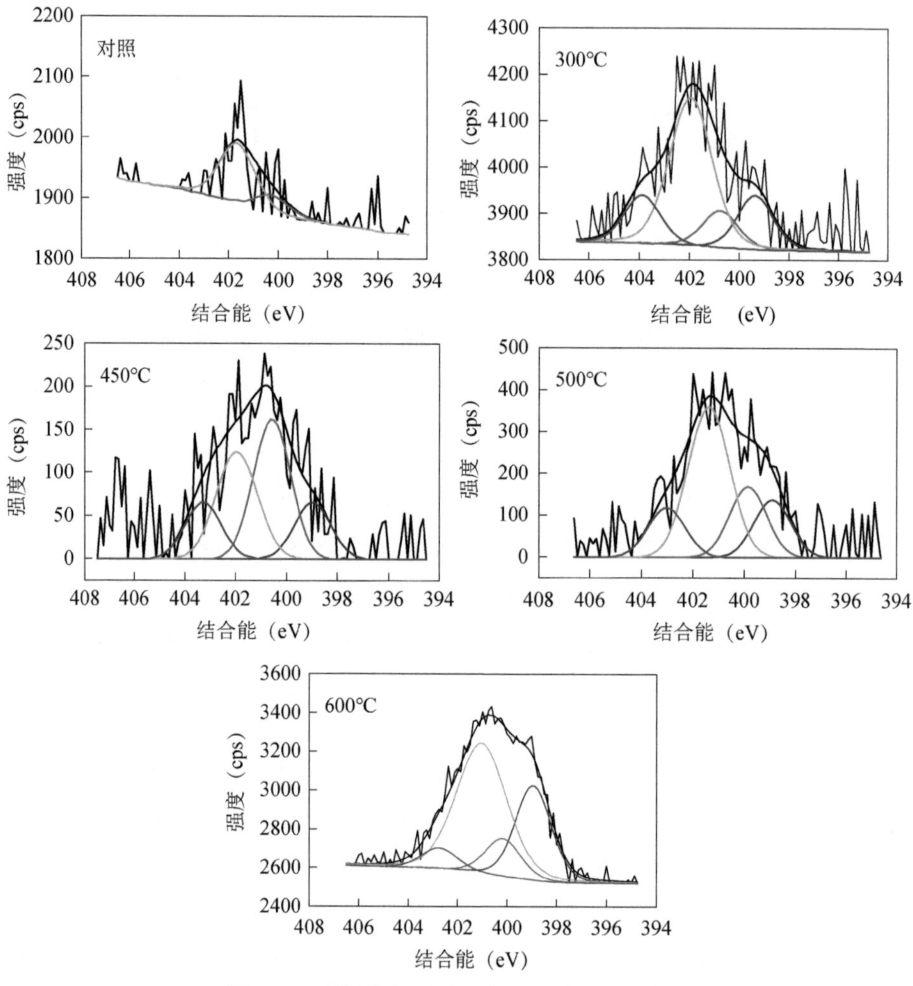

图3-14　碳纤维经不同温度处理后N1s分峰图

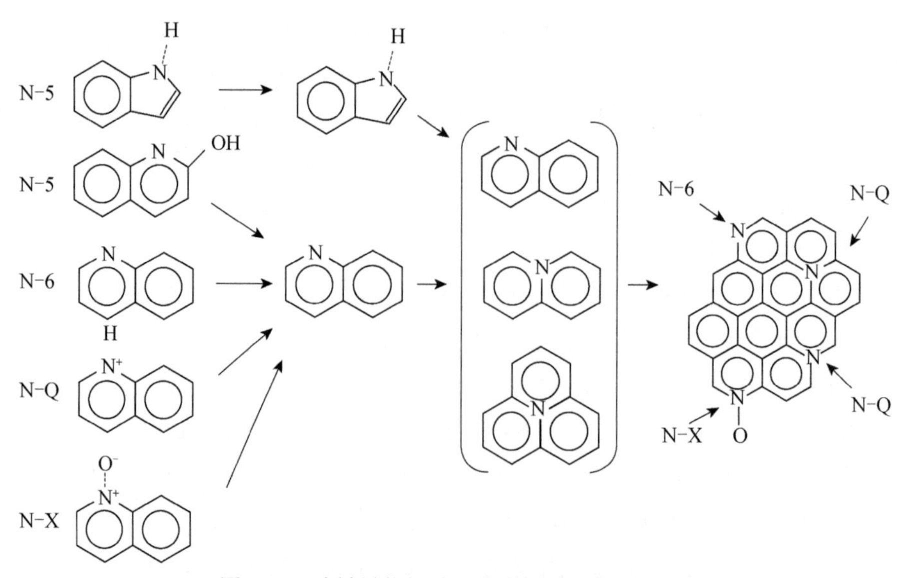

图3-15　碳材料热解过程中含氮基团的演化[45]

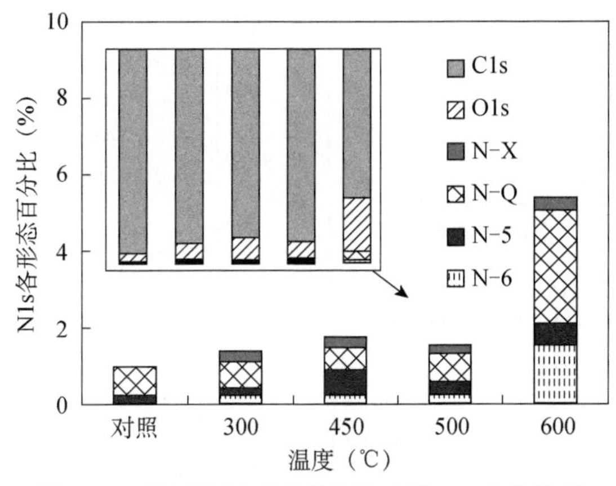

图3-16 碳纤维经不同温度处理后N1s分峰结果

越好，对于600℃条件下处理的样品，尽管N1s比例是其余样品的三倍以上，但是600℃条件下处理的阳极组装的反应器甚至不能得到稳定的输出电压和功率，N的含量并不是影响阳极性能的唯一条件。Saito等在实验中也得到类似结论，即当阳极N含量过高时，输出功率反而降低。N1s中N-5与N-X都是N与O相连，N-5在各个样品中的比例稍有变化。N-X是在加热过程中氧化产生，从位置上看N-X可能代表质子化氮，其在450℃条件下处理的样品中比例稍大于其他样品[52]。

为了了解碳纤维阳极在反应器中使用过后的表面变化情况，在对表面使用去离子水进行三次超声清洗后晾干进行XPS测试。使用后的元素分析表明，纤维表面的C1s含量在72%～74%，O含量在19%～21%，N含量在6%～8%，还有少量1%左右的S或Si元素（图3-17）。由于各种纤维的分析结果类似，且与放在反应器中使用前相比变化很大，因此纤维表面XPS分析测得的很有可能是阳极菌的成分，而非纤维表面的元素。各种分析测试方法都有其局限性，XPS方法的局限性在于X射线只能将材料表层原子的电子激发出来，因此只能对测得表面1～10nm左右的表层元素形态做出分析。使用任何化学药剂清洗阳极表面的菌落都可能会留下化学物品残留而严重影响XPS测试结果，因此只使用去离子水清洗。根据实验所得的结果分析，对于生长了产电菌的阳极表面，XPS不适合作为电极表面元素环境的分析测试方法。

3.4.2 阳极材料的表面修饰

为了提高阳极的性能，研究人员将导电聚合物、金属和其氧化物等分子或基团以添加、化学反应等方式人为联结在阳极表面以提高其产电性能。Park和Zeikus等将中性红添加到阳极液中，中性红能够起到电子中介体的作用，因此功率提高的效果十分明显[53]。使用钌氧化物覆盖碳毡阳极，最大输出功率达到3.08W/m^2[54]。Lowy等使用AQDS和NQ等对石墨进行改性处理，将金属离子引入到阳极表面，包括Mn^{4+}、Fe_3O_4和Ni^{2+}等，结果表明在相似条件下修饰后的阳极产生的电流大于石墨电极[55]。Park等用Mn^{4+}修饰阳极，使用污泥接种和大肠杆菌接种时系统分别得到788mW/m^{2}与91mW/m^{2}的功率密度[56]，使用*Shewanella*

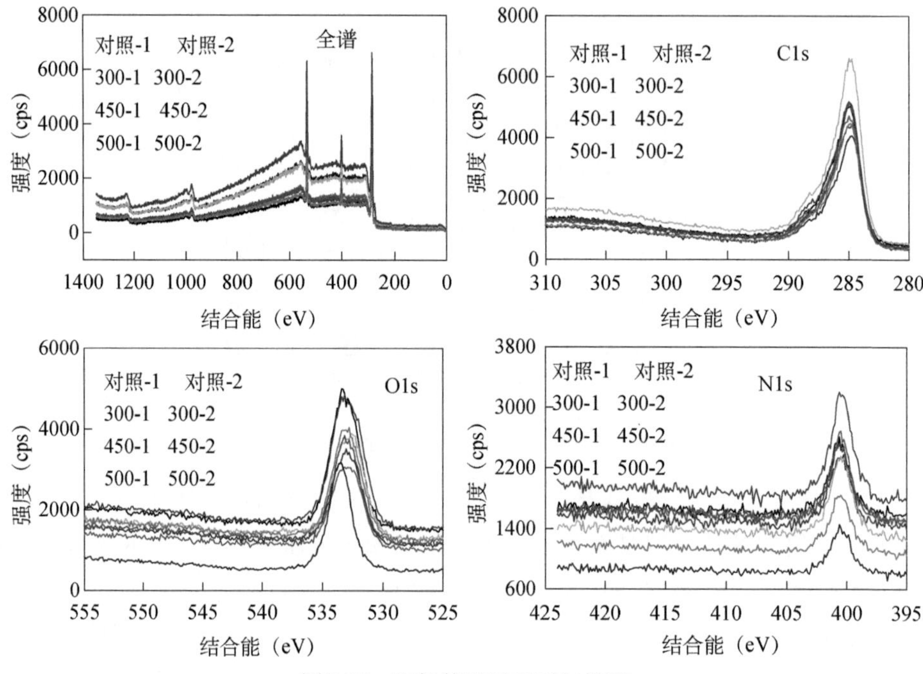

图3-17 阳极使用后XPS扫描图

putrefaciens 接种功率密度为10.2mW/m^2[53]。Saito等为了在阳极引入更多含氮功能集团，对碳布阳极使用4（N，N-二甲基氨基）苯重氮四氟硼酸盐进行改性[52]。Zhu等对碳纤维毡阳极使用硝酸和乙二胺进行改性，反应器的启动速度和最大输出功率都得到了提高[57]。聚乙烯对泡沫炭阳极的表面改性取得了一定的效果[58]，回收轮胎橡胶粉也被研究人员应用在MES的阳极研究中[59]。还有一些研究人员使用导电聚合物对阳极表面进行改性，例如聚苯胺、聚吡咯等。Scott等在单室混菌培养反应器中，使用碳/聚苯胺/D-CSA合成阳极，系统最大功率密度为26.5mW/m^2[60]，在Jiang等的试验中使用聚吡咯碳布阳极，得到的输出功率密度为160mW/m^2[61]。聚吡咯/蒽醌-2，6-二磺酸二钠盐（PPy/AQDS）的阳极表面改性得到了1303mW/m^{2}的产电功率密度[62]。

目前阳极材料表面与产电菌间的电子传递机制并不完全清晰，因此对于阳极材料的改性研究范围广泛，尚无明确的目的和方向性。改性或处理的目标多为提高阳极的活性表面积、BET面积、电荷分布、电导率以及在阳极引入功能基团等（表3-6）。

表3-6 阳极预处理及表面修饰后在MES中产电效果

阳极材料	反应器	菌种	产电能力	参考文献
氨处理碳布	单室空气阴极	混菌	1970mW/m^2	[38]
氨处理碳刷	单室空气阴极，200PBS	混菌	2400mW/m^2	[28]
热处理碳刷	单室空气阴极	混菌	1280mW/m^2	[39]
含锰镍石墨陶瓷	沉积物MES		105mW/m^2	[55]
含Fe_3O_4石墨	沉积物MES		−440±4mV开路电压 vs. Ag/AgCl	[55]
含 Fe_3O_4和Ni^{2+}石墨	沉积物MES		−472±28mV开路电压 vs. Ag/AgCl	[55]
AQDS改性石墨	沉积物MES		~98mW/m^2	[55]

续表

阳极材料	反应器	菌种	产电能力	参考文献
NQ改性石墨	沉积物MES		−411±12mV 开路电压 vs. Ag/AgCl	[55]
Mn^{4+}修饰石墨	Fe^{3+}修饰石墨阴极	污泥混菌	788mW/m^2	[56]
Mn^{4+}修饰石墨	Fe^{3+}修饰石墨阴极	大肠杆菌	91mW/m^2	[56]
Mn^{4+}修饰石墨	Fe^{3+}修饰石墨阴极	*Shewanella putrefaciens*	10.2mW/m^2	[53]
4 苯重氮四氟硼酸盐改良碳布	单室空气阴极	混菌	938mW/m^2	[52]
乙二胺改性碳纤维毡	单室空气阴极	混菌	1641mW/m^2	[57]
硝酸改性碳纤维毡	单室空气阴极	混菌	2066mW/m^2	[57]
二氧化钌涂层碳毡	双室碳毡阴极	混菌	3.08W/m^2	[54]
芳基重氮盐改性石墨	双室	混菌	120mW/m^2	[46]
聚乙烯表面改性泡沫炭阳极	双室	混菌	0.09 mW	[58]
再生轮胎橡胶	单室空气阴极		421mW/m^2	[59]
HNO_3处理碳	单室空气阴极	混菌	28.4mW/m^2	[60]
碳，聚苯胺，D-CSA合成	单室空气阴极	混菌	26.5mW/m^2	[60]
聚吡咯覆盖碳布			160mW/m^2	[61]
聚吡咯/AQDS改性碳毡	双室	*Shewanella decolorationis* S12	1303mW/m^2	[62]
介孔碳修饰电极	单室空气阴极	混菌	237mW/m^2	[63]
石墨沉积碳布	双室	*Pseudomonas aeruginosa*	52.5mW/m^2	[9]

3.5　纳米阳极材料

纳米材料是指在三维空间中至少有一维处于纳米尺寸（0.1～100nm）或由它们作为基本单元构成的材料，大约相当于10～100个原子紧密排列在一起的尺度。按照纳米材料的形状分类，可以分为纳米颗粒、纳米草、纳米丝及纳米网等。基于纳米技术的发展，纳米结构一些独特的性质如表面效应、量子尺寸效应等被逐渐开发。纳米材料在各个领域的应用都成为热点，这一趋势也扩展到MES的研究范围。纳米材料因其独特性质被研究人员应用在电极上试图提高阳极生物膜的附着和直接快速的电子传递，使其作为电极材料使用时在性能上表现出与普通材料的差异。因此将纳米阳极材料单独划分为一类，讨论其在微生物电化学阳极中的应用。按照纳米阳极材料可分为碳纳米材料、纳米导电聚合物、纳米金属及其复合物等。

3.5.1　碳纳米阳极材料

相较于传统的碳布、碳板等材料，纳米碳材料作为传统碳材料的一种发展和衍生，不仅继承了碳材料的化学稳定性、导电性、生物相容性较好的普遍优点，同时具有更大的表面积有利于产电菌的附着，为胞外电子直接传递过程提供了更多的接触位点[64]。以碳纳米管（carbon nanotubes，CNTs）为例，它具有特定的孔隙结构、极高的机械强度和韧性、较大的比表面积、较高的热稳定性和化学惰性、极强的导电性以及独特的一维纳米尺度，被很多研究人员应用在MES的阳极材料研究中。Tsai等使用碳纳米管修饰碳布作为阳极材料，系统得到了65mW/m^{2}的功率密度[65]。2007年，Scott等使用自合成的聚苯胺纳米管和聚苯胺修饰的碳纳米管材料修饰对照碳毡阳极，将系统最大功率密度从9.5mW/m^{2}分别提高至15.2mW/m^{2}和26.1mW/m^2[60]。梁鹏等考察了分别以碳纳米管、活性炭和柔性石墨为阳极材料的3种微生物燃料电池的产电性能，其中以碳纳米管作为阳极的MES的功率密度最高（402mW/m^2）[66]。研究结果表明，相比于其他两种阳极材料，碳纳米管能够有效地降低MES的阳极内阻和欧姆内阻，在外电阻相同的情况下，碳纳米管阳极MES的库仑效率也高于其他两种阳极的MES。Sun 等通过层层自组装的方法将多壁碳纳米管修饰到碳纸电极上，实验结果表明经碳纳米管修饰后的电极界面电荷转移电阻从1163Ω降低至258Ω，系统最大功率密度从241mW/m^2 增加至290mW/m^2[67]。Zhao等的研究表明CNTs 末端能够刺入菌体细胞膜中，促进细胞色素C 与电极间的直接电子传递，使系统产电功率增强，揭示了碳纳米管提高系统产电效果的机制[68]。Mohanakrishna等选用纯度为99%，表面积大于100m^2/g，颗粒尺寸小于50nm的碳纳米粉将其浸泡在导电材料环氧树脂中，随后涂在石墨板上作为阳极，同时对比了用同样的方法以多壁碳纳米管为修饰材料制备的阳极和未经修饰的阳极的产电情况[69]。研究结果表明，在以污水为底物的MES 中，采用多壁碳纳米管修饰阳极材料的MES功率密度最高可达到267.77mW/m^2，相对于石墨平板阳极系统提升了148%。这是由于多壁碳纳米管的引入使阳极表面积增大，促使了阳极高效的电荷迁移。为了进一步考察阳极几何特性对MES产电性能的影响，Erbay等制备了3种碳纳米管长度分别为8μm、13μm、19μm和不同装载密度的阳极。研究发现长度为19μm、修饰密度低的碳纳米管修饰阳极，系统获得的最大功率密度为3360mW/m^2，是未修饰碳布阳极系统的7.4倍[70]。其原因是碳纳米管不仅减小了内阻，同时能够如同触手一样捕捉菌体，使电子在碳环与纳米导线间产生π-π跃迁。

2015年，He等以碳纳米管为阳极，构建了上流式固定床微生物燃料电池反应器，用于污水处理实验，结果表明这种新型的反应器，在有机负荷率为3.94g COD/（L•d）时，COD的去除率为90%，系统能够产生的最大体积功率密度为590mW/m^3[71]。Liu 等采用碳纳米管固定床MES反应器，结合水热液化法用于玉米秸秆生物质的处理。在有机负荷率为2.41g COD/（L•d）时，系统获得最大体积功率密度为680mW/m^3[72]。这种高效反应器能够反复使用，延长了MES的使用寿命，并增加了产电的稳定性。需要注意的是，尽管碳纳米管具有良好的电化学性质，有利于提高MES 的产电功率，但研究已经发现碳纳米管具有一定的细胞毒性，可能抑制细胞增殖甚至导致细胞死亡，因此在使用时这一特性需引起注意。

此外，作为另一种典型的碳纳米材料，石墨烯由于具备大比表面积、高电导率和良好的生物相容性等特点，也被广泛应用为MES的阳极材料，现阶段石墨烯阳极材料的制备方法主要包括黏结剂涂覆法、电化学合成法、化学气相沉积法、生物自合成法等。Zhang等在不锈钢网表面涂覆化学还原石墨烯，石墨烯材料的引入增加了阳极表面积提高了微生物负载量，系统功率密度是对照阳极系统的18倍[73]。Liu等通过电化学的方法在碳布表面合成了石墨烯，石墨烯的引入增强了材料的导电性，材料电荷转移内阻仅为0.6Ω，作为MES阳极材料时系统功率密度相对于未改性碳布阳极系统增加33mW/m^2[9]。Song等通过*Shewanella oneidensis* MR-1在电极表面原位生长无团聚的石墨烯，该种方法制备的石墨烯具有更良好的生物亲和性，系统中硝基苯酚催化降解效率可达98.2%[74]。Kirubaharan等通过化学气相沉积的方法在碳布表面合成石墨烯，石墨烯的引入增加了微生物在阳极上的富集量，较未改性系统，石墨烯改性系统输出电压提升150mV，功率密度增加169mW/m^2[75]。

为了避免由于石墨烯片层间π-π作用而导致的材料团聚现象，许多研究者致力于构建三维结构的石墨烯作为MES的阳极材料。三维石墨烯在继承二维石墨烯材料的优良性质外，三维结构进一步拓展了材料的比表面积增加了微生物在材料表面的生长位点，同时多孔道也利于电解质进入材料内部进行界面反应。现阶段三维结构石墨烯的制备方法主要包括模板法和自组装法，Wang等以泡沫镍为模板构建了三维结构石墨烯阳极材料，三维结构拓展了材料的比表面积，增大了微生物的富集量，系统功率密度分别是碳毡阳极和碳布阳极系统的26倍和17倍[76]。冯玉杰团队通过自组装的方法制备出具有三维结构的石墨烯材料，用作MES阳极材料时，阳极表面生物量显著高于石墨烯负载的二维平面阳极材料，系统体积功率密度可达583.8W/m^3[5]。鉴于三维结构石墨烯能够继承二维石墨烯的优良特性并进一步扩展材料比表面积供微生物富集生长，是未来石墨烯阳极应用于MES领域的研究热点。

3.5.2　纳米聚合物和纳米金属修饰阳极材料

部分纳米聚合物和纳米金属修饰后可提升阳极性能（表3-7）。纳米聚合物具有易形成各种形状尺寸、重量轻、稳定、电阻率可调等特点。Zhao等在单室空气阴极反应器中使用羟基和胺基的聚苯胺纳米线阳极，在混菌培养反应器中得到0.27mW/cm^{2}的功率[77]。使用导电聚合物修饰碳纳米管阳极，除了对电极性能产生影响，还可能减轻碳纳米管的生物毒性。Qiao等将碳纳米管和聚苯胺的复合物修饰到泡沫镍电极上作为MES的阳极，结果发现以大肠杆菌为产电微生物的微生物燃料电池产生的最大功率密度为42mW/m^2，远高于其他阳极材料的微生物燃料电池产生的电能[78]。在Zou等的研究中，同样使用大肠杆菌作为接种菌，碳纳米管聚吡咯修饰阳极系统得到的功率密度为228mW/m^2[79]。纳米金属材料具有多种优异的特性，如小尺寸效应、高催化活性、良好的稳定性及生物相容性等，因而被广泛应用于电分析、电催化和电池领域。在MES中涉及的较为常见的是Fe及其化合物的纳米修饰阳极等。

Nakamura等发现将纳米Fe_2O_3胶体加入MES 中能够促进*S. loihica* PV-4菌体相互交联形成有助于电子远距离传递的网状结构，相比于没有加入Fe_2O_3的情况，MES的电流增大了300倍。这是因为Fe_2O_3的加入充当了介体的作用，减小电子在菌体间的传递阻力[80]。Pandit等研究表明经Fe_2O_3修饰后的电极还能促进腐败希瓦氏菌*Shewanella putrefaciens*形成生物膜，同时增加电极材料电容。在Fe_2O_3装载量为0.8mg/cm^{2}时，MES的功率密度和库仑效率分别提高了40%和33%[81]。Bose等的研究表明，Fe_2O_3纳米粒子的大小和形状的不同会影响*S. oneidensis* MR-1菌体对纳米粒子的吸附，从而导致电子从菌体传递至纳米粒子的机理不同[82]。Ji等通过层层自组装方法将 α-Fe_2O_3纳米杆和壳聚糖修饰至ITO电极上，研究发现修饰后的电极产生的电流比未修饰的电极提高了320倍[83]。Peng等将质量百分比为5% α-FeOOH掺入活性炭并压制入不锈钢网中制得阳极，MES最大功率密度达到了693mW/m^2，比对照组活性炭电极功率密度高出了36%[84]。然而，高含量 α-FeOOH的引入也会阻碍电极的导电性。在另一项工作中，Peng等将聚四氟乙烯作为交联剂与Fe_3O_4纳米颗粒混合制备的薄膜辊压不锈钢网电极的最大电容可达574.6 C/m^2[85]。Fe_3O_4有益于促进短暂的阳极电荷存储并伴随着MES性能的提升。综上所述，使用含铁纳米材料进行修饰，能够提高阳极的电容、增加电子传递距离、促进生物膜形成、减少MES的启动时间。但是，铁元素纳米颗粒的抗腐蚀性较差，在实际应用过程中应予以关注。

表3-7 纳米材料阳极及其在MES中产电效果

阳极材料	反应器	菌种	产电能力	参考文献
PANI 900碳纳米纤维	单室空气阴极	混菌	26.1mW/m^2	[60]
PANI 纳米纤维	单室空气阴极	混菌	15.2mW/m^2	[60]
多层碳纳米管修饰碳布	单室	混菌	65mW/m^2	[65]
羟基和胺基的聚苯胺纳米线网络	单室空气阴极	混菌	0.27mW/cm^2	[77]
碳纳米管聚苯胺	单室	大肠杆菌	42mW/m^2	[78]
碳纳米管聚吡咯	双室	大肠杆菌	228mW/m^2	[79]
碳纳米管沉积不锈钢网	单室	混菌	187mW/m^2	[86]
竹节状氮掺杂碳纳米管	双室	混菌	1.04W/m^2	[87]

3.6 本章小结

与传统的化学电池中的电极材料以及污水处理填料不同，MES阳极材料的选择、设计、预处理和使用需要同时考虑微生物的活性、附着性能和导电性。综合考虑成本和性能，碳基材料无疑是最有大规模应用前景的。然而与金属基阳极材料相比，其相对过大的面电阻限制了应用的规模，因而表面预处理和设置电子收集系统是关键所在。如本章所述，亲水带电基团为微生物的附着提供了额外的便利，低成本操作简单的预处理方法一直是科学家和工程师所追求的，而这些方法的开发都基于我们对微生物-材料界面电子传递机理的探索。电活性微生物可依靠自身产生的纳米导电附属物（如伞毛、细胞膜突起等）进行远距离高效电子传输，而纳米材料模拟的仿生界面也许可以进一步巩固和提高微生物与电极接触的有效性，提供更加丰富的电子传输通道，提升库仑效率和功率密度。总之，这是一个我们不断探索、不断认知的材料-微生物学交叉领域，除了从废水中获取电能外，还可为我们理解电活性微生物胞外电子传递机制、电化学调控微生物代谢途径提供新的手段。

参考文献

[1] Liu J，Liu J F，He W H，et al. Enhanced electricity generation for microbial fuel cell by using electrochemical oxidation to modify carbon cloth anode. Journal of Power Sources，2014，265：391-396.

[2] Chen J Y，Xie P，Zhang Z P. Reduced graphene oxide/polyacrylamide composite hydrogel scaffold as biocompatible anode for microbial fuel cell. Chemical Engineering Journal，2019，361：615-624.

[3] Tao Y F，Liu Q Z，Chen J H，et al. Hierarchically three-dimensional nanofiber based textile with high conductivity and biocompatibility as a microbial fuel cell anode. Environmental Science & Technology，2016，50（14）：7889-7895.

[4] Zhu N W，Chen X，Zhang T，et al. Improved performance of membrane free single-chamber air-cathode microbial fuel cells with nitric acid and ethylenediamine surface modified activated carbon fiber felt anodes. Bioresource Technology，2011，102（1）：422-426.

[5] Li J N，Yu Y L，Chen D H，et al. Hydrophilic graphene aerogel anodes enhance the performance of microbial electrochemical systems. Bioresource Technology，2020，304：122907.

[6] Xie Y E，Ma Z K，Song H H，et al. Improving the performance of microbial fuel cells by reducing the inherent resistivity of carbon fiber brush anodes. Journal of Power Sources，2017，348：193-200.

[7] Peng L，You S J，Wang J Y. Carbon nanotubes as electrode modifier promoting direct electron transfer from Shewanella oneidensis. Biosensors & Bioelectronics，2010，25（5）：1248-1251.

[8] Tsai H Y，Wu C C，Lee C Y，et al. Microbial fuel cell performance of multiwall carbon nanotubes on carbon cloth as electrodes. Journal of Power Sources，2009，194（1）：199-205.

[9] Liu J，Qiao Y，Guo C X，et al. Graphene/carbon cloth anode for high-performance mediatorless microbial fuel cells. Bioresource Technology，2012，114：275-280.

[10] Najafabadi A T，Ng N，Gyenge E. Electrochemically exfoliated graphene anodes with enhanced biocurrent production in single-chamber air-breathing microbial fuel cells. Biosensors & Bioelectronics，2016，81：103-110.

[11] Huang L H，Li X F，Ren Y P，et al. In-situ modified carbon cloth with polyaniline/graphene as anode to enhance performance of microbial fuel cell. International Journal of Hydrogen Energy，2016，41（26）：11369-11379.

[12] Clauwaert P，Aelterman P，Pham T H，et al. Minimizing losses in bio-electrochemical systems：the road to applications. Applied Microbiology and Biotechnology，2008，79（6）：901-913.

[13] Cheng S，Liu H，Logan B E. Power densities using different cathode catalysts（Pt and CoTMPP）and polymer binders（Nafion and PTFE）in single chamber microbial fuel cells. Environmental Science & Technology，2006，40（1）：364-369.

[14] Wang X，Cheng S A，Feng Y J，et al. Use of carbon mesh anodes and the effect of different pretreatment methods on power production in microbial fuel cells. Environmental Science & Technology，2009，43（17）：6870-6874.

[15] Potter M C. Electrical effects accompanying the decomposition of organic compounds. Proceedings of the Royal Society of London. Series B，Containing Papers of a Biological Character，1911，84（571）：260-

276.

[16] Davis J B，Yarbrough H F. Preliminary experiments on a microbial fuel cell. Science，1962，137（3530）：615-616.

[17] Erable B，Bergel A. First air-tolerant effective stainless steel microbial anode obtained from a natural marine biofilm. Bioresource Technology，2009，100（13）：3302-3307.

[18] Kargi F，Eker S. Electricity generation with simultaneous wastewater treatment by a microbial fuel cell（MFC）with Cu and Cu-Au electrodes. Journal of Chemical Technology and Biotechnology，2007，82（7）：658-662.

[19] Richter H，Mccarthy K，Nevin K P，et al. Electricity generation by Geobacter sulfurreducens attached to gold electrodes. Langmuir，2008，24（8）：4376-4379.

[20] Sun M，Zhang F，Tong Z-H，et al. A gold-sputtered carbon paper as an anode for improved electricity generation from a microbial fuel cell inoculated with Shewanella oneidensis MR-1. Biosensors and Bioelectronics，2010，26（2）：338-343.

[21] Liu Y，Kim H，Franklin R，et al. Gold line array electrodes increase substrate affinity and current density of electricity-producing G. sulfurreducens biofilms. Energy & Environmental Science，2010，3（11）：1782-1788.

[22] Guo K，Donose B C，Soeriyadi A H，et al. Flame oxidation of stainless steel felt enhances anodic biofilm formation and current output in bioelectrochemical systems. Environmental Science & Technology，2014，48（12）：7151-7156.

[23] Guo K，Soeriyadi A H，Feng H，et al. Heat-treated stainless steel felt as scalable anode material for bioelectrochemical systems. Bioresource Technology，2015，195：46-50.

[24] Ledezma P，Donose B C，Freguia S，et al. Oxidised stainless steel：a very effective electrode material for microbial fuel cell bioanodes but at high risk of corrosion. Electrochimica Acta，2015，158：356-360.

[25] Baudler A，Schmidt I，Langner M，et al. Does it have to be carbon? Metal anodes in microbial fuel cells and related bioelectrochemical systems. Energy & Environmental Science，2015，8（7）：2048-2055.

[26] Du Q，Mu Q，Cheng T，et al. Real-time imaging revealed that exoelectrogens from wastewater are selected at the center of a gradient electric field. Environmental Science & Technology，2018，52：8939-8946.

[27] Logan B. 微生物燃料电池，冯玉杰，王鑫等译. 北京：化学工业出版社，2009.

[28] Logan B，Cheng S，Watson V，et al. Graphite fiber brush anodes for increased power production in air-cathode microbial fuel cells. Environmental Science & Technology，2007，41（9）：3341-3346.

[29] Cheng S，Liu H，Logan B E. Increased performance of single-chamber microbial fuel cells using an improved cathode structure. Electrochemistry Communications，2006，8（3）：489-494.

[30] He Z，Minteer S D，Angenent L T. Electricity generation from artificial wastewater using an upflow microbial fuel cell. Environmental Science & Technology，2005，39（14）：5262-5267.

[31] Zhao F，Rahunen N，Varcoe J R，et al. Activated carbon cloth as anode for sulfate removal in a microbial fuel cell. Environmental Science & Technology，2008，42（13）：4971-4976.

[32] Liu H，Ramnarayanan R，Logan B E. Production of electricity during wastewater treatment using a

single chamber microbial fuel cell. Environmental Science & Technology，2004，38（7）：2281-2285.

[33] Chaudhuri S K，Lovley D R. Electricity generation by direct oxidation of glucose in mediatorless microbial fuel cells. Nature Biotechnology，2003，21（10）：1229-1232.

[34] Rabaey K，Clauwaert P，Aelterman P，et al. Tubular microbial fuel cells for efficient electricity generation. Environmental Science & Technology，2005，39（20）：8077-8082.

[35] Aelterman P，Versichele M，Marzorati M，et al. Loading rate and external resistance control the electricity generation of microbial fuel cells with different three-dimensional anodes. Bioresource Technology，2008，99（18）：8895-8902.

[36] Hutchinson A J，Tokash J C，Logan B E. Analysis of carbon fiber brush loading in anodes on startup and performance of microbial fuel cells. Journal of Power Sources，2011，196（22）：9213-9219.

[37] Li H N，Tian Y，Qu Y P，et al. A pilot-scale benthic microbial electrochemical system（BMES）for enhanced organic removal in sediment restoration. Scientific Reports，2017，7.

[38] Cheng S A，Logan B E. Ammonia treatment of carbon cloth anodes to enhance power generation of microbial fuel cells. Electrochemistry Communications，2007，9（3）：492-496.

[39] Feng Y J，Yang Q，Wang X，et al. Treatment of carbon fiber brush anodes for improving power generation in air-cathode microbial fuel cells. Journal of Power Sources，2010，195（7）：1841-1844.

[40] 韩风，潘鼎，黄永秋. 碳纤维电化学表面氧化处理效果的表征. 高科技纤维与应用，2000，1：39-40.

[41] Toupin M，Bélanger D. Spontaneous functionalization of carbon black by reaction with 4-nitrophenyldiazonium cations. Langmuir，2008，24（5）：1910-1917.

[42] Smith R D，Pickup P G. Novel electroactive surface functionality from the coupling of an aryl diamine to carbon black. Electrochemistry Communications，2009，11（1）：10-13.

[43] 房宽峻. 碳纤维表面结构的 XPS 分析. 青岛大学学报：工程技术版，1995，10（1）：38-44.

[44] 房宽峻，戴瑾瑾. 电化学氧化后碳纤维表面结构的 X 射线光电子能谱. 青岛大学学报：工程技术版，1998，13（3）：1-5.

[45] Pels J R，Kapteijn F，Moulijn J A，et al. Evolution of nitrogen functionalities in carbonaceous materials during pyrolysis. Carbon，1995，33（11）：1641-1653.

[46] Picot M，Lapinsonnière L，Rothballer M，et al. Graphite anode surface modification with controlled reduction of specific aryl diazonium salts for improved microbial fuel cells power output. Biosensors and Bioelectronics，2011，28（1）：181-188.

[47] Yang Q，Liang S，Liu J，et al. Analysis of anodes of microbial fuel cells when carbon brushes are preheated at different temperatures. Catalysts，2017，7（11）.

[48] Kong L Q，Liu H，Cao W Y，et al. PAN fiber diameter effect on the structure of PAN-based carbon fibers. Fibers and Polymers，2014，15（12）：2480-2488.

[49] Yusof N，Ismail A F. Post spinning and pyrolysis processes of polyacrylonitrile（PAN）-based carbon fiber and activated carbon fiber：A review. Journal of Analytical and Applied Pyrolysis，2012，93：1-13.

[50] 廖肃然，魏媛. 碳纤维的结构与表面性质. 郑州纺织工学院学报，1998，9（1）：54-58.

[51] Xu T，Song J N，Lin W C，et al. A freestanding carbon submicro fiber sponge as high-efficient

bioelectrochemical anode for wastewater energy recovery and treatment. Applied Energy，2021，281：115913.

[52] Saito T，Mehanna M，Wang X，et al. Effect of nitrogen addition on the performance of microbial fuel cell anodes. Bioresource Technology，2011，102（1）：395-398.

[53] Park D H，Zeikus J G. Impact of electrode composition on electricity generation in a single-compartment fuel cell using Shewanella putrefaciens. Applied Microbiology and Biotechnology，2002，59（1）：58-61.

[54] Lv Z，Xie D，Yue X，et al. Ruthenium oxide-coated carbon felt electrode：A highly active anode for microbial fuel cell applications. Journal of Power Sources，2012，210（0）：26-31.

[55] Lowy D A，Tender L M，Zeikus J G，et al. Harvesting energy from the marine sediment-water interface Ⅱ-Kinetic activity of anode materials. Biosensors & Bioelectronics，2006，21（11）：2058-2063.

[56] Park D H，Zeikus J G. Improved fuel cell and electrode designs for producing electricity from microbial degradation. Biotechnology and Bioengineering，2003，81（3）：348-355.

[57] Zhu N，Chen X，Zhang T，et al. Improved performance of membrane free single-chamber air-cathode microbial fuel cells with nitric acid and ethylenediamine surface modified activated carbon fiber felt anodes. Bioresource Technology，2011，102（1）：422-426.

[58] Kramer J，Soukiazian S，Mahoney S，et al. Microbial fuel cell biofilm characterization with thermogravimetric analysis on bare and polyethyleneimine surface modified carbon foam anodes. Journal of Power Sources，2012，210（0）：122-128.

[59] Wang H，Davidson M，Zuo Y，et al. Recycled tire crumb rubber anodes for sustainable power production in microbial fuel cells. Journal of Power Sources，2011，196（14）：5863-5866.

[60] Scott K，Rimbu G A，Katuri K P，et al. Application of modified carbon anodes in microbial fuel cells. Process Safety and Environmental Protection，2007，85（B5）：481-488.

[61] Jiang D Q，Li B K. Novel electrode materials to enhance the bacterial adhesion and increase the power generation in microbial fuel cells（MFCs）. Water Science and Technology，2009，59（3）：557-563.

[62] Feng C，Ma L，Li F，et al. A polypyrrole/anthraquinone-2, 6-disulphonic disodium salt（PPy/AQDS）-modified anode to improve performance of microbial fuel cells. Biosensors and Bioelectronics，2010，25（6）：1516-1520.

[63] Zhang Y，Sun J，Hou B，et al. Performance improvement of air-cathode single-chamber microbial fuel cell using a mesoporous carbon modified anode. Journal of Power Sources，2011，196（18）：7458-7464.

[64] Pham T H，Aelterman P，Verstraete W. Bioanode performance in bioelectrochemical systems：recent improvements and prospects. Trends in Biotechnology，27（3）：168-178.

[65] Tsai H Y，Wu C C，Lee C Y，et al. Microbial fuel cell performance of multiwall carbon nanotubes on carbon cloth as electrodes[C]. 10th Symposium on Fast Ionic Conductors，2008：199-205.

[66] Liang P，Fan M Z，Cao X X，et al. Electricity generation by the microbial fuel cells using carbon nanotube as the anode. 环境科学，2008，29（8）：2356-2360.

[67] Sun J J，Zhao H Z，Yang Q Z，et al. A novel layer-by-layer self-assembled carbon nanotube-based anode：Preparation，characterization，and application in microbial fuel cell. Electrochimica Acta，2010，55（9）：3041-3047.

[68] Zhao G C，Yin Z Z，Zhang L，et al. Direct electrochemistry of cytochrome c on a multi-walled carbon nanotubes modified electrode and its electrocatalytic activity for the reduction of H_2O_2. Electrochemistry Communications，2005，7（3）：256-260.

[69] Mohanakrishna G，Mohan S K，Mohan S V. Carbon based nanotubes and nanopowder as impregnated electrode structures for enhanced power generation：evaluation with real field wastewater. Applied Energy，2012，95：31-37.

[70] Erbay C，Pu X，Choi W，et al. Control of geometrical properties of carbon nanotube electrodes towards high-performance microbial fuel cells. Journal of Power Sources，2015，280：347-354.

[71] He Y，Liu Z，Xing X H，et al. Carbon nanotubes simultaneously as the anode and microbial carrier for up-flow fixed-bed microbial fuel cell. Biochemical Engineering Journal，2015，94：39-44.

[72] Liu Z，He Y，Shen R，et al. Performance and microbial community of carbon nanotube fixed-bed microbial fuel cell continuously fed with hydrothermal liquefied cornstalk biomass. Bioresource Technology，2015，185：294-301.

[73] Zhang Y Z，Mo G Q，Li X W，et al. A graphene modified anode to improve the performance of microbial fuel cells. Journal of Power Sources，2011，196（13）：5402-5407.

[74] Song X J and Shi X Y. Biosynthesis of Ag/reduced graphene oxide nanocomposites using Shewanella oneidensis MR-1 and their antibacterial and catalytic applications. Applied Surface Science，2019，491：682-689.

[75] Kirubaharan C J，Santhakumar K，Kumar G G，et al. Nitrogen doped graphene sheets as metal free anode catalysts for the high performance microbial fuel cells. International Journal of Hydrogen Energy，2015，40（38）：13061-13070.

[76] Wang H Y，Wang G M，Ling Y C，et al. High power density microbial fuel cell with flexible 3D graphene-nickel foam as anode. Nanoscale，2013，5（21）：10283-10290.

[77] Zhao Y，Nakanishi S，Watanabe K，et al. Hydroxylated and aminated polyaniline nanowire networks for improving anode performance in microbial fuel cells. Journal of Bioscience and Bioengineering，2011，112（1）：63-66.

[78] Qiao Y，Li C M，Bao S J，et al. Carbon nanotube/polyaniline composite as anode material for microbial fuel cells. Journal of Power Sources，2007，170（1）：79-84.

[79] Zou Y J，Xiang C L，Yang L N，et al. A mediatorless microbial fuel cell using polypyrrole coated carbon nanotubes composite as anode material. International Journal of Hydrogen Energy，2008，33（18）：4856-4862.

[80] Nakamura R，Kai F，Okamoto A，et al. Self-constructed electrically conductive bacterial networks. Angewandte Chemie International Edition，2009，48（3）：508-511.

[81] Pandit S，Khilari S，Roy S，et al. Improvement of power generation using Shewanella putrefaciens mediated bioanode in a single chambered microbial fuel cell：effect of different anodic operating conditions. Bioresource Technology，2014，166：451-457.

[82] Bose S，Hochella M F，Gorby Y A，et al. Bioreduction of hematite nanoparticles by the dissimilatory iron reducing bacterium Shewanella oneidensis MR-1. Geochimica et Cosmochimica Acta，2009，73（4）：962-

976.

[83] Ji J，Jia Y，Wu W，et al. A layer-by-layer self-assembled Fe_2O_3 nanorod-based composite multilayer film on ITO anode in microbial fuel cell. Colloids and Surfaces A：Physicochemical and Engineering Aspects，2011，390（1）：56-61.

[84] Peng X，Yu H，Wang X，et al. Enhanced anode performance of microbial fuel cells by adding nanosemiconductor goethite. Journal of Power Sources，2013，223：94-99.

[85] Peng X，Yu H，Ai L，et al. Time behavior and capacitance analysis of nano-Fe_3O_4 added microbial fuel cells. Bioresource Technology，2013，144：689-692.

[86] Lamp J L，Guest J S，Naha S，et al. Flame synthesis of carbon nanostructures on stainless steel anodes for use in microbial fuel cells. Journal of Power Sources，2011，196（14）：5829-5834.

[87] Ci S，Wen Z，Chen J，et al. Decorating anode with bamboo-like nitrogen-doped carbon nanotubes for microbial fuel cells. Electrochemistry Communications，2012，14（1）：71-74.

第 4 章　微生物电化学系统阴极材料

氧还原空气阴极是微生物燃料电池广泛应用的阴极之一，此类以氧气为阴极电子受体的微生物燃料电池最早被称为空气阴极微生物燃料电池（air-cathode microbial fuel cell，ACMFC）。“降低成本，提高效率”是ACMFC阴极研究一直面临的核心任务。ACMFC阴极的氧还原反应发生在固-液-气三相界面上，因此筛选高效低成本催化剂、改善阴极结构以强化氧气传质效率是提高氧还原反应的重要途径。就氧气传质而言，催化层亲/疏水性、孔道结构特性及电极厚度等均制约着三相界面上氧气的渗透传输特性。理想的电极应具备适宜的润湿性及厚度，同时具有相互贯通的、丰富的孔隙结构以保证离子及氧气可以顺利传递到三相界面反应位点参与氧还原反应。已有的研究尝试通过材料改性、阴极制备方法开发来加速氧气传质，进而提高三相界面上的氧还原反应速率。此外，作为电极的重要组成部分，集流层主要起到收集电流、支撑及连接催化层和气体扩散层的作用，对电极电流分布及电极使用寿命影响重大。由于ACMFC中经常使用的碳布是一种非常昂贵的基体材料，因此，开发廉价的集流材料及处理方法替代传统的碳布基体也是不可忽略的关键问题。阴极结构在保证廉价、稳定及操作简便的前提下，还要兼顾催化活性问题。氧还原反应在无催化剂时反应速率非常缓慢，需要活性较强的催化剂加速反应进行。广泛采用的铂/碳（Pt/C）催化剂价格昂贵，且稳定性差。以产能角度而言，$4e^-$反应路径可获得更高的电能输出。但实际的电极反应往往是一个既包括$4e^-$反应又包括$2e^-$反应的混合过程，因此，开发低成本、高活性、且稳定性良好的氧还原催化剂代替Pt/C催化剂，使氧还原反应主要按$4e^-$反应途径进行一直是ACMFC的研究重点。本章重点介绍了作者在阴极制备的优化及阴极结构的改进方面对加速三相界面反应的重要作用以及开发低成本、高活性阴极氧还原催化剂的最新研究成果。

4.1　氧还原阴极结构与影响因素

ACMFC阴极的氧还原反应指的是氧气、质子和电子在阴极催化剂的作用下生成水的过程[1]。质子通过电解液的液相传质由阳极到达阴极，电子则通过外电路由阳极到达阴极，氧气通过人工曝气或者“自呼吸”作用到达催化位点，三者在固相催化剂表面发生反应，该反应属于三相界面反应。

三相界面反应动力学的研究较为复杂，包括传质动力学和反应动力学。传质动力学包括氧气和质子的传递，主要受阴极结构和电解液特性的影响。反应动力学主要受催化剂的影响，具体体现在电子转移数的大小和交换电流密度的大小。传质为反应提供充足的反应物，反应为传质提供动力。因此，对MFC阴极氧还原反应的研究主要集中在两方面，即阴极结构的优化和高性能氧还原催化材料的制备。

4.1.1 阴极结构及制备方法

ACMFC的阴极一般由扩散层、基体层、集流层、催化层组成（图4-1）。其中催化层是氧还原反应发生的场所，也是影响氧还原反应速率快慢的主要因素。集流层、基体层和扩散层关系着氧气能否顺利到达催化层与质子发生氧还原反应，其中氧气的传质通道对提高氧还原反应的速率也同样起着非常重要的作用[2]。

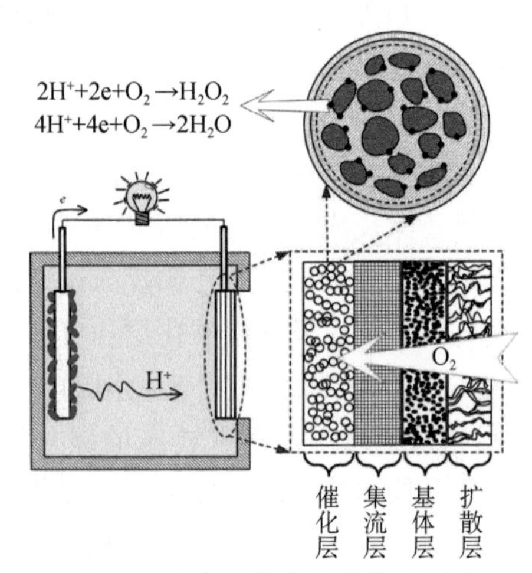

图4-1 气体扩散电极结构示意图

阴极制备方法对阴极结构起着决定性作用。目前ACMFC阴极的制备方法主要有两种，一种为传统的刷涂法，即将阴极各层用毛刷将防水材料、催化剂等刷到基体表面。具体制备步骤如下（以28mL反应器所需阴极为例）[3]：

（1）碳基层的制备：将阴极碳布（30%疏水处理，E-Tek公司，美国）裁成4cm×8cm备用；称取50mg炭黑（XC-72，Cabot Vulcan公司，美国）置于5mL离心管中，用移液枪移取40%的聚四氟乙烯（PTFE）溶液600μL与称好的碳黑充分混合后将所得的混合物用毛刷均匀涂在碳布的一侧，注意不要使混合物渗透到碳布的另一侧。涂好后，用吹风机吹干并置于370℃的马弗炉中加热20～30min，取出后在室温下冷却。

（2）扩散层的制备：将质量分数为60%的PTFE溶液用毛刷均匀的涂在已制备好的碳基层上，用吹风机吹干后，将表面呈白色的碳布置于370℃的马弗炉中加热10～15min。取出置于室温下冷却后重复上述步骤三遍即可。

（3）催化层的制备：将制备好碳基层和扩散层的碳布剪成直径为4cm的圆片待用；称取60mg Pt/C（10%，E-Tek公司，美国）或一定质量的碳基催化剂，并与50uL去离子水、400uL全氟磺酸–聚四氟乙烯共聚物（Nafion）溶液（上海河森公司，中国）和200μL异丙醇溶液混合均匀后用毛刷均匀地涂在碳布的另一侧（即没有碳基层和扩散层的一侧），室温下静置24h后便得到Pt/C电极。

刷涂法虽然效率低下，且难以保持电极间的均匀性和厚度，导致以相同方法制备的电极获得的数据难以具有可比性。但在最初的10年间，这类电极是最普遍应用的阴极材料。研究者利用这类结构，系统研究了催化层、集流体、黏结剂、扩散层等对阴极效能的影响，这些研究结果为高性能阴极的开发奠定了重要基础。

另一种制备方法为辊压法，即使用辊压机将用于制备催化层及扩散层的碳材料与分散剂、黏结剂热压到网状不锈钢集流体的两侧[4]。本团队系统地研究了用辊压法制备的阴极性能，发现与刷涂法相比辊压法具有两方面优点：一方面辊压法易形成利于三相界面反应的微孔结构，以辊压法制备的活性炭阴极性能与用刷涂法制备的Pt/C阴极性能相当，并且辊压法阴极使用廉价的PTFE代替Nafion作黏结剂，从而大大降低了MFC的成本；另一方面，辊压法的机械化程度更高，不仅省时省力，还可较好的保证各阴极的平行性（详见4.5节）。在确定了制备方法后，制备条件如加热温度、活性炭种类、催化层及扩散层厚度等均对阴极性能有着较大影响[5, 6]。

无论是哪种制备方法，阴极各层的性能均与其微观特性密切相关，例如孔隙率、孔径、亲/疏水性等，这些特性又与阴极制备过程中所用材料和制备方法密切相关。例如，本团队用辊压法制备的活性炭-PTFE阴极，因形成了具有适合氧气传质的通道而获得了与Pt/C相当的氧还原效果[7]；美国宾夕法尼亚州立大学Bruce Logan团队[8]的研究发现以不锈钢网代替碳布作为阴极的基体材料时，不锈钢网的孔径显著影响着MFC电能的输出。当不锈钢网的孔径过小时，氧气传质受阻，MFC阴极性能下降。此外，阴极的碳基层对传质有一定的促进作用，具有碳基层的阴极的氧气传递系数更高[3]。

4.1.2 催化层

1）黏结剂

催化剂一般是粉末状，将一定量的催化剂与黏结剂混合后固定到阴极基体上就形成了催化层。黏结剂对气相中的O_2和液相中的H^+能否顺利到达催化剂表面发生氧还原反应影响较大[9, 10]，普遍采用的黏结剂Nafion是一种可传递离子的聚合物，且不影响电解液对催化层表面的浸润。但Nafion的价格较高，且Nafion最初被用于质子交换膜燃料电池（proton exchange membrance fuel cell，PEMFC），而MFC和PEMFC在电解液的酸碱性和离子强度两方面差异很大，MFC的电解液呈中性且离子强度较高。因此，研究人员研究和制备了适合MFC的黏结剂，并探讨了这些黏结剂的特性。

在黏结剂研究初期，宾夕法尼亚州立大学Bruce Logan等[11]首先考虑用PTFE代替Nafion，但由于PTFE的导电性较差，增大了阴极内阻，最大功率密度比以Nafion为黏结剂时下降了25%。在此之后，本团队发现将Nafion和PTFE混合使用时，功率密度随PTFE比例的增大而降低，从而确定了最佳的混合比例[12]。此外，向PTFE黏结剂中加入LA132黏结剂，阴极催化层由疏水性转变为亲水性。在最佳比例下，阴极电荷转移内阻下降44.6%，MFC的最大功率密度提高了13.9%。由于催化层亲水性逐渐增加，同时催化层表面聚集大量的负电荷，该电极有效的抑制了电极生物膜的形成，表现出良好的抗生物污染特性[13]。Saito等[9]通过对比磺酸盐和非磺酸盐聚合物黏结剂发现磺酸盐基团在催化剂活性位上的吸附阻碍了H^+向催化剂表面的扩散，不利于氧还原反应的进行。非磺酸盐聚合物黏结剂不但能增大MFC的产能，而且此种MFC阴极具有更好的稳定性。Zhang等[14]发现聚二甲基硅氧烷（PDMS）作为黏结剂时，可更好地抑制MFC阴极催化层水淹的发生，从而使O_2顺利达到催化剂表面，MFC最大功率密度与Nafion为黏结剂时相当，并且PDMS的成本仅为Nafion的0.2%。与此同时，华南理工大学冯春华等[15]用聚甲基苯基硅氧烷（PMPS）代替PDMS，在降低成本的同时进一步将MFC最大功率密度提高了22%，并且实验还发现PMPS在减少水的散失方面比PDMS具有明显优势。

2）分隔介质

在MFC中，通常使用分隔介质来减少氧气对阳极底物的氧化。为了减少MFC的内阻、增大电能输出，可采取减小阴阳极间距的方法，但此时如果不使用分隔介质，MFC的库仑效率将由于氧气对阳极底物的氧化而大幅降低。使用分隔介质可在减少阴阳极间距离的同时，保证MFC仍具有较高的库仑效率。Nafion膜由于具有较高的质子传递速率被用于MFC中，但研究发现，由于MFC的电解液需添加缓冲溶液，其离子强度较高，Nafion膜并非最佳的分隔介质。如表4-1所示，Kim等[16]用阳离子交换膜和阴离子交换膜代替Nafion膜作为分隔介质用于MFC中，发现阴离子交换膜可降低氧气传质系数，提高MFC的库仑效率和最大功率密度。在此之后，Fan等[17]用J-cloth将阴阳极隔开，进一步将MFC产能提高到1010mW/m²。而Zhang等[18]将玻璃纤维代替J-cloth用作MFC阴阳极的分隔介质，结果发现玻璃纤维的氧气传质系数远远小于J-cloth，且内阻仅为J-cloth的43%，MFC库仑效率和最大功率密度分别提高了14%和26%，此外，玻璃纤维不易被微生物降解，长期稳定性也优于J-cloth。

表4-1 不同分隔介质的MFC的产电和传质特性

分隔介质	最大功率密度（mW/m²）	库仑效率（%）	内阻（Ω）	氧气传质系数（10^{-4}cm/s）	参考文献
Nafion膜	514	41～46	84	1.3	[16]
阴离子交换膜	610	54～72	88	0.94	[16]
阳离子交换膜	480	41～54	84	0.94	[16]
超滤膜（0.5K）	—	—	1814	0.19	[16]
超滤膜（1K）	462	38～49	98	0.41	[16]

续表

分隔介质	最大功率密度（mW/m^2）	库仑效率（%）	内阻（Ω）	氧气传质系数（$10^{-4}cm/s$）	参考文献
超滤膜（3K）	—	—	91	0.42	[16]
J-cloth	627～1010	71	88	29	[17]
玻璃纤维	791～1195	81	38	0.75	[18]

3）制备条件

Dong等[19]在开发辊压阴极时，通过调节活性炭与黏结剂PTFE的比例制备了一系列不同活性炭负载量的阴极。研究结果表明，当活性炭与PTFE质量比为6时，MFC获得了最高的功率密度。随着碳粉比例的增加，催化层的电导性及亲水性均提高，加速了电子和质子在电极界面的传递，从而加快了氧还原反应。但进一步增加后，阴极氧还原反应并没有进一步增加，主要是由于PTFE含量的过低增加了氧气的传质阻力。Win等[20]的研究结果表明，随着活性炭负载量由$7mg/cm^2$增加至$100mg/cm^2$时，阴极的接触内阻、电荷转移内阻及扩散内阻均降低，而MFC的最大功率密度逐渐增加至$1310±70mW/m^2$，与Pt/C阴极相当。但继续增加负载量后，最大功率密度并无增加。由Cheng等[21]的研究结果可知，在不同种类的活性炭中，具有较大比表面积的碳粉催化活性较高；而减小PTFE的含量有利于降低阴极的接触内阻。当以泡沫镍为集流体时，催化层的最佳条件为：超级电容活性炭负载量为$20mg/cm^2$，PTFE负载量为$6mg/cm^2$，导电炭负载量$0.8mg/cm^2$。

在辊压法中，常用压片机或辊压机进行制备，操作压力及温度可根据需要进行调节。Santoro等[22]通过改变制备压力及加热温度得到表面形态、化学结构不同的阴极。结果表明，随着加热温度由25℃增加至200℃，PTFE黏结剂中的水分被部分蒸发，进而增加了活性炭间的紧密性，因此电流密度逐渐增加。340℃处理后，PTFE的融化降低了电极孔隙率，导致电极活性的明显降低。通过考察压力对阴极的影响表明，随着压力由175psi增加至1400psi后，活性炭颗粒间的接触更加紧密，利于电子的传递；此外，位于20～800nm孔径范围的孔隙可促进电流密度及功率密度的输出。Dong等[23]通过对比煅烧处理对催化层的影响表明，当辊压催化层未经热处理时，催化层具有较高的孔面积及孔隙率，从而增加了底物的传质，同时未烧结的催化层也具有较高的亲水性。因此，最大功率密度由煅烧后的$802±20mW/m^2$增加至未经煅烧的$1086±8mW/m^2$。

4.1.3 集流体

基体在阴极中主要起收集电流、支撑和连接催化层、基体层、扩散层的作用，催化层、基体层、扩散层均涂覆在集流体上。使用传质好、成本低的集流体材料可在提高MFC产能的同时降低MFC成本。早期使用的集流体材料主要包括碳布、碳纸，这些材料一方面价格较高，仅适合实验室规模的小型MFC研究，另一方面碳纸较脆，容易断裂，难以制备催化层、基体层和扩散层。Luo等[24]采用碳纤维布代替碳布，虽然大大降低了基体材料的成本，但由于碳纤维布的编织较松散，即使涂覆了疏水性的扩散层，仍易导致电解液的渗漏。Zuo等[25, 26]分别采用涂覆导电材料的超滤膜和离子交换膜作为基体材料代替碳布，但由于膜的内阻较高，使得MFC的产能在很大程度上受到限制。对于不锈钢网阴极，Zhang等[8]发现阴极的活性与钢网编织目数成反比。在较低编织目数下，30目的不锈钢网阴极的功率密度最高，为1616±25mW/m^2，主要是由于降低了电荷转移内阻及扩散阻力。Li等[27]的研究结果与Zhang的结果一致，编织目数越小的电极活性越高。当使用40目基体时，MFC的最大功率密度为2151±109mW/m^2。低成本的集流体材料也一直是该类阴极的重要研究内容，本团队在双面布、泡沫镍、不锈钢网等方面均进行了多年的探索，建立了针对不同应用场合的阴极集流体材料。

1）泡沫镍集流体

泡沫镍集流体具有高比表面积、良好的导电性能、三维立体结构、良好的支撑强度以及成本低廉等优点，已经广泛应用于燃料电池领域中。Zhang等[28]将碳粉催化剂涂覆在镍网上获得了较大的功率输出，但是由于阴极发生的是还原反应，在有电解质溶液以及从阳极传递到阴极的电子的共同作用下，金属电极很容易发生原位腐蚀反应，从而导致金属离子溶出并进入到反应溶液中，影响反应系统的稳定性以及电极的性能。因此，需要对泡沫镍集流体的阴极长期稳定性进行进一步的研究。本团队利用改性的泡沫镍电极作为阴极电极集流体，对泡沫镍电极进行了PTFE改性处理，有效的防止了泡沫镍材料的阴极腐蚀现象发生，从而提高了MFC阴极的性能[29]。

改性前后泡沫镍电极的表面形貌如图4-2所示，改性前的泡沫镍基体材料［图4-2（a），（b）］具有清晰的三维立体骨架结构，表面结构清晰可见，并具有良好的孔隙度。而使用PTFE进行改性处理后［图4-2（c），（d）］，三维立体骨架结构被聚合物薄膜包裹，骨架表面结构粗糙，孔隙度显著降低，有些孔隙甚至被完全覆盖。改性处理有效的对原始泡沫镍进行了保护，使得泡沫镍基体材料在MFC阴极微环境条件中暴露量明显下降，从而可以延缓材料的腐蚀。

2）双面布集流体

双面布材料是一种良好的电磁屏蔽材料，由于具有良好的导电性能和支撑强度，因此可以应用在MFC的阴极中。双面布集流体材料是由双侧的聚酯纤维材料编织而成，中间的部分由聚氨酯海绵进行支撑。从图4-3中可以看出，聚酯纤维成束编织成网状结构并覆盖在内部的聚氨酯海绵上，表面具有均匀分布的孔隙；中间的聚氨酯海绵呈现三维立体结构，具有良好的孔隙度和透气性能。在聚氨酯海绵及表面聚酯纤维上，均具有一层均匀的镀层。本团队利用双面布材料具有高孔隙度、机械强度和导电性等优点，开发了新型的双面布阴极集流体材料[30]。通过电化学测试和MFC性能测试验证了这种材料的使用性能，并通过联用廉价的碳粉催化剂，使得空气阴极MFC的体积功率密度成本下降了两个数量级。当使用双面布作为电子集流体时，MFC获得了与碳布相当的产能效果和COD去除率，并且由于双面布本身的疏水特性，使用该材料时无需制作扩散层，简化了电极的制备步骤。

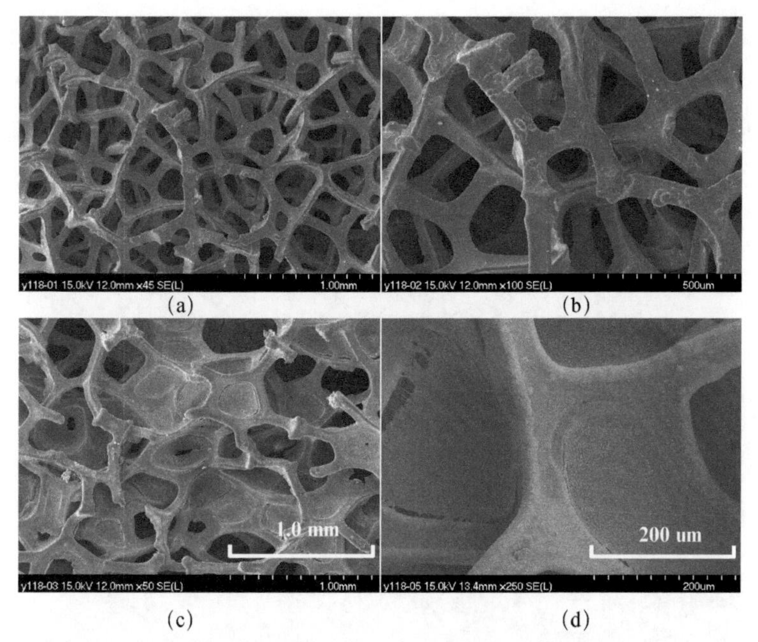

(a)　(b)　(c)　(d)

图4-2　改性前后的泡沫镍电极SEM图像

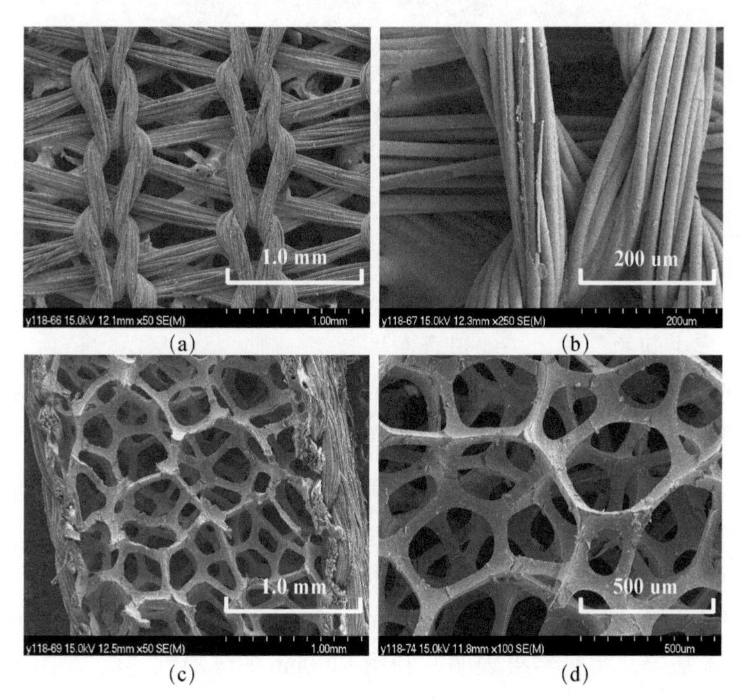

(a)　(b)　(c)　(d)

图4-3　双面布电极材料的SEM图像

3）不锈钢网集流体

Zhang 等[31]使用廉价的不锈钢网作基体获得了与碳布相当的最大功率密度，并且发现，使用不锈钢网可将MFC的库仑效率由57%提高到80%。此外，Zhang等[8]还发现不锈钢网的孔径对氧气传质影响较大。当不锈钢网的孔径由30目减小到120目时，氧气传递系数和最大功率密度分别降低了23%和63%。Li等[32]后续的研究发现，在使用20～80目的不锈钢网集流体空气阴极MFC中，输出功率与不锈钢网的面密度（R^2=0.9222）而非不锈钢网目数（R^2=0.7068）有关，即每平方厘米有多少重量的金属是决定其电子收集性能的关键。结果表明，具有最高面密度的40目不锈钢网集流体可将空气阴极的电荷转移内阻降至2Ω。各种基体材料如图4-4所示。

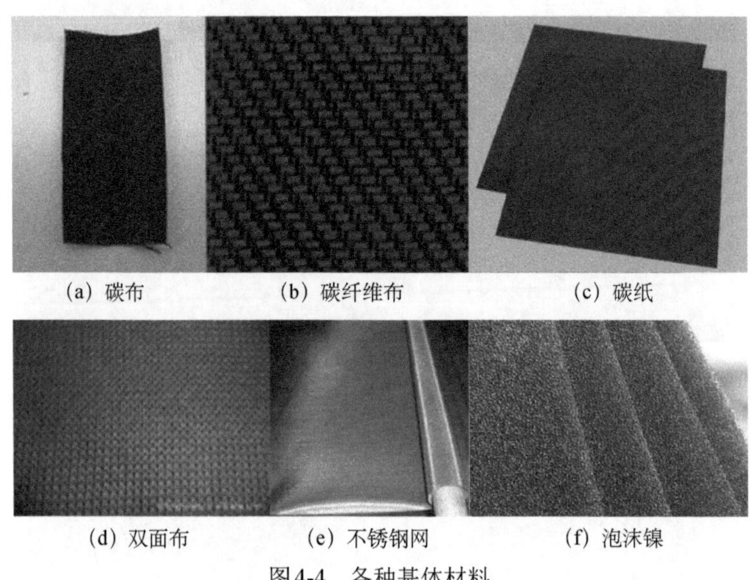

(a) 碳布　(b) 碳纤维布　(c) 碳纸
(d) 双面布　(e) 不锈钢网　(f) 泡沫镍

图4-4　各种基体材料

4.1.4　基体层

如前所述，阴极通常由三到四层组成，各层间均有一定的接触内阻。碳基层是连接催化层与气体扩散层中间的一层，一般设置在扩散层一侧，是由导电碳粉与一定量PTFE混合黏附在基体上再经煅烧形成的，对减少接触内阻起着重要作用。碳基层不仅有助于减少生成水进入扩散层的几率，而且有利于氧气顺利到达催化层。已有的碳基层研究成果主要集中于两方面：一方面是碳粉用量和疏水剂用量的研究；另一方面则是对碳材料选用的研究。例如，Kannan 等[33]用Pureblack炭黑代替Vulcan-XC72R获得的微孔层使得阴极内阻降低了约30%。

本节对采用粒径分别为1300nm、1600nm、2600nm、6500nm及100nm的碳粉来制备ACMFC阴极的碳基层。实验结果表明，利用1300nm的碳粉制备碳基层时，ACMFC的功率密度获得最大值，表明碳粉粒径对碳基层的性能影响较大。这是因为碳粉粒径为1300nm时，阴极氧的传质系数最高，扩散速率最快。合适的粒径有助于增强碳基层氧气的传质，使得阴极浓差极化损失变小，进而减小整个阴极的内阻，最终提高了ACMFC的产电性能。此外，碳粉灰分含量也对电极活性具有显著影响。以灰分含量为20%的碳粉制备碳基层时，电极获得的功率密度最大。整体而言，灰分含量越少，阴极内阻越小，碳基层的性能越好，相应的ACMFC产能越高。

4.1.5　扩散层

阴极的空气侧通常涂有疏水材料作为扩散层，一方面为氧气传质提供通道，另一方面阻止电解液的渗漏。长期以来，PTFE溶液一直被作为阴极扩散层的疏水材料，这种材料涂覆在基体表面经加热后能形成丰富的三维孔道，有利于氧气由空气到催化层的传输。Cheng等[3]系统的研究了PTFE层的厚度及层数对氧气传质、MFC产能及库仑效率的影响，发现氧气扩散随PTFE层数的增多而降低，MFC库仑效率随PTFE层数的增多而增大；而对于MFC产能，PTFE层数存在一个最优值。该研究中PTFE的涂覆方法采用了刷涂法，这种方法难以保证每层PTFE的用量，使得阴极效果经常因人而异。Luo等[34]则使用了Goretex织布代替PTFE扩散层制备了空气阴极，当使用碳布为基体时，功率密度可达1330±30mW/m^2，与PTFE扩散层阴极相当。而当选择碳纤维布为基体时，功率密度也可达到1180±10mW/m^2，表明商品化的Goretex织布完全可以用来制备空气阴极，并利于放大电极面积。Dong等[19]研究了以PTFE和炭黑为原料采用辊压法制备扩散层，不仅解决了PTFE的定量问题，使扩散层的制备机械化，还优化了扩散层的结构，提高了氧气传质效果，在仅使用碳粉为催化剂时，MFC的最大功率密度与Pt/C阴极（刷涂法）MFC相当。此外，为了进一步降低MFC阴极成本，Zhang[31]和Tugtas[35]还分别研究了用聚二甲基硅氧烷和聚烯烃代替PTFE，获得了较好的效果。

在扩散层的微孔结构研究方面，Zhang等[36]对比了阴极扩散层孔隙率为70%和30%时ACMFC的产电性能，结果表明阴极扩散层孔隙率为70%的ACMFC虽然在运行初期最大功率密度比孔隙率为30%的ACMFC高20%，但反应器运行一年后，孔隙率为70%的ACMFC的最大功率密度下降了40%，而孔隙率为30%的ACMFC的最大功率密度仅下降22%。这主要是由于电池在运行过程中，扩散层的孔隙逐渐被堵塞，阴极的扩散内阻增大，孔隙率越大时，阴极扩散内阻增大得越快，阴极性能下降得越快。Shi等[37]通过控制扩散层的退火速率制备了四种具有不同孔径分布的扩散层，发现使扩散层孔隙较大程度的分布在中孔范围内可降低氧气传质造成的极化损失并提高MFC产能。

需要说明的是，空气阴极的研究和应用源于PEMFC，PEMFC中的较多阴极结构成果可供ACMFC借鉴，因此，可以在PEMFC阴极研究的基础上对ACMFC阴极进一步研究，这是目前ACMFC阴极研究的优势之一。但与PEMFC相比，ACMFC有自身的特点，如常温常压的运行条件、近中性的电解液等，这使得阴极制备要充分考虑MFC的适用环境，影响ACMFC阴极性能的因素还有待开展系统、广泛、深入的研究。

4.2　高电容碳氧还原催化剂

Pt/C是应用最早的氧还原催化剂，具有较强的氧还原催化活性，早期的ACMFC一般以Pt/C（Pt含量为0.5mg/cm^2）为催化剂[11]。但由于Pt/C价格昂贵，且在MFC中作为氧还原催化剂的稳定性和选择性均存在材料本身固有的缺陷，并且由于Pt对多种物质具有氧化催化活性，导致MFC阴极电位降低和阳极底物能量损失。因此，制备低成本、高活性、稳定性和选择性优异催化剂成为ACMFC研究的热点方向之一。用于制作双电层电容器的材料（简称为高电容材料）具有被用作MFC阴极的潜力，本节主要探讨其作为MFC阴极的可行性及性能表现。

4.2.1 高电容碳粉阴极的MFC性能

使用具备高电容特性的碳粉RP-20和YP-50F代替10%Pt/C催化剂并按照涂刷法制备高电容碳粉阴极。该电极具有与铂碳阴极相同的强度和结构，利于与Pt/C阴极进行平行比较。使用RP-20及YP-50F获得的最大输出功率密度分别为836±29mW/m^3及682±8mW/m^3。与等质量的Pt/C阴极（999±4mW/m^3）相比，RP-20与YP-50F的功率分别降低16%及32%。将YP-50F的用量增加到原来的两倍（120mg）后，最大输出功率密度增加至959±44mW/m^3。这一数值已经可以与Pt/C阴极的功率相较。而进一步增加至180mg时，最大输出功率没有继续增大。这些数据说明使用高电容碳粉制作阴极，可以得到与Pt/C阴极相当的输出功率，以及同样的抗压强度。

4.2.2 高电容碳粉与Pt/C混合的催化效果

当将60mg RP-20高电容碳粉与60mg 10%的Pt/C混合制作阴极时，得到的最大输出功率密度提高至1561±80mW/m^3，比只使用Pt/C时提高了56%，比只使用RP-20时功率提高了87%。这一结果可以证明高电容碳粉与Pt/C二者间可发挥其各自优点从而促进电池产电性能。进一步将Pt/C（10% Pt/C）用量降低至原来的10%（6mg）、20%（12mg）及30%（18mg）并加入到60mg YP-50F中作为阴极催化剂制作阴极，结果表明，加入6mg Pt/C时，输出功率密度由682±8mW/m^3提高到1143±27mW/m^3。加入12mg Pt/C时，体积功率密度提高了97.4%，达到1346±54mW/m^3。加入18mg Pt/C后，功率密度没有继续提高。这些结果说明在高电容碳粉中加入少量的铂碳，能显著提高阴极的性能。综合考虑功率的提高幅度和Pt/C的价格因素，在制作高电容阴极时只需加入10%～20%的铂碳，便能大幅提高MFC最大输出功率。这表明，高电容碳粉可以作为有效的助催化剂降低Pt/C的使用量，从而降低电极制备成本。

4.2.3 高电容阴极与Pt/C阴极的对比

将Pt/C空气阴极反应器更换新鲜的培养基后完全浸入到去离子水中以隔绝反应器外界的氧气供给后，MFC的电压在2h内降至50mV以下。当反应器在水中密封20h后，电压输出几乎为零，输出电量为2.5±1C。Sukkasem等[38]将正在运行的Pt/C阴极反应器转移到厌氧箱后，电压立即降至50mV，且在5h内几乎降为零，同样证明了Pt/C阴极在没有氧气存在时，MFC无电压产生。当将MFC阴极更换为片状203电容电极后，即使在水封的条件下

MFC仍然在前20h内维持100mV以上的输出电压，直到100h后电压逐渐降至零。隔绝氧气过程中的电量输出共有23.3±0.8C，这一数值是Pt/C阴极输出电量的9倍以上。这说明即使在没有氧气存在的情况下，阴极无法发生氧还原反应，而使用高电容阴极的MFC仍能完成底物部分电子的转移。

活性炭催化氧还原反应的优点在于其较高的比表面积，这一特点为氧气吸附在催化位点提供了有利的条件。将双电层电容器材料用在MFC阴极时，电路接通后阳极发生底物氧化，电子由外电路到达阴极并吸引周围电解质溶液中的正离子，形成双电层电容。当氧气断绝时，阴极的氧还原反应不再发生，但阳极仍然能向外电路产生电子，此时阴极不再是氧还原发生的场所而是作为双电层电容器的负极只进行充电，因此即使氧气隔绝后电路中仍有电流产生直到阳极底物耗尽。

实验中使用的美国产防水碳布成本折合约为6500元/m^2，进口Pt/C（E-TEK）催化剂的成本折合约为1000元/g。所用两种进口高电容碳粉RP-20与YP-50F的价格是3.9元/g，若使用国产高电容碳粉，价格可以低至0.9元/g。依此计算，以28mL的MFC阴极为例，使用进口Pt/C制作一片阴极的催化剂成本为60元，综合考虑碳布、扩散层及黏结剂，则一片阴极的成本约为73元。若使用高电容碳粉得到相同的功率，则单片阴极的催化剂成本降至0.5元，单片阴极成本降为13.6元，催化剂成本降低了99.2%，整片阴极成本降低了81.4%。

4.3 掺氮碳粉氧还原催化剂

低成本的非金属催化剂受到越来越多的关注，特别是掺氮碳粉（nitrogen doped carbon powder，NDCP）催化剂的出现给代Pt/C催化剂带来了新的生机。NDCP具优异的催化活性、高稳定性及低成本等优点。Gong等[39]制备了氧还原催化活性和稳定性均高于Pt/C的掺氮碳纳米管，这也是Pt/C的氧还原催化活性首次被其他催化剂超越。然而，由于碳纳米管制备工艺复杂，设备昂贵，现阶段成本仍然较高。本节以低成本的碳粉为基体或前驱物，通过简单易行的方法制备了NDCP，并在MFC中表现出较大的应用潜力。

4.3.1 掺氮碳粉氧还原催化剂的制备

NDCP的制备主要包括碳粉预处理和预处理后的硝酸热处理，预处理的目的在于去除碳粉中的金属杂质和胶质。硝酸热处理过程简单易行，并适于大量生产[40]。其制备过程如下：

（1）碳粉预处理：将一定量的碳粉放入马弗炉内，在470℃下加热1h，退火后，将碳粉加入到6mol/L 的盐酸溶液中浸泡24h，过滤后用去离子水冲洗至滤出液呈中性。

（2）硝酸热处理：将一定量的经过预处理的碳粉加入到质量分数为5%的硝酸溶液的三口瓶中，在105℃下加热硝酸溶液，同时用冷凝装置将蒸汽回流16h后停火。冷却后，将溶液过滤并用大量去离子水清洗，将滤出物放入120℃的烘箱中加热12h。

经过上述步骤，便获得了氮掺杂碳粉催化剂。可以依据4.1.1节的方法进行空气阴极制备。

4.3.2 掺氮碳粉催化活性影响因素

1）预处理对NDCP氧还原催化活性的影响

MFC运行前，通过LSV测试对不同催化剂的氧还原催化活性进行定性预测。当电流密度小于0.14mA/cm^{2}时，未经预处理碳粉催化剂（C-N）和经过预处理的碳粉催化剂（C-PRE-N）的电压值与Pt/C催化剂相近，而未做任何处理的碳粉阴极的电位远小于Pt/C、C-N和C-PRE-N的电位。随着电流密度进一步提高后，相同电流密度下，各阴极的电位由大到小顺序为：Pt＞C-PRE-N＞C-N＞C。电位越高表明催化剂的氧还原催化活性越高。因此，经预处理和硝酸热处理的掺氮碳粉比未经预处理只经硝酸热处理的掺氮碳粉具有更高的氧还原催化活性。

当ACMFC运行稳定后，功率密度曲线和极化曲线的测试结果与LSV的预测结果相一致。C-N和C-PRE-N的最大功率密度分别为568.1±5mW/m^{2}和638.6±12mW/m^2，分别是Pt/C阴极最大功率密度（980.6±7mW/m^2）的57.9%和65.1%，且比碳粉阴极的最大功率密度分别高0.8和1.1倍。极化曲线表明电池功率密度的不同来源于阴极电位的差异。虽然Pt/C电极的开路电压较高，但随着电流密度逐渐增加后，Pt/C的阴极的过电位远远大于C-N和C-PRE-N阴极。此外，未处理碳粉阴极ACMFC的开路电压虽然与C-N和C-PRE-N阴极类似，但其相应的阴极过电位分别是C-N和C-PRE-N的1.3和1.4倍。这些结果表明，经过预处理，碳粉表面的胶质及其他杂质得到去除，增强了硝酸处理的效果，使得C-PRE-N阴极ACMFC的最大功率密度比C-N阴极ACMFC高12.4%。

C-PRE-N的氧还原催化活性高于C-N的主要原因可能是对碳粉进行预处理有利于提高硝酸热处理过程中氮掺杂量和促进具有氧还原催化作用的氮官能团的形成。XPS的分析结果表明（表4-2），C-N与C-PRE-N中共包含五种含氮官能团：吡啶型氮、亚胺、氨基化合物、胺型氮、吡咯型氮、吡啶-氮氧化物和化学吸附型氮氧化合物[41]。C-N与C-PRE-N均含有较高的NO_x（34.24%和40.64%），在氮氧结合过程中，N可能存在三种价态，+1、0和−1。当N为−1价时，含氮官能团具有亲质子性，这种特性能够提高催化层表面的H^+的浓度，有利于扩散到催化层的O_2与H^+反应生成水，增加H^+与O_2的反应速率，进而促进H^+在底物溶液中从阳极扩散到阴极催化层表面的速率，这可能是促进氧还原能力提高的关键原因之一。

表4-2 C、C-N和C-PRE-N的元素组成和氮官能团含量[40]

元素	C	C-N	C-PRE-N
C1s	91.7	78.92	82.56
O1s	8.3	19.93	16.09
N1s	0	1.15	1.35

续表

N官能团	C	C-N	C-PRE-N
NO_x	0	0.39	0.55
PNO	0	0	0.07
AN	0	0.28	0
N-6	0	0.11	0.19
N-5	0	0.37	0.54

注：C、C-N和C-PRE-N分别代表未处理、单独硝酸处理、预处理与硝酸处理后的碳粉；NO_x、PNO、AN、N-6和N-5分别代表氮氧化物、吡啶-氮氧化物、胺型氮、吡啶型氮和吡咯型氮。

除NO_x官能团外，吡啶型氮和吡咯型氮官能团中的N原子除了向碳环提供电子外，还存在剩余孤对电子，这部分孤对电子使得氮官能团易与氧气中的氧原子作用，氧气分子由原来在催化层上的单原子式吸附变为双原子吸附，O-O化学键能被削弱因此更易断裂，加快O原子与H^+间的进一步反应[42]。与掺氮碳纳米管相类似，掺氮碳粉中同样发现了两种官能团的存在，并当两种官能团的含量增大时，催化剂的催化活性也随之增强，这说明吡啶型氮和吡咯型氮在掺氮碳粉中所起的作用可能与在掺氮碳纳米管中的作用相似，C-PRE-N中两种官能团的含量大于C-N，因此C-PRE-N的催化活性强于C-N。

此外，BET结果表明，预处理过程在去除碳粉中金属杂质的同时还增大了掺氮碳粉的比表面积。经预处理的C-PRE-N的表面积为C-N比表面积的2.4倍。因此，比表面积的增大是C-PRE-N的氧还原催化活性高于C-N的又一原因[43]。

2）碳粉粒径对NDCP氧还原催化活性的影响

商业碳粉粒径分为很多种，使用不同碳粉制备催化剂后其催化活性的差异是选择碳粉的重要依据之一。以三种不同粒径（6500nm、1600nm和1300nm）的碳粉为基体制备了NDCP并采用相同的预处理和硝酸处理方法制备了氧还原催化剂。结果表明，碳粉粒径为1600nm时，C-PRE-N阴极ACMFC的最大功率密度为739.2mW/m^2，分别为碳粉粒径为6500nm和1300nm时的3.0和1.8倍。BET测试结果显示，三种碳粉颗粒处理后得到的C-PRE-N催化剂粉末比表面相差较小，比表面积的差异不是导致三种C-PRE-N氧还原催化活性不同的主要原因。XPS的结果显示（表4-3），不同粒径的掺氮碳粉中的含氮量和含氮官能团的百分比均有较大差异。C-PRE-N（1600nm）的含氮量分别比C-PRE-N（6500nm）和C-PRE-N（1300nm）高96%和25%。此外，对比氧还原催化活性起关键作用的吡啶型氮、吡咯型氮及氮氧化合物的含量发现，C-PRE-N（1600nm）中三种官能团的含量均为最高。由此可见，碳粉的粒径在预处理和硝酸处理过程中对掺氮量和关键氧还原含氮官能团的形成有一定的影响，进而影响催化剂的氧还原催化活性。这些分析表明，尽管粒径大小确实影响阴极催化剂效能，但真正起作用的可能并不是粒径大小，而是C-PRE-N粉末含氮官能团以及关键含氮官能团原子所占比例的不同。

表4-3　不同碳粉粒径下掺氮碳粉的氮含量和含氮官能团含量　（单位：%）

样品	N1s	吡啶氮	酰胺	吡咯型氮	吡啶型氮氧化物	氮氧化物
6500nm	0.69	0	0.30	0.01	0.11	0.28
1600nm	1.35	0.19	0	0.54	0.07	0.55
1300nm	1.08	0.17	0.17	0.09	0.15	0.49

3）NDCP用量对氧还原催化活性的影响

氧还原催化剂的用量是影响阴极产电特性的另一重要因素。维持黏结剂Nafion溶液的用量保持不变，阴极C-PRE-N（1600nm）的用量由5mg/m^{2}增大到10mg/m^{2}时，ACMFC的最大功率密度由625.8mW/m^{2}增加到926.0mW/m^2，此功率密度为Pt/C阴极ACMFC（980.6mW/m^2）的94.4%。当C-PRE-N在阴极催化层的用量进一步增大到15mg/cm^{2}时，最大功率密度基本没有进一步提高。阴极极化结果表明，当电流密度增大到0.5mg/cm^{2}时，相对于开路电位，三种剂量下的掺氮碳粉阴极过电位均低于280mV，其中10mg/cm^{2}负载量的阴极过电位为278mV，比Pt/C（406.4mV）的过电位减低46.2%。随着电流密度的增加，Pt/C阴极的过电位显著增加，导致其ACMFC的电池电压与C-PRE-N（1600nm）用量10mg/cm^{2}阴极ACMFC的电池电压接近，这也是10mg/cm^{2}负载量阴极ACMFC最大功率密度与Pt/C阴极ACMFC接近的主要原因。

由BET吸附等温线的结果（表4-4）可知，10mg/cm^{2}负载量阴极的比表面积比5mg/cm^{2}负载量阴极增大55.8%，并且与15mg/cm^{2}负载量阴极相差较小。此外，SEM（图4-5）展示了不同用量下C-PRE-N阴极的表面形貌，其特征与BET结果相一致，与5mg/cm^{2}负载量电极相比，10mg/cm^{2}负载量和15mg/cm^{2}负载量电极表面的催化剂颗粒更加致密均匀，裸露的碳布纤维较不明显。总之，增大C-PRE-N在阴极催化层的用量有助于提高电极的比表面积，并且催化剂易于更好的覆盖碳布表面，提供更多的催化活性位，增强阴极氧还原的催化效果，进而提高整个电池的产电能力。对比三种用量的C-PRE-N阴极的实验结果发现，10 m^2/g为较为合适的C-PRE-N在阴极催化层的用量。

表4-4　不同掺氮碳粉用量时阴极的比表面积[40]

样品	比表面积（m^2/g）
C-PRE-N-15	60.8
C-PRE-N-10	58.9
C-PRE-N-5	37.8

注：C-PRE-N-5：5mg/cm^2；C-PRE-N-10：10mg/cm^2；C-PRE-N-15：15mg/cm^2

4.3.3　掺氮碳粉氧还原催化剂的稳定性研究

较好的阴极催化剂稳定性对ACMFC保持良好的产电性能至关重要[44]。但是，Pt/C作为一种常用的氧还原催化剂，其稳定性尚不能满足ACMFC的长期运行[45-47]。与Pt/C相比，合成的低成本催化剂C-PRE-N在ACMFC长期运行后仍具有较好的氧还原催化活性。

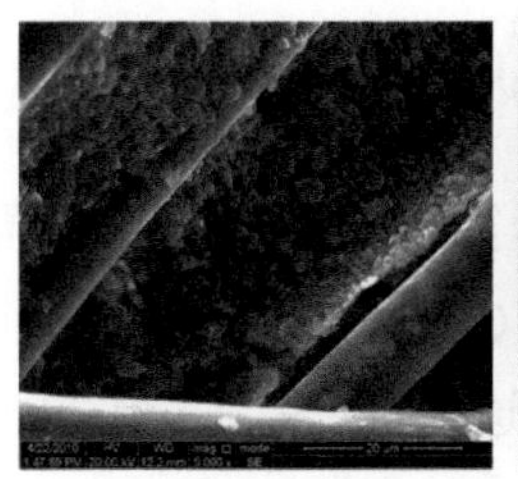
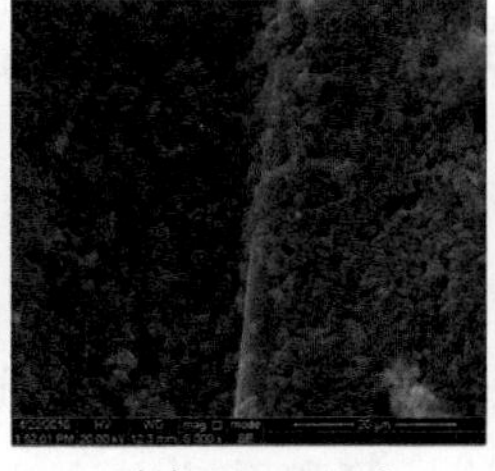
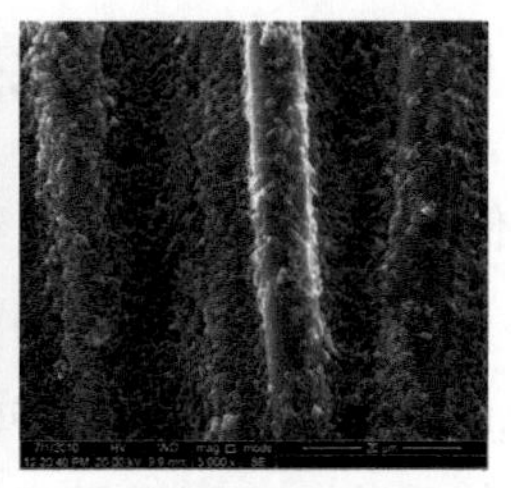

(a) 5 mg/cm² (b) 10 mg/cm² (c) 15 mg/cm²

图4-5 不同掺氮碳粉用量时阴极催化层表面的扫描电镜图片[40]

经过30个周期的运行，Pt/C阴极ACMFC的最大功率密度由第1～5周期的平均值991.2mW/m²下降至第25～30周期的平均值875.8mW/m²，下降幅度为11.6%。继续运行ACMFC后，其产能将进一步由于阴极性能的衰退而下降。而对于C-PRE-N阴极，其ACMFC则表现出较强的稳定性，经过30个周期的运行，功率密度仍然维持在936.7mW/m²，且在第25-30周期功率密度的平均值（937.7mW/m²）比Pt/C阴极ACMFC高7%。由此可见，在ACMFC长期运行的情况下，C-PRE-N的稳定性优于Pt/C。随着运行时间的继续延长，C-PRE-N阴极ACMFC较Pt/C阴极ACMFC的产能优势还可能进一步增大。对于长期运行的ACMFC，C-PRE-N用作阴极氧还原催化剂比Pt/C更具有优势[48]，这对ACMFC的放大化及实际废水处理有重要意义。

C-PRE-N与Pt/C阴极ACMFC在25周期内的库仑效率较为接近。两者的库仑效率均在20%～30%，这表明C-PRE-N阴极利用阳极电子进行产电的能力与Pt/C阴极相当。另一方面，C-PRE-N与Pt/C阴极ACMFC的库仑效率随周期的增大而缓慢增大，二者在前10个周期内分别增大了20.6%和19.7%，但在后15个周期内分别增长了25.4%和6.4%。由此可见Pt/C阴极ACMFC的库仑效率在第10周期后比C-PRE-N阴极ACMFC增加缓慢。这是由于随着阴极生物膜的附着，氧气透过率降低，阳极底物被氧气消耗的部分减少，进而有更多的底物用来产电[49]，且C-PRE-N阴极因其非金属氧还原催化剂的特性而对阴极生物膜的附着更加敏感。

4.4 氮/微量铁共掺杂碳催化剂

继非金属杂环碳氧还原催化剂研究之后，新近研究发现，除了N、S等非金属杂原子掺杂能提高碳材料的催化活性外，微量Fe、Co、Mn的存在对这些杂环碳催化剂的高催化活性起到非常关键的作用。Wang等[50]认为杂环碳催化剂并非人们认为的完全没有金属存在的催化剂，而是金属含量太低因而被忽略。例如众多杂环碳催化剂以石墨烯为碳基体，石墨烯通常由氧化石墨烯还原得到，而目前最常用的hummer法在制备氧化石墨烯的过程中，微量金属不可避免地残留在氧化石墨烯中，这些微量金属的存在恰恰对催化活性起到至关重要的作用。以下以氮/微量铁共掺杂的碳催化剂（N/Fe-DC）[51]的性能为例，介绍微量金属和杂环原子共掺杂的碳催化剂在MFC中的性能。

4.4.1 氮/微量铁共掺杂碳催化剂的微观结构和组成

N/Fe-DC催化剂由一系列的碳纳米球组成，具有丰富的微孔结构。这样的形貌来源于原始的无定形碳黑，有益于O_2的扩散，从而提高了MFC的产能。掺杂N和微量Fe后，尺寸约20～70nm的Fe_3C被包裹在原始的无定形碳黑中，这些Fe_3C在Fe掺杂催化剂的高活性中扮演着重要的角色。密度泛函理论计算和系统实验研究表明，包裹的Fe_3C纳米颗粒不直接和电解液接触，但可以刺激周围的石墨层，使得碳表面的氧还原反应活跃[52]。

4.4.2 氮/微量铁共掺杂碳催化剂的氧还原催化活性

在催化剂应用于MFC之前，为了判断其催化性能，将制备的催化剂粉末附着在玻碳电极上，并在中性电解液（50mM PBS）中用三电极体系测试其催化活性。同原始碳黑相比，N/Fe-DC的氧还原峰明显正向移动，表明N/Fe-DC具有较高的催化活性。更重要的是，与20wt% Pt/C相比，N/Fe-DC的峰电位由−0.014V正向偏移至0.006V。同时，其峰电流密度更大，表明N/Fe-DC有优于20wt% Pt/C的催化活性。

阳极燃料在阴极氧化将降低阴极电势，导致燃料损失，这对单室ACMFC损害尤其严重。除了显著的催化活性，N/Fe-DC还具有良好的催化选择性。在含有10mmol/L醋酸盐的电解液中进行电化学测试发现，N/Fe-DC的LSV曲线变化很小，而20wt% Pt/C的LSV曲线电流密度在0.2V～−0.5V电势范围内明显减小，初始电位从0.05V急剧减小到−0.4V，这表明N/Fe-DC不会催化醋酸盐氧化，只催化氧还原反应。此外，N/Fe-DC比20wt% Pt/C有更高的稳定性，经过5000s的恒电压-时间测试，20wt% Pt/C的电流降低到87%，而N/Fe-DC仅有轻微的衰减，其相对电流密度为92%。

4.4.3 氮/微量铁共掺杂碳催化剂在MFC中的产能活性

将N/Fe-DC、20wt% Pt/C和炭黑催化剂应用于MFC阴极时，N/Fe-DC阴极的电荷传递电阻（82Ω）比20wt% Pt/C阴极（87Ω）低6%，这表明N/Fe-DC用作MFC阴极有更高的产电活性。以N/Fe-DC为MFC阴极催化剂时，在外电阻为1000Ω 时，单周期内电池电压最高达590mV，该电压值与以Pt/C为MFC阴极催化剂时相近，是以炭黑为阴极催化剂的2倍。为了更全面地了解MFC的产电性能，进行了极化试验。实验结果表明，以N/Fe-DC为MFC阴极催化剂时，MFC的最大功率密度（866.5±7mW/m^2）比以Pt/C为MFC阴极催化剂时（759.7±20mW/m^2）高14.1%。以上结果表明，使用廉价、多孔碳黑为碳基体，合成的氮/微量铁共掺杂碳催化剂在中性电解液中有更好的催化选择性和更高的稳定性，对MFC的学术研究和实际应用有重大意义。

4.5 辊压活性炭空气阴极制备及效能研究

前述研究表明，活性炭确实可替代价格昂贵的Pt/C作为空气阴极氧还原催化剂。最早的集流体使用的是碳纸、碳布等软性、脆性材料。2009年，Zhang等将活性炭粉末与聚四氟乙烯（PTFE）混合后压于镍网表面，以碳纤维刷为阳极，制备出了功率密度为1220mW/m^{2}的活性炭空气阴极，性能优于Pt/C空气阴极（1060mW/m^2），最高库仑效率达到55%[28]，表明具有一定机械强度的网状金属作为集流体应用具有可行性。2012年，Dong等将辊压技术引入活性炭空气阴极制备中（图4-6）。该空气阴极结构包含混合PTFE的活性炭催化层、不锈钢网集流体以及混合PTFE的导电黑空气扩散层。以平面碳布为阳极，功率密度达到802mW/m^2，高于相同体系下Pt/C空气阴极的性能（766mW/m^2），确定了催化层最优活性炭与PTFE质量比为6[19]。

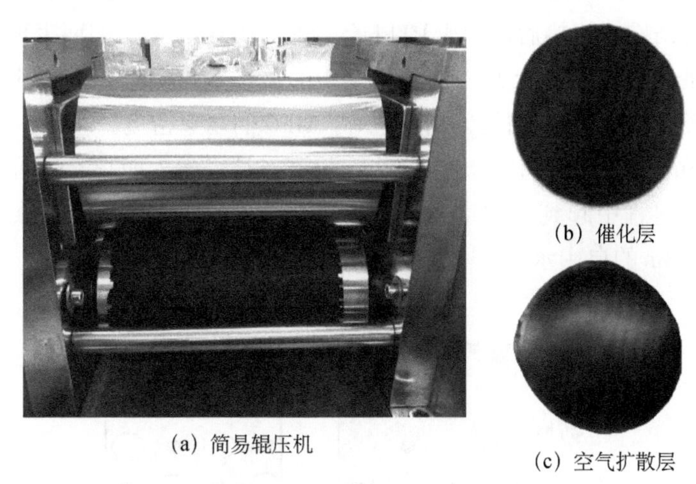

(a) 简易辊压机

(b) 催化层

(c) 空气扩散层

图4-6 辊压法制备的活性炭空气阴极

4.5.1 辊压活性炭空气阴极的制备方法

辊压活性炭空气阴极的制备需要的设备和耗材如下所示，硬件需要：加热型辊压机1台，恒温水浴锅1台，超声波清洗机、马弗炉、机械搅拌器若干。实验耗材需要：导电黑粉末、超级电容活性炭粉末（下面简称活性炭）、302不锈钢网（60～80目）、无水乙醇、聚四氟乙烯溶液（PTFE）。

首先制备催化层。称取一定质量的活性炭粉，注入无水乙醇，保障所有的粉末均浸没在乙醇中。将其置于超声清洗机中，开动机械搅拌，逐滴加入PTFE乳液（与活性炭质量比为1∶6）。搅拌10min左右，直至碳粉和PTFE混合均匀。然后将其转移至80℃水浴中，持续机械搅拌直至形成黑色面团状均匀物。此时，取出混合物，将其置于辊压机中反复辊压。辊压机上下轴温度均为35～40℃。辊压过程中，要注意从最大轴间距起压，逐步调小轴间距，注意辊压方向的调整，直至获得均匀的催化层薄膜。取相应大小的不锈钢网，将催化层薄膜与钢网同时进入辊压机狭缝，完成催化层制备。

扩散层的制备过程与催化层相似，其主要成分为导电黑和PTFE，质量比为3∶7。待获得均匀的催化层后，将其放入340℃的马弗炉加热25min，取出冷却至室温后，辊压至空气一侧的不锈钢网上。至此，辊压活性炭空气阴极的制备过程完成。

4.5.2 辊压阴极结构优化与氧还原效能

最初的辊压活性炭空气阴极催化层是需要加热固化的。当催化层的加热固化步骤取消后，该功率密度进一步提升至1086mW/m^2[53]。取消烧结在工艺上看起来非常简单，其中的问题却非常复杂。催化层和扩散层在加热后，出现了截然相反的孔隙变化。空气扩散层加热后孔隙增加，而催化层减少。究其原因可能是由于二者活性炭和PTFE的比例不同。在空气扩散层中，PTFE是主要成分。加热后由于PTFE收缩，产生了大量疏水导气的孔道（图4-7）。然而在催化层中，活性炭粉末是主要成分。加热前其结构是由PTFE丝连接的碳粉颗粒组成的复杂空间结构。加热后，由于PTFE丝收缩，孔隙变小，因而表现为孔隙率降低。此外加热导致了催化层疏水性上升，不利于水中的离子参与三相界面反应，因而催化层取消烧结可提升阴极孔隙率和亲水性，从而提升了MFC的功率密度。基于压汞法分析，Dong等确认催化层中6μm的孔隙占主导，而这些孔隙可能是三相界面存在的位点，它们在活性炭空气阴极氧还原过程中起到非常重要的作用。进一步水压承载力测试表明，该活性炭空气阴极可承受最大3m的自由水压[54]。

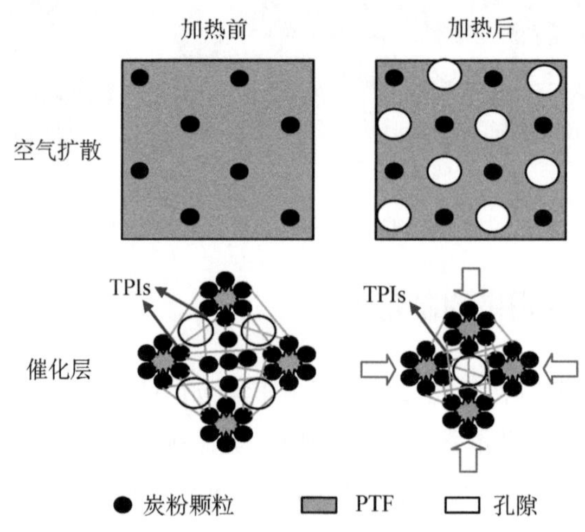

图4-7 空气扩散层和催化层加热前后区别示意图[53]

活性炭空气阴极的催化活性与活性炭孔隙结构以及活性炭-PTFE构成的三相界面直接相关。经过旋转圆盘电极测试和计算，导电炭黑（XC-72）、普通活性炭和超级电容活性炭粉末的氧还原转移电子数分别为2.1，2.6和3.0，而Pt/C的转移电子数为3.9（接近4电子完全氧还原）[7]。当这些粉末辊压成电极后，其电子转移数发生了较大变化。基于Tafel曲线估算的结果显示，导电炭黑、普通活性炭和超级电容活性炭制备的电极氧还原转移电子数为2.2、3.2和3.5，而Pt/C与Nafion混合后涂刷成催化层的氧还原转移电子数只有2.4。这些结果说明，辊压法制备催化层的过程中，活性炭粉末与PTFE形成的三相界面大大提升了其氧还原的催化活性，而传统的Nafion与粉末材料的混合涂刷法并不能提供充足的三相反应界面。初步研究显示，活性炭上的微孔（<2nm）面积与功率密度正相关，表明氧还原的活性中心可能存在于活性炭上的微孔中。而中孔（2～50nm）的主要作用可能是为氧气和离子的传质提供通道。而集流体与催化层的结合状态决定了活性炭空气阴极的电子传输阻力。在阴极辊压过程中，如果先将催化层与不锈钢网压合到一起，然后再与空气扩散层结合，可以将功率密度提升至2503mW/m^2。此时阴极的电荷转移内阻可降至1.5Ω，该结果是目前报道最低的空气阴极电荷转移内阻[55]。对碳粉进行简单的预处理可进一步提升活性炭空气阴极的性能。在85℃下使用3mol/L的KOH对活性炭粉处理后，MFC的功率密度提升了16%。碱液预处理可降低阴极的欧姆内阻，为氧还原催化提供更多的微孔。然而使用强酸对碳粉进行预处理时要格外小心，因为孔隙丰富的活性炭会吸附大量的酸液。当这些碳粉与不锈钢集流体辊压到一起时，吸附的酸液会缓慢释放到金属集流体附近，从而导致了金属的腐蚀，造成了碳粉与集流体接触点的不稳定从而造成了欧姆内阻上升[56]。

在MFC中，溶液的pH是中性的。在这种环境下，阴极反应需要大量的质子，而中性溶液中质子浓度仅为10^{-7}mol/L，完全不能满足阴极反应的快速需求。因而，在空气阴极内部，特别是三相界面上，主要发生的反应并非质子、电子与氧气的反应，而是$2H_2O+4e^-+O_2=4OH^-$的反应。认识阴极反应的本质对提升空气阴极性能极其重要，因为影响阴极性能的关键因素除了上面提到的氧还原活性位点、集流体与催化层的接触，离子传递也是非常重要的问题。在MFC的空气阴极中，主要传递的离子种类并非带正电的质子，而是带负电的氢氧根[57]。离子传递的主要方向是氢氧根由阴极内部向溶液中迁移，而非溶液中的质子向氧还原活性中心移动。基于上述认知，Wang等[58]将具有阴离子交换功能的季铵盐化合物锚接在活性炭表面和孔道内，为阴极催化层内部三相界面上生成的氢氧根提供了向外传递的通道。锚接季铵基可显著降低阴极催化层内部局部pH，降低了氢氧根积累造成的过电势，从而达到了2781±36mW/m^{2}的最大功率密度。该数值是目前为止报道的无金属催化剂活性炭空气阴极功率密度的最高值。当这种强化阴离子传递的活性炭空气阴极应用于无缓冲液的NaCl溶液中时，其降低阴极局部的作用显得更加明显，MFC的最大功率密度提升了51%。当活性炭空气阴极应用于无缓冲溶液的实际废水中时，非常有必要提升其内部阴离子传递的能力。当然，为了追求较高的功率密度，也可提升磷酸盐缓冲液以及添加非贵金属催化剂（如金属有机骨架材料等）。例如Yang等在活性炭中添加了Fe-N-C复合材料，在200mmol/L磷酸盐缓冲液中获得了高达4.7W/m^{2}的功率密度（50mmol/L PBS中功率密度为2.6W/m^2）[59]。

4.5.3 辊压活性炭空气阴极长期运行稳定性

长期运行后，活性炭空气阴极的性能衰减严重（图4-8）。在17个月的连续运行实验中，Zhang等发现生物膜和阴极盐沉积是导致空气阴极性能衰减的原因[60]。其中的盐沉积通常认为是由于溶液中的水蒸发加之阴极局部pH升高造成的。近期An等[61]的研究系统分析了造成阴极性能衰减的原因，发现生物电场诱导的离子定向迁移引起的盐沉积是导致阴极失活的主要原因，其产生的电荷转移内阻占总内阻的53%，而生物膜污染次之（37%）。先前认为的空气阴极溶液蒸发和局部pH升高所带来的内阻贡献不足2%。因此，在未来的大型化应用中，如果阴极采用空气阴极构型且溶液的盐含量较高，定期除污过程是必要的。除污可选方法包括原位反向电场释盐以及阴阳极互换倒极运行[62]。

图4-8 6个月连续运行后空气阴极的污染[61]：(a)、(d) 图为单室无膜空气阴极污染；(b)、(e) 图为双室运行下空气阴极的污染；(c)、(f) 图为局部高pH和自然蒸发下空气阴极污染

Zhou等[63]提出了一种基于半波交流电清除阴极污染的低能耗策略，他们将二极管接在普通的±1.2V正弦交流电上进行滤波，得到了半波正弦交流电，并将其施加到受污染的空气阴极表面。实验结果表明，正向1.2V半波交流电处理12h可将运行了20d和30d的空气阴极MFC功率密度恢复50%和43%，而同样电压的直流电处理只能恢复12%～15%。半波交流电效果好，处理能耗却只是直流电的1/4。半波交流电处理后，空气阴极被堵塞的孔隙得到释放，氧气传递系数上升了43%（图4-9）。此外，半波交流电还具有杀菌功能，可杀灭阴极表面65%的细菌，并造成生物污染层的膨胀（从34μm膨胀至51μm），易于后续的清除。

4.6 辊压活性炭空气阴极催化层孔隙结构优化

辊压法制备的活性炭阴极因其催化剂廉价易得、孔结构丰富及导电性良好等优点获得了广泛的关注[41, 64-68]。对于辊压活性炭阴极而言，三相界面的建立不仅与碳粉本身孔结构有关，而且与催化层孔隙结构息息相关。前期研究表明，若活性炭具有较多的微孔及介

图4-9　半波交流（AC+）和直流电（DC）处理前后对电极表面盐析的处理效果图[63]

洁净的空气阴极表面（a）；盐析污染的空气阴极表面（b）和半波交流电再生的空气阴极表面（c）SEM照片

孔，则会建立更多的催化位点，进而促进氧还原反应的进行[5]。相对于碳粉自身的孔结构，催化层孔隙结构对阴极性能的影响同样至关重要。

4.6.1　催化层孔隙结构调控与制备

通过掺杂不同含量成孔剂NH_4HCO_3制备具有不同孔结构的催化层[69]：将NH_4HCO_3分散于乙醇溶液中，再将其加入到催化层浆料中充分搅拌并按辊压阴极的制备方法进行电极的制备。以活性炭与NH_4HCO_3质量比分别为10∶1、5∶1、3∶1及1∶1四个梯度进行掺杂，将经过辊压法制备活性炭阴极后在165℃下热处理便得到不同孔隙结构的阴极。

催化层形貌结构如图4-10所示，在未经修饰的催化层中，碳粉颗粒间接触非常紧固，开孔数量较少，催化层表面呈现紧致、平整的结构特点。在掺杂NH_4HCO_3后并提高其含量后，催化层表面开孔逐渐增多，表面结构相对疏松。这种结构不仅利于氧气的传质，而且利于拓展反应的三相界面。但在最高掺杂比例下，催化层表面逐渐呈现一定的裂纹，这是因为NH_4HCO_3为热分解型成孔剂，在阴极受热时，分散于催化剂团聚体中的大部分成孔剂受热迅速分解为NH_3、CO_2和水。这些分解产物的不断积累导致活性炭团聚体内部的压强逐渐增加，从而冲破团聚体形成新孔。这种过于疏松的孔隙结构会降低阴极的导电性[69]，进而增大电极的极化损失。因此，成孔剂的使用并非越多越好。

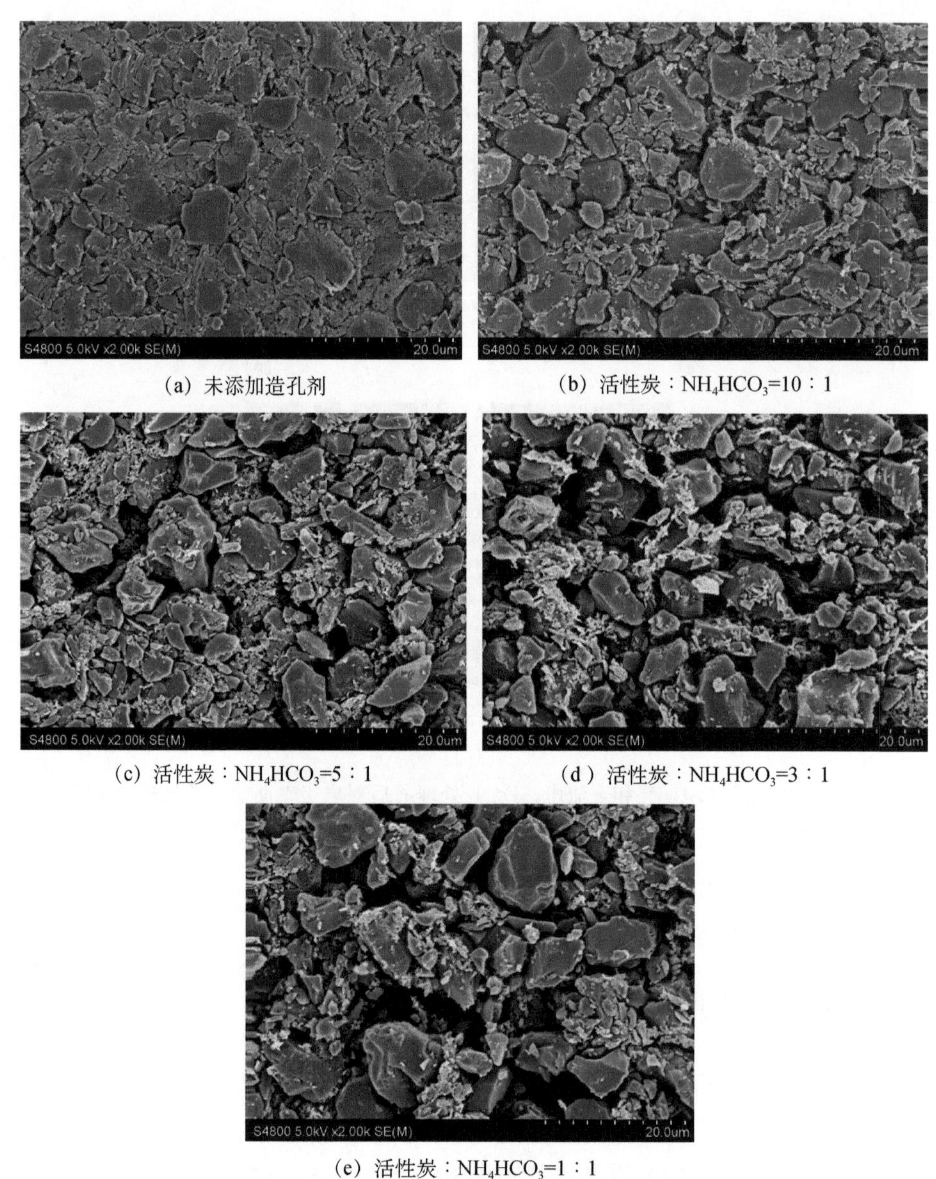

(a) 未添加造孔剂　(b) 活性炭：NH_4HCO_3=10：1

(c) 活性炭：NH_4HCO_3=5：1　(d) 活性炭：NH_4HCO_3=3：1

(e) 活性炭：NH_4HCO_3=1：1

图4-10　不同NH_4HCO_3含量的催化层形貌

4.6.2　催化层孔隙结构对阴极氧还原效能的影响

1）孔隙结构对阴极氧传质系数的影响

成孔剂的添加有效改变催化层的孔隙结构，从而影响电极的氧传质性能。通过监测溶解氧的变化计算得到的氧传质系数K_{O_2}[3]表明，电极的氧传质能力随着成孔剂比例的增加而增加。在10：1～1：1的掺杂比例下，K_{O_2}增加幅度为14.3%～200%。这表明，成孔剂可通过改变催化层孔隙率进而提高阴极氧传质性能。对于辊压阴极，提高电极的氧气传质性能可促进电极反应，提高MFC的电能输出。但较高的氧传质系数也会增加反应器中的溶解氧浓度，加速好氧菌对底物的消耗。同时也会破坏单室MFC阳极的厌氧环境，抑制菌电活性微生物的代谢活动。

2）孔隙结构对阴极电化学活性的影响

交换电流密度（j_0）可被用于评价电极催化反应动力的大小。与未掺杂的阴极j_0相比，掺杂比例为5∶1电极的j_0增加了2.4倍，表明该阴极的氧还原催化活性显著提高。当电极电位接近于平衡电位时，反应物质的浓度对电极反应的影响较小，而有效电化学活性面积对其影响较大。通过适量成孔剂的作用，催化层三相界面被有效拓展，从而促进阴极的反应速率[70]。此外，各阴极在−0.1V恒电位下的能奎斯特图谱显示，成孔剂显著改变了电极的电荷转移内阻（R_{ct}）。在最大及最小掺杂量下，由于孔隙发生“撕裂”或孔隙率较低的缘故，R_{ct}分别增加至182.7Ω 及125.5Ω。在最佳比例下（5∶1），电极R_{ct}仅为50.6Ω，与未掺杂阴极（89.5Ω）相比降低了43.4%，说明电极活化极化损失大大降低。

3）孔隙结构对阴极催化活性影响机制

孔径大小及孔隙率是影响阴极催化活性的两个主要因素，辊压活性炭阴极催化层孔径分布范围较广，对于特定孔径下孔体积的变化，主要是由于成孔剂掺杂量的变化所致。未掺杂成孔剂的催化层，最可几孔径为0.83μm。当掺杂比例为5∶1时，最可几孔径减小至0.68μm，该孔径下汞压入量是未添加成孔剂阴极的13.8倍。进一步增加掺杂比例至1∶1后，催化层最可几孔径则增加至1.05μm。进一步将阴极孔隙率按孔径大小分为0.003～0.8μm（小孔）、0.8～3μm（中孔）和3～370μm（大孔）三个范围以探讨不同成孔剂含量对阴极催化活性的影响机制，如表4-5所示。未掺杂成孔剂的电极，其催化层主要由中孔及大孔组成。而当成孔剂掺杂量为5∶1时，总孔隙率增加38%。更为显著的是，小孔孔隙率增加了28.4倍，并成为阴极孔径的主要分布区，总孔隙率及小孔孔隙率的增加均有助于提高电极的催化活性。孔隙率的增加意味着更多电化学活性界面的建立及良好的底物传质特性。孔径相互连通所形成的较大孔隙有利于底物的传输，而与较大孔隙连通的较小孔隙则为催化氧还原的主要位点。在以小孔结构为主的催化层中，电子通过三维碳架网络结构可较快传递到反应位点，而氧气及电解质通过大孔得以充分传输并到达催化位点，由此形成了三相界面，有效驱动氧还原反应的发生[71, 72]。相关研究表明，通过冷压法制备的活性炭阴极，当电极催化层中孔径为0.2～0.8μm的孔增多时，电极的催化活性也有所增加。同本研究结果一致，影响阴极氧还原催化效率的孔径主要为小于0.8μm的孔。

而对于3∶1及1∶1掺杂的阴极催化层，中孔和大孔的增加幅度较大，电极的传质特性明显提升。但掺杂后的电极基体非常松散，催化剂碳粉颗粒有脱落的趋势。较大的碳颗粒间距降低了阴极的电子传递能力，增加了电极的极化内阻[73]。同时，根据Young-Laplace方程[74]可知，氧还原反应生成的水更易在小孔中去除，而在大孔中积累从而导致催化层孔隙发生“水淹”。水淹后，电极的氧传质能力下降，催化位点因反应底物的缺乏而“失活”，阴极催化反应受阻。

表 4-5 催化层孔隙率及局部孔隙率分布

阴极	总孔隙率（%）	局部孔隙率（%）		
		0.003～0.8μm（小孔）	0.8～3μm（中孔）	3～400μm（大孔）
对照	8.18	0.24	4.52	3.42
10∶1	7.87	0.74	3.53	3.60
5∶1	11.28	6.81	1.93	2.54
3∶1	11.09	0.32	5.92	4.85
1∶1	12.40	0.39	7.66	4.34

注：对照、10∶1、5∶1、3∶1及1∶1分别表示不添加成孔剂、活性炭与成孔剂质量比分别为10∶1、5∶1、3∶1及1∶1的电极。

4.6.3 不同孔隙结构阴极MFC产电性能评价

经过孔隙结构优化后，在1000Ω外阻下的电池电压最大值达到534±13mV，略高于对照组503±19mV。但库仑效率及最大功率密度分别增加了34.8%及32.9%。由于所有MFC的阳极电位在随电流增加的过程中差别较小，所以阴极活性的提高导致了MFC产电性能的提升。在阴极极化过程中，掺杂比例为5∶1阴极的电极电位始终高于其他阴极。该电极通过有效掺杂增加了小孔数量以拓展反应界面进而获得较高的催化动力学，同时总孔隙率的增加提高了电极的传质能力，最终使得MFC的产电能力得以提升。

4.6.4 多孔电极稳定性能评价

在确定最佳掺杂比例后，连续运行MFC后发现经过成孔剂修饰的活性炭阴极具有比Pt/C阴极更加稳定的活性。在四个月的运行后，Pt/C阴极活性下降明显，最大电压已由第一个月时的551±8mV降至第四个月时的502±2mV，而活性炭阴极的最大电压则由498±13mV逐渐增加并稳定至531±9mV。此外，活性炭阴极MFC的最大功率密度由892±8mW/m^2降至777±65mW/m^2。而Pt/C阴极MFC则由1034±19mW/m^2降至671±22mW/m^2。再次表明Pt/C阴极的催化活性以更快的速率衰退，而活性炭阴极的活性更加稳定。综合考虑电极制备成本、电极催化活性及其稳定性，活性炭阴极是MFC阴极的最佳选择。

4.7 小结

本章介绍了空气阴极的结构组成及常用制备方法，通过优化及开发催化层中黏结剂的类型、催化剂负载量及制备条件在维持或提高催化活性的同时降低电极成本，探讨了一系列碳基及金属基集流层材质及其对空气阴极的影响，并介绍了集体层及扩散层的制备方法优化方法。通过对电极结构的优化改善了阴极的氧传质特性，提高了电极的催化活性。此外，重点开展了低成本、高活性的碳基催化剂的制备。通过制备高电容碳粉、氮掺杂活性炭及氮/微量铁共掺杂碳催化剂逐步提高其电化学活性。同时，开发了新型的辊压活性炭空气阴极，简化了原有的制备过程，优化了制备条件。考察了催化层的碳材料种类、孔隙结构、界面pH对电极活性的影响。基于长期运行后催化层表面的膜污染状况，提出半波交流电清除点击污染的低能耗策略。

参 考 文 献

[1] Logan B E，Regan J M. Microbial challenges and applications. Environmental Science & Technology，2006，40（17）：5172-5180.

[2] Fan Y Z，Hu H Q，Liu H. Enhanced Coulombic efficiency and power density of air-cathode microbial fuel cells with an improved cell configuration. Journal of Power Sources，2007，171（2）：348-354.

[3] Cheng S，Liu H，Logan B E. Increased performance of single-chamber microbial fuel cells using an improved cathode structure. Electrochemistry Communications，2006，8（3）：489-494.

[4] Dong H，Yu H B，Wang X，et al. A novel structure of scalable air-cathode without Nafion and Pt by rolling activated carbon and PTFE as catalyst layer in microbial fuel cells. Water Research，2012，46（17）：5777-5787.

[5] Dong H，Yu H B，Wang X. Catalysis kinetics and porous analysis of rolling activated carbon-PTFE air-cathode in microbial fuel cells. Environmental Science & Technology，2012，46（23）：13009-13015.

[6] Dong H，Yu H，Yu H B，et al. Enhanced performance of activated carbon-polytetrafluoroethylene air-cathode by avoidance of sintering on catalyst layer in microbial fuel cells. Journal of Power Sources，2013，232132-232138.

[7] Dong H，Yu H，Wang X. Catalysis kinetics and porous analysis of rolling activated carbon-PTFE air-cathode in microbial fuel cells. Environmental Science & Technology，2012，46（23）：13009-13015.

[8] Zhang F，Merrill M D，Tokash J C，et al. Mesh optimization for microbial fuel cell cathodes constructed around stainless steel mesh current collectors. Journal of Power Sources，2011，196（3）：1097-1102.

[9] Saito T，Merrill M D，Watson V J，et al. Investigation of ionic polymer cathode binders for microbial fuel cells. Electrochimica Acta，2010，55（9）：3398-3403.

[10] Gong X B，You S J，Wang X H，et al. Improved interfacial oxygen reduction by ethylenediamine tetraacetic acid in the cathode of microbial fuel cell. Biosensors & Bioelectronics，2014，58272-58275.

[11] Cheng S，Liu H，Logan B E. Power densities using different cathode catalysts（Pt and CoTMPP）and polymer binders（nafion and PTFE）in single chamber microbial fuel cells. Environmental Science & Technology，2006，40（1）：364-369.

[12] Wang X，Feng Y，Liu J，et al. Power generation using adjustable Nafion/PTFE mixed binders in air-cathode microbial fuel cells. Biosensors and Bioelectronics，2010，26（2）：946-948.

[13] Li D，Liu J，Wang H M，et al. Enhanced catalytic activity and inhibited biofouling of cathode in microbial fuel cells through controlling hydrophilic property. Journal of Power Sources，2016，332454-332460.

[14] Zhang F，Chen G，Hickner M A，et al. Novel anti-flooding poly（dimethylsiloxane）（PDMS）

catalyst binder for microbial fuel cell cathodes. Journal of Power Sources，2012，218100-218105.

[15] Chen Y，Lv Z，Xu J，et al. Stainless steel mesh coated with MnO_2/carbon nanotube and polymethylphenyl siloxane as low-cost and high-performance microbial fuel cell cathode materials. Journal of Power Sources，2012，201136-141.

[16] Kim J R，Cheng S，Oh S，et al. Power generation using different cation，anion，and ultrafiltration membranes in microbial fuel cells. Environmental Science & Technology，2007，41（3)：1004-1009.

[17] Fan Y，Hu H，Liu H. Enhanced Coulombic efficiency and power density of air-cathode microbial fuel cells with an improved cell configuration. Journal of Power Sources，2007，171（2)：348-354.

[18] Zhang X，Cheng S，Wang X，et al. Separator characteristics for increasing performance of microbial fuel cells. Environmental Science & Technology，2009，43（21)：8456-8461.

[19] Dong H，Yu H，Wang X，et al. A novel structure of scalable air-cathode without Nafion and Pt by rolling activated carbon and PTFE as catalyst layer in microbial fuel cells. Water Research，2012，46（17)：5777-5787.

[20] Wei B，Tokash J C，Chen G，et al. Development and evaluation of carbon and binder loading in low-cost activated carbon cathodes for air-cathode microbial fuel cells. Rsc Adv.，2012，2（33)：12751-12758.

[21] Cheng S，Wu J. Air-cathode preparation with activated carbon as catalyst，PTFE as binder and nickel foam as current collector for microbial fuel cells. Bioelectrochemistry，2013，92：22-26.

[22] Santoro C，Artyushkova K，Babanova S，et al. Parameters characterization and optimization of activated carbon（AC）cathodes for microbial fuel cell application. Bioresource technology，2014，16：354-363.

[23] Dong H，Yu H，Yu H，et al. Enhanced performance of activated carbon–polytetrafluoroethylene air-cathode by avoidance of sintering on catalyst layer in microbial fuel cells. Journal of Power Sources，2013，232：132-138.

[24] Luo Y，Zhang F，Wei B，et al. Power generation using carbon mesh cathodes with different diffusion layers in microbial fuel cells. Journal of Power Sources，2011，196（22)：9317-9321.

[25] Zuo Y，Cheng S，Call D，et al. Tubular membrane cathodes for scalable power generation in microbial fuel cells. Environmental Science & Technology，2007，41（9)：3347-3353.

[26] Zuo Y，Cheng S，Logan B E. Ion exchange membrane cathodes for scalable microbial fuel cells. Environmental Science & Technology，2008，42（18)：6967-6972.

[27] Li X，Wang X，Zhang Y，et al. Opening size optimization of metal matrix in rolling-pressed activated carbon air–cathode for microbial fuel cells. Applied Energy，2014，123：13-18.

[28] Zhang F，Cheng S，Pant D，et al. Power generation using an activated carbon and metal mesh cathode in a microbial fuel cell. Electrochemistry Communications，2009，11（11)：2177-2179.

[29] Liu J，Feng Y J，Wang X，et al. The effect of water proofing on the performance of nickel foam cathode in microbial fuel cells. Journal of Power Sources，2012，198：100-104.

[30] Liu J，Feng Y，Wang X，et al. The use of double-sided cloth without diffusion layers as air-cathode in microbial fuel cells. Journal of Power Sources，2011，196（20)：8409-8412.

[31] Zhang F，Saito T，Cheng S，et al. Microbial fuel cell cathodes with poly (dimethylsiloxane) diffusion layers constructed around stainless steel mesh current collectors. Environmental Science & Technology，2010，

44（4）：1490-1495.

[32] Li X J，Wang X，Zhang Y Y，et al. Opening size optimization of metal matrix in rolling-pressed activated carbon air-cathode for microbial fuel cells. Applied Energy，2014，123：13-18.

[33] Kannan A M，Veedu V P，Munukutla L，et al. Nanostructured gas diffusion and catalyst layers for proton exchange membrane fuel cells. Electrochemical and Solid State Letters，2007，10（3），260-263.

[34] Luo Y，Zhang F，Wei B，et al. The use of cloth fabric diffusion layers for scalable microbial fuel cells. Biochemical engineering journal，2013，73：49-52.

[35] Tugtas A E，Cavdar P，Calli B. Continuous flow membrane-less air cathode microbial fuel cell with spunbonded olefin diffusion layer. Bioresource Technology，2011，102（22）：10425-10430.

[36] Zhang F，Pant D，Logan B E. Long-term performance of activated carbon air cathodes with different diffusion layer porosities in microbial fuel cells. Biosensors and Bioelectronics，2011，30（1）：49-55.

[37] Shi X，Huang T. Effect of pore-size distribution in cathodic gas diffusion layers on the electricity generation of microbial fuel cells（MFCs）. RSC Advances，2015，5（124）：102555-102559.

[38] Sukkasem C，Xua S T，Park S，et al. Effect of nitrate on the performance of single chamber air cathode microbial fuel cells. Water Research，2008，42（19）：4743-4750.

[39] Gong K，Du F，Xia Z，et al. Nitrogen-doped carbon nanotube arrays with high electrocatalytic activity for oxygen reduction. Science，2009，323（5915）：760-764.

[40] Shi X，Feng Y，Wang X，et al. Application of nitrogen-doped carbon powders as low-cost and durable cathodic catalyst to air-cathode microbial fuel cells. Bioresource Technology，2012，108：89-93.

[41] Feng L Y，Yan Y Y，Chen Y G，et al. Nitrogen-doped carbon nanotubes as efficient and durable metal-free cathodic catalysts for oxygen reduction in microbial fuel cells. Energy & Environmental Science，2011，4（5）：1892-1899.

[42] Wang Q Y，Zhang X Y，Lv R T，et al. Binder-free nitrogen-doped graphene catalyst aircathodes for microbial fuel cells. Journal of Materials Chemistry A，2016，4（32）：12387-12391.

[43] Wang H M，Li D，Liu J，et al. Microwave-assisted synthesis of nitrogen-doped activated carbon as an oxygen reduction catalyst in microbial fuel cells. Rsc Advances，2016，6（93）：90410-90416.

[44] Li D，Liu J，Wang H M，et al. Effect of long-term operation on stability and electrochemical response under water pressure for activated carbon cathodes in microbial fuel cells. Chemical Engineering Journal，2016，299：314-319.

[45] Zhang G D，Wang K，Zhao Q L，et al. Effect of cathode types on long-term performance and anode bacterial communities in microbial fuel cells. Bioresource Technology，2012，118：249-256.

[46] Kiely P D，Rader G，Regan J M，et al. Long-term cathode performance and the microbial communities that develop in microbial fuel cells fed different fermentation endproducts. Bioresource Technology，2011，102（1）：361-366.

[47] Chung K，Fujiki I，Okabe S. Effect of formation of biofilms and chemical scale on the cathode electrode on the performance of a continuous two-chamber microbial fuel cell. Bioresource Technology，2011，102（1）：355-360.

[48] Zhang X Y，Pant D，Zhang F，et al. Long-term performance of chemically and physically modified

activated carbons in air cathodes of microbial fuel cells. Chemelectrochem，2014，1（11）：1859-1866.

[49] Li D，Liu J，Qu Y P，et al. Analysis of the effect of biofouling distribution on electricity output in microbial fuel cells. Rsc Advances，2016，6（33）：27494-27500.

[50] Wang L，Ambrosi A，Pumera M. “Metal-free” catalytic oxygen reduction reaction on heteroatom-doped graphene is caused by trace metal impurities. Angewandte Chemie，2013，52（51）：13818-13821.

[51] Shi X，Zhang J，Huang T. High power output microbial fuel cell using nitrogen and iron co-doped carbon nanospheres as oxygen-reduction catalyst. Energy Technology，2017，5（9）：1712-1719.

[52] Hu Y，Jensen J O，Zhang W，et al. Hollow spheres of iron carbide nanoparticles encased in graphitic layers as oxygen reduction catalysts. Angewandte Chemie International Edition，2014，53（14）：3675-3679.

[53] Dong H，Yu H，Yu H，et al. Enhanced performance of activated carbon-polytetrafluoroethylene air-cathode by avoidance of sintering on catalyst layer in microbial fuelcells. Journal of Power Sources，2013，232（12）：132-138.

[54] He W，Liu J，Li D，et al. The electrochemical behavior of three air cathodes for microbial electrochemical system（MES）under meter scale water pressure. Journal of Power Sources，2014，267（3）：219-226.

[55] Zhang Y，Wang X，Li X，et al. A novel and high performance activated carbon air-cathode with decreased volume density and catalyst layer invasion for microbial fuel cells. RSC Advances，2014，4（80）：42577-42580.

[56] Wang X，Gao N，Zhou Q，et al. Acidic and alkaline pretreatments of activated carbon and their effects on the performance of air-cathodes in microbial fuel cells. Bioresource Technology，2013，144（3）：632-636.

[57] Yuan Y，Zhou S G，Tang J H. In Situ Investigation of Cathode and Local Biofilm Microenvironments Reveals Important Roles of OH-and Oxygen Transport in Microbial Fuel Cells. Environmental Science & Technology，2013，47（9）：4911-4917.

[58] Wang X，Feng C，Ding N，et al. Accelerated OH-transport in activated carbon air cathode by modification of quaternary ammonium for microbial fuel cells. Environmental Science & Technology，2014，48（7）：4191-4198.

[59] Yang W，Logan B E. Immobilization of a metal-nitrogen-carbon catalyst on activated carbon with enhanced cathode performance in microbial fuel cells. Chemsuschem，2016，9（16）：2226-2232.

[60] Zhang X，Pant D，Zhang F，et al. Long-term performance of chemically and physically modified activated carbons in air cathodes of microbial fuel cells. Chemelectrochem，2014，1（11）：1859-1866.

[61] An J，Li N，Wan L，et al. Electric field induced salt precipitation into activated carbon air-cathode causes power decay in microbial fuel cells. Water Research，2017，123：369-377.

[62] Cheng K Y，Ho G，Cordruwisch R. Novel methanogenic rotatable bioelectrochemical system operated with polarity inversion. Environmental Science & Technology，2010，45（2）：796-802.

[63] Zhou L A，Liao C M，Li T，et al. Regeneration of activated carbon air-cathodes by half-wave rectified alternating fields in microbial fuel cells. Applied Energy，2018，219：199-206.

[64] Lepage G，Albernaz F O，Perrier G，et al. Characterization of a microbial fuel cell with reticulated

carbon foam electrodes. Bioresource Technology，2012，124：199-207.

[65] Shi X X，Feng Y J，Wang X，et al. Application of nitrogen-doped carbon powders as low-cost and durable cathodic catalyst to air-cathode microbial fuel cells. Bioresource Technology，2012，108：89-93.

[66] Zhang F，Cheng S A，Pant D，et al. Power generation using an activated carbon and metal mesh cathode in a microbial fuel cell. Electrochemistry Communications，2009，11（11）：2177-2179.

[67] Wei B，Tokash J C，Chen G，et al. Development and evaluation of carbon and binder loading in low-cost activated carbon cathodes for air-cathode microbial fuel cells. Rsc Advances，2012，2（33）：12751-12758.

[68] Zhang X Y，Xia X，Ivanov I，et al. Enhanced activated carbon cathode performance for microbial fuel cell by blending carbon black. Environmental Science & Technology，2014，48（3）：2075-2081.

[69] Reshetenko T V，Kim H T，Kweon H J. Cathode structure optimization for air-breathing DMFC by application of pore-forming agents. Journal of Power Sources，2007，171（2）：433-440.

[70] Liu P，Yin G P，Shao Y Y. High electrochemical activity of Pt/C cathode modified with NH4HCO3 for direct methanol fuel cell. Journal of Solid State Electrochemistry，2010，14（4）：633-636.

[71] Nie L，Liu J，Zhang Y，et al. Effects of pore formers on microstructure and performance of cathode membranes for solid oxide fuel cells. Journal of Power Sources，2011，196（23）：9975-9979.

[72] Pant D，Van Bogaert G，De Smet M，et al. Use of novel permeable membrane and air cathodes in acetate microbial fuel cells. Electrochimica Acta，2010，55（26）：7710-7716.

[73] Li J，Zhang N Q，Ni D，et al. Preparation of honeycomb porous solid oxide fuel cell cathodes by breath figures method. international journal of hydrogen energy，2011，36（13）：7641-7648.

[74] Chun J H，Park K T，Jo D H，et al. Determination of the pore size distribution of micro porous layer in PEMFC using pore forming agents under various drying conditions. international journal of hydrogen energy，2010，35（20）：11148-11153.

第5章 生物阴极MES与效能分析

使用氧还原阴极，尤其是辊压阴极作为MES反应器构建时，虽然在制备和长期运行过程中表现出一定的优势，但是在实际制备过程中仍然存在诸多问题，例如：扩散层的延展性和机械强度较差，难以以较大尺寸辊压在不锈钢网上，导致实际的阴极尺寸受限等。此外，实际废水中含有很多有毒物质，系统在处理有机废水时，阴极表面和内部的生物膜易于生长，阻碍了氧气向三相催化位点的扩散，导致阴极催化位点效能下降，MFC产电能力降低。在实际运行环境下，阴极机械强度也会随着水压和水流速度的冲击变得不稳定，导致其机械结构损伤，最终导致系统的崩溃。因此，寻找空气阴极的替代者实现阴极和系统在实际工况下长期稳定的运行十分必要[1]。

生物阴极具有成本低、寿命长和性能可持续的特点，其载体的制备更符合工业化的需求，是空气阴极的重要的功能补充[2]。本团队在生物阴极的研究中，针对有机废水处理，构建了浸没式生物阴极模块，研究了阴极支撑材料表面特性对阴极室氧气利用效率的影响。在沉积物系统构建与效能研究中，本团队构建的强化型生物阴极也具有稳定、寿命长的重要特点。研究表明，使用生活污水作为生物阴极MES的唯一底物，通过调节系统的气水比优化生物阴极在实际废水处理过程中的运行策略，实现系统的低能耗、高效率运行。

5.1 生物阴极研究进展

5.1.1 生物阴极的概念

所谓生物阴极，其本质是阴极微生物通过自身的代谢作用，利用从阳极传递来的电子和质子，与最终的电子受体相结合，完成最终的反应并获得能量，实现自身的生长和繁殖的过程[3]。与化学阴极相比，生物阴极具有载体成本低廉、服务寿命长和催化性能可持续的特点，目前被越来越多的应用在微生物电化学体系中。除此之外，生物阴极依赖于微生物的代谢过程完成阴极的反应，因此具备化学阴极所没有的功能。例如，在阴极催化无机物的还原实现污染物的去除或转化。同时，生物阴极也是研究电化学活性微生物的良好平台，在微生物生态、细胞内电子传递机制以及微生物种群间的电子传递路径研究等方面扮演重要角色（图5-1）。

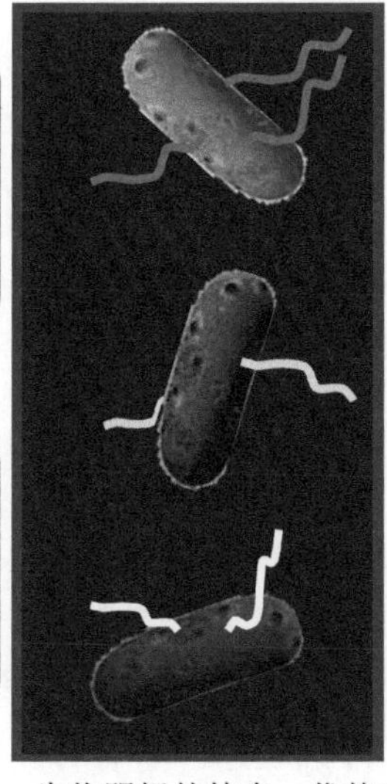

图5-1 生物阴极的特点、优势和功能

5.1.2 生物阴极MES研究进展

早在1966年，Lewis[4]在一篇综述中就提到了生物阴极（bio-cathode）的概念，并对生物阴极的原理和可能的作用方式提出了两点建议：其一是利用藻类的光合作用，目的是向阴极提供氧气，但这种方法的弊端是对光源的依赖；其二是利用微生物的代谢作用，如*M. denitrificans*还原硝酸盐为氮气的过程，而当时对这一点是否可行作者并不确定。随后的几十年中生物阴极的研究进展不大。近年来，一些科学家在研究过程中发现阴极生物膜具有一定的氧化还原能力。例如：利用海洋污泥的海水沉积物燃料电池是比较早的MFC类型之一，这种类型的MFC研发的主要目的在于为海上监测设备提供主电源或辅助电源。由于处于实地的海洋环境，其阴极的微生物多样性十分显著。正是由于阴极的特殊功能，在其表面附着的生物膜能很好的适应阴极的电化学环境，并参与到MFC的阴极反应中去。因此，最初的微生物参与阴极反应的实例就是从这样的沉积物MFC中被发现的。在1997年，Hasvold发现沉积物MFC的阴极表面附着了一层生物膜，且可以提高氧气还原速率，具有十分良好的催化作用[5]。但此时，生物阴极的概念并未被大众熟悉。

2005年，Bergel等[6]发现在质子交换膜燃料电池的不锈钢阴极上长有生物膜，此时产生的最大功率密度270mW/m^2，而清除生物膜后最大功率密度下降到2.8mW/m^2。从此，人们纠正了阴极生物膜必然导致阴极催化剂性能下降的认识，开始研究生物阴极的作用机理和微生物群落，开拓生物阴极的适用领域，不断开发出新型的生物阴极微生物燃料电池系统。2008年，Rabaey发现了MFC阴极在接种微生物后的产电效率比接种前提高了2倍多，从15±1mW/m^{2}提高至49±25mW/m^2，这样的结果就直接表明了微生物在阴极可以起到催化氧还原的反应。他们还分离出多株具有氧气还原能力的菌株，包括鞘氨醇杆菌

(*Sphingobacterium*)、不动杆菌（*Acinetobacter*）和假单胞杆菌（*Acidovorax*），这也是生物阴极研究史上是首次分离的无机营养菌[7]。

随后的研究也逐渐将生物阴极作为关注点，各种类型的生物阴极的MFC反应器不断问世，对生物阴极在产电以及污水净化效果等方面进行了评估，在此基础上分析了影响生物阴极在MFC产电和污水处理效能上的影响因素。并由此衍生了功能化的生物阴极用于包括硝酸盐、染料、抗生素或者重金属等特定污染物的降解或去除。生物阴极同时作为研究微生物种内和种间电子传递机制的平台得到广泛的关注。

5.2 生物阴极类型

对于生物阴极的分类，一般的分类方法习惯按照是否使用氧气作为最终的电子受体，将生物阴极分为好氧生物阴极和厌氧生物阴极两大类[3, 8, 9]，这种分类方法较简单，但对于生物阴极的功能特性却没有直接、准确表达。随着对生物阴极的研究不断深入，生物阴极的功能性逐渐被强化，因此本文提出按照不同电子受体类型、结合生物阴极的功能对生物阴极进行分类，将生物阴极分为氧还原生物阴极、无机盐呼吸型生物阴极、重金属还原型生物阴极和生物合成型生物阴极四类。

氧还原生物阴极是指利用氧气作为最终电子受体的生物阴极；无机盐呼吸型生物阴极是指以硝酸盐、碳酸盐以及高氯酸盐等作为最终电子受体的生物阴极；重金属还原型生物阴极是指利用微生物的代谢作用将高价态的重金属还原成低价态的重金属的生物阴极；生物合成型生物阴极是指微生物在代谢底物的过程中，能产生有用的代谢副产物的生物阴极。

5.2.1 氧还原生物阴极

微生物燃料电池阴极氧还原的前期研究多是使用贵金属催化剂或者碳基氧还原催化剂来实现氧气的还原的，一旦催化剂出现失活现象，化学阴极的反应速率将大大下降，从而严重的影响反应的顺利进行，进而影响系统中能量的输出。最近，研究人员发现生物阴极可以替代化学阴极完成氧气的还原并产生能量，从而拓宽了MES生物阴极的研究范围。生物阴极因其不需化学催化剂即可实现氧气的还原，从而降低了工程应用成本，避免了因催化剂中毒等因素导致的性能下降，为MES技术的工程化应用提供了良好的技术支持[10]。

1）直接氧还原生物阴极

Bergel等[6]在研究海水生物膜时发现，在覆盖有海水生物膜的不锈钢阴极上，生物膜能有效的实现氧气的还原，提高电池性能，最大的功率密度达到0.32W/m^2。当去除阴极上的生物膜后，功率密度由270mW/m^{2}降低到2.8mW/m^2，证明了生物膜对氧气的还原具有催化作用。Clauwaert等[11]利用微生物的催化作用实现了氧还原空气生物阴极MFC的构建，采用连续流方式运行，获得了65±5W/m^{3}的最大功率密度，COD去除率为1.5kg/（m^3·d），库仑效率为90%±3%。Reimers等[12]分析了海洋沉积物生物阴极的微生物群落结构，发现*Pseudomonas flourescenslike*、*Janthinobacterium lividum*和*Aeromonas encheleia*分别占总克隆数的49%、27%和7%。

2010年，Erable等[13]将两个不锈钢电极浸入海水中组成了沉积物微生物燃料电池，在200mV偏压下富集适应海水高盐低营养物质环境的活性微生物，随着两极间电流的增大，标志着阴极生物膜的成功负载。通过对阴极生物膜的菌群分析，分离出了30多株菌株，大部分菌株没有氧还原活性，只有*Winogradskyella Poriferorum*和*Acinetobacter Johsonii*分别贡献了电池电流密度的7%和3%。Yan等[14]在铂碳空气阴极上富集一层硝化菌（*Nitrosomonas europaea*）生物膜，在单室空气阴极微生物燃料电池中实现了同步的硝化和反硝化，出水中氨氮去除率高达96.8%，硝酸盐氮低于检出限，与对照组相比（阴极为没有生物膜的铂碳空气阴极），电池的最大功率密度由750mW/m^{2}提高到945mW/m^2。Xia等[15]研究了长期的阴极恒电位［200、60、−100mV（vs. SCE)］对氧气还原生物阴极的影响，发现生物量的差异较小，而通过CV和极化曲线表现出的电化学活性差异较大，60mV是保持阴极活性的最佳电位，同时阴极恒电位对微生物群落有一定影响，在60mV和−100mV下，*Bacteroidetes bacterium*所占比例分别为75%和80%。Okabe等[16]在运行500多天的双室MFC反应器的阴极生物膜中分离出了*Xanthomonadaceae bacterium*和*Xanthomonas* sp.，它们同属于γ-Proteobacteria。Bergel等[6]从以乙酸钠为底物的阴极生物膜上分离出了肠杆菌属（*Enterobacter*）和假单胞菌属（*Pseudomonas*），循环伏安测试（CV）结果表明这些菌株可以催化氧气的还原反应，推断它们可能在金属的生物腐蚀或生物阴极中起到关键作用。Parot等[17]从海水中分离到1株嗜盐菌属（*Halomonas aquamarina*）和六株玫瑰杆菌属（*Roseobacter*），通过CV分析证实其氧化还原活性，而*Roseobacter*因其多样的代谢途径被认为可能在阴极催化反应中起到主导作用。Rabaey等[7]在敞开式的阴极生物膜分离出多株具有氧气还原能力的菌株，包括鞘氨醇杆菌（*Sphingobacterium*）、不动杆菌（*Acinetobacter*）和假单胞杆菌（*Acidovorax*），其中*Sphingobacterium*和*Acinetobacter*在H_2和O_2混合气体条件下培养成功，是首次从生物阴极生物膜中分离的无机营养菌。此外，文献报道了很多好氧或兼性微生物具有氧气还原能力，包括*Pseudomonas aeruginosa*、*Pseudomonas fluorescens*、*Brevundimonas diminuta*、*Burkholderia cepacia*、*Branhamella catarrhalis*、*Enterobacter cloacae*、*Escherichia coli*、*Shigella flexneri*、*Acinetobacter* sp.、*Kingella kingae*、*Kingella denitrificans*、*Micrococcus luteus*、*Bacillus subtilis*、*Staphylococcus carnosus*、*Staphylococcus aureus*、*Staphylococcus epidermidis*、*Enterococcus faecalis*、*Enterococcus hirae*、*Lactobacillus farciminis*、*Streptococcus mutans*等[18-20]。大部分阴极活性菌属于革兰氏阴性菌，革兰氏阳性菌有较厚的细胞壁，在电子传递中存在较大的阻力。随着研究的深入，还会有更多的具有氧气还原能力的微生物陆续进入人们的视野。

2）间接氧还原生物阴极

间接利用氧气的生物阴极是利用阴极微生物的氧化作用，通过电子中介体的氧化还原和再生，实现阴极的电子传递，从而实现能量的产生。

（1）以锰为中介体的氧还原生物阴极

锰也是常见的过渡金属，Mn^{4+}还原为Mn^{2+}的电位为+0.60V（相对于NHE），比Fe^{3+}/Fe^{2+}的电位略低。锰也可以作为生物阴极材料，Rhoads等[21]在MFC阴极上沉积上一层MnO_2，MnO_2接受从阳极传来的电子，还原为MnOOH，MnOOH接受电子后转变成Mn^{2+}，Mn^{2+}在锰氧化菌的作用下将Mn^{2+}转变为MnO_2，从而实现了MnO_2的再生（图5-2）。具体反应过程如式（5-1）、式（5-2）、式（5-3）所示：

$$MnO_{2(S)} + H^+ + e^- \rightarrow MnOOH_{(S)} \tag{5-1}$$

$$MnOOH_{(S)} + 3H^+ + e^- \rightarrow Mn^{2+} + 2H_2O \tag{5-2}$$

总反应方程式如式（5-3）所示：

$$MnO_{2(S)} + 4H^+ + 2e^- \rightarrow Mn^{2+} + 2H_2O \tag{5-3}$$

随后，Shantaram等[22]利用锰生物阴极组成的MFC电池为无线电传感器供电，从而进一步开拓了锰生物阴极MFC的应用前景（图5-2）。

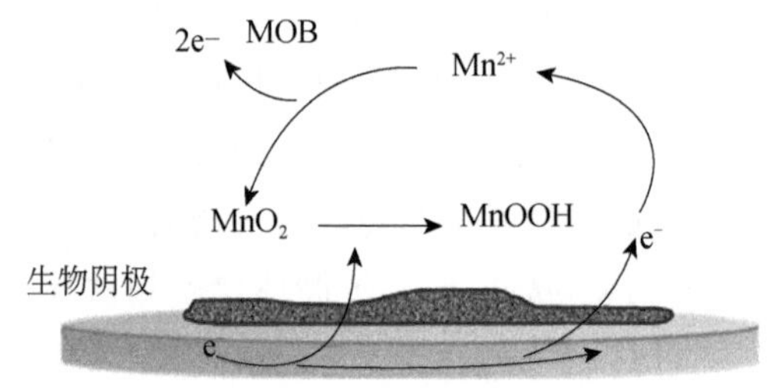

图5-2 锰作为电子受体的生物阴极原理[22]

铁、锰元素是地壳中含量丰富的铁族元素，二者都具有多种价态，在铁锰氧化菌的作用下可以在不同价态间迁移转化，铁、锰氧化菌也成为生物阴极中常见的以氧气为间接电子受体的活性菌。锰氧化菌生物阴极的作用过程伴随着MnO_2的阴极还原与Mn^{2+}的生物氧化[23-25]。Rhoads等首次成功的将铁锰氧化菌（*Leptothrix discophora* SP-6）应用在生物阴极上，他们将MnO_2沉积在石墨阴极上，高价态的MnO_2首先从阴极得到一个电子生成MnOOH，之后再获得一个电子生成Mn^{2+}，而附着在阴极表面的锰氧化菌在有氧条件下将Mn^{2+}氧化为MnO_2重新沉积在电极表面，实现了Mn^{2+}到Mn^{4+}的原位循环转化。这种以MnO_2为电子受体的阴极反应获得的最大功率密度为126.7mW/m^2，电流密度是以氧气为直接电子受体的2倍[26]（图5-3）。Nguyen等研究了一些关键参数，如阴极曝气速率、阴极的粗糙度、阴极的聚赖氨酸（PLL）涂层对*Leptothrix discophora*SP-6阴极性能的影响，为生物阴极的实际应用提供了工艺上的参考[27]。Mao等通过扫描电子显微镜与能谱分析（SEM-EDS）对运行长达10个月的铁锰氧化菌阴极表面进行元素分析，发现电极表面镶嵌着大量的铁、锰元素，说明在铁锰氧化菌的作用下，铁锰氧化物可以作为持续高效的电子受体[28]。2005年，Shantaram等将锰氧化菌生物阴极MFC用于驱动无线传感器，他们以镁铝合金作为牺牲性阳极，在自然水体（pH=7.2）的条件下，阳极电位Mg^{2+}/Mg的理论电位为–2.105V，阴极MnO_4/Mn^{2+}的理论电位为+0.360V，系统获得的最大实际电压为2.1V，通过直流电源转换器对电压的放大作用，该电池的输出电压达到了3.3V，满足传感器对电源的要求[29]。

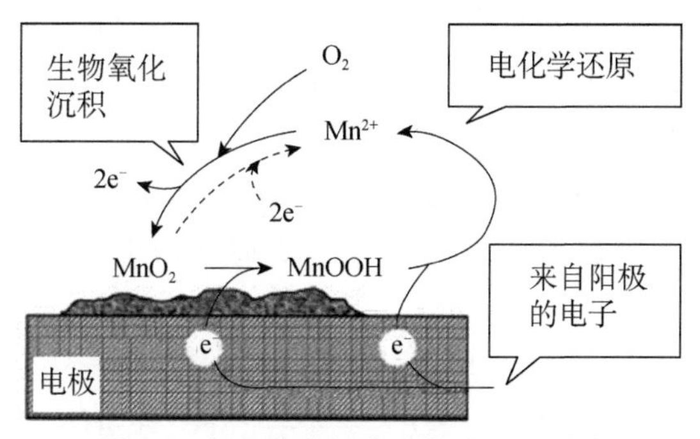

图5-3 锰氧化菌的电子传递示意图[26]

（2）以铁为中介体的氧还原生物阴极

铁是地球上分布最广的金属之一，约占地壳质量的5.1%，含量是锰元素的5～10倍，是一种重要的过渡元素。Fe^{3+}还原为Fe^{2+}的电位为+0.77V（相对于NHE），具有较强的还原能力，阴极Fe^{3+}/Fe^{2+}的氧化还原反应更容易进行。在生物阴极的电极上，Fe^{3+}从电极上获得电子，从而还原为Fe^{2+}，即：$Fe^{3+}+e^- \rightarrow Fe^{2+}$，$Fe^{2+}$经铁氧化细菌的氧化作用，重新生成$Fe^{3+}$，即$Fe^{2+} \xrightarrow[O_2]{\text{铁氧化菌}} Fe^{3+}$，从而完成了铁的循环。表5-1列出了以铁为电子受体生物阴极的产电性能。从表中可以看出，通过接种不同的生物阴极微生物，可以提高生物阴极的输出功率，从而获得更多的能量。

表5-1 以铁为电子受体的生物阴极产电性能

反应器类型	电子供体	电子受体	功率密度（W/m^2）	电流密度（A/m^2）	阴极微生物	参考文献
双室MFC	乙酸钠	Fe^{3+}	0.86	4.5	*A.ferrooxidans*	[30]
双室MFC	乙酸钠	Fe^{3+}	1.2	4.4	*A.ferrooxidans*	[31]
双室MFC	乙酸钠	Fe^{3+}/Mn	32		Ferro/manganese-oxidizing bacteria	[32]

Lopez-Lopez等首次尝试将铁氧化菌用于阴极Fe^{3+}/Fe^{2+}的循环转化，在双室电化学燃料电池中，阳极反应为甲醇的化学氧化，阴极反应为Fe^{3+}的还原如式（5-4），在电池外部设置Fe^{3+}氧化池，接种到氧化池的*Thiobacillus ferrooxidans*在有氧条件下将Fe^{2+}再次氧化为Fe^{3+}如式（5-5），该生物氧化系统连续运转时间长达15天，与传统的完全电化学阴极相比节省能耗35%[33]。2006年，Ter Heijne等将铁氧化菌（*Acidithiobacillus ferrooxidans*）接种到微生物燃料电池的阴极室，随着反应的进行，阴极室的pH值不断升高，当pH值高于2.5时Fe^{3+}开始出现沉积，作者用双极膜代替阴阳离子交换膜作为阴阳极室的分隔材料，成功的保证了阴极室较低的pH值，该系统获得了$0.86W/m^2$的最大功率密度和高达80%～95%的库仑效率。之后该研究小组研究了阴极室电解质浓度和Fe^{3+}浓度对系统产电性能的影响，发现即使在较低的Fe^{3+}浓度下系统仍能保持较高的功率输出[34]。Mao等[28]搭建了间歇模式和

连续流模式运行反应器，分别获得了32W/m^{3}和28W/m^{3}的最大功率密度，利用SEM-EDS对运行前后的生物阴极载体材料进行分析，发现运行前不存在的铁锰元素经铁锰氧化菌的作用逐渐镶嵌在活性炭颗粒表面，这种情况在运行反应器10个月之后依然存在，证实铁锰氧化物可以作为稳定高效的电子受体。以上研究认为，Fe^{3+}是阴极电子的唯一直接受体，而微生物的角色是Fe^{3+}/Fe^{2+}之间的转化，而不直接参与阴极电子的消耗，但随后的研究对这一点提出了质疑，Carbajosa等[35]报道了铁氧化菌（*Acidithiobacillus ferrooxidans*）利用阴极电子为唯一能量来源进行生长并保持电化学活性，然而微生物对电子利用的机制和方式仍需要进一步研究。

$$8Fe^{3+} + 8e \xrightarrow{\text{化学氧化}} 8Fe^{2+} \tag{5-4}$$

$$8Fe^{2+} + 8H^{+} + 2O_2 \xrightarrow{\text{生物氧化}} 8Fe^{3+} + 4H_2O \tag{5-5}$$

5.2.2 无机盐呼吸型生物阴极

随着生物阴极的不断发展，研究者发现可以应用废水中的污染物替代氧气作为电子受体。废水中的污染物如硝酸盐、高氯酸盐等具有较高的氧化还原电位，适合作为MFC的阴极电子受体；同时，这些污染物的去除需要被还原，而MFC能为污染物的去除提供电子。因此，以污染物去除为目的的生物阴极研究具有广阔的应用前景。

不同无机盐参与阴极反应的活性和电势是不同的，如图5-4所示，硝酸盐、铁、锰为电子受体的反应活性较高，电势也与氧气为电子受体时相当，是较为理想的阴极电子受体，而硫酸盐、二氧化碳为电子受体的电位较低，这样就会导致电池产电能力的急剧下降。

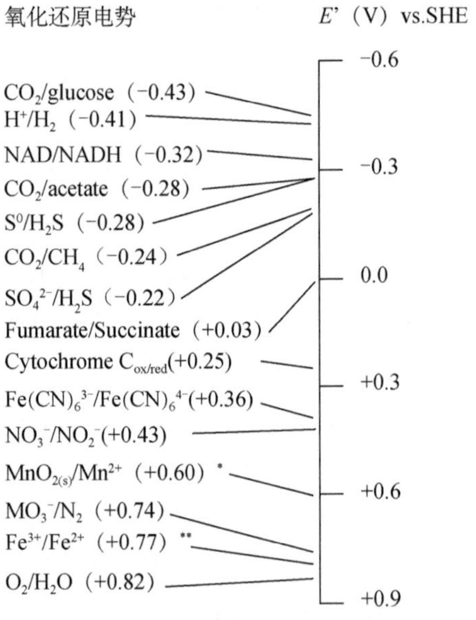

图5-4　pH为7时阴极反应的氧化还原电势[36]

*为pH 7.2；**为pH2.0

1）硝酸盐呼吸生物阴极

过量的NO_3^--N 排入水体中将导致水体富营养化，同时NO_3^--N 以及NO_3^--N 的还原产物NO_2^--N 还会影响水生生物甚至人类的健康，严重危害收纳水体的生态安全。因此，废水处理过程中NO_3^--N 的去除受到了人们的广泛关注。Gregory 等[37]使用纯培养和混合培养的 *Geobacter metallireducens* 在完全厌氧的系统中利用生物阴极实现了原位的硝酸盐生物修复。Clauwaert 等[38]使用双室 MFC 反应器，阳极以乙酸钠作为底物，阴极添加KNO_3和碳源，实现了 0.146kg/（m^3 • d）（净阴极室体积）的NO_3^--N 去除效率。最大的功率密度为 4W/m^3（阴极室体积），电池电压为0.214V，电流密度为35A/m^3。阴极反硝化生物的性能限制了脱氮速率和能量输出的进一步提高。当阴极电位低于0V（相对SHE）时，阴极反硝化活性受到抑制。Park 等[39]利用电极上的生物膜实现了高浓度的硝酸盐去除，在200mA 的电流下获得了98%的硝酸盐去除率。Lefebvre 等[40]利用常规的带有PEM 隔膜的双室MFC，构建了有机物去除和反硝化的生物阴极反应器。该反应器以实际废水并添加乙酸钠为阳极底物，阴极室接种自养反硝化细菌，获得了 0.19W/m^3的功率密度（阳极室体积），COD 去除率为65%，总氮的去除率为84%。

澳大利亚昆士兰大学课题组的 Virdis 等[41]利用带有阳离子交换膜的双室MFC，构建了同步碳、氮去除的生物阴极，实现了阳极碳的去除和阴极氮的去除。此反应器获得了 2kg COD/（m^3 • d）（净阴极室体积）的COD 去除率和0.41kg COD/（m^3 • d）（净阴极室体积）的NO_3^--N 去除率，最大功率密度为 34.6±1.1W/m^3，最大电流密度为 133.3±1.0A/m^3。在随后的研究中，Virdis 等[42]改进了上述装置，通过控制不同的溶解氧浓度来控制反硝化进程，从而在阴极室内实现了同步的硝化、反硝化。阳极采用含乙酸钠和氨氮的废水作为底物，在阴极室内考察氧气浓度、C/N 比以及反应器的性能。阴极出水中硝酸盐和铵盐的浓度低于 1.0±0.5mgN/L 和 2.13±0.05mgN/L，氮的去除率达到 94.1%±0.9%。随后，Virdis 等[43]采用 TOGA 分析系统，确定和量化了 MFC 系统中阳极醋酸盐和阴极硝酸盐去除的电子损失，并对阴极反硝化过程的运行特性展开了系统研究。试验结果表明，阳极CH_4的产生和阴极N_2O的形成是库仑效率降低的主要原因。Xie 等[44]采用好氧生物阴极 MFC 联合厌氧生物阴极MFC 的方法，实现了废水中碳氮的同步去除，COD 主要在阳极室去除，氨氮经好氧生物阴极转化为硝酸盐，后经厌氧生物阴极将其去除。最大体积功率密度为 14.0W/m^3，最大的NH_4^+-N，TN 和 COD 去除率分别为97.4%，97.3%和98.8%。

脱氮技术一直是MFC 领域的研究热点之一，在MFC 领域应用反硝化去除NO_3^--N 的研究日渐成熟，随着技术的不断完善，MFC 脱氮技术应用于实际的废水处理将指日可待。

目前对以硝酸盐作为电子受体的研究较多。以硝酸盐为电子受体参与电极反应，最初是在电极–生物膜反应器（biofilm-electrode reactor，BER）中提出和应用的，基本原理是向阴极施加一定的电场或电流，使自养反硝化菌直接利用阴极电解产生的氢气或电子为能源将硝酸盐还原为氮气，这样就使微生物的反硝化反应摆脱了对外加碳源的依赖，可以在无碳源或低碳源的情况下进行。近几年，人们将这一理念应用于微生物燃料电池中，从而实现了同步的产电与脱氮效能[39]。2004年，Lovley课题[45]组将海洋和盐沼沉积物中发现了具有电化学活性的阴极微生物γ-Proteobacteria的甲基营养菌*Methylobacter luteus*和α-Proteobacteria的玫瑰杆菌属*Roseobacter denitrificans*，这些微生物在自然界中参与氮素的转化循环，如氨的氧化和硝酸盐的反硝化，很可能参与了阴极表面的氮素的氧化与还原。Gregory等[37]将河流底泥微生物接种到反应器内，将石墨电极设置–500mV恒电位作为唯一电子供体，发现电极上富集的微生物使硝酸盐被还原为亚硝酸盐，而电极反应过程中硝酸盐的消耗和亚硝酸盐的积累量与以电极电子消耗量之间存在着化学计量关系。通过16 rRNA分析可知，阴极微生物大多属于拟杆菌属，并证实纯菌*Geobacter metallireducens*直接利用阴极电子实现了硝酸盐的还原，并还原延胡索酸为琥珀酸。

以硝酸盐为电子受体使微生物燃料电池在污染物治理方面实现碳氮的同步去除。Clauwaert等[46]构建了双室管状反应器，阴阳极室均为密闭状态隔绝氧气，在阳极以乙酸钠为底物产生电子，在阴极微生物利用电子进行硝酸盐的还原，在完全没有有机碳源的条件下实现了硝酸盐的反硝化，硝酸盐去除率为0.146kg NO_3^--N/（m^3·d），最大体积功率密度为8W/m^3，这是首次利用生物阴极实现同步的碳氮去除。Virdis等[47]着眼于微生物燃料电池对含氨废水的处理，在微生物燃料电池外部设置了好氧硝化池，将阳极厌氧处理后的出水在外部进行硝化反应，含有硝酸盐的硝化液进入微生物燃料电池阴极进行反硝化脱氮，整个装置的COD去除效率为2kg COD/（m^3·d），氮素去除效率为0.41kg NO_3^--N/（m^3·d），最大体积功率密度达到34.6W/m^3。功率密度的提高与反应器的结构有关，也可能由于硝化液中有部分溶解氧，提高了阴极的氧化还原电位。这种外部硝化的方式使系统结构更加复杂，曝气过程也增加了运行成本，后续研究陆续简化反应器结构，并利用空气阴极扩散供氧来代替曝气供氧[48]。通过FISH探针技术发现，生物膜结构与溶解氧梯度密切相关，在靠近电极的生物膜内侧主要为反硝化菌，如副球菌属（*Paracoccus*）和假单胞菌属（*Pseudomonas* spp.），而在生物膜外侧主要是属于*β*-proteobacteria的氨氧化菌（*Nitrosomonas* sp.）占优势[49]。Yan等[14]通过将硝化菌接种到反应中，在单室空气阴极微生物燃料电池中实现了同步的硝化反硝化，系统的库仑效率（27%）比对照组（36%）低。此时，反应器内的微生物群落异常复杂，阳极异养微生物、阴极自养硝化菌、异养反硝化菌之间存在着复杂的协同和竞争关系，需要对进水水质、系统运行参数、碳氮去除效率与微生物群落进行综合分析，以找出最佳碳氮去除的条件。Chen等[50]分析了反硝化阴极生物膜的群落结构，16S DNA基因测序结果表明生物膜样本中获得的序列可以分成6类，分别为*β*-变形菌纲 *β*-proteobacteria（50.0%），拟杆菌纲Bacteroidetes［21.6%v，*α*-变形菌纲 *α*-proteobacteria（9.5%）］，绿菌门Chlorobi（8.1%），*δ*-变形菌纲 *δ*-proteobacteria（4.1%）和放线菌纲Actinobacteria（2.6%）。其中，*Nitrosomonas* sp.在群落中占主要优势，属于*β*-变形菌纲，有多样的代谢途径，在有氧条件下可以将氨氮氧化为亚硝酸盐氮，而在厌氧或缺氧条件下亦可以将亚硝酸盐还原为NO，此外，*Azovibrio*、*Flavobacterium*、*Sphingopyxis*、*phyllobacteriaceae*、*Rhodobacteraceaee*都具有反硝化功能。Butler等[51]在反硝化阴极生物膜中发现了属于*β*-变形菌纲的铁氧化菌

Ferritrophicum 和 *Sideroxydans*。另有报道，Proteobacteria、Firmicutes 和 Chloroflexi 在反硝化阴极中占优势，而将阳极出水作为阴极进水的连续流运行模式可以大大提高阴极微生物的多样性[52-54]。Lee 等[55]的报道显示，接种菌的菌落结构为 Proteobacteria（27.7%）、Bacteroidetes（21.1%）、Acidobacteria（18.1%）、Chlorobi（6.0%）、和 Nitrospira（4.6%），经过 45 天的富集后发现脱氮阴极生物膜的群落结构变为 Bacteroidetes（52.8%）、Firmicutes（30.1%）、Proteobacteria（12.2%），厚壁菌属的反硝化菌脱氮梭菌（*Clostridia*）在自养、异养和阴极脱氮环境下普遍存在。Cao 等[56]研究发现，脱氮阴极生物膜的优势菌种为 *β*-Proteobacteria（41.93%）、Uncultured bacterium clone Dok04（25.11%）和 Sphingobacteria（6.36%）。硝酸根异化还原为铵（DNRA）和反硝化脱氮一直被认为是两条不同的硝酸盐转化途径，Su 等[57]首次通过在恒电位下培养 *Pseudomonas alcaliphila*MRB，证实该纯菌能以电极作为唯一的电子供体同时实现 DNRA 和反硝化。

2）高氯酸盐呼吸生物阴极

Butler 等[58]在反硝化生物阴极 MFC 体系中实现了高氯酸盐的去除。在阴极电位为 −375mV（相对于 Ag/AgCl 电极），pH 为 8.5 的条件下，可获得 24mg/（L・d）的最大高氯酸盐去除率，阴极转化效率可达 84%。通过解析生物阴极的微生物群落结构，发现 *Betaproteobacteria*、*Chryseobacterium* 和 *Kaistella* 在生物阴极体系中占到了 72%～91%。体系中含低水平的高氯酸盐时，高氯酸盐的去除是伴随着硝酸盐的去除同时发生的；在含高水平的高氯酸盐时，高氯酸盐可作为唯一的电子受体得到还原。高氯酸盐还原技术可应用于给水处理、工业废水处理以及生态修复等诸多方面，从而进一步扩展的 MFC 的应用领域。

3）碳酸盐呼吸生物阴极

二氧化碳和延胡索酸也可作为生物阴极中的电子受体。Park 等[59]在阴极恒电位并以中性红为电子中介体的情况下，分别向产甲烷菌的颗粒污泥和 *Actinobacillus succinogenes* 提供二氧化碳和延胡索酸，二者分别被还原为甲烷和琥珀酸。由于 CO_2/CH_4 和延胡索酸/琥珀酸的氧化还原电位很低，分别为–0.24V 和+0.03V，二氧化碳和延胡索酸为电子受体的微生物燃料电池产电性能很差。然而，从环境效益的角度考虑，以二氧化碳为电子受体可以用于二氧化碳的固定。Cao 等[60]利用双室瓶型反应器，在光照条件下在阴极富集了碳酸盐还原菌，获得了 750mW/m^2 的最大功率密度，作者推断电子是直接从电极进入呼吸链同时合成 ATP 产生能量的，但电子具体是通过何种机制从电极传递到微生物体内的，文中并没有给出明确的解释。高氯酸盐也可以作为电子受体。Butler 等[51]在反硝化生物阴极中通过不断降低硝酸盐浓度，逐步提高高氯酸盐浓度富集出了具有高氯酸盐还原功能的生物膜，除有少数 *β*-变形菌纲的反硝化菌外，生物膜的优势菌种包括 *Denitratisoma sestradiolicum*、*Chryseobacterium* 和 *Kaistella*。

5.2.3 重金属还原生物阴极

水体中的金属离子，尤其是重金属离子的存在会影响水体安全并对水生生物、周围环境及人类健康造成严重的危害。这些重金属离子如铀、铬、汞等一般具有较大的生物毒性作用，且常规的水处理方法难于去除，因此，水体中重金属离子的去除问题亟待解决。随着生物阴极微生物燃料电池技术的发展，一些重金属离子可以在水体中被有效的还原并去除，从而为生物阴极微生物燃料电池的应用提供了广阔的前景。

1）铀还原生物阴极

Gregory 等[61]采用恒电位方法研究了地下水环境中铀（U）的治理与修复问题。施加一个−0.5V的电压，在没有细菌的情况下，U（Ⅵ）将会从溶液中移走，但不会减少，当电压去除后，U将重新溶解在溶液中。当在阴极室接种*G. sulfurreducens*后，在*G. sulfurreducens*的催化作用下，U（Ⅳ）被从溶液中移除，且有87%的U被电极回收。保持系统的厌氧环境，600小时后溶液中观察不到U（Ⅳ）。但是，如果暴露在氧气中，U将很快溶解。此方法为从受U污染的地下水中有效的去除U提供了可能性。受污染水体中的U被电极富集，收集到的U在外部溶液中进行浓缩，电极可以在系统中重新使用，从而为污染物的回收利用提供可能性。

2）铬还原生物阴极

Huang 等[62]在生物阴极MFC中接种可去除Cr（Ⅵ）的细菌，从而在生物阴极中实现了Cr（Ⅵ）的去除。生物阴极MFC反应器获得了2.4±0.2mg/（gVSS・h）的Cr（Ⅵ）去除率，MFC反应器在电流密度为6.9 A/m^3时获得了2.4±0.1W/m^3的最大功率密度。随后，Huang 等[63]在管状MFC中通过使用不同的石墨材料来增加Cr（Ⅵ）的还原并提高功率输出。Cr（Ⅵ）的还原速率从12.4mg/（gVSS・h）提高到20.6mg/（gVSS・h），体积功率密度从6.8W/m^3提高到15W/m^3。以上研究结果为Cr（Ⅵ）的生物修复提供了良好的技术支持。

5.2.4 生物合成型生物阴极

在适当的调控环境条件下，生物阴极可以在代谢底物的同时，合成有用的代谢副产物，如清洁能源氢气、甲烷以及氧气等，从而提高了能源的利用率并有效的回收了能源，为生物阴极微生物燃料电池的废水处理能源化应用提供了新的思路。

1）产生氢气的生物阴极

随着能源危机的加剧，新能源及后续能源的开发已成为世界性的主题。氢能作为一种高效、清洁的能源被广泛的研究。Rozendal 等[64]通过培养具有电化学活性的阴极生物膜，经过三个不同的启动阶段，可在生物阴极上实现了氢气的产生，其原理如图5-5所示：

第一阶段：在0.1V的电位下启动双室MFC，以乙酸钠和H_2作为生物阳极的电子供

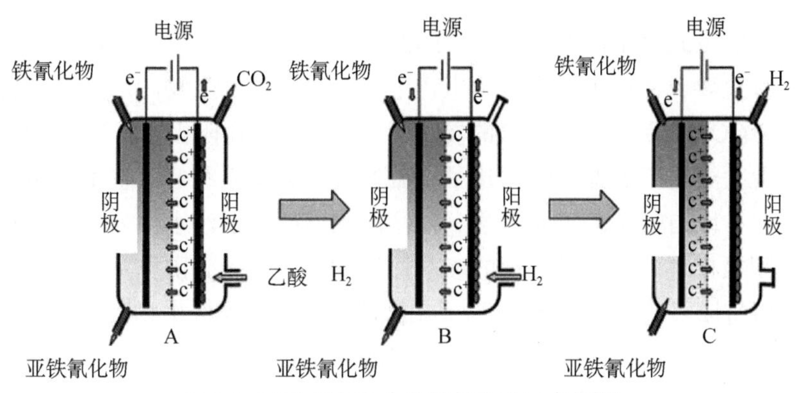

图 5-5　产生氢气的生物阴极启动示意图[64]

体，以铁氰化钾作为阴极电子受体，经过 167h 的运行，阳极电位下降到−0.2V；第二阶段：当反应器运行到 197h 时，用碳酸氢盐替代乙酸钠，同时继续通入 H_2，通过提高/降低 H_2 的流速发现，电流密度随之增加/减少，改用 N_2 后，电流密度随之下降，再改用 H_2 时发现电流密度又增加。通过此组对比试验得出结论，生物阳极上存在具有氢代谢活性的微生物；第三阶段，将反应器的阴阳极进行更换，即阳极以亚铁氰化钾作为电子供体，以第二阶段启动好的具有氢代谢活性的生物膜为最终的电子受体，从而实现了 H_2 的产生。此阶段获得的电流密度比空白试验高 3.6 倍。此外，生物阴极产生了 0.63m^3 H_2/（m^3 • d）（阴极液体体积）的 H_2 产率并获得了 49%的阴极氢气效率。

2）产生甲烷的生物阴极

Clauwaert 等[65]在采用外加直流电源的方法，将阳极电位恒定在−0.600±0.010V，通过处理乙酸钠和高浓度的氨，产生了甲烷。此反应器可以实现 2.56kg 乙酸钠/（m^3 • d）（总阳极室体积）COD 去除率，最终的氨进水浓度能达到 5.5g N/L。在室温 22±28℃时，可实现 0.41mol 甲烷每摩尔乙酸钠的甲烷产率。

Cheng 等[66]利用恒电位体系，恒定−0.7V（相对于 Ag/AgCl 参比电极）的电位，利用产甲烷的生物阴极实现了从 CO_2 到 CH_4 的直接转移。在恒定−1.0V 的电位时，电流效率达到 96%。线性扫描伏安结果显示，生物阴极与产生很少量氢气的碳板阴极相比，其电流密度大大增加。电流密度的增加以及碳板阴极较小的氢气产率表明，此反应过程生成的甲烷是直接接受电路中的电子而不是接受从氢气传来的电子而产生的。此研究表明，通过施加一定的外电压，可以在生物阴极中实现从 CO_2 到 CH_4 的直接生成。从而为有效的利用 CO_2，为实现 CO_2 减排开辟了一个新的方法。

5.3　氧还原生物阴极氧气利用效率研究

5.3.1　生物阴极氧气利用效率

对于氧还原生物阴极而言，一般采用外加曝气滤池或阴极直接曝气的方式实现氧气的供给，这样的供氧方式属于高能耗运行。因此如何有效地提高氧气利用效率对于系统整体能耗的降低十分重要。使用生物阴极微生物电化学系统处理生物污水时，生物阴极室内电能产生、总氮和COD去除均需要氧气的参与，这也是氧气在阴极室内被消耗的主要途径。

哈尔滨工业大学冯玉杰课题组构建了以微滤膜为隔膜系统的双室生物阴极微生物电化学系统（图5-6）。取自哈尔滨工业大学二校区污水站的生活污水作为唯一的底物从管式阳极顶部注入到阳极模块内，经过处理的废水透过微滤膜进入到阴极室，最终排出反应器。在本研究中，保持阳极的HRT为5h。为了在微滤膜内表面形成生物膜阻止阴极室氧气渗入到阳极室，系统首先在较低的曝气强度下（1.6mL/min，气水比2.3）持续运行20天。此后，曝气强度逐渐地从0.4mL/min增加至30mL/min（气水比从0.6增加至42.9），在每个阴极曝气强度（气水比）下考察生物阴极的氧气利用效率。

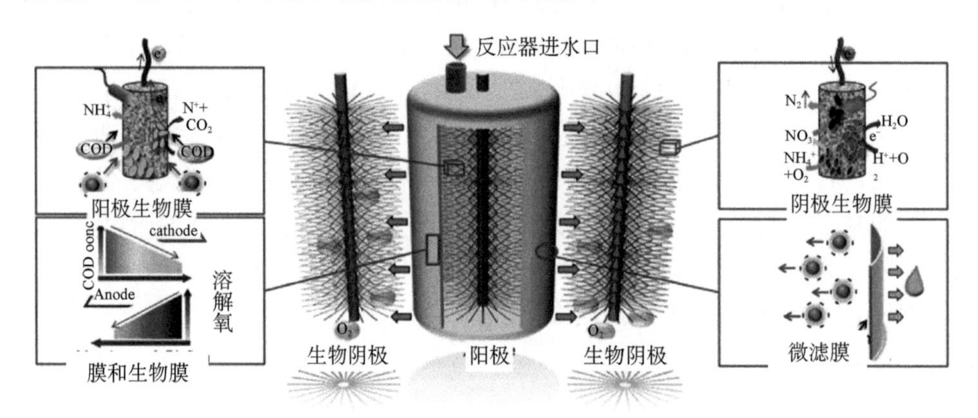

图5-6 生物阴极MES构建图

氧气在该系统的消耗主要包括三个方面：①自养型的电化学活性菌催化阴极氧还原反应并消耗电子；②通过异养菌的好氧呼吸进行的COD去除与产电过程竞争氧气；③好氧氨氮硝化作用，大部分的进水氨氮在阳极模块内被氧化，并且消耗阴极室渗透过来的溶解氧。在阴极室，剩余的氨氮在好氧环境中几乎被完全氧化。反硝化菌在阳极模块和阴极室内获得电子，进行反硝化作用。

对于产电过程的空气需求（V_E，L）可以使用式（5-6）计算：

$$V_E = \frac{\sum I \times \Delta t \times V_m}{\varphi \times F \times n} \tag{5-6}$$

式中，I为反应器的输出电流，单位为kg/s；Δt为时间间隔，单位为s；V_m为气体体积常数，数值为22.4L/mol；φ为空气中氧气的体积分数，数值为21%；F为法拉第常数，数值为96485C/mol；n为每摩尔O_2被还原转移的电子摩尔数，数值为4。

对于COD去除过程的空气需求（V_{COD}，L）可以使用式（5-7）计算：

$$V_{COD} = \frac{\Delta COD \times V_m}{\varphi \times M_{O_2}} \tag{5-7}$$

式中，ΔCOD为单位时间内阴极室去除的COD的量，单位为g；V_m为气体体积常数，

22.4L/mol；φ 为空气中氧气的体积分数，21%；M_{O_2} 为氧气的摩尔质量，32g/mol。

对于硝化过程的空气需求（$V_{NH_4^+\text{-N}}$，L）可以使用式（5-8）计算：

$$V_{NH_4^+\text{-N}}=\left(\frac{(\Delta NH_4^+\text{-N}-\Delta NO_2^-\text{-N}-\Delta NO_3^-\text{-N})\times k_1}{A_N}+\frac{\Delta NO_3^-\text{-N}\times k_2}{A_N}+\frac{\Delta NO_2^-\text{-N}\times k_3}{A_N}\right)\times\frac{V_m}{\varphi} \quad (5\text{-}8)$$

式中，ΔNH_4^+-N为单位时间内阴极去除的氨氮的量，单位为g；ΔNO_3^--N为单位时间内阴极去除的硝态氮的量，单位为g；ΔNO_2^--N为单位时间内阴极去除的亚硝态氮的量，单位为g；A_N为氮原子的摩尔质量，数值为14g/mol；k_1为氨氮转化为氮气的氧气消耗率，数值为0.75；k_2为氨氮转化为硝态氮的氧气消耗率，数值为2；k_3为氨氮转化为亚硝态氮的氧气消耗率，数值为1.5；V_m为气体体积常数，数值为22.4L/mol；φ 为空气中氧气的体积分数，数值为21%。

由于阳极出水只含有氨氮和硝态氮，可以简化为式（5-9）：

$$V_{NH_4^+\text{-N}}=\left(\frac{(\Delta NH_4^+\text{-N}-\Delta NO_2^-\text{-N}-\Delta NO_3^-\text{-N})\times k_3}{A_N}+\frac{\Delta NO_3^-\text{-N}\times k_2}{A_N}\right)\times\frac{V_m}{\varphi} \quad (5\text{-}9)$$

系统总的氧气利用率（η_{Air}，%）使用式（5-10）计算：

$$\eta_{Air}=\frac{V_E+V_{COD}+V_{NH_4^+-N}}{V_{Aeration}} \quad (5\text{-}10)$$

式中，$V_{Aeration}$为单位时间内阴极的曝气量，单位为L。

结果表明：在该系统中，氧气利用率随着气水比的增加而逐渐降低。最大的氧气利用率为79.0%±7.5%（气水比为0.6），在气水比为42.9的时候氧气利用率仅为1.1%±0.1%。在低气水比条件下的氧气利用率较高的原因主要有两个方面：①氧气从外界向溶液内扩散来补充阴极所需氧气在低气水比下不可忽略，但是没有纳入计算；②系统中部分COD去除是依靠阴极上厌氧微生物的代谢去除的。在优化的气水比为17.1（Run 6）时，系统的净能量输出最高，其氧气利用效率为2.6%±0.3%。氮去除过程占到总氧气消耗的66.9%～58.8%，而产电过程的氧气消耗占比随着电流密度的增加从5.9%增加至27%（图5-7）。

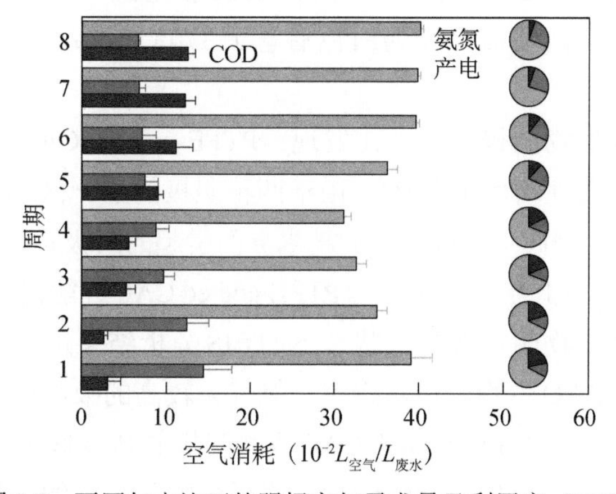

图5-7　不同气水比下的阴极空气需求量及利用率（UE）

5.3.2 阴极载体疏水化处理提高氧气利用率

在传统的废水处理过程中（活性污泥法，曝气生物滤池法等），氧气利用率根据曝气头、曝气深度和废水水质的差异在5%～43%波动[67, 68]。尽管上述的微生物电化学系统与这些传统的工艺相比氧气利用率并不高，却可以通过进一步的曝气策略和曝气设备的调整来优化。此外，对于生物阴极而言，还可以通过对阴极载体的疏水化处理来提高氧气的利用效率。

仿生的疏水表面材料具有特殊的微纳米结构，因此表现出防水、自清洁和防污染等优异性能。另外，对空气具有较高亲和力也是疏水表面所具备的典型特征。研究表明，与空气接触的疏水表面在逐渐被水浸没的过程中，可以截留大量空气并使这部分空气吸附于其表面。同时，空气气泡在疏水表面的附着会促进液膜的破裂，从而有利于空气气泡与疏水表面碰撞的过程中形成三相界面。聚四氟乙烯（polytetrafluoroethylene，PTFE）被广泛应用在燃料电池领域，尤其是质子交换膜燃料电池，主要作为粘结剂用于气体扩散层的制备。PTFE的掺入使其同时具有亲水性和疏水性，两种特性的平衡利于气体扩散和液体渗透，从而有利于电极性能的提高。另外，PTFE也被应用于微生物电化学系统中，用于空气阴极和气体扩散型生物阴极的制备，以提高电极的防水性和气体扩散性能，而利用疏水表面对空气的高度亲和力以提高疏水材料对氧气的吸附能力的研究还未见报道。

1）柱状活性炭颗粒阴极

哈尔滨工业大学冯玉杰课题组研究人员构建了复氧式生物阴极微生物电化学系统（air-enriched biocathode microbial electrochemical system，ABMES），采用虹吸原理进行间歇排水，利用阴极室连续进水-间歇排水的过程复氧，节省曝气能耗（图5-8）。同时使用质量浓度为60wt%的PTFE乳液对阴极载体柱状活性炭（CAC）进行疏水处理，以获得疏水型柱状活性炭（PTFE-coated CAC）生物阴极材料。首先将CAC平铺于木板上，用毛刷将60wt%的PTFE均匀的涂布于CAC表面的一侧，PTFE的负载量为0.09±0.01mL-PTFE/cm-CAC。同时以一多孔塑料板覆盖于CAC表面，以防止CAC粘附到毛刷上。涂刷完成后，于室温下干燥2h，待PTFE涂层由淡蓝色变为白色后置于370℃马弗炉中加热15min，冷却后即可使用。

通过与未经处理的生物阴极进行对比发现：PTFE-coated CAC生物阴极的产电性能、累积存储电量及电化学活性均优于CAC。由于两种阴极的唯一区别在于PTFE-coated CAC的表面进行了疏水处理，因此可以确定，由疏水界面引起的阴极室可供氧还原反应利用的氧气量的提高或阴极生物膜催化活性的增强是PTFE-coated CAC性能优于CAC的主要原因。

通过进一步对两种生物阴极在复氧状态下的EIS分析结果进一步表明，由于疏水处理所赋予的PTFE-coated CAC生物阴极对空气（氧气）较高的吸附能力，提高了氧气向生物膜内部的传质能力，是促使PTFE-coated CAC生物阴极的R_{total}低于CAC的主要原因。然而除较高的氧气吸附能力外，PTFE-coated CAC阴极生物膜较高的生物催化活性也在一定程

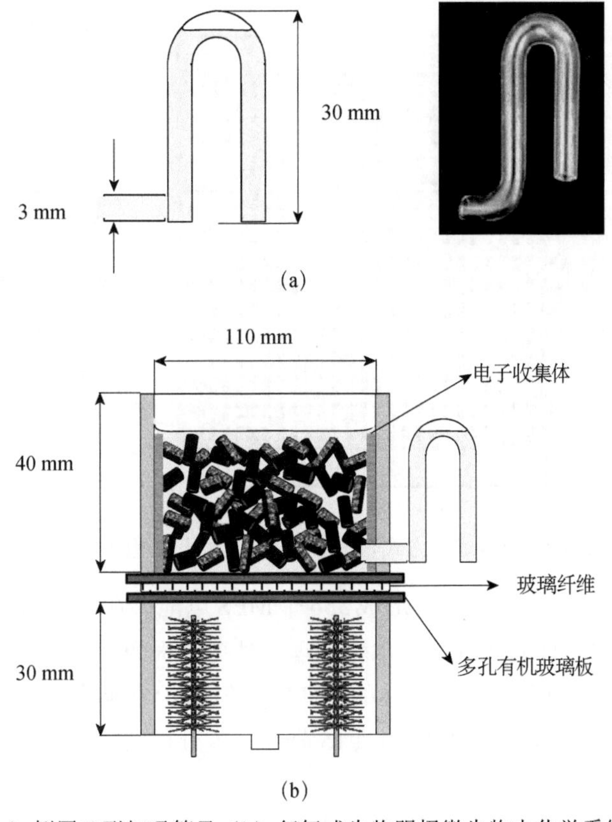

图5-8　（a）倒置U形虹吸管及（b）复氧式生物阴极微生物电化学系统的剖面图

度上降低了其 R_{total}。在饱和溶解氧状态下，两种生物阴极的 R_{total} 仍然存在差距，说明其阴极生物膜的催化活性不同，因为在这种条件下，氧气传质是不受限制的。PTFE-coated CAC 生物阴极较高的生物催化活性可能是由于其阴极生物膜生物量较大或是生物膜中可催化阴极氧还原反应的细菌丰度较高引起的。然而，生物膜的催化作用对于降低 PTFE-coated CAC 生物阴极的总内阻仅起到较小的作用，因为饱和溶解氧状态下两种生物阴极的差距（2.7±0.1Ω）远远低于复氧状态下的差距（9.3±0.1Ω）（表5-2）。

表 5-2　不同生物阴极内阻的拟合结果　（单位：Ω）

		R_{ohm}	R_{ct}	R_d	R_{total}
疏水型生物阴极	饱和溶解氧	0.79±0.05	1.5±0.1	0.65±0.02	2.8±0.1
	间歇式复氧	0.82±0.02	2.0±0.1	1.0±0.1	3.7±0.1
对照阴极	饱和溶解氧	1.03±0.03	3.3±0.1	1.3±0.1	5.6±0.1
	间歇式复氧	1.09±0.01	8.2±0.1	3.8±0.1	13.1±0.1

2）碳刷阴极

使用与1）同样的处理方法，以碳刷作为阴极，在电极分置式MES中式构建和运行中也得到了应用（图5-9）。

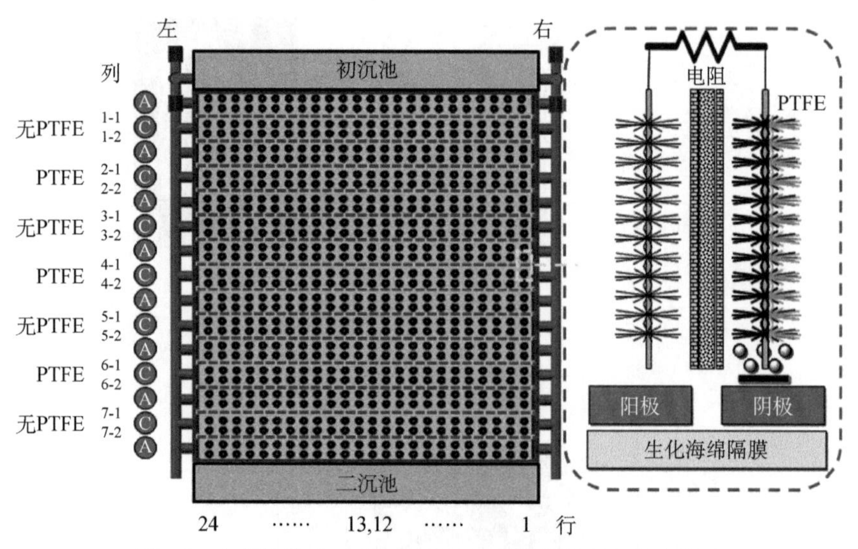

图5-9 电极连接方式和50% PTFE疏水化处理的生物阴极

该系统中共有720根碳纤维刷，形成336个MES电池。在电极装配之前，第2、4和6行的阴极碳刷使用60%的PTFE进行疏水化处理。处理过程为：首先将一排碳纤维刷并列至于一张不锈钢网上，使用喷枪将60%的PTFE均匀喷涂在碳纤维刷的一侧（喷涂面积50%），然后将其放入370℃的马弗炉加热15分钟。该过程共重复4次，每根碳纤维刷的最终喷涂量为5mL。

经过疏水化处理的MES电池平均产电功率为34.1±1.4mW/m^2（气水比为40），比未经过疏水化处理的电池高出12%±4%，达到30.5±3.1mW/m^2。当气水比下降至24时，阴极经过疏水化处理的电池，其产电功率比未经疏水化处理的电池高出13%±4%。气水比进一步下降至10.9时，经过疏水化处理的电池的输出功率则高出未经疏水化处理的电池8%±2%。在较低的气水比条件下，经过PTFE处理的电池产生功率密度分别比未经处理的电池高出15%±3%，14%±2%和15%±3%。这样的结果表明，在较低的气水比条件下，阴极疏水化处理对于电池产电性能的提升作用更加显著。这也显示出疏水表面具有更好的空气亲和性，对低曝气强度下阴极电化学活性微生物对氧气的需求帮助更大。

对上述的结果进行分析发现PTFE疏水化处理对于系统产电性能的提高主要有三个方面的作用：①空气亲和性是PTFE修饰的疏水化表面的显著特点，大量的空气会被PTFE受热过程中产生的裂缝捕获，并在其中不断地累积。这样会为阴极的氧还原反应提供大量的反应物氧气，尤其是在曝气强度很低的时候。②三相反应位点（three phase interfaces，TPIs）是氧还原过程中最重要的因素，它会在气泡和疏水表面接触时形成。而PTFE特有的疏水结构对于气泡的捕获和转移效果极佳。相比于气泡直接滑过阴极碳纤维刷表面，PTFE疏水化处理能够通过帮助形成TPIs来弥补电化学活性微生物相对较低的氧还原反应速率上的限制。③碳纤维表面过于光滑，不适合微生物的附着，但是通过PTFE喷涂可以有效地提高碳纤维表面的粗糙度。通过SEM测试发现，经过疏水化处理和未经过疏水化处理的碳纤维表面的微生物附着性状大相径庭。在未经过疏水化处理的碳纤维刷表面，只有少量的短棒状微生物附着。但是，经过疏水化处理的碳纤维表面出现了大量的微生物附着。这是因为PTFE粗糙的表面为微生物提供了大量的附着位点，而大量的空气存储在PTFE裂缝中也在一定程度上促进了好氧电化学活性微生物的增殖（图5-10）。

图5-10 不同分辨率下的非PTFE疏水化处理的阴极（a和c），PTFE疏水化处理的阴极（b和d）SEM表征

在该系统中，生物阴极表现出良好的氮去除性能。在前60天的运行中，氨氮去除率从1%增加至89%，总氮去除率从3%增加至70%。在61～74天，平均的氨氮去除率为91±3%，出水浓度为3±1mg/L，相对应的总氮去除率为64%±2%，出水浓度为13±2mg/L。这样的出水氮浓度符合一级A的排放标准。对阴极进行微生物群落分析发现，硝化菌和反硝化菌均以相对较高的丰度出现。包括*Nitrosomonas*，*Nitrospira*，*Nitrosospira*，*Nitrobacter*在内的硝化菌[69]以2.9%的丰度出现在生物阴极中。以*Pseudoxanthomonas*，*Comamonas*，*Thiobacillus*，*Ottowia*，*Sulfuritalea*，*Thauera*，*Acidovorax*，*Pseudomonas*，*Denitratisoma*为代表的反硝化菌[70, 71]在氮去除过程中扮演重要的角色。它们在阴极上的丰度分别为2.99%。生物阴极上较低的反硝化菌浓度可能与阴极较低的COD浓度和高的溶解氧浓度有关。

5.4 硝化型生物阴极系统构建与效能

硝化型生物阴极是一种好氧类型的生物阴极，兼具氧还原和硝化作用。它利用微生物体内具有特定功能的酶作为催化剂，在进行自身生长代谢的同时，催化阴极的氧化还原反应，同时能够将阴极液中的氨氮转化为硝态氮。与普通的氧还原生物阴极相比，硝化型生物阴极在氨氮的去除方面具有显著的特征，它在阴极可以持续地进行硝化反应，实现污染物质的转化和去除。目前对硝化型生物阴极的研究较多，然而其作用过程中的电子传递机制尚不清楚。本章总结了哈尔滨工业大学冯玉杰课题组使用立方体反应器进行的硝化型生物阴极系统的组建及效能。

5.4.1 硝化型生物阴极的启动

本研究使用的硝化型生物阴极微生物燃料电池（Bio-MFC）为双室型立方体反应器，厌氧的阳极室和好氧的阴极室体积均为28mL，阴极室和阳极室之间用阳离子交换膜分隔（图5-11）。阴极与阳极材料都为碳刷，碳刷长2cm，断面直径2.5cm。阳极底物为1g/L葡萄糖，加入微量元素和维生素作为微生物生长营养元素，电解质为50mmol/L磷酸盐缓冲溶液，除更换底物外反应器用胶塞密闭保持厌氧状态；阴极底物为0.3g/L氯化铵溶液，底物中加入微量元素和维生素作为微生物生长营养元素，电解质为50mmol/L磷酸盐缓冲溶液，用气泵向电解液中持续供氧。阳极的接种污泥为哈尔滨文昌污水处理厂二沉池厌氧污泥，阴极室的接种污泥为文昌污水处理厂的曝气池好氧污泥。每天更换反应器底物和接种物直到获得可重复性的稳定电压。

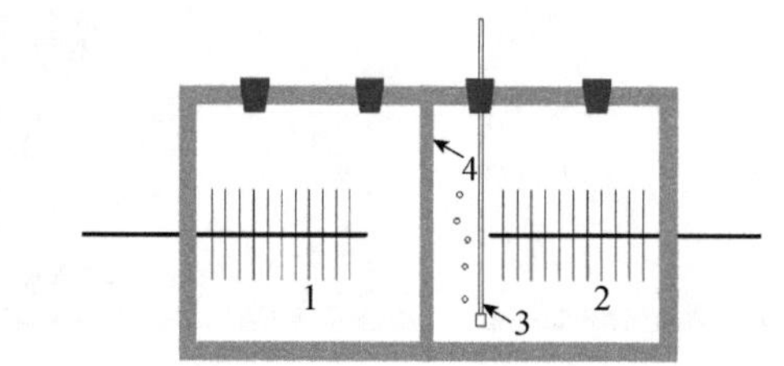

1—阳极碳刷；2—阴极碳刷；3—曝气头；4—离子交换膜

图5-11　好氧生物阴极反应器照片

为了对生物阴极的性能与催化特性进行对比研究，同时启动了双室铂碳阴极反应器（Pt/C-MFC）。该铂碳阴极MFC的构型与运行状况和生物阴极MFC相同，阴极为负载了100mg铂碳的碳刷，为了保证铂碳阴极上没有微生物附着，阴极液中没有加入接种污泥，并且每隔7d对阴极进行更换。生物阴极和铂碳阴极微生物燃料电池的启动过程如图5-12所示。铂碳阴极MFC的启动过程中前40h处于迟滞期，随后的电压开始迅速上升，在100h内就一定达到了0.5V，完成了反应器的启动。对比铂碳阴极MFC，生物阴极MFC的启动过程经历了漫长的迟滞期，在前800h，反应器的电压一直在0.2～0.3V之间徘徊，之后电压出现了迅速的上升，在第900h，反应器的最大电压达到了0.56V，表明反应器完成了启动。

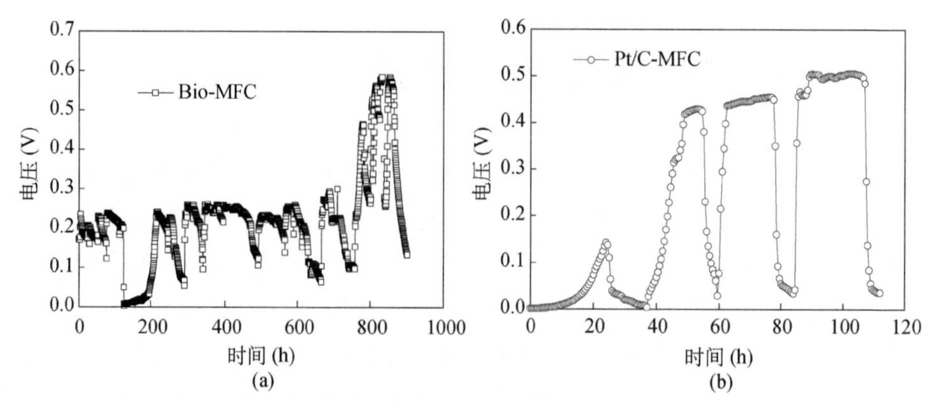

图5-12　（a）生物阴极微生物燃料电池（Bio-MFC）启动过程的电压；（b）铂碳阴极微生物燃料电池（Pt/C-MFC）启动过程的电压

5.4.2 硝化型生物阴极的电化学特性

在反应器完成启动之后，从500Ω到50Ω依次降低Bio-MFC和Pt/C-MFC的外阻，得到了其在不同外阻下的电压输出值（图5-13）。在外阻500Ω时，Bio-MFC的最大电压为582mV，比Pt/C-MFC高约110mV。随着外阻的降低，生物阴极MFC电压输出的优势在逐渐降低，在外阻为80Ω时，二者产生的最大电压几乎相等，约为250mV；降低外阻到50Ω时，Pt/C-MFC的电压（157mV）首次超过Bio-MFC（127mV）。

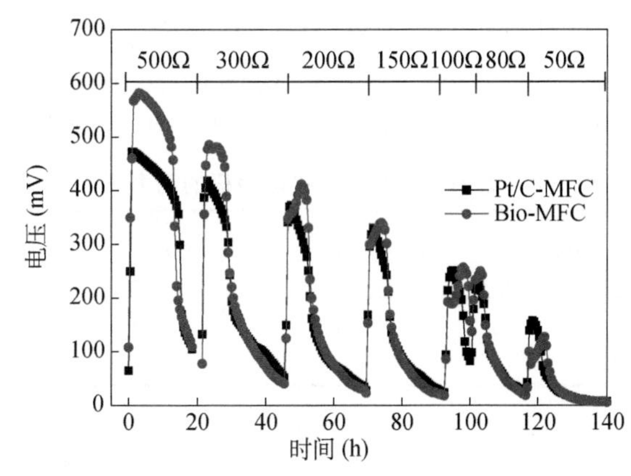

图5-13　不同外阻下生物阴极MFC与铂碳阴极MFC的电压输出

生物阴极的最大体积功率密度为15.37W/m³，比铂碳阴极MFC（10.32W/m³）高约48.9%，然而铂碳阴极MFC获得的最大电流密度（55.28A/m³）却超过了生物阴极MFC（53.56A/m³）。两电池系统的阳极电极几乎是平行的，阴极电位相差较大，在电流密度小于48A/m³时，生物阴极的阴极电位高于铂碳阴极，随着电流密度的增大，生物阴极的电位出现了快速的下降。极化曲线表现出生物阴极MFC的能量输出性能高于铂碳阴极，但是对高电流密度表现出较差的耐受性。一般认为，在高电流密度情况下，电池的物质扩散内阻起到决定作用，生物阴极在高电流密度下性能的下降可能是由扩散内阻陡增造成了。因为在生物阴极的催化过程中，对底物的需求远大于铂碳阴极，这一推断在之后的电化学分析中也得到印证。

利用塔菲尔（Tafel）曲线对低电流密度下氧化还原反应的活化损失和反应动力学进行了研究（图5-14）。通过对Tafel曲线线性区间进行拟合，获得了交换电位、交换电流和阴阳极Tafel斜率（表5-3）。生物阴极的交换电压为399mV，相对于铂碳阴极的交换电位（203mV）右移196mV，这说明生物阴极具有更高的热力学稳定性。交换电流是表明电化学反应活性和电极间电荷传递速率的参数，生物阴极稍高的交换电流（0.256mA）说明在低的电流密度下，生物阴极具有更快的速率，对电位变化可以更快地响应。这一结论与生物阴极极化曲线在低电流密度区的表现是一致的。

利用CV曲线对生物阴极的氧化还原过程和电极电容特性进行了考察。结果表明生物阴极和铂碳阴极的CV曲线都为平缓的曲线，没有明显的氧化还原峰，表明阴极双电层的吸附是主要的储能方式。生物阴极CV图形表现出明显的对称矩形形状，这是经典的理想电容器的曲线形状，而铂碳阴极的CV图形更加偏离理想电容器的曲线形状（图5-15）。

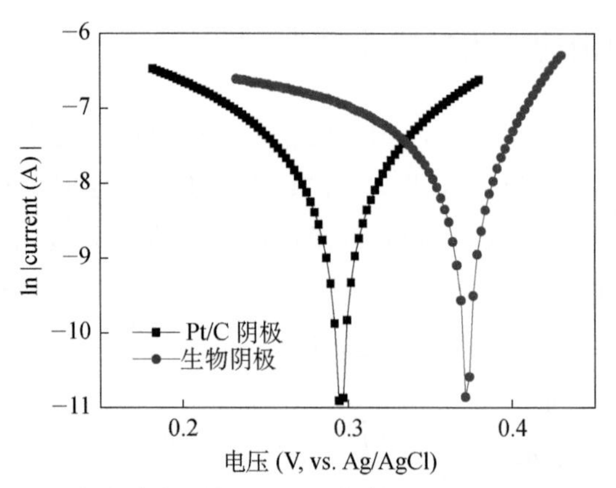

图5-14　好氧生物阴极MFC和铂碳阴极MFC的Tafel曲线

表 5-3　好氧生物阴极与铂碳阴极的动力学参数

	初始电位（mV）	交换电位（mV）	交换电流（mA）	Tafel 斜率（V/dec）	
				βa	βc
生物阴极	337	399	0.256	61	157
Pt/C 阴极	238	203	0.240	84	121

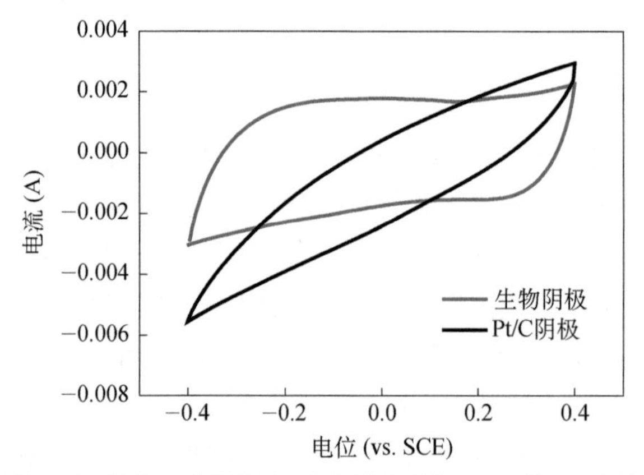

图5-15　好氧生物阴极MFC和铂碳阴极MFC的CV曲线

运用电化学交流阻抗法（EIS）研究了生物阴极和铂碳阴极的内阻分布与双电层电容特性（图5-16）。结果表明生物阴极的电荷转移内阻（7.80Ω）略低于铂碳阴极（8.54Ω），这一结果与生物阴极电压与功率密度输出状况相印证，说明生物阴极具有较高的催化活性。而生物阴极的扩散内阻（39.02Ω）是铂碳阴极（11.37Ω）的 2.4 倍，占自身总内阻的约81%。这是生物阴极相对铂碳阴极对底物的更高依赖造成的，生物阴极工作过程中，不仅要满足阴极电子消耗反应的质子和氧气，同时需要自身生长代谢需要的各种营养物质，如NH_4^+、CO_2、O_2、微量元素等。生物阴极这种对底物的依赖在高电流密度下表现得更为明显，因此在上节生物阴极的产能分析中，在低的电流密度下（$<51A/m^3$），生物阴极MFC获得了比铂碳阴极高的功率密度，而随着电流密度的升高，底物的扩散内阻开始占主导地位，生物阴极MFC的功率输出反而低于铂碳阴极MFC（表5-4）。

综上，优良的催化活性和电容特性造就了生物阴极与铂碳阴极在产能方面相媲美的表现。

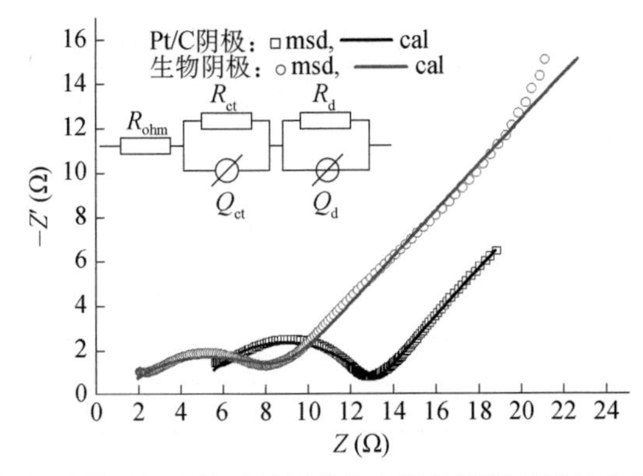

图5-16 好氧生物阴极和铂碳阴极的能奎斯特图谱及等效电路拟合结果

表5-4 好氧生物阴极和铂碳阴极的能奎斯特曲线拟合值

	R_{ohm}（Ω cm²）	R_{ct}（Ω cm²）	Q_{ct}（$\Omega^{-1}s^n cm^{-2}$）	R_d（Ω cm²）	Q_d（$\Omega^{-1}s^n cm^{-2}$）	R_{int}（Ω cm²）	Q_{int}（$\Omega^{-1}s^n cm^{-2}$）
生物阴极	1.32	7.80	0.00168	39.02	0.0608	48.14	0.001635
Pt/C阴极	4.54	8.54	0.000379	11.37	0.1443	24.45	0.0003780

5.4.3 硝化型生物阴极的氧还原反应和硝化反应

生物阴极以它相对于金属催化剂的优势吸引着研究者，然而生物阴极的工作机理至今尚未完全清楚。生物阴极的工作过程是阴极催化反应与微生物的生长代谢过程的复杂结合。尽管生物阴极中具有电化学活性的微生物可以从自然界中筛选富集，但是在MFC环境中由于存在着胞外电子与微生物之间直接或间接的电子传递，这些微生物的代谢活动应该和自然界中的情况不同，阴极催化反应与微生物代谢活动之间的关系还有待揭示。以铁氧化菌（*Acidithiobacillus ferrooxidans*）为例，人们最初认为这种微生物在生物阴极中的作用仅仅是氧化Fe^{2+}，使得被阴极电子还原的Fe^{3+}在阴极液中得到再生，微生物本身在氧化Fe^{2+}的过程中获得能量进行自身的生长代谢[33]。随后的研究发现，在阴极中不添加Fe^{2+}的情况下，该生物阴极依然表现出一定的氧化还原反应活性，微生物在缺乏能量来源的情况下依然可以进行增殖[35]，这一研究结果表明，微生物可能利用外电路的电子作为唯一能量来源来维持自身的生长代谢，并启发我们以实验室中的硝化型生物阴极为例，进一步研究生物阴极的工作机制。

$$4H^+ + O_2 + 4e^- \xrightarrow{\text{硝化细菌}} 2H_2O \tag{5-11}$$

$$2NH_4^+ + 4O_2 \xrightarrow{\text{硝化细菌}} 2NO_3^- + 2H_2O + 4H^+ \tag{5-12}$$

在硝化型生物阴极作用过程中同步发生着两个反应，即氧气、电子、质子参与的氧化还原反应（式5-11）和硝化反应（式5-12），在不同的条件下运行该生物阴极反应器，运行条件如表5-5所示，以生物阴极微生物燃料电池的电压与功率密度表征生物阴极的氧气还原反应的活性，以阴极室的硝酸盐生成速率表征硝化反应的活性，研究两种反应之间的相互作用关系。

表5-5 硝化型生物阴极的运行条件

	$NaHCO_3$浓度（g/L）	NH_4Cl浓度（g/L）	外阻
MFC-1	1.0	0.3	1000
	0.5	0.3	1000
	0	0.3	1000
MFC-2	1.0	0.3	1000
	1.0	0.1	1000
	1.0	0	1000
MFC-3	1.0	0.3	开路

由实验结果可知，在生物阴极中微生物的氧气还原反应的催化活性并非单纯被动的依赖微生物的代谢活性，而是通过胞外电子传递对微生物自身的代谢具有一定的促进作用。当生物阴极MFC的外电路由闭合转为断开时，硝化速率应该有明显的上升，因为此时阴极反应停止了，氧气还原反应与硝化反应之间对氧气的竞争相应停止了，硝化速率理应升高。然而，在开路状态的最初7个周期内，硝化速率却有明显的下降。一个可能的解释是，胞外电子可以进入微生物的电子传递链，作为能源提供给微生物的生长代谢，一旦外电子的传递停止了，微生物的活性相应有所下降。Liang等[72]在研究生物阴极对氯霉素（chlorinated nitroaromatic antibiotic chloramphenicol，CAP）的降解中，同样发现了相似的现象，即CAP在闭路情况下的降解速率明显高于开路条件，作者提出胞外电子可能作为能量来源参与阴极微生物的代谢过程。而在外电路断开时间延长，硝化速率再次提高，这可能是由开路条件下微生物群落发生变化造成的，即在MFC环境中被抑制生长的微生物，一旦离开了MFC环境开始迅速大量繁殖，最终引起了硝化速率的上升。

据此，对不同培养条件下的生物阴极的微生物群落分析结果如图5-17所示。在三个微生物样本中，所占比例最高的微生物属于Proteobacteria，这种微生物通常在微生物燃料电池的阳极和生物阴极中出现，是具有电化学活性的一类微生物，被认为是“exoelectrogens”，即产电菌。在三个样本中Proteobacteria所占比例分别为S1 89.8%、S2 44.4%、S3 34.7%。结合不同培养条件下MFC的电压与功率输出，发现样品中Proteobacteria所占比例与电池产电性能密切相关。Proteobacteria丰度最高的S1，在MFC中电压和功率输出是最高的，而Proteobacteria丰度最低的S3的输出电压和功率是最低的，这和文献中报道的具有产电活性的微生物多为变形菌是一致的。

在三个样本中都检测出了氨氧化菌（ammonia oxidizing bacteria，AOB）和亚硝酸氧化菌（nitrite oxidizing bacteria，NOB），分别属于*Nitrosomonas* sp.、*Nitrospira* sp.和*Nitrobacter* sp.。硝化菌（氨氧化菌和亚硝酸亚氧化菌的总和）在三个样本中所占比例分别为40.8%（S1）、34.3%（S2）和29.6%（S3），其中*Nitrosomonas* sp.所占比例为38.8%（S1）、9.1%（S2）和25.5%（S3），硝化菌为自养菌，通过氧化氨氮或亚硝酸盐氮获得自身代谢的能量，硝化菌在阴极的数量应该与氯化铵的初始浓度正相关。因此，推断S1和S3中*Nitrosomonas* sp.的丰度应该是相似的，而S2由于在无氯化铵的条件下培养，可能*Nitrosomonas* sp.已经被淘洗掉了。然而，实验结果却截然相反，S2中仍然存在

Nitrosomonas sp.；在相同浓度氯化铵培养条件下，S1的*Nitrosomonas* sp.数量远大于S3。*Nitrosomonas* sp.在阴极的催化反应中起到了重要作用，而且可以利用外电路电子作为能量的来源实现自身的增殖。亚硝酸盐氧化菌（包括*Nitrospira* sp.和*Nitrobacter* sp.）在S1和S3中只占很小的比重，分别为2.0%（S1）和4.1%（S1）；而氨氧化菌所占比例最小的S2样品中，亚硝酸盐氧化菌却占到了5.3%，超过了S1和S2中所占比例。即使硝化菌数量少，并没有发现亚硝酸盐在阴极中积累。*Alkalilimnicola* sp.在样品S1和S2中检出，分别为34.7%（S1）和9.1%（S1），但是在S3并没有检出。*Alkalilimnicola* sp.最初被报道为非光能营养型的好氧异养菌，另有人报道它可以利用H2或多硫化物为电子供体，以硝酸盐为电子受体进行代谢[73]。而在实验条件中并没有提供可以被*Alkalilimnicola* sp.利用的有机物质、H_2或多硫化物，因此*Alkalilimnicola* sp. 很可能也参与了阴极的催化反应，而且利用胞外电子作为能量来源进行繁殖，这也可以解释为什么外电路由闭合转为断开条件下（S3）*Alkalilimnicola* sp.消失了。

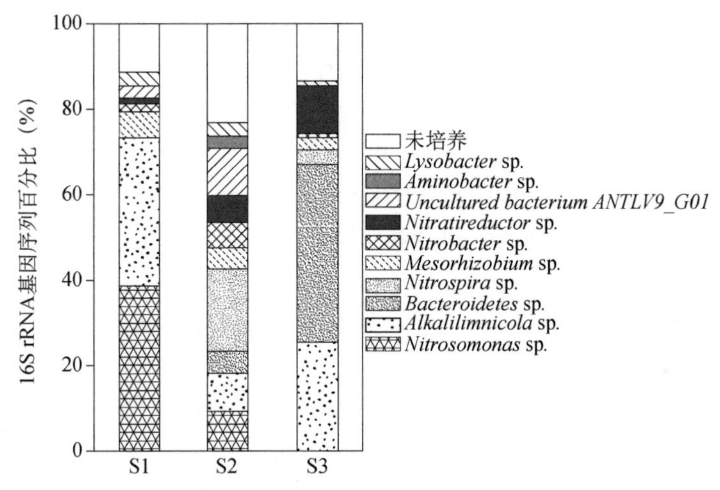

图5-17　在不同培养条件下的生物阴极微生物群落的16S rRNA基因文库分析

S1为NH_4Cl 0.3g/L，闭路培养；S2为NH_4Cl 0g/L，闭路培养；S3为NH_4Cl 0.3g/L，开路培养21周期

5.5　总结

本章对生物阴极的概念和发展历史进行了详细的阐述，依据不同的阴极功能对其提出新的分类。对于应用最为广泛的氧还原生物阴极的氧气利用效率进行了详细的评估。同时，针对于氧还原生物阴极中的特殊类型，即硝化型生物阴极的构建、启动和电化学特性进行了介绍，并通过相关实验设计验证了氧还原反应和硝化反应之间的关系。

（1）提出按照不同电子受体类型、结合生物阴极的功能对生物阴极进行分类，将生物阴极分为氧还原生物阴极、无机盐呼吸型生物阴极、重金属还原型生物阴极和生物合成型生物阴极四类。

（2）对于氧还原生物阴极而言，氧气在阴极参与自养型的电化学活性菌催化阴极氧还原反应、异养菌的好氧呼吸进行的COD去除以及好氧氨氮硝化作用。研究结果表明，在不同的曝气强度下，阴极的氧气利用效率不尽相同，现有的双室微生物电化学系统表现出来的氧气利用率与传统的好氧生物工艺相比没有明显的优势。研究人员通过对阴极的载体进行PTFE疏水化处理提高了阴极的氧气利用效率，与未处理对照组相比，反应器的产电性能得到了很大提升。

（3）阐述了硝化型生物阴极微生物燃料电池系统，该阴极在催化阴极的氧气还原反应的同时实现了对氨氮的硝化，该硝化型生物阴极的电化学性能优于普通的化学阴极。研究表明，生物阴极的催化反应活性与微生物的代谢活性之间存在着密切的相互作用，外电路电子对阴极的硝化反应活性具有一定的促进作用，可能作为微生物生长代谢的能源被利用，在一定程度上加速阴极硝化反应。

参考文献

[1] Yazdi H，Alzate-Gaviria L，Ren Z J. Pluggable microbial fuel cell stacks for septic wastewater treatment and electricity production. Bioresource Technology，2015，180：258.

[2] Jafary T，Wan R W D，Ghasemi M，et al. Biocathode in microbial electrolysis cell；present status and future prospects. Renewable & Sustainable Energy Reviews，2015，47：23-33.

[3] He Z，Angenent L T. Application of bacterial biocathodes in bicrobial fuel cells. Electroanalysis，2006，18：2009-2015.

[4] Lewis K. Symposium on bioelectrochemistry of microorganisms. Iv. biochemical fuel cells. Bacteriological Reviews，1966，30（1）：101.

[5] Hasvold O，Henriksen H，Melvaer E，et al. Sea-water battery for subsea control systems. Journal of Power Sources，1997，65（1）：253-261.

[6] Bergel A，Feron D，Mollica A. Catalysis of oxygen reduction in pem fuel cell by seawater biofilm. Electrochemistry Communications，2005，7（9）：900-904.

[7] Rabaey K，Read S T，Clauwaert P，et al. Cathodic oxygen reduction catalyzed by bacteria in microbial fuel cells. The ISME Journal，2008，2（5）：519-527.

[8] 毛艳萍，蔡兰坤，张乐华，等. 生物阴极微生物燃料电池. 化学进展，2009，（Z2）：1672-1677.

[9] 张玲，梁鹏，黄霞，等. 生物阴极型微生物燃料电池研究进展. 环境科学与技术，2010，33（11）：110-114.

[10] Huang L P，Regan J M，Quan X. Electron transfer mechanisms，new applications，and performance of biocathode microbial fuel cells. Bioresource Technology，2011，102（1）：316-323.

[11] Clauwaert P，Van der Ha D，Boon N，et al. Open air biocathode enables effective electricity generation with microbial fuel cells. Environmental Science & Technology，2007，41（21）：7564-7569.

[12] Reimers C E，Girguis P，Stecher H A，et al. Microbial fuel cell energy from an ocean cold seep. Geobiology，2006，4（2）：123-136.

[13] Erable B，Vandecandelaere I，Faimali M，et al. Marine aerobic biofilm as biocathode catalyst.

Bioelectrochemistry，2010，78（1）：51-56.

[14] Yan H J，Saito T，Regan J M. Nitrogen removal in a single-chamber microbial fuel cell with nitrifying biofilm enriched at the air cathode. Water Research，2012，46（7）：2215-2224.

[15] Xia X，Sun Y M，Liang P，et al. Long-term effect of set potential on biocathodes in microbial fuel cells：electrochemical and phylogenetic characterization. Bioresource Technology，2012，120：26-33.

[16] Okabe S，Chung K，Fujiki I. Effect of formation of biofilms and chemical scale on the cathode electrode on the performance of a continuous two-chamber microbial fuel cell. Bioresource Technology，2011，102（1）：355-360.

[17] Bergel A，Parot S，Vandecandelaere I，et al. Catalysis of the electrochemical reduction of oxygen by bacteria isolated from electro-active biofilms formed in seawater. Bioresource Technology，2011，102（1）：304-311.

[18] Berge M，Cournet A，Delia M L，et al. Electrochemical reduction of oxygen catalyzed by a wide range of bacteria including Gram-Positive. Electrochemistry Communications，2010，12（4）：505-508.

[19] Delia M L，Cournet A，Berge M，et al. Electrochemical reduction of oxygen catalyzed by Pseudomonas Aeruginosa. Electrochimica Acta，2010，55（17）：4902-4908.

[20] Freguia S，Tsujimura S，Kano K. Electron transfer pathways in microbial oxygen biocathodes. Electrochimica Acta，2010，55（3）：813-818.

[21] Rhoads A，Beyenal H，Lewandowski Z. Microbial fuel cell using anaerobic respiration as an anodic reaction and riomineralized manganese as a cathodic reactant. Environmental Science & Technology，2005，39（12）：4666-4671.

[22] Shantaram A，Beyenal H，Raajan R，et al. Wireless sensors powered by microbial fuel cells. Environmental Science & Technology，2005，39（13）：5037-5042.

[23] Liu X W，Sun X F，Huang Y X，et al. Nano-structured manganese oxide as a cathodic catalyst for enhanced oxygen reduction in a microbial fuel cell fed with a synthetic wastewater. Water Research，2010，44（18）：5298-5305.

[24] Scott K，Roche I，Katuri K. A microbial fuel cell using manganese oxide oxygen reduction catalysts. Journal of Applied Electrochemistry，2010，40（1）：13-21.

[25] Roche I，Scott K. Carbon-supported manganese oxide nanoparticles as electrocatalysts for oxygen reduction reaction（Orr）in neutral solution. Journal of Applied Electrochemistry，2009，39（2）：197-204.

[26] Lewandowski Z，Rhoads A，Beyenal H. Microbial fuel cell using anaerobic respiration as an snodic reaction and biomineralized manganese as a cathodic reactant. Environmental Science & Technology，2005，39（12）：4666-4671.

[27] Nguyen T A，Lu Y，Yang X，et al. Carbon and steel surfaces sodified by Leptothrix Discophora Sp-6：characterization and implications. Environmental Science & Technology，2007，41（23）：7987-7996.

[28] Mao Y，Zhang L，Li D，et al. Power generation from a biocathode microbial fuel cell biocatalyzed by ferro/manganese-oxidizing bacteria. Electrochimica Acta，2010，55（27）：7804-7808.

[29] Lewandowski Z，Shantaram A，Beyenal H，et al. Wireless sensors powered by microbial fuel cells. Environmental Science & Technology，2005，39（13）：5037-5042.

[30] Ter Heijne A，Hamelers H V M，De Wilde V，et al. A bipolar membrane combined with ferric iron reduction as an efficient cathode system in microbial fuel cells. Environmental Science & Technology，2006，40（17）：5200-5205.

[31] Ter Heijne A，Hamelers H V M，Buisman C J N. Microbial fuel cell operation with continuous biological ferrous iron oxidation of the catholyte. Environmental Science & Technology，2007，41（11）：4130-4134.

[32] Mao Y P，Zhang L H，Li D M，et al. Power generation from a biocathode microbial fuel cell biocatalyzed by ferro/manganese-oxidizing bacteria. Electrochimica Acta，2010，55（27）：7804-7808.

[33] Lopez-Lopez A，Exposito E，Anton J，et al. Use of Thiobacillus Ferrooxidans in a coupled microbiological-electrochemical system for wastewater detoxification. Biotechnology and Bioengineering，1999，63（1）：79-86.

[34] Hamelers H V M，Ter Heijne A，Buisman C J N. Microbial fuel cell operation with continuous biological ferrous iron oxidation of the catholyte. Environmental Science & Technology，2007，41（11）：4130-4134.

[35] Carbajosa S，Malki M，Caillard R，et al. Electrochemical growth of Acidithiobacillus Ferrooxidans on a graphite electrode for obtaining a biocathode for direct electrocatalytic reduction of oxygen. Biosensors & Bioelectronics，2010，26（2）：877-880.

[36] Angenent L T，He Z. Application of bacterial biocathodes in microbial fuel cells. Electroanalysis，2006，18（19-20）：2009-2015.

[37] Gregory K B，Bond D R，Lovley D R. Graphite electrodes as electron donors for anaerobic respiration. Environmental Microbiology，2004，6（6）：596-604.

[38] Clauwaert P，Rabaey K，Aelterman P，et al. Biological denitrification in microbial fuel cells. Environmental Science & Technology，2007，41（9）：3354-3360.

[39] Park H I，Kim D K，Choi Y J，et al. Nitrate reduction using an electrode as direct electron donor in a biofilm-electrode reactor. Process Biochemistry，2005，40（10）：3383-3388.

[40] Lefebvre O，Al-Mamun A，Ng H Y. A Microbial fuel cell equipped with a biocathode for organic removal and denitrification. Water Science and Technology，2008，58（4）：881-885.

[41] Virdis B，Rabaey K，Yuan Z，et al. Microbial fuel cells for simultaneous carbon and nitrogen removal. Water Research，2008，42（12）：3013-3024.

[42] Virdis B，Rabaey K，Rozendal R A，et al. Simultaneous nitrification，denitrification and carbon removal in microbial fuel cells. Water Research，2010，44（9）：2970-2980.

[43] Virdis B，Rabaey K，Yuan Z G，et al. Electron fluxes in a microbial fuel cell performing carbon and nitrogen removal. Environmental Science & Technology，2009，43（13）：5144-5149.

[44] Xie S，Liang P，Chen Y，et al. Simultaneous carbon and nitrogen removal using an oxic/anoxic-biocathode microbial fuel cells coupled system. Bioresource Technology，2011，102（1）：348-354.

[45] Holmes D E，Bond D R，O'Neill R A，et al. Microbial communities associated with electrodes harvesting electricity from a variety of aquatic sediments. Microbial Ecology，2004，48（2）：178-190.

[46] Verstraete W，Clauwaert P，Rabaey K，et al. Biological denitrification in microbial fuel cells.

Environmental Science & Technology，2007，41（9）：3354-3360.

[47] Keller J，Virdis B，Rabaey K，et al. Microbial fuel cells for simultaneous carbon and nitrogen removal. Water Research，2008，42（12）：3013-3024.

[48] Puig S，Serra M，Coma M，et al. Simultaneous domestic wastewater treatment and renewable energy production using microbial fuel cells（MFCs）. Water Science and Technology，2011，64（4）：904-909.

[49] Virdis B，Read S T，Rabaey K，et al. Biofilm stratification during simultaneous nitrification and denitrification（Snd）at a biocathode. Bioresource Technology，2011，102（1）：334-341.

[50] Chen G W，Choi S J，Lee T H，et al. Application of biocathode in microbial fuel cells：cell performance and microbial community. Applied Microbiology and Biotechnology，2008，79（3）：379-388.

[51] Nerenberg R，Butler C S，Clauwaert P，et al. Bioelectrochemical perchlorate reduction in a microbial fuel cell. Environmental Science & Technology，2010，44（12）：4685-4691.

[52] Wrighton K C，Virdis B，Clauwaert P，et al. Bacterial community structure corresponds to performance during cathodic nitrate reduction. The ISME Journal，2010，4（11）：1443-1455.

[53] Demane`che S P L，David M M，Navarro E，et al. Characterization of denitrification gene clusters of soil bacteria Via a metagenomic approach. Appl Enviro Microbiol，2009，75：534-537.

[54] Kondaveeti S，Lee S H，Park H D，et al. Bacterial communities in a bioelectrochemical denitrification system：the effects of supplemental Electron acceptors. Water Research，2014，51：25-36.

[55] Lee S H，Kondaveeti S，Min B，et al. Enrichment of clostridia during the operation of an external-powered bio-electrochemical denitrification system. Process Biochemistry，2013，48（2）：306-311.

[56] Cong Y，Xu Q，Feng H，et al. Efficient electrochemically active biofilm denitrification and bacteria consortium analysis. Bioresource Technology，2013，132：24-27.

[57] Su W，Zhang L，Li D，et al. Dissimilatory nitrate reduction by pseudomonas alcaliphila with an electrode as the sole electron donor. Biotechnology and Bioengineering，2012，109（11）：2904-2910.

[58] Butler C S，Clauwaert P，Green S J，et al. Bioelectrochemical perchlorate reduction in a microbial fuel cell. Environmental Science & Technology，2010，44（12）：4685-4691.

[59] Park D H L M，Guettler M V. Microbial utilization of electrically reduced neutral red as the sole electron donor for growth and metabolite production.. Applied and Environmental Microbiology，1999，65（7）：2912-2917.

[60] Cao X X，Huang X，Liang P，et al. A completely anoxic microbial fuel cell using a photo-biocathode for cathodic carbon dioxide reduction. Energy & Environmental Science，2009，2（5）：498-501.

[61] Gregory K B，Lovley D R. Remediation and recovery of uranium from contaminated subsurface environments with electrodes. Environmental Science & Technology，2005，39（22）：8943-8947.

[62] Huang L P，Chen J W，Quan X，et al. Enhancement of hexavalent chromium reduction and electricity production from a biocathode microbial fuel cell. Bioprocess and Biosystems Engineering，2010，33（8）：937-945.

[63] Huang L P，Chai X L，Cheng S A，et al. Evaluation of carbon-based materials in tubular biocathode microbial fuel cells in terms of hexavalent chromium reduction and electricity generation. Chemical Engineering Journal，2011，166（2）：652-661.

[64] Rozendal R A, Jeremiasse A W, Hamelers H V M, et al. Hydrogen production with a microbial biocathode. Environmental Science & Technology, 2008, 42 (2): 629-634.

[65] Clauwaert P, Toledo R, Van der Ha D, et al. Combining biocatalyzed electrolysis with anaerobic digestion. Water Science and Technology, 2008, 57 (4): 575-579.

[66] Cheng S A, Xing D F, Call D F, et al. Direct biological conversion of electrical current into methane by electromethanogenesis. Environmental Science & Technology, 2009, 43 (10): 3953-3958.

[67] Mendoza-Espinosa L G, Stephenson T. A review of biological aerated filters (Bafs) for wastewater treatment. Environmental Engineering Science, 1999, 16 (3): 201-216.

[68] Metcalf and Eddy I. Wastewater engineering: treatment & reuse, 4th ed. New York: McGraw-Hill, 2004.

[69] Du Y, Feng Y, Dong Y, et al. Coupling interaction of cathodic reduction and microbial metabolism in aerobic biocathode of microbial fuel cell. Rsc Advances, 2014, 4 (65): 34350.

[70] Ma J, Wang Z, He D, et al. Long-term investigation of a novel electrochemical membrane bioreactor for low-strength municipal wastewater treatment. Water Research, 2015, 78: 98-110.

[71] Sayess R R, Saikaly P E, Elfadel M, et al. Reactor performance in terms of COD and nitrogen removal and bacterial community structure of a three-stage rotating bioelectrochemical contactor. Water Research, 2013, 47 (2): 881.

[72] Liang B, Cheng H Y, Kong D Y, et al. Accelerated reduction of chlorinated nitroaromatic antibiotic chloramphenicol by biocathode. Environmental Science & Technology, 2013, 47 (10): 5353-5361.

[73] Sorokin D Y, Zhilina T N, Lysenko A M, et al. Metabolic versatility of haloalkaliphilic bacteria from Soda Lakes belonging to the Alkalispirillum-Alkalilimnicola group. Extremophiles Life Under Extreme Conditions, 2006, 10 (3): 213-220.

第6章　有机物在微生物电化学系统内转化与过程分析

微生物电化学系统中，阳极是各种有机污染物发生氧化反应的主要场所，也是微生物附着的主要位点。通过电化学活性微生物的代谢作用，有机污染物被氧化，同时产生的电子进入微生物的呼吸链。如第2章所示，整个电子传递过程伴随着质子的产生和ATP的生成。在此过程中，在物质守恒的层面上，污染物一部分被降解成小分子有机物，最终产生CO_2实现完全的矿化；另一部分污染物被微生物利用合成生物质。在能量守恒的层面上，污染物中的化学能一部分被转化为电能，另一部分用于维持自身的生命活动。

乙酸盐、乳酸盐等这类小分子有机物能够直接被电化学活性微生物利用，因此它们的理论库仑效率和能量效率是最高的。但当系统中存在复杂有机污染物时（如纤维素），产电过程通常需要其他的功能微生物群落辅助，即先由功能微生物将特定的复杂污染物转化为小分子有机物，然后再由电化学活性微生物进一步降解产电。有机物结构越复杂，其电子传递过程就越复杂。在MES最初的研究阶段，绝大多数研究使用的均是单室空气阴极立方体反应器及单室空气阴极瓶型反应器，其结构见图6-1。单室方形空气阴极立方体反应器长4cm，体积28mL，阳极为碳布（亲水，E-Tek，USA）或者碳纤维刷（直径25mm），阴极是由0.35mg/cm^{2}的Pt催化层（与水接触）和四层PTFE扩散层（与空气接触）制成的碳布（直径3cm）。碳布阳极和阴极的面积均为7cm^2，钛丝用于连接阴阳极和外电路，运行时外电阻一般为1000Ω。

(a)

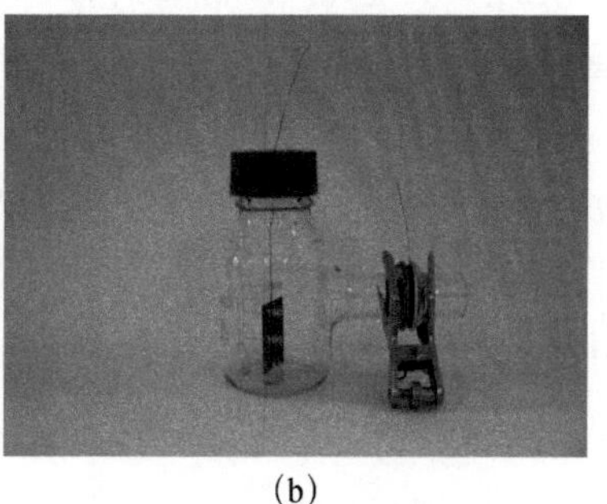

(b)

图6-1　单室空气阴极立方体MFC（a）及单室空气阴极瓶型MFC（b）[1]

6.1 单一有机物在 MFC 中的转化

在微生物燃料电池研究早期阶段，人们对于有机物在系统中的转化效率知之甚少，电化学活性微生物的营养与电子传递之间的关系也不是十分清晰，自然将研究重点放在了有机物在系统中的转化规律上。由此获得的实验数据对于认识和了解有机物在MES系统中的转化及认识电化学活性微生物的特性均具有重要的价值。

多种单糖、糖类衍生物、多元醇、氨基酸、有机酸及含氮杂环化合物作为电活性微生物的底物被应用于微生物电化学系统中。其中碳水化合物作为一种微生物较易利用的底物，受到研究者的广泛关注。Catal 等考察了单室空气阴极微生物电化学系统以六种已糖（包括葡萄糖、半乳糖、果糖、海藻糖、鼠李糖及甘露糖）、三种戊糖（木糖、阿拉伯糖及核糖）及三种糖类衍生物（半乳糖醛酸、葡萄糖醛酸及葡萄糖酸）为底物时的产电性能，结果发现以半乳糖醛酸为底物时系统获得功率密度最大，为2770mW/m^2，其次为木糖和葡萄糖。而以甘露糖为底物时输出功率密度最低，为1240mW/m^2。不同底物下，COD去除率均在80%以上，库仑效率在22%～34%范围内波动[2]。

蛋白质是有机废水中常见的一种污染物，普遍存在于生活污水、食品加工废水及工业废水中，废水中的含氮有机物主要以不同形态及浓度的氨基酸存在。哈尔滨工业大学冯玉杰团队以8种具有代表性的氨基酸作为底物，考察单室空气阴极微生物电化学系统的产电性能。这8种氨基酸分别为非极性的丙氨酸、极性且不带电荷的丝氨酸和天冬酰胺、极性且带负电荷的天冬氨酸和谷氨酸以及极性且带正电荷的赖氨酸、组氨酸及精氨酸。结果表明，系统以丝氨酸为底物时可获得的功率密度最高，为768mW/m^2，而以丙氨酸为底物时，功率密度最低，仅为556mW/m^2。以不同氨基酸作为底物时，COD去除率均在90%以上，库仑效率在13%～30%内波动[3]。

乙酸及丁酸是生物制氢过程中的发酵产物，这些挥发酸同样被用作产电菌的底物，考察其产电性能。Liu等以乙酸和丁酸作为底物，分别获得了506mW/m^{2}及305mW/m^{2}的最大功率密度[4]。而丙酸盐作为一种特殊的发酵末端产物，其矿化过程通常需要多种微生物互营作用。但丙酸盐的积累通常会导致厌氧反应器崩溃。Yan等发现，丙酸盐在MES中的降解具有空间异质性，即悬浮溶液中的 *Arcobacter* 和 *Azospirillum* 可能与电极生物膜中的 *Geobacter* 互营产电[5]。Choi 以多种挥发酸的混合物作为底物，获得了240mW/m^{2}的最大输出功率密度[6]。研究表明，短链挥发酸由于更容易降解，其产电性能优于长链挥发酸。Kim等以两种构型的微生物电化学系统考察了乙醇作为底物时系统的产电性能，结果表明采用单室反应器时获得了较高的输出功率密度（488mW/m^2）[7]。Kiely 同样以乙醇作为底物，并获得了820mW/m^{2}的最大功率密度[8]。另外，研究者们还尝试以琥珀酸盐、葡萄聚糖、甘油等作为微生物电化学系统阳极产电菌的底物，然而并未获得预期的结果（表6-1）。

表6-1　以简单或特定成分物质为底物的微生物电化学系统的性能[1]

底物类型	反应器构型	最大功率密度（mW/m^2）	库仑效率（%）	COD去除率（%）	参考文献
葡萄糖	双室	2160±10	28	93±2	[2]
半乳糖	双室	2090±10	23	93±2	[2]
左旋糖	双室	1810±10	23	88±2	[2]
海藻糖	双室	1760±10	34	84±4	[2]
鼠李糖 甘露糖	双室 双室	1320±110 1240±10	30 25	90±2 88±4	[2]
木糖	双室	2330±60	31	95±2	[2]
树胶醛醣	双室	2030±20	27	93±2	[2]
核糖	双室	1520±10	30	86±3	[2]
半乳糖醛酸	双室	1480±150	22	80±2	[2]
葡萄糖醛酸	双室	2770±30	24	89±1	[2]
葡萄糖酸	双室	2050±30	30	93±6	[2]
蔗糖	单室	1.79（W/m^3）	4	94	[9]
丝氨酸	单室	768	≈20	≈93	[3]
天冬酰胺	单室	595	≈15	≈93	[3]
天冬氨酸	单室	601	≈25	≈94	[3]
谷氨酸	单室	686	≈28	≈95	[3]
丙氨酸	单室	556	30±1	96±1	[3]
赖氨酸	单室	592	≈25	≈93	[3]
组氨酸	单室	718	≈25	≈93	[3]
精氨酸	单室	727	13±3	≈91	[3]
乙酸盐	单室	2400	60	NA	[3]
丁酸盐	单室	305	5	>98	[4]
甲酸盐	C-型无介体	NA	6.5	83	[10]
吡啶	双室	142.1	<8.0	86	[11]
喹啉	双室	203.4	<8.0	93	[11]
吲哚	双室	228.8	<8.0	95	[11]

大量研究表明，糖类、醇类、有机酸类、甚至一些特殊结构的有毒物质均可以在MES系统中被降解转化。在有机物降解转化的同时，我们对于库仑效率、微生物群落结构等也进行了系统研究，发现了电化学、生物学协同作用对有机物转化的一些规律。

6.1.1　葡萄糖在MFC中的转化过程分析

众所周知，葡萄糖是电化学活性微生物最易利用的底物，在MFC研究的前几年中，几乎所有的研究单位均将葡萄糖作为底物进行研究。我们在早期也基本上是采用葡萄糖进行电化学活性微生物驯化，培养具有电化学活性的生物膜。

1）以葡萄糖为底物的MES产电性能

为了保证MFC能够顺利启动，常使用生活污水作为接种菌源。生活污水中COD一般为500～600mg/L。接种液中含有生活污水（50%）、1g/L的葡萄糖、50mmol/L的PBS以及微量金属离子溶液和维他命溶液，一般平行启动几台MFC，当连续两个周期的最高电压相同时，通常认为MFC的启动过程完成。在接种后150h，1000Ω外电阻下MFC的电压输出均达到513±4mV（376mW/m^2），并在接下来的一个周期达到稳定，表明这两台MFC的阳极产电微生物已经驯化好，启动过程完成。在稳定运行期间，在50000～50Ω间逐步改变MFC的外电路电阻值，记录获得的电压，获得极化曲线和功率密度曲线。以葡萄糖为底物时，空气阴极MFC的最大输出功率为731mW/m^2[1]。

2）葡萄糖在MES中的转化过程

在1911年最早的MFC研究中就使用了葡萄糖作为底物，英国的植物学家Potter等构建了以大肠杆菌（*Bacillus coli*）及酿酒酵母（*Saccharomyces cerevisae*）为催化剂的燃料电池，发现通过微生物对葡萄糖的氧化可在铂电极之间获得0.3～0.4V的电压[12]。1962年，Davis等在*Science*上发表的文章指出，通过向含有葡萄糖及电子中介体的半电池中加入大肠埃希氏菌（*Escherichia coli*），可以使系统的开路电压由150mV增大到625mV，并使电压保持在500mV长达1h左右[13]。然而由于电子中介体自身的一些缺陷，如对生物细胞的毒副作用、稳定性差、时效性短等，限制了微生物电化学系统的进一步发展。直至1999年，韩国科学技术研究院的微生物学家Kim首次在无任何电子中介体添加的情况下，实现了胞外电子传递过程，这一重大突破使微生物电化学系统的研究进入新阶段[14]。随后，Lovley于2003年证实了嗜甜菌（*Rhodoferax ferrireducens*）同样具有较好的胞外电子传递活性，可以将氧化葡萄糖产生的电子直接传递到阳极表面，能够作为微生物电化学系统中阳极菌种并参与阳极反应，这些具有突破性的研究均是使用葡萄糖作为底物完成的[15]。根据Freguia等的研究结果，葡萄糖在MFC中的降解过程中首先水解为氢和乙酸盐[16]。在以葡萄糖为底物运行的MFC中，电化学活性菌主要的底物来源为葡萄糖水解生成的乙酸盐。因此，不论底物是葡萄糖还是乙酸钠，最终向阳极提供电子的主要底物均为乙酸盐，获得最大功率密度也相近（例如，葡萄糖为731mW/m^2；乙酸钠为787mW/m^2）。

6.1.2 五碳糖为底物的产电过程

五碳糖——木糖是纤维素类物质水解液中的主要成分，是木质纤维素水解产物中含量仅次于葡萄糖的一种单糖，秸秆中半纤维素水解后的产物90%为木糖[17]。木糖的资源化利用一直是秸秆纤维素综合利用的重要方面，但也一直没有提出很好的解决途径。此外秸秆青储中也会产生一些富含木糖的青储液，为更好的理解此类物质在MFC中的降解转化规律，本课题组在完成秸秆综合利用项目中，探讨了利用MFC进行木糖转化的可行性。

1）五碳糖与秸秆水洗液在MFC中转化

采用空气阴极单室瓶形反应器研究秸秆水洗液的转化。秸秆水洗液为秸秆汽爆预处理并经解毒洗涤后形成的溶液（俗称水洗液，也叫半纤维素水解液）。以生活污水作为产电菌的来源，分别在纯木糖（1g/L）和相同浓度的秸秆水洗液（1000mg/L）下运行MES，产电稳定后的结果见表6-2。

表6-2 木糖与水洗液作底物时的功率密度、COD去除率和库仑效率的比较[1]

	水洗液	木糖
功率密度（mW/m^2）	644	696
COD去除率（%）	60	92
库仑效率（%）	9.5	8.6

实验结果表明，COD为1000mg/L水洗液的降解率为60%，与文献中得到的数据相当，而同样浓度的纯木糖降解率可达到92%。水洗液中的成分复杂，里面含有较多的不可降解的成分，而木糖成分单一，很容易被降解。在1000Ω的外阻下，以水洗液及纯木糖做底物时获得的电压相当，分别为480mV和482mV；水洗液的功率密度为644mW/m^2，低于木糖的696mW/m^2；但从库仑效率来看，水洗液的9.5%和木糖的8.6%都很低。最高功率密度时水洗液的外阻为400Ω，而用极化曲线估算的内阻为383Ω。同样，最高功率密度时木糖的外阻为300Ω，而用极化曲线估算的内阻为325Ω。这说明，通过变化外阻来测量功率密度曲线时，当外阻与内阻大小相当时可得到最高功率密度。以1000mg-COD/L水洗液为底物时，一个周期可以维持大约6.5天（当电压小于50mV时更换底物），而用同样浓度的木糖做底物，周期要长一些，可达到8天。这可能是由于水洗液中含有难降解的高分子有机物，同样COD条件下水洗液中可被产电细菌利用的底物少，周期时间相对较短。这一结果说明木糖及秸秆水洗液均可以作为MFC反应器的“燃料”。

采用立方体反应器时，同样获得了木糖的高效转化。以1g/L的木糖为底物启动反应器时，经过3个周期（250h）后，MFC启动完成，在1000Ω外阻下，MFC最高电压达540mV。

2）电极微生物形貌分析

取出产电稳定期间反应器的阳极电极，预处理后获得电极表面电镜照片，并与电极使用前做对比分析。图6-2（a）和图6-2（b）是电极使用前的电镜照片，图6-2（c）是以秸秆水洗液为底物时阳极的电镜照片，图6-2（d）是以木糖为底物时阳极的电镜照片。由电镜照片可以看出，电极使用前表面无菌株附着生长。在以秸秆水洗液和木糖为底物时，电极上均有菌株附着，且形态相似，基本上为杆菌。可见，产电菌可以利用秸秆水洗液生长，使MFC反应器在处理水洗液的同时完成产电，与以木糖为底物运行反应器时达到相似的效果。

6.1.3 氨基酸在MFC中的转化

氨基酸泛指所有含有氨基的羧酸，是生活污水与食品、饲料、医药等一些工业废水中碳氮污染的组成成分。以不同种类的氨基酸配置的底物作为同时含碳、氮底物的研究对

图6-2 阳极碳纸的SEM照片

（a），（b）使用之前的碳纸电极；（c）以秸秆水洗液为底物的MFC阳极碳纸；（d）以木糖为底物的MFC阳极碳纸

象，研究不同的氨基酸底物在微生物燃料电池反应器中的产电性能。使用的八种氨基酸及其基本性质如表6-3所示。

表6-3 八种氨基酸的基本性质

氨基酸	丙氨酸	丝氨酸	天冬酰胺	天冬氨酸	谷氨酸	赖氨酸	组氨酸	精氨酸
分子结构	$^{+}H_3N-CH(COO^-)-CH_3$	$^{+}H_3N-CH(COO^-)-CH(OH)-H$	$^{+}H_3N-CH(COO^-)-CH_2-C(=O)NH_2$	$^{+}H_3N-CH(COO^-)-CH_2-COO^-$	$^{+}H_3N-CH(COO^-)-CH_2-CH_2-COO^-$	$^{+}H_3N-CH(COO^-)-CH_2-CH_2-CH_2-CH_2-NH_{3+}$	$^{+}H_3N-CH(COO^-)-CH_2-C_3H_3N_2H^+$（咪唑环）	$^{+}H_3N-CH(COO^-)-CH_2-CH_2-CH_2-NH-C(=NH_2^+)-NH_2$
分子量	89	105	132	132	147	146	155	174
极性	非极性	极性	极性	极性	极性	极性	极性	极性
R基团所带电荷	—	中性	中性	负电荷	负电荷	正电荷	正电荷	正电荷

1）氨基酸作为底物的输出电压和最大功率

组装Pt/C空气阴极单室微生物燃料电池，以1g/L乙酸钠作为碳源，以生活污水接种启动反应器。各个反应器启动完成后，得到550mV的最大输出电压。为保证底物更换后各个反应器中的总有机碳含量相同（720mg/L），分别用*DL*-丙氨酸（Ala，20mmol/L）、*L*-丝氨酸（Ser，20mmol/L）、*L*-天门冬酰胺（Asn，15mmol/L）、*L*-天冬氨酸（Asp，15mmol/L）、*L*-赖氨酸（Lys，10mmol/L）、*L*-谷氨酸（Glu，12mmol/L）、*L*-精氨酸（Arg，10mmol/L）、*L*-组氨酸（His，10mmol/L）代替乙酸钠作为底物，开始驯化反应器，直到得到稳定的电压输出。

根据各种氨基酸在微生物燃料电池中的驯化电压图（图6-3），可以看出这八种氨基酸的最大输出电压在480mV（谷氨酸）～550mV（精氨酸）之间。驯化最快的是丝氨酸，20h即达到最大电压，驯化最慢的精氨酸，经过264h才达到最大电压。产电的八种氨基酸中，只有丙氨酸一种非极性氨基酸。另外7种极性氨基酸的达到最大电压的驯化时间与分子量呈现正相关关系，即分子量越大，所需驯化时间越长。分子量最小的丝氨酸驯化时间最短，分子量最大的精氨酸驯化时间最长。七种极性氨基酸具有相似的分子结构，由此可以推断，对于分子结构相似的同一类型底物，产电所需的驯化时间跟分子大小有关，小分子

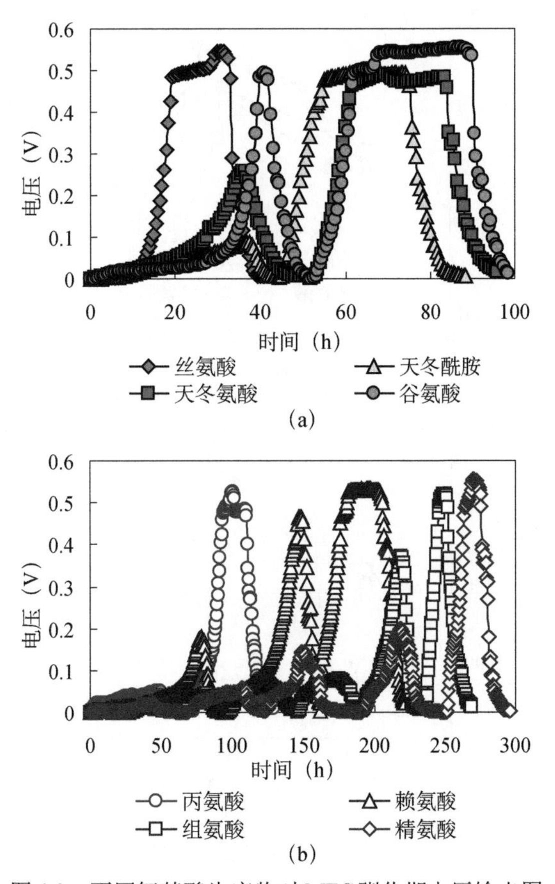

图6-3 不同氨基酸为底物时MFC驯化期电压输出图

结构简单，易于被产电菌利用。而分子量大的底物，相对需要较长的时间驯化。但是驯化时间并不只是与分子量相关。丙氨酸是八种氨基酸中分子量最小的，但是由于其为非极性分子，驯化时间相对较长。

反应器驯化完成后，为了表征各种氨基酸底物的产电能力，对驯化好的反应器进行功率曲线的测量。图6-4是八种氨基酸的最大输出功率图。实验结果表明，能产生最大功率密度的是丝氨酸，达到768mW/m²，而功率密度最小的丙氨酸，功率密度仅为556mW/m²。丙氨酸是非极性分子，与其他极性氨基酸相比，其本身分子的憎水性导致了其最小的功率密度。丝氨酸和天冬酰胺是中性极性分子，产生的功率分别为768mW/m²和595mW/m²。谷氨酸和天冬氨酸是极性带负电荷的分子，输出功率密度分别为686mW/m²和601mW/m²。而精氨酸、组氨酸和赖氨酸是极性带正电荷的分子，功率密度分别是727mW/m²、718mW/m²和592mW/m²。根据这些数据，我们可以发现所有极性分子的功率均高于非极性分子的功率，但是极性分子的电荷和输出功率的规律并不明显。中性的天冬酰胺、负电荷的天冬氨酸和带正电荷的赖氨酸分子结构和性质差别很大，但是输出功率相近，都在592～601mW/m²之间。另外，分子量和输出功率之间的关系也不明显，天冬酰胺和天冬氨酸分子量相同，功率密度相近；但是谷氨酸和赖氨酸分子量虽然相近，但其功率密度高出16%。

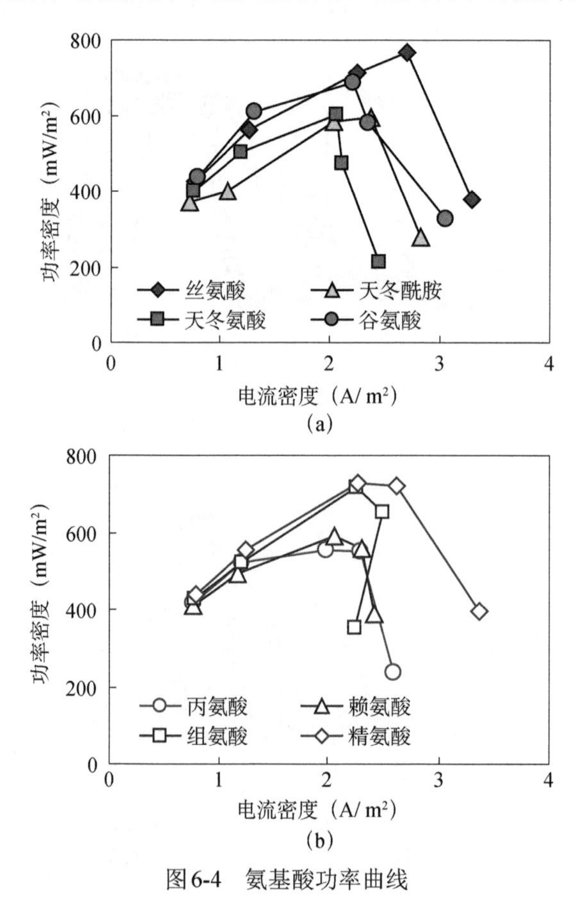

图6-4　氨基酸功率曲线

2）总氮、COD去除与库仑效率

对使用各种氨基酸为底物的各个反应器的进出水COD浓度和总碳TOC、总氮浓度进行测试，分别计算COD去除率和TOC去除率，并根据进出水COD与电路通过的库仑量计算库仑效率，如图6-5、图6-6所示。

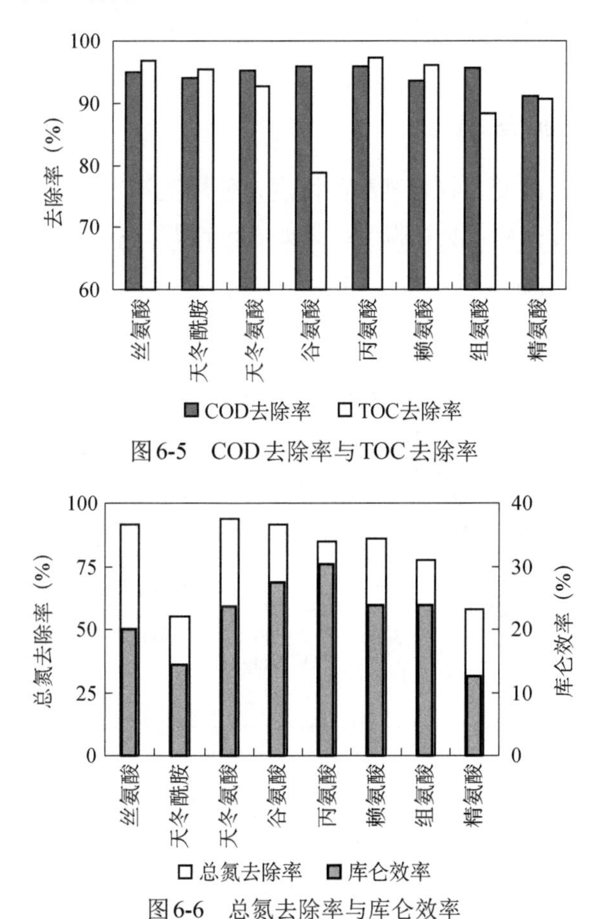

图6-5　COD去除率与TOC去除率

图6-6　总氮去除率与库仑效率

所有氨基酸的COD去除效率都在91%以上。最小的是精氨酸，然后依次为赖氨酸与天冬酰胺（94%）、丝氨酸与天冬酰胺（95%），最大的是组氨酸、谷氨酸与丙氨酸，达到96%。TOC去除率谷氨酸最低，为79%。组氨酸、精氨酸天冬氨酸的TOC去除率略高，分别为88%、91%与93%。天冬酰胺与赖氨酸达到了96%，丝氨酸与丙氨酸的TOC去除率最高，为97%。丙氨酸与丝氨酸是COD与TOC去除效果最好的两种氨基酸。

八种氨基酸的库仑效率在13%（精氨酸）～30%（丙氨酸）之间（图6-6）。库仑效率与电极材料、反应器构型和底物都有关系。在乙酸、丙酸、丁酸与葡萄糖中，乙酸的库仑效率最高而葡萄糖的库仑效率最低，由此推断具有发酵性质的底物库仑效率趋向于更低[18]。实验中底物精氨酸所需驯化时间最长，可能导致反应器内阴极表面生长许多非产电菌，导致COD被消耗，因此库仑效率降低。

总氮去除率在55%（天冬酰胺）～94%（天冬氨酸）之间。研究表明，在空气阴极微生物燃料电池系统中，由于铵离子向挥发性氨的转化，氮的去除随着电流产生而增加[19]。在另一项研究中，当溶解氧降低时，反硝化得以加强，从而提高氮的去除率。较高的溶解氧会阻碍反硝化的进行，而且会使库仑效率降低[20]。实验中精氨酸和天冬酰胺的总氮去除率最低，对应的库仑效率也是最低的，从溶解氧的角度推断氮去除率与库仑效率同时偏低是合理的。

3）最大输出电压拟合

在150Ω 外电阻下，改变底物氨基酸的浓度，使用莫诺方程对不同底物TOC浓度时可能得到的最大电压值进行拟合，莫诺拟合结果如表6-4和图6-7所示。

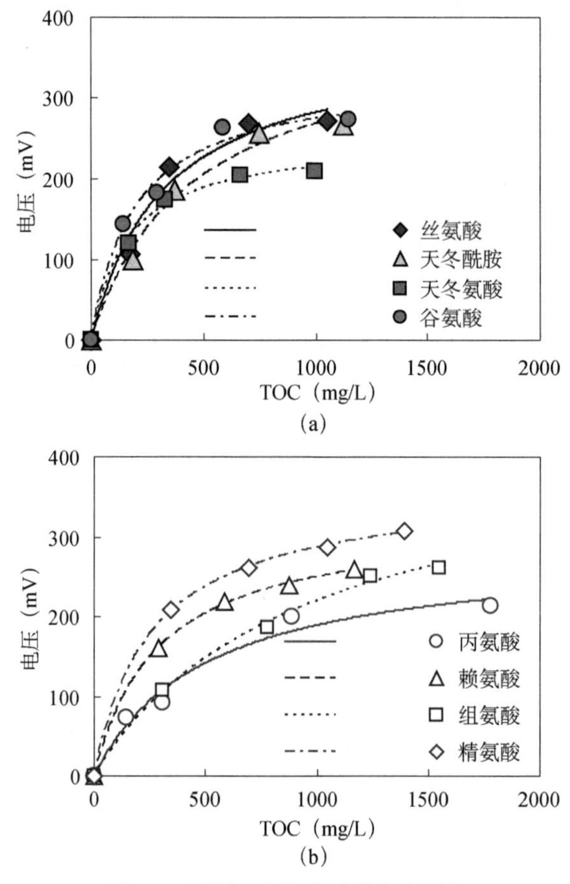

图6-7 不同底物浓度的输出电压值

表6-4 莫诺方程拟合结果

氨基酸	最大电压（mV）	半饱和常数（mg/L）	R^2
丝氨酸	376	328	0.9743
天冬酰胺	391	457	0.9873
天冬氨酸	251	166	0.9963

续表

氨基酸	最大电压（mV）	半饱和常数（mg/L）	R^2
谷氨酸	330	200	0.9877
丙氨酸	285	501	0.9775
赖氨酸	324	295	0.9993
组氨酸	429	947	0.9971
精氨酸	363	264	0.9998

底物进水TOC浓度控制在1800mg/L以下，基于前期研究结果，150Ω 电阻的选择是由于该外阻下可获得最大输出功率。使用Sigma Plot进行拟合，结果表明，最大输出电压在251mV～429mV之间。天冬氨酸的理论最大输出电压最小，仅为251mV，半饱和常数为166mg/L。组氨酸最大输出电压拟合在429mV，半饱和常数为947mg/L。半饱和常数与底物种类和外电阻有关[21]，非极性分子丙氨酸的最大输出电压虽然略高于天冬氨酸，但仍然是电压仅有285mV，是最低的两种氨基酸之一，另外六种极性氨基酸的最大电压值远大于320mV以上。综合考虑各项指标结果，极性分子比非极性分子更适合作微生物燃料电池的底物。

6.1.4 呼吸链抑制剂对微生物燃料电池中底物转化的影响

叠氮化钠作为大多数叠氮类物质的前体，由于具有剧毒性，作为典型的呼吸链抑制剂，其在环境中的排放受到严格限制。叠氮化物的化学键独特，基于电化学的研究表明，叠氮化物既显示氧化性，又显示还原性。当电极电位高于0.76V vs. Ag/AgCl时，叠氮化物可被氧化为N_2、NO、NO_2和N_2O。当电极电位低于−0.44V vs. Ag/AgCl时，叠氮化物会被还原为N_2、N_2H_2并可能生成NH_3[22]。

迄今为止，仅有少量关于叠氮化钠在MFC中转化的报道。Lee等认为叠氮化物只对好氧菌的电子传递过程起到抑制作用，对MFC内电化学活性菌的电子传递过程则不起抑制作用[23]。Chang等发现向MFC阳极室投加叠氮化物可以有效避免细菌有氧呼吸造成的有机底物损耗，并改善MFC的库仑效率[24]。在MFC内，当氧气作为阴极氧化剂时，尽管氧气向阳极的扩散不可避免，但阳极的功能菌群仍以厌氧菌或兼性菌为主[25]。叠氮化物能够抑制菌群中好氧菌的代谢活动，但它是否参与厌氧菌尤其是电化学活性菌的代谢还需进一步确认。目前所知，*Azotobacter vinelandii*[26]、*Clostridium pasteurianum*[27]、*Klebsiella pneumoniae*[28]等菌种可以利用自身固氮酶实现叠氮化物的还原，但尚没有关于这些菌种在MFC中参与叠氮化物还原的报道。

本研究以考察MFC中叠氮化物的转化过程研究为主要目标，使用含不同浓度叠氮化钠的乙酸钠培养基在单室空气阴极MFC内驯化富集电化学活性菌。通过测定MFC反应器的电流输出、有机底物的损耗、叠氮化钠浓度变化、库仑效率来揭示叠氮化钠在生物电化学装置中转化过程，研究结果为认识此类物质在MFC中的转化提供基础。

1）叠氮化钠对MFC电能输出的影响

用生活污水和乙酸钠溶液（20∶80，*v/v*）的混合液作为菌源和碳源启动6组反应器。每隔48h更换底物一次，连续更换三次。此后将含有不同浓度叠氮化钠（0.1mmol/L、0.2mmol/L、0.5mmol/L、1.0mmol/L、1.5mmol/L）的乙酸钠溶液注入反应器。当溶液中不含叠氮化钠时，作为对照的反应器很容易在5周之内形成稳定的电流，最大电流稳定在0.533±0.005 mA，表明阳极生物膜已形成，电化学活性菌菌群结构已趋于稳定。

对于以叠氮化钠驯化的反应器来说，电化学活性菌的富集过程随反应器内叠氮化钠的浓度不同而存在差异。在运行12周之后，以0.1mmol/L和0.2mmol/L叠氮化钠驯化的MFC产生的最大电流分别为0.527±0.003mA和0.530±0.002mA，略低于对照反应器（0.539±0.002mA）。对较高浓度叠氮化钠驯化的反应器来说，反应器的最大电流分别为0.137±0.007mA（0.5mmol/L）、0.117±0.001mA（1.0mmol/L）、0.107±0.003mA（1.5mmol/L），远低于对照组反应器（图6-8）。富集过程缓慢的现象也曾出现在利用丙酸盐富集电化学活性菌的实验中。当叠氮化物出现在丙酸盐合成废水中时，电化学活性菌的富集过程因叠氮化物存在而受到抑制。在长达1年的时间里，反应器的电流一直低于0.050mA[29]。

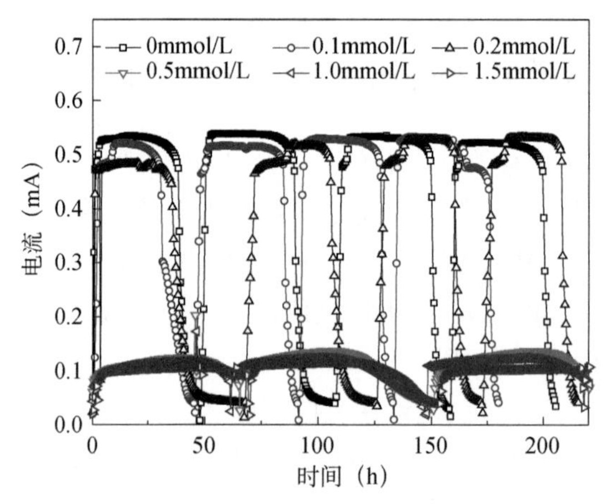

图6-8 单室MFC在启动12周后几个连续序批式循环内的电流变化

在之前的报道中，Chang等发现将低浓度的叠氮化钠投加到阳极液时MFC产生的电流会升高，并把这种现象归因于叠氮化物对阳极生物膜有氧呼吸的抑制作用。不过，该研究在电化学活性菌的富集过程并没有使用叠氮化钠，考察叠氮化钠对电化学活性菌活性影响时，仅是随机的加入叠氮化钠[24]。显然，驯化方式的差异决定着叠氮化物在MFC产电过程中所起的作用。本研究中，除对照反应器外，阳极生物膜在生长过程（接种过程除外）中一直暴露于叠氮化钠溶液中。叠氮化钠驯化的反应器电流低于对照反应器可能跟部分电子被阳极细菌利用而没有转移到阳极上有关。因此，叠氮化钠有可能作为阳极菌群的电子受体。

对不同浓度叠氮化钠驯化的反应器来说，其库仑效率也呈现相似的变化趋势（表6-5）。当叠氮化钠的浓度为0.1mmol/L及0.2mmol/L时，库仑效率略高于对照反应器，不过当浓度高于0.2mmol/L时，库仑效率明显低于对照反应器。利用双室MFC，本实验室也得出相似的结论：对照反应器的CE为70.7%±5.0%；而0.1mmol/L叠氮化钠驯化的反应器获得的CE为65.9%±5.0%。双室MFC反应器的CE整体上高于单室反应器，这可能跟阳极室溶氧溶度低有关[30]。对单室MFC来说，不同叠氮化钠浓度下电流输出或CE之间的差异很可能是由于对照反应器中溶氧消耗的电子数比反应器中浓度为0.1mmol/L或0.2mmol/L的叠氮化钠消耗的电子数要多，但当反应器中叠氮化钠浓度大于0.2mmol/L后，其消耗的电子数显著增加。

电流输出对叠氮化钠浓度的响应关系还可以从各反应器单一的电流周期反映出来。叠氮化钠浓度不同对电流输出的影响不仅体现在最大电流输出上，还体现在电流的实时变化上。当反应器内的叠氮化钠浓度较高时，电流输出在进入稳定期之前均出现一个明显的"肩部"（图6-9）。对于对照反应器来说，"肩部"非常不明显。当反应器中叠氮化钠的浓度分别为0.1mmol/L和0.2mmol/L时，电流出现"肩部"的时间分别为2h和2.5h。当叠氮化钠浓度较高时，出现"肩部"的时间分别为：10.5h（0.5mmol/L）、17.5h（1.0mmol/L）及8.5h（1.5mmol/L）。除了1.5mmol/L叠氮化钠驯化的反应器外，其他反应器的电流出现"肩部"的时间均随叠氮化钠初始浓度增加而延长。

表6-5　不同叠氮化钠浓度下单室反应器的峰电流和CE

NaN_3（mM）	0	0.1	0.2	0.5	1.0	1.5
I_{max}（mA）	0.532±0.002	0.533±0.004	0.550±0.002	0.454±0.002	0.458±0.001	0.466±0.004
CE（%）	20.3±0.1	22.2±0.1	23.4±0.9	18.2±0.7	13.7±0.3	14.1±0.5

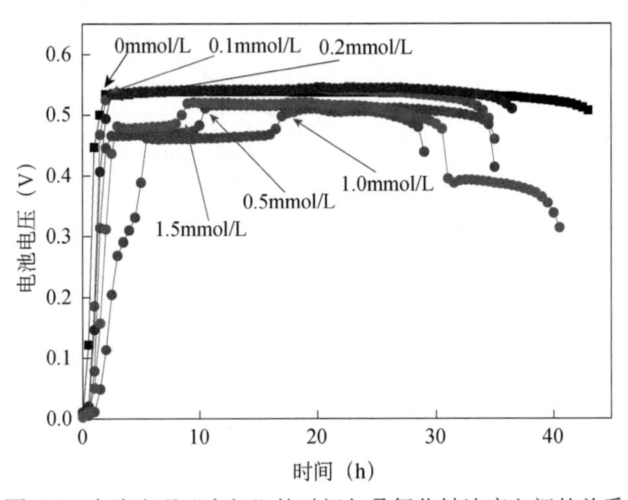

图6-9　电流出现"肩部"的时间与叠氮化钠浓度之间的关系

MFC本身作为一种生物传感器，电流输出与底物浓度之间存在正比关系。和对照反应器相比，电流出现"肩部"则是电子出现损耗的反映，间接证明了细菌催化氧化有机物释放的电子有部分参与了叠氮根的还原反应。

2）不同浓度叠氮化钠转化过程分析

为了证实叠氮化钠在MFC中是否被去除或转化，对反应器内进、出水中的叠氮化钠进行了浓度测定。分析结果显示，叠氮离子的浓度在所有反应器（对照反应器除外）中均呈现不同程度的降低（图6-10）。当进水中叠氮化钠的初始浓度为0.1mmol/L时，叠氮化钠在一个电流周期结束后的去除率为83.4%±10.9%。在0.2mmol/L的初始浓度下，去除率为55.4%±15.6%。当初始浓度高于0.2mmol/L时，叠氮化钠的去除率明显下降，分别为28.8%±20.6%（0.5mmol/L）、36.9%±10.9%（1.0mmol/L）及31.6%±12.6%（1.5mmol/L）。显然，当进水中叠氮化钠初始浓度增加后，叠氮离子的去除率开始降低。这可能与其反应动力学缓慢有关，造成叠氮化钠的利用率变低。通过对每个电流周期内叠氮离子浓度变化与进水中叠氮化钠初始浓度之间的关系进行线性拟合，可得出如下关系：

$$y=0.7179x-0.0557\ (R^2=0.9935) \tag{6-1}$$

式中，y代表叠氮离子的浓度变化，x代表进水中叠氮化钠的初始浓度。

目前，还不知道叠氮化钠是否参与阴极上的反应，但可以肯定叠氮化钠的去除绝不会仅仅跟在阴极上的反应有关。若叠氮化钠的反应仅仅发生在阴极，意味着叠氮化钠在阴极作为电子受体或氧化剂参与产电，反应器的库仑效率会随着叠氮化钠初始浓度的增加而增加。如前所述，反应器的库仑效率随进水中叠氮化钠初始浓度增加而减少。根据叠氮化钠经MFC处理前后的变化可以证实叠氮化物可以作为MFC中生物阳极电子受体。

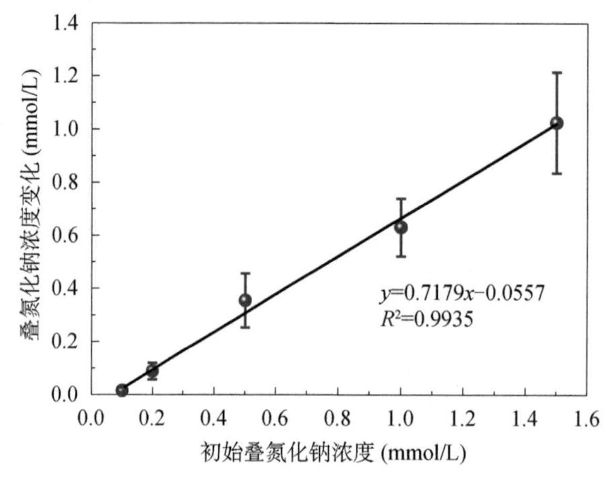

图6-10　进水中叠氮化钠初始浓度不同时叠氮化钠在MFC中的浓度变化

3）叠氮化钠对生物阳极好氧呼吸的影响

叠氮化物最为典型的生化特征就是对具有末端呼吸氧化酶的有机生物起到毒害作用，通过抑制酶的活性位点阻碍电子的传输或氧气的还原。对单室空气阴极MFC来说，氧气虽作为阴极氧化剂，但其向阳极的扩散不可避免。在阳极区微氧环境下或者在阴极区氧浓度相对较高的环境下，MFC腔室内将会发生兼性细菌或好氧菌的有氧呼吸过程。当叠氮化物存在于溶液体系中时，有氧呼吸过程会受到抑制。为了证实这种作用，我们选用对照反应器和0.1mmol/L叠氮化钠驯化的反应器作为考察对象，利用溶氧仪实时监测反应器内的DO变化。

在对照反应器内，DO的浓度一般维持在0.72±0.22mg/L；而当反应器内加入0.1mmol/L

叠氮化钠时，DO的浓度维持在1.05±0.35mg/L。显然，DO在叠氮化钠存在时浓度相对较高，这和本实验室此前的观察较为一致：在双室MFC内当反应器内无叠氮化钠时，DO浓度维持在0.08±0.01mg/L；当存在叠氮化钠时，DO浓度为0.18±0.01mg/L。

另外，当叠氮化钠存在时，DO在一个完整周期内的变化趋于稳定；而对于对照反应器来说，DO波动明显（图6-11），当叠氮化物存在时，有氧呼吸过程受到抑制。因此，叠氮化钠不仅参与阳极菌群的厌氧呼吸过程，也抑制了MFC体系内的有氧呼吸过程。由于乙酸盐为非发酵产物，因此，MFC腔室内的呼吸代谢仅依靠有氧和厌氧呼吸过程。由于有氧呼吸受到抑制，MFC内叠氮化钠的去除除了与厌氧呼吸有关外，还可能跟其在阴极还原有关。

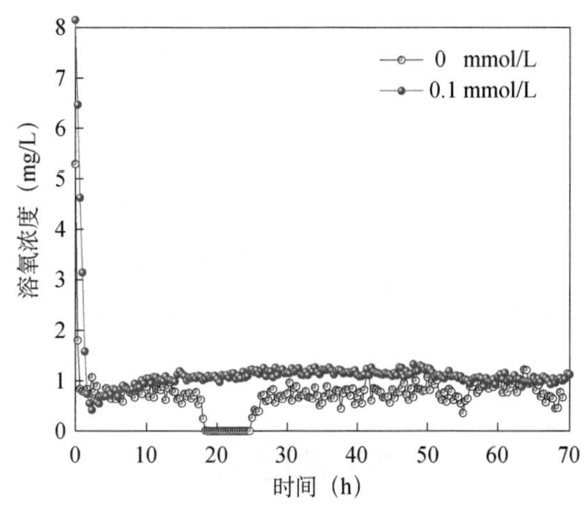

图6-11 单室反应器内DO随时间的变化

4）叠氮化钠对COD去除率的影响

乙酸盐作为末端发酵产物常被用作配制细菌培养基，它是厌氧生态系统最丰富的脂肪酸，也是厌氧呼吸细菌的电子供体[31]。当叠氮化钠存在时，其对MFC内COD去除能力的影响是本研究的重点。当反应器电压低于50mV时，采集反应器处理后的水样进行COD分析。测试结果显示：对照反应器中的sCOD去除率为91.5%±3.5%，这个结果与以往报道比较接近，即当以乙酸盐为有机底物时单室空气阴极中sCOD的去除率可以达90%以上[32]。在叠氮化钠浓度较低时，反应器中的sCOD去除率分别为92.0%±5.6%（0.1mmol/L）、93.5%±4.9%（0.2mmol/L），比对照反应器中的sCOD去除率略高，这可能跟叠氮化钠浓度较低时阳极生物膜对有机底物利用率较高有关。当叠氮化钠浓度较高时，反应器中的sCOD去除率略有下降，分别为82.0%±2.8%（0.5mmol/L）、81.5%±6.3%（1.0mmol/L）、82.0%±4.2%（1.5mmol/L）（图6-12）。

在MFC中，COD的去除率通常受产电菌生长、好氧菌生长（溶氧通过阴极扩散引起）、阳极以外的电子受体引起的厌氧生长等因素的影响[33]。在本章的研究中，当电压接近50mV时，MFC的出水水样中已检测不到乙酸盐的存在，表明乙酸钠已被完全氧化。在MFC内，乙酸型产甲烷菌与产电菌竞争性利用乙酸盐。由于叠氮化物存在会抑制乙酸型产

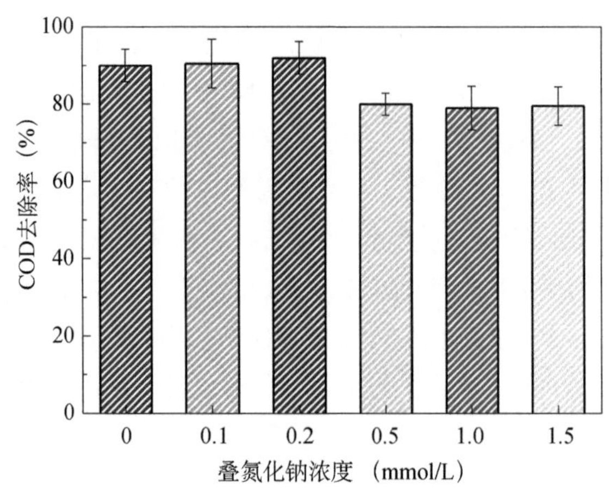

图6-12 不同叠氮化钠浓度对MFC内COD去除率的影响

甲烷菌生长[34]，因此，在叠氮化钠驯化的MFC体系内将不会有甲烷的生成。这意味着CO_2为乙酸盐完全氧化的唯一产物。由于叠氮化物化学键的独特性，它易受外界条件变化的影响，既显示氧化性，又能显示还原性。叠氮化钠驯化的反应器出水中仍有不同程度的叠氮化钠残留，它极有可能在COD测定过程中被还原，造成进水中叠氮化钠浓度较高时反应器出水中的sCOD偏低。

6.2 生活污水在MFC中的降解转化

早在十几年前，生活污水就被尝试用于单室反应器中以探讨其产电的可行性[17, 33]。Liu等以单室反应器处理生活污水（COD浓度在200～300mg/L）获得了26mW/m^2的最大功率密度，同时去除了进水中80%的COD[35]。Jiang等以升流式无膜微生物电化学系统及光生物反应器组成的耦合系统处理生活污水，在连续流运行条件下，系统的最大功率密度为481mW/m^2，COD去除率为77.9%，同时对总磷及氨氮的去除率分别为23.5%及97.6%[36]。研究表明，以生活污水为进水时，系统的输出功率密度与COD浓度成正相关。Sciarria通过向生活污水中添加橄榄油生产废水，以提高系统的能量输出，在生活污水与橄榄油生产废水的比例为14∶1（w/w）的情况下，系统的最大功率密度为124.6mW/m^2，是仅以生活污水为底物条件下的7倍以上[37]。

6.2.1 生活污水MFC启动

本团队在早期的研究中在生活污水进水中均加入了缓冲溶液以及微量元素液，所有的MFC均以间歇方式运行，菌种来源于市政管网中的生活污水，启动期生活污水的接种量为20%（*v/v*），以1g/L葡萄糖或乙酸钠为底物。加入微量元素、维他命、50mmol/L磷酸盐缓冲溶液（PBS）以保证微生物的生长和活性。当电池电压达到稳定状态的时候，停止接种，底物换成以生活污水为唯一碳源。同时启动多个反应器，启动结束后，每两个反应器为一组，分别置于30℃、20℃、15℃下运行，每个温度下的实验结果采用该温度下两个反应器的平均值。当电压下降到50mV以下时更换底物。

6.2.2　生活污水MFC电化学特性

使用单室立方体反应器进行生活污水转化时，电压随时间的变化情况如图6-13所示。经过约160h的启动后，反应器电压稳定在450mV左右。这时启动完全结束，将反应器分别置于三个温度梯度下。从图中可以看出，启动期各反应器的电压基本相似。但当以生活污水为底物并在不同的温度下运行时，电压存在显著的差异。30℃、20℃和15℃的最大电压分别为434.3mV、382.8mV和297.0mV。温度从30℃降到20℃时，电压降低了51.5mV（11.86%），下降至15℃时，电压降低了137.3mV（31.6%）。综上所述，温度影响了MFC的产电，温度越低，电压越低，且对电压的影响程度越大。更换底物后，电池电压经过2h就能达到峰值，产电最高值持续的时间也随温度的升高而有所升高。

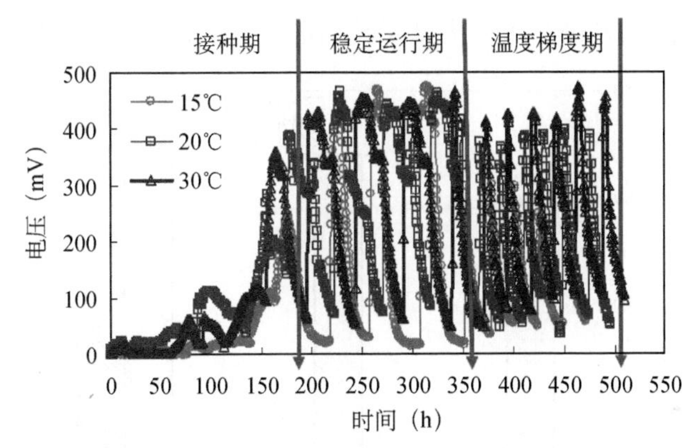

图6-13　15℃、20℃、30℃下以生活污水为底物运行的反应器完整运行的电压—时间图

各MFC功率密度曲线及极化曲线如图6-14所示。以生活污水为底物时，在30℃、20℃和15℃下的MFC最大功率密度分别为367.7mW/m²、260.1mW/m²、166.0mW/m²。与30℃相比，20℃的功率密度降低了29.3%，15℃时降低了54.9%。在相同外电阻下，不同温度的MFC的电流密度随温度的降低而降低，30℃、20℃和15℃达到的最大电流密度分别是1035.7mA/m²、857.1mA/m²和603.6mA/m²。低电流密度区，各温度压降趋势大致相同；随电流密度的增加，温度越低，压降越快，由极化曲线的斜率可看出，温度影响了反应器的内阻；在高电流密度区，电压迅速下降。

6.2.3　COD去除效率及库仑效率

三个温度梯度下MFC处理生活污水时COD的去除率均在70%左右，库仑效率随温度的增加而增加（图6-15），从15℃、20℃到30℃的库仑效率分别为18.4%、25.1%和42.2%。虽然温度对库仑效率造成了较大的影响，但COD去除率变化不大，因此MFC在生活污水处理及其资源化领域内表现出了稳定的处理能力。库仑效率与产生的电能成正比，和COD

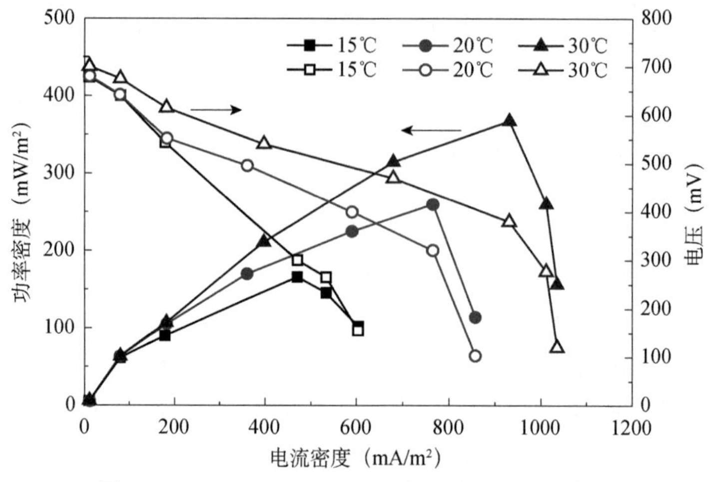

图6-14 15℃、20℃、30℃下的反应器的极化曲线

去除率成反比。由于温度对废水去除率无明显的改变，因此库仑效率的提高主要是来源于输出电能的增加。温度的升高，大大提高了输出的能量，提高了体系的产电效率。

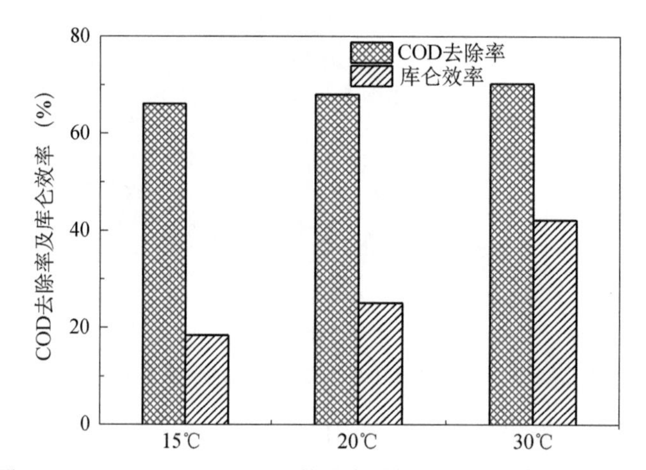

图6-15 15℃、20℃、30℃下的反应器的COD去除率和库仑效率

运用交流阻抗法（EIS）定量测量反应器的内阻，Nyquist曲线如图6-16所示。在15℃、20℃和30℃下，单室空气阴极MFC以生活污水作为燃料，加入50mmol/L PBS时，欧姆内阻分别是100.0Ω、76.1Ω和105.1Ω，电解液和传质阻力的总和分别是1249.5Ω、877.2Ω和504.6Ω。由此可见，各反应器的欧姆内阻相差不多（包括溶液的阻力、电极的阻力和电极连接造成的接触内阻）。各反应器使用了相同的溶液（生活污水+50mmol/L PBS），溶液的阻力应该一致；因此，欧姆内阻的差异应该是电极的阻力和电极连接造成的接触内阻差异造成的。但是与电解液的阻力和传质阻力相比，不同温度反应器欧姆内阻的差异完全可以忽略。电解液的阻力和传质阻力随着温度的降低而增加，可由以下方面加以解释：①温度影响了离子的迁移速率和电解液的传导率，温度越高，离子的迁移速率越快，电解液的传导性越强，因此，反应器的内阻越低。②电荷转移速率（由动力学的反应引起），包括阴极和阳极的电荷转移速率。由于温度影响了反应器中细菌的活性和化学反应

速率，阳极和阴极上的生物化学反应速率随温度的降低而降低，从而电荷转移速率越低，由此引起的内阻越大。

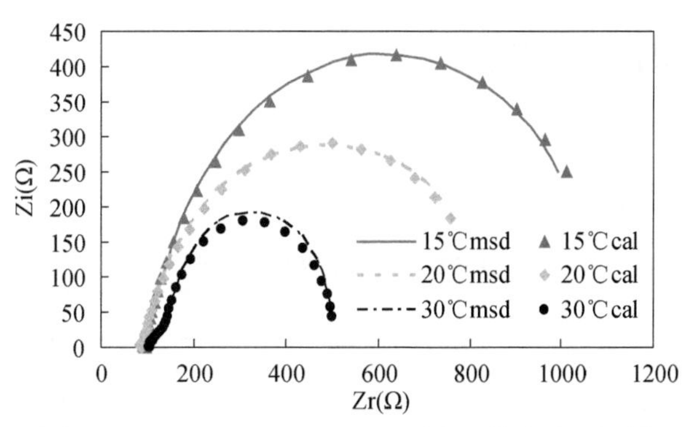

图6-16 15℃、20℃和30℃下反应器的交流阻抗图

cal：模拟数据；msd：测量数据

温度对MFC性能的影响非常显著，可归因于：①温度影响了产电菌的活性。使用MFC处理生活污水时，温度从30℃降到20℃时能量密度降低了29.3%。当温度进一步从20℃下降到15℃时，能量密度下降了36.2%。15℃条件下电压和能量密度下降更多的原因是由阴阳极的共同下降引起的。在阳极，微生物的活性受到温度的影响，可由经验方程式 $\theta^{(T-20)}$ 描述，T的量纲为℃。其他的原因可能是不同温度下阳极上产电的优势菌群不同。因此，应该进一步研究阳极上生物相的情况。②温度影响了化学反应速率。温度每升高10℃，化学反应速率常数就会增加一倍。③温度影响了离子迁移速率和电解液的传导率。离子迁移速率随温度增加而增加，溶液的阻力随温度的增加而减小，即在相同浓度下，电解液的传导率随温度升高而增加，增加的幅度为2%/℃。MFC的内阻包括电解液的阻力、物质传递阻力和扩散阻力，这些阻力均受到以上因素的影响。也就是说，温度影响了电池内阻。

虽然温度影响了MFC的一些性能，但是对于废水处理的一个很重要的指标，即COD去除率，受温度的影响不大，均保持在70%左右。如果反应器的构型能够得到改善，如设计出高效率，连续流，低成本的反应器，那么污水处理将会变成一个非常有前景的应用领域。

上述早期的研究由于内阻较大，系统调控方法尚没有建立，但已经足以证明生活污水能够在MFC中被降解转化，为后来的MFC应用于污水处理提供了重要依据和基础。

6.3 啤酒废水在微生物燃料电池中降解及产电

全世界每年产生大量的啤酒废水。我国是啤酒消费大国，制造1L啤酒需要3～10L水。啤酒废水主要由浸麦水、糖化排出的洗槽水、酿造洗罐水、包装洗瓶水和麦汁过滤冷却水组成。因此，啤酒废水中含有高浓度的碳水化合物，直接排放会造成环境污染。目前，国内外普遍采用生物方法处理啤酒废水，常用的方法有升流式厌氧污泥床（UASB）[38]，序批式好氧反应器（SBR）和淹没式膜生物反应器（MBR）[39]等。考虑到进一步降低废水处理过程中的能耗和碳排，本课题组首次研究了啤酒废水作为MFC底物的可行性，并对底物浓度、环境温度和缓冲液强度等因素对产电过程的影响进行了探讨。

6.3.1 立方体MFC的接种和启动

本研究啤酒废水取自啤酒废水处理调节池（哈尔滨啤酒厂），水质如表6-6所示，该废水具有高BOD、高COD和低氨氮的特点。

表6-6 啤酒废水的水质[1]

参数	数值
pH	6.5±0.2
COD（mg/L）	2250±418
BOD（mg/L）	1340±335
TOC（mg/L）	970±156
NH_3-N（mg/L）	54±14
磷酸盐（mg/L）	50±35
总悬浮固体（mg/L）	480±70

考虑到啤酒废水中有机物成分复杂，使用单一的乙酸钠为底物启动的MFC中富集的产电菌很难适应啤酒废水的污染物成分，因此本实验中首先使用了生活污水接种、葡萄糖为底物启动的MFC进行测试。待反应器稳定运行后，将底物由1g/L葡萄糖更换啤酒废水，并将其中一台MFC转移到20℃的环境中。

由图6-17可见，生活污水和葡萄糖驯化的MFC并不能直接适应啤酒废水。30℃下运行的MFC输出电压在底物更换后首先由65mV升高到348mV，经历了短暂的下降后最终上升至355mV。20℃下的电压输出与30℃表现出相同的趋势。电压的初期快速上升可能是由于啤酒废水中容易被降解的成分首先被用于产电。但随着这些成分的快速消耗，大分子有机物的分解产生的小分子有机物不能满足产电的需求，因此电压出现了短时间的下降。然而，随着大分子有机物的分解，可直接产电的小分子有机物浓度上升，因此电压逐渐恢复并最终达到稳定。在下一个周期，两台MFC的电压输出升高了9%（30℃）和6%（20℃），说明阳极微生物正在逐步适应啤酒废水的有机物成分，产电效率不断提高。经过接下来的3个周期，电压下降现象逐渐消失，表明阳极微生物已经适应了以啤酒废水作为底物。

这一结果表明，生活污水接种葡萄糖为底物驯化的电化学活性微生物经过短期适应后便能适应啤酒废水的成分，但与葡萄糖作为底物相比，电压减低。

为了在阳极获得更加适于降解啤酒废水的产电微生物，我们以全浓度的啤酒废水为接种和底物，不添加任何外源有机物，启动反应器（30℃，外电阻1000Ω）。反应器的前两个周期电压输出差异很大。然而，在第3个周期，即接种后第230±30h，所有反应器的电压输出趋于稳定。从第260h到第420h，MFC的电压稳定在362±8mV，相应的功率密度输出为187±8mW/m^2（4.7W/m^3）。啤酒废水接种的MFC中没有出现电压下降的不稳定现象，且在

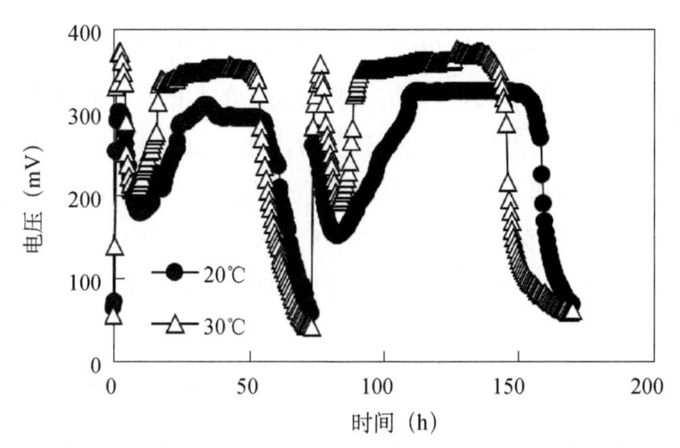

图6-17　生活污水启动的MFC加入啤酒废水后在不同温度下电压输出[1]

不加入PBS的情况下输出电压比葡萄糖接种的MFC高4%。这一结果说明直接使用啤酒废水启动MFC、且不添加任何外源物质，可以获得预期的效果，为应用MFC处理实际废水提供了重要基础。

6.3.2　温度对啤酒废水MFC性能的影响规律

在普通的厌氧处理过程中，温度是决定处理效果的重要因素。MFC系统是否对温度同样灵敏，也是此技术与传统技术相比的特色与优势之一。为此我们将MFC的运行温度由30℃降低到20℃，1000Ω外阻时电压输出降低了4.6%（329mV，155mW/m^2）。极化曲线测试结果表明，以原始啤酒废水为底物（无PBS），30℃下MFC的最大功率密度为205mW/m^2（5.1W/m^3）。这个功率值比葡萄糖为底物的MFC低（494mW/m^2），但是高于使用生活污水（COD=200～300mg/L）为底物的功率密度（146mW/m^2）[40]。但当温度下降到20℃时，最大功率密度下降了17.1%（170mW/m^2），下降幅度大于葡萄糖为底物的MFC。在葡萄糖运行的MFC中，环境温度从32℃下降到20℃，功率密度仅降低了9%[41]。

温度由30℃下降到20℃，阴极电位变化较大。例如，在最大功率密度点，阴极电位由30℃的20mV下降到20℃的−43mV，降低了315%。而同样在这个点，阳极电位仅从−248mV降低到−299mV，降低了21%。因此，温度对啤酒废水MFC性能的影响主要体现在对阴极电位的影响上，温度降低导致了阴极电位降低，从而降低了MFC的整体功率输出。对于阴极发生的电化学反应，由阿伦尼乌斯公式可知，反应速率与温度有关。一般而言，温度越低，化学反应速率越慢，因此阴极的过电势越高，电势越低。但不同的是，阳极电势随温度的降低略有降低。由能斯特方程可知，温度降低，电池的电动势降低。在本实验中，温度从30℃下降到20℃，电池开路电压下降了33mV，而阴极电势下降了63mV。可见，阳极电势的下降提高了20℃时MFC的电动势，这可能是在阴极电势大幅度降低的情况下，阳极微生物群落为获得更多的能量，适应外界环境的改变而采取的一种策略。正是由于阳极的这种特性，当运行温度降低时，MFC的性能变化与普通的厌氧生物处理过程相比较小。

20℃下COD去除率为85%，与30℃下的87%基本相同。温度下降导致了库仑效率（CE）的下降，由10%降低到8.9%。啤酒废水为底物的CE值与Liu和Logan报道的以葡萄糖为底物的MFC相近（9%～12%），但低于生活污水（20%）[40]。阴极氧气的扩散是导致CE较低的原因。通过空气阴极扩散进入啤酒废水的氧气为好氧菌的生长提供了电子受体，最终造成一部分有机物被好氧菌消耗。先前的研究表明，阴极增加质子交换膜可以使CE从9%～12%提高到40%～55%[40]。或者可以在阴极表面增加两层J-cloth，库仑效率可以进一步升高至71%[42]。

为了考察温度对阳极生物相的影响，我们做了不同温度下MFC半饱和速率常数的测定。先前的研究表明，外接一定阻值，在不同底物浓度下，MFC的功率输出符合莫诺形式一阶饱和动力学方程[43]。本实验中，将啤酒废水稀释至不同COD浓度，加入50mmol/L的PBS，记录1000Ω 负载的功率输出。如图6-18所示，理论最大输出功率（P_{max}）分别为454.31mW/m^2（30℃，R^2=0.919）和439.08mW/m^2（20℃，R^2=0.925）；半饱和速率常数（K_s）分别为228mg-COD/L（30℃，R^2=0.919）和293mg-COD/L（20℃，R^2=0.925）。可见，不同温度下，与微生物相关的半饱和速率常数是不同的。

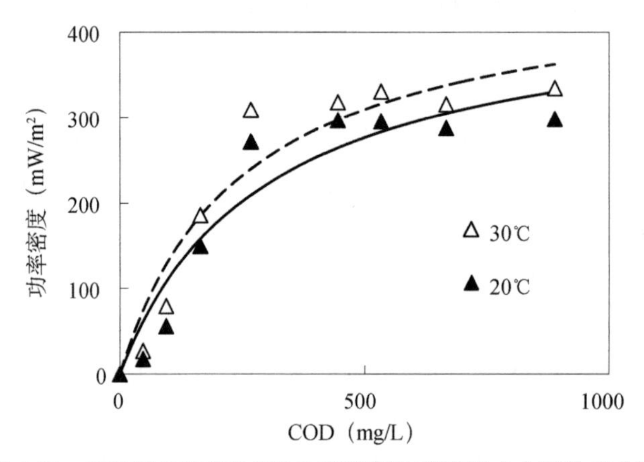

图6-18 20℃和30℃下MFC功率密度的莫诺形式方程的拟合[1]

为了进一步确定MFC中生物相的变化情况，本研究在反应器运行的第30d对阳极生物膜和阴极生物膜样品进行了DGGE分析（图6-19）。从谱图中可以清晰的看到，虽然阳极微生物的种类变化不大，但占优势的菌群已经发生了改变（图6-19中▶所指谱段）。这种改变是阳极微生物群落为适应环境温度变化而作的调整。主成分分析（principle component analysis，PCA）结果表明，当运行温度由30℃降低到20℃后，与阳极微生物相比，阴极生物相变化较大。一些种类的微生物在温度变化过程中被淘汰，另外的一些微生物则出现并占据主导。先前的研究认为，阴极的生物膜仅仅起到阻隔氧气的作用[44]。随着研究的深入，尤其是生物催化阴极的发现，阴极生物膜的作用有待更进一步的研究[45]。

综上所述，与传统的厌氧反应器不同，温度对MFC的COD去除率并没有较大的影响。在MFC中，温度对产电性能的影响主要集中在阴极电位的降低上。在未来的研究中我们可以通过改善MFC构型或者使用其他的阴极催化剂提高阴极应对温度变化的能力。

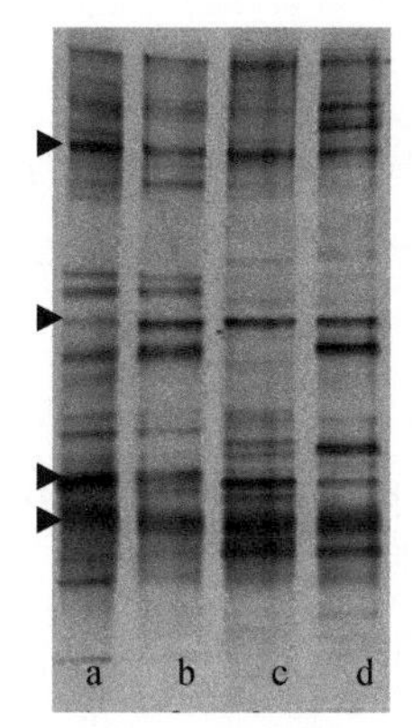

图6-19 不同温度下MFC阴阳两极生物相DGGE谱图

a，b，c，d样品分别为30℃阳极、20℃阳极、30℃阴极和20℃阴极[1]

6.3.3 啤酒废水浓度对MFC性能的影响规律

平行运行6台MFC的开路电压基本相同（619±24mV），内阻却随着废水稀释过程而升高，由594Ω（2240mg/L）升高到4340Ω（84mg/L）（表6-7）。如图6-20所示，MFC的最大功率密度随废水浓度的升高而线性增大（y=0.0778x+31.53；R^2=0.9937）。上述内阻的上升以及最大功率密度与底物浓度的线性关系应该是由于去离子水的稀释过程影响了废水的电导率。先前的研究发现，废水电导率影响了欧姆内阻，从而影响到整个电池的功率输出[46]。使用去离子水稀释啤酒废水，废水的电导率由3.23mS/cm下降至0.12mS/cm，因此增加了MFC的欧姆损失。电导率的降低导致MFC的输出功率由205mW/m^{2}下降至29mW/m^2。

表6-7 不同废水COD浓度下运行的MFC内阻变化和废水电导率的变化[1]

COD（mg/L）	开路电压（mV）	内阻（Ω）	R^2	获得最大功率的外电阻（Ω）	最大功率密度（mW/m^2）	电导率（mS/cm）
84	594	4340	0.982	5000	29	0.12
200	643	2670	0.979	2000	53	0.31
350	625	2070	0.993	2000	63	0.54
770	643	1240	0.992	1000	92	1.23
1600	627	700	0.997	800	155	2.22
2240	628	595	0.998	500	205	3.23

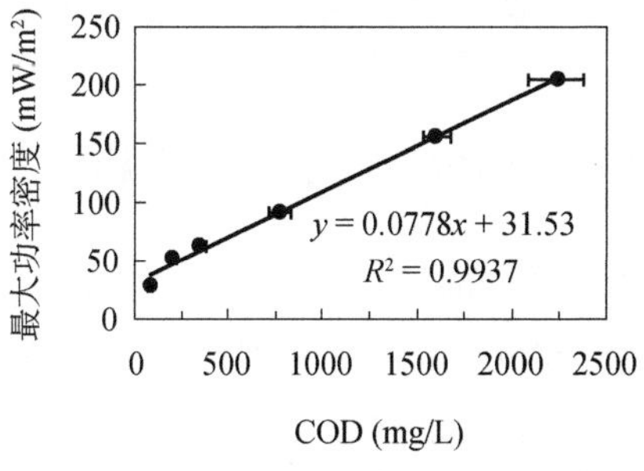

图6-20 最大功率密度与啤酒废水COD浓度的关系[1]

当废水的COD浓度由84mg/L上升到1600mg/L时（1000Ω），COD去除率由54%上升至98%。然而，当废水COD进一步升高至2240mg/L（原水），COD去除率略微下降至87%。当废水浓度变化时，CE也在10%～27%区间内变化，整体上看，高浓度废水的CE值较低。这是因为随着废水浓度的升高，周期时间加长，扩散到MFC内的溶解氧量也会随之增加。例如，废水COD浓度为84mg/L时，周期时间仅为14h。而当使用全浓度啤酒废水时（COD为2240mg/L），周期时间延长到94h。扩散到MFC内的溶解氧越多，由好氧菌消耗的有机物也越多，CE也越低。

当啤酒废水和生活污水COD浓度相同时，啤酒废水为底物的MFC输出功率低于生活污水。例如，当COD浓度同为200～350mg/L时，生活污水产出的最大功率密度为146mW/m^2，而啤酒废水只有53～63mW/m^2。然而，这个比较是基于不同溶液电导率基础上的，并不能说明啤酒废水在电能输出上劣于生活污水。为了更加准确地描述废水浓度对MFC性能的影响，参考Zuo等的方法[47]，我们使用NaCl将不同COD浓度的啤酒废水的电导率调整到相同的数值。如图6-21所示，在相同电导率数值下，不同废水COD浓度下运行MFC，外电阻1000Ω时输出功率密度符合一阶饱和动力学模型。根据拟合结果，在溶液电导率为3.5mS/cm、5mS/cm和7mS/cm时，理论最大功率密度分别为189mW/m^2、315mW/m^{2}和467mW/m^2，最大功率密度随电导率的升高呈线性升高，这与Liu等使用乙酸盐和丁酸盐获得的结论相同[4]。此外，半饱和速率常数K_S随废水电导率的变化呈现不规则变化，数值上分别为117mg/L（3.5mS/cm）、144mg/L（5mS/cm）和115mg/L（7mS/cm），表明NaCl的增加并没有对阳极微生物的活性造成影响。

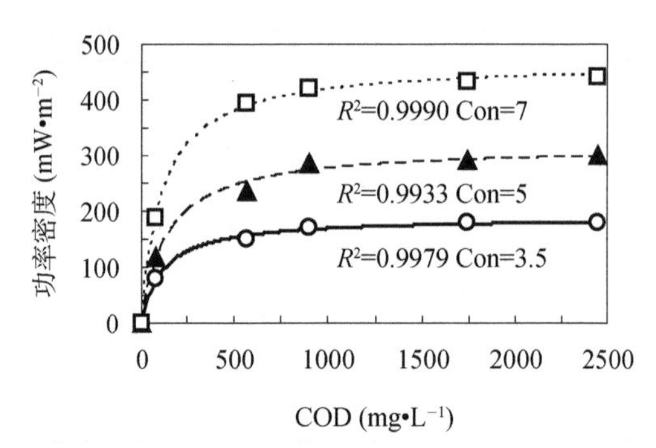

图6-21　不同电导率下功率密度随废水COD浓度的变化规律

Con代表电导率（mS/cm）[48]

6.3.4　缓冲液强度对啤酒废水MFC性能的影响规律

在上述的反应器MFC中，我们进行了缓冲液强度实验，即在连续的周期内，分别向MFC中注入含有50mmol/L PBS和200mmol/L PBS的全浓度啤酒废水，考察电压输出和功率密度变化（30℃）。在1000Ω 外电阻条件下，MFC的电压输出分别为465mV（50mmol/L PBS）和491mV（200mmol/L PBS）。由极化曲线和功率密度曲线可知，与未添加PBS的

MFC相比，50mmol/L和200mmol/L PBS的添加使最大功率密度分别上升了136%（483mW/m^2）和158%（528mW/m^2）。

未添加PBS的原始啤酒废水电导率为3.23mS/cm，稍低于Zuo等[47]报道的秸秆汽爆液电导率（8.0～9.4mS/cm）。加入50mmol/L和200mmol/L PBS使溶液电导率分别上升到7.65mS/cm和14.6mS/cm，表明功率密度的升高主要是由于PBS的加入造成的。

先前的研究表明，MFC中PBS的加入能够降低欧姆内阻、促进溶液中质子传递和稳定电极周围的pH[41]。50mmol/L PBS的加入，使啤酒废水MFC的内阻由594Ω下降到160Ω（R^2=0.9946），功率密度随之升高了136%。然而，当200mmol/L PBS加入后，MFC的内阻并没有明显下降（159Ω，R^2=0.9963），与50mmol/L PBS加入后的功率密度相比仅上升了9%，表明此时溶液的电导率并不是限制MFC功率升高的主要原因。

PBS的加入使MFC的CE由加入前的10%上升到16%（50mmol/L PBS）和20%（200mmol/L PBS）。COD去除率也随之略微变化，由加入前的87%变为90%（50mmol/L PBS）和86%（200mmol/L PBS）。

6.4　秸秆纤维素类物质在瓶式MFC中的降解与转化过程分析

如何实现玉米秸秆的生态高值利用，一直是能源与环境领域关心的重要问题。以纤维素类物质作为MFC底物的研究国外仅有少量报道，且其底物形式还仅限于秸秆水解液和人工纤维素[49]。迄今为止发现的有电化学活性菌株均不能降解木质纤维素，即不能直接以纤维素为底物进行产电。本团队以秸秆类纤维素高效糖化为目标，获得过若干纤维素糖化菌以及糖化复合体系。为实现秸秆类物质在MES中的转化，我们以纤维素降解菌*Chaetomium* sp.、*Bacillus* sp.和本实验室获得的两个纤维素降解混合菌群放入MFC中，探讨固体玉米秸秆直接作为MFC的底物进行产电的可行性和产电效能。

研究使用的玉米秸秆取自哈尔滨市郊且储存1年以上，其成分为纤维素59%，半纤维素29%，木质素12%。采用中性蒸汽爆破的方法对秸秆进行预处理，汽爆过程在中粮生化能源（肇东）有限公司进行。汽爆后的秸秆在加入MFC前，使用去离子水清洗并过滤3遍，以去除汽爆过程中产生的可溶性糖和小分子酸，并在105℃下置于恒温干燥箱内恒重2h。汽爆后秸秆的成分为：纤维素68%，半纤维素17%，木质素15%。

在运行的14个单室瓶型空气阴极MFC（M1-M14）中，均含有维生素液和微量金属离子溶液，并用50mmol/L的PBS维持反应器内的pH为7。M1-M4反应器底物中含有0.375 g汽爆秸秆和20%（*v*/*v*）的纤维素降解菌（分别为*Chaetomium* sp.、*Bacillus* sp.、PCS-S和H-C）并置于30℃恒温环境中。考虑到本研究使用的纤维素降解菌是中温菌，故此将M5-M8反应器在分别接种上述四种降解菌后将其运行温度控制在38.5℃。在M9～M12中，加入了20%（*v*/*v*）的生活污水作为产电菌菌源、20%（*v*/*v*）的纤维素降解菌（分别为*Chaetomium* sp.、*Bacillus* sp.、PCS-S和H-C）和1.0g汽爆秸秆固体。M13中加入20%（*v*/*v*）的生活污水和1.0g汽爆预处理后的秸秆固体。M14作为对照反应器，含有20%（*v/v*）的生活污水和1g/L葡萄糖。当反应器电压降至50mV以下时更换进水反应液。反应器的外电阻设置为1000Ω。在考察产电可行性的实验中，反应器在接种后的300h内不更换底物，考察电压输出情况进而考察产电的可行性。

6.4.1 纤维素降解菌在MFC中转化秸秆产电的可行性分析

运行两周后，检测系统输出电压值。加入纯菌*Chaetomium* sp.和*Bacillus* sp.的反应器，几乎检测不到电压输出，加入混合菌PCS-S和H-C的反应器，最高电压只能达到89mV。相对而言，温度升高利于秸秆降解，这一结果与纤维素降解菌的适宜温度一致。

由上可知，纤维素降解菌*Chaetomium* sp.、*Bacillus* sp.、PCS-S和H-C只具有降解纤维素的活性，而没有电化学活性。*Chaetomium* sp.与PCS-S都是好氧菌，由于生长条件的不同，在瓶式MFC的环境条件下对秸秆的降解能力较差。*Bacillus*sp.是兼性菌，生长能力和适应能力高于上述两类菌，但远不及结构稳定的混合菌 H-C对秸秆的降解率。通过秸秆降解率的比较可知，在两个不同温度下的MFC兼性厌氧体系中，就对秸秆的降解能力而言，兼性菌优于好氧菌，混合菌优于纯菌（表6-8），温度升高纤维素降解能力提高了2%～6%。

表6-8 以汽爆秸秆固体为底物时的降解及产电情况（pH=7）

反应器	温度（℃）	降解菌	秸秆降解率（%）	最高电压（mV）
M1	30	*Chaetomium*	5	19
M2		*Bacillus*	6	27
M3		PCS-S	6	45
M4		H-C	14	86
M5	38.5	*Chaetomium*	7	20
M6		*Bacillus*	11	35
M7		PCS-S	12	36
M8		H-C	20	89

6.4.2 纤维素降解菌与产电菌联合对秸秆类纤维素转化

由于纤维素降解菌（*Chaetomium* sp.、*Bacillus* sp.、PCS-S和H-C）并没有电化学活性，虽然能降解汽爆秸秆，但并没有电流产生。为此，以生活污水作为产电菌源，向反应器（M9-M12）中同时加入纤维素降解菌（*Chaetomium* sp.、*Bacillus* sp.、PCS-S和H-C）、新鲜的生活污水和汽爆秸秆固体（1.0g），并用50mmol/L的PBS保持pH为中性。

在生活污水提供产电菌源的条件下，*Chaetomium* sp.（M9）和*Bacillus* sp.（M10）除了初始运行过程中（50h内）观察到电压峰值（小于100mV），其后电压几乎消失，说明两株纯菌均不能与产电菌协同产电。而对于性质相对稳定的两个混菌体系来说，在接种100h后，均可获得一定的电压输出。混合菌PCS-S（M11）与产电菌联合作用下输出电压达到100mV，而另一混合菌H-C（M12）与产电菌联合作用下，电压则高达378mV。在只有生活污水和汽爆秸秆固体的对照实验中（M13），输出电压一直低于40mV，说明来自生活污水中没有促使秸秆直接被利用的微生物菌群。反应器M11和M12的电压输出来自纤维素混合菌和产电菌的协同作用：附着在秸秆表面的纤维素降解混合菌（PCS-S和H-C）首先将秸秆固体降解为小分子有机物，然后阳极表面的产电菌利用这些小分子物质生长和产电。对比两个混合菌接种的MFC，H-C的输出电压高于PCS-S，说明并不是任何纤维素降解混合体系都能与产电菌协同产生较高的输出电压。

由于纤维素降解菌以汽爆秸秆为底物，向反应器中同时加入纤维素降解混合菌H-C和生活污水。实验中在每个周期结束时更换溶液，并在每个周期开始时投加1g汽爆秸秆固体和20%（*v*/*v*）的纤维素降解混合菌H-C。从第2个周期（415h）开始，电压可达到将近400mV。在第5个周期，测得以秸秆为底物时的最大功率密度为406mW/m^2。而利用同样的反应器在同样的条件下，测得以葡萄糖作底物时（M14）的最大功率密度是510mW/m^2。在此体系中，秸秆为底物产生的功率密度比葡萄糖为单一底物时低20%，但该数值远远高于以往报道的利用纯纤维素为底物的MFC的功率输出（55～143mW/m^2）[50]。

反应器（M12）在第3、4周期内汽爆秸秆固体的平均降解率为42%，这高于在相同温度和pH条件下反应器M4中的秸秆降解率（14%）。降解后的汽爆秸秆中含有纤维素48%、半纤维素28%和木质素24%。根据秸秆总质量的下降及降解后各组分的含量计算得到，纤维素、半纤维素和木质素的降解率分别为60%、15%和11%。汽爆秸秆固体内主要是纤维素被降解，同时，半纤维素和木质素也有少量降解，但纤维素是对产电贡献最大的底物。

对比H-C在没有生活污水接种时的秸秆降解率（M4，14%），产电菌的加入使纤维素降解率提高到42%。这可能是由于产电菌能利用汽爆秸秆固体的降解产物，部分解除了产物抑制作用。Ren等在研究*Clostridium cellulolyticum*和*Geobacter sulfurreducens*共培养产电过程中也发现，*Geobacter sulfurreducens*的存在增加了*Clostridium cellulolyticum*对秸秆的降解率[49]。因此，在MFC中，H-C与产电菌的协同作用不仅能提高电压输出（1000Ω），还可以提高汽爆秸秆固体的降解率。

6.4.3　H-C与产电菌联合固体秸秆转化过程分析

为进一步分析H-C混合纤维素降解菌—产电菌的协同作用规律，使用H-C作为纤维素降解菌，对比分析了汽爆秸秆固体、原始秸秆单独作为MFC底物的产电性能，考察了汽爆处理对底物转化能量效率的影响。

1）H-C菌群形态和代谢特性

H-C是本实验室自行研发的纤维素降解复合体系，具有高效的纤维素降解效能。以1g/L滤纸为底物，在一个发酵周期内，H-C降解溶液中的各种有机物峰值如表6-9所示，这些发酵产物是比较理想的产电菌底物来源。H-C菌群在降解滤纸时，将附着在滤纸固体纤维表面生长（图6-22）。在降解过程中，H-C会在滤纸表面形成蚀斑，将滤纸逐渐“切碎”，增大细菌与滤纸的接触面积并最终将其降解。

表6-9 以滤纸为底物H-C的发酵产物峰值浓度（1g/L）[1]

产物	峰值浓度（mg/L）
还原糖	339
乙酸盐	209
乙醇	81
丁酸盐	71
丙酸盐	61

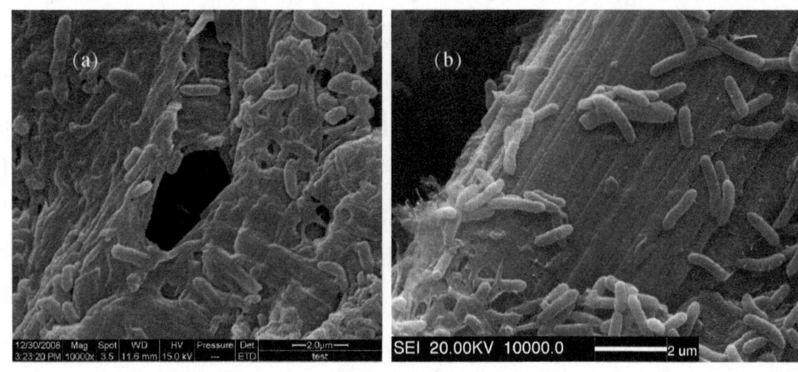

图6-22 H-C菌群降解滤纸（a）和阳极碳纸表面的菌群（b）的扫描电子显微镜照片

2）秸秆固体为底物的产电特性

在加入MFC前，首先使用植物粉碎机将取自农田的原始秸秆粉碎并烘干（105℃，2h）。汽爆秸秆固体则用去离子水清洗3遍，以除去表面黏附的糖类。在MFC中加入H-C和汽爆秸秆后，外电阻为1000Ω 时，立刻获得了437mV（390mW/m^2）的电压。在接下来的几个周期内，电压值稳定在410±20mV（343±46mW/m^2），比原始秸秆作为底物时高17%。

加入同样质量的固体，汽爆秸秆运行的MFC周期时间较原始秸秆延长21%。通过极化曲线测试，以汽爆秸秆为底物的MFC最大功率密度为406mW/m^2，比加入原始秸秆的功率密度高23%（331mW/m^2）。经过3个周期的测试，原始秸秆中主要成分的降解率分别为：纤维素42%±8%，半纤维素17%±7%和木质素4%±1%（表6-10）。而汽爆秸秆中，纤维素和木质素的降解率分别为60%±4%和11%±4%，均高于原始秸秆。

表6-10 产电前后秸秆中纤维素、半纤维素和木质素成分变化[51]

	C_c（%）	C_h（%）	C_l（%）	D_c（%）	D_h（%）	D_l（%）	重量（g）
原始秸秆a	59	29	12	—	—	—	1
原始秸秆b	49±2	34±1	17±2	42±8	17±7	4±1	0.70±0.07
汽爆秸秆a	68	17	15	—	—	—	1
汽爆秸秆b	48±3	27±3	24±1	60±4	15±4	11±4	0.55±0.03

注：a表示产电前，b表示产电后。D_c，D_h和D_l分别表示纤维素半纤维素和木质素的降解率（%）。误差线（±SD）是基于三个周期的测量数据得到的。

使用高能耗的汽爆过程能够提高秸秆为底物的MFC的功率输出，然而考虑到整体电量产出和能量效率，汽爆过程导致了能量效率的降低。汽爆秸秆的最大功率密度比原始秸秆高23%，说明在原始秸秆为底物时，最终剩余的固体残渣中依然含有大量的能量。汽爆过程破坏了秸秆表面的氢键，使秸秆中的纤维素更容易被微生物降解[52]。

3）微生物群落结构分析

基于DGGE技术，我们监测了接种H-C后原始秸秆和电极表面微生物群落演替情况（图6-23和表6-11）。H-C由Uncultured *beta proteobacterium*（条带7），*Clostridium*（条带10）和Uncultured bacterium（条带12）组成，而阳极的原始群落中则包括*Rhodopseudomonas palustris*（条带1），iron-reducing enrichment clone Cl-A12（条带3），*Clostridium sticklandii*（条带5）swine manure pit bacterium PPC38（条带9），uncultured bacteria（条带11和12）和bacterium enrichment culture clone Pav-FEB-Bd24A-C1（条带13）。接入H-C的15d后，*Rhodopseudomonas faecalis*（条带6）出现在秸秆和阳极的表面。同时，秸秆表面新出现了uncultured *Verrucomicrobia*（条带4）和uncultured bacterium clone ET10-9（条带8）以及来自阳极的微生物（条带1、3、9、13）。随后的结果表明，在第45和60天，秸秆表面出现了uncultured bacterium clone C23（条带2），来自秸秆的条带4和8也出现在阳极表面。

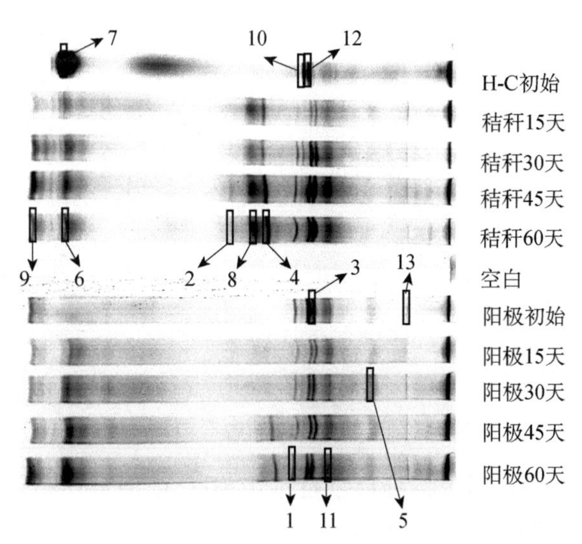

图6-23 加入H-C后阳极表面和原始秸秆表面微生物群落的DGGE图谱[51]

表6-11 DGGE条带的16S rDNA测序结果[51]

条带	相近的菌株	相似度（%）	Accession no.	参考文献
1	*Rhodopseudomonas palustris*	100	EU221586	[53]
2	Uncultured bacterium clone C23	100	DQ088209	未发表
3	Iron-reducing enrichment clone Cl-A12	99	DQ677004	[54]
4	Uncultured *Verrucomicrobia* bacterium	99	DQ409967	未发表
5	*Clostridium sticklandii*	99	M26494	[55]
6	*Rhodopseudomonas faecalis*	99	EU410078	[56]
7	Uncultured *beta proteobacterium*	98	AJ318108	[57]

续表

条带	相近的菌株	相似度（%）	Accession no.	参考文献
8	Uncultured bacterium clone ET10-9	98	DQ443965	[58]
9	Swine manure pit bacterium PPC38	97	AF445300	[59]
10	*Clostridium intestinale* strain RC	95	AM158323	[60]
11	Uncultured bacterium clone 68	95	AY324124	[61]
12	Uncultured bacterium clone C50	92	EU426946	[62]
13	Bacterium enrichment culture clone Pav-FEB-Bd24A-C1	91	EU082063	未发表

注：H-C的微生物群落用深色背景标出。

对DGGE条带的聚类分析结果表明（图6-24），秸秆和阳极表面的微生物群落随运行时间的推移一直在变化，直到第30d两个微生物群落的差异基本消失。在接种H-C的最初15d内，群落变化最为显著。H-C原始群落与第15d秸秆表面微生物群落的皮尔森相关度为90%，阳极原始微生物与15d后的微生物群落相关度则为97%，表明在最初的15d内，秸秆表面的微生物群落变化程度大于阳极表面。经过15d后，两个群落均趋于稳定，群落变化的皮尔森相关度均在98%以上。微生物群落的稳定带来了MFC稳定的功率输出。

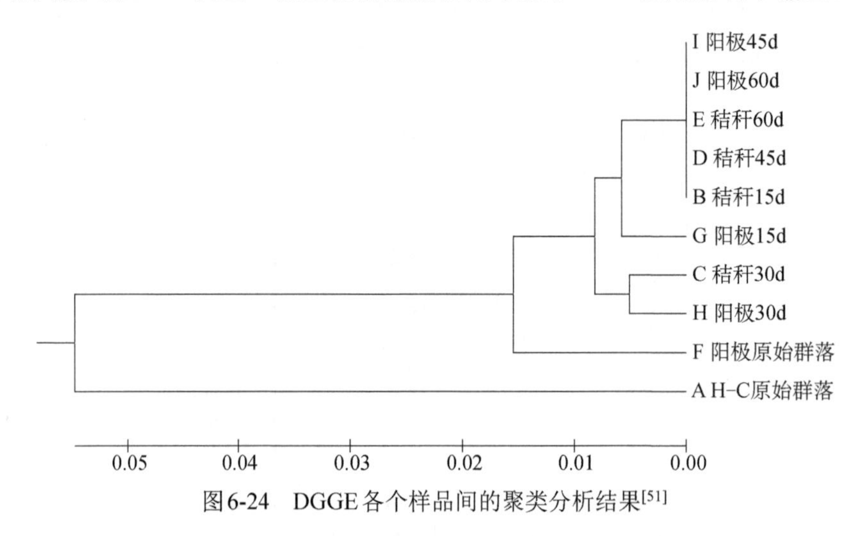

图6-24 DGGE各个样品间的聚类分析结果[51]

本团队在国际上首次证明了秸秆可以直接在MFC中用于产电。由于原始秸秆是纤维素、半纤维素和木质素的天然复杂混合物，相对于简单有机物来说，微生物较难直接利用，因此以原始秸秆和汽爆秸秆为底物的MFC功率输出低于葡萄糖。在秸秆与产电菌混合系统中，由于加入的纤维素酶被产电菌分解，纤维素酶并不能提高MFC的功率输出。为了在未来的研究中提高秸秆MFC的性能，我们可以通过提高秸秆糖化效率和电子传递效率，或者设计两段式反应器单独进行秸秆糖化（如使用纤维素酶）和产电。

6.5 秸秆青储液在MFC中的转化

青贮是一种保存饲料的方法，将秸秆或青草等水分含量高的原料贮存于厌氧条件下调制成多汁、耐贮藏、能全年使用的饲料，有效保存了秸秆中的营养成分。本团队研究了以青贮作为玉米秸秆的预处理方法，一方面减少了玉米秸秆在田地里自然风干造成营养成分的流失，延长了保存期；另一方面不需要对玉米秸秆进行汽爆、酸化等预处理，缩短工艺流程，减少能耗。

木糖是青贮液中主要成分[17]，为使青贮秸秆为底物的MFC反应器获得较好的性能，以1g/L的木糖为底物启动MFC反应器。经过3个周期（250h）驯化后，以木糖为底物的MFC启动完成，在1000Ω外阻下，最高电压达540mV，如图6-25所示。

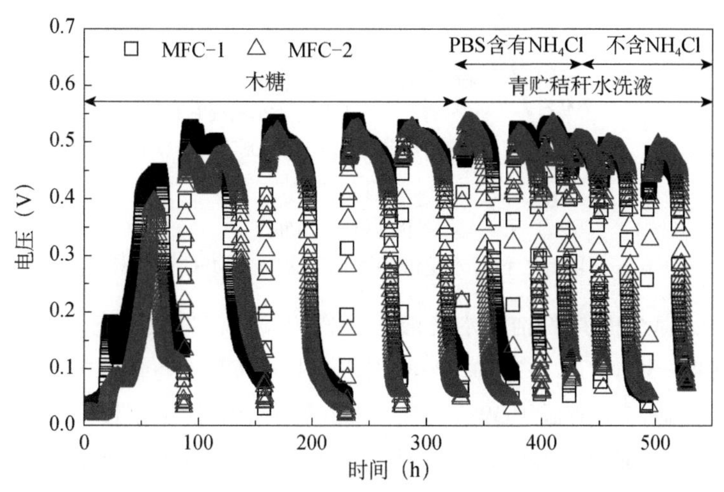

图6-25 以青贮秸秆水洗液为底物的MFC电压输出

以木糖为底物的MFC启动完成后将底物更换为青贮秸秆水洗液。考虑到青贮秸秆水洗液中含有丰富的氮源，本研究中配制了两种青贮秸秆底物溶液，研究其同时为MFC提供碳源和氮源的可能性。首先使用含0.31g/L NH_4Cl的50mmol/L PBS缓冲液稀释青贮秸秆原液到COD 500mg/L作为进水，输出电压稳定三个周期后测试青贮秸秆水洗液主要作为碳源时反应器性能。之后更换为不含NH_4Cl的PBS稀释青贮秸秆原液到COD 500mg/L作为进水，输出电压稳定三个周期后测试其同时作为碳源和氮源时反应器性能。如图6-25所示，木糖为底物时最高输出电压为540mV左右，更换为含有NH_4Cl的青贮秸秆水洗液时最高输出电压略有下降为530mV左右，不含NH_4Cl的青贮秸秆水洗液高输出电压为500mV左右。木糖为简单的单糖，相对于成分复杂的青贮秸秆水洗液更容易被微生物利用，所以最大输出电压略高于青贮秸秆水洗液，但青贮秸秆水洗液可以同时作为碳源和氮源使用反应器的运行成本远低于木糖。

6.5.1 青贮秸秆水洗液为底物的反应器性能

青贮秸秆水洗液为底物的MFC反应器输出电压稳定三个周期后，测定其功率密度曲线。如图6-26所示，含有外加氮源（NH_4Cl）的青贮秸秆水洗液的反应器最大输出功率为847±3mW/m²，COD去除率为83%±1%，CE为31%±2%，与1g/L的木糖为底物的MFC产电

（858±14mW/m²）性能相当，CE值比木糖为底物时（27%±2%）提高了4%，此结果比本实验室早期使用的秸秆水解液为底物的最大输出功率（644mW/m²）高了32%[1]。

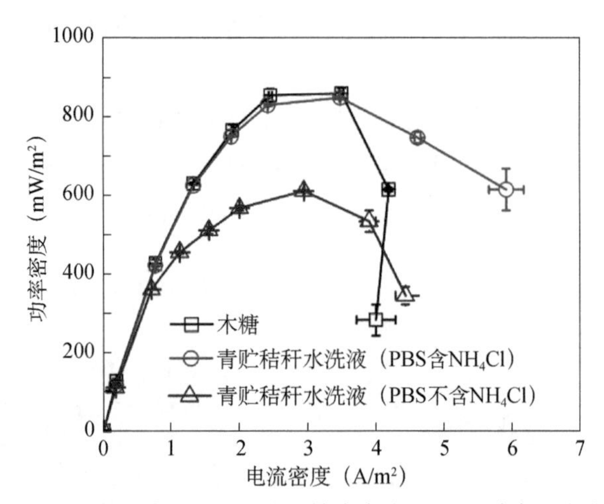

图6-26　以青贮秸秆水洗液和木糖为底物的MFC功率密度曲线

使用不含外加氮源的青贮秸秆水洗液为底物的反应器最大输出功率为609±3mW/m²，COD去除率为83%±3%，CE为32%±2%，COD去除和CE值与含外加氮源的青贮秸秆水洗液相当，但其最大输出功率低了39%，但比Zuo等报道的使用中性汽爆洗液为底物的最大输出功率输出高64%（371±13mW/m²）[47]。分析青贮秸秆水洗液成分（表6-12）可以发现其氨氮和总氮浓度分别为70.9mg/L和347.9mg/L，稀释为底物进水后的其浓度分别降低为3.5mg/L和17.4mg/L，远低于含有NH_4Cl的50mmol/L PBS中氮源的浓度（310mg/L），可能是氮源不足限制了产电菌的代谢和繁殖速率，导致不含外加氮源的青贮秸秆水洗液的反应器最大输出功率降低。结果表明，青贮秸秆水洗液中含有的丰富有机质在MFC中可以被微生物代谢利用并转化为电能输出。

表6-12　青贮玉米秸秆水洗液的主要成分

参数	含量
pH	2.6
电导率（ms/cm）	2.8
COD（mg/L）	～10000
氨氮（mg/L）	70.9
总氮（mg/L）	347.9
乳酸（g/L）	2.3
乙酸（mg/L）	651.7
乙醇（mg/L）	317

为考察氮源对青贮秸秆水洗液MFC性能的影响，本文中对额外添加和不添加氮源两种运行条件下MFC半饱和速率常数进行了测定。早期研究表明，MFC在不同底物浓度下，其最大输出功率密度与底物浓度之间符合莫诺形式一阶饱和动力学方程[43]。本研究中，使用

50mmol/L 的 PBS 将青贮秸秆水洗液稀释至不同的 COD 浓度（50mg/L、100mg/L、200mg/L、500mg/L、1000mg/L 和 2000mg/L），测试反应器在不同底物浓度下的功率密度曲线，获得其不同底物浓度下的最大功率密度。如图 6-27 所示，反应器在两种运行条件下的理论最大输出功率（P_{max}）分别为 913mW/m²（外加氮源，R^2=0.985）和 715mW/m²（无外加氮源，R^2=0.997）；半饱和速率常数（K_S）在两种运行条件下均为 73mg-COD/L。半饱和速率常数是某一特定酶催化反应性能的特征参数，K_s 值高低与酶、底物性质和反应条件均有关，可近似的反应酶与底物的亲和力大小，K_s 值越小，表明亲和力越大。在生物电化学系统中微生物充当酶的作用催化底物降解产生电能，K_s 值反映的是微生物代谢底物的产电能力。在外加氮源和不加氮源两种运行条件下反应器与微生物相关的半饱和速率常数是相同的，说明青贮秸秆水洗液同时作为碳源和氮源时对产电微生物代谢活性没有影响，最大输出功率的降低是由于青贮秸秆水洗液所含氮源低于外加氮源，可能影响微生物的繁殖速率，造成反应器中产电菌生物量不高。本研究中获得的 K_s 值低于 Zuo 等[63]使用汽爆秸秆水洗液为底物 MFC 的 K_s 值（170mg/L），说明更青贮秸秆水洗液更容易被产电微生物利用，使用青贮方法预处理秸秆比高能耗的汽爆秸秆预处理方式更经济有效。

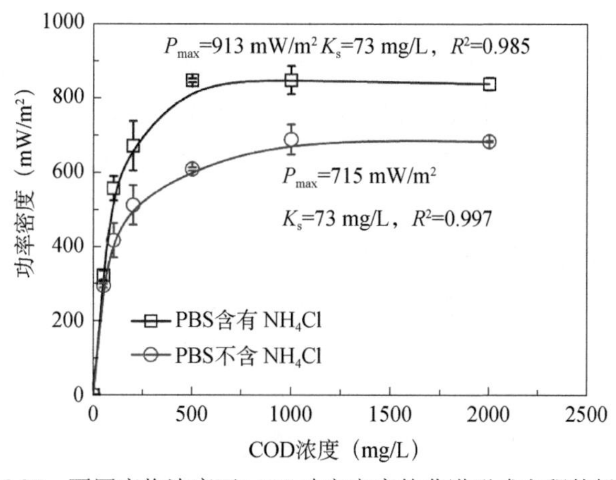

图 6-27　不同底物浓度下 MFC 功率密度的莫诺形式方程的拟合

6.5.2　青贮秸秆直接为底物的反应器产电能力

本研究尝试直接使用粉碎后的青贮秸秆作为 MFC 的底物，研究其产电性能。图 6-28 为以青贮秸秆（每个立方体中投加 0.2g）为底物反应器在额外添加和不添加氮源（NH_4Cl）两种条件下的功率密度曲线。额外添加氮源时反应器的最大功率密度为 613±6mW/m²，不额外添加氮源而直接使用青贮秸秆作为反应器的碳源和氮源时最大输出功率为 482±13mW/m²，该结果均高于本实验室早期直接使用干燥固体秸秆为底物时的最大功率密度（331mW/m²）[1]。干燥固体秸秆的主要成分为纤维素、半纤维素和木质素，很难直接被产电微生物直接利用，需要水解酸化预处理后才能使用，增加了能耗和成本。

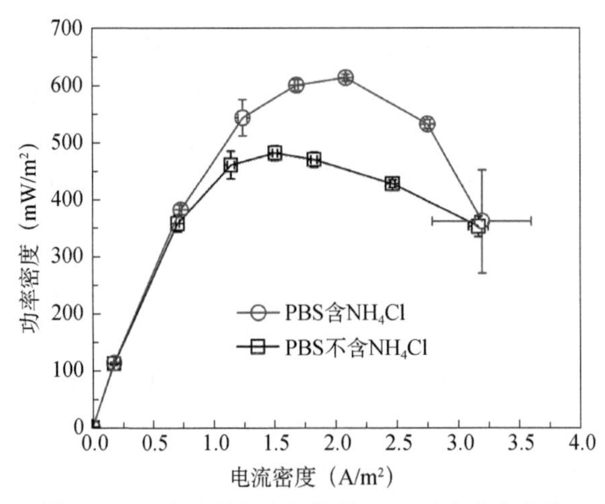

图6-28　以青贮秸秆为底物的MFC功率密度曲线

在6.4节中，阐述了本团队开发的混合菌群系统直接利用固体秸秆产电的方法，在MFC中同时投加纤维素降解菌和产电菌，利用纤维素降解菌降解秸秆产生小分子代谢产物为产电微生物提供底物进行产电，纤维素降解菌在系统中充当了生物预处理秸秆的作用。青贮秸秆的制备过程与此方法类似，利用乳酸菌等厌氧发酵微生物将刚收获的新鲜秸秆中的糖分等营养物质发酵为易于保存的乳酸、乙醇和乙酸等，避免了秸秆风干过程中营养的流失，而这些小分子的发酵产物均可以被产电微生物利用[64]。另外青贮过程中有可能同时发生纤维素降解菌降解秸秆预处理的过程，在后续的研究中有待于进一步证实。对比青贮秸秆和水洗液的反应器最大输出功率可以发现，在额外投加氮源和不投加氮源两种条件下青贮秸秆的最大功率密度分别低了38%和26%，青贮秸秆在反应器中类似于水洗液的制备过程需要将营养成分释放出来才能被产电菌利用，可能其释放速率过慢限制了产电菌的代谢导致功率密度降低。在反应器中使用青贮秸秆直接产电，每个周期结束后很难将青贮秸秆残渣清理干净，多个周期结束后阳极被厚厚的一层青贮秸秆包围对阳极性能会有一定影响，并且青贮秸秆直接产电不利于连续流反应器的运行。

6.6　尿液在微生物电化学系统中降解及产电

人体尿液是一种透明、无菌、琥珀色的液体。根据尿液代谢组学数据库提供的数据，尿液中可检测的代谢物就达到2651种[65]。除了无机离子和气体如钠（14.7±9.0mmol/mmol肌酸酐－平均值）、氯（8.8±6.2mmol/mmol肌酸酐）、钾（4.6±0.1mmol/mmol）、氨（2.8±0.9mmol/mmol）外，尿液中有四种主要的有机代谢物：尿素（22.5±4.4mmol/mmol肌苷酸），肌酸酐（10.4±2.0mmol/mmol），马尿酸（0.3±0.3mmol/mmol肌苷酸），柠檬酸（0.28±0.1mmol/mmol肌苷酸）。NASA生物航天数据手册曾对尿液中158种主要化学成分进行过统计：尿液化学成分（水除外）总计约为37.1g/L，其中无机盐大约为14.2g/L，尿素约为13.4g/L，有机化合物约为5.4g/L，有机铵盐约为4.1g/L。从水质分析来看，尿液中P的含量约为 1g/L，N 的含量约为 9g/L，COD 约为 10g/L。

在新鲜尿液中，大部分氮以尿素的形式存在，亚硝或硝态氮在原尿中含量极少。在自然条件下，尿素在脲酶作用下水解为氨和氨基甲酸酯，氨基甲酸酯继续水解为氨和碳酸氢盐：

$$(NH_2)_2CO+H_2O \xrightarrow{\text{脲酶}} NH_2COOH+NH_3 \tag{6-2}$$

$$NH_2COOH+H_2O \longrightarrow NH_3+H_2CO_3 \tag{6-3}$$

尿素水解后尿液中 NH_4^+-N 的浓度能够达到 8.1g/L[66]。溶液导电率通常会从 7.5mS/cm 增加到 31.3mS/cm[67]。当今世界约有 75.97 亿人，以每个成年人每天 2.5L 的排尿量计，世界上尿液的年产量就高达 6.9 万亿 L[68]。随着城镇化的加速，人口的集中，每天将会有大量的尿液通过污水管道系统进入城市污水处理厂。在城市废水处理厂，约有 80%的 N 和 50%的 P 源于尿液，而尿液仅贡献了 1%的水量。除 N、P 外，尿液中还存在其他大量的营养元素和有机物质。假如尿液在源头实现分离而非直接排放到废水处理厂或自然水体中，就可以用来实现多种目的（如产电）。尿素作为尿液中氮的主要存在形式，其平均含量为 13400mg/L。当尿素水解后，游离态氨氮在 MFC 反应器的浓度将会很高，其对电活性菌的毒害作用以及对 MFC 长期稳定运行产生的影响仍需进一步证实。此外，MFC 也是一种潜在的氨氮回收技术。对于使用了阳离子交换膜的 MFC，氨氮会以 NH_3/NH_4^+ 的形式从阳极室转移到阴极室。这个过程由电迁移和扩散作用共同完成。现有报道显示，NH_3/NH_4^+ 的迁移量可占到离子通量的 90%[69]。在阴极附近，随着 pH 升高，浓缩的 NH_4^+ 很容易转化为挥发性的 NH_3，并通过吹脱作用实现回收[70]。

基于上述认识，本团队以尿液水解产生的氨氮为研究对象，考察 MFC 去除高浓度氨氮的特性，确定影响其运行的限制因素。考虑到尿液水解产生的大量氨氮可能对 MFC 电极活性造成毒害，并将 MFC 与氮气吹脱相结合，探索通过同步产电与氨去除缓解游离氨氮对电极活性毒害或抑制的可行性。此外还探讨了尿液水解产生的氨氮在 MFC 内存在的其他去除机制。通过分析不同价态含氮物质在尿液中的含量以及电极上微生物的群落组成与结构，深入认识氨氮在 MFC 内的去除机制。

6.6.1　水解尿液中高氨氮对 MFC 性能的影响

虽然尿液中存在着 MFC 运行所需的丰富有机底物和良好的离子强度，但尿液本身水解产物——高氨氮可能对尿液 MFC 运行产生影响，这一问题也一直存在争议。有研究认为，氨氮尤其是游离 NH_3 是制约硝化或反硝化过程的一个抑制性因素，在 MFC 中，有研究却认为氨氮是 MFC 可利用的底物，但高浓度氨氮对 MFC 性能会产生负面影响。

为了探究尿液对单室 MFC 电极活性或功率输出的影响，采用极化曲线法考察长期运行的 MFC 系统性能及电极电化学活性。研究发现，随反应器运行时间延长，单室空气阴极 MFC 的最大功率从最初的 143.5±4.9mW/m^2（第 32 天）逐渐下降到 51.1±1.0mW/m^2（第 118 天）[图 6-29（a）]。相应地，阳极的电位也随时间出现正移［图 6-29（b）］。例如，在

1000Ω 外阻下，阳极电位在第32天时为−0.379±0.01V，而在第118天时为−0.276±0.01V，电流密度也相应变小，这表明阳极极化现象严重。不过，阴极电位随时间却没有明显变化。阳极极化严重说明生物阳极的电化学活性受到明显的抑制。电化学活性减弱也表明阳极生物量减少，参与胞外电子传递的酶的含量在减少。

根据上述结果可知，高浓度氨氮在尿液MFC中并不能作为阳极利用的底物。其在MFC内存在会对阳极电化学活性或系统性能带来负面作用，因此，利用MFC处理尿液首先需要与其他工艺或方法结合以去除高浓度氨氮。

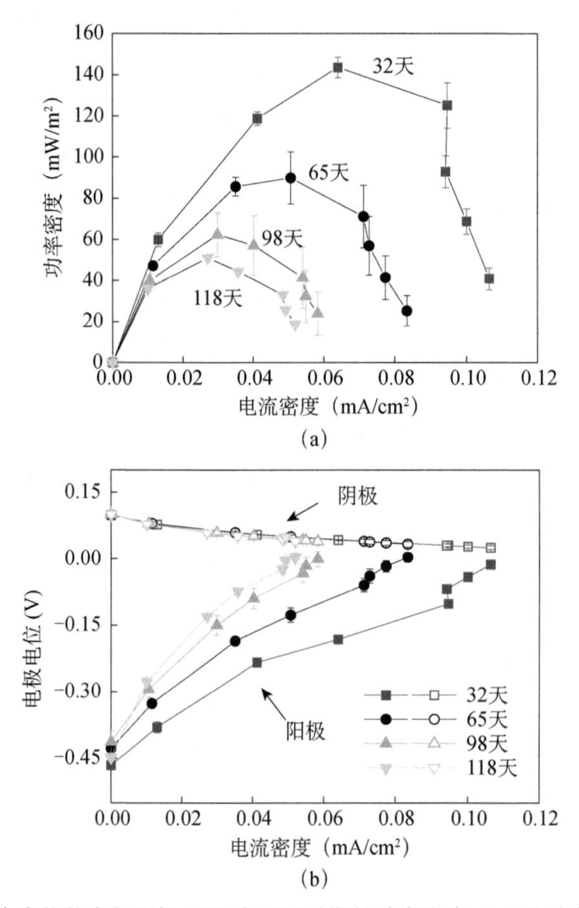

图6-29 以尿液为底物的空气阴极MFC在不同时期的功率密度（a）和电极电位曲线（b）

6.6.2 MFC与氮气吹脱组合去除尿液水解产生的氨氮

1）氮吹对去除氨氮的可行性分析

将处于闭路状态且与氮吹脱相结合的单室空气阴极MFC（CN）选作实验反应器，而将处于开路状态的单室空气阴极MFC（OC）以及处于闭合状态的单室空气阴极MFC（CC）作为对照反应器。采用氮气吹脱与单室MFC组合系统的主要目的是将尿液水解产生的游离氨用氮气吹脱出来，随后用酸液吸收，既保证系统稳定运行，又实现同步产电与氨去除。

CN系统由三部分组成：①氮气吹脱系统；②尿液MFC系统；③氨回收系统（图6-30）。

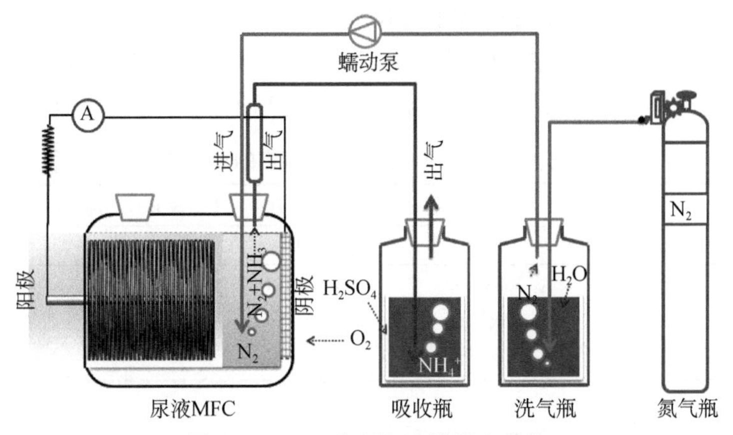

图6-30 MFC与氮气吹脱组合系统

原尿中的总氨氮结果如表6-13所示。原尿中的总氨氮（TAN）为270mg-N/L。对OC反应器来说，处理之后TAN浓度上升至3020±214mg/L（10天之内），而CC和CN反应器内的浓度则分别为2890±156mg-N/L（10天内）和570±87mg-N/L（6.4天内）。尽管TAN在所有反应器中均升高，但在处理前后的尿液中均未检测到NO_2^--N的存在，NO_3^--N的浓度在CC和CN反应器中降低了一个数量级，仅为0.02±0mg/L。硝酸盐的减少很可能跟反硝化或化学还原有关，因为硝酸盐也是生物电化学系统中一种常见的电子受体或氧化剂[71]。

就TN来说，CN反应器的TN去除率高达84.9%±2.2%，远高于CC（29.7%±6.7%）或OC（30.0%±8.2%）反应器。作为TN的一部分，CN反应器中有52.8%±3.6%的NH_3-N被酸液吸收，这意味着约有32%的TN通过氨挥发或者硝化/反硝化过程而损失。如上所述，尿液经OC与CC反应器处理后，TAN的含量或TN去除率在这两种反应器中并没有明显差别。

Kim等曾利用单室空气阴极MFC处理猪粪废水，证明了MFC在产电过程中能够加速氨的损失，即能够加速TN的去除[19]。尿素水解产生的NH_3，一部分转化成NH_4^+-N，并在电场的作用下向阴极迁移，一部分以游离NH_3的形式向阴极扩散；随着阴极pH的升高，NH_4^+-N便向挥发性NH_3转化，并最终挥发出溶液体系[70]。对处于开路状态的MFC来说，NH_4^+-N在溶液体系中的迁移仅跟扩散作用有关，因此，由挥发作用导致的氨氮去除相对减小。OC与CC反应器在TAN含量或TN去除率上表现出来的细微差别极有可能跟阳极电化学活性有关。CC反应器生物阳极在长期运行过程中受高浓度氨氮的抑制或毒害作用活性逐渐变差，导致CC反应器的性能更接近OC反应器。

CN反应器的NH_3-N回收率为435.7±29.6 g-N/（m^3/d）。在Kuntke等[72]近期的研究中，氨氮的回收基于两个过程：①氨氮透过阴极上的液/气边界层挥发出溶液体系；②挥发的氨氮随空气流进入酸性溶液。在计算氨氮回收率时，该研究给出的仅是单位面积氨氮回收率[g-N/（m^2/d）]。在本章的研究中，回收得到的氨氮仅通过细小的针头被氮气流带出反应器腔室，而不是透过空气阴极的挥发作用。为此，本研究计算得到回收率是单位体积回收率[g-N/（m^3/d）]。根据Kuntke等[73]在文献中提供的参数，我们通过再计算得出基于该研究的单位体积氨氮回收率为131.6 g-N/（m^3/d）。该值恰与其他文献对其进行再计算的结果一致。这就意味着CN反应器的氨氮回收率比Kuntke等人得出的结果高出2.3倍。

综上所述，尿液MFC与氮气吹脱结合对TN的去除率高达85%，该方法为基于MFC处理尿液提供了一种缓解氨抑制的有效方法，同时也为基于MFC去除氨氮提供了可能。

表6-13 实际尿液处理前后测定的重要参数

	反应器	TN（mg/L）	TAN（mg/L）	NO_2^--N（mg/L）	NO_3^--N（mg/L）
原尿液		5273	270	—	0.58
处理后的尿液	OC	3688±432	3020±214	—	—
	CC	3706±360	2890±156	—	0.02
	CN	708±230	570±87	—	0.02

2）氮吹去除氨氮后系统电化学特性

在运行50天后，所有的反应器（OC除外）开始产生稳定的电流，表明MFC不仅可以处理常规废水，同样可以处理高强度、富营养的尿液。如图6-31所示，在几个连续的进水周期内，CN反应器产生的最大电流为0.43mA，而CC反应器产生的最大电流仅为0.32mA。两种系统下最大电流的差异为0.10±0.02mA。

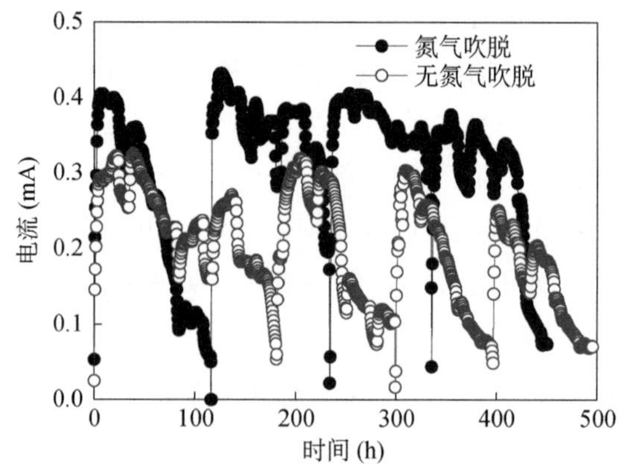

图6-31 运行50天后CC和CN反应器在四个连续进水周期产生的电流

在运行至第62天时，利用极化曲线和功率密度曲线考察反应器的性能。CN反应器产生的最大功率密度为310.9±1.0mW/m^2，而CC反应器产生的最大功率密度为127.1±0.9mW/m^2，前者相对于后者增加了1.4倍［图6-32（a）］。就电极的极化曲线来说，随着电流的增加，两种反应器的电极电位在变化过程中表现出极大差异。当阳极（或阴极）电位增加（或减少）至末端电位时（30Ω），CN反应器对应的电流密度为0.22±0.02mA/cm^2，而CC反应器对应的电流密度为0.11±0mA/cm^2［图6-32（b）］。CC反应器的电极极化曲线随电流密度急剧收敛表明电极尤其是阳极的电化学活性受到抑制作用。

3）MFC与氮气吹脱组合去除尿液水解产生的氨氮的机制

在MFC中，氮素的去除或转化有赖于生物过程。在单室空气阴极MFC中，异养菌很

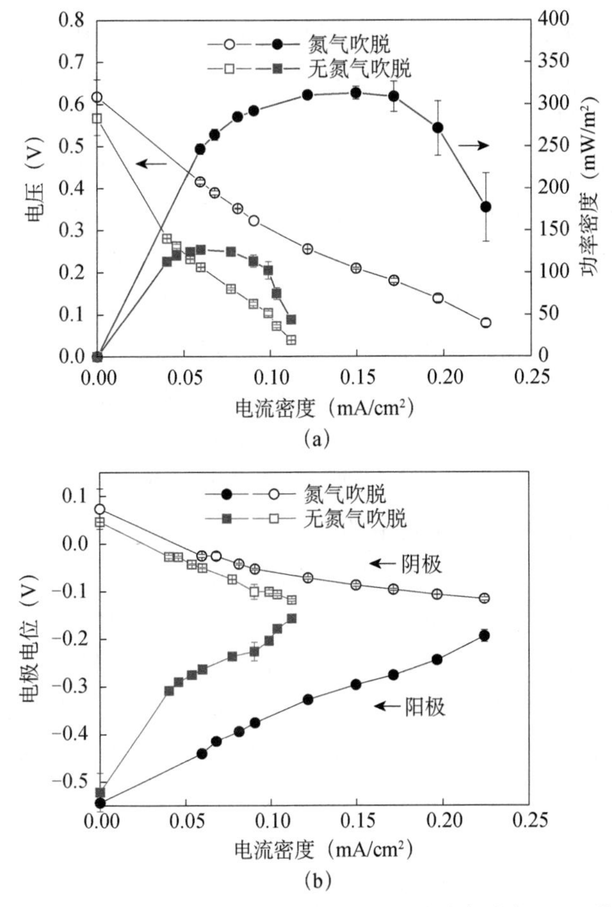

图6-32 CC和CN反应器的功率密度（a）和电极电位（b）曲线

容易在阴极表面形成，即当阴极暴露于氧气时，硝化细菌很容易在阴极部位出现[74]。对本课题来说，氨氮作为尿液的水解产物，并没有进一步转化。三种反应器处理后的水样中并没有检测到NO_2^-的存在或NO_3^-的含量增加。基于基因组测序所做的微生物群落分析表明，所有反应器的阳极表面以发酵菌和尿素水解菌等厌氧菌或兼性菌为主；阴极虽以好氧菌居多，但并没有检测到硝化细菌。所有反应器的电极上也均未检测到反硝化细菌的存在。此外，电极表面没有厌氧氨氧化菌出现可以排除不存在NO_2^-是因为发生了厌氧氨氧化的缘故。就反硝化来说，反硝化细菌获取电子存在两种可能的途径[74]：①接收来自底物（如乙酸盐）氧化产生的电子；②接收来自阴极的电子。由于阴极附近氧浓度相对较高，除非反硝化菌位于生物膜内层，否则发生反硝化的可能性较小。群落分析也排除了NO_3^-在水样中含量减少是由于反硝化的可能。由于NO_3^-的氧化还原电位仅次于O_2，因此，NO_3^-减少极有可能是NO_3^-化学还原的结果。

事实上，尿液水解对硝化过程是不利的[75]。有足够的证据表明氨氮是抑制硝化细菌活性的一个重要因素。通常亚硝酸盐氧化菌对氨氮的敏感范围在0.1～1.0mg/L之间，而当氨氮浓度范围处于10～150mg/L之间时，氨氧化细菌的活性就会受到明显抑制[76]。本课题中，尽管大部分游离氨氮通过吹脱作用被回收，但其在CN反应器中的浓度仍高达

214mg/L。这或许可以解释为什么在处理后的尿液中没有出现硝化细菌的原因。综上，尿液水解过程中释放的氨氮在所有反应器中没有进一步生物转化，氨氮在各反应器中的去除随运行条件不同而存在差异。

对于OC反应器来说，随着尿液水解的不断进行，氨氮浓度不断增加。为维持溶液体系内NH_3/NH_4^+平衡，氨氮在pH作用下会以NH_3的形式通过空气阴极挥发出来。因此，OC反应器内的氨氮去除是一个物理过程。在MFC体系内，阴、阳两极之间的电位差自然形成，并在两极之间形成了一个电场。底物氧化产生的电子经外电路定向转移到阴极。当尿液中的尿素水解之后，大量NH_4^+通过电场作用向阴极主动迁移，或者以不带电的NH_3形式通过被动扩散向阴极移动；阴极存在碱化现象[77]，pH升高，NH_3/NH_4^+平衡反应朝着有利于游离NH_3生成的方向进行，氨氮便以游离NH_3的形成从体系中挥发出来[70]。因此，在CC反应器中，氨氮的去除除了跟自然挥发过程有关外，还与电化学作用有关（图6-33）。从表6-13来看，CC反应器内的尿液在处理前后在有机负荷去除率、TN去除率、pH等方面与OC反应器比较接近或一致，这表明由于反应器内积聚的氨氮没有及时去除，阳极生物膜的活性受到毒害或抑制，造成反应器系统效能变差。因此，CC反应器内的电化学作用在氨氮去除方面作用微弱。相对于OC和CC反应器，电化学和物理吹脱作用的结合无疑加快CN反应器内氨氮的去除。尿液MFC与氮气吹脱结合不仅缓解了游离氨氮的抑制或毒害作用，维持了电极的活性，而且还提供了一种消减城市废水N负荷的有效手段，同时避免了大量冲洗用水的使用。

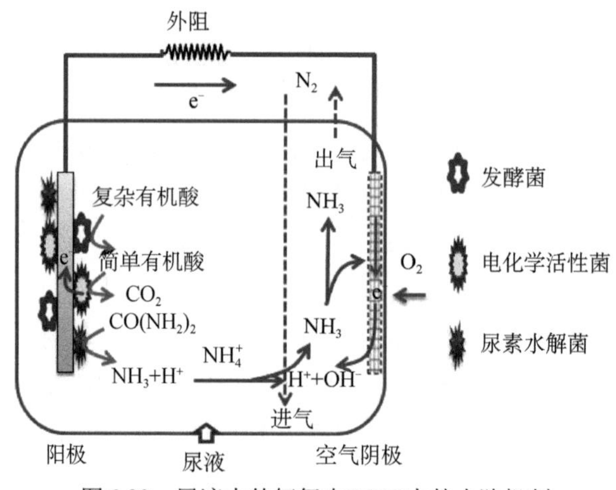

图6-33 尿液中的氨氮在MFC中的去除机制

6.7 小结

本章对于微生物电化学系统中研究的多种有机物的转化与产电过程进行了阐述和分析。微生物电化学系统的电能来源即为有机物，以阳极产电菌作为其降解产电的催化剂。有机底物种类多样，产电菌仅能代谢某些特定的发酵产物进行产电，如氢气或者乙酸。而对于实际废水中所含有的相对复杂的有机物，包括糖类、蛋白质和长链挥发酸等，则需要通过系统内的微生物群落之间的协同作用以完成对其的降解作用。相对于含简单易降解有机物（如乙酸钠），绝大多数微生物电化学系统在处理含复杂有机物的实际废水时，均会表现出电化学性能下降。

参考文献

[1] 王鑫. 微生物燃料电池中多元生物质产电特性与关键技术研究. 哈尔滨：哈尔滨工业大学，2010.

[2] Catal T，Li K，Bermek H，et al. Electricity production from twelve monosaccharides using microbial fuel cells. Journal of Power Sources，2008，175（1）：196-200.

[3] Yang Q，Wang X，Feng Y J，et al. Electricity generation using eight amino acids by air-cathode microbial fuel cells. Fuel，2012，102478-102482.

[4] Liu H，Cheng S A，Logan B E. Production of electricity from acetate or butyrate using a single-chamber microbial fuel cell. Environmental Science & Technology，2005，39（2）：658-662.

[5] Yan Y，Li T，Zhou L，et al. Spatially heterogeneous propionate conversion towards electricity in bioelectrochemical systems. Journal of Power Sources，2020，449，227557.

[6] Choi J D R，Chang H N，Han J I. Performance of microbial fuel cell with volatile fatty acids from food wastes. Biotechnology Letters，2011，33（4）：705-714.

[7] Kim J R，Jung S H，Regan J M，et al. Electricity generation and microbial community analysis of alcohol powered microbial fuel cells. Bioresource Technology，2007，98（13）：2568-2577.

[8] Kiely P D，Rader G，Regan J M，et al. Long-term cathode performance and the microbial communities that develop in microbial fuel cells fed different fermentation endproducts. Bioresource Technology，2011，102（1）：361-366.

[9] Beecroft N J，Zhao F，Varcoe J R，et al. Dynamic changes in the microbial community composition in microbial fuel cells fed with sucrose. Applied Microbiology and Biotechnology，2012，93（1）：423-437.

[10] Ha P T，Tae B，Chang I S，Performance and bacterial consortium of microbial fuel cell fed with formate，Energy & Fuels，2008，（22）：164-168.

[11] Hu W J，Niu C G，Wang Y，et al. Nitrogenous heterocyclic compounds degradation in the microbial fuel cells. Process Safety and Environmental Protection，2011，89（2）：133-140.

[12] Potter M C. Electrical Effects Accompanying the Decomposition of Organic Compounds. Proceedings of the Royal Society of London. Series B，Containing Papers of a Biological Character，1911，84（571）：260-276.

[13] Davis J B，Yarbrough H F. Preliminary experiments on a microbial fuel cell. Science，1962，137（3530）：615-616.

[14] Kim B H，Ikeda T，Park H S，et al. Electrochemical activity of an Fe（Ⅲ）-reducing bacterium，Shewanella putrefaciens IR-1，in the presence of alternative electron acceptors. Biotechnology Techniques，1999，13（7）：475-478.

[15] Chaudhuri S K，Lovley D R. Electricity generation by direct oxidation of glucose in mediatorless microbial fuel cells. Nature Biotechnology，2003，21（10）：1229-1232.

[16] Freguia S，Rabaey K，Yuan Z G，et al. Syntrophic processes drive the conversion of glucose in microbial fuel cell anodes. Environmental Science & Technology，2008，42（21）：7937-7943.

[17] 陈洪章，刘健，李佐虎. 半纤维素蒸汽爆破水解物抽提及其发酵生产单细胞蛋白工艺. 化工冶金，1999，20（4）：428-431.

[18] Chae K J，Choi M J，Lee J W，et al. Effect of different substrates on the performance，bacterial diversity，and bacterial viability in microbial fuel cells. Bioresource Technology，2009，100（14）：3518-3525.

[19] Kim J R，Zuo Y，Regan J M，et al. Analysis of ammonia loss mechanisms in microbial fuel cells treating animal wastewater. Biotechnology and Bioengineering，2008，99（5）：1120-1127.

[20] Yu CP，Liang Z，Das A，et al. Nitrogen removal from wastewater using membrane aerated microbial fuel cell techniques. Water Research，2011，45（3）：1157-1164.

[21] Catal T，Xu S，Li K，et al. Electricity generation from polyalcohols in single-chamber microbial fuel cells. Biosensors and Bioelectronics，2008，24（4）：849-854.

[22] Dalmia A，Wasmus S，Savinell R F，et al. Electrochemical-behavior of sodium-azide at Pt And Au electrodes in sodium-sulfate electrolyte. Journal Of the Electrochemical Society，1995，142（11）：3735-3740.

[23] Lee J，Phung N T，Chang I S，et al. Use of acetate for enrichment of electrochemically active microorganisms and their 16S rDNA analyses. FEMS Microbiology Letters，2003，223（2）：185-191.

[24] Chang I S，Moon H，Jang J K，et al. Improvement of a microbial fuel cell performance as a BOD sensor using respiratory inhibitors. Biosens Bioelectron，2005，20（9）：1856-1859.

[25] Lovley D R. Electromicrobiology. Annual Review of Microbiology，2012，66（1）：391-409.

[26] Rubinson J F，Burgess B K，Corbin J L，et al. Nitrogenase reactivity-azide reduction. Biochemistry，1985，24（2）：273-283.

[27] Ljones T. Nitrogenase from Clostridium pasteurianum. Changes in optical absorption spectra during electron transfer and effects of ATP，inhibitors and alternative substrates. Biochim Biophys Acta，1973，321（1）：103-113.

[28] Tolland J D，Thorneley R N F. Stopped-flow fourier transform infrared spectroscopy allows continuous monitoring of azide reduction，carbon monoxide inhibition，and ATP hydrolysis by nitrogenase. Biochemistry，2005，44（27）：9520-9527.

[29] Jang J K，Chang I S，Hwang H Y，et al. Electricity generation coupled to oxidation of propionate in a microbial fuel cell. Biotechnology Letters，2009，32（1）：79.

[30] Oh S E，Kim J R，Joo J H，et al. Effects of applied voltages and dissolved oxygen on sustained power generation by microbial fuel cells. Water Science and Technology，2009，60（5）：1311-1317.

[31] Thauer R K，Mollerzinkhan D，Spormann A M. Biochemistry of acetate catabolism in anaerobic chemotropic bacteria. Annual Review Of Microbiology，1989，43（1）：43-67.

[32] Shehab N，Li D，Amy G L，et al. Characterization of bacterial and archaeal communities in air-cathode microbial fuel cells，open circuit and sealed-off reactors. Applied Microbiology and Biotechnology，2013，97（22）：9885-9895.

[33] Zhang X，He W，Ren L，et al. COD removal characteristics in air-cathode microbial fuel cells. Bioresource Technology，2015，176，23-31.

[34] Tas D O，Pavlostathis S G. Microbial reductive transformation of pentachloronitrobenzene under methanogenic conditions. Environmental Science & Technology，2005，39（21）：8264-8272.

[35] Liu H，Ramnarayanan R，Logan B E. Production of electricity during wastewater treatment using a single chamber microbial fuel cell. Environmental Science & Technology，2004，38（7）：2281-2285.

[36] Jiang H M，Luo S J，Shi X S，et al. A system combining microbial fuel cell with photobioreactor for continuous domestic wastewater treatment and bioelectricity generation. Journal of Central South University，2013，20（2）：488-494.

[37] Sciarria T P，Tenca A，D'epifanio A，et al. Using olive mill wastewater to improve performance in producing electricity from domestic wastewater by using single-chamber microbial fuel cell. Bioresource Technology，2013，147，246-253.

[38] 韩洪军，徐春艳. 升流式厌氧污泥床处理啤酒废水的试验研究. 哈尔滨工业大学学报，2004，36（4）：440-442.

[39] 张立秋，封莉，吕炳南等. 淹没式MBR处理啤酒废水的净化效能. 环境科学，2004，25（6）：117-122.

[40] Liu H，Logan B E. Electricity generation using an air-cathode single chamber microbial fuel cell in the presence and absence of a proton exchange membrane. Environmental Science & Technology，2004，38（14）：4040-4046.

[41] Liu H，Cheng S A，Logan B E. Power generation in fed-batch microbial fuel cells as a function of ionic strength，temperature，and reactor configuration. Environmental Science & Technology，2005，39（14）：5488-5493.

[42] Fan Y Z，Hu H Q，Liu H. Enhanced Coulombic efficiency and power density of air-cathode microbial fuel cells with an improved cell configuration. Journal of Power Sources，2007，171（2）：348-354.

[43] Min B，Kim J R，Oh S E，et al. Electricity generation from swine wastewater using microbial fuel cells. Water Research，2005，39（20）：4961-4968.

[44] Cheng S，Liu H，Logan B E. Increased performance of single-chamber microbial fuel cells using an improved cathode structure. Electrochem. Commun.，2006，8（3）：489-494.

[45] Clauwaert P，Van Der Ha D，Boon N，et al. Open air biocathode enables effective electricity generation with microbial fuel cells. Environmental Science & Technology，2007，41（21）：7564-7569.

[46] Logan B E，Hamelers B，Rozendal R A，et al. Microbial fuel cells：Methodology and technology. Environmental Science & Technology，2006，40（17）：5181-5192.

[47] Zuo Y，Maness P C，Logan B E. Electricity production from steam-exploded corn stover biomass. Energy & Fuels，2006，20（4）：1716-1721.

[48] Feng Y，Wang X，Logan B E，et al. Brewery wastewater treatment using air-cathode microbial fuel cells. Applied Microbiology and Biotechnology，2008，78（5）：873-880.

[49] Ren Z Y，Ward T E，Regan J M. Electricity production from cellulose in a microbial fuel cell using a defined binary culture. Environmental Science & Technology，2007，41（13）：4781-4786.

[50] Rismani-Yazdi H，Christy A D，Dehority B A，et al. Electricity generation from cellulose by rumen microorganisms in microbial fuel cells. Biotechnology and Bioengineering，2007，97（6）：1398-1407.

[51] Wang X，Feng Y，Wang H，et al. Bioaugmentation for electricity generation from corn stover biomass using microbial fuel cells. Environmental Science and Technology，2009，43（15）：6088-6093.

[52] Hendriks A，Zeeman G. Pretreatments to enhance the digestibility of lignocellulosic biomass. Bioresource Technology，2009，100（1）：10-18.

[53] Xing D F，Zuo Y，Cheng S A，et al. Electricity generation by *Rhodopseudomonas palustris* DX-1. Environmental Science & Technology，2008，42（11）：4146-4151.

[54] Lin B，Hyacinthe C，Bonneville S，et al. Phylogenetic and physiological diversity of dissimilatory ferric iron reducers in sediments of the polluted Scheldt estuary，Northwest Europe. Environmental Microbiology，2007，9（8）：1956-1968.

[55] Zhao H，Yang D，Woese C R，et al. Assignment of *Clostridium bryantii* to *Syntrophospora bryantii* gen. nov.，comb. nov. on the basis of a 16S rRNA sequence analysis of its crotonate-grown pure culture. International Journal of Systematic Bacteriology，1990，40（1）：40-44.

[56] Ren N Q，Liu B F，Ding J，et al. Hydrogen production with *R. faecali* RLD-53 isolated from freshwater pond sludge. Bioresource Technology，2009，100（1）：484-487.

[57] Friedrich U，Prior K，Altendorf K，et al. High bacterial diversity of a waste gas-degrading community in an industrial biofilter as shown by a 16S rDNA clone library. Environmental Microbiology，2002，4（11）：721-734.

[58] Zhao Y G，Ren N Q，Wang A J. Contributions of fermentative acidogenic bacteria and sulfate-reducing bacteria to lactate degradation and sulfate reduction. Chemosphere，2008，72（2）：233-242.

[59] Cotta M A，Whitehead T R，Zeltwanger R L. Isolation，characterization and comparison of bacteria from swine faeces and manure storage pits. Environmental Microbiology，2003，5（9）：737-745.

[60] Gossner A S，Kusel K，Schulz D，et al. Trophic interaction of the aerotolerant anaerobe *Clostridium intestinale* and the acetogen *Sporomusa rhizae* sp nov isolated from roots of the black needlerush *Juncus roemerianus*. Microbiology-Sgm，2006，152，1209-1219.

[61] Krause D O，Smith W J M，Mcsweeney C S. Use of community genome arrays（CGAs）to assess the effects of *Acacia angustissima* on rumen ecology. Microbiology-Sgm，2004，150，2899-2909.

[62] Chen G W，Choi S J，Lee T H，et al. Application of biocathode in microbial fuel cells：cell performance and microbial community. Applied Microbiology and Biotechnology，2008，79（3）：379-388.

[63] Zuo Y，Xing D F，Regan J M，et al. Isolation of the exoelectrogenic bacterium Ochrobactrum anthropi YZ-1 by using a U-tube microbial fuel cell. Applied and Environmental Microbiology，2008，74（10）：3130-3137.

[64] Pant D，Van Bogaert G，Diels L，et al. A review of the substrates used in microbial fuel cells（MFCs）for sustainable energy production. Bioresource Technology，2010，101（6）：1533-1543.

[65] Bouatra S，Aziat F，Mandal R，et al. The human urine metabolome. PLoS One，2013，8（9）：e73076.

[66] Maurer M，Pronk W，Larsen T A. Treatment processes for source-separated urine. Water Research，

2006，40（17）：3151-3166.

[67] Santoro C，Ieropoulos I，Greenman J，et al. Current generation in membraneless single chamber microbial fuel cells（MFCs）treating urine. Journal of Power Sources，2013，238，190-196.

[68] Ieropoulos I，Greenman J，Melhuish C. Urine utilisation by microbial fuel cells；energy fuel for the future. Physical Chemistry Chemical Physics，2012，14（1）：94-98.

[69] Cord-Ruwisch R，Law Y，Cheng K Y. Ammonium as a sustainable proton shuttle in bioelectrochemical systems. Bioresource Technology，2011，102（20）：9691-9696.

[70] Kuntke P，Geleji M，Bruning H，et al. Effects of ammonium concentration and charge exchange on ammonium recovery from high strength wastewater using a microbial fuel cell. Bioresource Technology，2011，102（6）：4376-4382.

[71] Fang C，Min B，Angelidaki I. Nitrate as an Oxidant in the Cathode Chamber of a Microbial Fuel Cell for Both Power Generation and Nutrient Removal Purposes. Applied biochemistry and biotechnology，2011，164（4）：464-474.

[72] Kuntke P，Smiech K M，Bruning H，et al. Ammonium recovery and energy production from urine by a microbial fuel cell. Water Res，2012，46（8）：2627-2636.

[73] Kelly P T，He Z. Nutrients removal and recovery in bioelectrochemical systems：A review. Bioresource Technology，2014，153，351-360.

[74] Yan H，Saito T，Regan J M. Nitrogen removal in a single-chamber microbial fuel cell with nitrifying biofilm enriched at the air cathode. Water Res，2012，46（7）：2215-2224.

[75] Krogulska B，Rekosz H，R M. Effect of microbiological hydrolysis of urea on the nitrification process. Acta Microbiologica Polonica，1983，32（4）：373-380.

[76] Kim DJ，Lee DI，Keller J. Effect of temperature and free ammonia on nitrification and nitrite accumulation in landfill leachate and analysis of its nitrifying bacterial community by FISH. Bioresource Technology，2006，97（3）：459-468.

[77] Zhuang L，Zhou S，Li Y，et al. Enhanced performance of air-cathode two-chamber microbial fuel cells with high-pH anode and low-pH cathode. Bioresour Technol，2010，101（10）：3514-3519.

第7章　微生物电化学脱盐池

地球水资源非常丰富，地球表面2/3的面积被水覆盖，但水储量的97%为海水和苦咸水难以利用，淡水资源仅占其总水量的2.5%。而在这极少的淡水资源中，又有大部分被冻结在南极和北极的冰盖中，加上高山冰川和永冻积雪，绝大多数的淡水资源难以利用。真正能够被人类生产和生活所利用的淡水资源是江河湖泊和地下水中的一部分，约占地球总水量的0.5%以下。由于人口增长和经济发展所导致人均用水量迅速增加，在过去的三个世纪，人类提取的淡水资源量增加了35倍。淡水资源在时空上分布不均，加上人类的不合理利用，使世界上许多地区面临着严重的水资源危机。

人多水少、水资源时空分布不均是我国的基本国情水情。我国城市缺水严重，特别是人口占全国的40%以上，社会总产值占全国的60%的沿海地带和海岛地区，缺水数量占全国缺水总量的1/3以上。应对淡水资源短缺的问题，在经济发达的沿海地区开展海水淡化具有得天独厚的地理优势，是提高水源供应量的一条重要途径，可以有效的缓解清洁淡水资源短缺的局面，因此开发经济有效的海水淡化方法是有效缓解水资源短缺的重要途径。世界上第一个海水淡化工厂于1954年建于美国德克萨斯的弗里波特，至今它仍然在运行，供应着城市用水。全球海水淡化规模以每年10%～30%的速度增长，带动了整体海水淡化市场的巨大需求，北欧、南美和东亚地区每年海水淡化设备进口和工程安装市场有近100亿美元，且仍在高幅增长中。我国海水利用虽然起步较早，但国际市场竞争力并不强。从规模上看，我国海水淡化水日产量仅占世界的1‰左右，面对水资源短缺日益严重的局面，加快海水淡化产业发展是一项十分重要而紧迫的任务。目前应用较多的海水淡化方法有海水冻结法、电渗析法、蒸馏法、反渗透法等[19]。反渗透法以其设备简单、易于维护和设备模块化的优点迅速占领市场，逐步取代蒸馏法成为应用最广泛的方法，即使这样反渗透法仍然消耗大量的电能（～3.7kWh/m^3），导致运行成本过高，限制了其广泛应用。

我国沿海地区经济的快速发展对淡水资源的需求日益增长，同时也加剧该区域的水体污染。各种有毒污染物在水体中日趋积累，已成为具有潜在健康危害的区域性水环境问题，进一步加剧了水资源短缺、制约区域经济和社会发展的瓶颈，消除水中的有毒有害污染物恢复水质是实现水资源可持续利用的根本保证。微生物脱盐燃料电池（microbial desalination cell，MDC）是一项利用微生物将废水中的生物质能转化成电能从而实现海水脱盐的新工艺。近年来，该工艺凭借其能耗低、实现废物资源化等优势受到了国内外研究学者的广泛关注。

7.1 微生物脱盐研究进展

微生物脱盐燃料电池（MDC）是一项以微生物燃料电池为基础的拓展技术，其原理是利用阳极上的产电微生物氧化阳极室的有机物污染物产生电子并放出质子，电子通过外电路到达阴极，与阴极室水解产生的质子和空气阴极上的氧气结合生成水并释放出氢氧根离子，在阴阳极间形成电场推动脱盐室中盐离子去除（图7-1），不需要任何外加的压力和电场即可实现海水淡化，同时处理废水并产生电能，是一种新型绿色的海水淡化技术[1]。

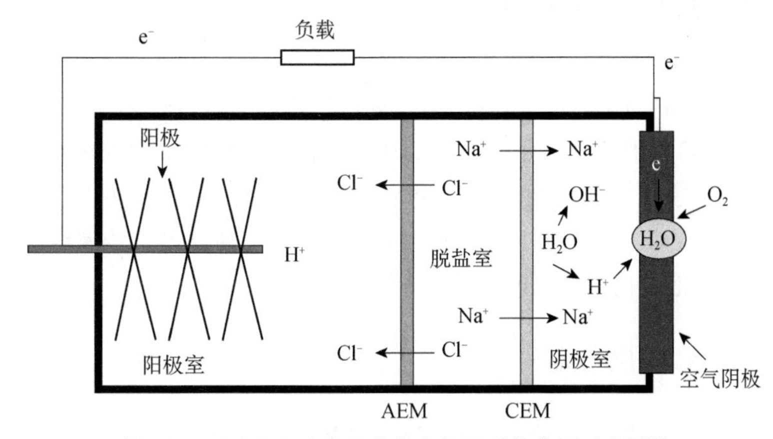

图7-1 用于海水淡化的生物电化学系统装置示意图[2]

2009年清华大学黄霞教授领导的研究组和美国宾夕法尼亚州立大学Logan教授课题组合作首次开展了基于微生物燃料电池技术的海水淡化研究，提出了微生物脱盐燃料电池这一概念[1]。Cao等[1]开发的世界上第一个MDC反应器采用三室构型，可以产生2W/m^{2}的最大功率密度，一个脱盐周期的脱盐效率可以达到90%，但该反应器使用铁氰化钾阴极运行成本较高，并且阴阳极间存在pH抑制问题，不利于反应器长期运行和实际应用。Mehanna等[3]在铁氰化钾阴极MDC反应器的基础上开发了三室空气阴极MDC反应器，利用阴极室内水解离生成的H^+在阴极上同电子和氧气发生反应生产水，由于阴阳极室间存在pH不平衡，反应器的性能不高（424mW/m^2，5g/L NaCl；198mW/m^2，20g/L NaCl）。为进一步提高MDC反应器性能，Chen等开发了堆栈式MDC反应器，通过在同一个反应器内增加多个脱盐室提高脱盐效率，10Ω 外电阻运行条件下比普通单脱盐室的三室MDC脱盐效率提高了1.4倍。Kim等[4]将堆栈式MDC与反相电渗析技术相结合开发了微生物反相电渗析电池（Microbial reverse-electrodialysis cell，MRC），获得了1.2～1.3V的输出电压和3.6W/m^{2}的最大功率密度，并将4个堆栈式MDC的脱盐室串联在一起，增加了反应器的脱盐效率，NaCl去除率可以达到98%。Mehanna[5]和Luo等[6]分别将MDC和MEC技术相结合开发了微生物产氢脱盐燃料电池（microbial electrolysis and desalinationcell，MEDC），可同步实现产电、产氢、脱盐和污染物去除多种功能。Forrestal等[7]将MDC与电容技术结合开发了微生物电容脱盐电池（microbial capacitive desalination cell，MCDC），其脱盐效率比传统的电容去离子化海水淡化技术提高了7～25倍。Cusick等[8]利用MRC技术回收废水中的热能，最大功率密度高达5.6W/m^2，反应器性能大幅提高。

近年来MDC技术与其他技术相结合提高反应器性能和实验功能多元化，吸引了越来越多科研工作者的关注。当前绝大多数报道的MDC研究大多为毫升级别（<300mL）的小装置，开展MDC装置的放大研究对于推进该技术的实用化具有重要意义，也是目前MDC技术发展的一个重要研究方向。MDC技术逐渐成为生物电化学系统研究中一个重要的研究热点。

7.2 微生物脱盐池系统简介

MDC与常规的MFC的主要差别在于，MFC使用一张离子交换膜或者不用离子交换膜，而经典三室MDC使用两张离子交换膜。阳膜和阴膜之间的盐水在电场的作用下，阳离子通过阳膜迁入阴极室，阴离子通过阴膜迁入阳极室，达到脱盐的效果。因此对MFC的研究完全可以运用在MDC上，影响MFC性能的因素如微生物将电子传递给阳极的效率、电极材料及表面积、电池的内阻等同样适用于MDC的研究。

7.2.1 普通三室MDC反应器

普通三室MDC反应器是在单室立方体反应器基础之上改造而成。单室空气阴极立方体MFC反应器，可以使用有机玻璃材料加工。在传统的28m^3 MFC反应器基础上加工MDC方法如下：在一块边长为4cm的有机玻璃立方体块上，从一侧加工出一个直径为3cm的圆洞作为反应器的阳极室，在与圆洞垂直的一侧开两个直径为1cm的小孔便于取样和更换溶液，反应器两极间距4cm，理论容积为28mL，阴阳极靠垫片和法兰固定。MDC阳极、阳极室和阴极与单室立方体反应器完全相同。与单室立方体反应器相比三室MDC反应器增加了脱盐室、阴极室和阴阳离子交换膜。阳极室与脱盐室之间由阴离子交换膜隔开，阴极室与脱盐室之间由阳离子交换膜隔开，组成由阳极室、脱盐室和阴极室构成的三室MDC反应器（图7-2）。

7.2.2 堆栈式MDC反应器

堆栈式MDC反应器是在普通三室MDC反应器基础之上改造而成（图7-3）。其阳极、阳极室和阴极与三室MDC反应器完全相同。不同之处在于普通三室MDC反应器只有一个脱盐室，而堆栈式MDC脱盐室由多个室组成，分为脱盐室和浓缩室，两个脱盐室之间夹一个浓缩室，用于存储脱盐室转移出来的盐分，堆栈式MDC反应器与普通MDC相比可以有效提高脱盐效率。

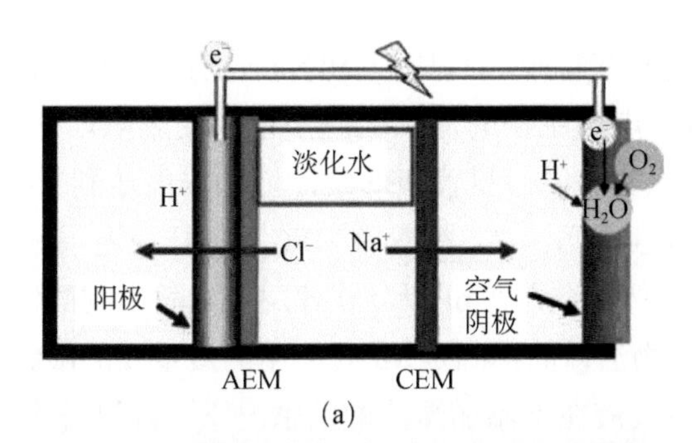

(a)

(b)

图7-2　普通三室MDC反应器示意图和实物图[3]

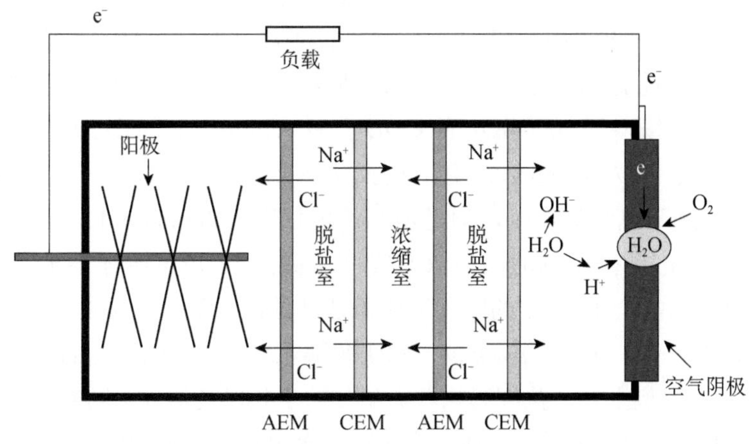

图7-3　堆栈式MDC反应器示意图[2]

7.3　影响MDC性能的关键因素

7.3.1　pH及盐度变化对MDC性能的影响

利用离子交换膜将阴极和阳极分为两个室将会导致pH的失衡。在阳极室中，微生物分解有机物向阳极液中释放H^+。与此同时，阴极室内的H^+与氧气反应形成水，OH^-在阴极液中剩余。在单室MFC中，H^+和OH^-结合可以保持反应器内的pH维持中性。但是在MDC

中，H^+和OH^-无法通过离子交换膜，而是Cl^-和Na^+分别与之结合，因此造成了持续的酸碱失衡。pH的降低对阳极产电微生物的活性造成了巨大的影响，低pH严重的降低了电流的大小直至消失。在堆栈式MDC中，尽管PBS缓冲液的浓度达到了100mmol/L，在一个换水周期后，阳极液的pH下降到低至4.7。在双室MFC，同样报道了阳极液低pH会对产电微生物的活性造成抑制。He等[9]报道，在pH为5.0时，产电微生物的活性受到了严重的抑制。阳极液酸化而造成的微生物活性的抑制是MDC应用的最重要的限制因素之一[10]。

此前的研究发现，阴极液在不添加缓冲液的情况下，经过一个换水周期，pH可以上升到12，但是已有研究表明在pH为10的情况下不会对MDC的性能产生影响。阴极电解液的pH对电极反应的最大潜在的可能影响可以使用能斯特方程计算得出，pH每上升一个单位（H^+浓度下降10倍），会引起电压下降59mV。例如，当阴极液pH为12时，阴极电势相比于pH中性的情况下要下降295mV[11]。

为了解决阳极液的酸化问题，研究者在阳极液中使用较高浓度的缓冲溶液（PBS）对系统的pH进行缓冲。Cao在研究中使用的0.1mol/L磷酸二氢钾与0.1mol/L磷酸氢二钾的混合液作为缓冲液[1]。而在缓冲液的缓冲范围内，不会对系统的运行效果产生影响。但由于缓冲液的浓度不同而使得系统能够稳定运行的时间不同，较高的缓冲液浓度能够延长系统稳定运行的时间，同时也增加了运行成本[10]。

为了控制阳极室的pH，研究者在阳极室内使用高浓度的缓冲液来控制反应器内酸碱不平衡[12]。在MDC运行的过程中。Cl^-通过阴离子交换膜从脱盐室转移到阳极室中，这将导致阳极室内富集了大量的Cl^-，过高的Cl^-浓度同样会对电化学活性微生物的活性产生影响。例如，阳极底物每消耗1000mg/L的COD会有125mmol/L的Cl^-转移到阳极室内。在MFC中，当Cl^-浓度上升为500mmol/L时，最大功率密度下降了12%[13]。Logan等[14]发现，增加KCl的浓度有助于电流的产生，但是最高浓度仅限于300mmol/L。这项结果也表明，在MDC中，阳极内产电微生物的活性只有在非常高的Cl^-浓度时才会被抑制。相比于在MFC的阳极液中添加盐，在MDC的阳极液中添加盐的影响更大。Mehanna等[5]研究发现，随着NaCl浓度的上升，*P. propionicus*在阳极微生物群落中所占的比例下降，而*G. sulfureducens*所占的比例上升。盐度影响着微生物的生长以及活性，随着盐度的增加影响作用会更加明显。生活污水的离子浓度通常为0.5～0.9kg/m^3，海水的离子浓度约为30kg/m^3，离子交换膜两侧存在巨大的盐度梯度，导致脱盐室的离子向分隔介质两侧的阳极室和阴极室渗透，高盐度导致高的渗透压，一旦超过微生物细胞质膜所能承受的压力范围，就会使微生物细胞脱水失活，而且高浓度的Cl^-也会对微生物产生毒害作用。此外，离子交换膜对离子的渗透也会降低脱盐室的导电性，生物电化学脱盐系统的脱盐效率下降[15]。

7.3.2 离子交换膜的膜污染问题

膜污染是膜反应器的常见现象，MDC的结构上存在两个离子交换膜，工艺上认为是膜反应器的一种，MDC的膜污染主要来自阴离子交换膜上的微生物污染，即微生物在膜上的附着、繁殖及胞外聚合物的分泌等，阻塞膜的通透性。此外，阳离子交换膜上钙镁离子的沉积聚合也是膜污染的一种表现，严重影响着海水淡化的脱盐效率。研究发现，当离子交换膜的通量上升后，相同时间的MDC脱盐效率可以从50%上升为63%。同样，膜通量的下降也会降低MDC的性能。Luo等[16]研究发现，经过8个月的运行，MDC的电流密度、库仑效率及脱盐效率分别下降47%、46%和27%。而MDC性能的下降主要是由于膜污染造成的。在传统的电渗析工艺中，生物沉积和无机盐沉积会造成系统脱盐性能的下降，这主要是因为膜污染提高了系统的阻值、降低了极限电流和膜的通透性[17]。在MDC中，由于AEM暴露在阳极液中，所以AEM比CEM更容易受到有机物和微生物沉积的影响。与其他膜系统类似，生物膜所产生的胞外聚合物（extracellular polymeric substances，EPS）具有附着性和粘附性，会在交换膜的表面形成生物污染[18]。另外，CEM 的表面会沉积无机沉淀，比如$Ca(OH)_2$、$Mg(OH)_2$等，当使用铁氰化钾溶液作为阴极电解液时，还会形成磷酸盐类沉淀，污染离子交换膜[10]。

7.3.3 反应器内阻对MDC性能的影响

MDC的理论基础是微生物电化学系统，因此MDC的性能很大程度上取决于MDC自身的内阻，包括欧姆内阻、电荷转移、传质阻力等。欧姆内阻存在于电解质（包括阴阳极液和含盐水）、电极及离子交换膜上。在MDC脱盐过程中，随着含盐水盐度和电导率的下降，欧姆内阻显著增加，这将限制电流的产生及降低脱盐速率，特别是当含盐水盐度很低时。Cao等[1]发现，在应用MDC对初始浓度为5g/L的含盐水进行脱盐时，当脱盐率达到88%时，MDC的内阻由25Ω 上升为970Ω，增加近40倍。同样，在研究微生物电解和脱盐电池中发现，当对初始浓度为10g/L的含盐水脱盐率达到98.8%时，其内阻由70～220Ω上升为250～850Ω，产氢速率及脱盐速率均下降[6]。Chen等[19]采用堆叠式MDC对20g/L NaCl进行脱盐时欧姆内阻也从21Ω 上升到了312Ω。内阻的上升会导致电流下降，影响 MDC的进一步脱盐，因而降低内阻对于强化MDC的脱盐效果至关重要[20]。

为了改善MDC不适用于低浓度盐水的问题，Zhang等[21]将离子交换树脂（ion exchange resin，IER）添加到MDC的脱盐室中，考察其对低浓度盐水的脱盐作用。研究发现，在脱盐室添加IER后，对于初始浓度分别为700mg/L和100mg/L的含盐水，其脱盐速率分别增加了2.5倍和3.9倍。并且最低出水浓度可以降低到7.13mg/L。另外，添加IER后，其电流密度和功率密度均有增加。IER对MDC的性能改善主要是因为IER可以提高脱盐室的导电性，降低脱盐室的阻值。Morel等[22]考察了MDC脱盐室添加IER对初始浓度为2～10g/L的含盐水的脱盐效果。结果发现，与同样结构的未添加IER的三室MDC相比，脱盐速率提高了1.5～1.8倍。IER在脱盐室中起到了导体的作用，因此可以提高低浓度下MDC的导电率。加入IER后，R-MDC的脱盐室欧姆内阻为3.0～4.7Ω远低于普通MDC脱盐室的内阻（5.5～12.7Ω）[10]。

7.4 微生物脱盐燃料电池构型发展

7.4.1 内循环rMDC反应器

普通三室MDC反应器运行过程中阳极产生大量的H^+质子，导致阳极溶液pH迅速下降对阳极微生物产生严重抑制，阴极产生大量OH^-离子，阴极溶液pH急剧升高导致阴极电位降低，最终导致整个系统崩溃或不可长期持续运行。哈尔滨工业大学曲有鹏等[2]开发了内循环MDC反应器（recirculation MDC，rMDC）（图7-4），该装置在不添加任何外来物质的条件下，实现了系统MDC的pH的平衡。该系统主要由三室空气阴极MDC、液体循环管路和蠕动泵三部分组成。三室空气阴极MDC由阳极室、脱盐室和阴极室三部分组成，阳极

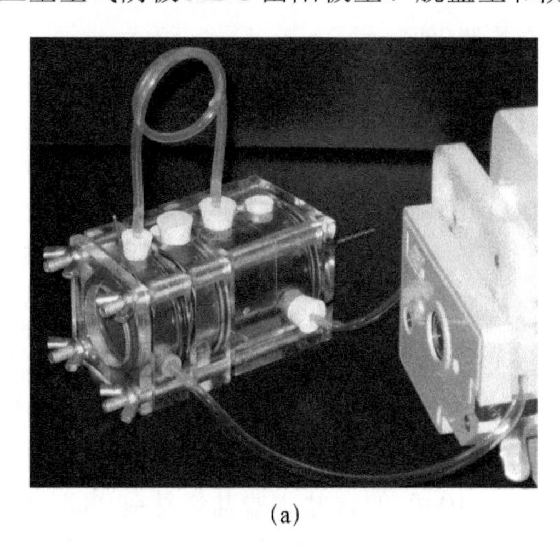

(a)

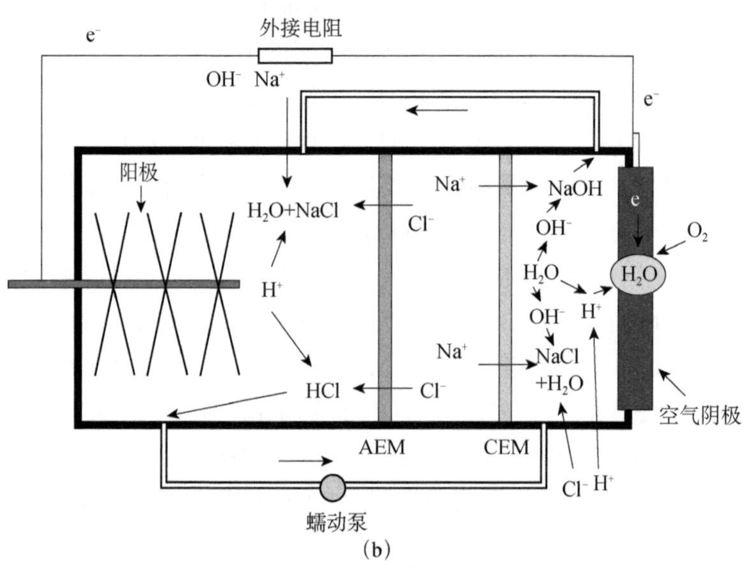

(b)

图7-4 三室内循环空气阴极MDC反应器照片（a）及示意图（b）[2]

室和阴极室间由阴阳离子膜隔开构成脱盐室，靠近阳极室一侧为阴离子交换膜（AEM，DF120，山东天维公司），靠近阴极室一侧为阳离子交换膜（CEM，Ultrex CMI7000，Membrane International）。阳极、阳极室和空气阴极均单室空气阴极立方体反应器的材料和规格相同，脱盐室和阴极室腔体直径均为3cm，宽度为2cm，理论体积为14mL，使用直径为3mm的细管路将阳极室和阴极室连通起来，废水或生物质进入阳极室，被产电微生物氧化去除，电子传递到阳极，并释放出H^+质子，通过蠕动泵驱动阳极溶液经由管路进入阴极室，与阴极室产生的HO^-离子中和产生水，使阳极室和阴极室始终处于一个相对稳定的pH环境，保证整个装置稳定运行，实现产生电能及在脱盐室脱盐的功能。

开启循环泵后，反应器进入rMDC运行模式。在更换底物溶液后反应器迅速达到最高输出电压（～550mV）之后只是缓慢下降，输出电压有明显的平台期，两种缓冲液运行条件下平台期（＞500mV）均可以持续约20小时（图7-5），缓冲液浓度对反应器的输出电压（1000Ω）没有明显影响，rMDC反应器可以在较低的缓冲液浓度下具有较好的效果。

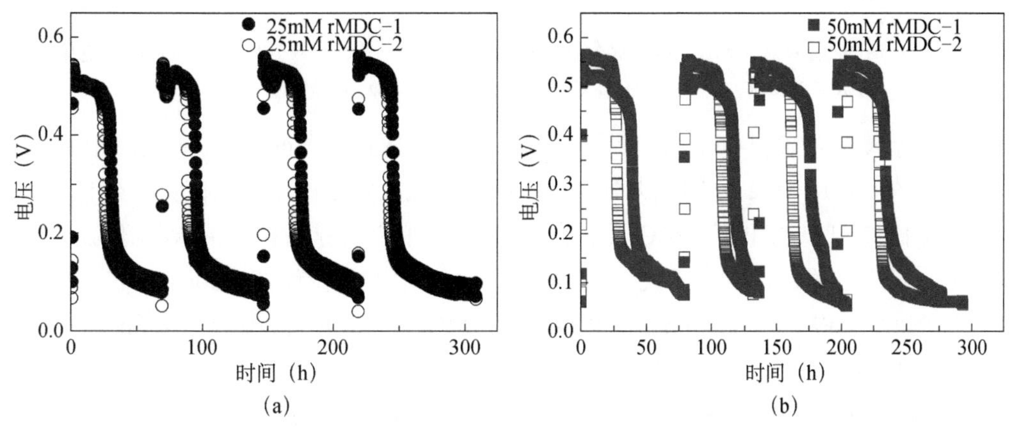

图7-5 25mmol/L（a）和50mmol/L（b）PBS运行条件下rMDC反应器的输出电压

MDC-1和MDC-2为平行反应器，1g/L木糖，外电阻1000Ω，脱盐室进水为20g/L NaCl[2]

微生物燃料电池处理生活污水时，由于生活污水的电导率低导致反应器性能较差，rMDC在低缓冲液条件下的性能优异，使用rMDC处理实际废水时可以减少或不加缓冲盐，有效降低了反应器运行成本。对比MDC反应器的输出电压（图7-5）可以发现，rMDC在两种缓冲液运行条件下反应器的输出电压均高于MDC反应器，脱盐周期均约为75小时，与50mmol/L PBS运行条件下的MDC反应器接近，rMDC反应器显著提高了反应器的性能。

将反应器先以MDC模式运行，当电压降低至100mV以下时（图7-6圆圈标记处），不更换底物溶液只是启动蠕动泵使阴阳极溶液相互循环（Post-MDC模式），可以发现反应器的输出电压再次迅速提高到450～500mV，并持续一个相对稳定的平台期。说明MDC运行模式下电压降低不是因为缺乏底物造成的，仅是pH抑制的结果，当蠕动泵启动阴阳极溶液酸碱相互中和消除了抑制，剩余的底物被再次利用产生电能。监测MDC和Post-MDC两种运行模式出水中的COD浓度证实了上面结论，当反应器以MDC模式运行时两种缓冲液浓度运行条件下出水COD的去除率分别为23%±3%（25mmol/L PBS）和38%±5%（50mmol/L

PBS），启动循环泵后进入Post-MDC模式，COD去除率分别提高到75%±2%和74%±2%，此结果与rMDC反应器的COD去除率相当（79%±4%，25mmol/L PBS；78%±3%，50mmol/L PBS）。

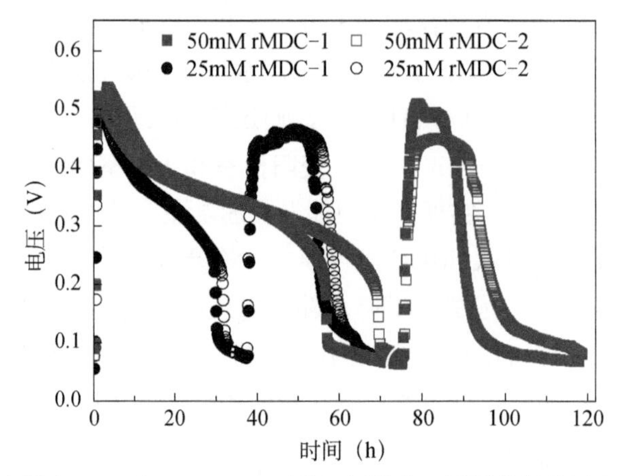

图7-6 rMDC反应器在MDC和Post-MDC两种运行模式（圆圈处为分界点）下的输出电压[2]

MDC-1和MDC-2为平行反应器，1g/L木糖，外电阻1000Ω，脱盐室进水为20g/L NaCl

反应器启动后当输出电压稳定3～5个周期后，测定反应器的功率密度曲线，使反应器的外接电阻在5000～50Ω之间由大到小逐步改变，记录输出电压值，计算并绘制功率密度曲线。由图7-7可以看出，rMDC反应器在两种缓冲液运行条件下最大输出功率均高于MDC模式下反应器。rMDC模式下反应器的最大输出功率为776±30mW/m^2（25mmol/L PBS）和931±29mW/m^2（50mmol/L PBS），而MDC模式下为508±11mW/m^2（25mmol/L PBS）和698±10mW/m^2（50mmol/L PBS），rMDC模式下的最大输出功率比MDC模式分别提高了33%（50mmol/L PBS）和53%（25mmol/L PBS），远高于文献中报道的普通三室MDC的最大输出功率[3]，在可见rMDC模式使反应器的性能显著提高。

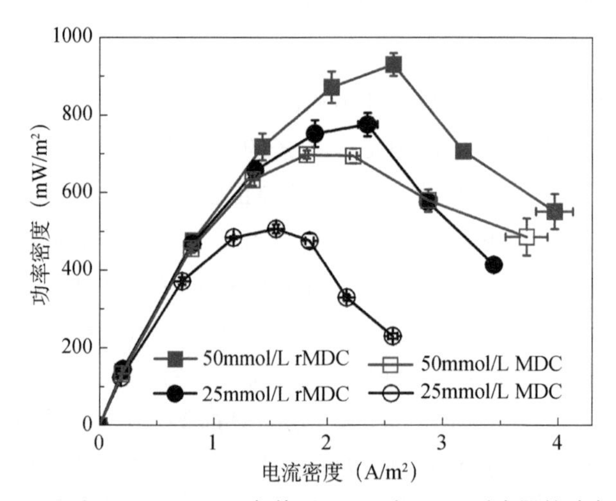

图7-7 25mmol/L和50mmol/L PBS条件下rMDC和MDC反应器的功率密度曲线[2]

为进一步研究MDC模式下溶液pH对反应器性能的影响，本研究中监测了MDC和

rMDC反应器一个脱盐周期内阴阳极室的pH和阴阳极电位变化情况（每隔3小时采一次样）（图7-8、图7-9）。电极电位是使用Ag/AgCl（+197mV相对标准氢电极）参比电极进行测量。

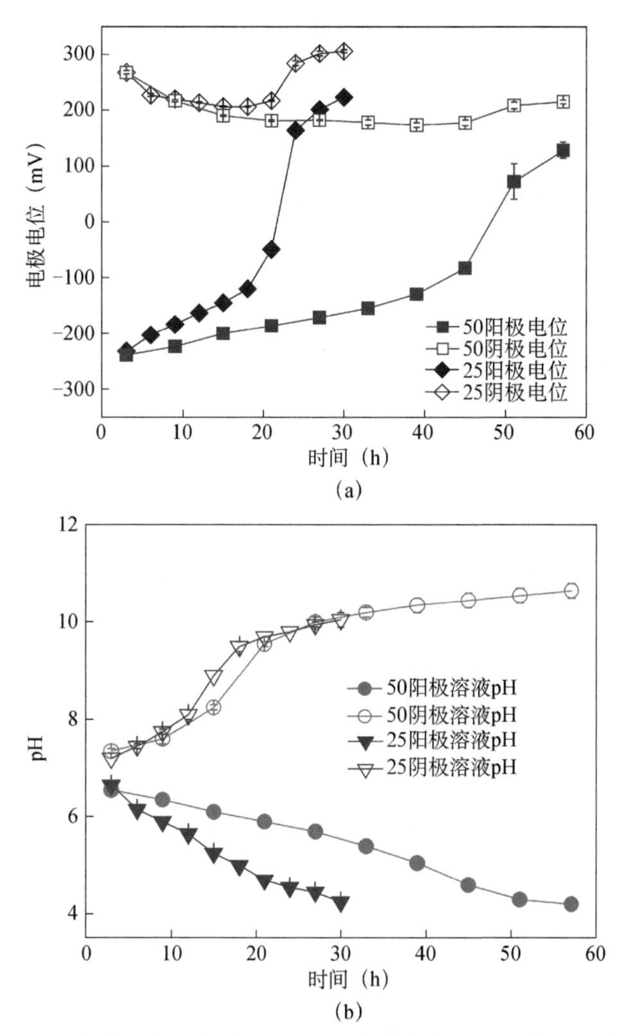

图7-8 MDC运行模式在一个脱盐周期内电极电位和阴阳极溶液pH变化情况[2]

内循环MDC反应器利用反应器阳极室和阴极室产生的酸碱相互中和以消除反应器内pH不平衡，运行周期内可保持溶液pH近中性的环境，MDC阳极溶液pH=5.0为反应器性能降低的拐点，阳极溶液pH＜5.0时由于产电菌的活性受到抑制反应器性能迅速下降。rMDC的最大功率密度和COD去除率远高于MDC反应器，在25mmol/L PBS条件下rMDC的NaCl去除率比MDC反应器提高了48%，而50mmol/L PBS时却比MDC降低了13%，高缓冲盐浓度增加了底物循环过程中阴阳极室间的电势损失，rMDC在低缓冲液条件下的优异性能可以降低其在实际应用中因污水电导率较低产生的影响[12]。

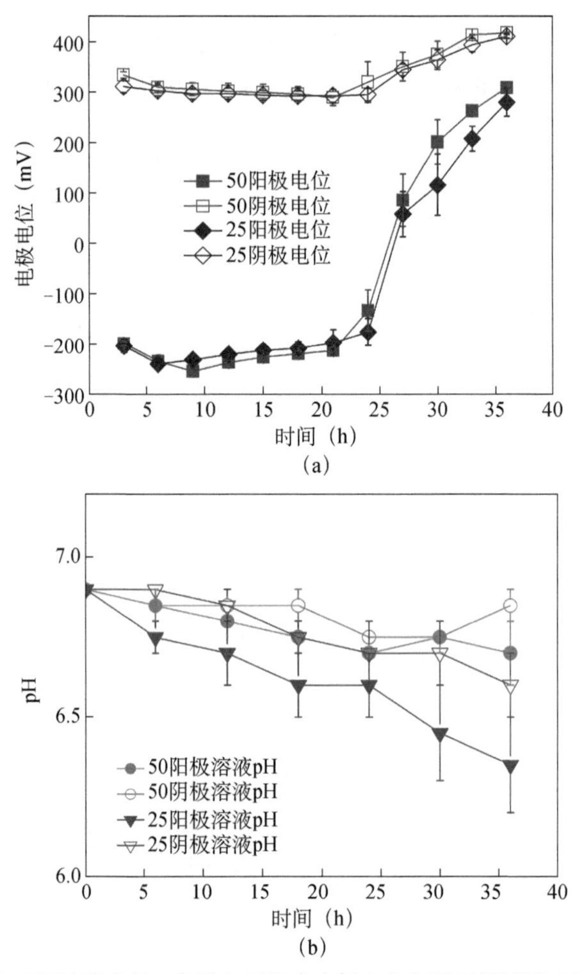

图7-9 rMDC运行模式在一个脱盐周期内电极电位和阴阳极溶液pH变化情况[2]

7.4.2 连续流MDC反应器的构建

连续流串联MDC反应器（图7-10）是由4个MDC反应器单元经由管路连接而构成。各MDC反应器单元的电极材料和反应器规格均与内循环MDC相同。使用直径为3mm的细管路将各MDC反应器单元的阳极室和阴极室相连，相邻的MDC反应器单元的阳极室、阴极室和脱盐室之间也使用管路连接，通过蠕动泵驱动底物溶液和盐水进入反应器。底物溶液首先通过蠕动泵驱动进入第一个反应器单元的阳极室，通过管路携带阳极室产生的H^+进入其阴极室与阴极室产生的OH^-相互中和，同时携带阴极室产生的OH^-由阴极室出水口流出，通过管路进入第二个反应器单元的阳极室与其内产生的H^+相互中和，再由第二个反应器单元的阳极室出水口流出并进入其阴极室，依此类推流经四个反应器单元，最后底物溶液由第四个反应器单元的阴极室出水口流出。因此串联MDC阴阳极室间的酸碱中和反应既可以在同一个反应器单元内发生，也可以在不同的反应器单元之间发生，加速了反应器内pH抑制的去除，有效提高了反应器的性能。盐溶液首先进入第一个反应器单元的脱盐室，由第一个反应器单元的脱盐室出水口流出，通过管路进入第二个反应器单元的脱盐室，再由第二个反应器单元的脱盐室出水口流出，依此类推流经四个反应器单元的脱盐室，最终淡化后的出水由第四个反应器单元的脱盐室出水口流出。

为研究串联MDC反应器各功能单元的产电能力，将底物进水溶液流速设定为最佳流速0.25mL/min，盐溶液进水设定为1mL/min（消除因各脱盐室NaCl浓度差别对反应器功率的影响），测定串联MDC各单元反应器的功率密度曲线。如图7-11所示，四个单元反应器的最大功率密度分别为MDC-1860±11mW/m²，MDC-2858±14mW/m²，MDC-3738±23mW/m²，

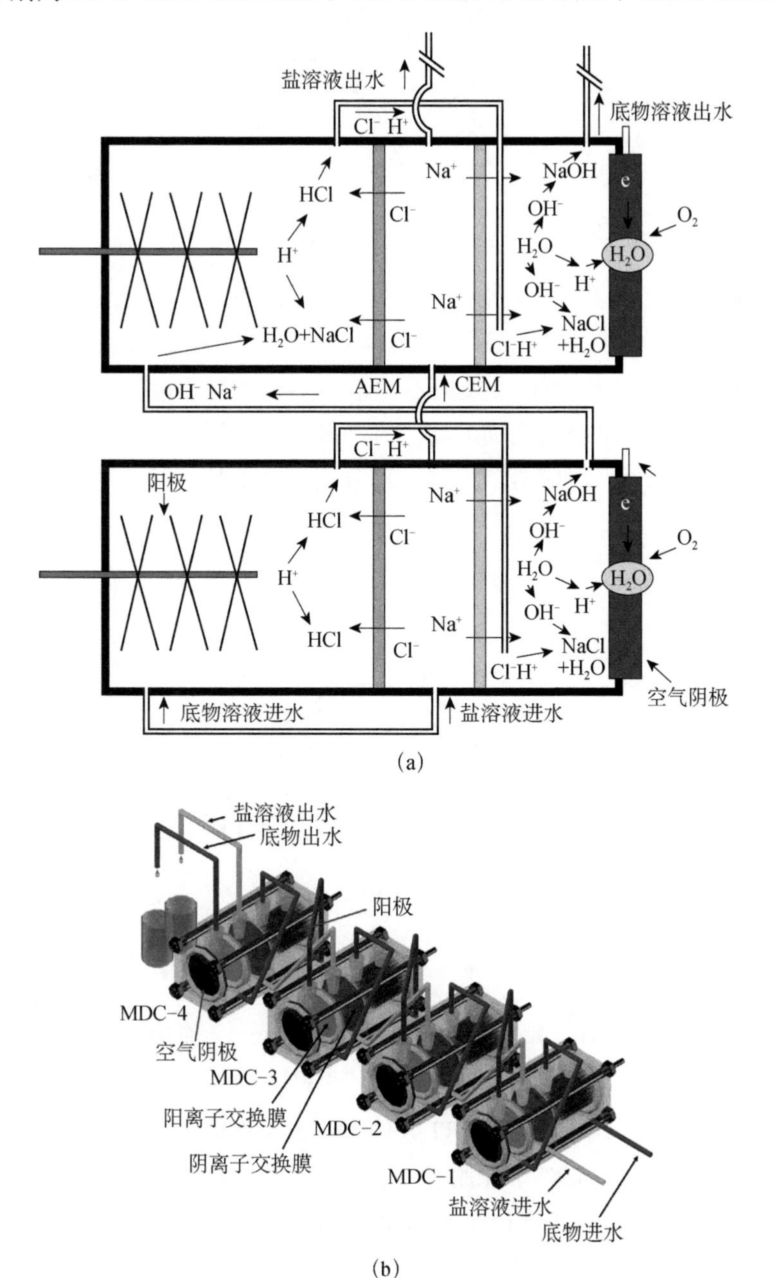

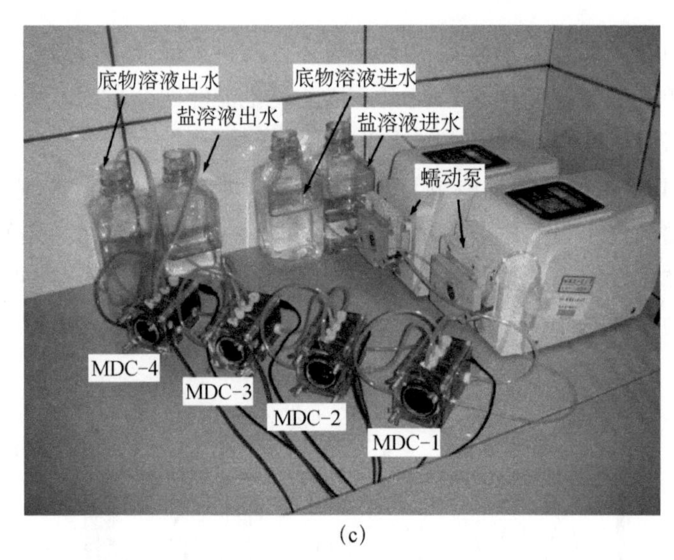

(c)

图7-10 连续流串联MDC示意图［(a)，(b)］与照片（c）[2]

MDC-4712±32mW/m²，其结果均高于间歇流运行的普通三室MDC的最大功率密度（424mW/m²，5g/L NaCl；198mW/m²，20g/L NaCl）[3]，连续流串联MDC有效的提高了反应器的性能。其中MDC-1和MDC-2反应器的最大功率密度非常接近，四个反应器单元最大功率密度大体变化趋势是沿着底物流动的方向减小，其原因可能是反应器内底物浓度所引起的，底物溶液流经每一反应器单元时一部分底物被消耗同时产生代谢产物，可利用的底物浓度在逐渐减小。

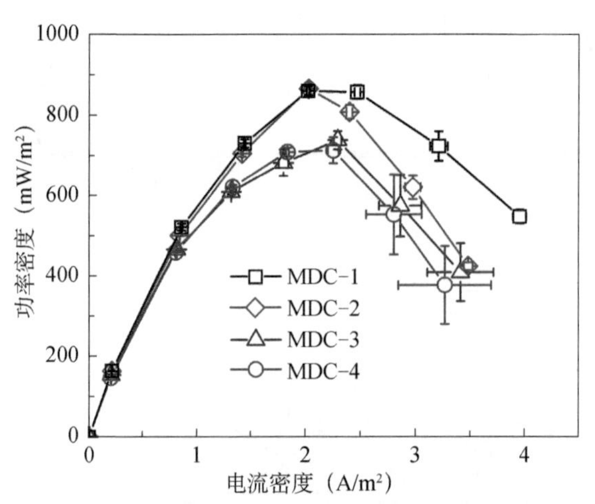

图7-11 串联MDC各单元反应器的功率密度曲线

底物溶液流速0.25mL/min[1]，盐溶液流速1mL/min[1][2]

检测各反应器单元在不同盐溶液HRT条件下各脱盐室出水的电导率。如图7-12所示，盐溶液HRT为一天时，各MDC单元脱盐室出水的NaCl浓度分别为MDC-115.1±0.4g/L，MDC-210.8±0.6g/L，MDC-37.4±0.1g/L，MDC-44.8±0.1g/L。盐溶液HRT为两天时，各MDC单元脱盐室出水的NaCl浓度分别为MDC-111.7±0.6g/L，MDC-26.2±0.4g/L，MDC-

32.2±0.1g/L，MDC-40.7±0.2g/L。盐溶液流经每一脱盐室，在反应器内部电势的作用下一部分NaCl透过脱盐室的阴阳离子交换膜，进入阴阳极室的底物溶液中有利于增加底物溶液电导率提高反应器性能，各脱盐室出水中NaCl浓度逐级降低，实现海水淡化的目的。对比两种盐溶液HRT条件下各脱盐室出水盐浓度可以发现，随着盐溶液HRT时间延长出水脱盐效果提高，盐溶液HRT为一天时反应器出水中NaCl的去除率为76%±1%，HRT增加到两天时出水中NaCl的去除率提高到97%±1%。而在相同反应器运行条件下，单独运行一个MDC反应器（MDC-1）时，盐溶液HRT为一天和两天时最终出水NaCl的去除率分别只有25%±2%和42%±3%，串联MDC明显提高了脱盐效果。利用串联MDC技术进行海水或卤水脱盐，可以作为其他淡化技术的前处理工艺或用于农田灌溉和其他非生活饮用水来源。

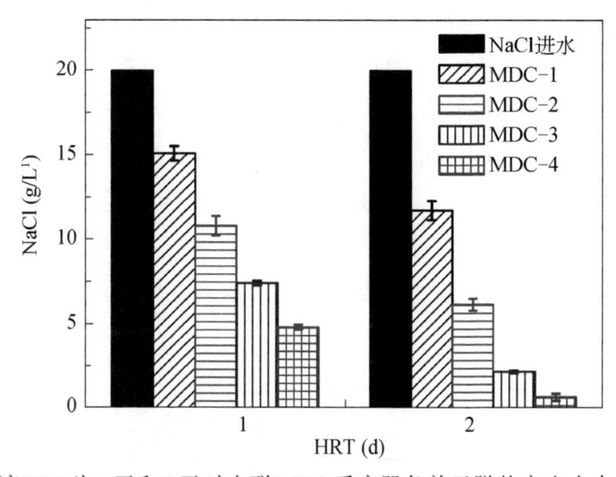

图7-12 盐溶液HRT为1天和2天时串联MDC反应器各单元脱盐室出水中的NaCl浓度[2]

串联MDC反应器四个反应器单元的最大功率密度均高于间歇流运行的普通三室MDC，通过增加串联MDC单元数目可以有效提高污染物的处理能力。盐溶液HRT延长脱盐效果随之提高，盐溶液HRT为1d时NaCl去除率为76%±1%，HRT增加到2d时NaCl去除率提高到97%±1%。阳极微生物16S rDNA基因文库结果显示，兼性厌氧微生物*Klebsiella ornithinolytica*为各单元中最优势菌群，能够发酵木糖产生多种小分子的混合酸，推测其功能为严格厌氧的产电微生物提供厌氧环境，维持产电系统的稳定。探索了使用青贮秸秆和啤酒废水两种废弃生物质为底物驱动串联MDC实现同步产电脱盐的可行性。青贮秸秆水洗液作为碳源和同时作为碳源、氮源时MFC反应器的最大功率密度分别为847±3mW/m^{2}和609±3mW/m^2。分别以青贮秸秆水洗液和啤酒废水运行串联MDC时，青贮秸秆水洗液为底物的反应器NaCl去除率可达到74%±2%（盐溶液HRT=1d）和96%±2%（盐溶液HRT=2d）。不添加任何缓冲液直接进啤酒废水的反应器COD去除率在75%～83%，NaCl去除率为50%～55%[2, 23]。

7.4.3 微生物电容脱盐燃料电池

电容脱盐法（capacitive deionization，CDI）在20世纪60年代被提出，CDI以高比表面

积的导电材料作为电极，在外加少量电压的情况下，在电极–溶液界面吸附在双电层区域的多余离子从溶液中去除，属于电化学方法。CDI的电极要具有较高的比表面积，该技术对盐的去除与单位重量电极的比表面积有关。通过将CDI的电极短路或加反向电压，可以使电极得到再生。在短路的过程中，CDI两极的电子发生中和，已被吸附到表面的Na^+和Cl^-重新进入溶液中。在加反向电压的过程中，电极表面具有同种电荷，同种电荷相斥，已被吸附的离子被排斥到溶液中。与其他除盐技术相比，电容除盐技术具有能耗低、无二次污染等特点，并且通过充放电过程实现电极的再生和一定程度上的电能回收。

Yuan等[24]利用MFC所产电能驱动CDI模块建立了MFC-CDI，尝试对60mg/L的低浓度NaCl溶液进行吸附脱盐，而脱附时CDI中储存的能量释放出来促进MFC产电。Wen等[25]为了实现能量自给的深度脱盐，提出用MDC驱动MCDI深度脱盐的连用技术（图7-13）。当处理1g/L的低浓度含盐水时，MCDI的处理效果要远高于传统的电容脱盐技术（CDI）的处理效果。与0.8V的直流稳压电源相比，以MDC作为MCDI供电可使MCDI具有更高的电吸附容量，当两个MDC并联为MCDI供电时，MCDI的吸附容量为直流稳压电源供电的1.6倍。MDC与MCDI系统耦合后不仅实现对MCDI脱盐的连续运行，并且MDC自身在供电的同时，相比于固定外阻200Ω的条件下，脱盐室的电导率下降速度提高了36.2%。经过MDC与 MCDI联用处理18个周期后，处理水可以达到饮用标准[26]。

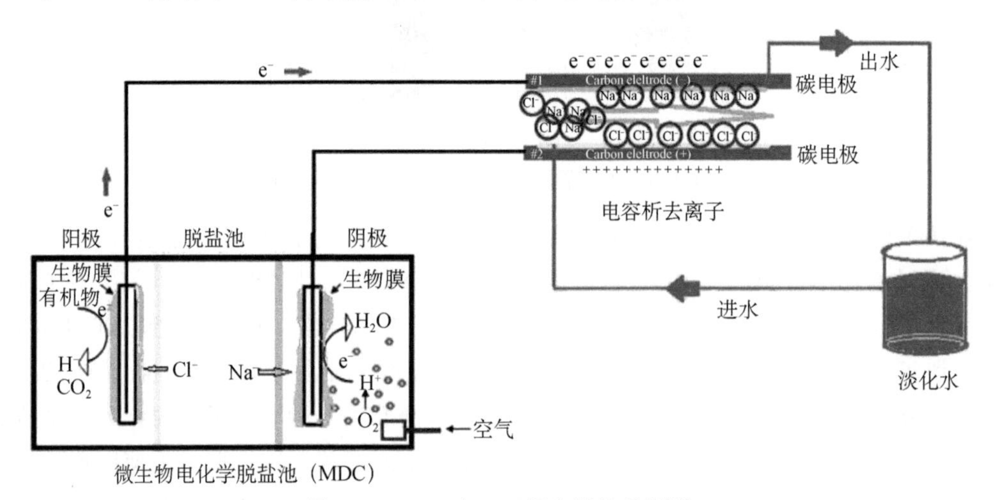

图7-13　MDC与CDI耦合脱盐系统[25]

除了利用BES对外部CDI模块供电实现吸附脱盐外，也有研究尝试将CDI模块整合在BES内部实现吸附脱盐。Forrestal等[7]构建了一种微生物电容脱盐电池（图7-14），将MDC技术与电容脱盐就相结合开发了微生物电容脱盐燃料电池，其构型与普通三室MDC类似，不同之处在于其脱盐室由两张CEM分隔而成，并且在脱盐室安装了两个活性碳布电容电极并分别与阴阳极连接。电容电极具有与阴阳极相同的电势因而在活性碳布表面形成双电层吸附带有相反电荷的盐离子，使得流经脱盐室的海水中的盐离子吸附在电容电极表面得到淡化。使用两张CEM膜将反应器分隔成三室，质子可在三室间自由转移，有助于减缓了反应器内部的pH不平衡问题。但随反应时间的延长，阴极室溶液盐度升高pH降低。试验表明由于阴极室pH升高导致Ca^{2+}、Mg^{2+}等阳离子氢氧化物在靠近阴极室一侧的CEM膜表面的沉积，导致长期运行下MDC脱盐效率下降。

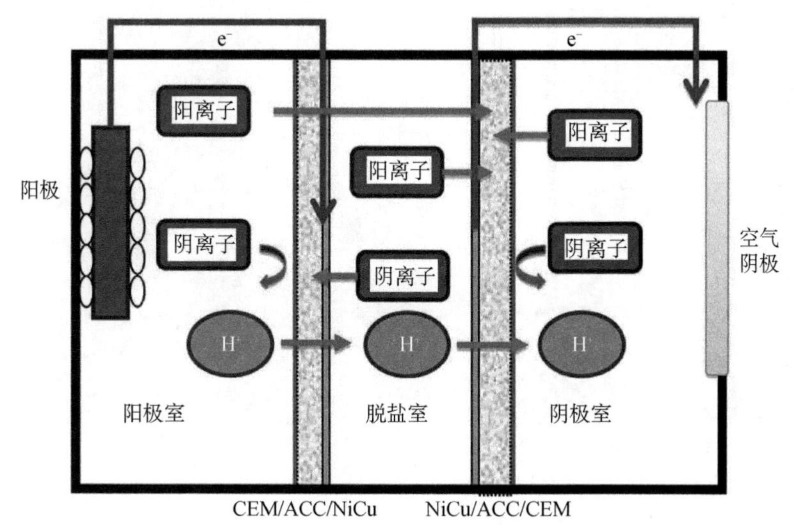

图7-14　微生物电容脱盐燃料电池[7]

利用MCDC自身所产电场形成电容，将脱盐室中的离子吸附在ACC上实现脱盐，之后再通过放电脱附实现离子的回收。该构型所实现的脱盐效率比传统CDI工艺高7～25倍[7]。对构型中的结合材料进行优化，以ACC结合Ni/Cu网与AEM/CEM形成脱盐室，对10g/L的NaCl溶液能够实现69.4%的脱盐率。将MCDC用以处理实际页岩气开采废水时，电场吸附作用和生物降解作用共同实现的有机物去除速率达到6.4mg sCOD/h，而废水脱盐速率为36mg NaCl/h[27]。在对非常规天然气生产废水的处理中，MCDC的三个腔体都被证明有去除有机物和无机物的双重功能，仅脱盐室而言就能在4h内去除65%的盐离子和85%的COD[7]。

7.4.4　微生物脱盐燃料电池与电去离子技术耦合

基于电去离子技术（electro-deionization，EDI）原理，可以通过在MDC脱盐室中填充离子交换树脂来降低内阻。研究报道，EDI中填充的离子交换树脂具有比主体溶液更高的电导，因而可以作为低浓度盐水的离子导体，降低脱盐过程中的欧姆阻力[20, 28]。通过向传统MDC的脱盐室中填充离子交换树脂构建了一种树脂填充型MDC（Resin packed MDC，R-MDC）。左魁昌等[20]构建的树脂填充型MDC（图7-15）具有比传统MDC更高的脱盐速率及更低的欧姆内阻，并且对多种阴离子具有比多种阳离子更好的脱盐效果。

7.4.5　微生物脱盐池与正渗透的耦合

正渗透是一种不需要外加压力驱动，仅依靠渗透压即可实现的膜分离过程，具有能耗低、无二次污染的特点。Zhang等[29]结合正渗透与微生物脱盐池技术，设计了一种新型的

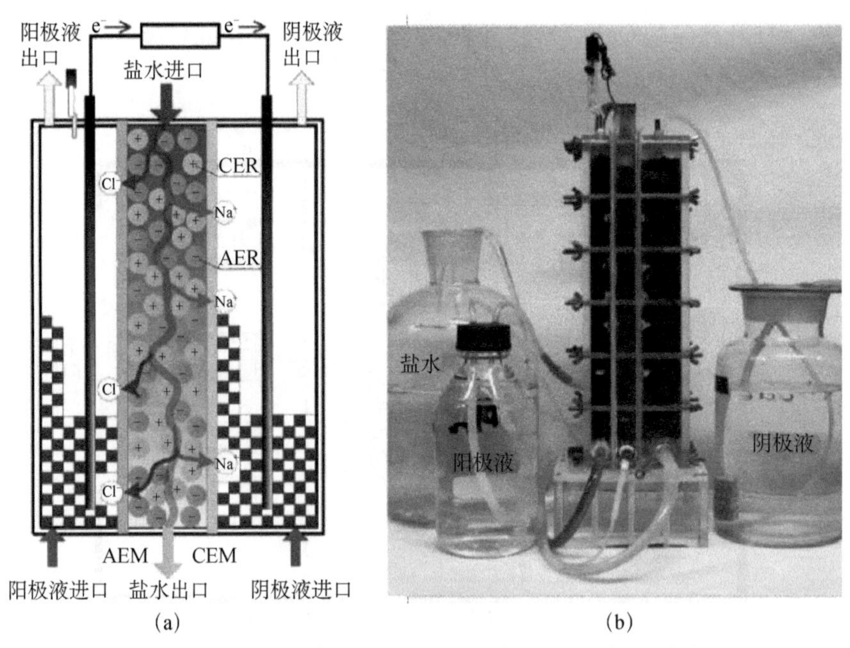

(a) (b)

图7-15 树脂填充型MDC（a）示意图（b）实物图[20]

渗透式生物脱盐装置（osmotic microbial desalination cell，OsMDC，图7-16），结果表明，OsMDC的脱盐效率高于正渗透膜分离工艺，但与传统MDC相比，渗透膜的存在抑制了离子的迁移，脱盐效率较低，仅达到63%；为此，该课题组[30]进一步构建了OsMFC-MDC的耦合脱盐模式，以OsMFC的阴极出水作为MDC脱盐室的进水，研究发现耦合模式下，OsMFC-MDC的脱盐效率可达到95. 9%，每处理1m^{3}的海水产生电能约0.160k · Wh[15]。

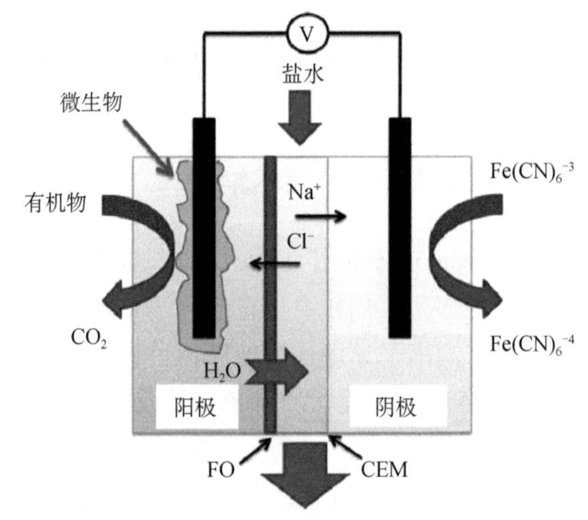

图7-16 渗透式生物脱盐装置示意图[29]

7.4.6 微生物脱盐池与微生物电解池的耦合

Mehanna等[5]在三室MDC的基础之上，于阴阳极两端外加一微小电压，构建微生物产氢脱盐池（microbial electrolysis and desalination cell，MEDC，图7-17），实现了废水处理、产电、脱盐及同步产氢的“四合一”功效。在0.55V的外加电压下，以5kg/m^{3}的NaCl溶液为对象，脱盐室的导电性仅降低了68%±3%，能源效率达到231%±59%，最大产氢速率为（0.16±0.05）m^3H_2/m^3；为抑制阳极pH波动和高盐度对微生物活性的影响，Luo等[6]将MEDC阳极液循环运行，电流密度从87.2A/m^{3}上升至140A/m^3，10kg/m^{3}的NaCl溶液脱盐率达到98.8%，比未回流的MEDC反应器提高了80%，而H_2的产率（1.6m L/h）也增加了30%。为进一步降低阳极电解质酸化的影响，Chen等[31]在MEDC的原有构型基础上，在阳极室和阴离子交换膜之间引入了双极膜，建立了微生物电解脱盐同步酸碱再生池（microbial electrolysis desalination and chemical production cell，MEDCC），实现了脱盐与酸碱再生的同步。在0.3～1.0V的外加电压下，MEDCC的库仑效率达到62%～97%，运行周期（18h）内10kg/m^{3}NaCl溶液的去除率达到46%～86%[15]。

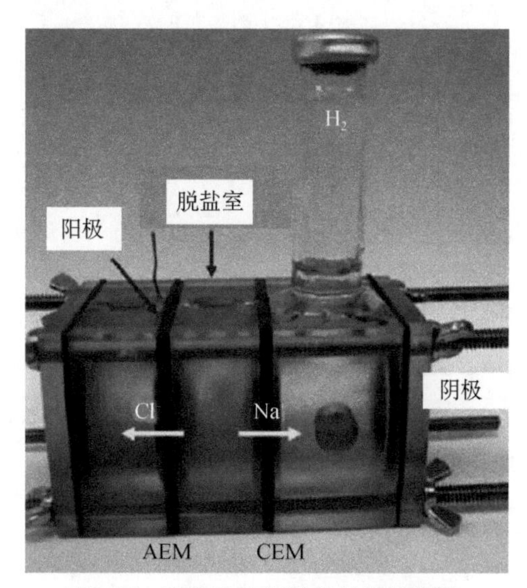

图7-17 微生物产氢脱盐池实物图[5]

7.4.7 微生物脱盐池与电渗析的耦合

电渗析是一种以电位差为推动力，利用离子交换膜的渗透性，实现离子的去除的方法[32]。Chen等[19]将电渗析的概念引入MDC中，在原有单格室脱盐的基础上，交替添加阴阳离子交换膜，形成浓缩室与脱盐室相间的构型，开发了堆栈式MDC反应器（stacked microbial desalination cell，SMDC）（图7-18），研究发现同一个MDC反应器内增加多个脱盐室，提高了SMDC的电子传递速率，脱盐效率提高。如10Ω的外接电阻下同时运行2个脱盐室，脱盐效率达到0.052g/h，比传统MDC提高了1.4倍；反相电渗析（reverse-electrodialysis，RED）堆栈能够提高MDC的输出电流，同时MDC两级间产生的电压又可以减少RED膜的使用数量[33]。进一步缩小脱盐室单格宽度，将堆栈式MDC与RED技术结合开发了微生物反相电渗析脱盐池（microbial reverse electrodialysis cell，MRC）[34]。在乙酸钠为阳极生物

质的条件下，输出电压达到1.2～1.3V，COD的去除率高达98%，库仑效率达到64%，调节海水和淡水的流速在0.85～1.55mL/min时，MRC的最大功率密度达到3.6～4.3W/m^2，其中94%的回收能量来自RED的盐度梯度当。MRC反应器由5对脱盐室与浓缩室构成时，NaCl的去除率可达到98%，然而，这并不意味着脱盐室与浓缩室越多越好，离子交换膜的渗透作用使得脱盐室的淡水浸入浓缩室内，产水量降低，膜对数的增加反而降低了MRC的电流效率[15]。

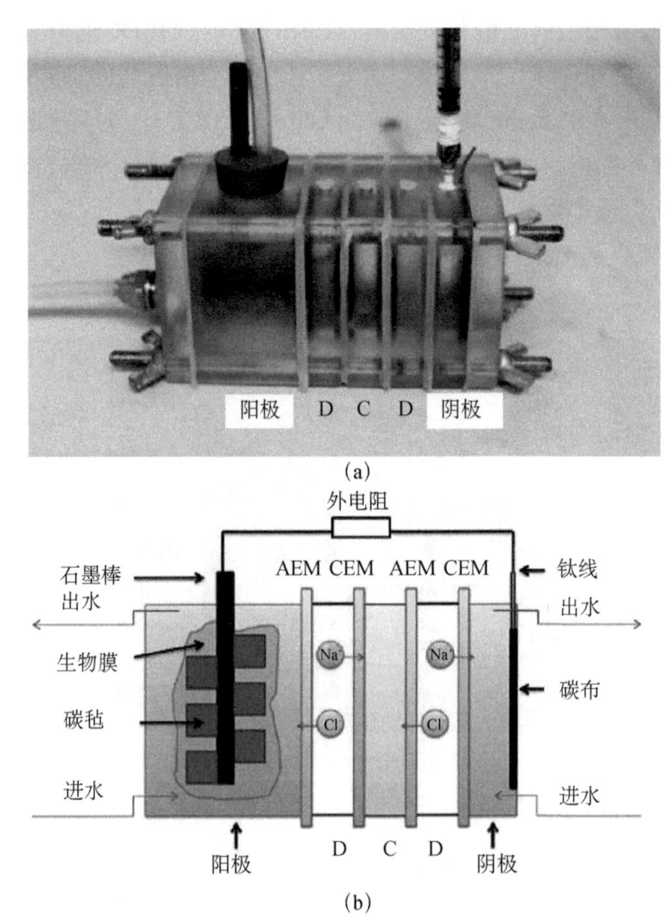

图7-18 微生物脱盐池与电渗析的耦合的堆栈式MDC（a）实物图（b）示意图[19]

7.5 MDC功能扩展去除水中重金属

随着MDC技术的发展，其功能也从单一的海水淡化向其他应用领域扩展。例如MDC能够与阴极重金属还原反应相耦合，用于去除重金属。一种新构建的四腔体MDC含有两片AEM与一片CEM，用于含铜离子废水的处理[35]（图7-19）。所增加的靠近阴极腔体的一片AEM用于防止铜离子进入脱盐室而污染脱盐水。在该MDC阴极室中注入含铜离子的受污染废水，在 pH<3 的条件下，阴极即能发生铜离子还原反应。反应器输出电流密度为

2.0A/m^2，能够将阴极腔室中94.1%的铜离子还原为Cu_2O或Cu单质，并同时对脱盐室中的盐溶液实现脱盐。陈志强课题组进一步研究在该构型的阴极室中利用$Cr_2O_7^{2-}$（Cr^{6+}）作为电子受体完成还原反应[36]。试验结果证明Cr^{6+}被还原为Cr_2O_3并沉积在阴极表面，反应器中产生的电场也同时驱动了脱盐室中NaCl溶液的脱盐。这两个研究证明了MDC在净化污水与脱盐的同时，还能够进行阴极的金属离子还原反应，拓宽了MDC技术的应用范围[26]。

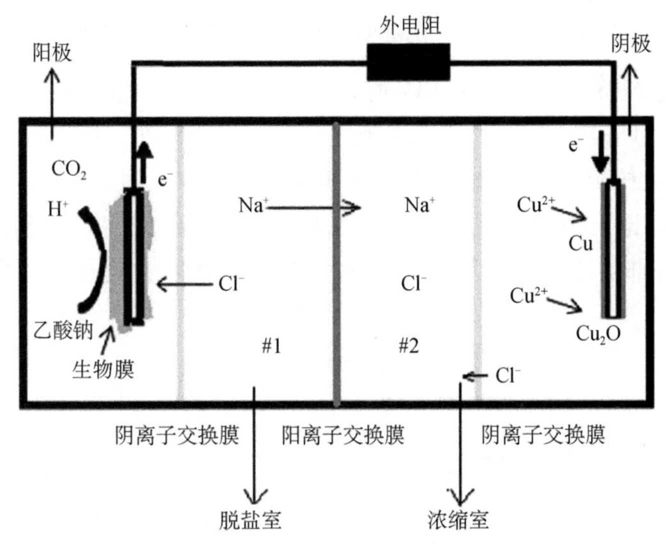

图7-19　MDC阴极还原二价铜离子处理重金属废水反应器示意图[35]

哈尔滨工业大学Dong等[37]利用串联MDC阴极碱性出水对重金属废水进行沉淀去除。设定含铜废水中铜离子的浓度为800mg/L、1000mg/L、1500mg/L，初始pH均为3（模拟酸性废水），考察除铜效果（图7-20）。纯含铜废水调节pH至7即可完全沉淀溶液中的铜离子。阴极溶液中的盐度氯化钠会导致溶液中总离子浓度增加，增加离子间的静电作用力，使得铜离子和氢氧根离子受到较强的牵制作用，降低有效浓度，沉淀向溶解方向移动，盐度对重金属沉淀具有一定影响。研究发现盐效应在铜沉淀中有轻微的影响，氯化钠浓度在20g/L以下，没有明显的影响，氯化钠浓度高于20g/L时，出水铜离子含量会有轻微上升，均能保证在0.5mg/L之下。阴极室的出水氯化钠浓度在9～10g/L，因此不会有明显的影响。氢氧化铜沉淀具有良好的沉淀性能，在较短的时间内能够很好的沉降沉淀池底部，上层清液没有明显的絮状物产生，无需过滤即可导入后续的电渗析反应器中。同时研究发现使用阴极出水沉淀重金属镉最佳出水浓度为0.07mg/L，沉淀重金属铅的最佳出水浓度为0.3mg/L，均低于电镀行业污染物排放标准（GB21900—2008）。

为进一步提高出水水质，采用电渗析技术对阴极溶液沉淀重金属后的出水进行处理，以MDC产生的电能为电渗析反应器辅助供电。电渗析装置共有7个腔室（3个脱盐室，4个浓缩室），由3张阳离子交换膜和3张阴离子交换膜交替隔开（图7-21），各腔室内尺寸为：6×9×0.6cm=32.4mL，阴阳极均为6×9cm钛板。直流电压设定为10V、12V、13V、14V，电渗析反应器的脱盐室和浓缩室进水流速1∶1。随着电压的增加，浓缩室出水浓度逐渐增加，

图7-20　含铜废水利用MDC阴极出水（pH=7）时的沉淀效果

脱盐室出水浓度逐渐降低。电压为13V时，脱盐室出水基本能够达到地表水的电导标准（10～500μs/cm），电压为14V时，基本上能达到自来水的标准（10μs/cm）（图7-22）。对电渗析装置进行能量核算，达到地表水的水质标准（13V）时，需要外部的能量输入为508.98mW，此时理论上MDC产电能够减少8.7%的外部能量输入，达到自来水的水质标准（14V）时，需要外部的能量输入为530.65mW，理论上MDC产电能够减少8.3%的外部能量输入。

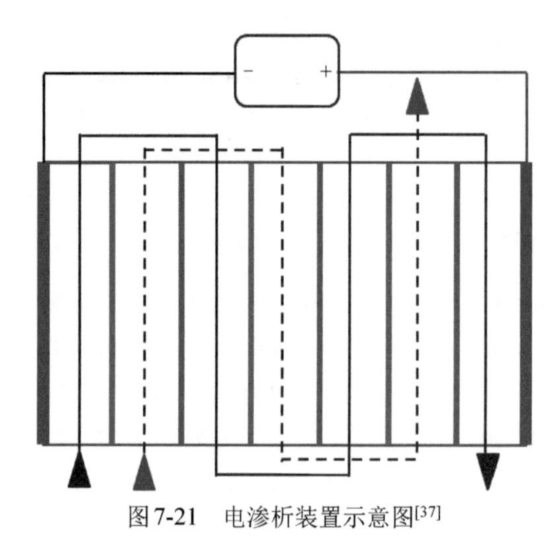

图7-21　电渗析装置示意图[37]

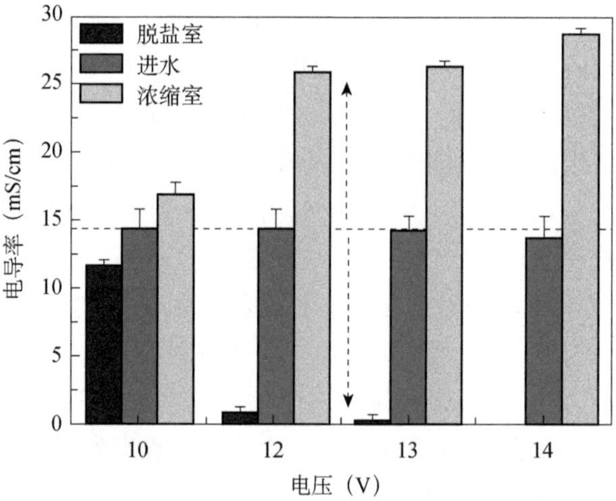

图7-22　不同电压下电渗析效果[37]

7.6 MDC系统放大

绝大多数报道的MDC研究大多为毫升级别（<300mL）的小装置，开展MDC装置的放大研究对于推进该技术的实用化具有重要意义。Jacobson等[38]开发了总容积为2.75L的圆筒状上流式MDC（up-flow MDC，UMDC）。该构型内部为筒状阳极腔室，外侧为由阴阳离子交换膜分隔出来的环状脱盐室，脱盐室外侧的CEM与空气阴极紧密接触。该构型能够在4d的脱盐周期内，对初始浓度为35g/L的NaCl溶液实现94.3%±2.7%的脱盐率。进一步评估UMDC作为传统脱盐技术前处理工艺的可能性，计算得到UMDC能够产生下游反渗透系统脱盐所需能量的16.5%，或者节约下游电渗析系统脱盐所需能量的45.3%。为进一步放大MDC反应器，将多个UMDC集成起来运行，系统总容量达到105L（图7-23），运行时间超过300天，在外加1.1V电压的条件下，输出电流由670mA（未加电压条件）提高到2000mA，获得了每天9.2kg/m^3 • d的总脱盐速率[39]。

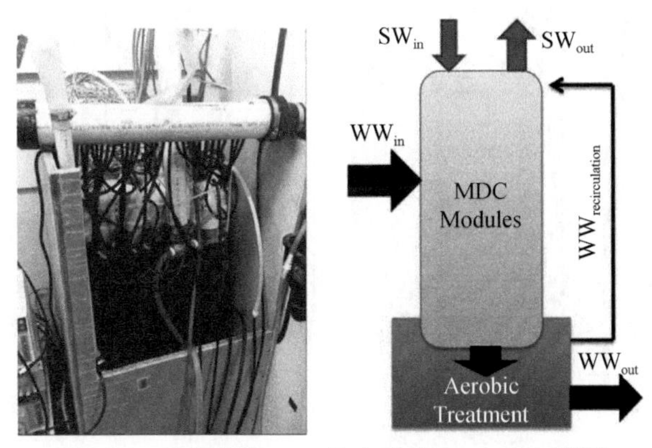

图7-23 总容积为105L的大型化MDC反应器[39]

为了解决低浓度盐水脱盐及装置放大的问题，Zuo等[40]构建了一个10L级堆叠式树脂填充型MDC（stacked resin packed MDC，SR-MDC），并尝试用于对低浓度模拟二沉池出水进行深度脱盐。SR-MDC由一个阳极腔体、一个阴极腔体、3个脱盐腔体（淡室）、2个浓缩腔体（浓室）组成（图7-24、图7-25）。其中阳极腔体和阴极腔体均由PVC材料制成，其内部腔体净尺寸均为15cm×45cm×6cm，空床体积约为4000mL，截面积为675cm^2。阳极和阴极之间为由阴离子交换膜（AEM，交换容量1.8mol/kg）和阳离子交换膜（CEM，交换容量2.0mol/kg）交替分隔而成的浓室和淡室。其中每个淡室的尺寸为15cm×45cm×1cm，空床体积为670mL。每个浓室的尺寸为15cm×45cm×0.5cm，空床体积为335mL。对于每个淡室，阴离子交换膜均布置在靠近阳极侧，阳离子交换膜布置在靠近阴极侧。SR-MDC阳极腔体和生物阴极腔体中均填充柱状颗粒活性炭（直径2mm，长度约5mm）作为电极材料和载体供产电微生物附着生长，填充床孔隙率约为46%。为了强化电子由活性炭颗粒向外部传递，阳极和阴极活性炭床均采用双侧集电方式。其中阳极和阴极靠近中间膜堆侧均采用钛网（筛网孔径约为0.8cm×0.8cm）作为集电材料，以促进离子的穿透，而靠近两端侧则采用钛板作为集电材料。阳极和阴极中的钛网和钛板均在反应器外部相连，构成一个整体电极。为了降低反应器内阻，在浓室和淡室中均填充混合离子交换树脂作为MDC离子导体，分别为强酸性阳离子交换树脂（Na型）和强碱性阴离子交换树脂（Cl型），交换容量分别为2.0eq/L和1.2eq/L。为了使混合树脂填充床具有相同的阴阳离子交换容量，阳阴离子交换树脂的填充体积比定为1∶1.7[20]。

在完成接种后，SR-MDC电压在150h内稳定到500mV。经过约一个月的驯化培养，SR-MDC的最大功率密度达到33.1W/m^3，最大电流达到370mA，内阻仅为1.3Ω，均达到同等体积MFC的产电水平。在间歇模式运行下，SR-MDC淡水脱盐率和浓水浓缩率均随浓淡水循环流速的增加而增加。在循环流速为80mL/min时，SR-MDC的平均电流达到41.2mA，内阻仅为3.2Ω，脱盐率达到了96.3%，最终淡水电导率仅为42μS/cm，达到了一级反渗透的出水水平[20]。

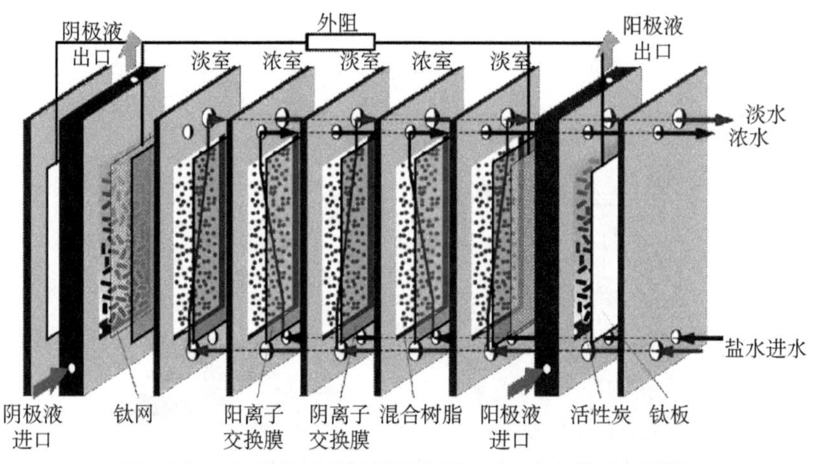

图7-24 10L级堆叠式树脂填充型MDC反应器示意图[20]

图7-25 10L级堆叠式树脂填充型MDC反应器实物图[20]

7.7 小结

微生物电化学脱盐燃料电池是利用电化学活性微生物的催化氧化作用，将生物质的化学能定向转化为电能并产生淡化水和其他有价值副产物的一种装置，实现了废水处理的资源化和能源化，近年来获得极大关注。微生物电化学脱盐燃料电池是一项以微生物电化学技术为基础的拓展功能，是一种新型的能量自给、绿色的产能型海水淡化技术。本章对生物电化学脱盐的基本原理、发展现状、脱盐性能评价、系统构型、影响因素、功能拓展和反应器放大等方面进行阐述，以期为微生物电化学脱盐的科学研究和实际工程应用提供参考和借鉴。

参考文献

[1] Cao X X，Huang X，Liang P，et al. A new method for water desalination using mcrobial desalination cells. Environmental Science & Technology，2009，43（18）：7148-7152.

[2] 曲有鹏. 连续流微生物脱盐燃料电池的构建及性能研究. 哈尔滨：哈尔滨工业大学工学，2013.

[3] Mehanna M，Saito T，Yan J L，et al. Using microbial desalination cells to reduce water salinity prior to reverse osmosis. Energy & Environmental Science，2010，3（8）：1114-1120.

[4] Kim Y，Logan B E. Microbial reverse electrodialysis cells for synergistically enhanced power production. Environmental Science & Technology，2011，45（13）：5834-5839.

[5] Mehanna M，Kiely P D，Call D F，et al. Microbial electrodialysis cell for simultaneous water desalination and hydrogen gas production. Environmental Science & Technology，2010，44（24）：9578-9583.

[6] Luo H P，Jenkins P E，Ren Z Y. Concurrent desalination and hydrogen generation using microbial electrolysis and desalination cells. Environmental Science & Technology，2011，45（1）：340-344.

[7] Forrestal C，Xu P，Ren Z Y. Sustainable desalination using a microbial capacitive desalination cell. Energy & Environmental Science，2012，5（5）：7161-7167.

[8] Cusick R D，Kim Y，Logan B E. Energy capture from thermolytic solutions in microbial reverse-electrodialysis cells[J]. Science，2012，335（6075）：1474-1477.

[9] He Z，Huang Y，Manohar A K，et al. Effect of electrolyte pH on the rate of the anodic and cathodic reactions in an air-cathode microbial fuel cell，Bioelectrochemistry，2008，74：78-82.

[10] 张慧超. 生物阴极微生物脱盐燃料电池驱动电容法深度除盐性能研究. 哈尔滨：哈尔滨工业大学，2015.

[11] Kim Y，Logan B. E. Microbial desalination cells for energy production and desalination. Desalination，2013，308：122-130.

[12] Qu Y P，Feng Y J，Wang X，et al. Simultaneous water desalination and electricity generation in a microbial desalination cell with electrolyte recirculation for pH control[J]. Bioresource Technology. 2012，106：89-94.

[13] Liu H，Cheng S，Logan B E. Power generation in fed-batch microbial fuel cells as a function of ionic strength，temperature，and reactor configuration. Environmental Science & Technology，2005，39：5488-5493.

[14] Oh S E，Logan B E. Proton exchange membrane and electrode surface areas as factors that affect power

generation in microbial fuel cells. Applied Microbiol Biotechnol，2006，70：162-169.

[15] 彭新红，初喜章，单科，等. 基于海水淡化的生物电化学脱盐技术研究进展及应用前景. 应用化学，2015，32（2）：134-142.

[16] Luo H P，Xu P，Ren Z Y. Long-term performance and characterization of microbial desalination cells in treating domestic wastewater. Bioresour Technol，2012，120：187-193.

[17] Lee H J，Hong M K，Han S D，et al. Fouling of an anion exchange membrane in theelectrodialysis desalination process in the presence of organic foulants. Desalination，2009，238（1-3）：60-69.

[18] Herzberg M，Kang S，Elimelech M. Role of extracellular polymeric substances（EPS）in biofouling of reverse osmosis membranes. Environmental Science & Technology，2009，43（12）：4393-4398.

[19] Chen X，Xia X，Liang P，et al. Stacked microbial desalination cells to enhance water desalination efficiency. Environmental Science & Technology，2011a，45（6）：2465-2470.

[20] 左魁昌. 基于过滤型阴极生物电化学系统的污水深度净化与脱盐. 北京：清华大学，2016.

[21] Zhang F，Chen M，Zhang Y，et al. Microbial desalination cells with ion exchange resin packed to enhance desalination at low salt concentration. Journal of Membrane Science，2012，417-418：28-33.

[22] Morel A，Zuo X， Xia X，et al. Microbial desalination cells packed with ion-exchange resin to enhance water desalination rate. Bioresour Technol，2012，118：43-48.

[23] Qu Y P，Feng Y J，Liu J，et al. Salt removal using multiple microbial desalination cells under continuous flow conditions. Desalination，2013，317：17-22

[24] Yuan L，Yang X，Liang P，et al. Capacitive deionization coupled with microbial fuel cells to desalinate low-concentration salt water. Bioresource Technology，2012，110（2）：735-738.

[25] Wen Q X，Zhang H C，Chen Z Q，et al. Improving desalination by coupling membrane capacitive deionization with microbial desalination cell. Desalination，2014，354，23-29.

[26] 陈熹. 生物电化学系统对污水中离子型物质的去除与回收研究. 北京：清华大学，2016.

[27] Stoll Z A，Forrestal C，Ren Z J，et al. Shale gas produced water treatment using innovative microbial capacitive desalination cell. Journal of Hazardous Materials，2015，283，847-855.

[28] Song J H，Yeon K H，Moon S H. Effect of current density on ionic transport and water dissociation phenomena in a continuous electrodeionization（CEDI）. Journal of Membrane Science，2007，291（1-2）：165-171.

[29] Zhang B，He Z. Integrated salinity reduction and water recovery in an osmotic microbial desalination cell. RSC Advances，2012，2：3265-3269.

[30] Zhang B，He Z. Improving water desalination by hydraulically coupling an osmotic microbial fuel cell with a microbial desalination cell. Journal of Membrane Science，2013，441：18-24.

[31] Chen S，Liu G，Zhang R，et al. Development of the microbial electrolysis desalination and chemical-production cell for desalination as well as acid and alkali productions. Environmental Science & Technology，2012，46：2467-2472.

[32] Nikonenko V V，Kovalenko A V，Urtenov M K，et al. Desalination at overlimiting currents：state-of-the-art and perspectives. Desalination，2014，342：85-106.

[33] Cusick R D，Kim Y，Logan B E. Energy capture from thermolytic solutions in microbial reverse-

electrodialysis cells. Science，2012，335：1474-1477.

[34] Kim Y，Logan B E. Series assembly of microbial desalination cells containing stacked electrodialysis cells for partial or complete seawater desalination. Environmental Science & Technology，2011，45：5840-5845.

[35] An Z，Zhang H，Wen Q，et al. Desalination combined with copper（Ⅱ）removal in a novel microbial desalination cell. Desalination，2014，346，115-121.

[36] An Z，Zhang H，Wen Q，et al. Desalination combined with hexavalent chromium reduction in a microbial desalination cell. Desalination，2014，354，181-188.

[37] Dong Y，Liu J F，Sui M R，et al. A combined microbial desalination cell and electrodialysis system for copper-containing wastewater treatment and high-salinity-water desalination，Journal of Hazardous Material，2017，321：307-315.

[38] Kyle S J，David M D，Zhen H. Use of a liter-scale microbial desalination cell as a platform to study bioelectrochemical desalination with salt solution or artificial seawater. Environmental Science & Technology. 2011，45，4652-4657.

[39] Zhang F，He Z. Scaling up microbial desalination cell system with apost-aerobic process for simultaneous wastewater treatment and seawater desalination，Desalination，2015，360：28-34.

[40] Zuo K C，Cai J X，Liang S，et al. A ten liter stacked microbial desalination cell packed with mixed ion-exchange resins for secondary effuent desalination，Environmental Science & Technology，2014，48：9917-9924.

第 8 章　应用 MES 技术的资源/能源回收

污水中蕴含着巨大的化学能和氮、硫、磷等资源，传统的水处理模式仅以去除水中污染物、达标排放为主要目标，这不仅增加了处理成本，而且浪费了污水中的潜在能源，不符合水资源循环利用中的可持续发展理念。将污水看作一种可以重复利用的水资源，把污水处理目的从单纯的“污染物降解”变为“污染物降解及能量回收”从而实现污水的资源化及能源化，是当前污水处理技术发展的趋势。

微生物电化学系统（microbial electrochemical system，MES）在以产电菌（exoelectrogen）为“生物催化剂”将有机物中的化学能直接转化的同时，能够将有机物转化的能量以清洁能源、高值代谢产物或原位利用等方式回收。微生物燃料电池（MFC）是利用微生物催化的电化学反应将废水中有机物所富含的化学能转化为电能的电池。作为污水处理的新方法，2004 年，美国宾夕法尼亚大学的Bruce Logan首次将MFC用于废水处理，因其巨大的处理效率和简单的操作过程，使这一处理技术受到了国内外学者的极大重视[1]。此后，运用MFC技术可对包括生活废水[2]、重金属废水[3]、食品加工废水[4]、含氮废水[5, 6]、垃圾渗滤液[7, 8]、染料废水[9]、酿酒废水[10]、甘蔗废水[11]及市政污水[12]等多种废水进行有效处理，并实现废水到电能的一步转化，在处理废水的同时使废水资源化。电能的原位利用进一步体现了MFC作为污水处理新技术的优势，Zhao等[13]通过串联的MFC体系利用降解含碳物质产生的电流实现了原位还原CO_2产甲酸。此外，当电子在缺氧环境中被硝酸盐接受后发生反硝化反应，进而降解受污染地下水中的硝酸盐，从而达到原位修复地下水中的硝酸盐的目的。以MFC产生的电流也可实现对地下水的原位修复。Puig等[14]研究发现向双室MFC阴极室加入含有硝酸盐的废水，生物阴极可以将电子经电极或反硝化细菌传递给电子受体亚硝酸盐，从而实现亚硝酸盐的去除。而Zhang等[6]将MFC与生物反应堆耦合，在MFC的微弱电能刺激下原位修复氮污染的地下水。

自从2005年MEC的概念被提出以来[15]，这一技术由于可利用底物的多样性使得该技术受到污水处理领域的高度关注，特别是对实际废弃生物质及工业废水的利用使其具有良好的环境效益和实际指导意义。在MEC中，根据阴极电子受体的不同，生物质可以在系统内微生物的催化下直接转化为高附加值产品及清洁能源（如氢能、甲烷、小分子酸等）。该技术颠覆了传统的水处理模式，为污水处理及资源/能源化开辟了新的途径。此外，MES易于与其他传统工艺耦合，从而强化传统的水处理效能，实现BOD、氮素污染以及硫化物的高效去除及回收。作为一种碳中性的绿色产能技术，对污水处理碳减排具有重要意义。作为一种清洁能源技术，MES技术打破了传统有机废水处理的概念，提出了一种集污染物去除和能源输出为一体的污水处理新工艺，在水中污染物去除及生物质高效利用的同时回收电能、生物质能高附加值化工产品，是解决能源危机和环境污染问题的最有前景的途径之一。

8.1　基于MES原理的废水处理产氢

8.1.1　MES产氢原理

MEC是一种高效的微生物电化学制氢技术[16]，其反应原理为阳极上富集的微生物通过代谢作用将底物降解生成质子、CO_2和电子，产生的电子通过微生物胞外电子载体传递到阳极，在外电源提供的电势差的作用下到达阴极，质子通过质子交换膜或直接扩散到阴极。在阴极电子与质子结合生成氢气，如图8-1所示。

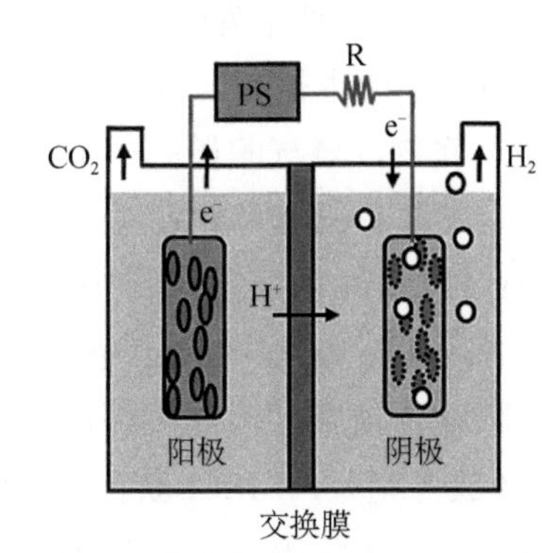

图8-1　微生物电解池产氢原理示意图

以乙酸为MEC的底物时，阳极反应为：

$$CH_3COOH+2H_2O \rightarrow 8H^++2CO_2+8e^- \quad E_1^0=-0.28V \tag{8-1}$$

阴极反应为：

$$8H^++8e^- \rightarrow 4H_2 \quad E_2^0=-0.41V \tag{8-2}$$

由于乙酸被阳极微生物降解的氧化还原电位E_1^0大于阴极上质子被电子还原生成氢气的E_2^0，为克服此能量壁垒，因此理论上需要0.13～0.14V外加电压来辅助析氢反应进行[17]。而在实际MEC运行中，由于过电位的存在，通常所需的外加电压高于250mV才可驱动电极反应。通常而言，低电压（0.2～0.3V）的库仑效率和氢气产量较低，外加电压在0.4～0.8V时能获得较好的产氢效果。与工业电解水制氢所需能量相比（1.8～2.0V），MEC产氢所需的能量输入大大降低，同时由MEC获取的氢能通常为输入电能的1～4倍，能量收益较高。

8.1.2 MES产氢底物研究与发展现状

微生物电解池作为生物能源领域一种重要的制氢技术，虽然以单一的葡萄糖、乙酸盐为底物时均可以取得较高的产氢效率，但以实际污水或废弃物质为底物的产氢研究既可以实现能量的回收，又可以达到污染物的同步处理，从而发挥其更加显著的环境效益。目前常见的应用于MEC的实际生物质包括：生活污水、高浓度有机废水、发酵废液、食物残渣和剩余污泥等。

在以生活污水为底物的双室MEC中，通过使用石墨颗粒作为阳极载体，在0.5V外加电压下，氢气回收率达到42%，氢气产率达到0.0125mgH_2/mgCOD[18]。通常，高浓度有机废水经过一定的发酵作用可产生大量的挥发酸，而这些挥发性物质极易被电活性微生物利用从而促进产氢。在以高蛋白的猪场废水为底物的单室MEC反应器中，产氢速率达到0.9～1.0m^3H_2/（m^3·d），COD去除率达 69%～75%[19]。酿酒厂废水也被证实可用于MEC产氢，当外加0.9V 电压时，单室MEC的产氢速率达0.17±0.01m^3H_2/（m^3·d），氢气产率为0.026±0.004kgH_2/kg COD[20]。而以食物残渣作为MEC底物时，在外加0.9V电压下，MEC的氢气产率达到35.7±1.9mgH_2/g COD，平均产氢速率为0.36±0.09m^3H_2/（m^3-Reactor·d）[21]。

剩余污泥中因含有大量有机物，因此也被用于MEC产氢的研究。Liu等[22]以超声预处理的剩余污泥发酵产物为单室MEC底物，氢气的最高产率达到1.2mL H_2/mg COD。由于污泥中含有大量的难溶性有机物，大部分有机物都存在于细胞内，不易被微生物利用，因此通过合理的预处理方法可将这些有机物释放进而提高产氢效率。以碱预处理的污水厂剩余污泥为双室MEC底物时，氢气产率达到6.78±0.94mgH_2/gDS，是未处理污泥的1.74倍。通过比较热预处理、碱预处理和热碱联合预处理污泥发酵液的MECs产氢效能，发现热碱联合预处理可使污泥中的挥发性酸释放更充分，MECs获得氢气回收效率最高，单位污泥氢气产量34.4±4.1mL H_2/g VSS，每日氢气产量为19.3±2.3mL H_2/d。

此外，利用木质纤维素等农业废弃物的发酵废液为底物的MEC也可实现产氢，且对推动农业废弃物资源综合利用和清洁能源开发具有重要意义。2011年，Wang等[23]研究了暗发酵结合MEC的两阶段方法利用纤维素产氢气，5g/L的纤维素先在暗发酵反应器产氢，反应器的出水作为MEC和MFC的进水，由MFC给MEC提供电压，MEC的产氢速率为0.48m^3H_2/（m^3·d），氢气产率为33.2mmol H_2/g COD，两阶段总氢气产率为14.3mmol H_2/g COD，氢气产量比单独用暗发酵增加了41%。李小虎[24]用20g/L的稀酸处理玉米秸秆作为暗发酵产氢的底物，暗发酵的废水进入MEC产氢，外加电压0.8V，获得的最大产氢速率和氢气产率分别为3.43±0.12m^3/（m^3·d），1000±50mL H_2/g COD，此时COD的去除率为44%±2%。上述的暗发酵与MEC结合产氢的方法，暗发酵的末端发酵产物中乙醇和乙酸为主要物质，伴有少量的丙酸和丁酸，该发酵类型称为乙醇型发酵。由于乙酸和乙醇较容易被生物利用，乙醇型发酵有良好的产氢效果。另一种暗发酵类型为丁酸型发酵，丁酸不易被产电菌降解，丁酸型发酵与MEC的两阶段产氢效果不理想。近两年，直接将发酵产物丁酸作为MEC产氢底物的研究也开始增加。有研究利用秸秆水解液作为底物在MEC产氢，当秸秆水解液的COD浓度为1000mg/L时，用丁酸为底物驯化MEC阳极，0.9V的外加电压下获得1.41±0.07m^3/（m^3·d）的产氢速率，氢气产率为313±7mL H_2/g COD[25]。除乙醇型发酵和丁酸型发酵，本实验室还研究了以玉米秸秆发酵丁醇废液为底物的MEC的产氢性能。当外加电压为0.8V，获得的最大产氢速率为3.54±0.47m^3/（m^3·d），氢气产率为16.34±0.20mmol H_2/g COD，COD去除率为71.63%±2.29%。

8.2 基于MES原理的产甲烷过程

8.2.1 MES产甲烷研究与发展现状

甲烷是一种极其重要的能源，其储量较丰富，但是已探明储量仅占总量的一小部分。随着全球能源越来越紧张，人们把视线转移到高浓度有机废水中的残存生物质，尝试用各种方法从这些废水中制取甲烷等气体。目前，从生物质材料中获得甲烷的主要方法是厌氧发酵，而传统的厌氧发酵受限因素较多。作为生物质能源再利用的一种更高效的手段，MEC能够在较小的外加电压（0.2～0.8V）条件下将阳极有机物降解并将产生的电子传递到阴极，进而实现阴极产甲烷，在强化废水处理的同时实现废水的资源化。2009年，Cheng等[26]首次报道了利用MEC产甲烷。在该MEC中，阳极电化学活性微生物通过降解有机物释放电子，电子经由外电路传递到阴极后，在阴极功能微生物的作用下，二氧化碳分子结合电子和质子从而还原产生甲烷。

在MEC中，甲烷可以通过三种途径产生。其中最主要的两种分别是通过耗乙酸甲烷化过程及耗氢甲烷化过程，这两个过程分别是在嗜乙酸产甲烷菌和嗜氢产甲烷菌的作用下实现的。研究表明，虽然嗜乙酸产甲烷菌过程是厌氧消化中的主要甲烷来源（70%），但在MEC中甲烷主要来源于嗜氢产甲烷菌的作用。Clauwaert等[27]发现，MEC在外加0.8V电压下，甲烷产率为0.28～0.75L/（L·d）。而断开电路后，甲烷产率下降至0.17L/（L·d），表明嗜氢产甲烷菌在闭路的MEC中充分发挥了作用。Wang等[28]发现在开路的MEC中并无氢气和甲烷的产生，但MEC转为闭路且外加0.7V的电压时，在气相产物中同时检测到氢气和甲烷，表明甲烷的产生源于嗜氢产甲烷菌的代谢作用，所需要的电子供体正是MEC内部产生的氢气。除嗜乙酸产甲烷菌途径和嗜氢产甲烷菌途径，MEC还可以通过阴极还原二氧化碳作用产甲烷。Cheng等[26]发现在MEC的阴极，二氧化碳可直接与质子结合形成甲烷。

由于阴极产甲烷过程是发生在产甲烷菌与电极界面间的电子传递过程，因此阴极基体除了应具备良好的导电性外，还应具备较好的生物兼容性及较大的比表面面积。一般用于生物阴极的基体材料有碳布、石墨颗粒及碳毡等。为了便于阴极功能微生物的富集，提高甲烷的产量，大量研究围绕不同阴极材料开展，如表8-1所示。

表 8-1　阴极载体对MEC产甲烷的影响[29]

阴极材料	阴极微生物	电位（vs. SHE）	产甲烷库仑效率（%）	参考文献
碳布	*Methanobacterium palustre*	−0.8	96	[26]
碳布	混合产甲烷菌群	−0.789	80	[30]
碳布	热杆菌属	−0.8	>90	[31]
石墨颗粒	混合产甲烷菌群	−0.85	74	[32]
石墨棒	嗜氢产甲烷菌	−0.7	80～85	[33]
石墨刷	混合产甲烷菌群	−0.789	75	[30]
碳毡	混合产甲烷菌群	−0.653～−0.953	60～100	[34]
碳毡	嗜氢产甲烷菌	−0.8	98	[35]

研究结果表明，虽然使用的阴极产甲烷菌种类及施加电位不同，但整体来说三维碳毡电极的效率明显高于二维碳布阴极。但当使用石墨床及石墨颗粒堆栈的三维载体作为阴极时，虽然也具有三维结构，但由于其表面相对光滑，比表面积较小，所以其产甲烷效率相对较低。Villanlo等[32]的研究表明，阴极生物膜的生长及群落结构与电极表面的电子传递能力息息相关。而电极表面的氢键、静电力及范德华力等特性直接影响着电极生物膜的附着及生长[36-38]，因此通过三维电极的表面改性可提高MEC的产甲烷效率。

在MEC的最初研究中，往往以乙酸盐、葡萄糖等简单的小分子有机物为底物进行产甲烷的测试。随着MEC技术的不断发展，后续的研究发现MEC可以利用多种不同的底物作为电子供体，包括生活污水、污泥发酵液及啤酒废水等。Villano等[32]通过对双室MEC定向驯化获得阴极产甲烷生物膜，在+0.5V阳极恒电位下，当阴极液为乙酸钠时，甲烷产率为0.018L/（L・d）。而在单室MEC中，在阳极恒电位为0.0V下，甲烷产率增加至0.53L/（L・d）[39]。当使用污泥时[40]，在1.4V电压及Ti/Ru电极的作用下，甲烷产率为0.04L/（L・d）。在以Ni为阴极的升流式MEC中，当以啤酒废水为底物时，在外加0.8V电压下，甲烷产率达到0.367 L/（L・d）。

一些研究发现，在单室MEC中，阳极产生的CO_2以及阴极产生的H_2可在氢营养型产甲烷菌的作用下反应[41, 42]。Clauwaert和Verstraete等[27]发现在无膜介质的MEC中有甲烷的生成，并提出MEC可耦合厌氧消化系统以高效合成甲烷。当MEC中去除离子交换膜后，由于内阻及pH梯度的降低，电流密度增加[43, 44]。此后，Lee等通过升流式MEC产甲烷系统得出，在1V的外加电压下，欧姆能量损失减少了0.005V，而pH能量损失约为0.72V[45]。自单室MEC被证实可用于甲烷的合成后，越来越多的研究使用构型简单、构建成本廉价的单室MEC。

8.2.2　MES产甲烷系统关键影响因素

本实验室探究了影响MES产甲烷系统性能的关键因素。以4g/L的乙酸钠启动MEC产甲烷反应器，在底物进入反应器之前，先将配置完成的进水曝氮气20min以去除其中的溶解氧，通过恒电位仪为反应器提供−0.7V的外加电压。在培养9个周期以后反应器的甲烷产率基本稳定，说明此时反应器达到稳定产甲烷阶段。

1）外加电压对体系产甲烷性能的影响

当反应器的外加电压从0V改变至−1.0V时，随着阳极电位的降低，恒电位仪监测到的最大电流先升高后降低（图8-2）。当外加电压为−0.7V时，恒电位仪监测到反应器的最大电流为3.25mA，而在−0.6V及−0.5V的外加电压条件下，最高电流为1.63mA和1.46mA，仅为−0.7V时最大电流的50%。

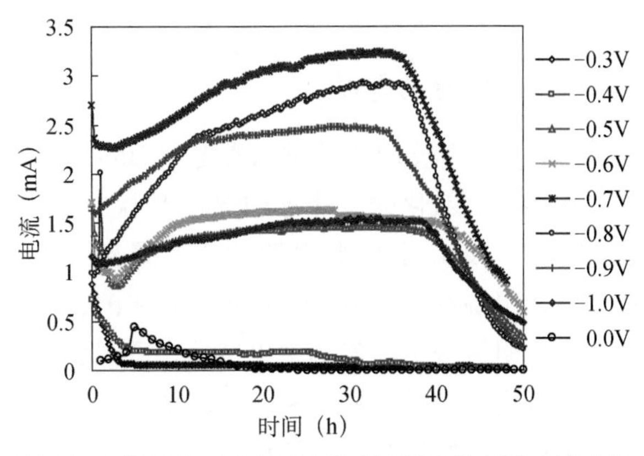

图8-2 不同外加电压下MEC产甲烷反应器的电流曲线

当外加电压从0V改变至−1.0V时，甲烷产率先升高后稍有降低并趋于稳定（图8-3）。甲烷产率最大值出现在外加电压−0.7V处，最大甲烷产率可达260mmol/（m^2·d），此时MEC的产甲烷性能最好，且此条件下的电子捕获效率也较高，为92.1%，见表8-2。另外，在−0.6V及−0.5V的外加电压条件下，反应器的电子捕获效率也较高，分别为93.2%及93.0%，但是甲烷产率相对−0.7V条件下低了约55mmol/（m^2·d）。分析可知，当外加电压较低时，质子和电子的传递仍然受到热力学的限制，CO_2无法得到还原，甲烷产率较低，同时导致电子捕获效率降低。而当外加电位过高时，过高的电位抑制了体系中产电菌及产甲烷菌的活性，最终也导致甲烷产率减低。

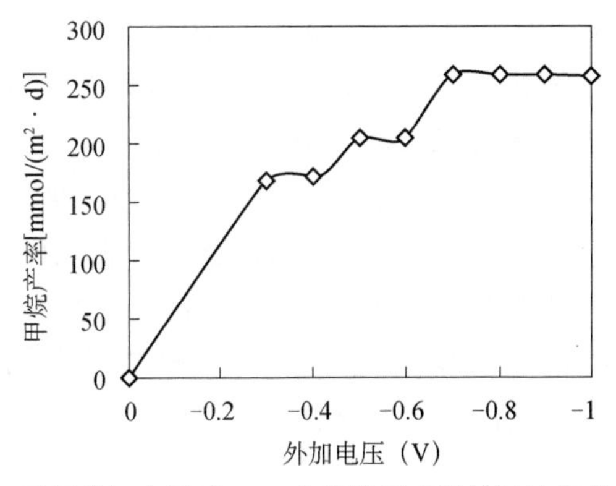

图8-3 不同外加电压下MEC产甲烷反应器的甲烷产率变化图

表 8-2 不同外加电压下MEC产甲烷反应器的结果对比表

外加电压（V）	甲烷产率［mmol/（m^2 • d）］	电子捕获效率（%）	最大电流（mA）
−1.0	258.1	52.4	1.52
−0.9	259.2	68.3	2.59
−0.8	259.6	75.0	2.91
−0.7	260.0	92.1	3.25
−0.6	204.9	93.2	1.63
−0.5	203.9	93.0	1.46
−0.4	171.1	72.3	0.62
−0.3	169.0	70.0	0.10

2）曝氮气对体系产甲烷性能的影响

在外加−0.7V 的电压条件下，当反应器的进水曝氮气 20min 时，每个周期的产气量为 22mL，其中甲烷含量为41.86%，二氧化碳含量为6.45%，甲烷产率为260.0mmol/（m^2 • d）。当反应器的进水不曝氮气时，反应器每个周期的产气量约为 8mL，其中 CH_4 含量为 60.48%，CO_2含量为31.04%，甲烷产率为164.8mmol/（m^2 • d）。与进水曝气相比，不曝气时的反应器产生的气体总体积明显减少，气体中甲烷的含量得到明显的提高，但同时二氧化碳的产量也明显增多。二氧化碳产量明显增多的原因是进水中存在溶解氧，这些溶解氧的存在抑制了阴极产甲烷菌在反应周期初期的活性。待这些溶解氧被底物消耗完以后，阴极产甲烷菌的活性得到恢复，但是此时反应器中的二氧化碳已经有了一定的积累，而阴极却不能提供足够的H^+和e^-来让这些二氧化碳全部转化成甲烷，最终造成二氧化碳产量的提高。此外，进水不曝氮气时甲烷产率明显降低，若将不曝氮气时产生的CO_2换算成甲烷可得到等效甲烷产率237.8mmol/（m^2 • d），与进水曝氮气的情况下差别不大，说明进水曝氮气能够让二氧化碳气体更彻底地转换成甲烷气体，减少了温室气体的排放。

3）底物对体系产甲烷性能的影响

在外加电压为−0.7V 的条件下，分别利用乙酸钠、乙醇和垃圾渗滤液为底物进行了 MEC 反应器产甲烷实验，考察了底物种类对系统的甲烷产率的影响。当以 4g/L 的乙酸钠溶液为底物时，获得的结果如前节所示。当底物为 20mL/L 的乙醇培养液后，甲烷产率为 255.3mmol/（m^2 • d），电子捕获效率为61.2%。与以乙酸钠为底物时相比，电子捕获效率下降了 30.9%。而在以垃圾渗滤液为底物的产甲烷实验过程中，进水中除了加入 10%的 PBS（磷酸盐缓冲溶液）外，没有外加其他物质，以垃圾渗滤液为唯一碳源运行 MEC。在外加 −0.7V 的电压条件下，甲烷产率为 126.4mmol/（m^2 • d）。但是由于垃圾渗滤液的可生化性较差，反应器在利用其来产甲烷时，反应的周期较长，是以乙酸钠为底物时的5.2倍。该研究表明本实验中构建的电化学辅助微生物厌氧系统能够很好地利用垃圾渗滤液中残存的碳来产生甲烷，可以作为垃圾渗滤液深度处理的一种手段。

8.3　电能原位利用回收水中单质硫

含硫废水主要源于制革、采矿、造纸、石化、制药、食品加工、印染等行业产生的废水，此类废水的特点是废水排放量大、硫化物浓度高、污染严重并有较高的毒性。含硫废水会在硫酸盐还原菌的作用下，在厌氧条件下转化为硫化氢，硫化氢释放到空气中，造成难闻的气味，引起二次环境污染。当含有硫酸盐的废水排放到水体中后，会引发水生生态系统恶化。当受纳水体中含有一定量的汞时，硫酸盐会与汞结合生成甲基汞，对人体健康构成潜在的威胁。同时，由于水体中厌氧环境下的硫酸盐的还原作用，会使大部分的金属离子与硫酸盐的还原产物（主要是 HS^-、S^{2-}）反应而生成金属硫化物沉淀，导致了水生植物所必需的微量金属元素缺失，从而影响了水生植物的正常生长，水体生态平衡遭到破坏。

常见的含硫废水处理方法包括化学法、物化法、生物处理和生物电化学法等四大类。与传统的物化法、生化法处理技术相比，利用生物电化学法技术，尤其是微生物燃料电池技术对含硫废水进行处理，既可以去除含硫废水中的硫化物，又可以获得清洁的能源电能，因此具有良好的经济效益及环境效益。Rabaey 等[46]利用 MFC 技术首次实现了可溶性硫向单质硫的转换，硫去除率为98%。Zhao 等[47]使用 *Desulfovibrio desulfuricans* 菌株证明了在 MFC 系统中，在产电的同时可以去除硫化物，硫去除率为99%，同时比较了三种不同的电极材料的产电性能。Sun 等[48]揭示了在 MFC 系统阳极上单质硫的转化规律，并证明了单质硫在生物和电化学共同作用下的生成过程及氧化中间产物的价态变化。随后，Sun 等[49]利用分子生物学技术阐明了硫酸盐还原菌，产电菌和硫氧化菌在 MFC 系统中的分布规律。Zhang 等[50]使用 MFC 处理了含硫化物的金属钒废水，实现了硫化物和金属钒的同步去除。随后，Zhang 等[51]利用 UASB 与 MFC、BAF 连用的方式，处理糖蜜废水，其硫化物去除率达到52.7%。本实验室系统研究了 MES 中硫化物的变化规律，并建立了两段法硫回收技术。

8.3.1　两段式硫回收 MEC

1）硫酸盐还原系统的启动及运行

采用单室立方体 MFC 并以 2g/L 的乙酸钠作为碳源启动硫酸盐去除 MFC，在启动的280h 后，反应器的稳定电压输出保持不变，反应器启动成功。当 MFC 稳定运行一个月后，向系统中添加硫酸盐还原菌作为接种源，并向系统中添加 1g/L 硫酸钠，使启动完成后的 MFC 具有硫酸盐去除的功能。MFC 在添加硫酸盐还原菌和硫酸钠后，在 1000h 的运行时间内系统的输出电压和添加前的电压输出基本保持一致（图 8-4），表明添加硫酸盐和硫酸盐还原菌对系统的产电情况并没有影响，系统已经成功的转化为硫酸盐去除的微生物燃料电池系统。虽然添加硫酸盐前后的电压输出基本保持一致，但是从功率密度曲线上可以看出，添加硫酸盐和硫酸盐还原菌的 MFC 最大功率密度为 $0.36W/m^2$，与添加硫酸盐前相比，功率降低了14.08%。主要是由于硫酸盐还原菌和产电微生物竞争性地利用乙酸钠底物，使得产电微生物获得的电子减少，从而在系统的对外功能过程中，功率密度有所下降。由于所用阴极均为Pt阴极，表明在相同的反应系统内，电能输出的差异源于阳极性能的差别。在开路条件下，添加硫酸盐后的反应器由于底物竞争的原因，导致阳极的性能有所下降。

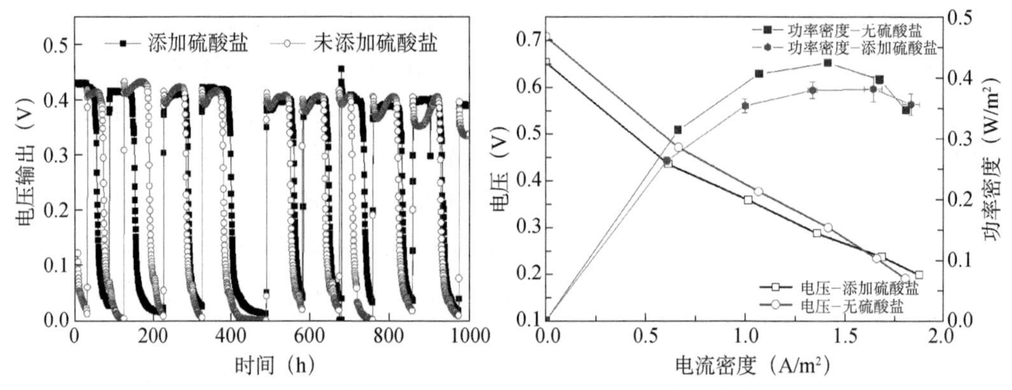

图8-4　添加硫酸盐前后的反应器电压和功率密度曲线

在添加硫酸盐稳定运行两个周期以后，基于4个完整周期的COD去除情况，添加硫酸盐前后的反应器的COD去除情况并没有明显的差别，表明添加硫酸盐和硫酸盐还原菌后系统的COD去除性能良好。与未添加硫酸盐的反应器进行对比，可以发现添加硫酸盐后系统的库仑效率略有增加（图8-5），可能的原因是硫酸盐还原菌利用乙酸钠进行硫酸盐还原后，形成了多硫化物（S_x^{2-}）、连四硫酸盐（$S_4O_6^{2-}$）和硫代硫酸盐（$S_2O_3^{2-}$）等多种形态的硫化物，这些多种形态的硫化物在反应过程中可能会有助于库仑效率的提高。

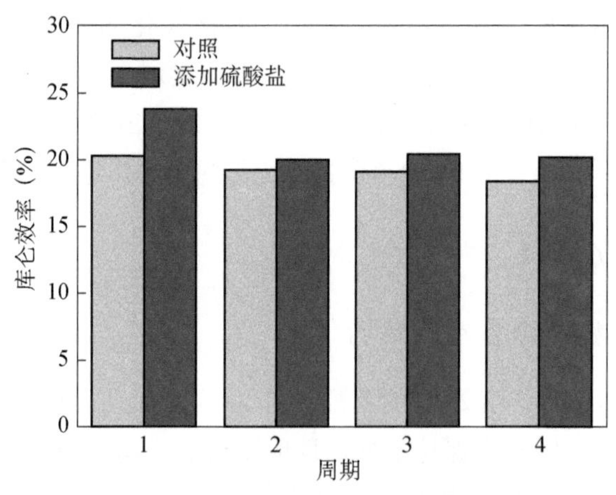

图8-5　添加硫酸盐前后的库仑效率的变化

对一个完整的反应周期内不同硫酸盐、硫化物、硫氢化物进行分析（图8-6），反应器在外阻1000Ω 的条件下运行，所得到的不同反应时间的硫的转化情况表明，反应器内的硫酸盐初始浓度为7mmol/L，随着反应时间的延长，反应器内的硫酸盐含量明显下降，当反应器运行47h时，系统中的硫酸盐浓度下降到最低值，为0.9mmol/L，表明硫酸盐的转化率在此时达到最大。随后，随着时间的延长，在47～70h之间，硫酸盐的浓度有所回升，最终在反应结束的70h时，系统中硫酸盐的含量为1.8mmol/L。硫酸盐浓度的下降表明在该反应系统中，通过硫酸盐还原菌的代谢作用，硫酸盐被还原，表明在该系统中发生了硫酸盐的还原反应。系统中硫化物、硫氢化物的生成量表明，随着系统中硫酸盐浓度的下降，硫化物和硫氢化物的含量逐渐增加，在反应运行38h时，硫化物和硫氢化物的浓度达到最大，表明此时系统中的硫化物的生成率最大。随后，在反应的38～48h之间，硫化物和硫氢化物的含量逐渐下降，这两种物质下降可能的原因是系统中有机底物的降解转化造成的。在48～72h之间，系统中的硫化物和硫氢化物的含量继续下降，而硫酸盐含量略有增加，表明此时期内的硫化物和硫氢化物的含量的下降主要是由于在反应后期，一部分硫化物又转化为硫酸盐或硫代硫酸盐所致。测定反应器在72h的pH，测定溶液中的pH为7.5，因此，分析系统中的硫酸盐的去除可能是一部分的硫酸盐转化为硫化氢溢出系统所致。通过检测一个完整周期内的硫酸盐及硫化物的浓度可以看出，系统中发生了硫酸盐的还原，表明硫酸盐还原过程可以在微生物燃料电池系统中发生。

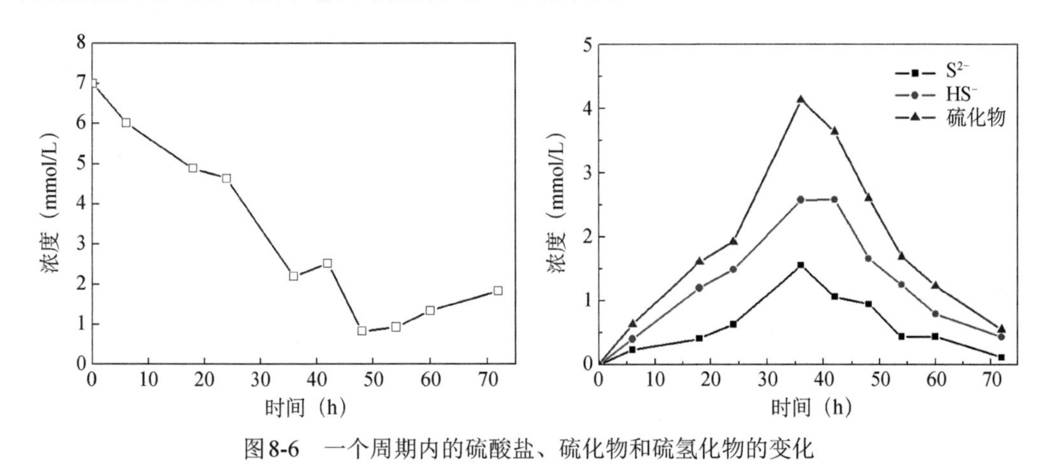

图8-6　一个周期内的硫酸盐、硫化物和硫氢化物的变化

使用循环伏安方法测定不同反应时间内的电化学活性（图8-7）。在反应开始的24h时，添加硫酸盐后，氧化峰明显增加，且氧化峰的峰面积也明显增加。在48h时，添加硫酸盐和未添加硫酸盐的反应器的电流响应值明显增加，添加硫酸盐后的反应器的氧化峰依然高于未添加的反应器。在反应运行60h时，未添加硫酸盐反应器的氧化峰基本消失，而添加硫酸盐反应器的氧化峰明显。当反应运行到72h时，添加硫酸盐的反应器内的氧化峰的出峰位置偏移，表明在此过程中，有部分硫化物参与了电极的氧化反应。

2）外阻调控下硫酸盐还原系统的性能

通过调节外电路的负载电阻考察不同外阻条件下（1000Ω、500Ω、100Ω）的反应器的运行性能。不同外阻运行下的反应器的COD去除率基本相同。但库仑效率变化明显（图8-8），外阻为1000Ω 时，反应器的库仑效率为21%±0.4%。当外接电阻设定为500Ω 时，反应器的库仑效率为33%±0.2%。当外接电阻设定为100Ω 时，反应器的库仑效率明显上升，为

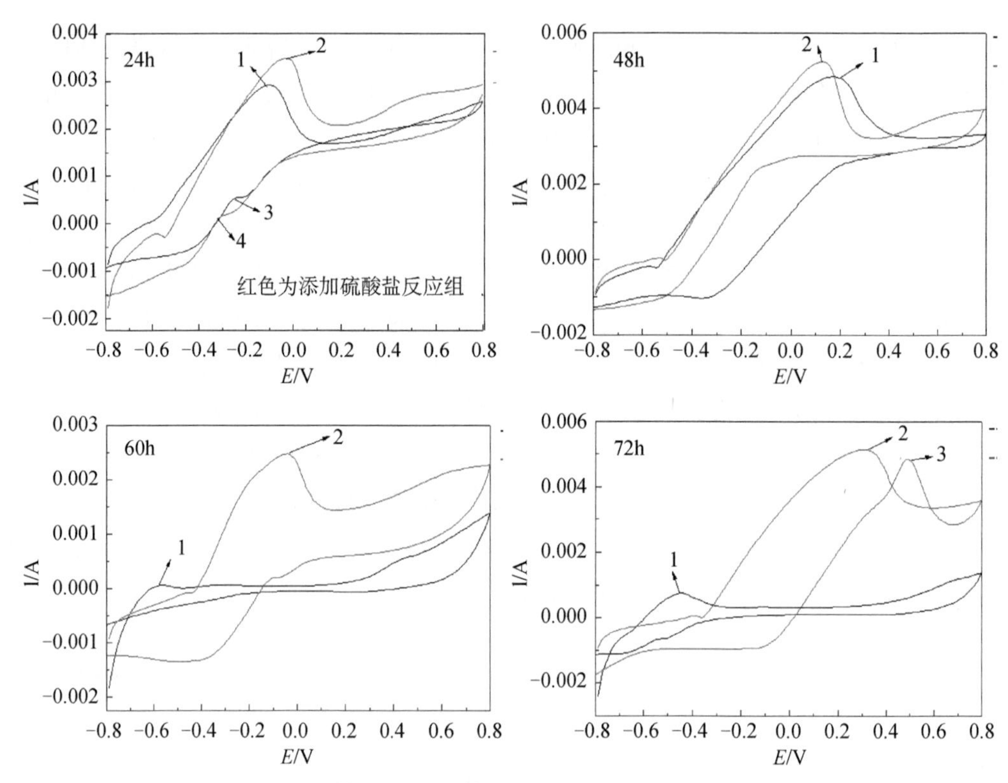

图8-7 添加和未添加硫酸盐还原菌的循环伏安曲线

图中1、2为氧化峰，3、4为还原峰。

51%±0.4%。库仑效率随外电阻的降低而升高的主要原因是外电阻下降后，电路中的电流增加，阳极对外提供电子的速率加快，从而有效地增加了电子的回收效能。

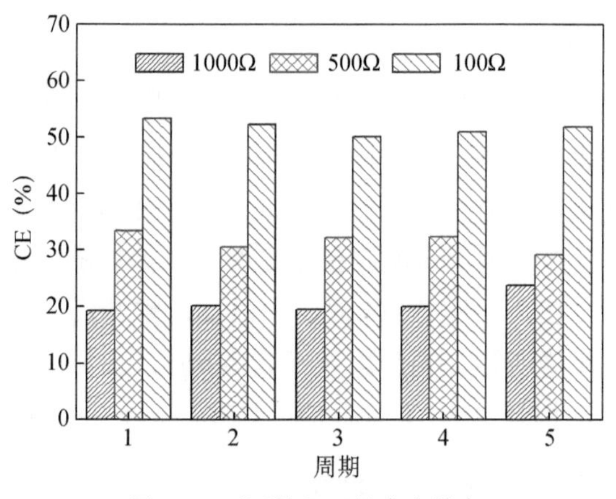

图8-8 不同外阻下的库仑效率

在不同的外阻条件下运行的反应器，硫酸盐的转化率有所不同（图8-9）。其中1000Ω外阻下运行的反应器的硫酸盐转化率最高，为78%±4%。随着外阻的下降，硫酸盐的转化率也下降。当外阻设定为500Ω时，系统中的硫酸盐转化率为62%±7%，当将外阻设定在100Ω时，反应器中硫酸盐的转化率下降为51%±3%。硫酸盐转化率下降的主要原因是在硫酸盐还原菌和产电菌协同作用的系统内，硫酸盐还原菌和产电微生物对有机底物的利用处于竞争的关系，当外电路的电阻越低时，产电微生物的竞争优势越大，外电路提供的电流越高。因此，在低电阻条件下，产电微生物具有更强的竞争优势，导致硫酸盐还原细菌竞争利用有机底物的能力下降，从而使得系统中的硫酸盐转化率下降。

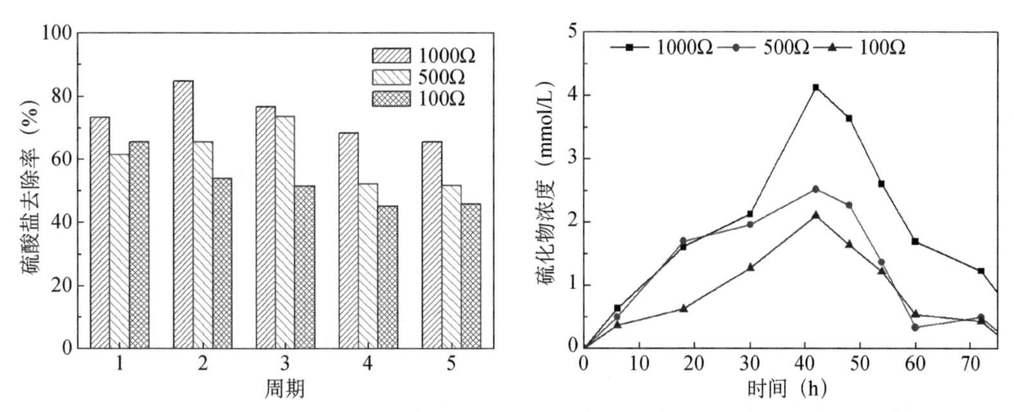

图8-9　不同外阻下的硫酸盐转化效率及单周期内不同外阻下的硫化物转化曲线

在不同的负载电阻运行条件下，一个完整周期内的硫化物的转化率有所不同。总体的趋势为硫化物随着反应时间的增加而增加，在反应进行到40h时，反应体系中的硫化物达到最大浓度，随后随着反应时间的延长，系统中的硫化物含量又有所下降。不同的外阻负载条件下的硫化物浓度的变化规律为：1000Ω 外阻下的硫化物转化浓度>500Ω 外阻下的硫化物转化浓度>100Ω 外阻下的硫化物转化浓度。通过不同的外阻对比可知，在1000Ω 的外阻运行条件下，反应器中硫酸盐向硫化物的转化和积累明显增多，表明在1000Ω 的外阻条件下，系统中的硫酸盐转化成硫化物的转化率最高。因此，后续的试验中，反应器在1000Ω 外阻下运行。

3）单质硫的回收效率

将1000Ω外阻下运行40h后的反应器出水进入电化学还原系统，使用电化学工作站进行阳极恒电位试验，通过恒定不同的阳极电位来进行硫化物氧化试验（图8-10）。无外加电压的条件下，硫化物可以在系统中发生自发的硫氧化反应，但反应速率较慢。当使用0.1V的阳极电位时，获得了最大的硫化物去除率，在反应进行到8小时后，硫化物的转化率达到了86.9%，而自发反应和0.05V、0.2V的阳极电位下的硫化物的转化率分别为：38.4%、77.7%和81.8%。从硫化物的转化率可以看出，使用0.1V的阳极电位，可以有效地加速硫化物的氧化。

当阳极恒定0.1V的电位时，系统获得了最大的单质硫回收率，为64.2%。在无外加电位的条件下，硫化物自发反应生成的单质硫回收率为10.0%，而外加0.05V和0.2V的阳极电位下的单质硫回收率分别为51.3%和50.84%。在0.2V的外加电位下，硫化物的转化率高于0.05V的外加电压，而单质硫的回收率结果却是0.05V的外加电位高于0.2V。主要的原因是当提高系统中阳极的电位时，过高的电位将导致单质硫向多硫化物的转化，从而降低了系统中的单质硫的回收效率。基于0.1V的恒定阳极电位，计算一个周期内的通过硫酸盐还原和硫氧化两个阶段获得的单质硫的回收率可知，两段式硫去除反应器可以实现48%的单质硫回收。

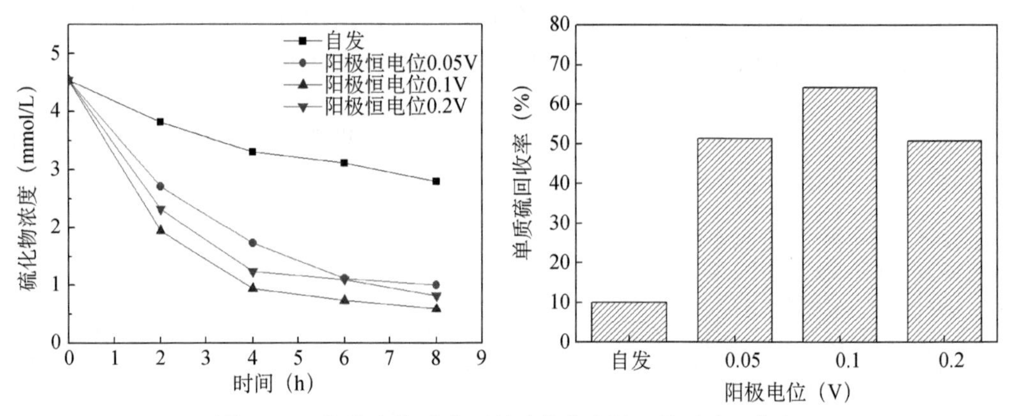

图8-10 不同阳极恒电位下的硫化物去除及单质硫回收率

8.3.2 MEC零能耗的硫化物去除及单质硫回收

在前期的研究中，硫酸盐的去除及单质硫的回收仍然需要能量的输入，但基于生物电化学的单质硫回收技术已显示其独特的优势。本节进一步通过微生物燃料电池技术，力求开发零能耗的硫化物去除及单质硫回收技术。该技术主要由三部分组成（图8-11）：第一部分为硫酸盐还原的微生物燃料电池系统；第二部分为电化学硫氧化系统；第三部分由电能提升电路组成，该电路可以收集由硫酸盐还原产生的电能，电能在提升电路中进行提升后，将这部分原位产生的电能提供给电化学硫氧化系统，从而在没有外加能量的输入下，实现了硫化物的去除和单质硫的回收。

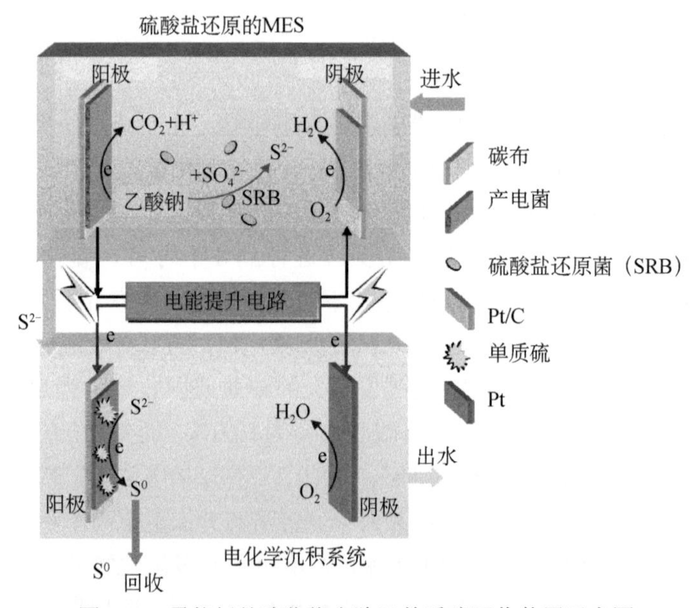

图8-11 零能耗的硫化物去除及单质硫回收装置示意图

1）硫酸盐还原系统的构建及运行

与两段式MEC脱硫系统相同，首先使用2g/L的乙酸钠作为碳源启动立方体空气阴极反应器。当系统的稳定输出电压保持两个以上周期相同时，即可认为反应系统启动成功，随后，向该系统中添加硫酸盐还原菌作为接种源，并向系统中添加1g/L硫酸钠，将启动成功后的微生物燃料电池系统转化成硫酸盐去除的微生物燃料电池系统。稳定的输出电压见图8-12。在添加硫酸盐后，系统的输出电压和添加前的电压输出基本保持一致，电压在反应运行的前48h内保持稳定，输出电压可在440±10mV左右维持一个相对稳定的电压输出（1000Ω外阻条件下运行），表明该系统已经成功地转化为硫酸盐去除的微生物燃料电池系统并已经达到稳定运行状态。

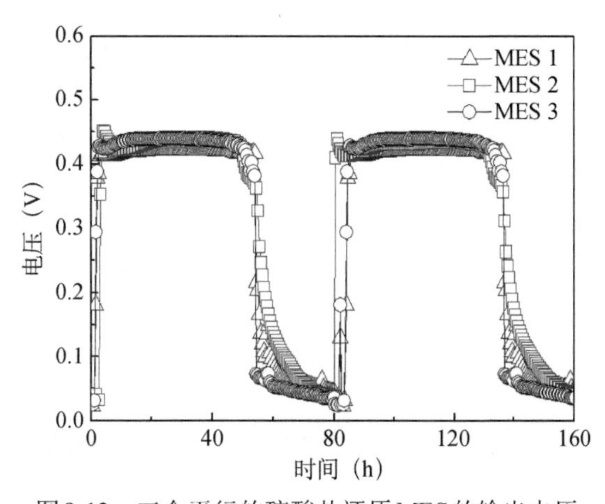

图8-12　三个平行的硫酸盐还原MES的输出电压

对一个反应周期内不同硫酸盐、硫化物、硫氢化物进行分析（图8-13）。反应器内的硫酸盐初始浓度为7mmol/L，随着反应时间的延长，反应器内的硫酸盐含量明显下降，当反应器运行52h时，系统中的硫酸盐浓度下降到最低值，为1.0mmol/L，表明硫酸盐的转化率在此时达到最大，随后，随着时间的延长，硫酸盐的浓度有所回升，最终在反应周期结束时，系统中的硫酸盐的含量为1.8mmol/L。同时，随着硫酸盐浓度的下降，硫化物的浓度逐渐升高，在40h时出现了4.5±0.02mmol/L的最大硫化物峰浓度，随后下降至0.61±0.03mmol/L。硫酸盐浓度的下降和硫化物浓度的升高表明，在该反应系统中，通过硫酸盐还原菌的代谢作用，硫酸盐被还原，该系统中发生了硫酸盐的还原反应。总的溶解性的硫化物浓度和硫酸盐浓度在反应运行的前48h内没有明显变化，当反应周期超过48h后，总的溶解性的硫化物浓度和硫酸盐浓度大幅下降至2.8±0.02mmol/L，推测总溶解性的硫化物和硫酸盐浓度的减少是由于部分硫化物在阳极上转化为单质硫造成了总溶解性硫化物的损失导致的。

2）硫化物氧化系统的构建及提升电路系统的设计

硫化物氧化系统由电化学沉积系统（electrochemical deposition system，ECD）构成，该系统由28mL立方体反应器构成。该反应器由两电极系统构成，阳极采用碳布电极（投影

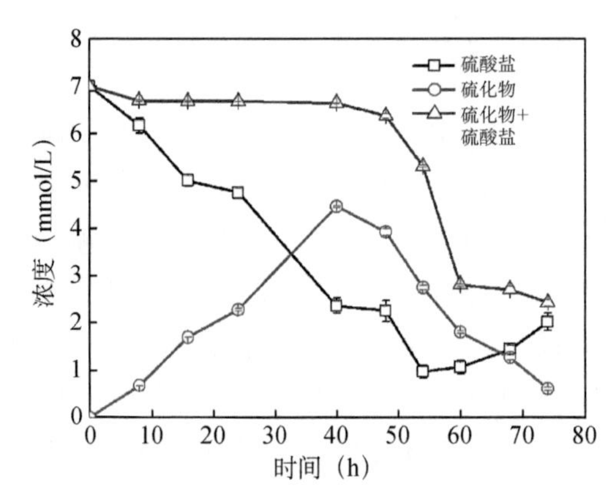

图8-13　一个完整周期内的硫酸盐、硫化物的变化曲线

面积为7cm²，美国E-TEK公司）作为工作电极，阴极采用铂电极作为对电极。提升电路由一系列的超级电容器、开关和定时继电器等组成。超级电容器的电容量为3.3F，并使用定时继电器控制转换开关，从而精确调控开关状态，实现能量的有效回收利用，该系统的等效电路图见图8-14。

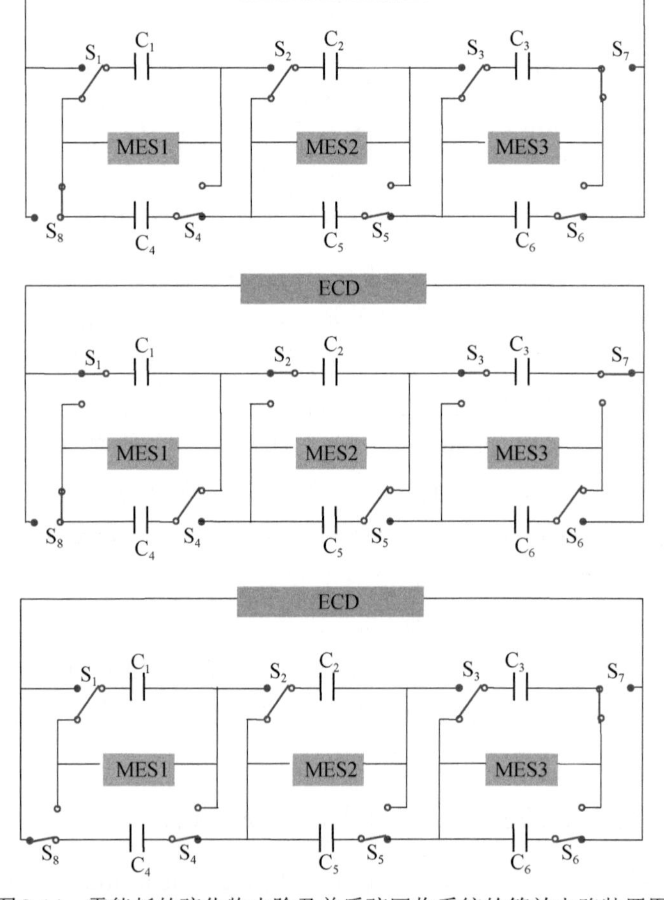

图8-14　零能耗的硫化物去除及单质硫回收系统的等效电路装置图

该等效电路中，MES1、MES2、MES3是三个硫酸盐还原MFC反应器，C_1～C_6是MES1、MES2、MES3相对应的超级电容器，每个MES对应2个电容器，S_1～S_8是8个转化开关。当MES1、MES2、MES3分别对C_1～C_3充电时，C_4～C_6电容器处于断路状态，当C_1～C_3充电完成后，通过计时继电器的控制，可以将电容器进行串联对ECD进行放电，同时C_4～C_6电容器处于充电状态。C_1～C_3电容器与C_4～C_6电容器交替进行充放电过程。

3）耦合系统的处理性能

MES两端通过电容器存贮的电压和电容器对ECD供电时提供的电压波动可能是由于充、放电过程中的高频振荡的开关变化导致了电路内电压的振荡波动（图8-15）。在硫酸盐还原MES中产生的电压分别为：0.45±0.03V［MES1，图8-15（a）］；0.43±0.04V［MES2，图8-15（b）］；0.41±0.04V［MES3，图8-15（c）］，三个系统提供的总的能量分别为：30.4J（MES1）；29.0J（MES2）；27.8J（MES3）。通过能量转换效率计算可知，提升电路可以实现82.5%的能量转化率。因此可见，提升电路的设计可以有效地提高能量的收集效率。在ECD中，总的能量消耗为62.7J，因此，通过电路提升系统后，总的能量效率为63.6%。

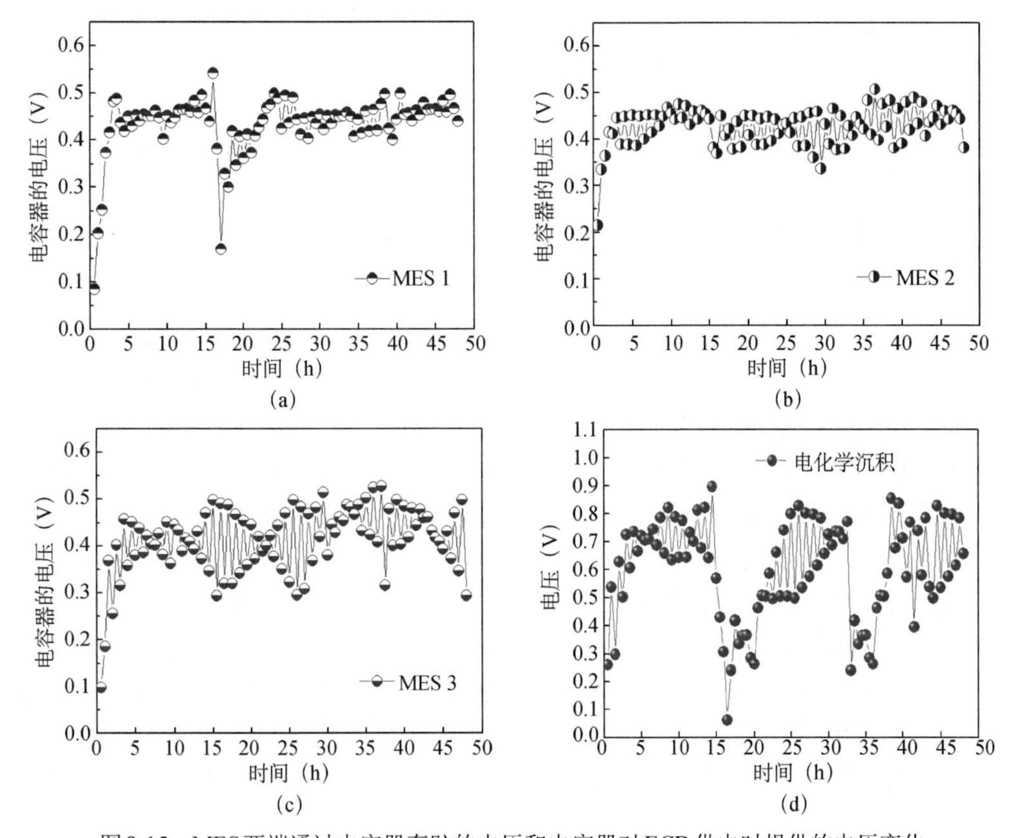

图8-15　MES两端通过电容器存贮的电压和电容器对ECD供电时提供的电压变化

通过电路提升系统可以将MES系统中产生的电能进行原位的利用，但是硫酸盐还原的处理效果如何，还需要通过硫酸盐还原率和单质硫的生成率来具体考虑。废水处理过程中的一项重要指标是COD的去除效果，在这个耦合的处理系统中，在MES阶段，三个不同反应器的COD去除率均达到了82.3%±0.3%，表明该系统处理废水的性能稳定且处理性能良好。库仑效率是表明系统中产电性能的一个重要指标，从测得的库仑效率来看，三个反应器的库仑效率均为35.8%±0.8%，表明MES反应器具有良好的产电性能［图8-16（a）］。最后，检测了该耦合系统内总的硫酸盐去除率和单质硫回收率。硫酸盐去除率可达90.2%±1.2%，表明该系统中具有良好的硫酸盐去除效果，同时，单质硫回收率达到了46.5%±1.5%，表明该系统具有良好的单质硫回收性能［图8-16（b）］。

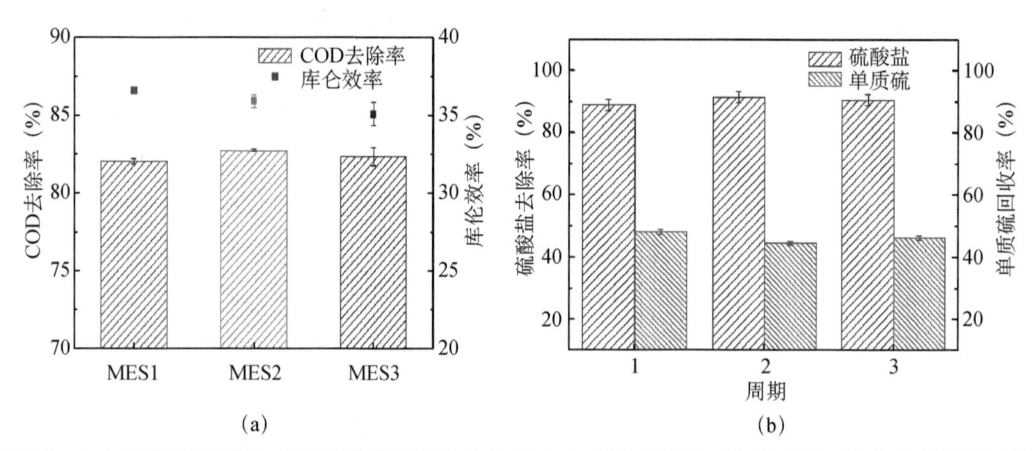

图8-16 （a）不同反应器的COD去除率和库仑效率和（b）耦合系统中总的硫酸盐去除率和单质硫回收率

8.4 微生物电化学系统碳捕获实现CO_2固定

现阶段，废水处理过程中排放的碳来源于两方面：一是废水中的有机物降解产生的CO_2，二是废水处理过程中所需的外源能量（主要是电能）。如果将MES技术应用于废水处理，理论上产生的电能可以支持污水厂自身运行。然而，有机物降解产生的CO_2仍然排放到大气中。尽管这部分微生物代谢产生的CO_2不属于严格意义上的“温室气体”，但如果能够将其捕获并转入下一个碳和能量的循环，即延长了碳的循环周期，对于降低大气中的CO_2含量也是非常有意义的。综合考虑以上两方面，现有的污水处理技术虽然能够对污水进行有效处理，但同时大量的碳排放也导致了新的环境问题。考虑到整体环境问题，既处理了污染又不增加其他环境污染，亟待开发一种新型绿色的无需外加能量的低碳排废水处理技术。近年来，基于MES原理的微生物碳捕获电池（microbial carbon capture cells，MCC）技术和微生物反向电渗析电解池（microbial reverse electrodialysis cells，MRC）技术引起了人们的关注，为实现废水处理过程中排放的CO_2的固定和资源转化提供了新思路。

8.4.1 微生物碳捕获电池技术用于CO_2捕获原理与进展

在双室MFC中阴极使用空气中的氧气作为电子受体时，由于阴极氧还原产生大量的OH^-，电流的产生伴随着阴极pH的升高[52, 53]，阴极溶液的碱性环境为CO_2吸收提供了可能性。如果将阳极微生物氧化有机物产生的CO_2通入阴极，不但可以缓冲pH升高造成的性能下降，还可以将气态的CO_2转化为可溶性无机碳固定在阴极溶液中。而将微藻引入到MFC的阴极，不但可以固定CO_2，而且通过光合作用产生O_2可为MFC的阴极提供电子受体，这为CO_2的固定提供了新的视角。

早在1964年，就有关于海洋微藻用于光合生物电化学系统阴极室的报道[54]。小球藻 *Chlorella vulgaris* 固定化后转入MFC阴极室也被证实可用于阴极电子受体的提供源[55]，*Scenedesmus obliquus* 在接入阴极室后，72h内可将阴极液溶解氧提升至15.7mg/L，远高于机械曝气下的溶解氧。在1000Ω外阻下，MFC的电压达到0.47V，最大功率密度也提高32%[56]。类似的结果也通过MFC产生的电压与微藻 *Desmodesmus* sp. A8产生的溶解氧浓度之间的正相关关系进一步得到验证[57]。此外，随着阴极光照强度的增加，阴极内阻逐渐降低，MFC的最大功率密度也随之增加。这是由于光照强度的增加提高了阴极室微藻的生物质浓度，进而提高了阴极室的溶解氧浓度。有研究通过在阴极室中通入不同浓度的CO_2以考察对MFC产电性能的影响，结果表明当CO_2浓度为5%时，MFC的最大功率密度达到100mW/m^2。作为MFC的功能拓展，将微藻引入其中可提高污染物的去除效率。有研究表明在光生物电化学系统中为微藻提供额外的CO_2，CO_2的添加不仅为藻类的生长提供了碳源，也可以起到缓冲电解液的作用，从而避免缓冲溶液的使用。系统运行一年后，COD去除率达到92%，氨氮去除率达到98%，而磷酸盐的去除率也达到82%。系统的最大功率密度为2.2W/m^3，生物质浓度为128mg/L。Zhang等构建了基于沉积物耦合光MFC，并将 *Chlorella vulgaris* 加入系统内。在光照条件下，该耦合系统对有机碳、氨氮及磷的去除率分别达到99.6%、87.6%和69.8%。但功率密度仅为68mW/m^2。其中，由藻类吸收导致的氨氮和磷的比重分别为75%和93%[58]。

新型生物碳捕获技术——微生物碳捕获电池技术，在MFC的阴极培养小球藻，光照条件下将阳极产生的CO_2通入阴极作为藻类生长的碳源，藻类在阴极吸收CO_2同时释放氧气，取代了传统的高能耗曝气过程为阴极原位提供电子受体，从而构建出微藻碳捕获反应器。由于小球藻油脂含量高，环境适应能力强，净碳值几乎为零，因此，使用小球藻作为MCC系统的碳捕获生物，符合可持续发展和循环经济的发展要求，是一种新兴的碳捕获技术。

1）微藻MCC的设计和运行

双室微生物碳捕获电池MCC是由两个有机玻璃制成的容积相同的半圆筒反应器组成，两圆筒间夹有面积为63cm^{2}的阳离子交换膜（Ultrex CMI7000，Membranes International Inc.，美国）（图8-17）。MCC每个格室容积为220mL，底部直径9cm，高7cm，反应器用螺栓固定，并用防水胶皮密封严紧。在每个格室的侧面均设有一高一低两个采样口，用于检测运行期间的无机碳浓度变化。阳极上部设有倒扣漏斗形的集气口，阳极的气体经过集气口顶端的导管通入阴极溶液中。阴极室顶端设有铝箔集气袋，用于采集阴极室排出的气体。阳极材料为经过热处理的碳刷（直径为5cm）[59]，阴极为载铂量0.1mg/cm^{2}的碳布（5% Nafion作为黏结剂），面积为48cm^2。反应器正常运行外电阻为1000Ω，参比电极采用饱和甘汞电极（232型，上海雷磁，相对氢标电位为+242mV）。

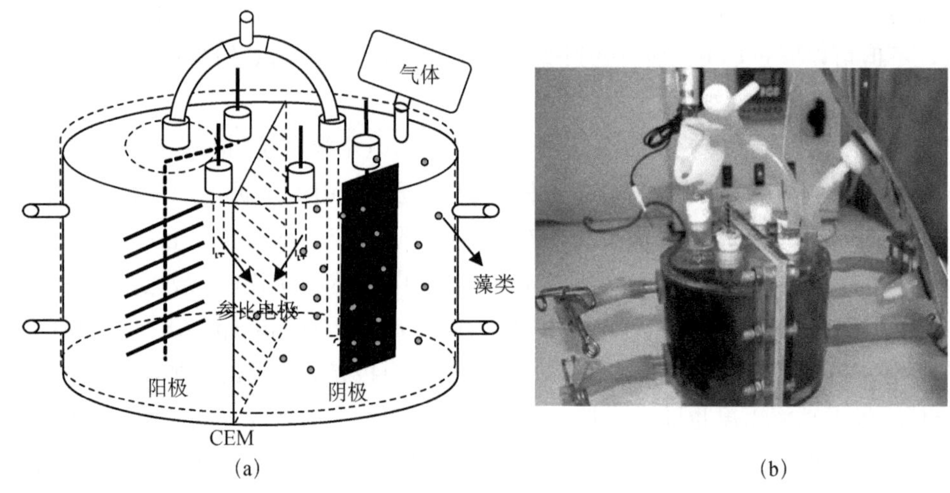

图8-17　双室微生物碳捕获电池的示意图（a）和照片（b）

2）MCC的接种与启动

MCC的启动过程中，阳极产电微生物的接种使用运行了一年以上的MFC出水进行接种。阴极接种小球藻，并在光照的三角瓶中通入无菌空气预培养。加入阴极前，将藻类的悬浊液离心（10000g）并在无菌条件下用去离子水清洗3次以去除藻溶液中剩余的碳源。阳极培养基成分包含50mmol/L PBS和1g/L葡萄糖，阴极溶液为50mmol/L PBS和BG11（*C. vulgaris*的培养基成分）。整个实验过程中，在阴极使用25W的日光灯持续照明，所有反应器置于30±1℃的恒温房中运行。接种后为了保证阳极顺利启动，在启动期使用空气泵向Pt/C阴极曝气以保证阴极溶解氧浓度，外电路电阻固定为1000Ω。当整个电池连续两个周期的最高输出电压稳定在630±30mV后，表明阳极的产电菌群已经成功富集。此时使用75%的酒精溶液将阴极室灭菌，然后在无菌条件下向阴极室充入含有50mmol/L PBS、BG11和小球藻（OD=0.21）的纯培养液。由于曝气可能会导致阴极室染菌，实验中无法避免阴极表面生长细菌，因此在接种藻溶液后两台MCC的阴极均更换为新的无菌阴极。

当MCC系统中的阴极更换为无菌的Pt/C电极后，两台MCC产生了相同的电压输出（610±50mV），电压值与曝气的阴极相差不多（630±30mV）（图8-18）。整个周期内，阴极电位稳定在115±20mV（饱和甘汞参比）。在第145h时由于底物的消耗导致阳极电位上升，从而导致了整个电池电压的降低。无曝气双室MCC的库仑效率为85%。基于电压输出结果得到理论氧气利用率η仅为13.6%。较低的η可能是由于阳极生物质和出水中转移了部分碳（参见碳平衡结果）以及小球藻的光呼吸耗氧作用。

3）藻浓度对MCC性能的影响

在连续的周期内，MCC的阴极室依次注入OD浓度为0.21、0.43和0.85的藻溶液，当电压稳定后通过改变外电阻（50Ω～1000Ω），每个阻值稳定30min以获取稳定的电压值，

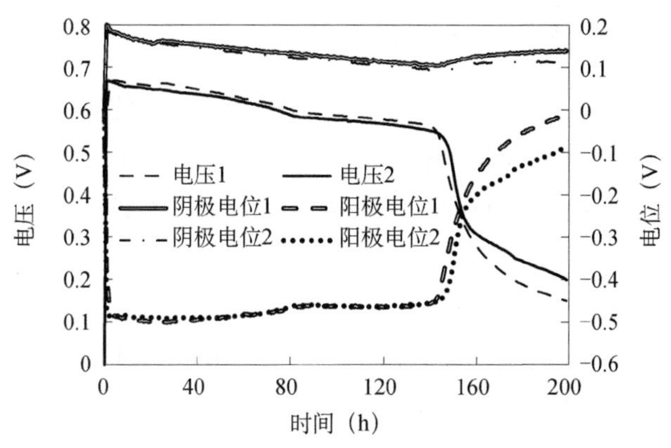

图8-18　MCC的电压输出和电极电位（饱和甘汞参比，外电阻1000Ω）

考察了不同藻浓度对MCC最大输出功率的影响。当阴极藻浓度由OD 0.21升高到0.43后，最大功率密度由4.1W/m³升高到5.2W/m³，升高了27%［图8-19（a）］。当阴极藻浓度继续升高至OD 0.85后，最大功率密度仅升高8%（5.6W/m³）。然而，对比OD 0.85和OD 0.43的极化曲线可以看出，当电流密度升高至10A/m³后，功率输出的大小顺序发生了逆转，说明藻浓度为OD 0.43和0.85时的最大功率密度差异并没有很大的意义。阴极室藻浓度的变化并没有改变开路电压（805±12mV）和开路电位（阳极为−537±4mV，阴极为260±7mV，饱和甘汞参比）［图8-19（b）］。

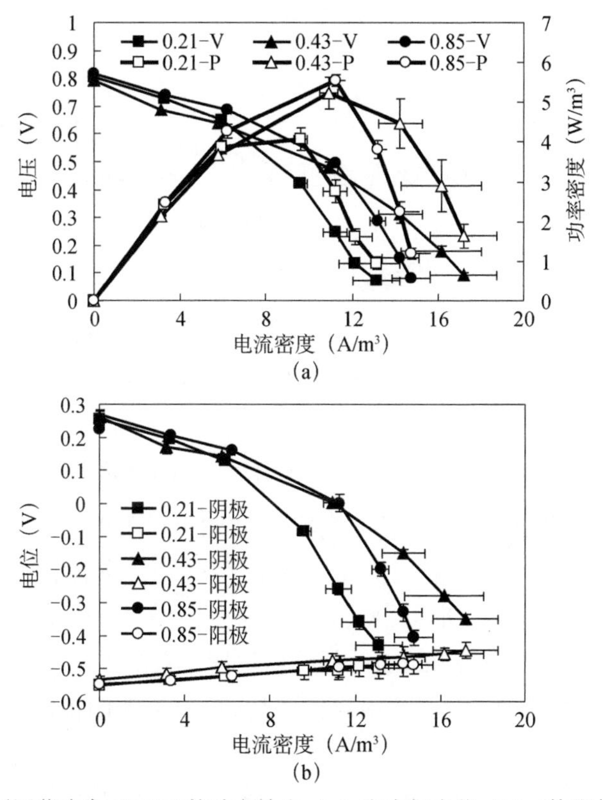

图8-19　不同藻浓度下MCC的功率输出（a）和电极电位（b）（饱和甘汞参比）
图（a）中V表示电压，P表示功率密度

4）阴极室溶液中溶解氧和碳捕获分析

更换两极室的溶液后，其中一台反应器的阴极室中仍然注入含有PBS的藻溶液，而另一台的阴极室仅注入50mmol/L的无菌PBS作为对照。在对照反应器中，外电阻的电压在70h内由654mV降低到189mV（1000Ω），阴极溶液的溶解氧也由7.6mg/L降至0.9mg/L（图8-20b）。然而，在加入藻类的MCC中，70h内电压始终维持在706±21mV（1000Ω），阴极溶液的溶解氧维持在6.6±1.0mg/L。如图8-20（a）所示，两台反应器的阳极电位相同，差异均来自阴极性能。由于MCC反应器的阴极电位稳定在154±42mV（饱和甘汞参比），因此获得了较高的电压输出。而在对照试验中，阴极电位由133mV逐步降低至−322mV（饱和甘汞参比），因此70h内整个电池的性能也逐渐衰减。

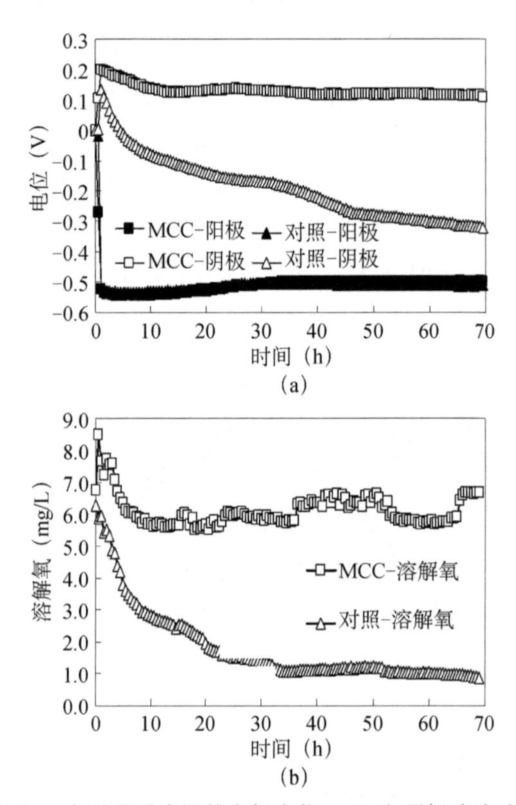

图8-20　70h内MCC和对照反应器的电极电位（a）和阴极溶液溶解氧（b）变化

在随后的周期中，在更换溶液后使用高纯N_2将阳极和阴极上空的气体吹扫干净，在一个完整的周期内监测两极室上空的气体成分变化（160h）。所有的气体样品中均未检测到H_2、O_2或CH_4。如图8-21（a）所示，MCC中阳极室上空CO_2的浓度随电压上升迅速升高[图8-21（b）]，30h内达到了1.87mmol/L的峰值浓度。在随后的130h内，CO_2浓度逐渐衰减到0.9mmol/L。然而在阴极上空气体中未检测到CO_2，表明阳极排出的所有CO_2均被阴极溶液完全吸收。所有样品中N_2的浓度一直稳定在40mmol/L。无藻的对照反应器中也获得了类似气体分析的结果，但电池电压和阴极电位持续下降。经过连续3个周期的运行，每个周期对照反应器的无机碳（inorganic carbon，IC）浓度由1.07±0.02mg/L升高到6.35±

0.21mg/L。然而在阴极生长小球藻的MCC中，由于藻类对无机碳的转化作用，周期结束时IC浓度并没有显著变化（1.60±0.43mg/L）（表8-3）。

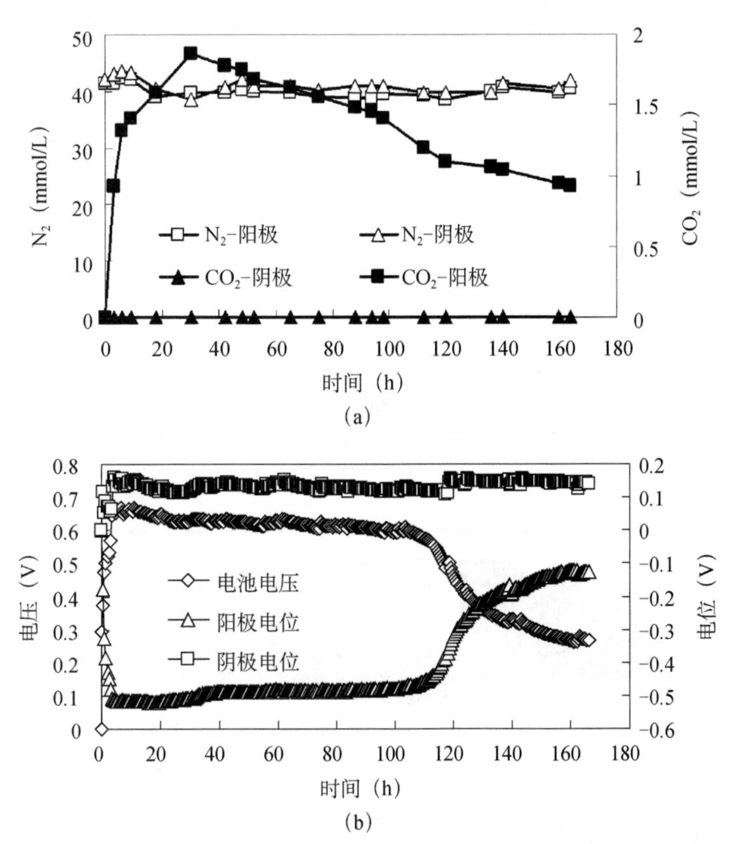

图8-21 阳极室和阴极室上空气体分析（a）和MCC全电池性能（b）（饱和甘汞参比）

表8-3 连续三个周期MCC和对照反应器阴极溶液的无机碳浓度

周期编号	进水IC（mg/L）	对照反应器（mg/L）	MCC（mg/L）
1	1.06	6.15	1.85
2	1.07	6.14	2.02
3	1.09	6.55	1.17

5）MCC阴极的碳捕获效率

为了研究阴极的碳捕获效率，重新启动MCC并连续运行8个周期（约50d），检测每个周期的进水、出水以及8个周期结束时阴极、阳极、反应器壁、隔膜和溶液中的总碳含量（表8-4），最终进行碳总量计算。由表8-5可知，MCC的碳捕获率高达94%±1%。总碳中30%±2%转化为藻类生物质，44%±3%转化为阳极生物质（包括阳极和阳极室），18%±1%以可溶性无机碳形式残存在阳极出水中（图8-22）。根据上述结果，假设总碳中有30%转化为藻类生物质，则修正后的氧气理论利用率η'可以计算为：$\eta'=\eta/30\%=46\%$。

表8-4　8个周期中两台平行的MCC总碳浓度结果

阳极室（mg碳）			阴极室（mg碳）		
周期	出水TC		周期	出水TC	
	MCC 1	MCC 2		MCC 1	MCC 2
1	18.33	12.10	接种	16.01	16.01
2	15.31	11.15	2		
3	12.02	12.64	3	45.47	44.02
4	15.46	18.98	4		
5	18.83	20.30	5	46.61	42.03
6	18.67	13.42	6		
7	11.49	11.88	7		
8	13.14	16.55	8	114.26	96.74
阳极和反应器壁	264.95	302.43	阴极和反应器壁	16.50	15.64
总计	388.20	419.45	总计	206.83	182.42

表8-5　平行运行的2台MCC 8个周期后的碳捕获率

	捕获的总碳（mg）	输入的总碳（mg）	碳捕获率（%）
MCC1	595	640	93
MCC2	602	640	94

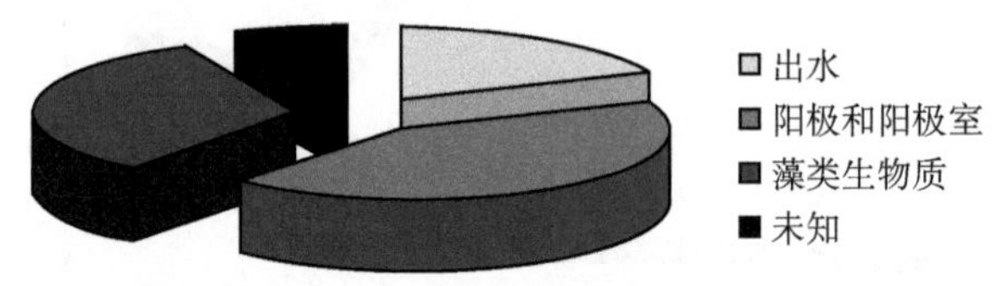

图8-22　8个周期运行后MCC中总碳在阳极生物质（阳极和阳极室）、藻类生物质、出水和其他（未知）中的分布

6）MCC阴极碳捕获机理

阴极反应的机理可能存在如下四种：阴极表面直接CO_2还原［图8-23（a）］、藻类直接接受阴极电子还原CO_2［图8-23（b）］、藻类通过自身产生的电子中介体与阴极之间进行电子传递［图8-23（c）］和光合产氧后阴极氧还原［图8-23（d）］。

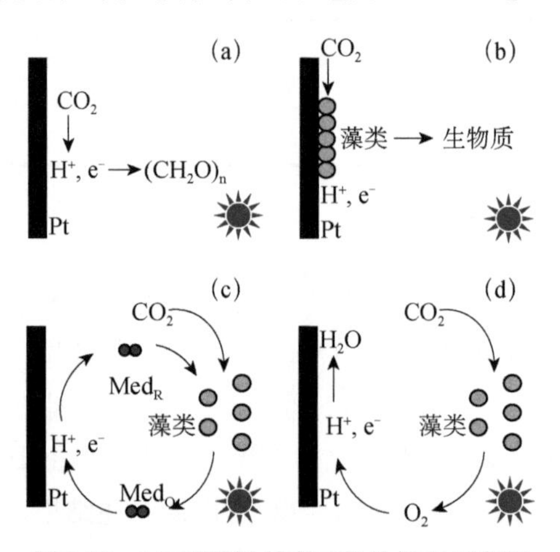

图8-23　MCC阴极反应可能的机理示意图

Med代表电子中介体

基于热力学理论计算，不论末端产物是葡萄糖还是乙酸，在MFC阴极表面无法自发进行直接的CO_2还原（$\Delta G>0$）。如图8-24所示，实验中阴极溶液为高纯N_2消氧的无菌阴极（50mmol/L PBS），30mV的电压输出可以认为是基线（1000Ω）。通入纯CO_2气体，输出电压仅升高到74mV。电压的升高是由于CO_2的通入降低了阴极pH造成的。实验中观察到阴极通入CO_2后，pH由7.0降低到6.4。由此可以计算出pH变化理论上可以导致阴极电位升高40mV，与实验中观察到的44mV电压变化一致。当O_2饱和的溶液加入反应器的阴极后，电压由70mV骤然升高到667mV。这与先前MCC获得电压（610±50mV）相似，表明阴极可能是O_2还原的反应。

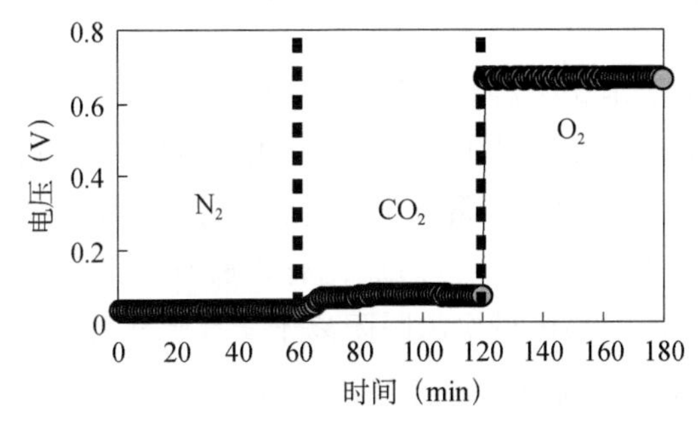

图8-24　无藻的对照反应器中加入厌氧阴极溶液、CO_2曝气或加入O_2饱和的阴极溶液后的电压输出（1000Ω）

在MCC研究中，以铂碳电极为工作电极，Pt片为对电极，饱和甘汞为参比电极，对消氧的小球藻悬浊液进行了CV测试。结果表明，在−200mV至+300mV电位范围内（参考极化曲线选择电位范围确定）没有观察到氧化峰或还原峰（图8-25），因此MCC的阴极反应机理不是藻类参与的直接电子传递或通过藻类分泌中介体进行的电子传递。如图8-25所示，阴极电位与溶解氧浓度变化趋势相同，表明光合产氧的阴极还原是MCC阴极的反应机理［图8-23（d）］。

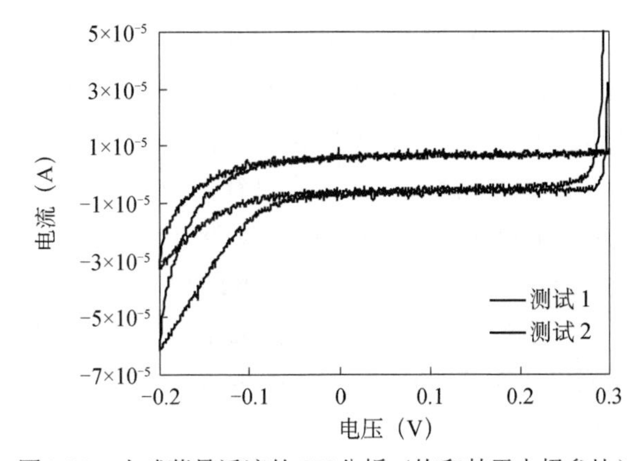

图8-25　小球藻悬浮液的CV分析（饱和甘汞电极参比）

与CO_2还原的电解池不同[26, 60]，MCC首次在无外加能量的条件下证明了水中有机物去除同步电能回收、碳捕获和生物柴油生产的可行性。对于废水来说，所有的碳最终会转化为CO_2或者CH_4。当使用复杂有机物作为MCC底物时，假设有部分碳转化为负价的CH_4，CH_4进入阴极溶液并不能在光合作用下作为藻类的底物释放O_2，那么是否阴极的电子受体O_2会供给不足？答案是否定的。由于CH_4的产生并不伴随着外电路的电子转移，因此这部分碳的转化并不需要阴极O_2作为电子受体，靠光合作用产生的O_2作为阴极电子受体是充足的。此外，先前的研究表明，CH_4并不是MFC阳极的主要气态产物，即使有CH_4产生，总量上也是很少的[61, 62]。先前的研究证明，生产生物柴油剩余的藻类生物质可以进一步用作阳极底物产电[63-65]。因此，利用MCC技术可以延长碳的循环周期，达到废水处理的零碳排。

8.4.2 微生物反向电渗析电解池用于CO_2还原研究进展

微生物反向电渗析电解池是一种将微生物燃料电池与反向电渗析技术结合的新型生物电化学系统。2011年，美国宾夕法尼亚州立大学的Bruce E. Logan科研团队率先设计研发了微生物反向电渗析电解池系统[66]。该系统是一种将污水中有机污染物潜在的化学能及盐差能转化为电能的装置。阳极由高效产电菌氧化有机底物，阴极由Pt/C催化剂进行氧气还原。位于阴阳极之间的反向电渗析模块由阴阳离子交换膜交替构成10个腔室，并交替通以高、低盐差溶液。当阳极以乙酸钠为底物时，在盐度比为50～100范围内，系统电压可达到1.2V，远高于单纯MFC系统的～0.5V。在电催化还原CO_2过程中，为了实现目标产物的转化，必须克服CO_2和目标产物氧化还原电对之间的氧化还原电位。而在MRC系统中，阳极微生物催化剂分解底物（以1g/L乙酸钠为例）产生的电位约为−0.3V（vs. SHE），而每组阴阳离子交换膜构建的浓差电池理论上可输出0.1～0.2V 的电压（盐度比为15～150），因此，通过增加反向电渗析模块中浓差电池的数量、调节溶液的盐度比及流速等可提高系统的输出电压，从而为实现能量零输入下的降解污染物和高效CO_2还原合成高附加值产物提供新思路。

1）MRC还原CO_2系统的设计和运行

MRC还原CO_2系统由微生物阳极、反向电渗析模块以及具有催化还原CO_2性能的化学阴极三部分构建而成（图8-26）。阳极材料为稳定性高、成本低廉的碳纤维刷［图8-27（a)]，在进行系统构建之前将其置于单室微生物燃料电池［图8-27（b）］中进行产电微生物的富集：采集哈尔滨工业大学二校区家属院生活污水进行接种，在启动期以及运行期间进水采用人工配水，其配方为：100mL 的 500mmol/L 的磷酸盐（PBS）缓冲溶液、1g 无水乙酸钠、1mL维生素、2mL微量元素。当外接电阻为510Ω 时，随着启动的逐步进行，系统的输出电压逐渐升高，阳极电势逐渐降低，当系统运行5d后，系统的输出电压维持在0.5～0.6V左右［图8-28（a)]，阳极电势在−200mV左右［图8-28（b)]，此时完成阳极碳纤维刷微生物的富集。

反向电渗析模块由具有选择透过性的阴离子交换膜（JAM-Ⅱ-07)、阳离子交换膜(JCM-Ⅱ-07)、进出水隔板、流道以及格网构成，通过蠕动泵以特定的流量通入浓淡水从而形成浓淡水室，进而进行离子定向转移。当浓度不同的两种盐溶液流经膜堆时，由于盐浓

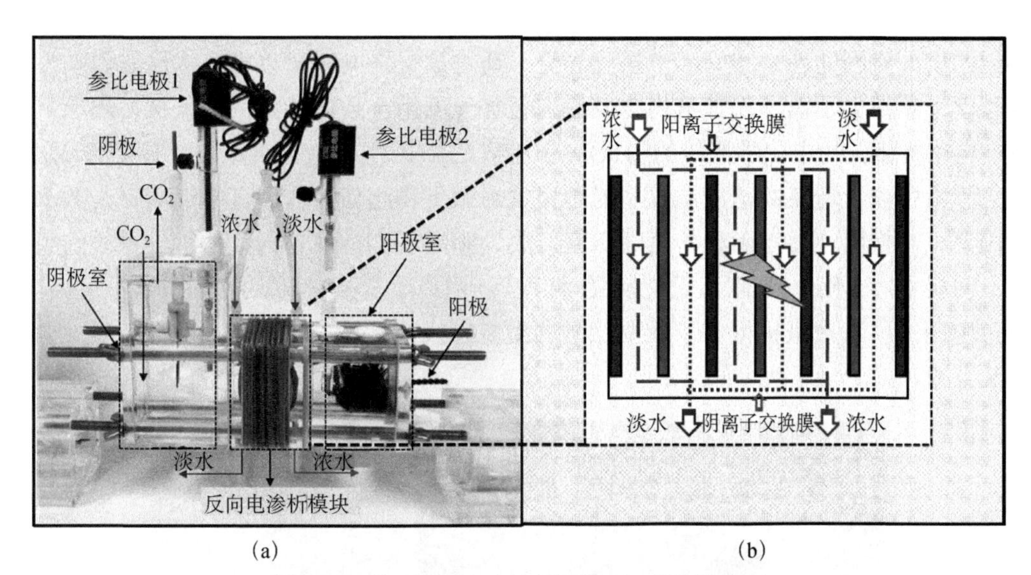

(a)　　(b)

图8-26　微生物反向电渗析还原CO_2系统结构图

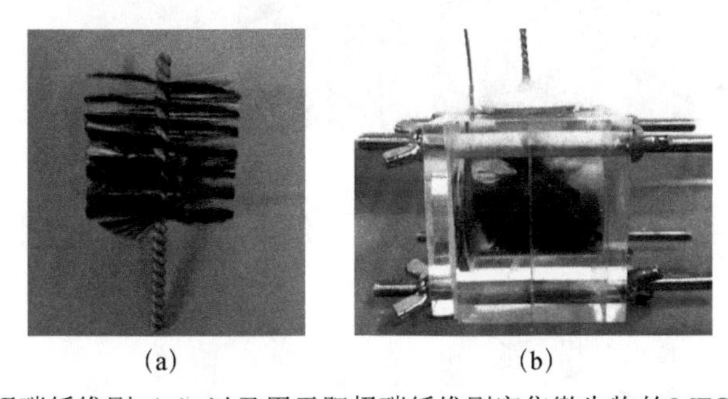

(a)　　(b)

图8-27　阳极碳纤维刷（a）以及用于阳极碳纤维刷富集微生物的MFC装置图（b）

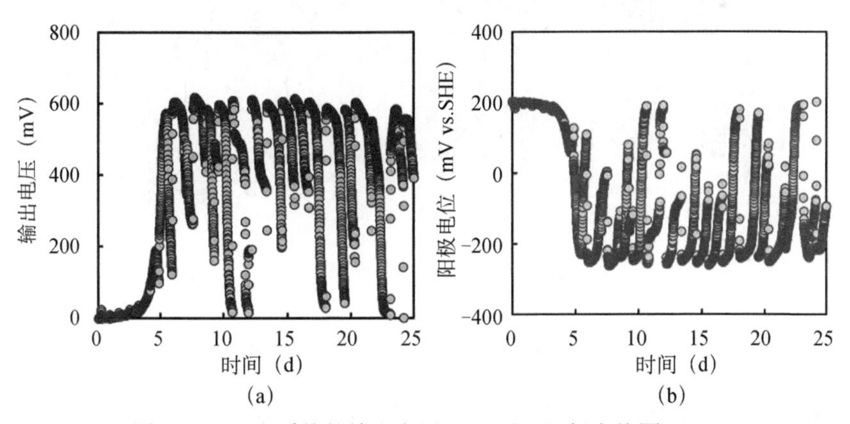

(a)　　(b)

图8-28　MFC系统的输出电压（a）以及阳极电势图（b）

度差以及阴、阳离子的选择透过性使得浓水室里的阴离子透过阴离子交换膜进入一侧的淡水室，而阳离子通过阳离子交换膜进入另一侧的淡水室，多个浓、淡水室累积在一起，在宏观上形成阳离子、阴离子定向移动。由此，在膜堆内部形成内电流。进出水隔板见图8-29（a），系统采用并联进水，浓水进水口下方对应淡水出水口，淡水进水口下方对应浓水出水口。流入系统的浓淡水通过流道流经腔室。为了增加水流的紊动性，浓淡水室采用具有编织结构的格网［图8-28（b）］进行导流。通过放置格网，可以提高水流的紊动性，在一定程度上缓解由于离子在溶液内以及膜内迁移速度不一致而导致的浓差极化现象。考虑到反向电渗析微生物电化学系统的阴极液为0.1M的$KHCO_3$溶液，为了防止其中的HCO_3^-离子进入膜堆中以及避免高盐度浓水室对阳极室内微生物起伤害作用，靠近阴极为浓水室，膜为阳离子交换膜，靠近阳极的为淡水室，膜为阳离子交换膜。因此，膜堆系统的组装方式为：阴极室-浓水进水-阳离子交换膜-浓水室-阴离子交换膜-淡水室-阳离子交换膜-阳极室，中间的膜对数量根据需求按照相同的组装方式依次加减。图8-30为膜对数为3的膜堆组装方式。

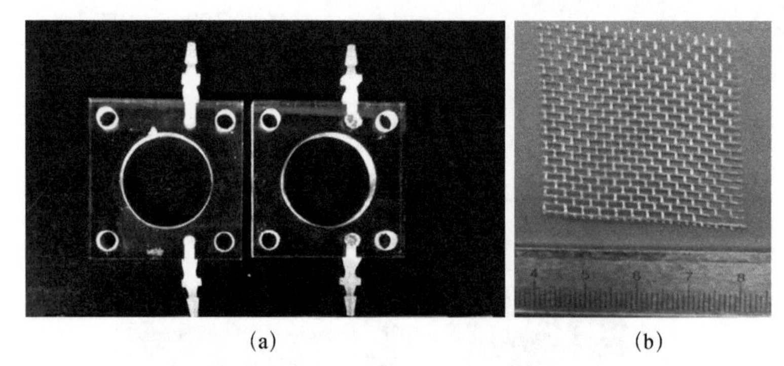

(a) (b)

图8-29 进出水隔板（a）和格网（b）

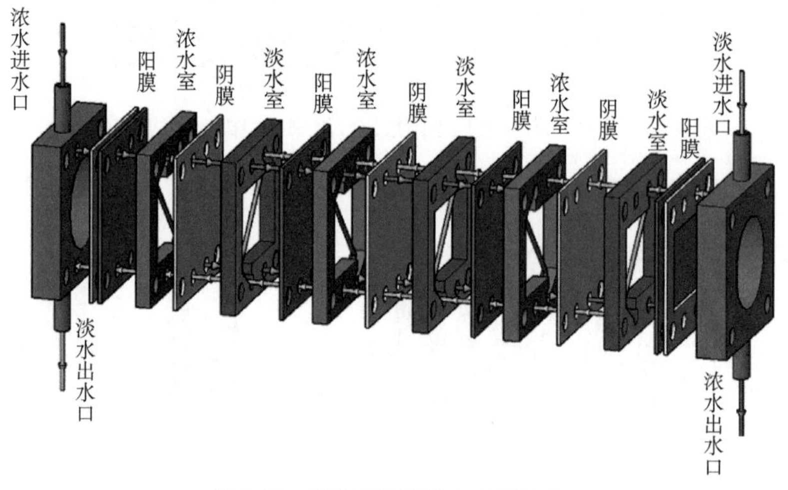

图8-30 膜堆系统组装方式示意图

阴极具有催化还原CO_2活性的Bi催化剂是通过电沉积法制备的：将尺寸为1cm×1cm的铜片以及不锈钢片（3cm×2cm）分别置于50mL烧杯中，并依次加入无水乙醇、1mol/L盐酸溶液以及去离子水，超声清洗5min以去除其表面的油渍以及氧化物。将处理完毕的铜片作为工作电极，不锈钢片作为对电极置于单室电解池中，加入10mmol/L的Bi^{3+}、0.2M的NO_3^-溶液作为电镀液，利用恒电位仪控制电位，通过控制沉积时间制备不同形貌的催化剂（图8-31）。催化剂的表面形貌随着沉积时间变化有着明显的树枝生长趋势。当沉积时间为

1200s时，枝状结构发育较好，表面锋利多菱角。较为锋利的表面往往具有较大的局部电流，这有利于CO_2在催化剂表面得到电子被还原。此外，树枝结构间的纵横交错，留下大的空隙，也会增加催化剂与电解液的接触面积。因此，利用沉积时间为1200s制备的Bi催化剂作为MRC系统的化学阴极催化剂材料。

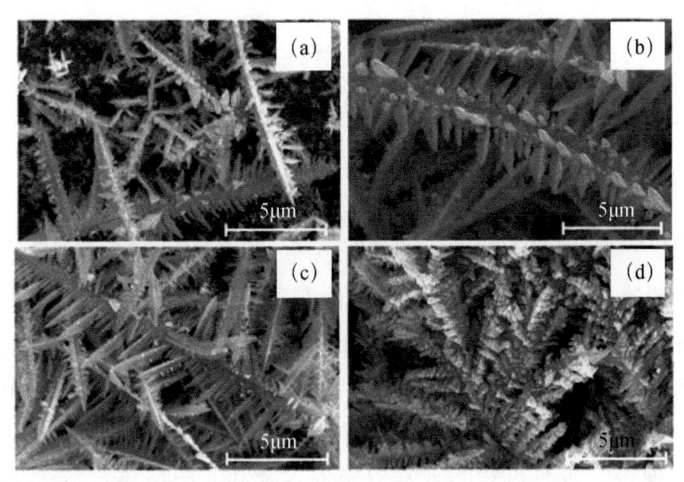

图8-31 不同电沉积时间下制备的Bi催化剂材料（a）500s（b）800s（c）1200s（d）1500s

2）膜对数对MRC系统还原CO_2性能的影响

MRC系统的核心是膜堆，膜对数对系统的输出电压和阴极的还原效率有很大影响。随着膜对数从11对增加至20对，阴极CO_2还原产甲酸速率逐渐增加，周期结束后的最大累积产甲酸浓度为123.2±10.5mg/L，分别是膜对数为11对和15对的系统最大累积产甲酸浓度的2.4倍和1.5倍，最大电流效率出现在20对膜组件的系统中，约为81.8%±1.8%［图8-32（b)］。系统的输出电流也随着膜对数从11对增加至20对逐渐增大。膜对数为20对时，系统的输出电流为16.5±1.0A/m^2［图8-32（b)］。而阴极电位却随着膜对数的增加出现了下降，当膜对数从11对增加至20对时，阴极电位从−1.3±0.01V降到了−1.5±0.01V，这是由于膜对数越多，提供的驱动力越大，使得阴阳两极的电势差增大，导致阴极电势越负。在CO_2电化学还原过程中，阴极电势越负，电流越大，越有利于CO_2得到电子被还原。因而增加膜对数可以提高系统的输出电流和CO_2还原性能。进一步增加膜对数量至25对，系统性能并未进一步提升。导致该现象出现的原因一方面是由于膜对数量过多导致系统布水不均匀，另一方面是由于膜堆数量增加导致内阻急剧增大，当膜对数量带来的电压的增加值小于膜对数量增加导致的内阻的增加时，系统性能出现下降。

3）浓淡水流速对MRC系统还原CO_2性能的影响

浓淡水流速影响离子交换膜两侧的平均浓度差，一般来说，流速越大膜堆系统的输出性能越好，但是流速的增加会使得系统运行能耗（如蠕动泵能耗）增加，进而降低系统的净输出，因此选择合适的流速就显得十分必要。运行膜对数量为20对的系统，当从低流速

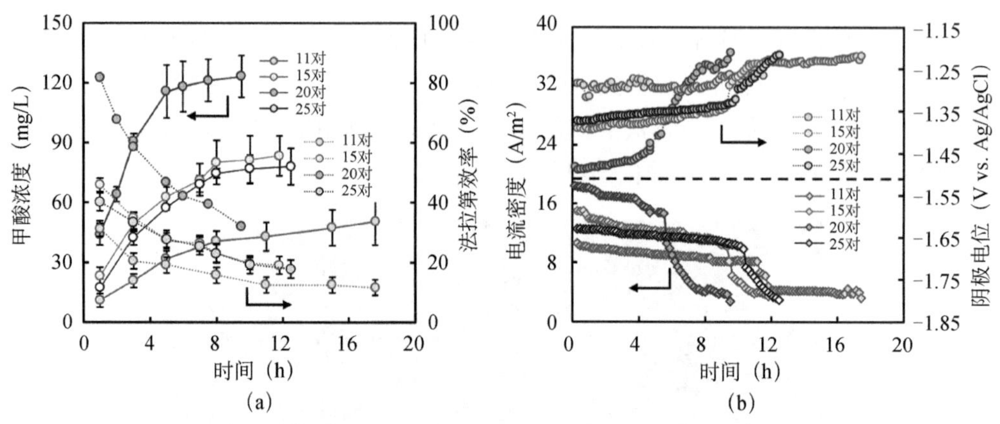

图8-32 不同膜对数对系统产甲酸性能和电流效率的影响（a）及阴极电势和电流密度随时间变化图（b）

2mL/min提升至中流速5mL/min后，CO_2还原性能和电流效率增加显著，周期内的累积产甲酸浓度从51.2±4.3mg/L提高到了123.2±10.5mg/L［图8-33（a）］，系统的输出电流也从11.5±0.5A/m^2提高到17.5±0.5A/m^2［图8-33（b）］。当进一步提升流速至8mL/min时，虽然阴极产甲酸累积浓度进一步提高，但同时较高流速缩短了反应周期，由10.6h（2mL/min）缩短为5.7h（8mL/min），使得阳极有机物的去除效率大大降低（图8-34）。系统输出电流也仅仅从17.5±0.5A/m^2提高到19.1±0.5A/m^2，高流速下的微小电流增量表明，只有在一定范围内增加浓淡水流速，电流才能显著增强。对于阴极电位，5mL/min流速与8mL/min的系统的阴极电位相似，比2mL/min的系统的阴极电位更负［图8-33（b）］。综合CO_2还原效率、系统的输出电流及COD去除率，确定中流速5mL/min为最适宜流速。

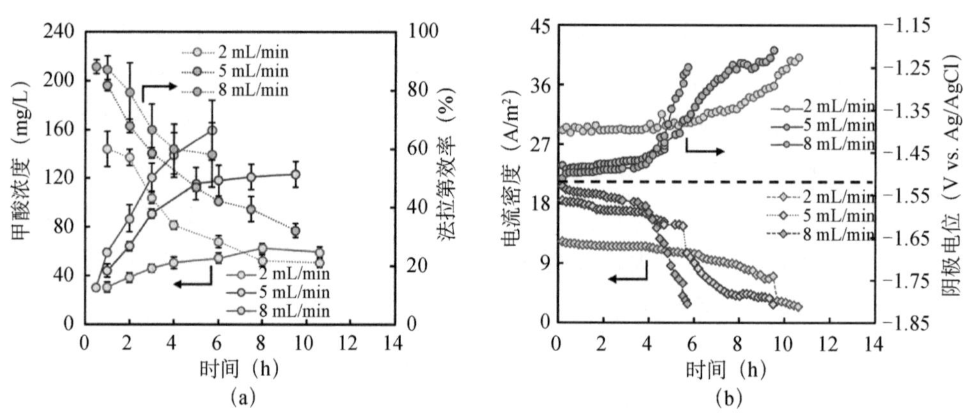

图8-33 不同浓淡水流速对系统产甲酸性能和电流效率的影响（a）及阴极电势和电流密度随时间变化图（b）

4）外阻对MRC系统还原CO_2性能的影响

通过改变系统外阻阻值可进一步调控系统输出电流及还原CO_2性能。当外阻从30Ω 降至10Ω，阴极电位负向偏移并伴随着电流密度显著增加［图8-35（b）］，这有利于CO_2的还原。累积产甲酸浓度从123.2±10.5mg/L增加至177.1±5.0mg/L［图8-35（a）］，周期结束后的阳极COD去除率在80%以上（图8-36），表明调控外阻是提升系统的产甲酸以及污染物

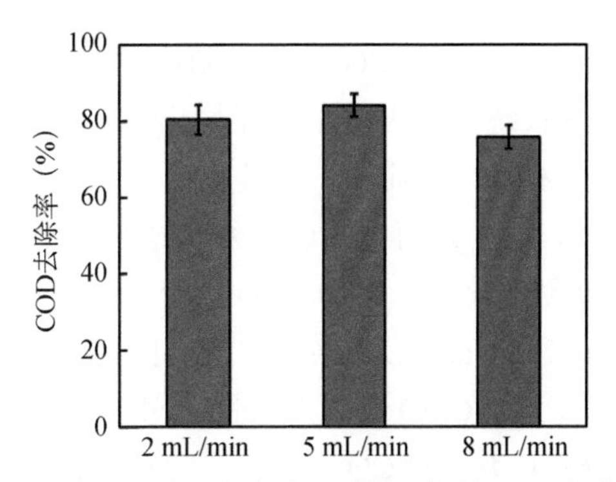

图8-34　不同浓淡水流速下系统阳极的COD去除率

去除能力的有效手段。继续降低外阻至5Ω，虽然系统的阴极电势进一步降低至-1.5V，法拉第效率达到88.9%，产甲酸浓度增加至185.4±6.1mg/L，但与10Ω外阻下的系统相比，增加幅度很小，说明只有在一定范围内对外阻进行调控，对系统性能的提高才有效。

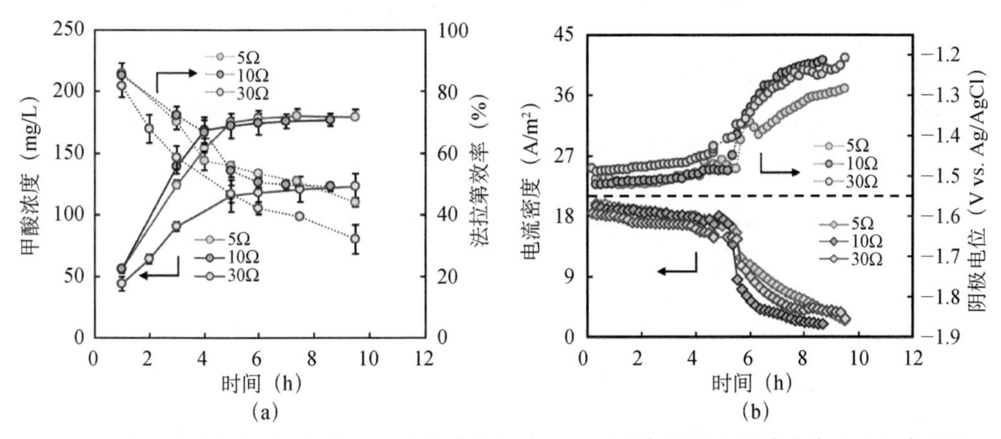

图8-35　不同外阻对系统产甲酸性能和电流效率的影响（a）及阴极电势和电流密度随时间变化图（b）

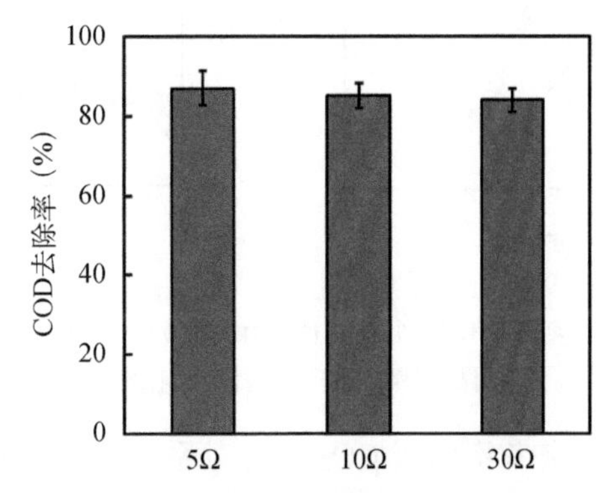

图8-36　不同外阻下系统阳极的COD去除率

5）阴阳极负荷对MRC系统还原CO_2性能的影响

考察阳极不同的COD负荷对系统输出和还原CO_2性能的影响。在膜对数设置为20对，流速设置为5mL/min，施加10Ω外阻的条件下运行系统，探究COD负荷分别为0.5gNaAc/L、

1.0gNaAc/L和2.0gNaAc/L下系统的还原CO_2性能。阳极COD负荷对系统稳定期的输出电流影响不大，三种COD负荷下系统的最大输出电流均出现在系统刚启动时期。然而对于低COD负荷（0.5gNaAc/L）的MRC系统而言，其输出电流极不稳定，在短暂稳定运行0.31h后就开始直线下降［图8-37（c）］，这可能与底物浓度过低导致产电菌活性受到抑制有关，说明降低COD负荷不利于系统的运行。增加COD负荷可以延长运行周期时间，与COD负荷为1gNaAc/L的系统相比，2.0gNaAc/L的系统周期时间延长至12.5h，周期内的累积产甲酸浓度为214.9±23.1mg/L，分别是COD负荷为1gNaAc/L及0.5gNaAc/L的1.4倍和6.5倍，说明降低COD负荷不利于MRC系统对CO_2还原。但2.0gNaAc/L的MRC系统阳极COD去除率较低（图8-38），排放的废水会造成环境污染压力，故牺牲部分产甲酸活性而选择1gNaAc/L作为MRC系统的最佳底物浓度。

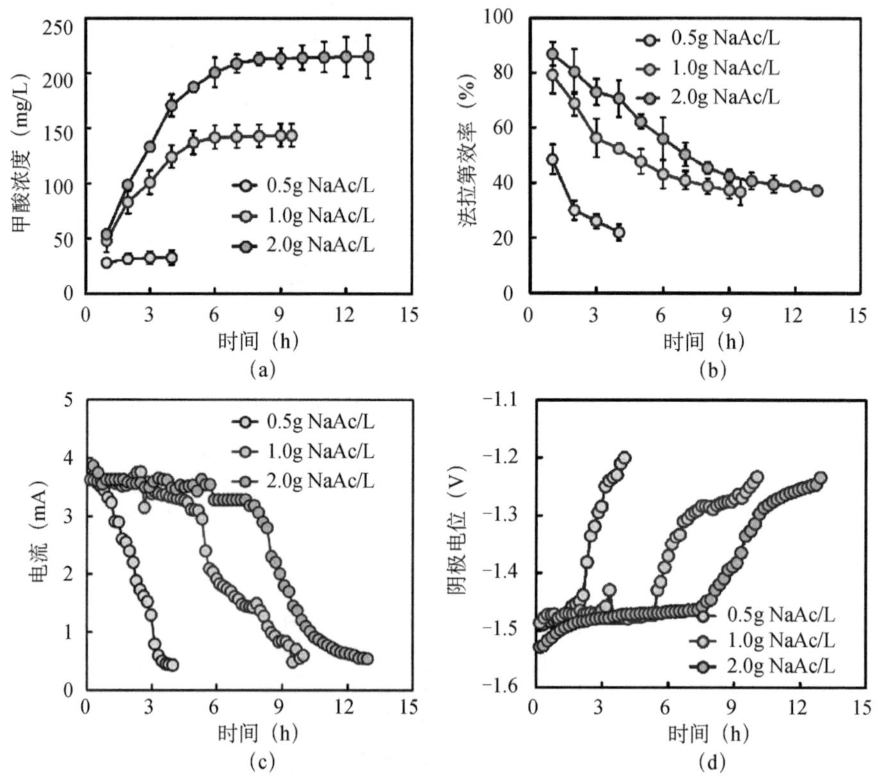

图8-37 阳极COD负荷对系统产甲酸性能（a）和电流效率（b）的影响及电流密度（c）和阴极电势（d）随时间变化图

通过改变CO_2曝气速率来考察阴极CO_2负荷对系统输出性能的影响。当曝气速率从10mL/minCO_2增加到15mL/minCO_2时，周期内的输出电流及阴极电势差别较小，表明此时阴极液中CO_2浓度处于饱和状态，继续增加曝气量对系统运行效能影响不大。当曝气速率减少至5mL/min时，相比于10mL/minCO_2及15mL/minCO_2的曝气速率，整个运行过程的输出电流及累积产甲酸浓度显著降低。系统输出性能随CO_2曝气速率增加的原因可以解释为，CO_2曝气速率的增加，有利于气液界面浓度梯度的形成，因而有利于CO_2的传质，此外，CO_2可以酸化溶液，加速质子的供给，有利于酸的形成。综合产酸效能及运行成本，最优曝气速率为10mL/min（图8-39）。

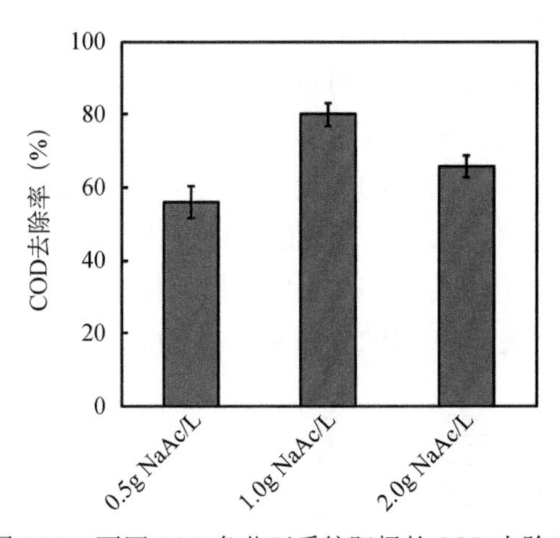

图8-38　不同COD负荷下系统阳极的COD去除率

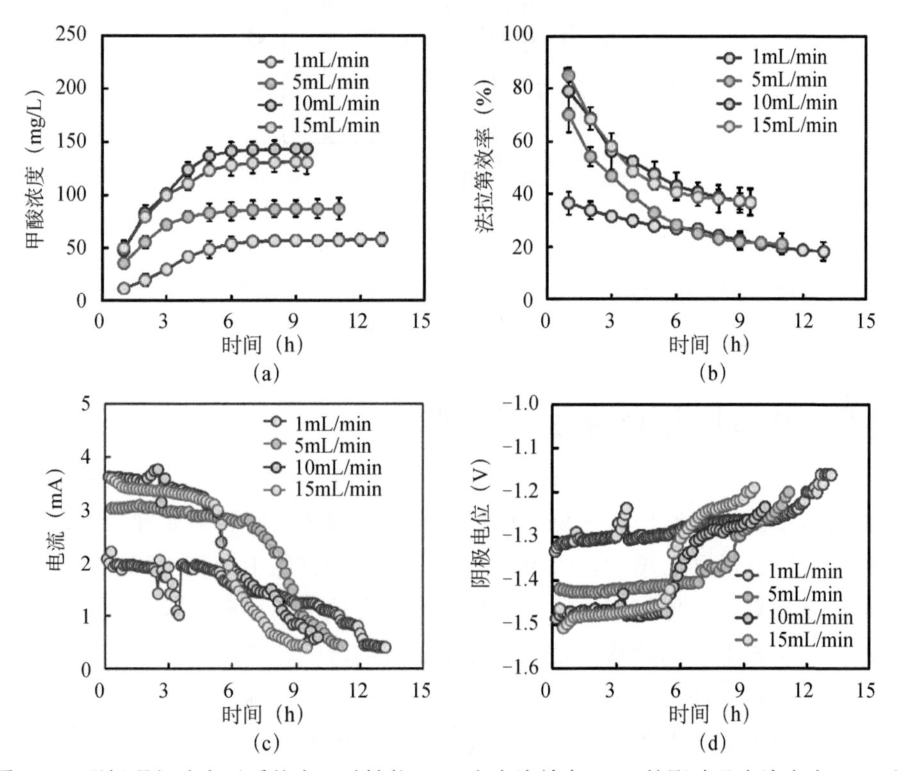

图8-39　阴极曝气速率对系统产甲酸性能（a）和电流效率（b）的影响及电流密度（c）和阴极电势（d）随时间变化图

6）MRC系统还原CO_2效率计算

能量效率是指系统运行过程中产生的能量与投入的能量的比值，是评价系统性能的有效手段。在该MRC系统中，能量来源主要有两个渠道，分别为污水中的化学能以及盐差能，通过计算可知，从污水中提取的能量基本维持在（160～174J），而盐差能的能量为800～2200J，说明该系统是以盐差能为主、污水中化学能为辅的能量结构（图 8-40）。通过计算能量效率可以发现，膜对数量以及流速对能量效率的影响较大，外阻对能量效率的影响较小。最小值出现在膜对数量为25对的系统中，约为1.2%。导致该能量效率低的原因可以解释为膜对数量的增加提高了系统对盐差能的摄取，但是系统的内阻增加导致的能量损失增大，因而降低了能量效率。最大的能量效率为6.6%（图 8-40）。该效率要高于太阳能驱动的CO_2电催化还原系统[67]，太阳能驱动的光电催化还原系统[68]以及与太阳能及污水中化学能共驱动的CO_2还原产甲酸系统[69]。表明当以可持续能源作为能量来源时，以盐差能以及污水中化学能作为能量来源的MRC系统具有很好的应用前景。

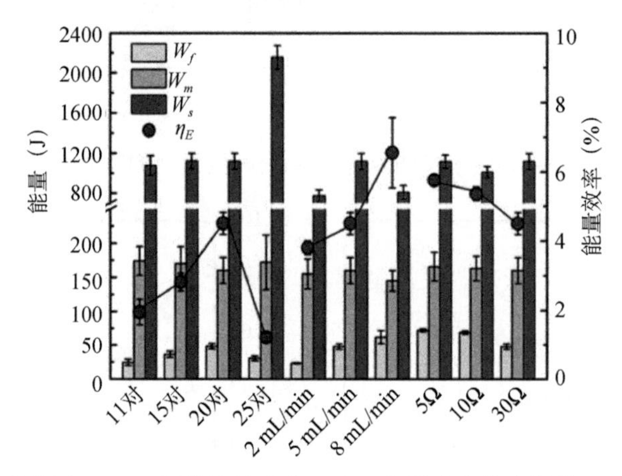

图8-40　不同运行条件下，MRC系统从盐差能（W_s）和污水中的化学能（W_m）中提取的能量，通过甲酸生产回收的能量（W_f）以及系统的能量效率（η_E）

8.5　基于MES原理的重金属回收

重金属废水主要来自矿山、冶炼、电镀、农药、医药、颜料等企业排出的废水。随着工业发展和人类自身活动的增加，大量含有重金属污染物的工业废水和城市生活污水被排入江河湖泊。据估算，全球每年排放到环境中的有毒重金属如砷、镉、铜、汞、铅等高达数百万吨，并呈逐年上升的趋势。重金属废水具有高毒性、持久性和累积性等特点，进入环境后，很难被降解，通过水循环和食物链迁移转化进入人体后不断富集，破坏人体正常代谢活动，已经成为威胁人类生存和限制人类发展的主要环境问题之一。目前处理重金属废水的方法主要有物理法、化学法和生物法三大类。物理法主要包含溶剂萃取分离、膜分离技术及吸附法等。其中溶剂萃取法在萃取操作时对于水相酸度的选择要求很高。膜分离技术常常会遇到电极极化、结垢和腐蚀等问题。在利用吸附法对重金属废水进行处理时，活性炭是用得最多的吸附剂。虽然活性炭具有较强的吸附能力，对重金属的去除率高，但活性炭再生效率低，价格贵，使其应用受到限制，且处理水质很难达到回用要求。化学法主要包括化学沉淀法和电解法。其中，电解法主要用于电镀废水的处理，这种方法也存在一定的弊端，不适于处理较低浓度的含重金属离子的废水。化学沉淀法中使用的沉淀剂以石灰和氢氧化钠为主。石灰来源广泛，但产生的沉渣量较大，容易造成二次污染，而且处理后的废水很难达到排放标准；利用氢氧化钠沉淀，具有操作简单、反应速度较快、产生的沉渣量少的优点，但氢氧化钠价格较贵。与传统的物理法和化学法处理技术相比，利用生物法，尤其是基于MES技术原理的生物法对含重金属废水进行处理，既能有效解决重金属去除问题，又能将废液充分利用，获得清洁的电能，具有良好的经济环境效益。

在微生物电化学系统中，阳极的产电微生物能降解有机物并释放出电子，电子通过外电路传递到阴极，从而阳极与阴极之间形成电势差，在该电势差的驱动下，溶液中的离子发生定向迁移，根据这一特性本实验室设计开发了新型微生物电化学重金属电沉积系统（microbial electrochemical metal electrodeposition system，MEMES）和无需外部能量输入的微生物电化学重金属沉淀系统（microbial electrichemical metal precipitation system，MEMPS），利用阴阳极间电势差作为驱动力实现水中Cu（Ⅱ）和Cd（Ⅱ）的分离，并通过不同的阴极反应来实现水中Cu（Ⅱ）和Cd（Ⅱ）的原位去除。考察不同的外加电压、初始重金属浓度和外阻等对系统Cu（Ⅱ）、Cd（Ⅱ）去除效能的影响。通过对使用过的阴极电极进行形貌表征和元素分析，探究Cu（Ⅱ）和Cd（Ⅱ）的去除过程机制。

8.5.1　微生物电化学重金属电沉积系统

1）MEMES的构建与运行

微生物电化学重金属电沉积系统的构型如图8-41所示。整个反应器由阳极室、阴极室和中间镂空的盖板组成，阳极室和阴极室的净体积均是20mL，均为方形中空的有机玻璃制成，内部为截面积7cm^{2}的圆柱形腔体，中间的镂空盖板（5cm×5cm×0.8cm）同样具有圆柱形腔室，腔室四周均有圆形（直径5mm）小孔与外界连通。阳极室与中间的盖板之间由阴离子交换膜（anion exchange membrane，AEM）隔开，盖板和阴极室之间由阳离子交换膜（cation exchange membrane，CEM）隔开。整个反应器两端用有机玻璃盖板封闭，由不锈钢螺丝和螺母进行组装固定，并用硅胶垫和硅胶圈置于板与板之间做防漏处理。

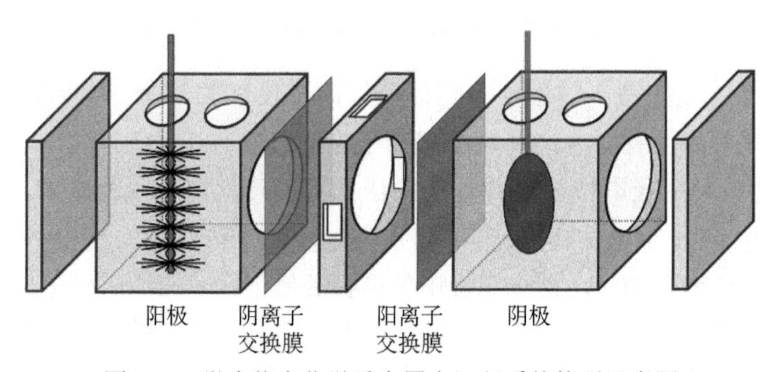

图8-41　微生物电化学重金属电沉积系统构型示意图

阳极材料为具有三维结构、比表面积大、能为微生物的生长附着提供大空间的碳纤维刷。将碳纤维刷电极安装到系统之前，碳纤维刷（直径3cm，长度3cm）在单室空气阴极MFC反应器内预先培养富集电化学活性菌。阴极电极材料为导电性好、催化活性强的石墨板（表面积 $5cm^2$），阴阳极之间与外加电源相连接。将饱和甘汞参比电极（saturated calomel electrode，SCE）置于阳极室中以监测阳极电位。整个反应器浸没于有机玻璃水槽中，水槽中盛放200mL被重金属污染的水（contaminated water，CW）。阳极室采用模拟的生活污水作为进水，其组成成分为：0.35g/L乙酸钠，50mmol/L PBS，5mL维生素和12.5mL微量元素。阴极室进水采用0.05mol/L的氯化钠溶液，用1mol/L的盐酸溶液将其pH调至3.0左右。换水前，将阴极液用氮气曝气20分钟来去除溶解氧，避免氧气与Cu（Ⅱ）和Cd（Ⅱ）竞争电子。MEMES的运行方式为间歇流，当一个周期结束后，阳极液、阴极液和外部受污染水同时换水。

2）外加电压对MEMES运行效能的影响

外加电压的不同会导致系统的输出电流不同（图8-42）。开路（OC）运行的系统中没有电流的产生。而施加不同外电压的MEMES，每个周期伊始，系统的输出电流迅速升高，并达到峰值，随后电流密度持续降低。施加的外电压越大，系统的输出电流越高，说明增加外加电压有利于系统输出电能的提高。当施加的外电压提高到0.8V时，相应的输出电流密度最大值为 $1.42\pm0.01A/m^2$，是MEMES-0V系统的最大电流值的4.4倍。

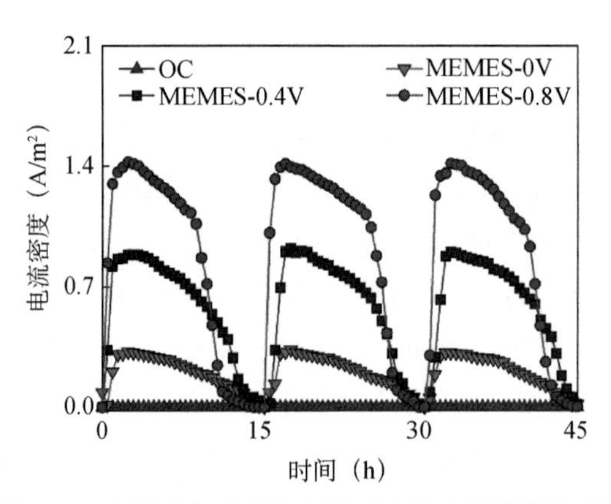

图8-42 不同外加电压下MEMES的电流密度曲线

不同电压下系统电能输出的差异与阴极电位的变化有关。在一个周期内，施加不同的外电压对阳极电位几乎没有影响，系统的阳极电位始终稳定在−0.23～−0.25V（vs. SHE）之间［图8-43（a）］。而阴极电位则随着外加电压的提高逐渐降低［图8-43（b）］。当分别施加0.4V和0V外电压时，系统的阴极电位分别为−0.38V和−0.12V。提高外加电压为0.8V，系统的阴极电位降低为−0.70V，这一阴极电位值显著低于铜还原的阴极电位，有利于阴极对Cu（Ⅱ）的还原。更负的阴极电位可以创造还原性的环境，并起到促进电子传递的作用。

系统对受污染水中的Cu（Ⅱ）和Cd（Ⅱ）具有良好的分离效果，同时外加电压能加快Cu（Ⅱ）和Cd（Ⅱ）从受污染水中迁移和分离的速度，大大缩短系统的周期运行时间。当

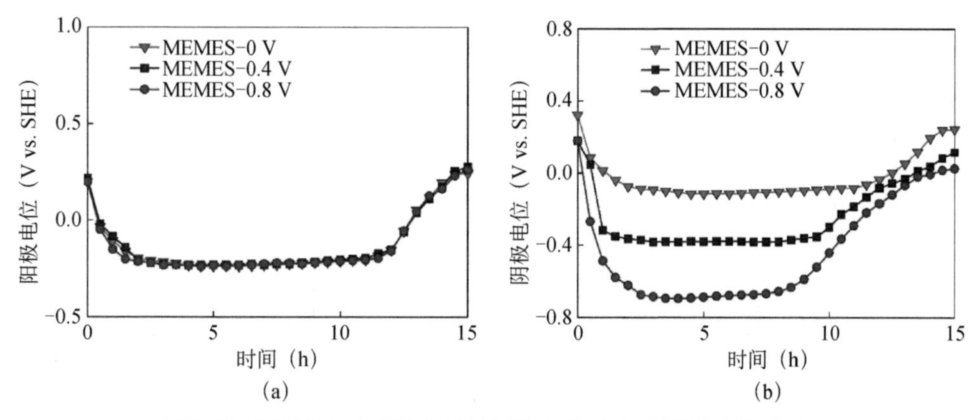

图8-43　不同外加电压下系统的阳极电位（a）和阴极电位（b）

系统以开路状态运行时，受污染水中Cu（Ⅱ）和Cd（Ⅱ）浓度没有太大变化。当系统以闭路状态运行时，水中的Cu（Ⅱ）和Cd（Ⅱ）浓度出现明显的下降趋势。当不施加外电压时，系统一个周期的运行时间为10h，运行10h后水中的Cu（Ⅱ）和Cd（Ⅱ）分别降低至0.09±0.01mg/L和0.20±0.03mg/L；而当施加的外电压提高到0.8V时，系统一个周期的运行时间为6小时，运行6h后Cu（Ⅱ）和Cd（Ⅱ）的浓度分别降低到0.01±0.01mg/L和0.01±0.00mg/L（图8-44）。

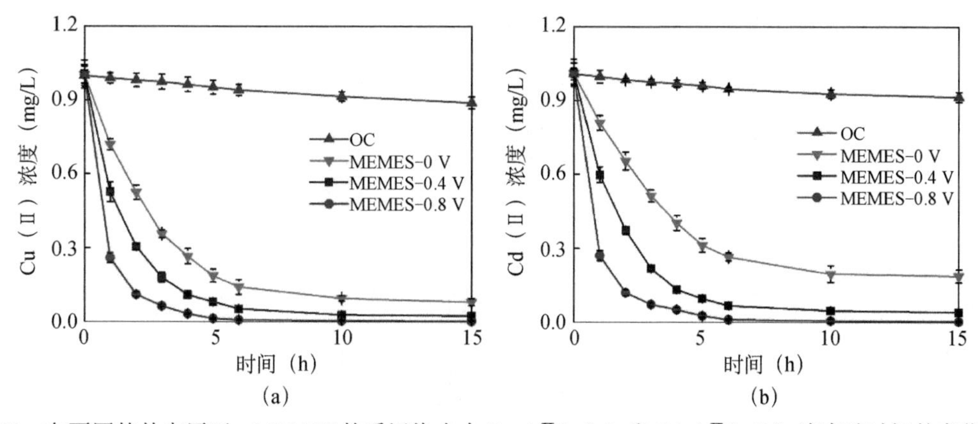

图8-44　在不同的外电压下，MEMES的受污染水中Cu（Ⅱ）（a）和Cd（Ⅱ）（b）浓度随时间的变化曲线

当施加0.8V外电压时，阴极液出水中Cu（Ⅱ）和Cd（Ⅱ）浓度分别为0.04±0.03mg/L和0.08±0.02mg/L（图8-45），表明从水中迁移并富集到阴极室的Cu（Ⅱ）和Cd（Ⅱ）几乎全部被还原，运行周期结束后Cu（Ⅱ）和Cd（Ⅱ）的去除率达到98.8%±1.0%和98.2%±1.1%（图8-46）；降低外电压为0.4V，Cu（Ⅱ）去除率下降为92.5%±0.7%，而Cd（Ⅱ）在阴极无法发生还原反应，导致Cd（Ⅱ）的富集和积累（9.36±0.05mg/L）；当未施加外电压时，MEMES对Cu（Ⅱ）和Cd（Ⅱ）的去除率分别为84.2%±0.5%和1.3%±0.1%；开路运行的系统中，由于系统中没有电能的产生，Cu（Ⅱ）和Cd（Ⅱ）的去除率均低于0.2%。

随着施加外电压的增加，系统对Cu（Ⅱ）和Cd（Ⅱ）的去除速率大大提高（图8-46）。当施加的外电压为0.8V时，Cu（Ⅱ）和Cd（Ⅱ）的去除速率分别为3.96±0.18g/（m^3·d）

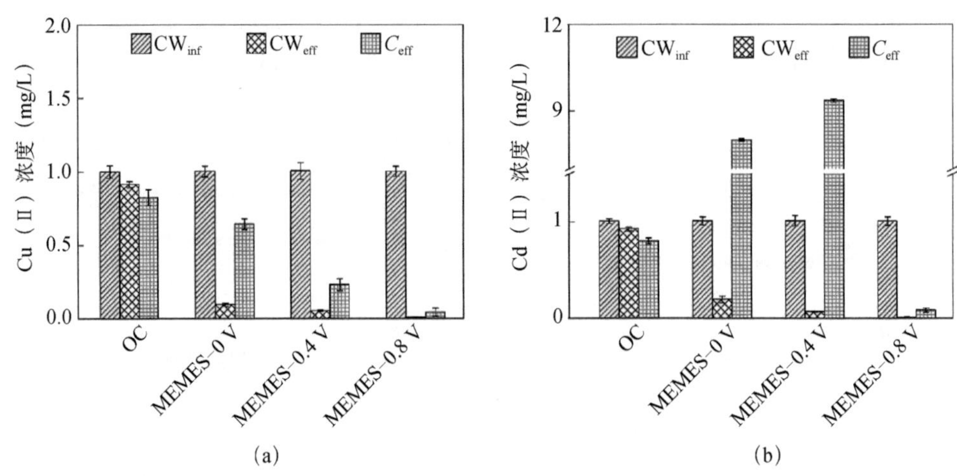

图8-45 不同的外电压下，MEMES不同部位进出水中Cu（Ⅱ）（a）和Cd（Ⅱ）（b）的浓度

CW$_{inf}$：污染水体的进水中金属离子浓度，CW$_{eff}$：污染水体的出水中金属离子浓度，C_{eff}：阴极液出水中金属离子浓度

和3.95±0.25g/（m^3 • d），远大于0.4V和0V外电压时系统的Cu（Ⅱ）和Cd（Ⅱ）的去除速率。系统阳极的库仑效率（CE$_{an}$）随着外电压增加也得到了提高。未施加外电压时，阳极库仑效率是10.5%±0.5%；当施加的外电压值从0.4V升高到0.8V时，阳极的库仑效率从13.8%±0.9%上升到21.0%±0.5%。阴极的库仑效率（CE$_{ca}$）则随着外电压的增大呈下降趋势，从11.8%±0.6%（0V）降低到6.9%±0.6%（0.8V）。

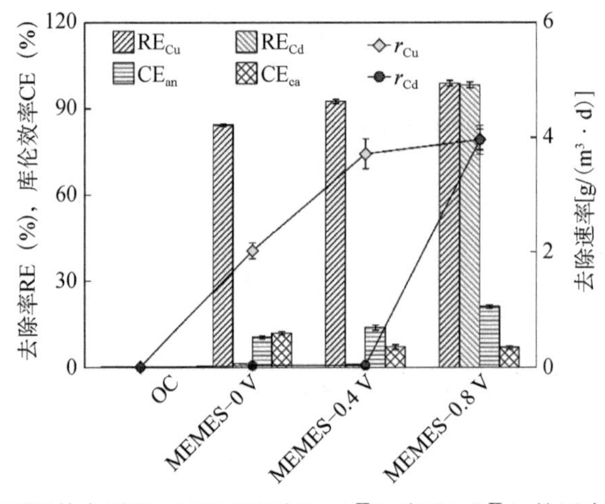

图8-46 不同外电压下，MEMES对Cu（Ⅱ）和Cd（Ⅱ）的同步去除效能

3）阳极微生物对系统运行效能的影响

阳极的电化学活性菌对系统输出电流具有较大影响。具有电化学活性菌的生物阳极系统更利于系统的电流输出和Cu（Ⅱ）、Cd（Ⅱ）的还原。当将系统的生物阳极替换为无生物的碳刷阳极时，在同样的外电压下，非生物阳极系统的输出电流波动较大，显著低于MEMES（图8-47）。施加0.8V的外电压时，非生物阳极系统的最大电流密度值为0.31±0.01A/m^2，仅为0.8V外电压下MEMES的21.6%。在0.4V和0.8V的外加电压下，非生物阳

极系统的阴极电位分别在0.20～0.24V和0.10～0.16V的范围内（图8-48），均显著高于同等电压下的MEMES的阴极电位。在这种电位值下虽然能发生Cu（Ⅱ）的还原反应，但是无法发生Cd（Ⅱ）的还原反应。

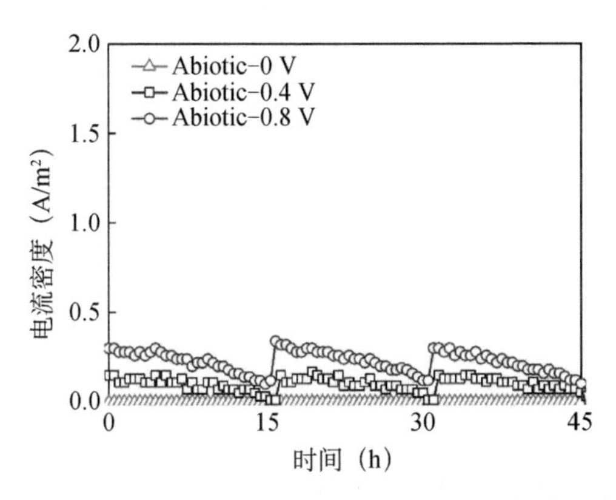

图8-47　在不同的外电压下，非生物阳极的对照系统的电流密度输出曲线

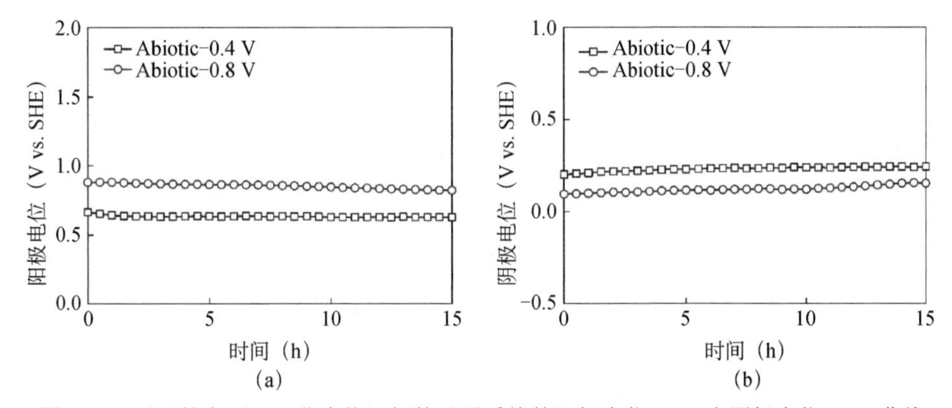

图8-48　不同外电压下，非生物阳极的对照系统的阳极电位（a）和阴极电位（b）曲线

MEMES比非生物阳极的对照系统更利于Cu（Ⅱ）和Cd（Ⅱ）的去除。与MEMES相同，非生物阳极系统受污染水中Cu（Ⅱ）和Cd（Ⅱ）的浓度随着外加电压的增加也逐渐降低。未施加外电压时，非生物阳极系统中受污染水中Cu（Ⅱ）和Cd（Ⅱ）的浓度仅有小幅下降；当施加的外电压为0.8V时，运行10h后受污染水中的Cu（Ⅱ）和Cd（Ⅱ）浓度分别降低至0.22±0.02mg/L和0.24±0.02mg/L（图8-49）。在非生物阳极系统中，虽然受污染水中的Cu（Ⅱ）和Cd（Ⅱ）可在电场的驱动下进入到阴极室内，但与MEMES不同的是，从受污染水中迁移至阴极室的大部分Cu（Ⅱ）和Cd（Ⅱ）积累于阴极液中，由于阴极电位过高，只有部分的Cu（Ⅱ）被还原，Cd（Ⅱ）无法发生还原反应（图8-50）。施加电压为0V时，非生物阳极系统Cu（Ⅱ）和Cd（Ⅱ）的去除率在0.3%以下。外电压升高到0.8V时，Cu（Ⅱ）和Cd（Ⅱ）的去除率分别为36.5%±0.3%和3.6%±0.6%。Cu（Ⅱ）的去除速率随外电压升高而增大，从0.36±0.00g/（m^3·d）增加到0.86±0.00g/（m^3·d），而Cd（Ⅱ）的去除速率较低，低于0.1g/（m^3·d）（图8-51）。

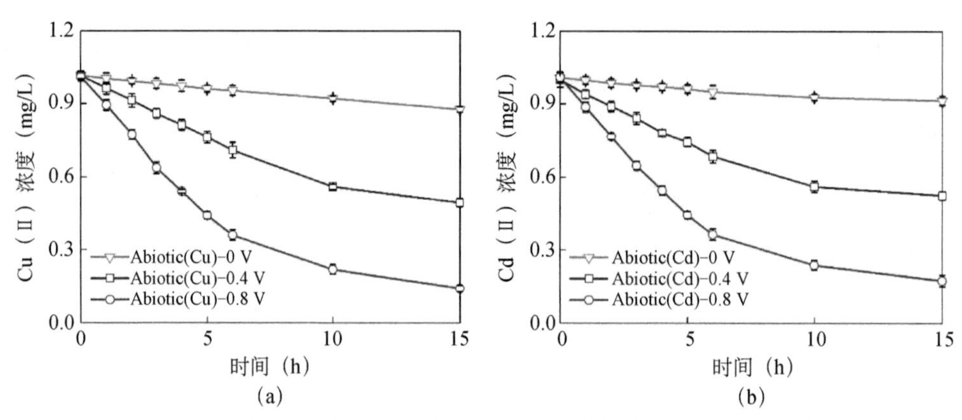

图8-49　不同的外加电压下，非生物阳极的对照系统的受污染水中Cu（Ⅱ）(a) 和Cd（Ⅱ）(b) 的浓度随时间的变化曲线

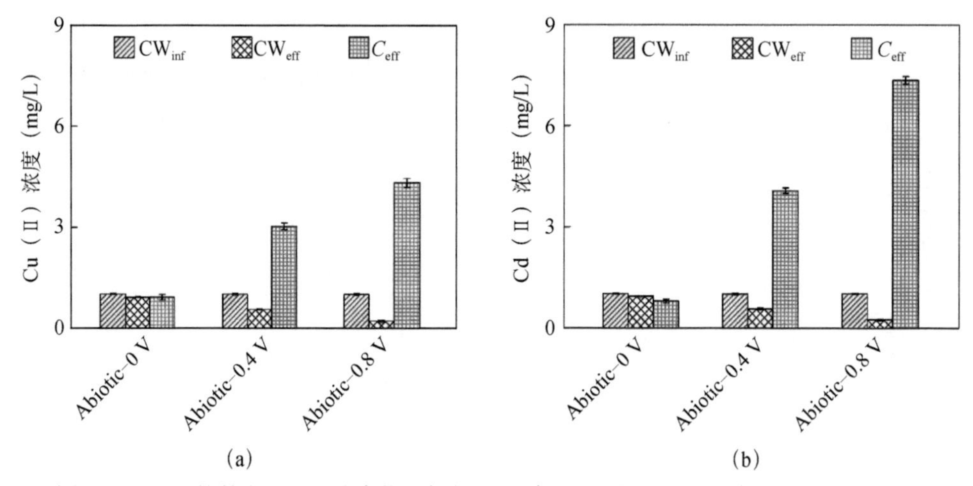

图8-50　不同的外电压下，非生物阳极的对照系统不同部位进出水中Cu（Ⅱ）(a) 和Cd（Ⅱ）(b) 的浓度

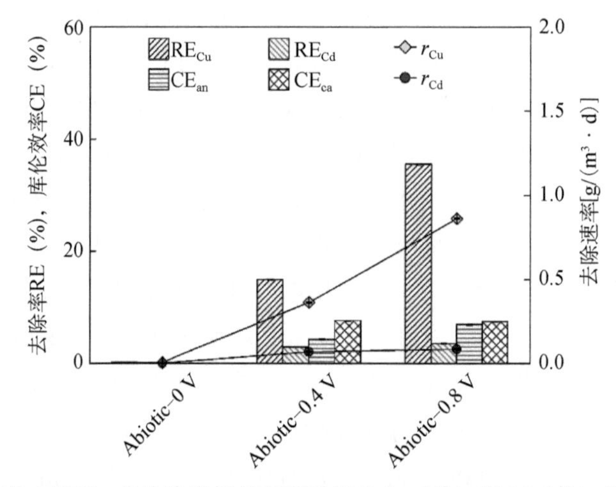

图8-51　不同外电压下，非生物阳极的对照系统对Cu（Ⅱ）和Cd（Ⅱ）的同步去除效能

4）Cu（Ⅱ）和Cd（Ⅱ）的浓度对系统运行效能的影响

在施加0.8V外电压的条件下运行系统，系统对不同污染程度的水中Cu（Ⅱ）和Cd（Ⅱ）都具有良好的去除效果（图8-52）。随着水中Cu（Ⅱ）和Cd（Ⅱ）初始浓度的逐渐升高，电子受体Cu（Ⅱ）和Cd（Ⅱ）的量增多，系统的输出电流密度有小幅地升高。外部出水和阴极液出水中的Cu（Ⅱ）和Cd（Ⅱ）的浓度略有升高。初始浓度为0.2mg/L时，运行4h后外部出水和阴极出水中Cu（Ⅱ）和Cd（Ⅱ）浓度均低于0.01mg/L，整个系统中Cu（Ⅱ）和Cd（Ⅱ）去除率分别达到了98.0%±0.5%和97.0%±0.6%；初始浓度升高至1.0mg/L，外部出水中的Cu（Ⅱ）和Cd（Ⅱ）依旧能达到排放标准（均低于0.01mg/L），去除率分别达到了98.8%±1.0%和98.2%±1.1%；对于同时含有10.0mg/LCu（Ⅱ）和Cd（Ⅱ）的水，MEMES对Cu（Ⅱ）和Cd（Ⅱ）的去除率依旧能达到94.6%±1.5%和93.8%±1.3%。

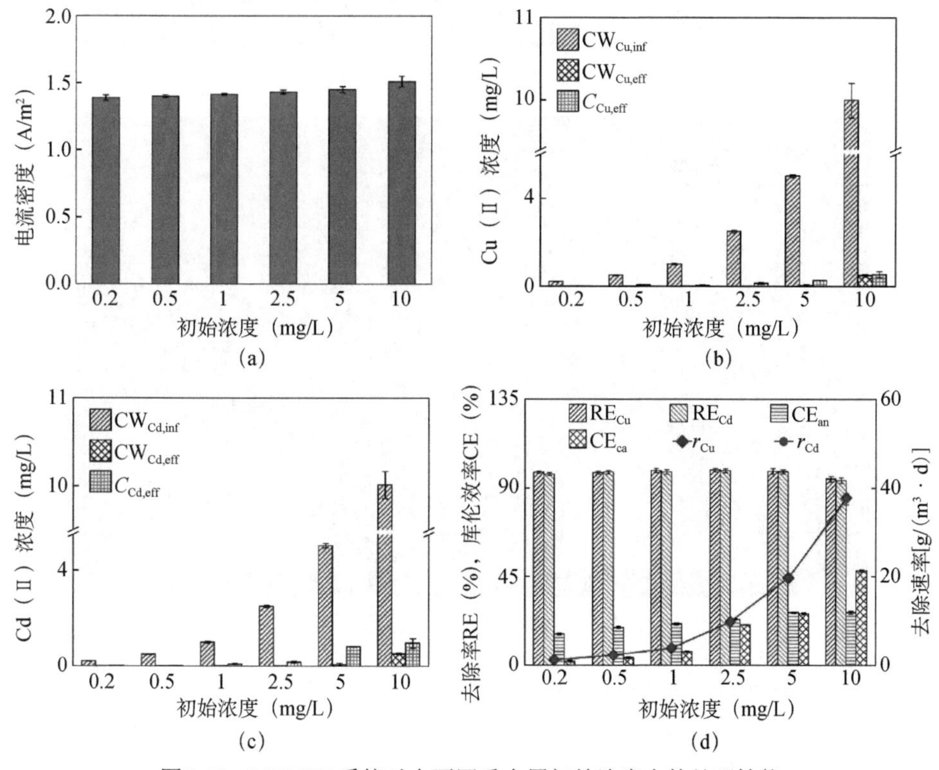

图8-52 MEMES系统对含不同重金属初始浓度水的处理性能

当以不同初始浓度重金属污染的水运行MEMES时，差别最明显的是Cu（Ⅱ）和Cd（Ⅱ）的去除速率［图8-52（d）］：当初始浓度为10.0mg/L时，系统获得了最高的Cu（Ⅱ）和Cd（Ⅱ）去除速率［37.83±0.69g/（m^3·d）和37.56±1.24g/（m^3·d）］，当初始浓度为0.2mg/L时，Cu（Ⅱ）和Cd（Ⅱ）去除速率最小，分别为1.23±0.13g/（m^3·d）和1.18±0.10g/（m^3·d）。随着水中初始重金属浓度从0.2mg/L升高到10.0mg/L，MEMES的阳极库仑效率值从16.1%±0.5%升高到27.0%±0.8%，阴极的库仑效率值呈现更为明显的上升趋势，从2.0%±0.4%（0.2mg/L）升高到47.9%±0.7%（10.0mg/L）。

5）Cu（Ⅱ）和Cd（Ⅱ）的去除过程机制分析

对使用后的电极进行结构表征来对Cu（Ⅱ）和Cd（Ⅱ）的去除过程机制分析。在电极的表面观察到形状不规则、大小不一的团聚物［图8-53（a）］。这些团聚物主要是由铜、镉和氧三种元素组成［图8-53（b）］。其中，Cu元素的比例为12.4%，Cd元素的比例为5.5%，O元素的比例为21.3%（图8-54）。

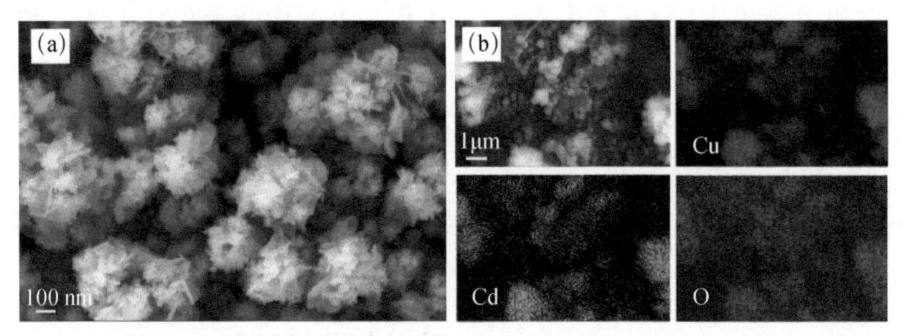

图8-53　使用后的电极的SEM照片和元素分布mapping图

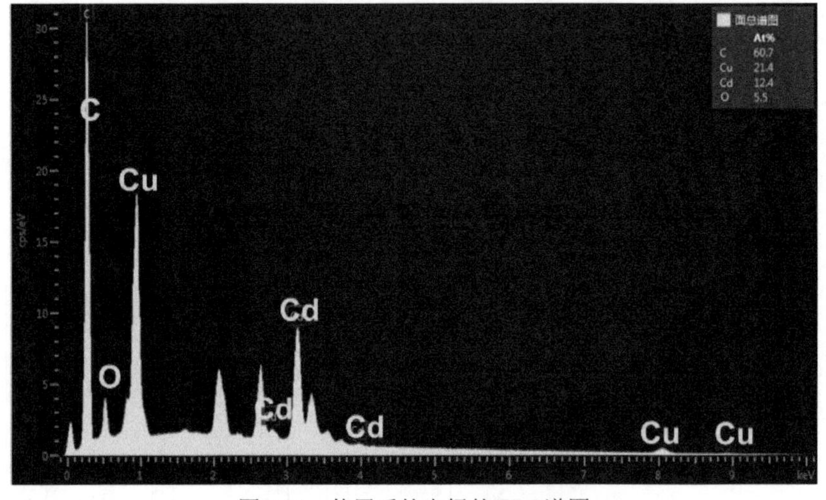

图8-54　使用后的电极的EDS谱图

XPS谱图进一步证明了Cu和Cd元素的存在，Cu元素的Cu $2p_{3/2}$和Cu $2p_{1/2}$特征峰分别位于结合能933.2eV和952.8eV的位置，分别对应Cu_2O和单质Cu［图8-55（b）］。Cd元素的Cd $3d_{5/2}$和$3d_{3/2}$峰（405.1eV和413.1eV），分别对应Cd（Ⅱ）和Cd单质［图8-55（c）］。

X射线衍射测试验证了还原产物Cu_2O、单质Cu和单质Cd的存在。在2θ为43.3°，50.4°和74.1°位置出现典型的Cu^0的峰，同时42.3°和73.4°位置出现Cu_2O的特征峰。在36.0°、36.0°和36.0°的位置出现了典型的Cd^0的峰（图8-56）。因此，在MEMES中，当外部受污染水中的Cu（Ⅱ）和Cd（Ⅱ）在电场驱动下迁移进入阴极室中后，可以从阴极电极上获得电子被还原，主要还原产物为铜单质和镉单质，以及少量的Cu_2O。

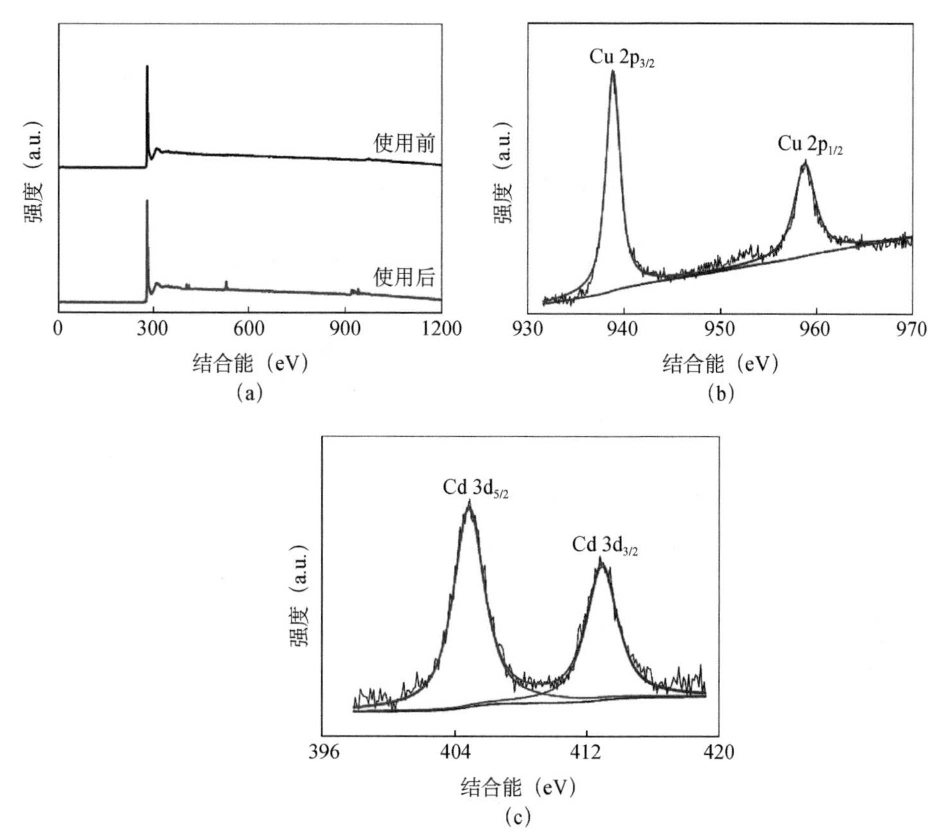

图8-55　（a）使用前后阴极电极的全扫描XPS图谱及使用后的阴极电极的Cu 2p（b）和Cd 3d（c）的XPS精细谱图

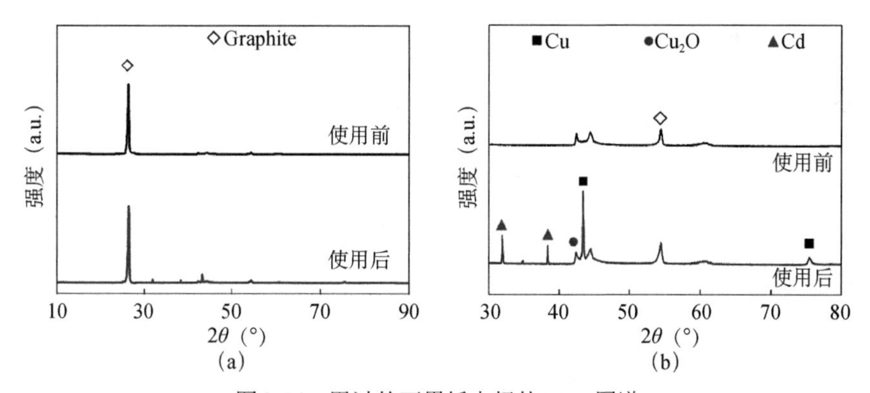

图8-56　用过的石墨板电极的XRD图谱

阴极Cu（Ⅱ）和Cd（Ⅱ）被还原生成铜单质、Cu_2O和镉单质的反应过程见式（8-3）、式（8-4）、式（8-5）和式（8-6）：

$$Cu^{2+}+2e^- \rightarrow Cu \quad (E^0=0.337V) \tag{8-3}$$

$$2Cu^{2+}+H_2O+2e^- \rightarrow Cu_2O+2H^+ \quad (E^0=0.207V) \tag{8-4}$$

其中Cu_2O能进一步还原成Cu：

$$Cu_2O+2e^-+2H^+ \rightarrow 2Cu+H_2O \quad (E^0=0.059V) \tag{8-5}$$

$$Cd^{2+}+2e^{-}\rightarrow Cd \quad (E^0=-0.40V) \tag{8-6}$$

这四种还原反应在不同条件（pH、温度和Cu^{2+}/Cd^{2+}浓度）下的阴极电位可以通过Nernst方程计算，计算公式如下：

$$E(Cu^{2+}/Cu)=E^0(Cu^{2+}/Cu)-\frac{RT}{nF}\ln\frac{1}{[Cu^{2+}]} \tag{8-7}$$

$$E(Cu^{2+}/Cu_2O)=E^0(Cu^{2+}/Cu_2O)-\frac{RT}{nF}\ln\frac{[H^+]^2}{[Cu^{2+}]^2} \tag{8-8}$$

$$E(Cu_2O/Cu)=E^0(Cu_2O/Cu)-\frac{RT}{nF}\ln\frac{1}{[H^+]^2} \tag{8-9}$$

$$E(Cd^{2+}/Cd)=E^0(Cd^{2+}/Cd)-\frac{RT}{nF}\ln\frac{1}{[CD^{2+}]} \tag{8-10}$$

那么，在MEMES运行过程中，阴极电位能否发生Cu（Ⅱ）和Cd（Ⅱ）的还原生成铜单质、镉单质和Cu_2O呢？以温度为25℃，Cu（Ⅱ）和Cd（Ⅱ）浓度均为10mg/L为例，计算不同pH条件下Cu（Ⅱ）和Cd（Ⅱ）还原反应的阴极理论电位（图8-57）。通过与MEMES运行时的阴极电位对比，可知MEMES可将Cu（Ⅱ）和Cd（Ⅱ）还原为单质Cu、Cu_2O和单质Cd。

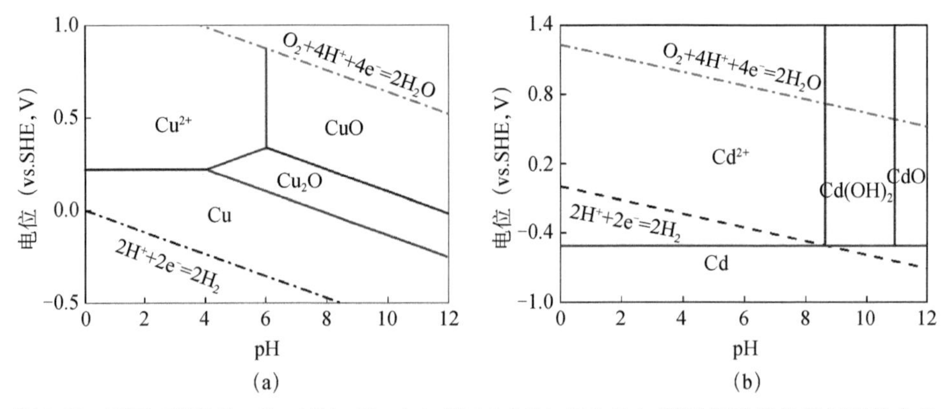

图8-57 不同pH值下，Cu（Ⅱ）/Cu（a）和Cd（Ⅱ）/Cd（b）还原半反应的阴极理论电位

MEMES的运行原理如图8-58：阳极的电化学活性菌降解污水中的有机物并释放出电子，电子通过外电路传递到阴极电极，外部受污染水中的Cu（Ⅱ）和Cd（Ⅱ）污染物离子，在阴阳极间电势差的驱动下发生定向迁移进入系统的内部腔室，在阴极捕获电子发生还原反应生成单质Cu、Cu_2O和单质Cd，并得以去除，系统形成闭合回路。整个系统实现了产电的同时，对Cu（Ⅱ）和Cd（Ⅱ）污染物离子的去除。

8.5.2 微生物电化学重金属沉淀系统

在8.5.1节的研究中，利用微生物电化学重金属电沉积系统实现了对污水中Cu（Ⅱ）和Cd（Ⅱ）的去除，证明了微生物电化学技术在对含重金属废水的处理方面具有一定的优势。但仍需要输入一定的外部电能，这无疑增加了系统的运行成本，弱化了微生物电化学

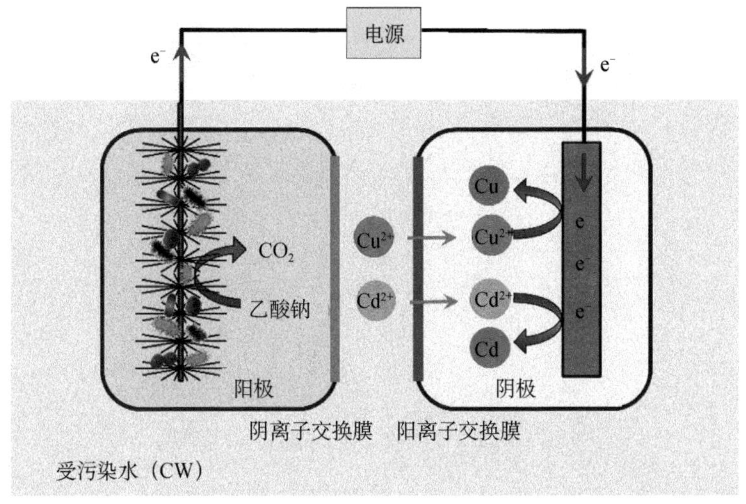

图8-58 MEMES对水中Cu（Ⅱ）和Cd（Ⅱ）的去除原理示意图

系统的产电优势。因此，考虑在无外部电能输入的情况下，进一步利用微生物电化学技术，开发零能耗的重金属废水处理技术，实现水中低浓度重金属离子的去除具有重要意义。一般来说，大多数重金属离子可在碱性环境中生成氢氧化物沉淀。在微生物电化学系统中，当以氧气作为阴极电子受体时会生成副产物OH^-，使阴极溶液呈碱性。因此，利用阴极液呈碱性这一特点可实现重金属离子的沉淀回收。根据这一构思，本实验室设计了以金属氢氧化物沉淀为目标产物的微生物电化学重金属沉淀去除系统，在系统运行过程中无需外部能量输入，在系统内部电场驱动下水中的Cu（Ⅱ）和Cd（Ⅱ）迁移到阴极室并利用氧还原反应的副产物OH-将其沉淀去除。

1）MEMPS的构建与运行

MEMPS 的结构与 MEMES 相同，具体结构示意图见图 8-41。与 MEMES 不同的是，MEMPS的阴极采用的是两面均为活性炭的辊压阴极，阳极也为富集有电化学活性菌的碳纤维刷。阴阳极之间由铜线连接外电阻。阴极室用曝气泵以10mL/min的速率进行曝气。整个系统采用间歇流的方式运行，当系统电压低于峰值电压的10%时，将阳极液、阴极液与外部溶液同时更换新鲜的进水。

2）不同曝气条件对MEMPS运行效能的影响

不同曝气条件下，除了开路运行的对照系统外，其他三种系统均能够实现电流输出，且电流的变化趋势相似（图8-59）。反应初期，由于阳极有机底物充足，系统的电流密度迅速升高，随着底物不断消耗，同时水中带电荷的离子向系统内迁移，整个系统的内阻增大，整个系统的电流输出在达到最大值后随着运行时间的延长又逐渐降低。

在曝空气的MEMPS中，充足的氧气作为阴极电子受体，而曝氮气的对照系统中，只能以从水中迁移过来的重金属离子作为电子受体，氧气的标准还原电位是1.229V（vs. SHE），远高于Cu（Ⅱ）和Cd（Ⅱ）（0.337V和−0.40V vs. SHE）的标准还原电位，因此

MEMPS的输出电流明显高于曝氮气的对照系统。重金属离子的添加也有利于系统的电流输出，在待处理水中没有添加重金属的对照系统中，系统电流密度为1.21±0.03A/m²，比MEMPS的电流低了15.5%。

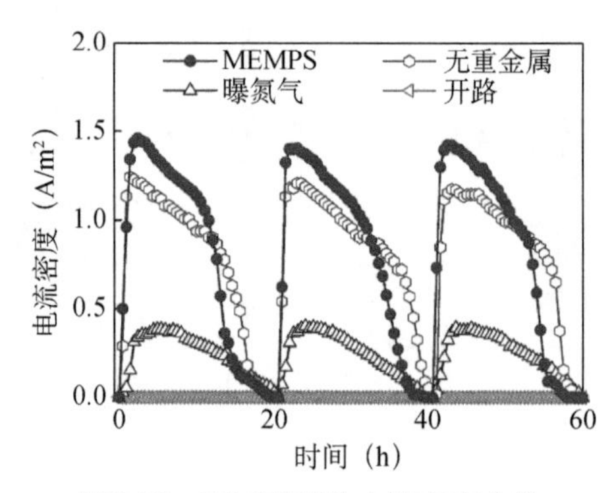

图8-59 不同系统的电流密度曲线

MEMPS的最大功率密度为319.4mW/m²，比未添加重金属离子的对照系统（292.1mW/m²）高出6.9%，是曝氮气的对照系统（63.9mW/m²）的5.0倍［图8-60（a)]。MEMPS的开路电压为558.0mV，与未添加重金属离子的对照系统的552.5mV相近，而曝氮气的对照系统的开路电压仅为335.0mV，这是由于阴极的差异导致的，不同系统间的阳极电位几乎重合，而阴极电位则呈现明显的差别［图8-60（b)]。

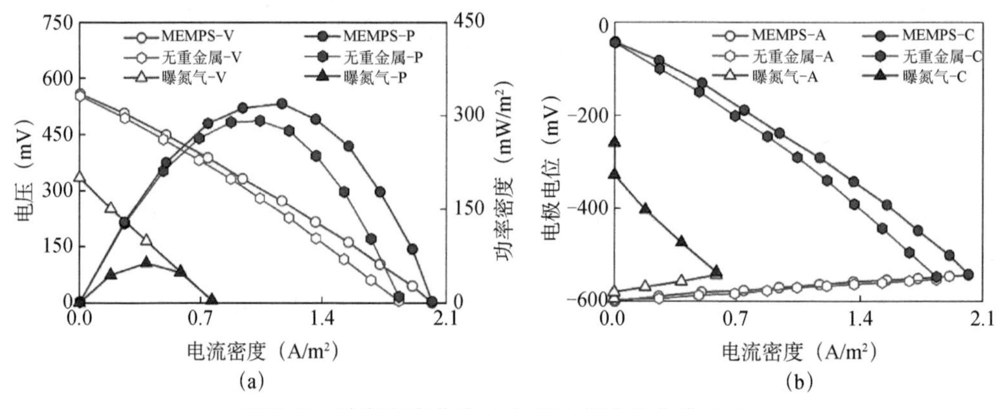

图8-60 功率密度曲线（a）和电极电位曲线（b）

阴极液pH是决定Cu（Ⅱ）和Cd（Ⅱ）能否形成氢氧化物沉淀的关键参数。在开路运行的系统中，阴极液中的氧气无法获得电子被还原生成OH^-，在曝氮气的对照系统中，阴极液中没有溶解氧因此无法以氧气作为电子受体提高阴极液的碱性，因此，在开路运行和曝氮气的系统中，阴极液的pH在一个周期的时间内几乎没有变化，维持在中性pH附近。在无重金属的对照系统和MEMPS系统中，阴极液的pH随着运行时间不断升高。在MEMPS中，迁移至阴极液中的Cu（Ⅱ）和Cd（Ⅱ）会形成氢氧化物沉淀消耗氢氧根离子，因此在运行15h后，MEMPS阴极液的pH（11.0±0.2）要低于无重金属的对照系统阴极液pH（11.4±0.2）（图8-61）。阴极液的pH越高，阴极电位越低，整个系统的电路电压和电流越低，进一步证明了从水中迁移过来的重金属离子可缓解阴极液的pH升高趋势，从而促进系统的产电性能。

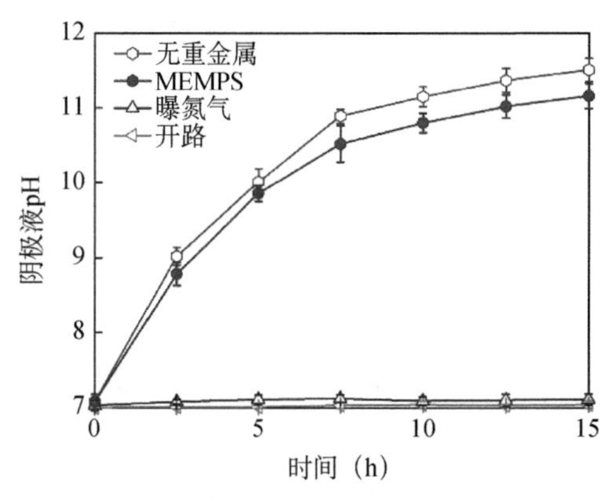

图8-61 不同系统的阴极液pH变化

在MEMPS中，受污染水中的Cu（Ⅱ）和Cd（Ⅱ）在电场的驱动下迁移进入阴极室，并在阴极液中积累和富集，利用氧还原反应产生的碱性生成氢氧化物进行回收。周期结束时，受污染水中Cu（Ⅱ）浓度由1.01±0.02mg/L降低至0.01±0.01mg/L，Cd（Ⅱ）浓度从1.02±0.03mg/L降低至0.01±0.01mg/L。而在曝氮气的对照系统中，水中Cu（Ⅱ）从1.00±0.02mg/L降到0.59±0.02mg/L，Cd（Ⅱ）从1.00±0.02mg/L到0.67±0.02mg/L，重金属离子浓度的降低值仅是MEMPS的33%～41%左右。而在开路系统中，水中Cu（Ⅱ）和Cd（Ⅱ）浓度分别降低到0.86±0.01mg/L和0.88±0.01mg/L（图8-62）。

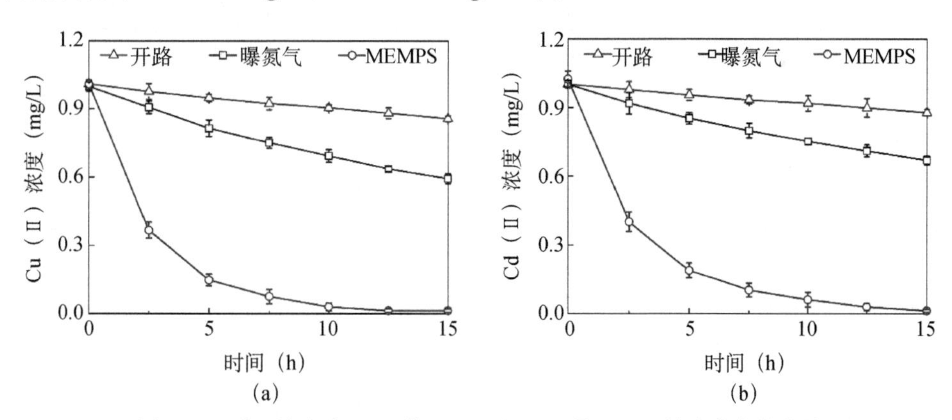

图8-62 受污染水中Cu（Ⅱ）(a) 和Cd（Ⅱ）(b) 的浓度变化曲线

一个周期内从受污染水中迁移进入MEMPS阴极室的重金属离子浓度可用理论富集浓度（C_{en}）表征，计算公式如下：

$$C_{en}=\frac{V_{CW}\times(C_{M,CW_{inf}}-C_{M,CW_{eff}})}{V_{Cef}} \tag{8-11}$$

式中，V_C 为受污染水CW的体积（L）；$C_{M,CW_{inf}}$ 为受污染水中，污染物M的进水浓度（mg/L）；$C_{M,CW_{eff}}$ 为受污染水中，污染物M的出水浓度（mg/L）；V_{Cef}为阴极液的体积（L）。

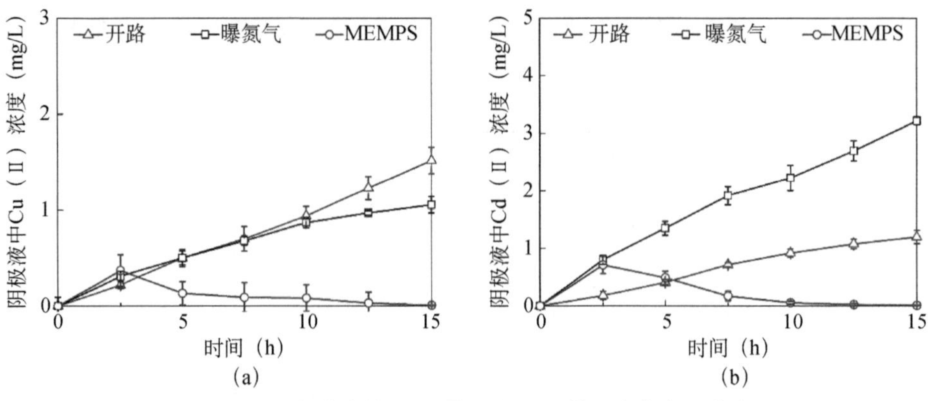

图8-63 阴极液中的Cu（Ⅱ）和Cd（Ⅱ）浓度变化曲线

不同系统阴极室的重金属离子理论富集浓度计算结果见图8-63及表8-6。利用MEMPS可以实现对重金属离子的高效富集和去除。在MEMPS中，理论上Cu（Ⅱ）和Cd（Ⅱ）在阴极液中的浓度分别是9.96±0.15mg/L和10.11±0.35mg/L（表3-2），是其在水中初始浓度的10倍左右。周期结束后，阴极液中的Cu（Ⅱ）和Cd（Ⅱ）近乎完全去除，整个系统中Cu（Ⅱ）和Cd（Ⅱ）去除率分别为98.6%±0.7%和98.6%±0.6%（图8-64），阴极室出水中二者的浓度均低于0.01mg/L。MEMPS对Cu（Ⅱ）和Cd（Ⅱ）的去除速率值最大，分别是1.59±0.02g/（m^3 • d）和1.62±0.06g/（m^3 • d）。

表8-6 不同运行条件下运行前后Cu（Ⅱ）和Cd（Ⅱ）浓度变化、理论富集浓度和去除率

	CW_{inf}（mg/L）	CW_{eff}（mg/L）	C_{en}（mg/L）	C_{eff}（mg/L）	RE_{TS}（%）
MEMPS-Cu	1.01±0.02	0.01±0.01	9.96±0.15	0.01±0.01	98.6±0.7
MEMPS-Cd	1.02±0.03	0.01±0.01	10.11±0.35	0.01±0.01	98.6±0.6
开路-Cu	1.01±0.02	0.86±0.01	1.52±0.14	1.45±0.13	0.7±0.1
开路-Cd	1.00±0.02	0.88±0.01	1.24±0.11	1.20±0.12	0.4±0.1
曝氮气-Cu	1.00±0.02	0.59±0.02	4.04±0.09	1.06±0.09	29.9±0.7
曝氮气-Cd	1.00±0.02	0.67±0.02	3.32±0.05	3.22±0.07	1.0±0.2

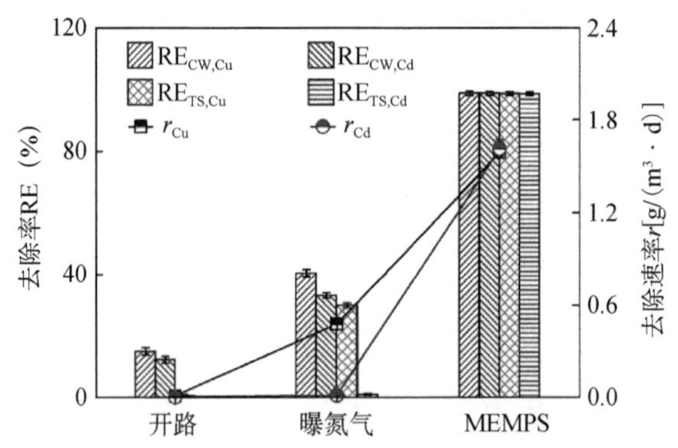

图8-64 不同系统对Cu（Ⅱ）和Cd（Ⅱ）的去除率及去除速率

重金属离子的富集过程极大地依赖于系统中的电场强度。相较于MEMPS，在开路系统中，由浓度差驱动的离子迁移只能带来内外浓度的平衡，无法形成富集。从受污染水中迁移到阴极液中的Cu（Ⅱ）和Cd（Ⅱ）理论浓度仅仅是1.52±0.14mg/L和1.24±0.11mg/L，与阴极液出水中Cu（Ⅱ）（1.45±0.13mg/L）和Cd（Ⅱ）（1.20±0.12mg/L）的浓度非常接近。整个系统中Cu（Ⅱ）和Cd（Ⅱ）的去除率均低于1%，去除速率均低于0.01g/（m^3·d）。开路系统和闭路系统的显著差别表明系统的电路电流对重金属去除的重要作用。一方面，在闭路系统中，在原位电场驱动下更多的重金属离子迁移进入阴极室中；另一方面，电路电流越大，阴极液的碱性越强，越利于迁移来的重金属离子的快速沉淀回收。

在曝氮气的系统中，阴极液中Cu（Ⅱ）和Cd（Ⅱ）的理论富集浓度为4.04±0.09mg/L和3.32±0.06mg/L，周期结束后，阴极出水中Cu（Ⅱ）和Cd（Ⅱ）的浓度分别为1.06±0.09mg/L和3.22±0.07mg/L，证明富集的Cu（Ⅱ）能在阴极还原，而在同样的阴极电位下Cd（Ⅱ）无法被还原，同时由于阴极液的pH为中性，Cd（Ⅱ）也无法形成氢氧化镉沉淀。整个系统中Cu（Ⅱ）的去除率为29.9%±0.7%，而Cd（Ⅱ）的去除率仅有1.0%±0.2%。Cu（Ⅱ）和Cd（Ⅱ）的去除速率分别是0.2±0.48g/（m^3·d）和0.02±0.00g/（m^3·d）。

3）外电阻大小对MEMPS运行效能的影响

外电阻可以直接影响有机物转化过程中的电子传递以及阴极液的pH，从而对重金属离子的迁移和沉淀速率产生直接影响。在一定范围内，降低外电阻值可得到更高的电流输出，提高系统对Cu（Ⅱ）和Cd（Ⅱ）的去除率和去除速率。当外电阻从500Ω 降低为20Ω时，系统获得最大的电流密度，为1.43±0.03A/m^2［图8-65（a）］，Cu（Ⅱ）和Cd（Ⅱ）的去除率分别达到了98.6%±0.7%和98.5%±0.2%，系统对Cu（Ⅱ）和Cd（Ⅱ）的去除速率达到最大值［Cu（Ⅱ）：1.59±0.02g/（m^3·d）；Cd（Ⅱ）：1.61±0.04g/（m^3·d）］［图8-65（b）］。但在过低的外电阻下运行时，由于阳极的电化学活性菌无法产生充足的电子，甚至表现得不稳定，反而会造成输出电流水平的下降。当外电阻进一步降低到10Ω 时，系统性能并未继续提高。

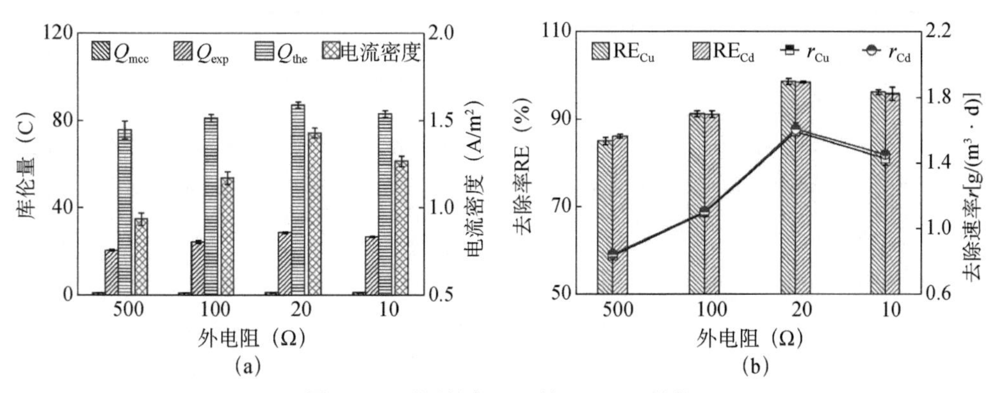

图8-65 不同外电阻下的MEMPS性能

当外电阻为20Ω时，系统回收的电荷量（Q_{exp}）最大，可达28.5±0.2C［图8-65（a）］，比500Ω和100Ω外电阻运行的系统中回收的电荷量分别高出了39.9%和18.0%。而在外电阻为10Ω时，系统回收的电荷量为26.6±0.2C。同时，降低外电阻值，升高的电路电流会促进COD的去除，因此从有机物氧化过程中释放的电荷量（Q_{the}）随之升高。当外电阻从500Ω降低到20Ω时，Q_{the}值从75.8±4.1C升高到87.1±1.4C；当外电阻进一步降低到10Ω时，Q_{the}值略有下降（83.0±1.5C）。

随着电流输出的提高，更多的Cu（Ⅱ）和Cd（Ⅱ）从受污染水中迁移至系统的阴极室内，因此用于重金属离子迁移的电荷量（Q_{mcc}）也逐渐增加。重金属迁移所需的电荷量（Q_{mcc}）的计算公式如式（8-12）所示：

$$Q_{mcc}=\frac{b\times F\times V_{CW}\times(C_{A,CW_{inf}}-C_{A,CW_{eff}})}{M_A} \tag{8-12}$$

式中，b 为重金属离子A的价态（b=2）；$C_{CW_{inf}}$ 为受污染水进水中重金属A的浓度（mg/L）；$C_{CW_{eff}}$ 为受污染水出水中重金属A的浓度（mg/L）；M 为重金属A的相对原子质量（g/mol）。

由于水中Cu（Ⅱ）和Cd（Ⅱ）的浓度很低，在以不同的外电阻运行的MEMPS中，用于驱动重金属迁移的电荷量均不超过1C［图8-65（a）］，说明阳极电化学活性菌作用下的有机物降解过程传递的电子可以为水中低浓度重金属的迁移提供充足的驱动力。

4）Cu（Ⅱ）和Cd（Ⅱ）初始浓度对MEMPS运行效能的影响

MEMPS的运行效能几乎不受水中重金属浓度的影响，对水质在一定范围内波动的水均具有良好的处理效果。在20Ω 外阻下运行系统，处理不同初始浓度的重金属污染的水，系统运行前后受污染水中和阴极液中的Cu（Ⅱ）和Cd（Ⅱ）的浓度见表8-7。对于不同Cu（Ⅱ）和Cd（Ⅱ）初始浓度的污染的水，系统对重金属离子的浓缩富集倍数几乎都能达到10倍。随着初始浓度从0.2mg/L升高到10mg/L，富集到阴极液中的Cu（Ⅱ）和Cd（Ⅱ）的浓度逐渐增加，但是在阴极液出水中Cu（Ⅱ）和Cd（Ⅱ）的浓度全都低于0.1mg/L，说明MEMPS对富集的Cu（Ⅱ）和Cd（Ⅱ）几乎完全去除。

表8-7 不同初始浓度下MEMPS运行前后Cu（Ⅱ）和Cd（Ⅱ）浓度变化、富集浓度和去除率

	CW_{inf}（mg/L）	CW_{eff}（mg/L）	C_{en}（mg/L）	C_{eff}（mg/L）	RE_{TS}（%）
Ⅰ-Cu	0.20±0.01	0.01±0.00	1.95±0.09	0.00±0.00	96.4±0.8
Ⅰ-Cd	0.20±0.01	0.01±0.01	1.94±0.09	0.00±0.00	95.8±3.2
Ⅱ-Cu	0.49±0.02	0.01±0.00	4.87±0.15	0.01±0.00	98.2±0.1
Ⅱ-Cd	0.49±0.01	0.01±0.00	4.84±0.08	0.01±0.00	98.7±0.5
Ⅲ-Cu	1.01±0.02	0.01±0.01	9.96±0.15	0.01±0.01	98.6±0.7
Ⅲ-Cd	1.02±0.03	0.01±0.01	10.11±0.35	0.01±0.01	98.6±0.6
Ⅳ-Cu	2.52±0.04	0.03±0.01	24.83±0.30	0.01±0.00	98.7±0.3
Ⅳ-Cd	2.53±0.04	0.06±0.01	24.75±0.33	0.01±0.00	97.8±0.3
Ⅴ-Cu	5.07±0.08	0.05±0.03	50.20±0.56	0.02±0.02	99.0±0.5

续表

	CW_{inf}（mg/L）	CW_{eff}（mg/L）	C_{en}（mg/L）	C_{eff}（mg/L）	RE_{TS}（%）
Ⅴ-Cd	5.02±0.07	0.17±0.07	48.43±1.05	0.02±0.01	96.5±1.4
Ⅵ-Cu	10.06±0.15	0.32±0.07	97.40±0.79	0.03±0.01	96.8±0.7
Ⅵ-Cd	10.12±0.15	0.55±0.09	95.70±1.15	0.05±0.01	94.5±0.8

随着重金属离子浓度从0.2mg/L升高到10.0mg/L，系统中重金属的去除量显著升高，在阴极消耗的OH^-增加，阴极液的pH从11.4±0.3降低为10.2±0.4［图8-66（b）］。阴极液pH的下降使得系统的输出电流有一定幅度地上升。当初始浓度为10.0mg/L时，系统获得最高的电流密度（1.78±0.09A/m^2）［图8-66（a）］；随着水中初始重金属离子浓度的升高，系统对Cu（Ⅱ）和Cd（Ⅱ）的去除率略有升高，去除率的差异不大，但去除速率却随着初始浓度的升高明显增大。当初始浓度为10.0mg/L的重金属，MEMPS获得的Cu（Ⅱ）和Cd（Ⅱ）去除速率最大［15.6±0.1g/（m^3·d）和15.3±0.2g/（m^3·d）］。

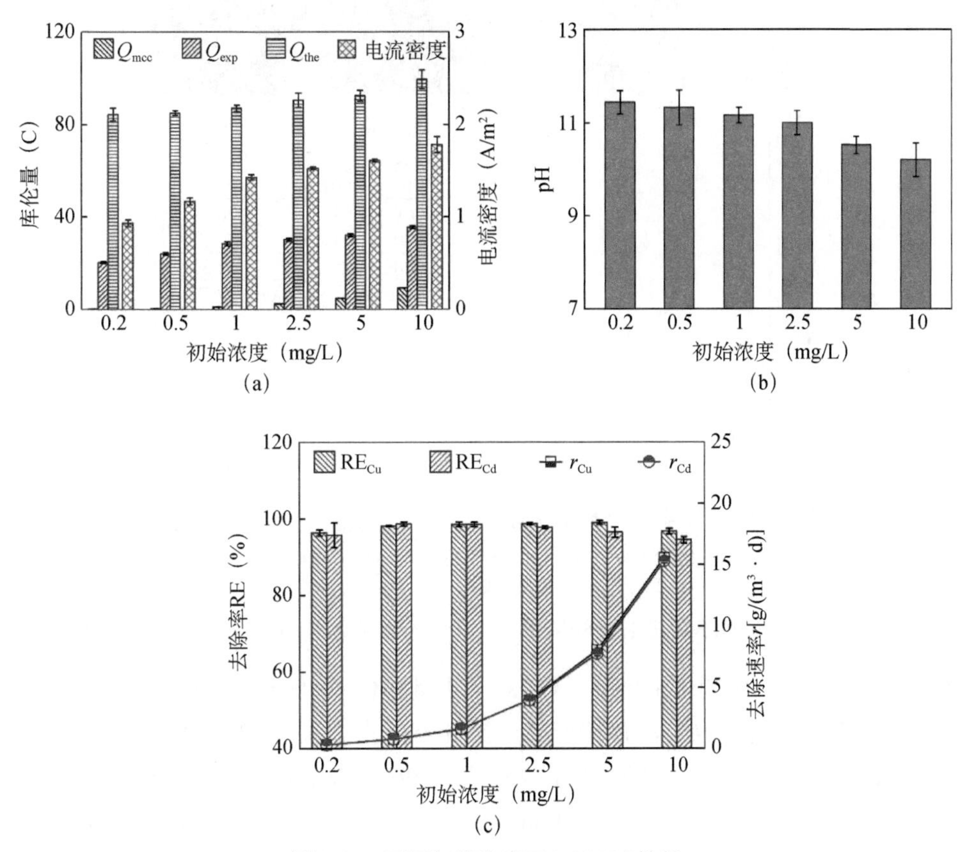

图8-66 不同初始浓度下MEMPS性能

初始浓度为10.0mg/L时，系统中回收的电荷量（Q_{exp}）最大，为35.5±0.7C，比初始浓度为0.2mg/L的系统（20.4±0.4C）高出74.6%。系统阳极室有机物氧化过程中释放的电荷量（Q_{the}）和用于重金属离子迁移的电荷量（Q_{mcc}）在初始浓度为10.0mg/L时也达到最大，分别为99.5±4.1C和9.21±0.08C［图8-66（a）］。

5）MEMPS对Cu（Ⅱ）和Cd（Ⅱ）的去除过程机制分析

对使用后的电极进行结构表征来对Cu（Ⅱ）和Cd（Ⅱ）的去除过程机制进行分析。使用过的阴极催化层碳粉颗粒间接触紧密，电极表面结构平整，且存在一些孔，孔径尺寸为1～3μm。阴极表面有微米级的不规则颗粒附着，呈不均匀分布［图8-67（a），（b）］。颗粒主要由O、Cu和Cd元素构成［图8-67（c），（d），（e）］。Cu、Cd、O的相对原子比例分别是7.35%、2.17%和20.73%，金属元素与氧元素的比例接近2∶1［图8-67（f）］。因此推测这些附着的颗粒是回收的部分$Cu(OH)_2$和$Cd(OH)_2$沉积于阴极表面。

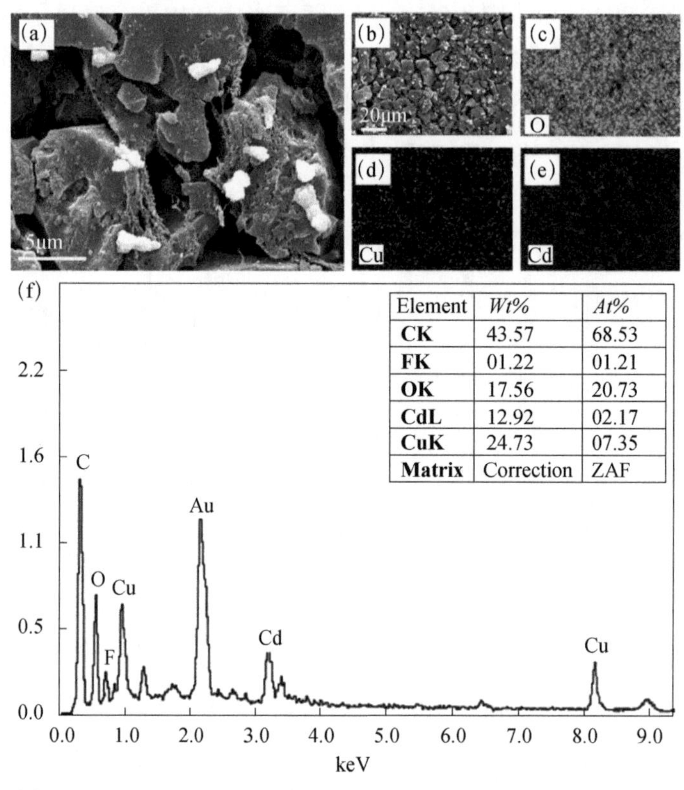

图8-67 使用过的MEMPS阴极电极SEM图（a，b），mapping图（c，d，e）和EDS谱图（f）

使用后的电极的XPS图谱中出现了O 1s、Cd 3d和Cu 2p信号峰［图8-68（a）］，证明阴极表面的沉积物的元素组成中，存在着氧、镉和铜元素。位于934.5eV和954.2eV处的Cu $2p_{3/2}$和Cu $2p_{1/2}$特征峰，942.3eV处的Cu $2p_{3/2}$峰和962.1eV处的Cu $2p_{1/2}$峰证实了电极表面Cu（OH）$_2$的存在［图8-68（b）］。位于405.1eV和411.8eV处Cd $3d_{5/2}$和Cd $3d_{3/2}$特征峰，证明了Cd（OH）$_2$的存在［图8-68（c）］。结合能531.5eV处的O 1s峰归因于Cu（OH）$_2$和Cd（OH）$_2$中的羟基氧［图8-68（d）］。因此，在MEMPS中，Cu（Ⅱ）和Cd（Ⅱ）是以氢氧化物沉淀的形式去除的。

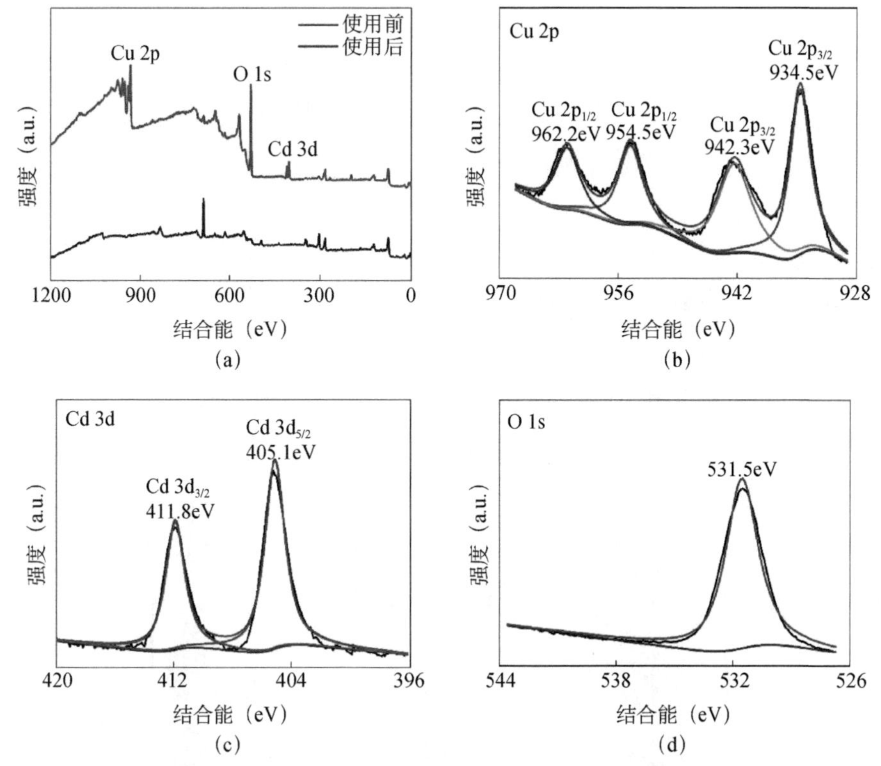

图8-68　电极使用前后的XPS全扫描谱图（a）及使用后的电极的Cd 3d（b），Cu 2p（c），O 1s（d）XPS峰图

6）MEMPS的长期运行稳定性评价

系统的长期运行稳定性是其能否应用于实际受污染水的可能性的重要参数。MEMPS在长期的运行过程中，产电性能及对Cu（Ⅱ）和Cd（Ⅱ）的去除率具有较好的稳定性。运行20个周期后，系统的电流密度从1.46A/m^2降低到1.42A/m^2，降低率仅有3%左右（图8-69）。在第一个运行周期结束后，水中的Cu（Ⅱ）和Cd（Ⅱ）的浓度均从1.01mg/L降低到0.01mg/L；而在第20个运行周期结束后水中的Cu（Ⅱ）和Cd（Ⅱ）浓度依旧能降低到0.01mg/L和0.02mg/L，去除率稳定在97.5%以上。

在系统运行过程中，金属氢氧化物可能会部分沉淀在阴极电极表面，造成电极性能的恶化，并影响整个系统的性能。阴极电极在使用前后电极的阻值及分布并无明显变化（图8-70），其欧姆内阻和电荷转移内阻分别在55Ω和30Ω左右。因此，阴极电极能在长时间的运行中保持稳定，整个系统具有长期运行稳定性。

MEMPS的运行原理如图8-71：阳极的电化学活性菌降解污水中的有机物，并释放出电子传递到阳极电极，通过外电路传递到阴极，在系统的阴极腔室氧气作为阴极电子受体会生成副产物OH^-，整个系统形成闭合回路，实现电流输出。外部受污染水中的Cu（Ⅱ）和Cd（Ⅱ）离子，在阴阳极间电势差的驱动下发生定向迁移进入系统的阴极室，在阴极腔室与OH^-生成沉淀，从而被去除。最终系统实现产能的同时，对Cu（Ⅱ）和Cd（Ⅱ）污染物离子的去除。

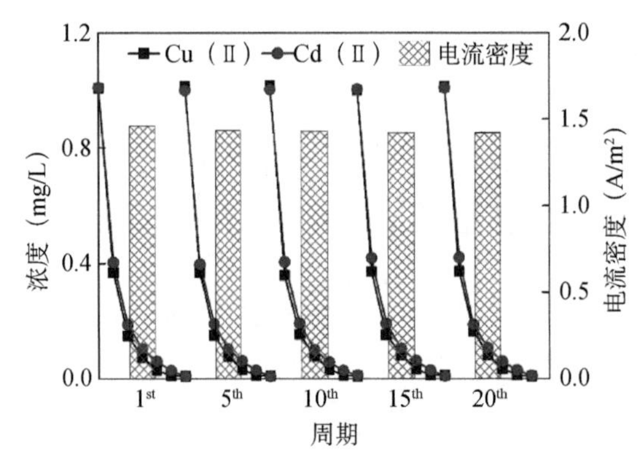

图8-69 长期运行下的MEMPS系统效能

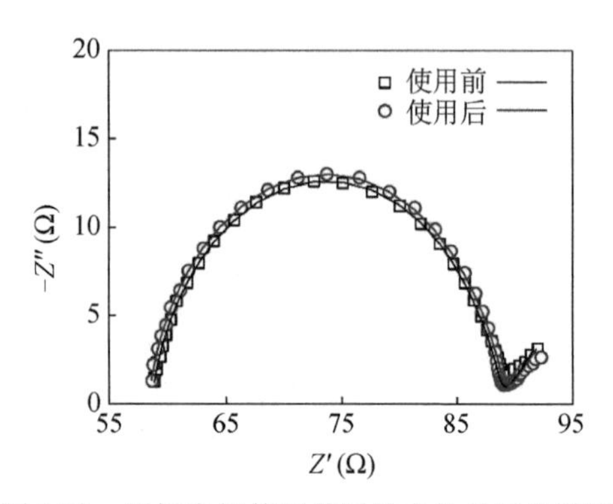

图8-70 阴极电极使用前后的电化学阻抗谱图

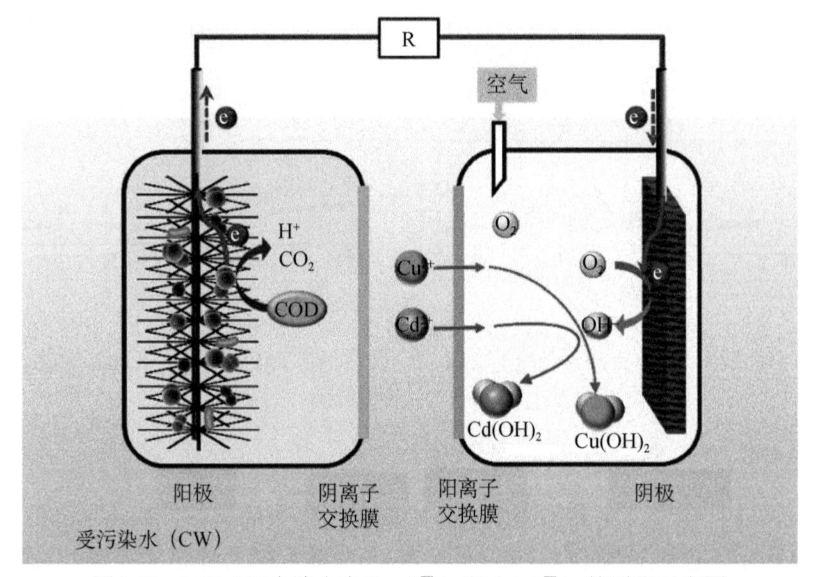

图8-71 MEMPS去除水中Cu（Ⅱ）和Cd（Ⅱ）的原理示意图

8.6 小结

本章对MES内污染物去除过程中资源/能源化回收展开了阐述，根据阴极电子受体的不同分别对MES产氢、产甲烷、硫回收、CO_2固定及重金属回收进行了详细的分析。

（1）微生物电解池MEC作为生物能源领域一种重要的制氢技术，以生活污水、高浓度有机废水、发酵废液、食物残渣和剩余污泥等为底物既可以实现能量的回收，又可以达到有机污染物的同步处理。在外加电压0.4～0.8V时能获得较好的产氢效果。与工业电解水制氢所需能量相比（1.8～2.0V），MEC产氢所需的能量输入大大降低，同时由MEC获取的氢能通常为输入电能的1～4倍，能量收益较高，具有显著的经济和环境效益。

（2）设计了单室方型空气阴极微生物电解池，考察了外加电压、曝氮气条件及底物对产甲烷性能的影响。当外加电压为−0.7V时，甲烷产率可达260.0mmol/（m^2 • d），电子捕获效率为92.1%。进水曝氮气后，气体总体积增多，甲烷含量为41.86%。进水曝氮气能够让CO_2气体更彻底地转换成甲烷气体，减少了温室气体的排放。与乙酸钠相比，虽然以垃圾渗滤液为底物时的产甲烷效率降低，但进水中除了加入10%的PBS后，在−0.7V的电压条件下，甲烷产率仍可达到126.4mmol/（m^2·d），表明MEC能够很好地利用垃圾渗滤液中的碳源产生甲烷，可以作为垃圾渗滤液深度处理的一种手段。

（3）构建了两段式MEC硫去除系统，通过外阻调控，在1000Ω的外阻条件下，获得了最佳的硫酸盐还原性能，硫酸盐转化率为78%。在电化学系统中使用0.1V的阳极恒电位，获得了48%的单质硫回收。为了降低能耗，进一步构建了微生物燃料电池技术耦合电能提升电路系统，该电路通过收集由硫酸盐还原产生的电能并进一步提升电能后提供给电化学硫氧化系统，从而在没有外加能量的输入下，硫酸盐去除率达到90.2%±1.2%，单质硫回收率达到了46.5%±1.5%，该系统为硫酸盐废水的处理及单质硫的回收提供新的思路。

（4）将MFC阳极有机物降解产生的气体通入生长小球藻的阴极，构建了微生物碳捕获电池。阴极溶液中的小球藻原位捕获阳极产生的CO_2，同时产生O_2供给阴极作为电子受体。周期内阳极室产生的所有CO_2均被阴极捕获。整个MCC的碳捕获率高达94%±1%，其中系统输入的总碳有30%±2%转化为藻类生物质。基于MCC技术，可以实现废水处理的真正零碳排。

将微生物燃料电池与反向电渗析技术结合构建了微生物反向电渗析电解池。利用盐差能，结合污水中的化学能转变为的电能，在系统自身产能的驱动下通过阴极高效的Bi基催化剂催化完成CO_2向甲酸的定向转化。在最优运行状态下，系统获得最大电流效率88.9%±3.2%，周期内的累计产甲酸浓度为185.4±6.1mg/L，能量效率为5.8%±0.2%。MRC系统的构建为开发新型高效、节能的水处理及CO_2去除，实现污水和废气的联合处理的系统提供思路与依据，具有很好的应用前景。

（5）构建了微生物电化学重金属电沉积系统，利用阴阳极间的电势差驱动水中的Cu（Ⅱ）和Cd（Ⅱ）迁移进入系统的阴极液中，通过阴极电沉积方式将Cu（Ⅱ）和Cd（Ⅱ）去除。在0.8V外电压下，系统获得最大输出电流密度1.42±0.01 A/m^2，对Cu（Ⅱ）和Cd（Ⅱ）的去除率达到98.8%±1.0%和98.2%±1.1%。为了降低能耗，进一步构建了微生物电化学重金属沉淀系统，在无需外部能量输入的条件下，实现了1.43±0.03 A/m^2的最大输出电流密度，系统对Cu（Ⅱ）和Cd（Ⅱ）的去除率均能达到98.6%。连续运行20个周期，系统对Cu（Ⅱ）和Cd（Ⅱ）的去除率始终保持在97.5%以上，具有一定的长期稳定性。

参考文献

[1] Liu H，Ramnarayanan R，Logan B E. Production of electricity during wastewater treatment using a single chamber microbial fuel cell. Environmental Science & Technology，2004，38（7）：2281-2285.

[2] He G，Gu Y，He S，et al. Effect of fiber diameter on the behavior of biofilm and anodic performance of fiber electrodes in microbial fuel cells. Bioresource Technology，2011，102（22）：10763-10766.

[3] Li Z，Zhang X，Lei L. Electricity production during the treatment of real electroplating wastewater

containing Cr^{6+} using microbial fuel cell. Process Biochemistry，2008，43（12）：1352-1358.

[4] Franks A E，Nevin K P. Microbial fuel cells，A current review. Energies，2010，3（5）：1-21.

[5] Zhang X，Zhu F，Chen L，et al. Removal of ammonia nitrogen from wastewater using an aerobic cathode microbial fuel cell. Bioresource Technology，2013，146：161-168.

[6] Zhang B，Liu Y，Tong S，et al. Enhancement of bacterial denitrification for nitrate removal in groundwater with electrical stimulation from microbial fuel cells. Journal of Power Sources，2014，268：423-429.

[7] Choi J，Ahn Y. Enhanced bioelectricity harvesting in microbial fuel cells treating food waste leachate produced from biohydrogen fermentation. Bioresource Technology，2015，183：53-60.

[8] Damiano L，Jambeck J R，Ringelberg D B. Municipal solid waste landfill leachate treatment and electricity production using microbial fuel cells. Applied Biochemistry and Biotechnology，2014，173（2）：472-485.

[9] Solanki K，Subramanian S，Basu S. Microbial fuel cells for azo dye treatment with electricity generation：a review. Bioresource Technology，2013，131：564-571.

[10] Wen Q，Wu Y，Zhao L，et al. Production of electricity from the treatment of continuous brewery wastewater using a microbial fuel cell. Fuel，2010，89（7）：1381-1385.

[11] Kim J R，Premier G C，Hawkes F R，et al. Modular tubular microbial fuel cells for energy recovery during sucrose wastewater treatment at low organic loading rate. Bioresource Technology，2010，101（4）：1190-1198.

[12] Krishnaraj R N，Karthikeyan R，Berchmans S，et al. Functionalization of electrochemically deposited chitosan films with alginate and Prussian blue for enhanced performance of microbial fuel cells. Electrochimica Acta，2013，112：465-472.

[13] Zhao H Z，Zhang Y，Chang Y Y，et al. Conversion of a substrate carbon source to formic acid for carbon dioxide emission reduction utilizing series-stacked microbial fuel cells. Journal of Power Sources，2012，217：59-64.

[14] Puig S，Serra M，Vilar-Sanz A，et al. Autotrophic nitrite removal in the cathode of microbial fuel cells. Bioresource Technology，2011，102（6）：4462-4467.

[15] Liu H，Logan B E. Electricity generation using an air-cathode single chamber microbial fuel cell in the presence and absence of a proton exchange membrane. Environmental Science & Technology，2004，38（14）：4040-4046.

[16] Dominguez-Benetton X，Sevda S，Vanbroekhoven K，Pant D. The accurate use of impedance analysis for the study of microbial electrochemical systems. Chemical Society Reviews，2012，41（21）：7228-7246.

[17] Selembo P A，Merrill M D，Logan B E. Hydrogen production with nickel powder cathode catalysts in microbial electrolysis cells. International Journal of Hydrogen Energy，2010，35（2）：428-437.

[18] Ditzig J，Liu H，Logan B E. Production of hydrogen from domestic wastewater using a bioelectrochemically assisted microbial reactor（BEAMR）. International Journal of Hydrogen Energy，2007，32（13）：2296-2304.

[19] Wagner R C, Regan J M, Oh S-E, et al. Hydrogen and methane production from swine wastewater using microbial electrolysis cells. Water Research, 2009, 43 (5): 1480-1488.

[20] Cusick R D, Bryan B, Parker D S, et al. Performance of a pilot-scale continuous flow microbial electrolysis cell fed winery wastewater. Applied Microbiology and Biotechnology, 2011, 89 (6): 2053-2063.

[21] Jia J, Tang Y, Liu B, et al. Electricity generation from food wastes and microbial community structure in microbial fuel cells. Bioresource Technology, 2013, 144: 94-99.

[22] Liu W, Huang S, Zhou A, et al. Hydrogen generation in microbial electrolysis cell feeding with fermentation liquid of waste activated sludge. International Journal of Hydrogen Energy, 2012, 37 (18): 13859-13864.

[23] Wang A, Sun D, Cao G, et al. Integrated hydrogen production process from cellulose by combining dark fermentation, microbial fuel cells, and a microbial electrolysis cell. Bioresource Technology, 2011, 102 (5): 4137-4143.

[24] 李小虎. 秸秆类生物质结合暗发酵-MEC两阶段过程高效产氢的研究. 郑州大学，2014.

[25] 白艳霞. 葡萄糖/秸秆水解液在微生物电解池（MEC）中的强化产氢研究. 郑州大学，2015.

[26] Cheng S, Xing D, Call D F, et al. Direct biological conversion of Electrical current into methane by electromethanogenesis. Environmental Science & Technology, 2009, 43 (10): 3953-3958.

[27] Clauwaert P, Verstraete W. Methanogenesis in membraneless microbial electrolysis cells. Applied Microbiology and Biotechnology, 2009, 82 (5): 829-836.

[28] Wang A, Liu W, Cheng S, et al. Source of methane and methods to control its formation in single chamber microbial electrolysis cells. International Journal of Hydrogen Energy, 2009, 34 (9): 3653-3658.

[29] Nelabhotla A B T, Dinamarca C. Electrochemically mediated CO_2 reduction for bio-methane production: a review. Reviews in Environmental Science and Bio/Technology, 2018, 17 (3): 531-551.

[30] Luo X, Zhang F, Liu J, et al. Methane production in microbial reverse-electrodialysis methanogenesis cells (MRMCs) using thermolytic solutions. Environmental Science & Technology, 2014, 48 (15): 8911-8918.

[31] Fu Q, Kuramochi Y, Fukushima N, et al. Bioelectrochemical analyses of the development of a thermophilic biocathode catalyzing electromethanogenesis. Environmental Science & Technology, 2015, 49 (2): 1225-1232.

[32] Villano M, Monaco G, Aulenta F, et al. Electrochemically assisted methane production in a biofilm reactor. Journal of Power Sources, 2011, 196 (22): 9467-9472.

[33] Xu H, Wang K, Holmes D E. Bioelectrochemical removal of carbon dioxide (CO_2): an innovative method for biogas upgrading. Bioresource Technology, 2014, 173: 392-398.

[34] Jiang Y, Su M, Zhang Y, et al. Bioelectrochemical systems for simultaneously production of methane and acetate from carbon dioxide at relatively high rate. International Journal of Hydrogen Energy, 2013, 38 (8): 3497-3502.

[35] Yates M D, Ma L, Sack J, et al. Microbial electrochemical energy storage and recovery in a combined electrotrophic and electrogenic biofilm. Environmental Science & Technology Letters, 2017, 4 (9): 374-379.

[36] Guo K，Freguia S，Dennis P G，et al. Effects of surface charge and hydrophobicity on anodic biofilm formation，community composition，and current generation in bioelectrochemical systems. Environmental Science & Technology，2013，47（13）：7563-7570.

[37] Zhang T，Nie H，Bain T S，et al. Improved cathode materials for microbial electrosynthesis. Energy & Environmental Science，2013，6（1）：217-224.

[38] Jourdin L，Freguia S，Flexer V，et al. Bringing high-rate，CO_2-based microbial electrosynthesis closer to practical implementation through improved electrode design and operating conditions. Environmental Science & Technology，2016，50（4）：1982-1989.

[39] Cheng K Y，Ho G，Cord-Ruwisch R. Novel methanogenic rotatable bioelectrochemical system operated with polarity inversion. Environmental Science & Technology，2011，45（2）：796-802.

[40] Guo X，Liu J，Xiao B. Bioelectrochemical enhancement of hydrogen and methane production from the anaerobic digestion of sewage sludge in single-chamber membrane-free microbial electrolysis cells. International Journal of Hydrogen Energy，2013，38（3）：1342-1347.

[41] Call D，Logan B E. Hydrogen Production in a single chamber microbial electrolysis cell lacking a membrane. Environmental Science & Technology，2008，42（9）：3401-3406.

[42] Clauwaert P，Tolêdo R，van der Ha D，et al. Combining biocatalyzed electrolysis with anaerobic digestion. Water Science and Technology，2008，57（4）：575-579.

[43] Clauwaert P，Aelterman P，Pham T H，et al. Minimizing losses in bio-electrochemical systems：the road to applications. Applied Microbiology and Biotechnology，2008，79（6）：901-913.

[44] Guo Z，Thangavel S，Wang L，et al. Efficient methane production from beer wastewater in a membraneless microbial electrolysis cell with a stacked cathode：the effect of the cathode/anode ratio on bioenergy recovery. Energy & Fuels，2017，31（1）：615-620.

[45] Lee H S，Rittmann B E. Characterization of energy losses in an upflow single-chamber microbial electrolysis cell. International Journal of Hydrogen Energy， 2010，35（3）：920-927.

[46] Rabaey K，Van de Sompel K，Maignien L，et al. Microbial fuel cells for sulfide removal. Environmental Science & Technology，2006，40（17）：5218-5224.

[47] Zhao F，Rahunen N，Varcoe J R，et al. Activated carbon cloth as anode for sulfate removal in a microbial fuel cell. Environmental Science & Technology，2008，42（13）：4971-4976.

[48] Sun M，Mu Z X，Chen Y P，et al. Microbe-Assisted Sulfide Oxidation in the Anode of a Microbial Fuel Cell. Environmental Science & Technology，2009，43（9）：3372-3377.

[49] Sun M，Tong Z H，Sheng G P，et al. Microbial communities involved in electricity generation from sulfide oxidation in a microbial fuel cell. Biosensors and Bioelectronics，2010，26（2）：470-476.

[50] Zhang B，Zhao H，Shi C，et al. Simultaneous removal of sulfide and organics with vanadium（V）reduction in microbial fuel cells. Journal of Chemical Technology & Biotechnology，2009，84（12）：1780-1786.

[51] Zhang B，Zhao H，Zhou S，et al. A novel UASB–MFC–BAF integrated system for high strength molasses wastewater treatment and bioelectricity generation. Bioresource Technology，2009，100（23）：5687-5693.

[52] Rozendal R A，Hamelers H V M，Buisman C J N. Effects of membrane cation transport on pH and

microbial fuel cell performance. Environmental Science & Technology，2006，40（17）：5206-5211.

[53] Gil G C，Chang I S，Kim B H，et al. Operational parameters affecting the performannce of a mediator-less microbial fuel cell. Biosensors and Bioelectronics，2003，18（4）：327-334.

[54] Berk R S，Canfield J H. Bioelectrochemical energy conversion. Applied Microbiology，1964，12（1）：10.

[55] Zhou M，He H，Jin T，Wang H. Power generation enhancement in novel microbial carbon capture cells with immobilized Chlorella vulgaris. Journal of Power Sources，2012，214：216-219.

[56] Kakarla R，Min B. Photoautotrophic microalgae scenedesmus obliquus attached on a cathode as oxygen producers for microbial fuel cell（MFC）operation. International Journal of Hydrogen Energy，2014，39（19）：10275-10283.

[57] Wu Y C，Wang Z J，Zheng Y，et al. Light intensity affects the performance of photo microbial fuel cells with desmodesmus sp. A8 as cathodic microorganism. Applied Energy，2014，116：86-90.

[58] Zhang Y，Noori J S，Angelidaki I. Simultaneous organic carbon，nutrients removal and energy production in a photomicrobial fuel cell（PFC）. Energy & Environmental Science，2011，4（10）：4340-4346.

[59] Feng Y，Yang Q，Wang X，et al. Treatment of carbon fiber brush anodes for improving power generation in air-cathode microbial fuel cells. Journal of Power Sources，2010，195（7）：1841-1844.

[60] Villano M，Aulenta F，Ciucci C，et al. Bioelectrochemical reduction of CO_2 to CH_4 via direct and indirect extracellular electron transfer by a hydrogenophilic methanogenic culture. Bioresource Technology，2010，101（9）：3085-3090.

[61] Freguia S，Rabaey K，Yuan Z，et al. Electron and carbon balances in microbial fuel cells reveal temporary bacterial storage behavior during electricity generation. Environmental Science & Technology，2007，41（8）：2915-2921.

[62] Freguia S，Rabaey K，Yuan Z，et al. Syntrophic processes drive the conversion of glucose in microbial fuel cell anodes. Environmental Science & Technology，2008，42（21）：7937-7943.

[63] He Z，Kan J，Mansfeld F，Angenent L T，et al. Self-sustained phototrophic microbial fuel cells based on the synergistic cooperation between photosynthetic microorganisms and heterotrophic bacteria. Environmental Science & Technology，2009，43（5）：1648-1654.

[64] De Schamphelaire L，Verstraete W. Revival of the biological sunlight-to-biogas energy conversion system. Biotechnology and Bioengineering，2009，103（2）：296-304.

[65] Velasquez-Orta S B，Curtis T P，Logan B E. Energy from algae using microbial fuel cells. Biotechnology and Bioengineering，2009，103（6）：1068-1076.

[66] Kim Y，Logan B E. Microbial reverse electrodialysis cells for synergistically enhanced power production. Environmental Science & Technology，2011，45（13）：5834-5839.

[67] Yang H，Han N，Deng J，et al. Selective CO_2 reduction on 2D mesoporous Bi nanosheets. Advanced Energy Materials，2018，8（35）：1801536.

[68] Deb Nath N C，Choi S Y，Jeong H W，et al. Stand-alone photoconversion of carbon dioxide on copper oxide wire arrays powered by tungsten trioxide/dye-sensitized solar cell dual absorbers. Nano Energy，2016，25：51-59.

[69] Lu L，Li Z，Chen X，et al. Spontaneous solar syngas production from CO_2 driven by energetically favorable wastewater microbial anodes. Joule，2020，4（10）：2149-2161.

第9章　水处理微生物电化学系统构建与效能

我国废水排放量，包括工业、第三产业和居民生活排放的水量逐年增加（图9-1），2014年废水排放总量超过700亿t，其中工业废水和生活污水排放量分别超过200亿t和500亿t。由于废水处理效率及回用率有限，大量生活污水未经任何处理直接排入到自然水体，使水体受到严重污染。另外，由于农药、肥料的利用率低，大量化学物质、营养物质流失，导致水体污染加剧。水环境污染问题使本已严峻的水资源供需失衡矛盾日益突出，严重威胁着社会经济发展、生态环境保护及人体健康。

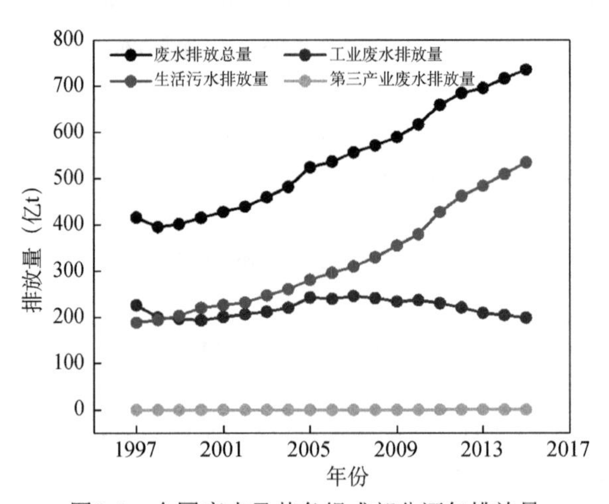

图9-1　全国废水及其各组成部分逐年排放量

目前受到广泛关注的废水能源化技术包括厌氧消化产沼气、生物制氢、微藻产生物柴油及微生物电化学系统产电等。厌氧消化产沼气是利用兼性菌和厌氧菌将污泥、废水或固体垃圾中的有机物经过水解酸化、产氢产乙酸阶段，最终生成甲烷的方法。研究表明，通过厌氧消化产沼气的方式每处理含25t COD的剩余污泥，可以产生7000m^3甲烷，相当于2.5×10^9J的能量。若采用热电联产燃气机，能够获得1.2MW的能量。作为备受关注的低成本、低能耗的绿色能源生产技术，生物制氢将有机废水处理和清洁能源生产有机地结合起来。

根据微生物代谢机制的不同，生物制氢的方法可分为光发酵、暗发酵、光解水以及光暗发酵耦合四种类型[1]。理论上，通过光发酵与暗发酵耦合的方式，可获得的氢气产率为12mol H_2/mol 葡萄糖。与以植物、动物脂肪酸为原料相比，以微藻为原料生产生物柴油具有显著优势，主要表现在微藻培养周期短（1～2周）、产油效率高（20%～60%）、油脂质量好等[2]。另外，以微藻产生物柴油对二氧化碳的固定具有重要意义。研究表明，每生产100t微藻可以固定183t的二氧化碳。以上三种废水能源化技术是水处理能源化新技术中的热点研究方向，但其局限性也较明显：①厌氧消化产沼气需要在中温（30～36℃）或高温（50～53℃）条件下进行，维持固定温度需要消耗更多的能量；沼气为混合气体，燃烧的过程会产生二氧化硫，对环境造成污染；厌氧消化过程的能量回收效率低，导致出水中COD浓度不能达到排放标准，需耦联其他污水处理系统，从而增加了系统构建成本及复杂程度。②暗发酵法生物制氢的氢气产率低、光发酵过程中光能转化率低以及光暗发酵耦合过程中协同系统的生态共融性问题均在一定程度上限制了生物制氢的工业化应用。③尽管目前利用微藻产生物柴油在技术上是可行的，但与化石柴油相比，其经济性还不能满足实际需求，其生产成本中70%～95%为原料成本。

相对而言，微生物电化学系统在实现废水能源化方面的优势突出。主要表现在：①以产生电能的方式将废水中化学能回收，该能量可以原位利用提高处理效能，从而节省额外电能。无须经过收集、转化等复杂的处理过程，降低了能量损耗且避免了二次资金投入的问题。②在厌氧条件下降解有机物，污泥产量低，从而降低了后续污泥处理的成本。③微生物电化学系统可以与其他废水处理工艺有效地耦合，实现对难降解有机物的去除，或进一步提高出水水质。因此，微生物电化学系统是目前兼顾能源回收与废水处理的有效途径之一，具有成为新一代污水处理工艺的潜力。正是由于这一优势，MES技术成为了近20年来环境科学与工程的热点研究领域之一，图9-2统计了近20年以MES为关键词搜索获得的SCI论文数。

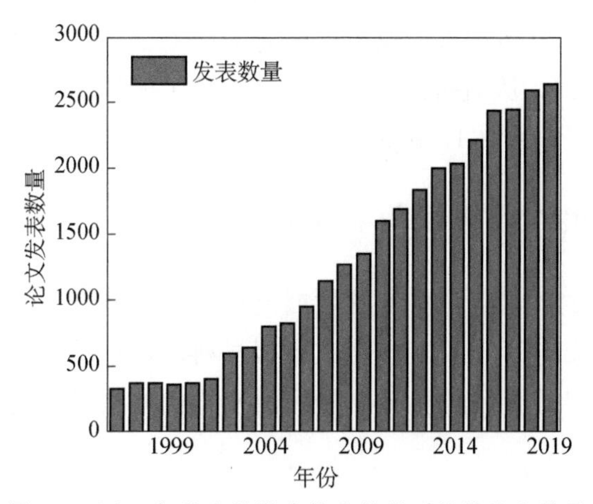

图9-2　近20年发表的微生物电化学系统的论文数量

数据来源：Web of Science

哈尔滨工业大学冯玉杰团队在产甲烷、产氢、微藻能源技术的基础上，近20年开展了大量的基于微生物电化学系统的废水处理技术研究，其研究涉及以下部分：①基于MES原理，对现有厌氧技术进行改性，提高污染物转化效率，节约处理费用；②将MES技术耦合光、电等技术，提高MES效能；③针对废水处理的实际需求和可行性，开发新型技术，建立系统放大方法。本章将在系统总结MES污水处理构型基础上，围绕前两部分进行介绍本团队的研究成果，第三部分的工作将在第10章具体展开。

9.1 用于水处理的MES研究进展

自2004年Liu等[3]设计了单室、立方体反应器以来，微生物电化学系统的构型发生了巨大变化，为了达到不同的研究目的，包括测试电极材料的性能、研究离子交换膜对反应器内阻的影响、提高系统的输出电压或提高废水处理效能等，研究者们设计了单室、双室、堆栈式以及以微生物电化学系统为中心的耦合系统[4]。

经过十多年的发展，微生物电化学系统的能量输出有较大幅度的提高，然而与人工合成配水相比，大多数微生物电化学系统在处理实际废水及长期运行过程中表现出产电效能下降，从而限制了其在实际废水处理中的应用。研究表明，将微生物电化学系统与传统水处理技术耦合，是解决以上问题的最有效途径之一[5]。这种耦合系统兼具两种技术的优点，同时可以避免各自的局限，在一定程度上表现出最佳性能。为了达到不同的目的，可与不同类型的处理技术耦合，如为了提高出水水质，可将微生物电化学系统与膜生物反应器（MBR）及曝气生物滤池（BAF）等耦合[6]，从而最大程度地降低出水COD及固体悬浮物的浓度，使之达到排放标准。另外在膜的截留作用下，保证系统内生物量的浓度，从而保持较高的处理效率[7]。另外，为了提高微生物电化学系统对高浓度、难降解有机物的处理效能，可借鉴厌氧反应器在处理高浓度有机废水方面的优势，将厌氧消化过程引入微生物电化学系统中，目前已有多种厌氧反应器被有效地整合进微生物电化学系统中，包括升流式厌氧污泥床（UASB）、厌氧折流板反应器（ABR）及厌氧流化床（AFB）等，这些整合系统的进水有机负荷最高可达16.8kgCOD/（m^3 • d），已达到厌氧系统的处理水平[8]。

9.1.1 水处理微生物电化学系统基本构型

微生物电化学系统的构型经过多年的发展已从简单的单室立方体反应器发展到适合各种研究目的的构型，例如，单室反应器测试电极材料，双室反应器测试生物阴极性能，多室反应器测试微生物电化学系统的其他功能。反应器的构型多数是根据运行的目的来设计的，主要的类型如下所述。

1）双室MES

由于H型和T型反应器具有巨大的内阻，只能通过增加中间隔膜的面积来降低内阻。

研究人员将阳极和阴极室变成方形结构，并将具有同样面积的离子交换膜安装在阴阳极之间来增大离子交换的速率。与H型反应器比较，方形的MES内阻可以大大降低到10Ω左右[9]。而方形的双室MES多使用化学阴极，例如铁氰化钾溶液等为阴极电子受体来提高反应器的输出功率[10]。

如果继续增大离子交换膜的面积来降低内阻，只能通过将方形的结构变成圆柱状结构。研究人员将其变形为圆筒状阳极后包裹一层隔膜，并在隔膜外包围着阴极室的构型。这种设计极大地减少了两极之间的距离，增大了离子交换的效率，内阻得到了进一步的减小，大约只有4Ω。Rabaey等[11]使用颗粒石墨作为填塞式阳极，铁氰化钾作为化学阴极构建了连续流的管状双室MES，最大的输出功率为90W/m^2（基于阳极净体积）。当该系统用来处理生活污水时，能量转化效率可以达到96%（图9-3）。

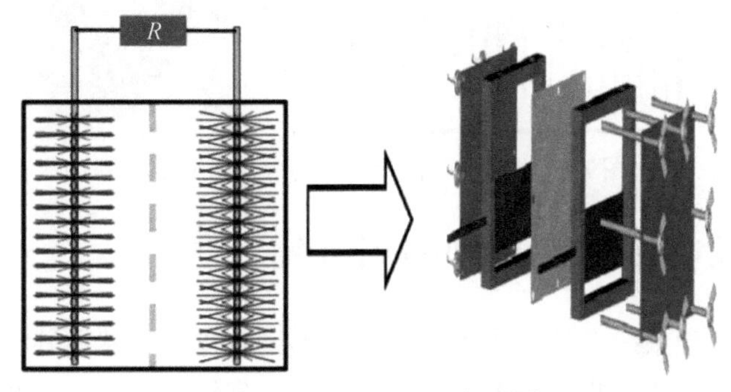

图9-3　双室反应器示意图[11]

2）单室MES

在微生物燃料电池领域，空气阴极MES实质上是将阴极室变成很薄的一层，看上去系统仅仅只有阳极室一个腔室，故又称作单室空气阴极MES。最初的单室空气阴极MES仍然具有离子交换膜部分的存在。Park和Zeikus[12]在2003年设计了第一代单室空气阴极MES，在该系统中，离子交换膜变成了2mm厚的高铁岭陶瓷膜，Mn^{4+}-石墨作为阳极材料，Fe^{3+}-石墨作为阴极材料，该系统的输出功率密度达到91mW/m^2。Liu等[13]将PEM与碳布进行热压并卷曲成圆桶状，桶状结构的外侧为绕圆排布的8根石墨棒阳极，内侧为空气阴极，以生活污水为底物在连续流的条件下，获得了26mW/m^2的输出功率。

Liu等在2004年设计了无隔膜的单室空气阴极反应器，他们发现当撤去离子交换膜后，反应器的输出功率由262±10mW/m^2上升到494±21mW/m^2，但是库仑效率却降低到9%～12%。着眼于应用的角度，PEM的省略不仅降低了系统的成本，简化了系统结构，而且大大提高了输出功率。由于该系统的诸多优势（结构简单、运行方便、输出功率高），使其成为广大研究人员在研究电极材料、底物降解和产电机制等方面的首选（图9-4）。

但是，在实际的运行过程中，人们不断地发现单室空气阴极存在的问题。①由于氧气分子在阴极表面发生氧化还原反应的效率很低，需要使用贵金属催化剂来降低该反应的活化能，增加反应的速率（常用的催化剂为Pt）。而贵金属催化剂的使用直接导致系统的成本大幅提高，不利于系统的实际应用。②贵金属中毒现象时有发生。由于膜的撤去，这些贵金属催化剂直接与需要处理的废水直接接触，催化剂中的有毒物质（如金属离子、配位离子等）会造成水体中微生物中毒和失活，导致系统运行的失败。③由于没有离子交换膜的存在，空气中的溶解氧会通过空气阴极扩散到溶液中，阳极区域本来的厌氧环境会被一定程度地破坏，导致系统能量回收效率的降低[3]。④当单室MES放大的时候，空气阴极系统也需要被同步放大，但是阴极复杂的制备过程会增加阴极放大的难度，这一点对于系统放大很不利。

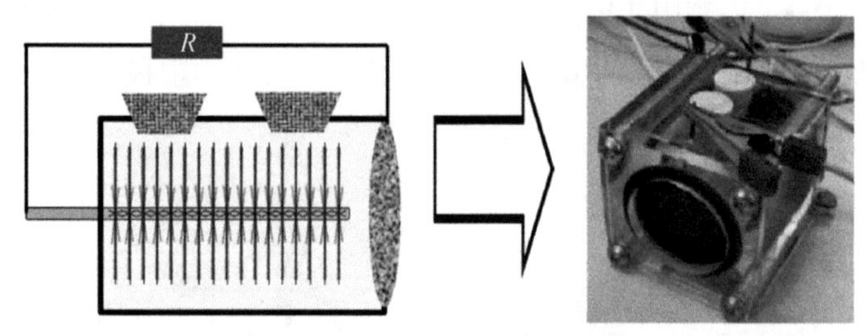

图9-4 单室空气阴极反应器示意图及照片[3]

9.1.2 与膜生物反应器耦合微生物电化学系统

尽管微生物电化学系统在处理废水的同时能够回收电能，然而其出水仍需进一步处理才能达到排放标准，将膜生物反应器与之耦合可以实现这一目的。最初二者的耦合通常是将微生物电化学系统浸没于膜生物反应器中，或将膜生物反应器作为后处理单元[14, 15]。Tian等[16]将中空纤维膜、阳极室及阴极置于一个曝气水槽内，构建了MES-MBR耦合系统[图9-5（a）]。在50Ω外阻下，该系统的平均输出电压为0.15V，同时获得了2.18W/m^{3}的最大功率密度。与单独的膜生物反应器相比，该耦合系统的COD、氨氮及总氮去除率分别提高了4.4%、1.2%及10.3%，同时耦合系统在一定程度上缓解了膜污染问题。为了将MBR与MES更紧密地结合，构建一体式的MBR-MES耦合系统，Wang等[17]以不锈钢网作为生物阴极材料构建了新型的微生物电化学膜生物反应器[图9-5（b）]，同时不锈钢网可以作为膜材料对出水起过滤的作用，以该系统处理乙酸钠合成配水，COD和氨氮的去除率分别为92.4%和95.6%，且出水浊度始终保持在较低水平。尽管以上MBR-MES耦合系统获得了理想的水处理效果，然而曝气过程能耗较高，这有悖于微生物电化学系统回收能量的初衷。为了省去曝气过程，降低能耗，Malaeb等[18]构建了空气−生物阴极微生物电化学膜生物反应器，该系统以导电超滤膜作为生物阴极，同时作为膜组件起过滤作用[图9-5（c）]。以该系统处理生活污水（经0.1mm滤膜过滤），在不曝气情况下获得了6.8W/m^{3}的最大功率密度，同时出水水质达到传统MBR的处理水平，其COD和氨氮去除率均达到97%左右，且出水浊度小于0.1。除了与MBR耦合，另有研究者将微生物电化学系统与厌氧流化床膜生物反应器（AFMBR）串联，构建了MES-AFMBR串联系统[图9-5（d）]。该系统在室温下处理生活污水，在水力停留时间（HRT）为9 h条件下，去除了进水中92.5%的COD，使出水COD浓度下降到16±3mg/L，同时几乎去除了进水中全部的固体悬浮物（SS），使出水SS低于1mg/L。另外，该系统获得了0.0197kW・h/m^3的电能，能够满足AFMBR单元的能耗（主要用于维持活性炭颗粒的流动，0.0186kW・h/m^3），理论上可以实现运行的能量自持[19]。以上研究结果表明，以MES为中心的MBR-MES耦合系统可以获得水质较高的出水，同时在一定程度上实现能量自持。随着研究的不断深入，如果能在缓解膜污染、降低系统运行能耗方面取得更大进展，将进一步推进MBR-MES耦合系统在实际废水处理中的应用。

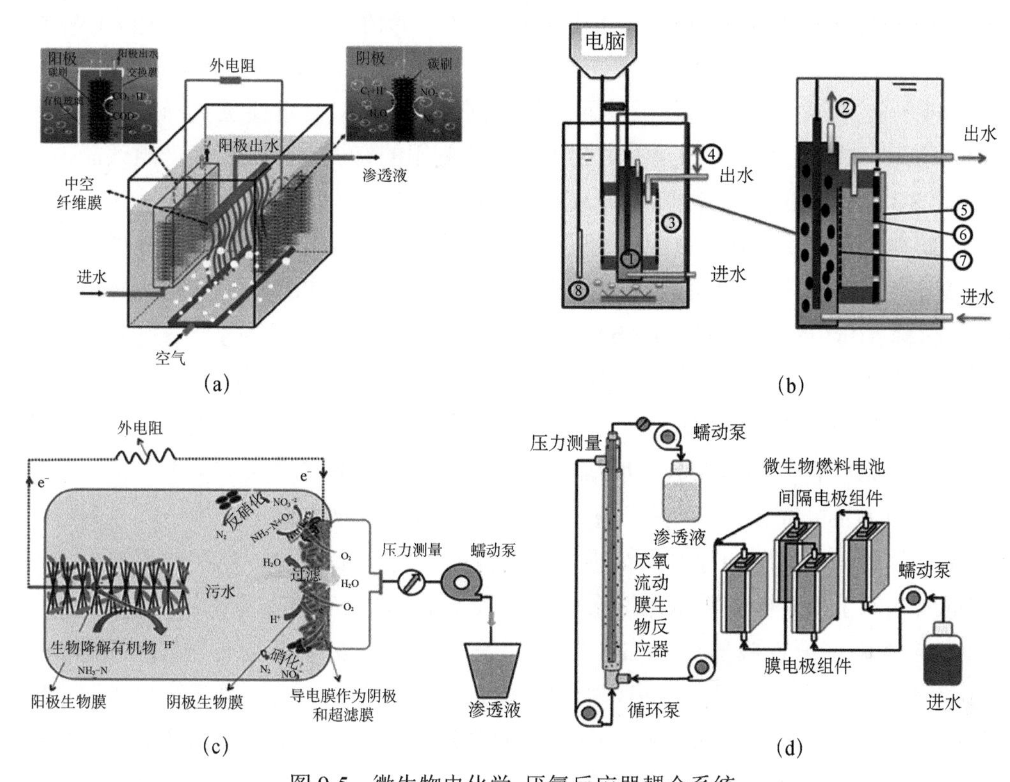

图 9-5　微生物电化学-厌氧反应器耦合系统

图（b）中①～⑧分别为：①阳极室，②阳极室出水，③阴极室，④水头，⑤生物膜，⑥不锈钢网，⑦无纺布分割介质，⑧压力送变器

9.1.3　与厌氧反应器耦合微生物电化学系统

通常情况下，微生物电化学系统适合处理中、低浓度且成分相对简单的实际废水，这一局限在一定程度上限制了其应用。鉴于厌氧消化（AD）过程在处理高浓度有机废水方面的显著优势，研究者们不断尝试将AD与MES耦合。He等[20]以UASB为基础，构建了升流式微生物电化学系统（UMES），该系统为双室圆柱体反应器，底端阳极室及顶端阴极室均以玻璃碳作为电极材料，同时以其作为功能菌群的载体［图9-6（a)］。以该系统处理蔗糖合成配水，随着进水有机负荷从0.3g COD/（L・d）逐步提高到3.4g COD/（L・d），系统的最大输出功率密度逐渐提高，并在2g COD/（L・d）达到了最大值92.9mW/m^2，随后保持不变。而系统的溶解性COD（SCOD）去除率随着进水负荷的提高而增大，并在最高有

机负荷下达到了最大值97%。UMES的SCOD去除效果及出水挥发酸水平与平行运行的UASB基本一致，表明该耦合系统能够有效地去除废水中的发酵类有机物。值得提出的是，在UMES内检测到了甲烷的生成，且生成甲烷消耗的COD占系统总COD去除效率的35%～58%。尽管产甲烷菌会与产电菌竞争底物导致系统产能效率下降，然而对于一个以污染物去除为目的的微生物电化学系统来说，产甲烷菌的存在会显著提高系统的污染物去除率。Zhang等[21]以UASB作为前处理单元，将UASB、MES及BAF组成串联系统，以其处理高浓度糖蜜废水。在进水COD浓度为127500mg/L的情况下，获得了1410.2mW/m^{2}的最大功率密度，且对COD、硫酸盐及色度表现出明显的去除效果，其去除率分别为53.2%、52.7%及41.1%。串联系统内的各个单元功能不同，其中UASB主要负责降解复杂有机物、降低COD浓度，从而为MES单元提供利于产电菌利用的有机物，提高其产电效能。

除UASB外，研究者将多种厌氧反应器与微生物电化学系统耦合，探讨其实际废水处理效能。哈尔滨工业大学冯玉杰团队将厌氧折流板工艺与微生物电化学系统耦合，构建了厌氧折流板管状空气阴极微生物电化学系统（anaerobic baffled microbial electrochemical system，简称ABMES）[见图9-6（b）及本书9.3节]。该系统包含两个格室，每个格室由一个有机玻璃折流板、一个管状空气阴极及一个石墨挡板构成，且格室内填充石墨颗粒，并与石墨挡板构成三维立体阳极，石墨挡板兼具电子收集体的作用。厌氧折流板工艺的引入，使该耦合系统各个格室的分工明确，研究表明第一个格室偏向于废水处理，而第二个格室则以产电为主，而在五格室折流板管状空气阴极微生物电化学系统中，这种分工作用更加明确，尽管格室的增加导致系统损失部分电能，但COD去除效率明显提高，说明折流板工艺的引入对于提高微生物电化学系统的废水处理效能具有重要意义。

由于厌氧流化床反应器（AFB）在废水处理过程中表现出较高的COD去除效果，Huang等[22]及Kong等[23]分别将AFB与MES耦合，构建了一体式的厌氧流化床微生物电化学系统[图9-6（c）]。在这两个系统中，阳极室分别填充了多孔聚合物及活性炭颗粒作为阳极功能菌的载体，以增大阳极生物量。Huang等[22]以AFB-MES耦合系统处理酒精蒸馏废水，其最高进水负荷可达16.86kg COD/（m^3·d），在系统运行至稳定期，COD去除效率可达80%～90%，同时获得124.03mW/m^{2}的最大功率密度。

哈尔滨工业大学冯玉杰团队还研发出了与传统的连续流搅拌釜式反应器耦合的连续搅拌微生物电化学系统（continuous stirred microbial electrochemical system，CSMES）[见图9-6（d）及本书9.4节]。该系统由底端的全混流搅拌区（complete mixing zone，CMZ）及顶端的微生物电化学区（microbial electrochemical zone，MEZ）组成，底端的CMZ保留了连续搅拌釜式反应器（continuous stirred tank reactor，CSTR）的搅拌功能，从而保证系统内的物料混合均匀，强化传质过程；顶端的MEZ由碳纤维刷阳极和不锈钢网辊压阴极组成，阴阳极之间以外阻连接，使系统在去除废水中有机物的同时产生电能。在CSMES底端的CMZ可以实现高效的水解酸化作用，为顶端MEZ提供易于产电菌利用的小分子有机物，从而降低阴极氧还原反应的极化损失，提高系统处理实际废水的能量获取及输出。

将AD与MES耦合不仅可以提高耦合系统的污染物去除效果，同时可以加强厌氧系统的稳定性、提高厌氧系统的甲烷产率。Inglesby 和 Fisher[24]以一个升流式厌氧反应器（AAR）厌氧发酵极大节旋藻（*Arthrospira maxima*）产甲烷，发现AAR-MES耦合系统［图9-6（e）］的甲烷产率及能量回收率较单独的ARR相比，分别提高了27.2%及34.4%[24]。Jeong 等[25]发现，通过微生物电化学系统不断移除厌氧反应器内的挥发酸，可以加快厌氧系统有机物的降解速率。Briones等[26]指出，在厌氧消化系统内，当系统受到外界干扰，影响到产甲烷菌的活性时，如果此时存在其他降解挥发酸的途径，如产电菌利用挥发酸产电的过程，将有助于保持厌氧系统的稳定性。

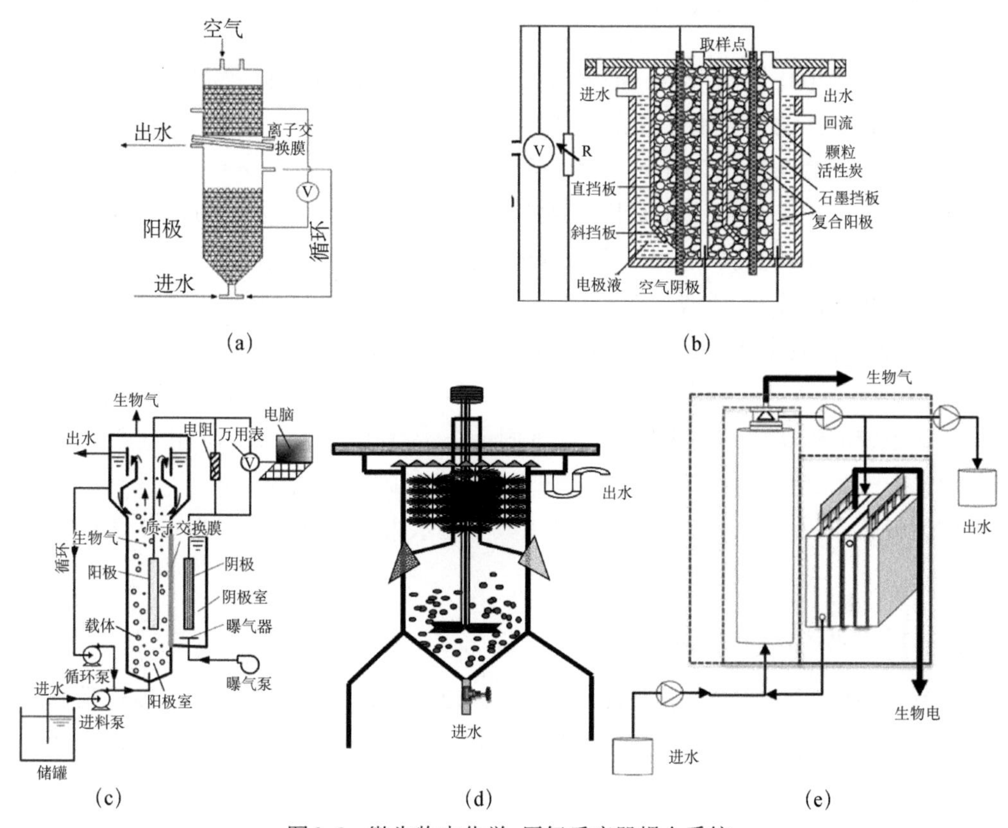

图9-6　微生物电化学-厌氧反应器耦合系统

9.2　折流板微生物电化学系统（ABMES）

厌氧折流板反应器（anaerobic baffled reactor，简称ABR）工艺由美国斯坦福大学的McCarty[27]于1981年在厌氧生物转盘反应器的基础上，总结了各种第二代厌氧反应器处理工艺的特点与性能，开发和研制的一种高效新型的厌氧污水生物技术。ABR工艺整体流态为推流，通过在反应器内部有规律地设置一系列垂直的折流挡板引导废水折流运动，依次流过若干个污泥床，每个格室内部呈现完全混合流态，有利于厌氧污泥与废水间的充分接触、提高反应器容积的利用率、有效截留污泥，具有高效稳定的处理效果[28, 29]。各室因水质条件不同使微生物群落存在差异，实现了多相分阶段厌氧处理[30]。此外，ABR工艺对毒性、高浓度、高负荷废水有很好的适应性，还可提高废水的可生化性[31]。

基于上述优势，将折流板结构引入空气阴极微生物电化学系统中，在不影响微生物电化学系统性能的前提下，构建了厌氧折流板微生物电化学系统（ABMES）。该系统很好地保留了ABR工艺在废水处理中的诸多优势，实现了系统内部功能化分区，进一步提高微生物电化学系统对有毒、难降解、高浓度废水的处理能力。

9.2.1 ABMES系统的设计与构建

折流板微生物电化学系统由三部分组成：箱体、阳极和阴极，如图9-7（a）所示。反应装置包括竖直悬挂的折流板（垂直板高为10cm，斜板长1cm，折流板角度为45°）、石墨挡板［长宽高分别为0.5cm、3.5cm、11cm，哈尔滨电碳厂，内含 φ=0.5mm、L=30cm的铜导线，见图9-8（a）］、管状空气阴极［图9-8（b）］和颗粒活性炭。颗粒活性炭（直径为3～5mm）经碱洗、酸洗及加热处理后，填充至折流板与石墨挡板间，共同组成三维立体阳极[32]。空气阴极由碳布制成（30%防水处理，E-TEK），阴极与溶液的接触面载有0.35mg/m^{2}的碳载铂催化剂（C1-10，10% HP Pt on Vulcan XC-72，BASF，美国），另一侧涂有PTFE（Dupont，美国）防水层[33]。如图9-7（b）所示，将空气阴极涂有碳载铂催化剂侧朝外，卷成中空的管状空气阴极粘牢，将其固定在带有孔洞（φ=2mm，孔间距为2mm）的有机玻璃管中（φ=10mm，H=15cm），共同安装于升流区中垂线处。

通过增设折流板和挡板，可将系统分隔成多个水力上串联的反应格室［图9-7（b）和（c）］。

1）单格室ABMES

单格室ABMES长宽高分别为5cm、3.5cm、12cm，总体积为210mL，容积为160mL，填充活性炭后容积变为110mL。折流板和挡板将阳极室分割为2个区域——降流区和升流区，二者比例为1∶4。

2）双格室ABMES

双格室ABMES箱体长宽高分别为11cm、3.5cm、12cm，总体积为462mL，容积为330mL，填充活性炭后容积变为220mL。内部为两个水力上串联的阳极室，第一个格室的出水液为第二个格室的进水液。两个阳极室可以通过不同的电路进行连接，并联（电流大）与串联（电压高）。

3）五格室ABMES

将五个单格室ABMES反应器首尾相连，箱体长宽高分别为30cm、5cm、15cm，总体积约为2.3L，容积为1.8L，填充活性炭后容积变为1L。电路连接方式采用各格室的阴阳极对接，构成5个单独的MES。

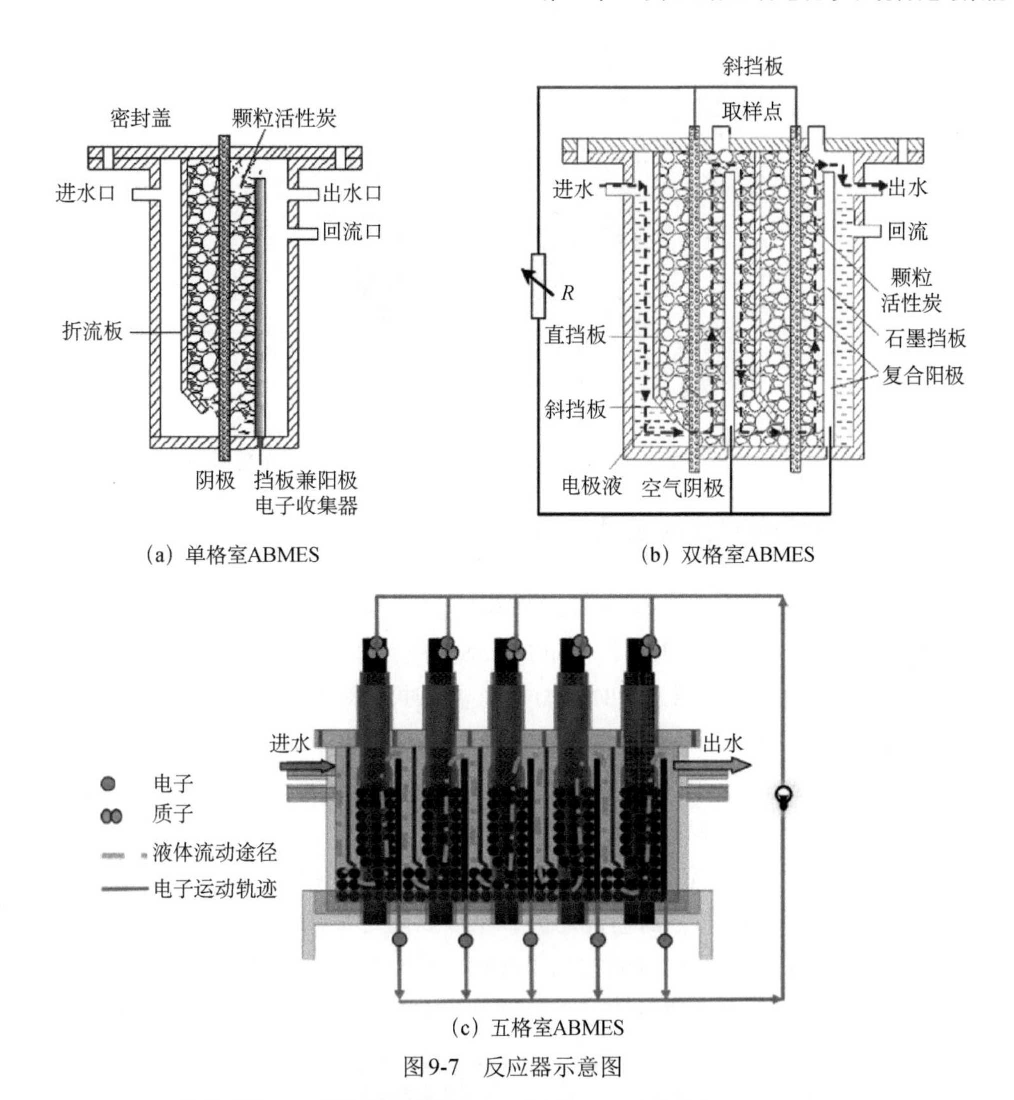

(a) 单格室ABMES

(b) 双格室ABMES

(c) 五格室ABMES

图9-7　反应器示意图

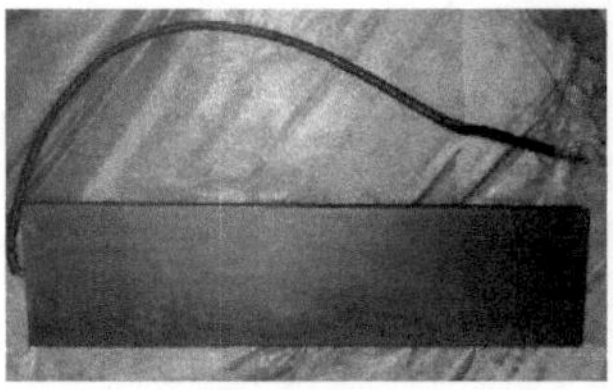

(a) 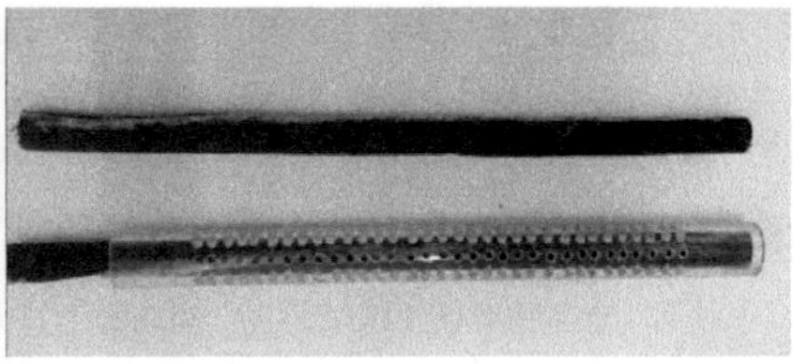　　(b)

图9-8　石墨挡板（a）及管状空气阴极（b）照片

这种增加反应器分格数的方法优点在于：对于各个阳极格室来说，尺寸未增大，阴阳极面积及间距也没有发生改变，因此对产电性能的影响较小，同时延长了废水流经的距离和时间，进一步提升废水处理能力。

反应器结构如图 9-9 所示，在其他外部运行条件均不变的情况下，添加颗粒活性炭构建三维阳极结构，后续研究表明，三维阳极在废水处理效率和产电回收两方面均优于碳板阳极。

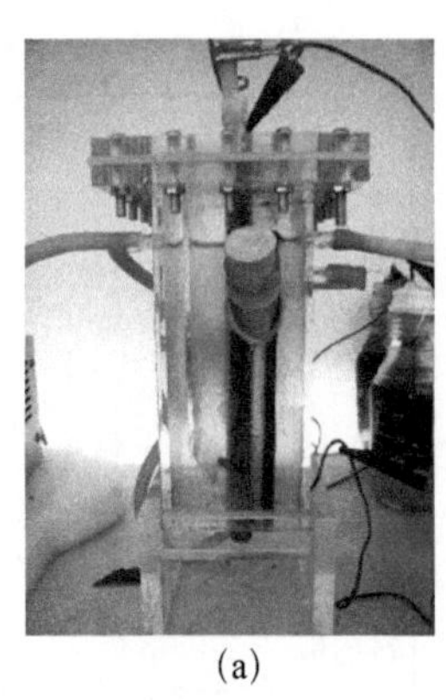

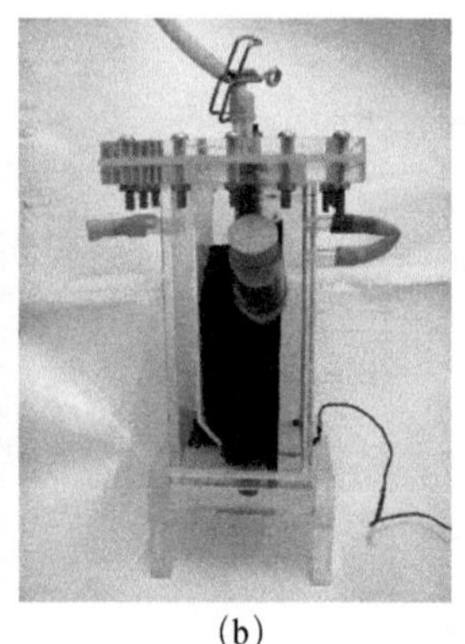

(a) (b)

图9-9 石墨碳板阳极（a）与三维立体阳极（b）反应器对比图

9.2.2 ABMES系统的驯化与工艺运行影响因素

以生活污水作为菌种来源，接种量为20%（*v/v*），接种所用的生活污水COD浓度为250～370mg/L，SCOD浓度为170～237mg/L，SS浓度为2.24g/L，VSS浓度为0.67g/L，pH为7左右。进水以葡萄糖为碳源，同时添加磷酸盐缓冲液（PBS）、微量金属液（Trace液）和维生素液以满足微生物生长需求[34]。当出水COD浓度连续三个水力停留时间稳定在一定范围内，且输出电压波动较小时，停止添加生活污水。单格室与双格室ABMES的葡萄糖浓度均为1g/L，而五格室ABMES葡萄糖浓度为5g/L。

选择构型最简单的单格室ABMES作为研究对象，考察颗粒活性炭添加及运行流态（间歇流/连续流）对体系降解葡萄糖性能的影响，以确定最佳构型。进水负荷是影响反应系统效率最关键的因素之一，一方面增加了底物、溶解氧的传质效率，另一方面制约了停留时间。分别通过改变进水流速及浓度来提高进水负荷，找到最佳进水负荷的调整方式，从而提高废水去除效率，以满足不同废水处理工况的需求。

1）进水流速的影响规律

双格室ABMES调节进水溶液的流速（从0.6mL/min增加至2.3mL/min），使水力停留时间分别为6h、3.5h、2.5h及1.5h，对应的进水负荷为4.11kg COD/（m^3 NAC·d），6.86kg COD/（m^3 NAC·d），9.60kg COD/（m^3 NAC·d）和16.0kg COD/（m^3 NAC·d）。在每一个水力停留时间下，均运行30 d，如图9-10所示，随着进水负荷增加，COD去除效率从88%降低至70%。在此过程中，能量获取量于进水负荷为9.60kg COD/（m^3 NAC·d）（HRT=2.5h）时达到最大值（20.8W/m^3），最大库仑效率（48%）在6.96kg COD/（m^3 NAC·d）（HRT=3.5h）时获得。当进水流速增大时，有利于电子的传递与质子的扩散，因此，增加了系统的电能回收。但是因为流速加大，减少了污染物与微生物的接触时间，导致反应时间缩短，尚未完全反应，因此COD去除效率降低，不利于污染物从体系中去除。

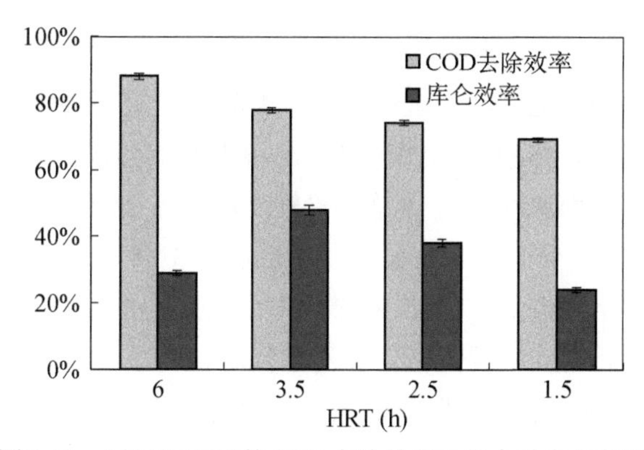

图9-10 不同HRT下的COD去除效率及库仑效率柱状图

2）进水浓度的影响规律

选用五格室ABMES，在无回流条件下，进水流速为0.6mL/min，水力停留时间为28h，初始进水负荷为10.3kg COD/（m^3 NAC·d）。进水葡萄糖浓度设定为5g/L和10g/L。由表9-1可知，当进水COD浓度增加1倍，第一、三格室的电压降低了约35%，而第二、四、五格室仅降低了不到50mV，最大功率密度降低至5g/L的50%，但仍能够产生20.8W/m^3的电能。值得注意的是第一格室与第三格室在两种浓度下均显示出较低的电压与输出功率，但库仑效率计算结果显示各格室相差不大，说明能量转换效率相近。

废水去除效能结果显示，随着进水浓度提升，系统仍能保持很高、很稳定的COD去除效率（95%），表明该系统有较强的抗负荷冲击能力。但COD去除效率随着浓度的提升而进一步升高，第二格室的COD去除效率因进水浓度的冲击而降低了22%，功率密度也随之降低为原来的49.5%，而第三格室的COD去除效率增加了25.4%，功率密度仍保持在同一水平，说明反应器内部微生物因新的水质环境而开始自我调节与适应，第三格室对废水处理能力增强，而体积功率密度略有降低（从2.5W/m^3降低至2.3W/m^3）的前提下，分担了第二格室的废水处理压力，而使后续格室保持正常运行，最终提升了废水处理能力。如进一步提升浓度，推测会由后续第四格室来继续分担废水处理的压力。因此，格室数目的增多，水力上的串联与缓冲，拥有进一步提升对废水去除效果的能力[29, 35]。

表9-1 不同进水葡萄糖浓度下（5g/L和10g/L）参数对比表

格室序号	电压（mV）	体积功率密度（W/m^3）	COD去除效率（%）	库仑效率（%）（1000Ω）	pH
1	540/514	3.9/2.0	75.4/74.7	0.5/0.4	6.24/6.13
2	602/598	10.3/5.1	64.2/42.2	2.6/2.2	6.47/6.36
3	543/461	2.5/2.3	21.7/47.1	16.6/12.4	6.54/6.43
4	588/568	6.7/5.6	16.4/10.1	34.5/46.2	6.55/6.50
5	577/590	7.5/5.9	8.0/6.5	87.1/85.8	6.56/6.52
总计	—	30.9/20.9	94.7/95.8	—	—

3）回流的影响规律

回流会导致ABMES内部流速的增加，因此在5g/L进水COD浓度下，考察了五格室

ABMES反应器在有/无回流时，系统各项性能的变化规律，结果如表9-2所示。第一、三格室稳定期电压降低了50mV左右，其余格室的变幅较小；有回流时，各格室最大能量回收几乎相同，而停止回流后各格室电能输出呈现出很大的差异性，除第二格室略有升高外，其余均由于阴极电位降低而减小，导致总能量输出降低了24%。上述结果进一步验证了流速对产电性能的影响较大，降低流速导致电能的回收效率降低。

相对而言，系统停止回流后，COD去除效率由原来的86%升高至94%，结果表明流速增加（有回流）而导致处理效果的降低。在无回流时，对比各格室COD浓度可知，前四个格室的COD去除效率从前向后依次降低，第五格室略有提升，升高的原因是第五格室靠近出水口，水中溶解氧升高从而氧化了部分污染物。有回流时，各格室COD去除效率波动较大，呈现先降低（第二格室较第一格室降低了41.7%）、再升高（第三格室较第二格室增加了7.0%）、再降低（第四格室降低了28.3%）的动态变化趋势。因此，上述研究表明添加回流不利于ABMES对废水的处理。从经济效益上看，虽然损失了一部分功率输出，却节省了回流装置的投资与运行费用，显然后者的经济效益要优于前者，因此，无回流的系统更适合实际废水处理工程。

综上所述，以实际处理废水为研究目标的ABMES系统，首先应尽量选用无回流的反应体系，进水负荷的最佳调整方式为先优化进水流速（注意流速选取不要过高），再通过增加进水浓度的方式来提升负荷，最终获得最佳的运行参数。

表9-2 五格室ABMES在有/无回流条件下各参数对比表

格室序号	电压（mV）	功率密度（W/m^3）	出水COD（mg/L）	COD去除效率（%）	库仑效率（%）（1000Ω）	pH	ORP（mV）
1	540/570	6.5/11.0	1208	75.8/66.5	0.9/1.0	6.62	402.2
2	603/618	13.1/10.5	396	67.2/24.8	4.05/8.8	6.74	406.7
3	543/610	4.9/10.2	199	49.7/31.8	14.8/9.0	6.69	412.1
4	588/596	10.1/11.5	184	7.5/3.5	65.7/92.0	6.63	413.5
5	577/615	6.9/11.5	157	14.7/10.9	56.3/44.0	6.72	404.0
总计		41.5/54.7		97.5/85.8			

9.2.3 ABMES系统实际废水处理效能

在最佳系统与运行方式确立后，分别以中粮生化能源（肇东）有限公司的秸秆纤维素燃料产乙醇不同阶段的废水为降解目标，在对废水水质进行全面分析的基础上，针对不同阶段出水的水质特征，选择适合的ABMES结构，开展实际高浓度、难降解有机工业废水降解研究，并尝试与其他工艺结合形成组合工艺，以期获得更好的去除效果，为MES在废水领域的应用提供新的参考实例。

玉米秸秆经过汽爆处理后，大多数的半纤维素都降解成木糖，伴随着生成了糠醛、羟甲基糠醛、小分子酸和酚类物质等[36]。这些副产物不利于酶的水解与酵母的发酵，因此需要用3.5倍体积的水进行冲洗，以达到去除抑制物的目的，冲洗后所得到的混合溶液称为洗液废水。分析洗液废水的水质参数可知，废水中的COD为35000mg/L，B/C约为0.48，pH

为4.02，色度为7000°，电导率为5160μS/cm。此种废水特征为碳源以木糖为主、高COD浓度、色度大、易生化处理。

在上述生产工艺中，乙醇蒸馏后剩下的残余液体，称为醪液废水。该废水呈深棕色，偏黑（色度高达100000倍），有酒精与有机酸的混合气味，液体浓稠。废水的COD_{Cr}浓度高达127667mg/L，即使通过0.45μm滤膜过滤后测试的$SCOD_{Cr}$浓度也有57333mg/L，B/C约为0.4。因多种金属离子的存在，导致废水的电导率为4735μS/cm。对废水中的有机挥发酸进行了气相色谱的定量测试，废水中乙酸含量为29188mg/L、丙酸7848mg/L、正丁酸6803mg/L、异丁酸6441mg/L，因此废水pH值低至3.86。使用GC-MS（气相色谱-质谱联机）检测废水中含有多种环系、苯系有毒有害物质，进一步增加了废水处理的难度。

1）秸秆洗液废水降解转化效率

在最初底物变更阶段，进水溶液中加入1g/L的葡萄糖，而后以20%的速率逐渐减少葡萄糖含量，以减轻高COD浓度及有毒副产物对阳极附着的产电微生物造成冲击，使阳极微生物尽快适应新环境。

稀释后洗液废水的COD浓度在7160±50mg/L，电导率为6.23mS/cm，HRT=6h，进水负荷高达29.5kg COD/（m^3 NAC・d），温度为30℃，双室ABMES结构，外阻为50Ω。由表9-3可知稀释后的洗液pH值由4.06升高至6.32，而出水中的pH为7.22，进水中的酸性物质大部分被双室ABMES降解。

表 9-3　液体各阶段的pH

液体名称	pH
原始洗液	4.02
稀释5倍后的洗液	4.06
PBS+稀释后的洗液	6.32
出水	7.22

ABMES系统稳定运行约100h后（图9-11），稳定电压输出约为150mV），将底物逐步变更为洗液废水，经过近100h的波动，电压增长至190mV（3.8mA）并保持稳定，说明ABMES对冲击负荷和高浓度洗液废水有较好的适应性，最大能量获取量为10.7W/m^3，见图9-12（a），低于同样运行条件下以葡萄糖为底物的ABMES，可能是因为废水黏滞系数较大，或是由于含有多种复杂有机物或胶体物质，导致该体系的扩散内阻与电荷转移内阻同时增加，最终导致电池的总内阻升高，产电性能下降[37]。

如图9-12（b）所示，ABMES底物由葡萄糖改为洗液废水时，进水负荷从4.11kg COD/（m^3 NAC・d）提高至29.5kg COD/（m^3 NAC・d）时，进水COD浓度提高了7倍，而COD去除效率却略有上升，从88%（以葡萄糖为底物）增加至89%（以洗液废水为底物），验证了该ABMES系统具有很好的抗浓度和负荷冲击的能力，并在处理高浓度高负荷的有机废水时，保持良好而稳定（89.3%±0.5%）的去除效率[32]。

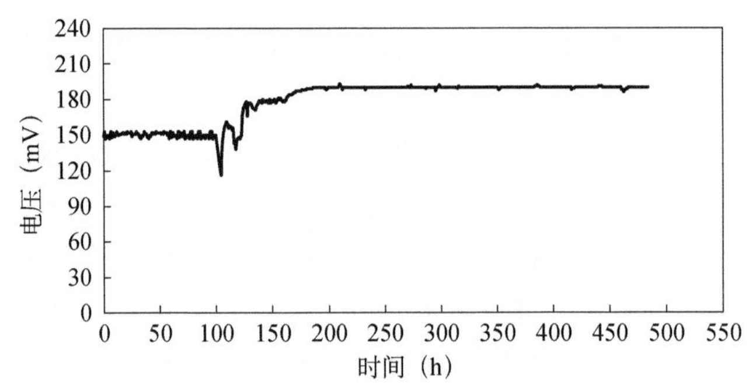

图9-11 以洗液废水为底物的ABMES电压-时间曲线

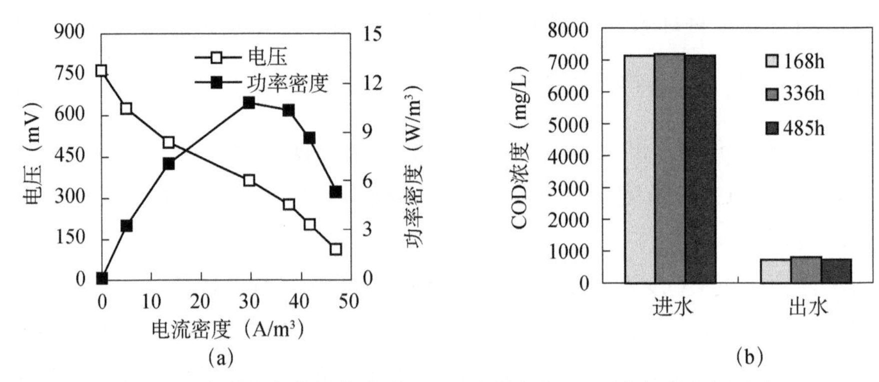

图9-12 洗液废水的极化曲线（a）及进出水COD浓度变化图（b）

2）以醪液废水为底物污染物降解效能

五格室去除醪液废水的研究，最大能量回收按格室从前到后的顺序分别为2.4W/m³、7.0W/m³、2.1W/m³、4.5W/m³、4.8W/m³，第二格室具有远高于其他格室优越的产电性能，其次是第五格室与第四格室，而第一、三格室相对来说，产电效能最低。总输出功率密度之和为20.8W/m³，与之前以10g/L葡萄糖（COD约为10600mg/L）为底物的总功率密度相同，说明含环系、苯系有毒有害物质并未对五格室BTAMFC的产电性能造成不利的影响，各格室产电性能的差异主要由于阴极电位的降低和进水COD浓度与组分不同而导致的。

进水COD浓度约为6235±50mg/L，出水COD浓度仅为324±50mg/L，COD去除效率约为94.8%，见图9-13。与10g/L葡萄糖为底物相比（COD去除效率为94.8%），仍维持在相同水平，两格室ABMES与五格室ABMES研究结果均表明，第一格室以废水处理为主（COD去除效率高达50%以上），第二格室以产电为主（功率密度最高），此后第三格室产电性能降低，但COD去除效率升高，功能再次偏向于废水处理。

3）组合工艺降解醪液废水

作者团队首次将ABMES工艺与CSTR（产酸相）、EGS（产甲烷相）及SBR反应器（好氧段）的废水处理工艺联合应用，以SBR工艺段出水作为单格室ABMES底物，如表9-4所示，MES段进水COD为319mg/L，VFAs含量仅为18mg/L，色度为1250°，电导率为1530mS/cm，含有棕榈酸、十八烷酸、戊烷、萘、乙二醇及环戊烷羧基酸等难生物降解的物质，BOD_5/COD_{Cr}为0.08。

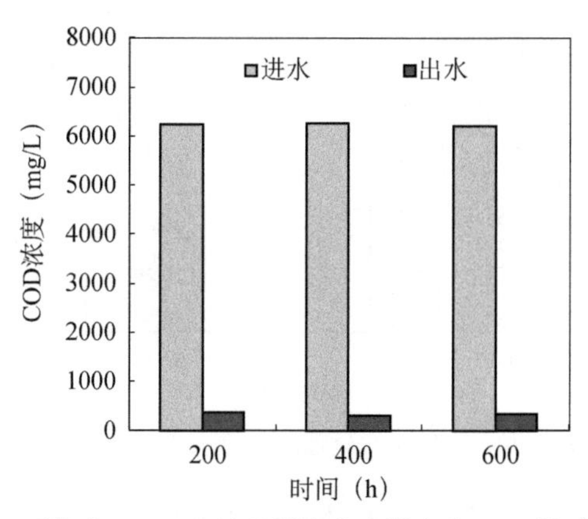

图9-13　五格室ABMES处理醪液废水进出水COD浓度对比图

表9-4　醪液废水的水质参数表

废水种类	pH	COD_{Cr}（mg/L）	B/C
醪液废水	6.11	123800	0.35
CSTR反应器出水	5.17	5180	0.77
EGS反应器出水	7.71	1158	0.50
SBR反应器出水	8.17	319	0.08

如图9-14所示，电压经过250 h波动，最终降低为296mV，并保持稳定的电能输出，最大功率密度为$2.7W/m^3$。电压的稳定期持续了230h以上，说明可连续稳定的处理废水。如图9-15所示，在废水可生化性仅为0.08时，COD去除效率却达72%，证实了ABMES可大幅度提升废水的可生化性，一方面是由于折流板结构，另一方面在电场作用下，将难降解的有机物先氧化成中间产物，而后被微生物进一步降解代谢，电场与微生物分工合作，协同处理废水。

一般来说，ABR工艺具有3～5个格室，进水浓度在400～10000mg/L，进水负荷在0.5～20kg COD/（m^3·d），COD去除效率在70%～99%，如表9-5所示[38]。ABMES系统在糖类废水去除过程中，充分保留了ABR在废水处理领域内优势，进水负荷范围更宽，

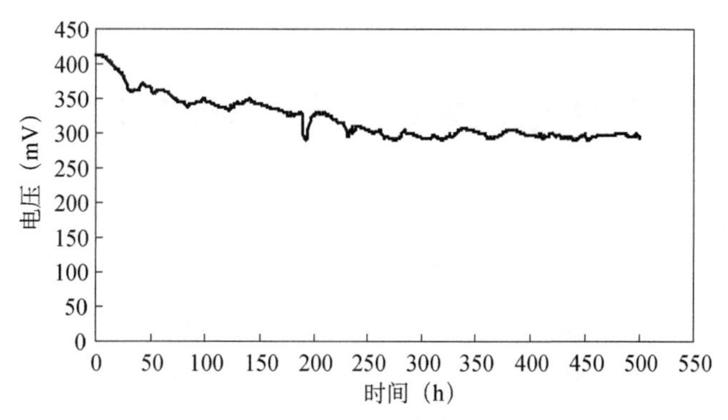

图9-14　单室ABMES降解醪液废水电压-时间曲线

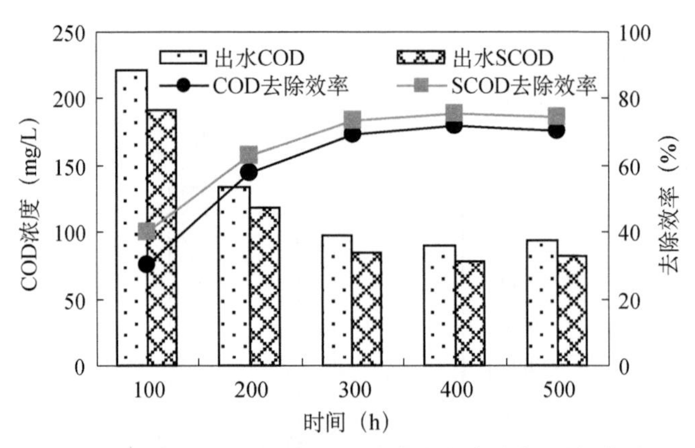

图9-15 单室ABMES处理醪液废水去除效率-时间曲线

4.11～29.5kg COD/（m^3 NAC·d），进水浓度在1000～10600mg/L，并且COD去除效率保持在70%～98%。上述比较结果显示，该ABMES系统在糖类废水的处理方面，保留了厌氧折流板反应器相同的废水去除效能，同时回收了2～60W/m^3的电能。在废水资源化领域内，有较好的应用潜力。

在处理实际工业废水时，ABMES进水浓度在6000～7300mg/L，进水负荷在10～30kg COD/（m^3·d），去除效率为88%～96%，兼具脱色功效，对浓度与负荷的冲击有较好的抵抗能力，同时在电场所带来的强氧化还原作用下去除有毒难降解有机废水，后续需继续深入研究微生物、电场、厌氧折流板间的协同作用，以更好调控与优化反应体系，从而进一步提升系统对废水的处理能力。

表9-5 ABMES与ABR工艺废水处理能力对比表

废水种类	分格数	进水COD（mg/L）	进水负荷[kg COD/（m^3·d）]	COD去除效率（%）
葡萄糖	3～5	1000～10000	2～20	72～99
工业废水	3～6	400～2000	0.5～10	70～95
ABMES以葡萄糖为底物	2～5	1000～10600	4～30	70～98
ABMES 以稀释的秸秆产乙醇洗液废水为底物	2	7100～7250	29.5	88～91
ABMES以稀释的秸秆产乙醇醪液废水为底物	5	6200～6400	12.8	93～96

9.3 连续搅拌微生物电化学系统（CSMES）

微生物电化学系统可以处理多种有机物，但对于糖类、蛋白质和某些长链挥发酸等大分子有机物，并不能被产电菌直接降解，需首先经过发酵过程转化，然后被电能微生物利用。鉴于连续搅拌釜式反应器（CSTR）具有传质性好、水解酸化速率快及操作稳定等优点，在处理高浓度复杂有机废水方面具有显著优势，作者团队将MES与CSTR耦合，构建一体式连续搅拌微生物电化学系统（CSMES）。

9.3.1　CSMES系统设计与构建

CSMES的构建是在CSTR的基础上进行改造，由底端的全混流搅拌区（CMZ）及顶端的微生物电化学区（MEZ）组成。底端的CMZ保留了CSTR的搅拌功能，从而保证系统内的物料混合均匀，强化传质过程；顶端的MEZ由碳纤维刷阳极和不锈钢网辊压阴极组成，阴阳极之间以外阻连接，使系统在去除废水中有机物的同时产生电能；CMZ与MEZ的外部通过法兰板连接，内部以三相分离器相分隔，从而防止CMZ的污泥进入MEZ，附着于阴极表面而导致阴极催化层被污染。

全混流搅拌区包括主体搅拌区及排泥区［图9-16（a）］[39]，其中主体搅拌区为圆柱体（内径175mm×高94mm），排泥区为漏斗状（内径175mm×高30mm）。废水由主体搅拌区底端进入系统内，在连续搅拌的作用下，絮状及颗粒状厌氧污泥与废水充分接触，复杂有机物经过水解、酸化及发酵过程转化为小分子有机物。为了便于空气阴极的组装，微生物电化学区的外壁设计为长方体结构（长175mm×宽175mm×高125mm），四片不锈钢网辊压阴极（每片电极工作面积约为58cm^2）通过法兰结构分别固定于MEZ的四个面［图9-16（b）］[39]。12支碳纤维刷（刷直径40mm，刷长100mm）的钛丝固定于反应器密封盖板上，其中每三支碳纤维刷串联为一个阳极，并与一片辊压阴极构成一个独立的微生物电化学系统，阳极碳纤维刷的边缘与阴极的垂直距离为2cm，阴阳极之间以外阻连接，则整个MEZ由四个相同且独立的微生物电化学系统组成，但四个系统共用来自CMZ的电解液。废水进入反应器后以升流式穿过反应器内部，最终通过溢流装置排出。由于CMZ的水解酸化作用，使进入MEZ的有机物大多为易于被产电菌利用的小分子有机物，从而提高了系统的产电性能。相比于其他构型的微生物电化学系统，该构型增加了底端全混流搅拌区，因此将其命名为连续搅拌微生物电化学系统（CSMES）。

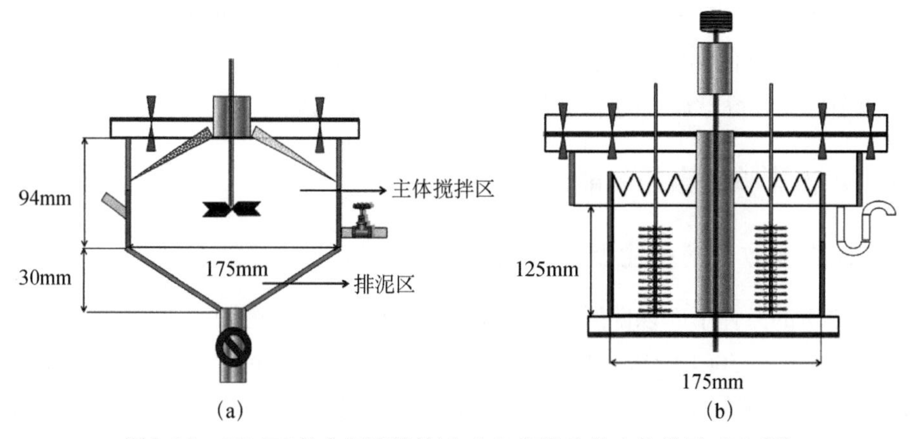

图9-16　CSMES的全混流搅拌区（a）和微生物电化学区（b）[39]

连续搅拌釜式反应器（CSTR）作为CSMES的对照反应器，其构型、有效容积及运行方式与CSMES相同，二者的不同之处在于CSTR的顶端以密闭的长方体有机玻璃代替了CSMES顶端的微生物电化学区。

9.3.2 CSMES接种与启动

CSMES的接种污泥（1L）取自本实验室长期运行的处理纤维素乙醇废水的CSTR，经蔗糖合成配水在厌氧条件下驯养15天后接种。反应器在室温下、连续流运行方式启动，以蔗糖合成配水为进水，COD浓度为1000mg/L，水力停留时间（HRT）为24h，通过逐级降低外阻的方式（500Ω、100Ω 及10Ω）驯化阳极产电菌，整个启动富集阶段共持续500 h（图9-17）[39]。

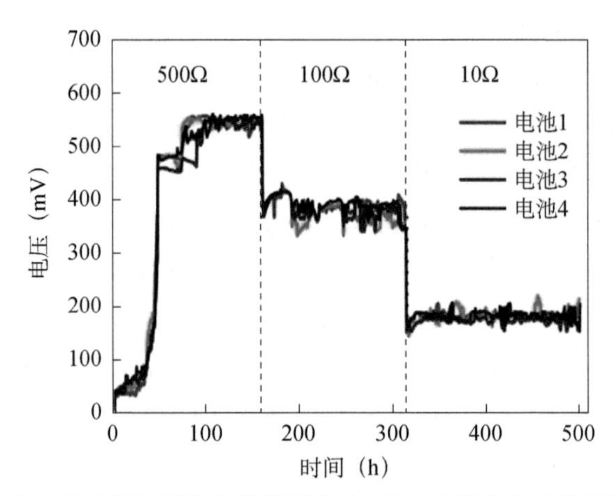

图9-17 启动期逐级降低外阻过程中CSMES输出电压的变化[39]

尽管CSMES以对于产电菌来说属于复杂有机物的蔗糖作为底物启动，其启动完成所需时间仍然较短，与以乙酸钠等简单底物启动MES所需时间基本一致[40]。可能原因是在CSMES底部的全混流搅拌区的作用下，蔗糖被发酵为小分子的挥发酸（如乙酸），可供系统顶端微生物电化学区的阳极产电菌直接利用进行产电，从而缩短了系统的启动时间。在160h时，将外电阻下调到100Ω，并在这一外阻下运行了150h，四个电池的平均输出电压达到382±7mV。继续降低外阻至10Ω，四个电池的平均输出电压下降至178±4mV，同时在该外阻下，四个电池获得了最大的平均电流密度3.08±0.07 A/m^2。

9.3.3 CSMES影响因素与效能

1）电极组合方式对产电性能的影响

在HRT=24h的条件下，以四通路模式运行CSMES，系统内四个电池的最大功率密度分别为521±3mW/m^2、506±4mW/m^2、483±10mW/m^2 及 511±3mW/m^2。以单通路模式运行CSMES，即十二支碳纤维刷串联为一个阳极、四片辊压阴极串联为一个阴极，阴阳极以10Ω 外阻连接，考察CSMES在该模式下的最大功率密度。结果表明，CSMES在单通路模式下运行获得的最大功率密度为623±23mW/m^2，远低于系统以四通路模式运行时四个电池最大功率密度的总和（2022±19mW/m^2）。因此，四通路的电极组合形式利于系统的电能输出。

2）有机负荷对CSMES产电性能的影响

通过降低 HRT（24h、18h 及 12h），首先考察了三个较低的有机负荷［1kg COD/（m^3·d）、1.3kg COD/（m^3·d）和 2kg COD/（m^3·d）］对系统总功率密度的影响。有机负荷在1～2kg COD/（m^3·d）范围内，四个电池的最大功率密度之和随着有机负荷的增加而增大，在2kg COD/（m^3·d）时达到最大值2256±25mW/m^2。在HRT=12h条件下，进一步通过提高进水COD浓度，增大系统的有机负荷［4kg COD/（m^3·d）、8kg COD/（m^3·d）、12kg COD/（m^3·d）］，结果表明，在4～12kg COD/（m^3·d）范围内，系统的最大功率密度之和并没有显著变化。有机负荷对系统内四个电池功率密度的影响与对总功率密度的影响一致。以电池1为例，在有机负荷从1kg COD/（m^3·d）提高到2kg COD/（m^3·d）的过程中，其最大功率密度从 521±3mW/m^2 提高到 583±9mW/m^2，并基本保持在这个水平不变，不随着有机负荷的提高而变化。

以上结果表明，在有机负荷为2kg COD/（m^3·d）时，产电菌的活性达到饱和状态。当有机负荷低于2kg COD/（m^3·d）时，总功率密度增大的原因是随着进水中有机物负荷的增大，可供产电菌利用的有机物不断增多，从而使系统的电能输出增大。然而当有机负荷高于2kg COD/（m^3·d）时，系统的总功率密度并没有随着有机负荷的提高而增大，原因是系统的功率密度不仅受进水负荷的影响，质子传递及电荷转移速率等阴极氧还原反应的限制因素均会对系统的电能输出产生影响[41]。进水有机负荷的增大导致过量的微生物大量繁殖，这些微生物附着于阴极催化层的表面，形成较厚的生物膜，阻碍了质子向阴极活性位点的传递，从而降低了阴极氧还原反应速率，导致系统最大功率密度下降[42]。

9.3.4　CSMES处理啤酒废水效能研究

1）电能输出效能

按照30%、60%、100%的梯度逐级提高啤酒废水在进水中的比例，最终实现完全以啤酒废水原水为进水。当进水中啤酒废水的比例达到100%时，四个电池的输出电流密度分别为2.21±0.34A/m^2、1.99±0.26A/m^2、1.83±0.23A/m^2 及 2.29±0.34A/m^2，最大功率密度分别为313±32mW/m^2、289±34mW/m^2、273±14mW/m^2 及 344±31mW/m^2（图 9-18）[43]。前人报道的单室空气阴极微生物电化学系统利用啤酒废水产电时所获得的最大功率密度为205mW/m^2[44]，该系统所获得的平均最大功率密度是其1.5倍。可能原因是，与单室空气阴极反应器相比，CSMES在构型设计上增加了底端的全混流搅拌区，该区域接种了厌氧活性污泥，可首先对啤酒废水中的可溶性蛋白质及糖类等有机物进行水解、酸化及发酵作用，将其降解为小分子挥发酸，供顶端微生物电化学区的产电菌利用，从而提高整个系统的产电性能。

2）COD去除效能

有机物及悬浮固体去除效果在整个实验过程中，同时平行运行了一个连续搅拌釜式反

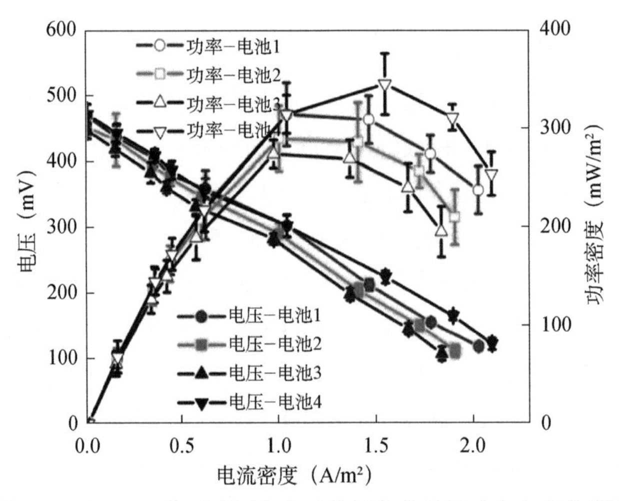

图9-18 CSMES处理啤酒废水时的极化曲线及功率密度曲线[43]

应器（CSTR）作为对照反应器，其结构及有效容积与CSMES相同，二者的唯一区别是CSTR的顶端为密闭的长方体有机玻璃，而并非由阳极和阴极组成的微生物电化学区。当完全以啤酒废水原水为进水时，CSMES去除了75.4%±5.7%的COD及73.1%±4.8%的SCOD，使出水COD和SCOD浓度分别从3707±220mg/L及2466±189mg/L下降到909±296mg/L及663±117mg/L。而CSTR的COD和SCOD的去除效率分别为47.2%±6.9% 及38.4%±5.1%，出水的COD和SCOD浓度分别稳定在1946±186mg/L和1503±230mg/L。CSTR的COD和SCOD的去除效率远低于CSMES，因为在CSTR系统中，发生的是单独的厌氧消化过程，啤酒废水中有机物的降解主要由发酵细菌完成，发酵过程产生了大量副产物，其中一部分副产物可以被产甲烷菌或其他细菌利用。然而，厌氧消化始终不是一个完整的污染物处理过程，大量副产物如挥发酸会残留在出水中，因此导致CSTR的COD及SCOD去除效率较低。

连续监测了啤酒废水原水阶段两个系统对SS及VSS的去除情况。在运行至稳定阶段，CSMES去除了进水中64.9%±4.9%的SS 及72.8%±5.2%的VSS，使进水中SS及VSS的浓度分别从1546±136mg/L及579±53mg/L下降至538±64mg/L及156±50mg/L。相比之下，CSTR对SS及VSS的去除效率较低，分别为43.8%±7.3%及38.8%±6.1%，使出水中二者的浓度分别为862±79mg/L和347±61mg/L。另外，CSMES的甲烷产率［0.41±0.05L/（L·d）］也明显高于CSTR［0.25±0.07L/（L·d）］。尽管CSMES中产甲烷菌与产电菌对有机物的竞争作用会影响系统电能的输出，然而产甲烷过程与产电过程的互作关系有利于加强系统对有机物的去除效果。CMZ中持续的产甲烷作用强化了产氢产乙酸过程，从而产生了较多的氢气及挥发酸。大部分挥发酸沿着水力方向流向MEZ，并被产电菌利用进行产电。挥发酸从CMZ的移除在一定程度上缓解了其对产甲烷菌的抑制作用，从而强化了产甲烷作用及有机物的彻底降解过程。

9.3.5 CSMES微生物群落解析

为了探讨CSMES内有机物降解的机制，对系统内微生物群落的空间分布及种群协同作用进行了研究。取啤酒废水运行至末期的CMZ污泥（$CSMES_{CMZ}$）、MEZ阳极及阴极生物膜（$CSMES_{Anode}$和$CSMES_{Cathode}$）、CSTR底端及顶端污泥（$CSTR_{Bottom}$和$CSTR_{Up}$），对两个系统不同区域的微生物群落进行454高通量测序，分析其细菌及古生菌群落结构。

1）细菌群落结构分析

将高通量测序序列与数据库比较后，在门、纲、属水平上进行分类。各个群落均表现出极高的生物多样性，五个群落共发现了10个细菌门类，且主要分布在厚壁菌门（Firmicutes，9.9%～46.4%）、变形菌门（Proteobacteria，10.3%～42.3%）及拟杆菌门（Bacteroidetes，8.8%～31.2%）[（图9-19（a）][43]。纲水平上的分类如图9-19（b）所示，五个群落中共发现56个纲，并主要分布在其中的18个纲内[43]。

属水平上的分类有利于进一步了解各个微生物群落的功能。$CSMES_{CMZ}$中的优势菌属为梭状芽孢杆菌属（*Clostridium*，19.7%）、厌氧绳菌属（*Anaerolinea*，12.5%）、短杆菌属（*Brevibacterium*，9.9%）及拟杆菌属（*Bacteroides*，5.0%）（图9-20）[43]。同时*Clostridium*（19.1%）和*Bacteroides*（10.3%）也是$CSTR_{Bottom}$中两个最具优势的细菌菌属。*Clostridium*属中的某些菌种，如产纤维二糖梭菌（*Clostridium cellobioparum*）及*Clostridium sufflavum*，能够将大分子多糖降解为小分子单糖，是实验室规模及实际废水处理系统中常见的功能微生物[45]。而*Bacteroides*作为一种重要的常温型发酵类细菌，可将糖类物质降解为氢气、二氧化碳及小分子挥发酸等，在糖类代谢的过程中起主要作用。除了*Clostridium*及*Bacteroides*这两种典型的发酵细菌，在$CSMES_{CMZ}$及$CSTR_{Bottom}$中还存在多种发酵类细菌属，包括芽孢杆菌属（*Bacillus*）、醋酸杆菌属（*Acetobacterium*）及肠球菌属（*Enterococcu*）等[46]。在$CSMES_{CMZ}$及$CSTR_{Bottom}$中发现大量发酵类细菌，表明这两个区域的微生物群落与啤酒废水中有机物的水解酸化有关，绝大部分的可溶性蛋白质及糖类在CSMES的CMZ段、CSTR的底端被降解进一步证实了这一点。$CSMES_{Anode}$中占据优势的细菌菌属主要集中在互养杆菌属（*Syntrophobacter*，20.8%）、厌氧绳菌属（*Anaerolinea*，15.6%）及地杆菌属（*Geobacter*，12.4%），与$CSTR_{Up}$明显不同。像*Geobacter*这种典型的产电菌仅在CSMES中被发现，表明电流的存在对其具有选择性的富集作用[47]。*Syntrophobacter*是一种互养型细菌，与产甲烷菌共同培养时，能够将挥发酸类物质氧化为甲酸、乙酸及氢气等物质[48]。由于一些*Geobacter*同样可以利用氢气产电，因此*Geobacter*的存在可能是$CSMES_{Anode}$中含有较高丰度的*Syntrophobacter*的主要原因。$CSMES_{Anode}$中*Syntrophobacter*的相对丰度（20.8%）明显高于$CSTR_{Up}$（6.6%），因此在CSMES中有更多的挥发酸可以被*Syntrophobacter*利用，从而极大程度降低了出水中挥发酸的浓度。

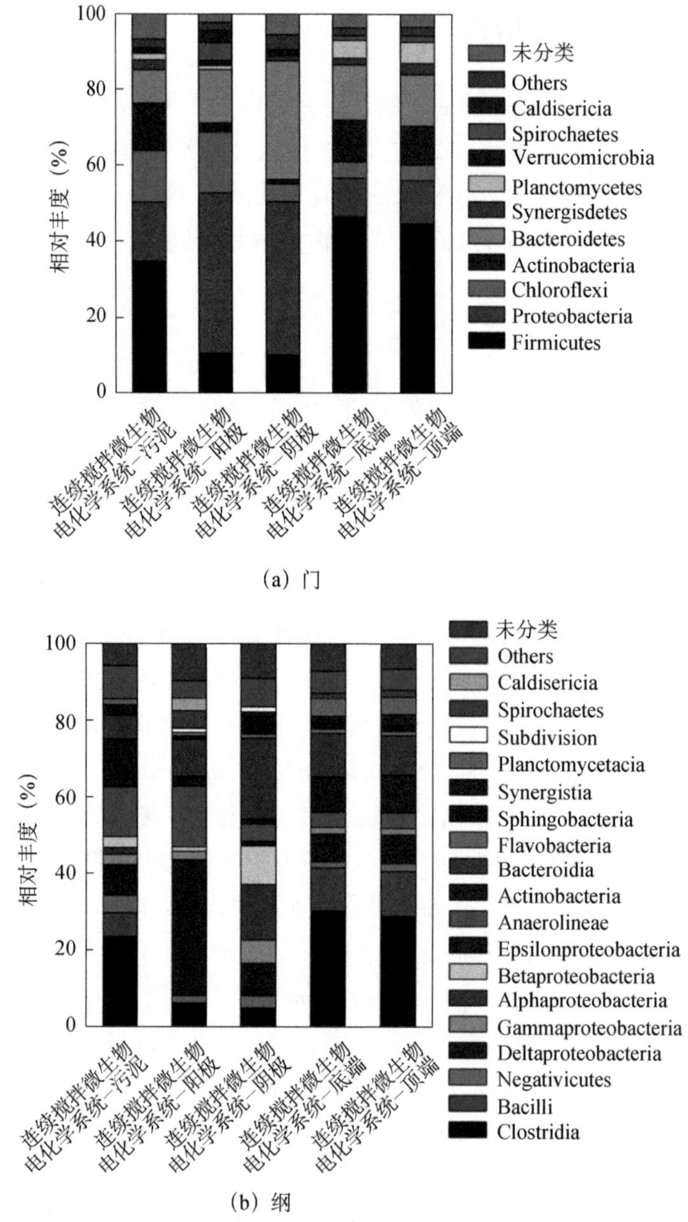

图9-19　细菌焦磷酸测序序列在门和纲水平上的相对丰度

Others表示相对丰度小于1%的门或纲

2）古生菌群落结构分析

古生菌在目水平上的分类结果表明，嗜氢产甲烷菌目（Methanobacteriales，41.8%）及嗜乙酸产甲烷菌目（Methanosarcinales，41.1%）均在$CSMES_{CMZ}$中被发现［图9-21（a）］[43]。而$CSTR_{Bottom}$和$CSTR_{Up}$均以嗜氢产甲烷菌目（Methanobacteriales和Methanomicrobiales）为优势菌目。$CSMES_{Anode}$中以热源体目（Thermoplasmatales，41.9%）的丰度最高，其次为甲烷杆菌目（Methanobacteriales，36.2%）。属水平上的分类结果表明，$CSMES_{CMZ}$中的优

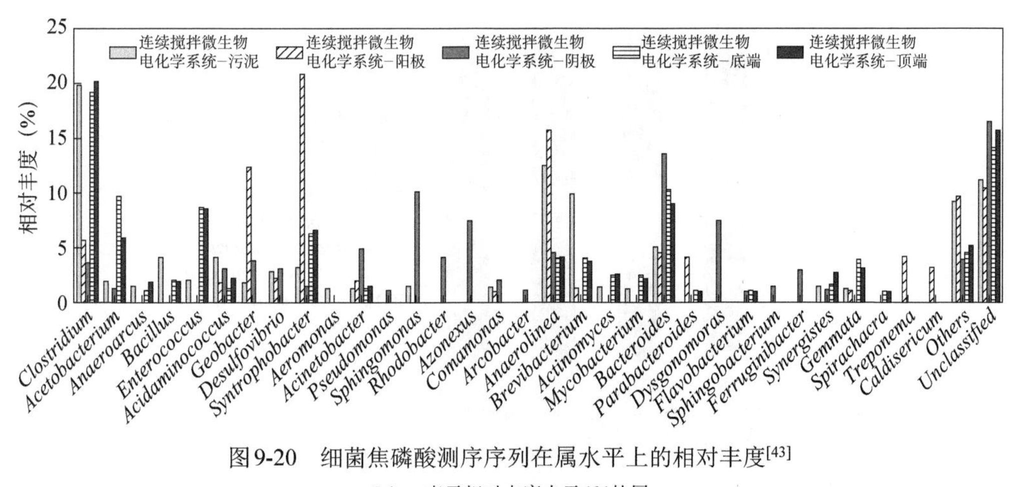

图9-20 细菌焦磷酸测序序列在属水平上的相对丰度[43]

Others表示相对丰度小于1%的属

势古生菌属为甲烷毛状菌属（*Methanosaeta*，40.3%）、甲烷杆菌属（*Methanobacterium*，38.4%）及*Thermogymnomonas*（13.2%）[图9-21（b）][43]。在CSTR中，*Methanosaeta*在$CSTR_{Bottom}$和$CSTR_{Up}$中的相对丰度较低，分别为8.2%及7.8%。而*Methanobacterium*及甲烷螺菌属（*Methanospirillum*）为$CSTR_{Bottom}$和$CSTR_{Up}$中的优势菌属，其相对丰度分别为37.9%（37.1%）及22.3%（23.7%）。研究表明，*Methanosaeta*对于EGSB中厌氧颗粒污泥的形成起重要作用，*Methanosaeta*通过在颗粒污泥内部形成骨架结构，而有利于其他功能菌群的富集。在一个运行状态良好、甲烷产率高的厌氧产甲烷系统中，通常以*Methanosaeta*为优势产甲烷属[49]。CSMES中*Methanosaeta*的相对丰度是CSTR的5倍左右，从而使其甲烷产率高于CSTR（1.6倍）。但是，在CSMES的阳极上同样发现了*Methanobacterium*（30.8%）及*Methanosaeta*（18.2%）的存在，而产甲烷菌和产电菌的共存会对系统的电能输出产生影响，导致系统库仑效率下降。这一发现与CSMES较低的库仑效率（1.5%±0.5%）相符合，通过在低电阻下运行系统可以在一定程度上抑制阳极产甲烷菌的生长。

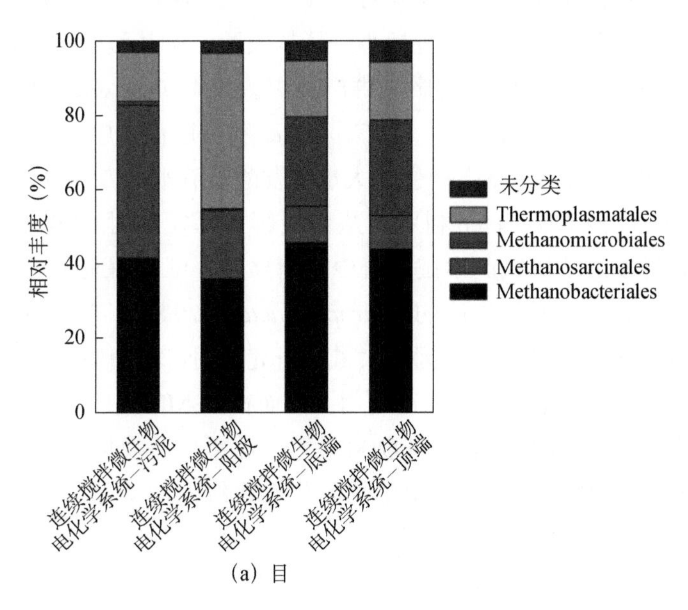

（a）目

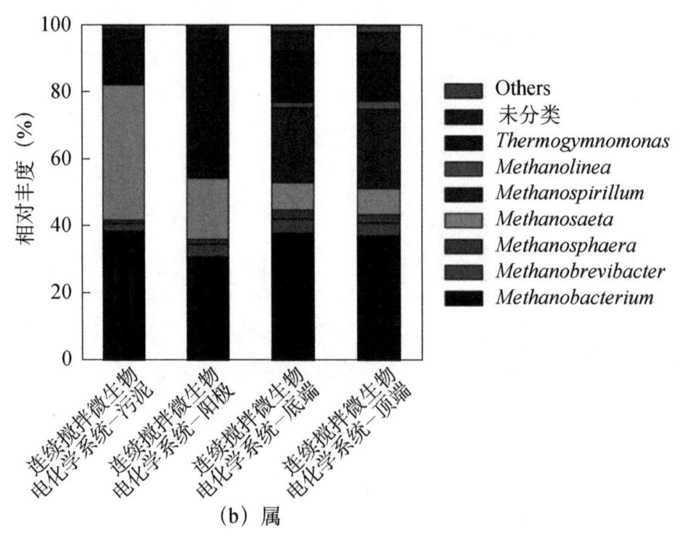

（b）属

图9-21　古生菌焦磷酸测序序列在目和属水平上的相对丰度[43]

Others表示相对丰度小于1%的目或属

3）微生物种群的协同作用

在CSMES的全混流搅拌区及微生物电化学区，主要分布着四类功能菌群，即发酵菌群（*Clostridium*，*Bacteroides*）、产氢产乙酸菌群（*Syntrophobacter*）、产甲烷菌群（*Methanosaeta*，*Methanobacterium*）及产电菌群（*Geobacter*）。这些功能菌群在空间上的分隔及种群之间的协同作用，实现了CSMES对啤酒废水中有机物的梯级降解过程（图9-22），从而使CSMES对底物的去除效果优于CSTR。

首先，发酵菌群将复杂有机物水解酸化为小分子挥发酸，从而有利于系统利用啤酒废水产电。在*Clostridium*（19.7%）、*Bacteroides*（5.0%）及CMZ中其他发酵菌群的作用下，啤酒废水中的可溶性蛋白质及糖类被降解为氢气、二氧化碳及小分子挥发酸，完成有机物梯级降解的第一步。该阶段的产物，包括小分子挥发酸、氨基酸等被*Syntrophobacter*氧化为乙酸、甲酸、氢气及二氧化碳等物质，供产甲烷菌如*Methanosaeta*及*Methanobacterium*利用进行产甲烷作用，或者进入MEZ，供*Geobacter*利用进行产电。其次，MEZ的产电过程强化了CMZ的产甲烷作用。CMZ产生的大量挥发酸沿着水力方向进入MEZ，被MEZ阳极区的*Syntrophobacter*及*Geobacter*利用，从而缓解了挥发酸对CMZ产甲烷菌的抑制作用。研究表明，将挥发酸从厌氧产甲烷系统中不断移除，可以加速有机物代谢为二氧化碳和水的过程。因此，MEZ中较高丰度的*Syntrophobacter*（20.8%）及*Geobacter*（12.4%）是CSMES甲烷产率高于CSTR的主要原因。大量的研究表明，啤酒废水由于含有浓度较高的悬浮固体及发酵类底物，并不适合产电菌利用。然而在CSMES中，产电菌与多种功能菌群共存，菌群之间的协同作用使产电菌可以利用可溶性蛋白质及糖类进行产电，同时提高了系统对污染物的去除效能，对推进微生物电化学系统面向实际废水处理应用具有重要意义。

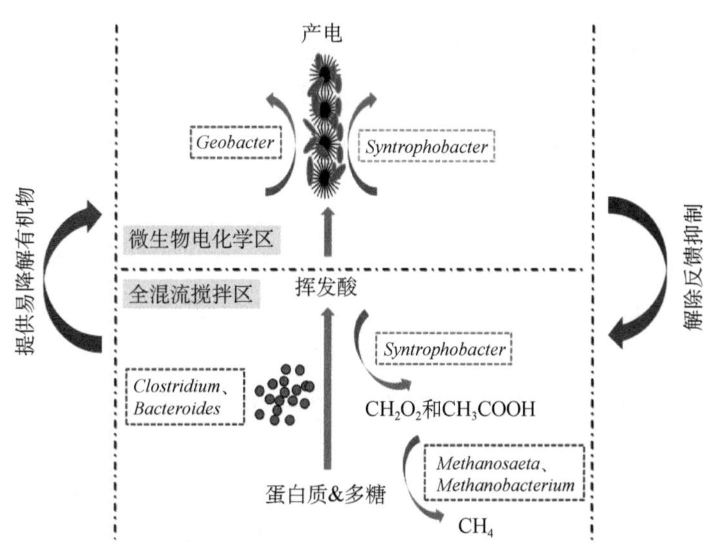

图9-22 CMZ和MEZ微生物种群的协同作用[37]

9.4 微生物太阳能电化学系统设计与效能

太阳能是一种普遍的、无污染的、可持续的能量巨大的能源。能否将光能利用到微生物电化学系统，同时利用光能和生物能来实现能量的回收和污染物的降解，这是研究者一直在探寻的问题。目前，根据太阳能的利用途径不同，微生物太阳能电化学系统分为两种模式，一是通过光合生物光合作用来实现，二是通过光催化材料的利用实现。

光合作用是指含有叶绿体绿色植物和某些细菌，在可见光的照射下利用光合色素，将二氧化碳和水转化为有机物，并释放出氧气（或氢气）的生化过程，光合作用是生物界赖以生存的基础，也是地球碳–氧平衡的重要媒介。光合生物耦合的微生物电化学系统被称作微生物太阳能电化学系统，最早提出这一概念是在20世纪60年代，其耦合方式按照光合生物的作用可以分为以下两种：①光合生物在阳极的作用下，主要是通过光合作用为产电微生物合成代谢底物；②光合生物在阴极的作用下，通过光合作用为阴极提供氧作为电子受体[50]。

近年来，科学家们尝试将光催化引入微生物电化学体系中，实现微生物能与光能两大清洁能源的结合，充分发挥二者各自优势，提高系统的产能与污染物降解性能[51]。

9.4.1 光合作用在微生物电化学系统阳极的应用

1）添加电子中介体的光合生物阳极

一些蓝藻类生物，如*Anabaena*和*Synechocystis*被用作阳极微生物，前提是萘醌类电子中介体的存在[52]。在暗态条件下胞内储存的糖原被氧化分解，产生的电子被阳极捕获，功率密度逐渐上升；而在光照条件下，光合作用会产生氧气，藻类重新在胞内储存碳水化合物，功率密度逐渐下降[53]。而电子中介体通常是不可持续使用的，对环境也有潜在的毒害，这种光合微生物的耦合方式没有得到进一步的发展。

2）产氢光合微生物在阳极的应用

早在1939年，Gaffron等[54]就发现绿藻的产氢现象，目前已知具有产氢功能的藻类有绿藻和蓝藻。微藻产氢的最大障碍来自氢气的反馈抑制作用，而利用微生物电化学系统将微藻产生的氢气进行催化氧化，转化为电能，降低氢气的分压，减小反馈抑制作用，可以提高能量的回收率。此时H_2/H^+起到电子中介体的作用，将微生物代谢产生的电子传递给阳极。2005年，Schroder等[55]报道了绿藻*Chlamydomonas reinhardtii*在微生物电化学系统阳极的原位产氢，阳极微生物对氢气的消耗使绿藻的氢气回收率提高了100%。一些利用有机物为底物，在光发酵过程中产氢的紫细菌也被用于微生物电化学系统。Cho等[56]研究表明，*Rhodobacter sphaeroides*的产电性能与光照强度有直接关系，在光照下最大功率密度为$2.9W/m^3$，而在暗态条件下只有$0.008W/m^3$。利用光合微生物产氢的产电过程并不稳定。氢气的氧化需要通常需要贵金属催化剂，这类催化剂成本高，且容易失活，使光合微生物的产氢速率与氢气的消耗速率难以协调一致，造成产电不稳定[57]。

3）光合生物与异养微生物耦合产电

微藻是一种单细胞绿色植物，具有生长速度快、占地面积小并且不与农作物竞争土地的特点。微藻藻体富含叶绿素、蛋白质、碳水化合物和油脂等，其在生长繁殖过程中分泌一些可溶性有机物（如多糖等），这些都可以被产电微生物所利用，最终产生清洁电能。藻菌协同关系在自然界中广泛存在，近几年科学家们将这种模式引入微生物电化学系统中（图9-23）。Nealson等 [58]在未添加任何有机物和电子中介体的沉积物微生物电化学系统中观测到电流的产生。电流强度在持续光照阶段下降，在黑暗阶段上升，这主要由于光照时产生的氧气对产电造成干扰，而长时间黑暗条件也导致电流的下降，这是由于有机底物的消耗殆尽。靠近阴极的表层微生物多为蓝藻和微藻，下层多为异氧微生物，分析结果证实了光合生物与异养微生物协同产电的存在[59]。Malik等[60]在海洋沉积物MFC也发现了相似的现象。所不同的是，作者指出光合作用不仅向阳极提供了必要的有机物质，而且为阴极反应提供了氧气，因而构成了完全不依赖外界物质供应、自我组装、自我修复的电化学系统。

水生植物的根系能够合成大量的有机物，包括糖类、有机酸、聚合糖、酶以及坏死的细胞体等，这些有机物分泌到土壤中，能够为土壤中微生物群落的生长提供营养。在植物微生物电化学系统中，植物栽种在阳极室，根部与阳极直接接触，产电微生物原位利用植物根系分泌物（rhizodeposits），产生持续的电流[61]。Hamelers等[61]在阳极区种植湿地芦苇（*Glyceria maxima*）构建了植物–微生物电化学系统，植物与异养微生物协同作用产电，获得最大功率为$67mW/m^2$，首次构建了植物微生物耦合电化学系统。之后，研究者陆续研究了多种水生植物的根系分泌物作为底物进行产电的情况。Verstraete等[62]将阳极放置在水

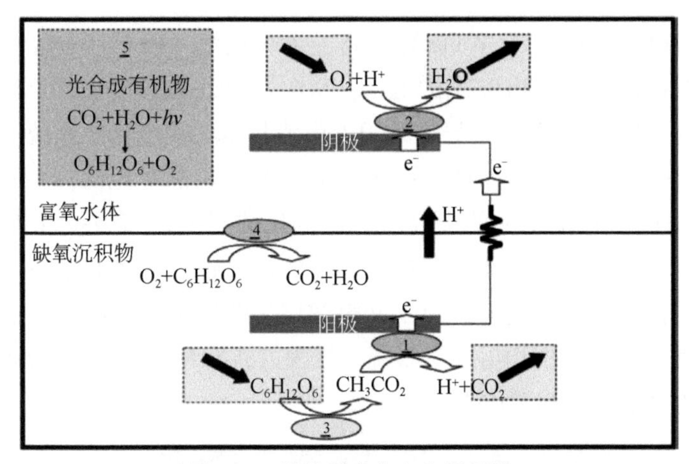

图9-23 微藻微生物电化学系统

稻根系位置，微生物燃料电池获得了持续的能量输出，最大功率密度达到330W/hm²，是没有水稻生长的对照组的7倍。Watanabe等[63]在水稻田中原位构建了大型植物–微生物燃料电池系统，在不破坏水稻田原有系统的情况下获得了6mW/m²的功率密度。之后，该研究团队先后以水生植物水甜茅（*Glyceria maxima*）、大米草（*Spartina anglica*）、野古草（*Arundinella anomala*）、芦竹（*Arundo donax*）等为电池阳极构建MES，研究了电池的产电特性、植物生长以及微生物群落，功率密度也有了大幅度的提高[64]。植物–微生物电化学系统的优势在于更加高效地利用太阳能，不破坏植物的生长环境，构建植物–异养菌共生系统，在不断收获植物的前提下，充分利用根系分泌物产生清洁的电能。关键问题之一是植物与异养菌之间的相互作用关系，这需要进一步深入研究。

9.4.2 光合作用在微生物电化学系统阴极的应用

光合作用产生的氧气可以作为微生物电化学系统阴极电子受体，既起到CO_2固定的作用，也可以减少曝气供氧带来的能源消耗[65]。光合生物在阴极原位利用，也可以异位产氧，后经过循环系统将含氧气的阴极液回流至阴极室。Hill等[66]研究了小球藻（*Chlorella vulgaris*）在阴极半电池中的生长速率，小球藻阴极电位最高达到70mV。

Wang等[67]在MES阴极培养小球藻，将阳极产生的CO_2通入阴极作为小球藻光合作用的碳源，构建了碳捕获微生物燃料电池（MCC），获得了最大功率密度5.6W/m³（藻密度OD为0.85）。另外，小球藻含有较高的脂肪酸，可以用于生产生物柴油[68]。

9.4.3 光催化材料在微生物电化学系统中的应用

1）光催化材料在微生物燃料电池阳极中的应用

2009年，Chae等[69]以光敏染料N719敏化的TiO_2为阳极，铂为阴极，I^-/I_3^-为电解液构建了染料敏化电池（DSSC），该电池的开路电压和短路电流分别为0.65V和2.93mA/cm²，并以此驱动微生物电解池实现了阴极产氢，在无外加偏压和阴极不使用铂催化剂的情况下产氢量约为599μmol（图9-24）。Wang等[70]将光催化电池（PEC）与微生物电化学系统串联，在光照下PEC回路产生了约0.7V的电压，从而为MES回路提供了能量克服反应势垒，在阴极实现了产氢。Chen等[71]将半导体太阳能电池与微生物电化学系统串联，组成了“光电池–微生物电化学系统”新型电池体系，在光照条件下，新型电池体系的开路电压、短路电流和最大功率密度都有了明显的提高。光电催化的引入，有效地改善了体系阴极的性能，使阳极微生物产电子的能力得到释放，光能的利用既为体系的运转提供了额外动力，而且提高了系统的污染物降解速率。以上文献通过光催化电池与微生物电化学系统串联的方式来将光能的利用引入微生物电化学系统，这种方式对MES系统的功能提升是明显的，但是增加了系统的复杂性和构建成本。

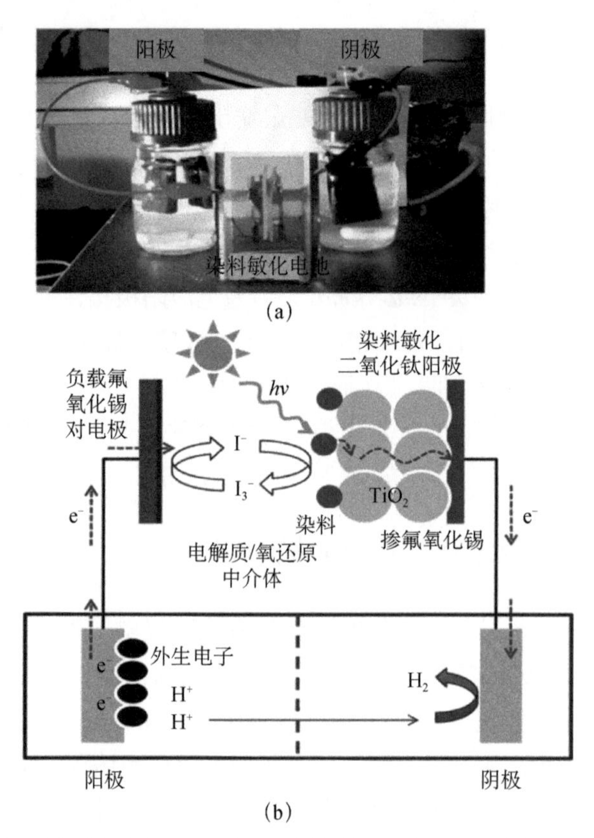

图9-24 染料敏化电池（DSSC）驱动微生物电解池产氢的工作机理

哈尔滨工业大学冯玉杰团队将生物阴极与TiO_2光催化阳极耦合，构建了生物阴极–光催化燃料电池（Bio-PEC）[72, 73]。生物阴极–光催化燃料电池的工作原理如图9-25所示，在氙灯的照射下，TiO_2表面的电子吸收能量大于禁带宽度的光子发生能级跃迁，产生光生电子/空穴对［式（9-1）］。电子在阳极和阴极之间电位差的驱动下通过外电路向阴极传导，并在生物阴极的催化下与氧气发生氧化反应［式（9-4）］，同时在溶液中与电子等电量的离子从阳极向阴极迁移，从而实现能量的回收。在生物阴极中，氧气的还原伴随着硝化菌的生长代谢活动进行的［式（9-5）］。光生空穴留在电极表面，与H_2O或OH^-反应生成·OH［式

(9-2)]，• OH 与空穴本身作为强氧化剂可以无选择地快速降解有机污染物质［式（9-3)]。因此，该生物阴极–光催化燃料电池可以充分发挥光催化过程对污染物的快速氧化和生物阴极的廉价、高效与可再生性等特性，可用于处理各种难降解废水。

$$TiO_2 + h\nu \longrightarrow h_{vb}^+ + e^- \tag{9-1}$$

$$h_{vb}^+ + H_2O \longrightarrow \bullet OH + H^+ \quad \text{or} \quad h_{vb}^+ + OH^- \longrightarrow \bullet OH \tag{9-2}$$

$$C_{14}H_{14}N_3NaO_3S + 38\bullet OH \longrightarrow 14CO_2 + 3NO_3^- + Na^+ + SO_4^{2-} + 52H^+ \tag{9-3}$$

$$4H^+ + O_2 + 4e^- \longrightarrow 2H_2O \tag{9-4}$$

$$2NH_4^+ + 4O_2 \xrightarrow{\text{硝化细菌}} 2NO_3^- + 2H_2O + 4H^+ \tag{9-5}$$

利用Bio-PEC在阳极处理甲基橙废水，获得的最大功率密度为211.32±3.54mW/m²，甲基橙降解速率为0.0120mg/（L • min）。该系统在48h的连续运行过程中表现出良好的稳定性，生物阴极的电位在更换阴极液的较短时间内出现迟滞现象，在之后的2～3h内恢复到正常水平且保持平稳，生物阴极电位约为220mV，在催化阴极氧还原反应的同时，生物阴极仍保持稳定的硝化速率［6.75mg/（L • h)]，说明生物阴极与光催化电极的匹配良好，并且具有高效和可再生性。

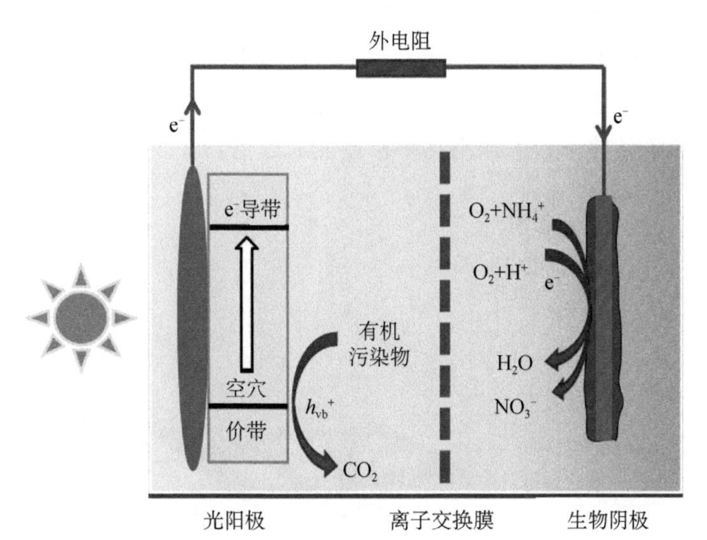

图9-25　生物阴极–光催化燃料电池（Bio-PEC）工作原理

此外，该团队考察了污染物种类、溶液pH、电导率和气体氛围对Bio-PEC系统产电性能的影响（表9-6)，研究发现Bio-PEC系统可以利用多种有机废水进行产电。废水较高的pH有利于提高功率输出，为了保证溶液离子迁移速率，废水的电导率不应低于10～15mS/cm；废水的厌氧条件有利于产电性能的提高。

表9-6　以不同物质的模拟废水为目标污染物时生物阴极光催化燃料电池的产电情况

	V_{oc}（mV）	I_{sc}（A/m²）	$P_{cathode}$（mV）	P_{anode}（mV）	最大功率密度（mW/m²）
甲基橙	690	1.87	302	−388	218
乙酸	730	1.51	299	−428	473
葡萄糖	715	1.74	305	−408	203

续表

	V_{oc}（mV）	I_{sc}（A/m^2）	$P_{cathode}$（mV）	P_{anode}（mV）	最大功率密度（mW/m^2）
谷氨酸	642	1.07	301	−352	96
尿素	668	1.40	308	−359	222

2）光催化材料在微生物电化学系统阴极中的应用

光催化材料作为阴极催化剂是目前的另一个研究热点[74]。Qian 等[75]在阳极接种 *Shewanella oneidensis* MR-1，以乙酸钠为底物，阴极使用p型半导体Cu_2O纳米线作为催化剂，组装出了太阳能驱动的微生物光电化学电池（图9-26），Cu_2O的禁带宽度为2.2V，其中导带−0.69V，高于氢的析出电位−0.41V（pH=7），因此可以在无外加偏压下实现阴极的析氢反应。为了克服Cu_2O在光电化学反应中容易被还原为金属铜，稳定性不好的弊端，Liang 等[76]采用富集了生物膜的石墨毡为阳极，以包覆了 NiO_x 层的 Cu_2O 作为光阴极（Cu_2O/NiO_x），组装了微生物光电化学电池（图9-27）。利用NiO_x层来提高Cu_2O的光电流以及稳定性，并且研究了NiO_x层的厚度以及外加偏压对该电池产氢性能的影响。研究发现在可见光照条件下，当外加偏压为0.2V，包覆的NiO_x层的厚度为240nm时，该电池的产氢速率达到了5.09μL/（h·cm^2）。Sun 等[77]首次以CuO纳米线作为光阴极，以接种了厌氧污泥的碳纤维刷为阳极，构建了光催化型微生物电化学系统。该系统在光照下最大输出功率为46.44mW/m^2，是黑暗条件下最大输出功率密度的1.25倍。

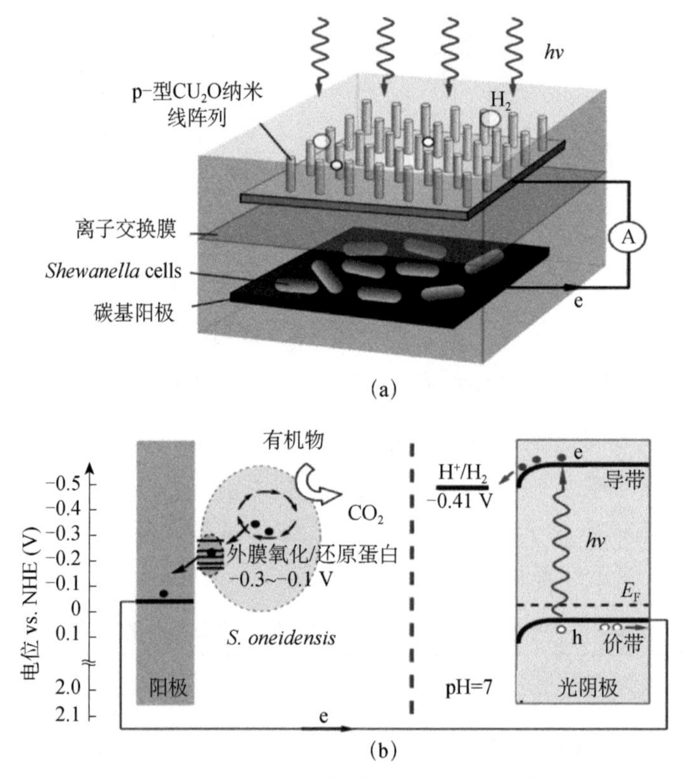

图9-26 Cu_2O纳米线阴极微生物电化学系统的结构示意图和电子传递途径

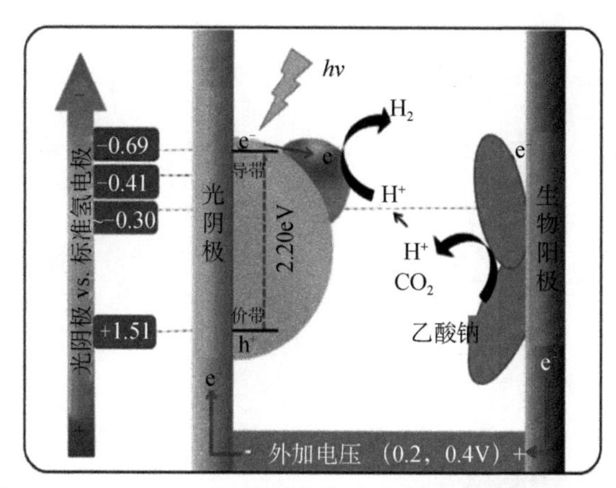

图9-27 Cu_2O/NiO_x阴极微生物电化学系统的结构示意图

Lu等[78]将天然金红石包裹的石墨作为阴极，富集了厌氧微生物的石墨作为阳极，组装了光催化–微生物电化学系统，阴极以氧气为最终电子受体，在光照条件下该电池获得了12.03W/m^3 最大功率密度，是以铂为催化剂条件下的75%。该研究小组在此基础上将光催化阴极用于污染物的降解，利用金红石在光照下产生的高能电子实现了对Cr（Ⅵ）的还原，发现在有光照下Cr（Ⅵ）的去除远高于无光照情况[79]。Chen等[80]以TiO_2纳米棒阵列为光阴极，在阳极碳纤维刷上接种处理水果垃圾的厌氧反应器中的污泥，成功组装了光催化型微生物电化学系统［图9-28（a)］。在无外加偏压的情况下实现了产氢。当外阻为10000Ω 时，在0.2mol/L的Na_2SO_4阴极电解液中，TiO_2光阴极的产氢速率达到了4.4μL/h，整个光电化学电池的最大输出功率为6.0mW/m^2。He等[81]以接种了厌氧污泥的碳毡作为阳极，以涂有TiO_2（P25）的碳纸（和ITO玻璃）作为阴极，构建了一个光驱动的微生物光电化学电池［图9-28（b)］。在紫外光照射以及无外加偏压的情况下，该系统的产氢速率达到3.5μmol/h。

此外，Wang等[82]采用涂有花状的$CuInS_2$微球的FTO玻璃作为光阴极，将*Shewanella oneidensis* MR-1接种到阳极碳粒上，构建了一个太阳光辅助的微生物电化学系统［图9-28（c)］。该系统在可见光下的光电流密度为0.62mA/cm^2，最大输出功率为0.108mW/cm^2，其最大功率输出接近Pt/C（0.123mW/cm^2）作为阴极的微生物电化学系统的功率输出。Zang等[83]以沉积了MoS_3的p型硅纳米线（SiNW）为光阴极（MoS_3/SiNW），以富集有电化学活性菌的石墨粒为阳极，构建了微生物光电化学电池［图9-28（d)］。在可见光照射下，该系统的功率输出可达到71mW/m^2，产氢速率为7.5±0.3μmol/（h • cm^2）。

近年来，关于光催化阴极–微生物电化学系统的研究得到了科研工作者的广泛关注，其作用机理可以概括如下：在阳极室产电微生物通过氧化有机物产生电子和H^+，电子通过外电路传递到阴极，H^+在溶液中向阴极扩散；在光催化阴极一端，半导体催化剂在光能的激发下产生光生电子/空穴对，由于光生电子的能级大于阳极产生电子的能级，因此光生空穴优先与阳极输送过来的电子复合，而光生电子则成为净剩余量，可以与阴极液中的H^+、O_2或其他电子受体结合，实现产能或污染物去除的目的。

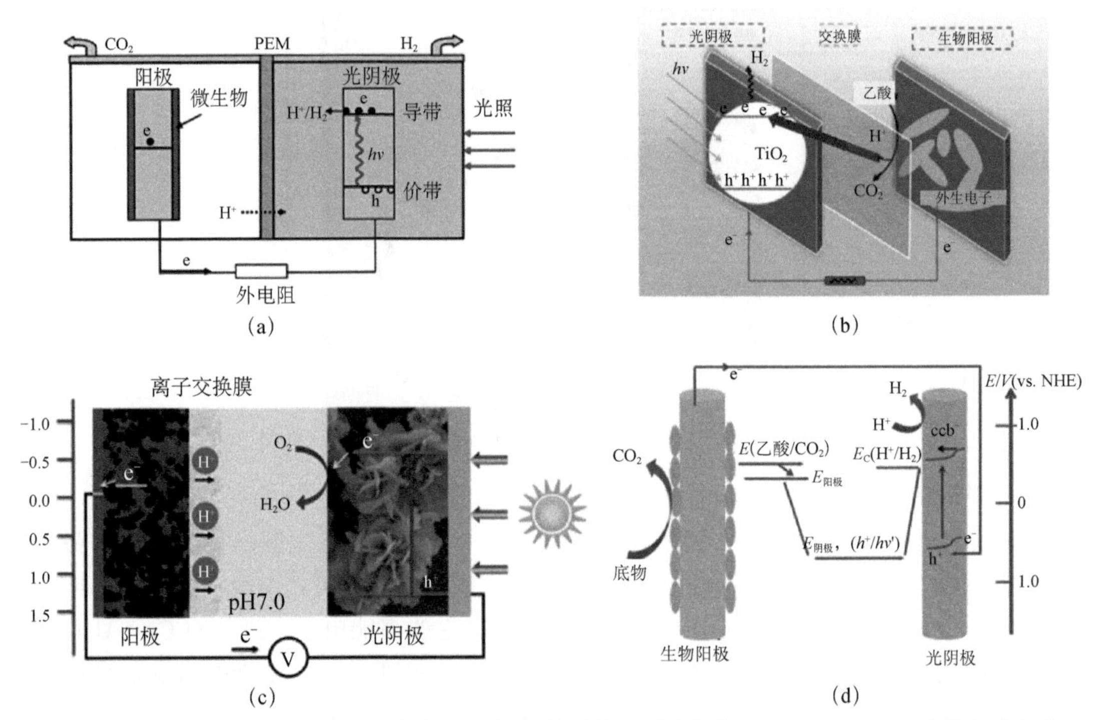

图9-28 （a）TiO_2纳米棒阵列光阴极微生物电化学系统结构示意图[80]；（b）TiO_2（P25）光阴极微生物电化学系统结构示意图[81]；（c）$CuInS_2$光阴极微生物光电化学电池结构示意图[82]；（d）MoS_3/SiNW光阴极微生物光电化学电池结构示意图[83]

9.5 能量自持运行系统设计与运行

9.5.1 污水中蕴含能量分析

在过去的一个世纪内，煤和石油等化石燃料是支撑世界工业发展的主要能源。但是，作为不可再生能源，这些化石燃料终有枯竭的时候，它也很难持续地维持世界经济的发展。尽管近期一些探明储量巨大的油田相继被发现，但是仍然无法扭转化石燃料逐步枯竭的趋势。除了化石燃料的枯竭，现有社会的能源结构仍旧处于不合理的区间，过分地依赖化石燃料以及新型能源（核能、风能、生物质能等）实用化过程的种种障碍导致了现有的经济社会发展始终受到牵制。与过度依赖化石燃料相伴随的是温室气体CO_2的大量排放，导致地球温度不断上升，南北极的冰山不断融化，最终的结果是海平面上升，可供农副产品生产的土地资源不断缩小从而加剧人类社会的不稳定性。

根据目前世界能源问题的现状，社会的主流学术思想逐步由勘探新的储备化石燃料矿藏向现有新型能源实用化转变和由能源粗放式利用向能源高效利用转变。其中，从传统角度上认为的“废物”中提取能源得到了越来越多的关注。在环境领域，从污水中回收能源就是其中的典型事例。

污水中蕴含着大量的能量，但传统水处理工艺则仅着眼于污染物的去除，并耗费电能。按照好氧活性污泥工艺的吨水处理总能耗约0.6kW・h[84]，COD为500mg/L的生活污水其有机污染物蕴含的化学能达到7.4kJ/L，即2.04kW・h/m³。该污水中所蕴含的化学能是好氧活性污泥处理能耗的3.4倍。如果能将这些化学能回收提取利用，不仅能够解决污水处理的高能耗问题，富余的电能还能向电网中输送以补充现有的能源短缺。

9.5.2 基于自持能量运行的污水处理系统研究进展

污水中蕴含着巨大能量，如何将这些能量进行回收并利用到实际的污水处理过程中实现其自持能量运行十分有意义。为了实现污水处理的能量自持运行，首先需要对污水处理过程中能量消耗进行分析。

对于COD为500mg/L，BOD为250mg/L的生活污水而言，使用活性污泥法处理（图9-29），并满足《城镇污水处理厂污染物排放标准》（GB 18918—2002）中一级A排放标准（COD 50mg/L，BOD 10mg/L）。可得该工艺COD去除效率为90%，运行期间曝气能耗约占50%，即0.3kW・h/m³；污泥处置及泵站等其他设施贡献另外的0.3kW・h/m³能耗。COD的化学能以14.7kJ/g COD计[85]，而剩余污泥的化学能以12.4 kJ/g计[86]。该好氧工艺每吨污水产生的0.12～0.18kg污泥中仍有1500～2230kJ（0.4～0.6kW・h）能量，工艺出水中剩余COD则具有735kJ/m³的能量，而被矿化的COD耗散能量为4380～5130kJ/m³（1.2～1.4kW・h）。整个好氧工艺未能回收污水中的能量，净能量消耗为0.6kW・h/m³，或1.2kW・h/kg COD（图9-29）。

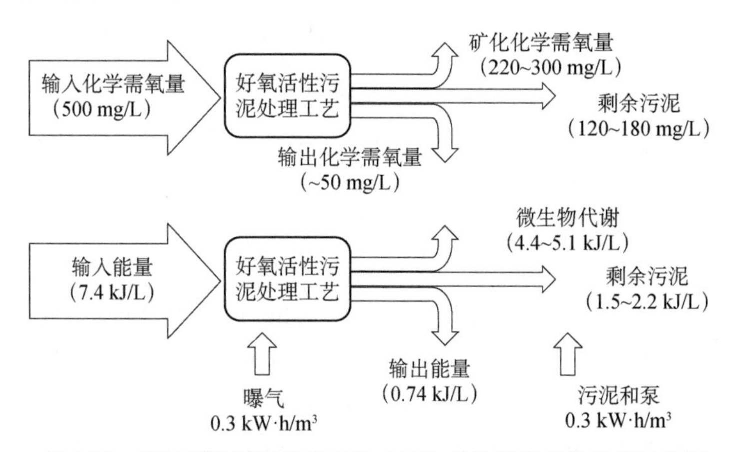

图9-29　好氧活性污泥处理工艺（AS）的物质和能量平衡示意图

活性污泥法处理生活污水属于高能耗运行，在现有的污水处理厂广泛的应用。但是，活性污泥法过程并没有任何能量的回收，属于净能量输入行业。实际运行过程中有能量物质回收的处理工艺均为厌氧过程，这里以UASB为主体工艺处理较高浓度的有机废水（COD 5000mg/L）为例进行计算（图9-30）。设UASB COD去除效率为80%～85%[87, 88]，总能耗主要来源于水泵和污泥回流设备约为0.2kW・h/kg COD（1kW・h/m³），以产甲烷为主要能量回收方式（产气量0.3m³/kg COD），污泥产率范围为0.05～0.10g COD-B/g COD-S，或

0.035～0.070g VSS/g COD（COD=1.42VSS）。则每吨污水通过甲烷获得的能量为43～46 MJ/m³，约占污水中总能量的58%～62%。若按照30%的转化率将甲烷转化为电能则可获得13～14MJ/m³。这里假设UASB产生的气体能够直接利用，但实际过程中气体的分离纯化存储和运输则会带来额外的成本。UASB 能够获得 2.6kW·h/m³～2.8kW·h/m³（0.52～0.56kW·h/kg COD）的净能量输出，由于微生物代谢而耗散的能量为12～15MJ/m³，但该系统对有机物的矿化率并不高，有大量的COD以及能量保存于出水中，需要后续工艺进一步处理以实现污水的达标排放。

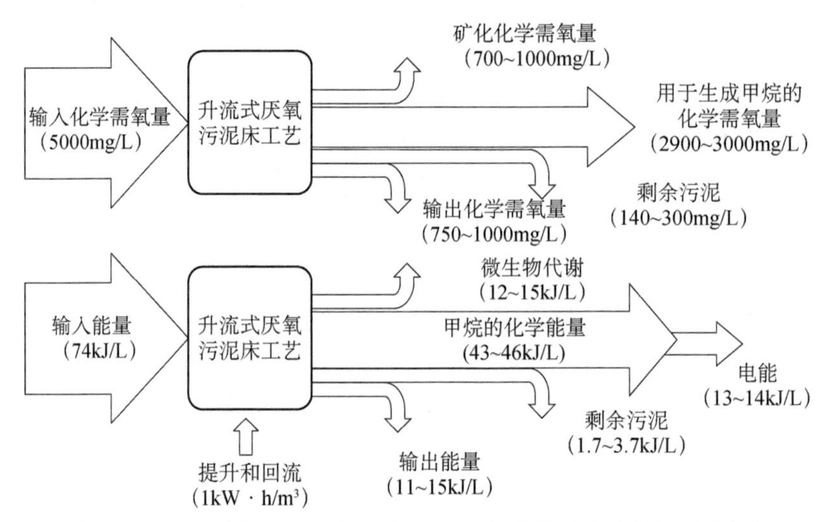

图9-30　升流式厌氧污泥床工艺（UASB）的物质和能量平衡示意图

利用微生物电化学系统处理实际污水并实现电能回收利用是实现自持能量运行的污水处理过程的有效方法。但是，尽管目前的微生物电化学系统的能量平衡已经在理论上实现，用于实际污水处理的能量平衡运行的系统仍旧处于空白状态。哈尔滨工业大学冯玉杰团队设计了一种多模块堆栈MES反应器来处理实际的啤酒废水，并借助电能管理系统实现了能量自持运行。反应器由5个单模块空气阴极MES堆栈构建而成（图9-31）。反应器主体为长方体箱式构件，其内部尺寸为1m×0.5m×0.2m（L×W×H），反应器的总体积为100L。五个单模块通过箱体上部盖板上的插孔依次插入箱体内部，模块所占体积为10L，因此堆栈系统的容积率为10%。在箱体的左右两侧分别设置进水和出水口，五个单模块距离进水口的垂直距离为16cm、33cm、50cm、67cm和84cm。单模块的放置垂直于水流方向，并且交错排列，形成折流模式。单模块分别与箱体的底部和侧面自然接触，在1m长的流程上等距分布6个取水口用以监控不同流程的污染物去除状况。

9.5.3　能量存储方式与电路设计

电能管理系统由电能收集系统和电能分配系统构成。

电能收集系统由5个电容电路构成。在每个电容电路中，32个电容（3.3F/2.5V，松下公司，日本）以每2个并联为一组，共16组。16组电容通过电磁开关控制其串联或并联连

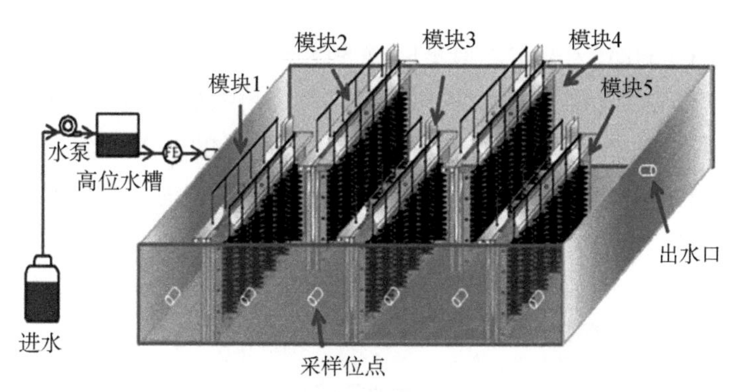

图9-31　多模块堆栈MES反应器

接，电磁开关的动作由时间循环开关控制。首先，单模块MES反应器中两个电池并联连接，然后分别与每个电容电路连接进行电能的回收和利用。充放电周期为5min，包括4min的充电周期和1min的放电周期。五个单模块MES反应器被设置为交替的对电容电路进行充电。

9.5.4　系统运行影响因素

该实验分为两个阶段，第一阶段使用4倍稀释的啤酒废水（使用去离子水稀释），系统HRT为3d，第二阶段使用啤酒废水原水，系统HRT为6d。系统在每个阶段下运行3个月时间，整个运行周期为6个月，运行条件为室温，无辅助加热装置。在实验的两个阶段，5个模块的充放电电压均保持相似的变化趋势。但是，每个模块的充电电压和放电电压不尽相同。在第一个阶段，5个模块的平均放电电压为0.07±0.05mV，平均充电电压为0.29±0.04mV。在第二个阶段，平均放电电压没有发生显著的变化，为0.06±0.05mV，但是平均充电电压下降了7%（0.27±0.05mV）。就每个模块而言，其表现也不同。模块1阴极性能表现稳定，但是阳极性能在啤酒废水原水中表现欠佳。模块2和5在啤酒原水进水时，阴极性能上升，阳极性能表现稳定。模块4的阳极电位在进水强度上升后出现了下降，而模块3的阴极电位在进水强度上升后也出现了轻微的上升。

基于时间变化的电极电位在充放电过程中保持了很好的周期性，阴极电位随着输出电压的上升而快速上升，但是阳极电位保持稳定。这也显示出了电压的变化是由于阴极电位的变化造成的。这样的结果表明了在实际废水的处理过程中由于废水中含有复杂的成分，阴极性能将受到废水水质的显著影响，成为影响反应器整体性能的限制因素。这与利用MES实现废水的长期稳定处理的理念不符，需要在进一步的研究中逐渐地解决。

在该研究中，系统的能量平衡通过计算产能和耗能来实现。系统进水是主要的耗能单元。在两个阶段的运行中，电容电路对水泵进行供电，供电电压均在4.2±0.2V左右波动。由于水泵的工作电压为3～6V，因此，MES产生的电能经过电能管理系统的放大能够很好地满足水泵的工作需求。5个单模块在两个阶段的运行过程中产能为0.056和0.097kW・h/m^3。在第一阶段，48.2%（0.027kW・h/m^3）的产能用于进水，通过电阻回收的电能为0.021kW・h/m^3，而能量损失为0.008kW・h/m^3。当进水强度从815±15mg/L增加至3321±158mg/L，通过电阻回收的能量增加至0.034kW・h/m³，但是回收的能量在比例上却从37.5%下降至35.1%。更长的HRT在增加系统能量回收效率的同时也会增加系统的能量损失（0.036kW・h/m³）。在本研究中，能量损失主要包括电容的自放电、水泵电机的热能损失以及电路中的热能损耗。例如，水泵的最低工作电压为3V，当供电电压低于3V时，电能将以热能的形式释放（图9-32）。

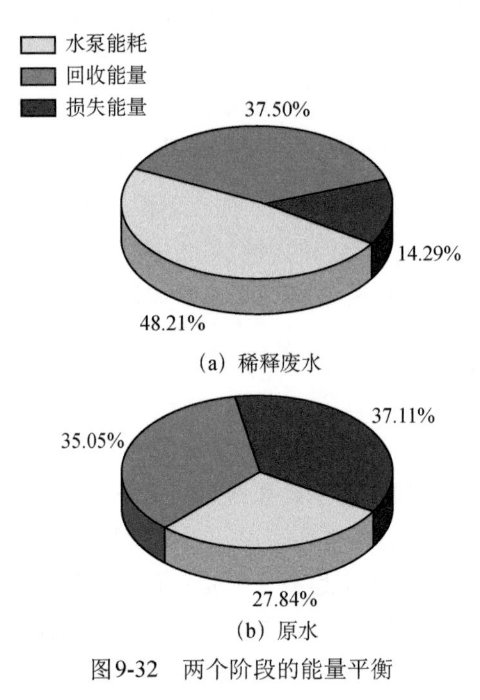

（a）稀释废水

（b）原水

图9-32　两个阶段的能量平衡

9.6 小结

本章综合了目前作者团队研发的各类MES系统及其处理废水效能。ABMES系统处理玉米秸秆纤维素燃料产乙醇废水，在进水COD浓度为7160±50mg/L的条件下，获得了10.7W/m³的最大输出功率密度，同时去除了进水中89.1%的COD。CSMES 系统实现了在一个装置中水解酸化及电化学强化转化两个过程的耦合，可有效提高高浓度难降解废水处理效率。本章还系统阐述了光辐射对于MES系统的影响与机制，提出了通过光辐射实现阴极电位提升、进而提高能量转化效率的机制与影响因素。本章在分析水中能量转化途径基础上，构建了能量自持系统并完成了系统运行，证明了利用系统能量进行运行的可能性。

参 考 文 献

[1] Argun H，Kargi F. Bio-hydrogen production by different operational modes of dark and photo-fermentation：An overview[J]. International Journal of Hydrogen Energy，2011，36（13）：7443-7459.

[2] Lin L，Cunshan Z，Vittayapadung S，et al. Opportunities and challenges for biodiesel fuel[J]. Applied Energy，2011，88：1020-1031.

[3] Liu H，Logan B E. Electricity generation using an air-cathode single chamber microbial fuel cell in the presence and absence of a proton exchange membrane[J]. Environmental Science & Technology，2004，38：4040-4046.

[4] Logan B E，Wallack M J，Kim K Y，et al. Assessment of microbial fuel cell configurations and power densities[J]. Environmental Science & Technology Letters，2015，2：206-214.

[5] Li W W，Yu H Q，He Z. Towards sustainable wastewater treatment by using microbial fuel cells-centered technologies[J]. Energy & Environmental Science，2014，7：911-924.

[6] Dong H，Yu H，Yu H，et al. Enhanced performance of activated carbon-polytetrafluoroethylene air-cathode by avoidance of sintering on catalyst layer in microbial fuel cells[J]. Journal of Power Sources，2013，232：132-138.

[7] Su X，Tian Y，Sun Z，et al. Performance of a combined system of microbial fuel cell and membrane bioreactor：Wastewater treatment，sludge reduction，energy recovery and membrane fouling[J]. Biosensors & Bioelectronics，2013，49：92-98.

[8] Yuan H，He Z. Integrating membrane filtration into bioelectrochemical systems as next generation energy-efficient wastewater treatment technologies for water reclamation：A review[J]. Bioresource Technology，2015，195：202-209.

[9] Aelterman P，Rabaey K，Pham H T，et al. Continuous electricity generation at high voltages and currents using stacked microbial fuel cells[J]. Environmental Science & Technology，2006，40（10）：3388.

[10] Rabaey K，Boon N，Siciliano S D，et al. Biofuel cells select for microbial consortia that self-mediate electron transfer[J]. Applied and Environmental Microbiology，2004，70（9）：5373-5382.

[11] Rabaey K，Clauwaert P，Aelterman P，et al. Tubular microbial fuel cells for efficient electricity generation[J]. Environmental Science & Technology，2005，39（20）：8077-8082.

[12] Park D H，Zeikus J G. Improved fuel cell and electrode designs for producing electricity from microbial degradation[J]. Biotechnology & Bioengineering，2003，81（3）：348-355.

[13] Liu H，Ramnarayanan R，Logan B E. Production of electricity during wastewater treatment using a single chamber microbial fuel cell[J]. Environmental Science & Technology，2004，38（7）：2281.

[14] Wang J，Zheng Y，Jia H，et al. Bioelectricity generation in an integrated system combining microbial fuel cell and tubular membrane reactor：Effects of operation parameters performing a microbial fuel cell-based biosensor for tubular membrane bioreactor[J]. Bioresource Technology，2014，170：483-490.

[15] Cha J，Choi S，Yu H，et al. Directly applicable microbial fuel cells in aeration tank for wastewater treatment[J]. Bioelectrochemistry，2010，78：72-79.

[16] Tian Y，Li H，Li L，et al. In-situ integration of microbial fuel cell with hollow-fiber membrane bioreactor for wastewater treatment and membrane fouling mitigation[J]. Biosensors and Bioelectronics，2015，64：189-195.

[17] Wang Y K，Sheng G P，Li W W，et al. Development of a novel bioelectrochemical membrane reactor for wastewater treatment[J]. Environmental Science & Technology，2011，45：9256-9261.

[18] Malaeb L，Katuri K P，Logan B E，et al. A hybrid microbial fuel cell membrane bioreactor with a conductive ultrafiltration membrane biocathode for wastewater treatment[J]. Environmental Science & Technology，2013，47：11821-11828.

[19] Ren L，Ahn Y，Logan B E. A two-stage microbial fuel cell and anaerobic fluidized bed membrane bioreactor（MFC-AFMBR）system for effective domestic wastewater treatment[J]. Environmental Science & Technology，2014，48：4199-4206.

[20] He Z，Minteer S D，Angenent L T. Electricity generation from artificial wastewater using an upflow microbial fuel cell[J]. Environmental Science & Technology，2005，39：5262-5267.

[21] Zhang B，Zhao H，Zhou S，et al. A novel UASB-MFC-BAF integrated system for high strength molasses wastewater treatment and bioelectricity generation[J]. Bioresource Technology，2009，100：5687-5693.

[22] Kong W，Guo Q，Wang X，et al. Electricity generation from wastewater using an anaerobic fluidized bed microbial fuel cell[J]. Industrial & Engineering Chemistry Research，2011，50：12225-12232.

[23] Huang J，Yang P，Guo Y，et al. Electricity generation during wastewater treatment：An approach using an AFB-MFC for alcohol distillery wastewater[J]. Desalination，2011，276：373-378.

[24] Inglesby A E，Fisher A C. Enhanced methane yields from anaerobic digestion of Arthrospira maxima biomass in an advanced flow-through reactor with an integrated recirculation loop microbial fuel cell[J]. Energy & Environmental Science，2012，5：7996-8006.

[25] Jeong C M，Choi J D R，Ahn Y，et al. Removal of volatile fatty acids（VFA）by microbial fuel cell with aluminum electrode and microbial community identification with 16S rRNA sequence[J]. Korean Journal of Chemical Engineering，2008，25（3）：535-541.

[26] Briones A，Raskin L. Diversity and dynamics of microbial communities in engineered environments and their implications for process stability[J]. Current Opinion in Biotechnology，2003，14：270-276.

[27] McCarty P L. One Hundred Years of Anaerobic Treatment[J]. Anaerobic Digestion，1981：3-21.

[28] Hassanvand J M，Abolghasem A. Hydrodynamic characteristics and flow regime investigation of an anaerobic baffled reactor（ABR）[J]. Desalination and Water Treatment，2017，100：11-20.

[29] Liu R，Tian Q，Chen J. The developments of anaerobic baffled reactor for wastewater treatment：A review[J]. African Journal of Biotechnology，2010，9（11）：1535-1542.

[30] Kong W，Guo Q，Wang X，et al. Electricity generation from wastewater using an anaerobic fluidized bed microbial fuel cell[J]. Industrial & Engineering Chemistry Research，2011，50（21）：12225-12232.

[31] Aris M A M，Chelliapan S，Din M F M，et al. Effect of organic loading rate（OLR）on the performance of modified anaerobic baffled reactor（MABR）supported by slanted baffles. Desalination And Water Treatment 2017，79：56-63.

[32] Feng Y，Lee H，Wang X，et al. Continuous electricity generation by a graphite granule baffled air-cathode microbial fuel cell[J]. Bioresource Technology，2010，101（2）：632-638.

[33] Cheng S，Liu H，Logan B E. Increased performance of single-chamber microbial fuel cells using an improved cathode structure.[J]. Electrochemistry Communications，2006，8：489-494.

[34] Liu H，Ramnarayanan R，Logan B E. Production of electricity during wastewater treatment using a

single chamber microbial fuel cell.[J]. Environmental Science & Technology，2004，38：2281-2285.

[35] Xu M，Ding L，Xu K，et al. Flow patterns and optimization of compartments for the anaerobic baffled reactor[J]. Desalination and Water Treatment，2014：1-8.

[36] Wang X，Feng Y，Wang H，et al. Bioaugmentation for electricity generation from corn stover biomass using microbial fuel cells[J]. Environmental Science & Technology，2009，43（15）：6088-6093.

[37] Peng J F，Song Y H，Wang Y L，et al. Spatial succession and metabolic properties of functional microbial communities in an anaerobic baffled reactor[J]. International Biodeterioration & Biodegradation，2013，80：60-65.

[38] Moussavi G，Ghodrati S，Mohseni-Bandpei A. The biodegradation and COD removal of 2-chlorophenol in a granular anoxic baffled reactor[J]. Journal of Biotechnology，2014，184：111-117.

[39] 王海曼. 微生物电化学系统强化含氨氮有机废水处理的效能与机制[D]. 哈尔滨：哈尔滨工业大学，2017.

[40] Liu H，Cheng S A，Logan B E. Production of electricity from acetate or butyrate using a single-chamber microbial fuel cell[J]. Environmental Science & Technology，2005，39：658-662.

[41] Rodrigo M A，Canizares P，Lobato J，et al. Production of electricity from the treatment of urban waste water using a microbial fuel cell[J]. Journal of Power Sources，2007，169：198-204.

[42] Zhang X，Zhao X，Zhang M，et al. Safety evaluation of an artificial groundwater recharge system for reclaimed water reuse based on bioassays[J]. Desalination，2011，281：185-189.

[43] Wang H，Qu Y，Li D，et al. Cascade degradation of organic matters in brewery wastewater using a continuous stirred microbial electrochemical reactor and analysis of microbial communities[J]. Scientific Reports，6：27023.

[44] Feng Y，Wang X，Logan B E，et al. Brewery wastewater treatment using air-cathode microbial fuel cells[J]. Applied Microbiology and Biotechnology，2008，78：873-880.

[45] Nishiyama T，Ueki A，Kaku N，et al. *Clostridium sufflavum* sp. nov.，isolated from a methanogenic reactor treating cattle waste[J]. International Journal of Systematic and Evolutionary Microbiology，2009，59：981-986.

[46] Kallistova A Y，Goel G，Nozhevnikova A N. Microbial diversity of methanogenic communities in the systems for anaerobic treatment of organic waste[J]. Microbiology，2014，83：462-483.

[47] Shehab N，Li D，Amy G L，et al. Characterization of bacterial and archaeal communities in air-cathode microbial fuel cells，open circuit and sealed-off reactors[J]. Applied Microbiology and Biotechnology，2013，97：9885-9895.

[48] Kovacik W P，Scholten J C M，Culley D，et al. Microbial dynamics in upflow anaerobic sludge blanket（UASB）bioreactor granules in response to short-term changes in substrate feed[J]. Microbiology，2010，156：2418-2427.

[49] Razaviarani V，Buchanan I D. Reactor performance and microbial community dynamics during anaerobic co-digestion of municipal wastewater sludge with restaurant grease waste at steady state and overloading stages[J]. Bioresource Technology，2014，172：232-240.

[50] Rosenbaum M，He Z，Angenent L T. Light energy to bioelectricity：Photosynthetic microbial fuel

cells[J]. Current Opinion in Biotechnology，2010，21（3）：259-264.

[51] Baskakov I V，Zou Y J，Pisciotta J，et al. Photosynthetic microbial fuel cells with positive light response. Biotechnology and Bioengineering 2009，104（5）：939-946.

[52] Yagishita T，Sawayama S，Tsukahara K，et al. Effects of glucose addition and light on current outputs in photosynthetic electrochemical cells using *Synechocystis* sp. PCC6714[J]. Journal of Bioscience and Bioengineering，1999，88（2）：210-214.

[53] Yagishita T，Sawayama S，Tsukahara K I，et al. Performance of photosynthetic electrochemical cells using immobilized *Anabaena variabilis* M-3 in discharge/culture cycles[J]. Journal of Fermentation and Bioengineering，1998，85（5）：546-549.

[54] Berk R S，Canfield J H. Bioelectrochemical energy conversion[J]. Applied Microbiology，1964，12：10-2.

[55] Schroder U，Rosenbaum M，Scholz F. Utilizing the green alga *Chlamydomonas reinhardtii* for microbial electricity generation：A living solar cell[J]. Applied Microbiology and Biotechnology，2005，68（6）：753-756.

[56] Cho Y K，Donohue T J，Tejedor I，et al. Development of a solar-powered microbial fuel cell[J]. Journal of Applied Microbiology，2008，104（3）：640-650.

[57] Schroder U，Harnisch F，Quaas M，et al. Electrocatalytic and corrosion behaviour of tungsten carbide in near-neutral pH electrolytes[J]. Applied Catalysis B-Environmental，2009，87（1-2）：63-69.

[58] Nealson K H，He Z,Kan J，et al. Self-sustained phototrophic microbial fuel cells based on the synergistic cooperation between photosynthetic microorganisms and heterotrophic bacteria. Environmental Science & Technology，2009，43（5），1648-1654.

[59] Baskakov I V，Zou Y J，Pisciotta J，et al. Photosynthetic microbial fuel cells with positive light response. Biotechnology and Bioengineering 2009，104（5）：939-946.

[60] Malik S，Drott E，Grisdela P，et al. A self-assembling self-repairing microbial photoelectrochemical solar cell[J]. Energy & Environmental Science，2009，2（3）：292-298.

[61] Hamelers H V M，Strik D P B T B，Snel J F H，et al. Green electricity production with living plants and bacteria in a fuel cell[J]. International Journal of Energy Research，2008，32（9）：870-876.

[62] Verstraete W，De Schamphelaire L，Van Den Bossche L，et al. Microbial fuel cells generating electricity from rhizodeposits of rice plants[J]. Environmental Science & Technology，2008，42（8）：3053-3058.

[63] Watanabe K，Kaku N，Yonezawa N，et al. Plant/microbe cooperation for electricity generation in a rice paddy field[J]. Applied Microbiology and Biotechnology，2008，79（1）：43-49.

[64] Rao N N，Natarajan P. Particulate models in heterogeneous photocatalysis[J]. Current Science，1994，66（10）：742-752.

[65] Verstraete W，De Schamphelaire L. Revival of the biological sunlight-to-biogas energy conversion system. Biotechnology and Bioengineering 2009，103（2）：296-304.

[66] Hill G A，Powell E E，Mapiour M L，et al. Growth kinetics of *Chlorella vulgaris* and its use as a cathodic half cell[J]. Bioresource Technology，2009，100（1）：269-274.

[67] Wang X，Feng Y，Liu J，et al. Sequestration of CO_2 discharged from anode by algal cathode in microbial carbon capture cells（MCCs）[J]. Biosensors & Bioelectronics，2010，25（12）：2639-2643.

[68] Vello V，Phang S M，Chu W L，et al. Lipid productivity and fatty acid composition-guided selection of Chlorella strains isolated from Malaysia for biodiesel production[J]. Journal of Applied Phycology，2014，26（3）：1399-1413.

[69] Kim I S，Chae K J，Choi M J，et al. A solar-powered microbial electrolysis cell with a platinum catalyst-free cathode to produce hydrogen[J]. Environmental Science & Technology，2009，43（24）：9525-9530.

[70] Wang H，Qian F，Wang G，et al. Self-biased solar-microbial device for sustainable hydrogen generation[J]. ACS Nano，2013，7（10）：8728-8735.

[71] Chen Z，Ding H R，Chen W H，et al. Photoelectric catalytic properties of silicon solar cell used in microbial fuel cell system. Acta Physica Sinica 2012，61（24）：248801.

[72] Du Y，Q Y P，Zhou X T，et al. Electricity generation by biocathode coupled photoelectrochemical cells[J]. RSC Advances，2015，5：25325-25328.

[73] Du Y，Feng Y J，Qu Y P，et al. Electricity generation and pollutant degradation using a novel biocathode coupled photoelectrochemical cell[J]. Environmental Science & Technology，2014，48：7634-7641.

[74] Wang H，Qian F，Li Y. Solar-assisted microbial fuel cells for bioelectricity and chemical fuel generation[J]. Nano Energy，2014，8：264-273.

[75] Qian F，Wang G M，Li Y. Solar-driven microbial photoelectrochemical cells with a nanowire photocathode[J]. Nano Letters，2010，10（11）：4686-4691.

[76] Liang D，Han G，Zhang Y，et al. Efficient H_2 production in a microbial photoelectrochemical cell with a composite Cu_2O/NiO_x photocathode under visible light[J]. Applied Energy，2016，168：544-549.

[77] Sun Z，Cao R，Huang M，et al. Effect of light irradiation on the photoelectricity performance of microbial fuel cell with a copper oxide nanowire photocathode[J]. Journal of Photochemistry and Photobiology A：Chemistry，2015，300：38-43.

[78] Lu A H，Li Y，Jin S，et al. Microbial fuel cell equipped with a photocatalytic rutile-coated cathode[J]. Energy & Fuels，2010，24：1184-1190.

[79] Lu A H，Li Y，Ding H R，et al. Cr（Ⅵ）reduction at rutile-catalyzed cathode in microbial fuel cells[J]. Electrochemistry Communications，2009，11（7）：1496-1499.

[80] Qing-Yun C，Jian-Shan L，Ya L，et al. Hydrogen production on TiO_2 nanorod arrays cathode coupling with bio-anode with additional electricity generation[J]. Journal of Power Sources，2013，238：345-349.

[81] He Y-R，Yan F-F，Yu H-Q，et al. Hydrogen production in a light-driven photoelectrochemical cell[J]. Applied Energy，2014，113：164-168.

[82] Wang S，Yang X，Zhu Y，et al. Solar-assisted dual chamber microbial fuel cell with a $CuInS_2$ photocathode[J]. RSC Advances，2014，4（45）：23790-23796.

[83] Zang G L，Sheng G P，Shi C，et al. A bio-photoelectrochemical cell with a MoS_3-modified silicon nanowire photocathode for hydrogen and electricity production[J]. Energy & Environmental Science，2014，7

（9）：3033-3039.

[84] Mccarty P L，Bae J，Kim J. Domestic wastewater treatment as a net energy producer—can this be achieved?[J]. Environmental Science & Technology，2011，45（17）：7100-6.

[85] Shizas I，Bagley D M. Experimental determination of energy content of unknown organics in municipal wastewater streams[J]. Journal of Energy Engineering，2004，130（2）：45-53.

[86] 高旭，马蜀，郭劲松，等. 城市污水厂污水污泥的热值测定分析方法研究[J]. 环境工程学报，2009，3（11）：1938-1942.

[87] 耿土锁. UASB-好氧接触氧化工艺处理啤酒废水[J]. 中国给水排水，2002，18（10）：71-72.

[88] 顾震宇，况武. UASB技术在啤酒废水处理改造中的应用[J]. 能源工程，2009，（6）：45-48.

第10章　系统放大关键技术与放大系统运行效能

近十年来，微生物电化学技术（microbial electrochemical technology，MET）作为具有潜在能量自给能力的污水处理及同步资源化技术受到广泛重视。该技术能够利用污水中的化学能在去除污染物的同时实现净能量输出。这项技术具有多学科交叉渗透的典型特征[1]，并具有可持续性强、应用广泛、功能多样以及污染物去除和同步能源回收等特点，具有产泥量少、运行费用低等优势，被认为是潜在的新一代污水处理工艺。近年来世界范围内的研究者在推进微生物电化学系统（MES）实际应用的大型化研究方面出现了很多有益尝试。但总体来看早期针对MES大型化的各项研究距离实际应用尚有一定的距离，具体表现为以下不足：系统构型结构复杂构建成本过高没有应用可行性；反应器三维拓展能力弱在小尺度系统中表现良好但不具有放大潜力；缺乏大尺度系统的构建和实际运行经验以及缺乏对MES反应器放大过程中关键因素的认识和归纳，并由此导致放大MES反应器处理实际污水方面的规律与特点的认识缺乏；对面向实际污水处理的放大反应器的工艺特征、多模块堆栈模式和调控方式仍不明确。因此本章节将主要通过对放大的MES系统的设计、构建和运行，剖析MES大型化研究中的若干关键因素和影响机制，阐述放大MES系统的设计演变和基本原理，并获取放大系统在实际污水处理过程中的运行规律、技术特点和调控策略。

10.1　微生物电化学系统构型进展和演化

10.1.1　H型构型

早期的微生物燃料电池（MFC）研究中多使用由一对瓶形反应器组成的系统。其特点是，由圆柱形的腔室分别构成阳极室和阴极室，二者之间由短臂相连接，形成内电路联通以及“H”形的外部构型（图10-1），其特征见表10-1。短臂中具有隔膜材料，分隔阴阳极室，隔膜材料多采用质子交换膜（proton exchange membrane，PEM）[2]、离子交换膜[3, 4]等。阴极室的电子受体物质多来源自曝气[5-7]、铁氰化钾[4]等。在空气阴极MES反应器[8]出现之后，出现了仅使用阳极室，而无隔膜和阴极室的“T”形构型。“T”形构型的空气阴极安装在反应器短臂的一侧［图10-1（b)、(c)］。

“H”形构型由于隔膜或阴极面积相对总体积较小造成体系内阻过大，电流密度以及能量密度较低，且曝气过程增加额外的能耗。但该构型保持无菌的性能较好，可作为胞外电子传递功能菌的筛选和测试[9]。曝气或铁氰化钾的阴极室可构建阴极性能较好且稳定但阳极受限的MES体系，可用于测试阳极性能变化[4, 10]。由于离子交换膜的存在，离子和电子受体等物质在两室之间的传递显著受限。通常情况下的H型反应器具有的内阻一般是数百欧姆至上千欧姆[11, 12]。研究表明，固定阴阳极的面积，逐渐将离子交换膜的面积从3.5cm^{2}增加到30.6cm^{2}时，系统的功率输出从45mW/m^{2}提高到190mW/m^2。

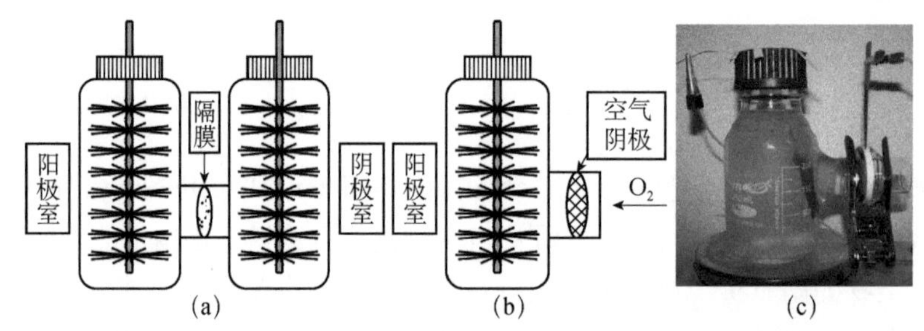

图10-1 “H”形构型反应器及其变形“T”形构型示意图与照片

（a）“H”形构型；（b）“T”形构型；（c）“T”形构型反应器照片

早期有少量该构型用于污水处理的报道。Antonia Gálvez等[13]使用三级“T”形构型MES反应器处理高浓度垃圾渗滤液（COD为12900mg/L，BOD_5为6300mg/L）［图10-2（a)］。

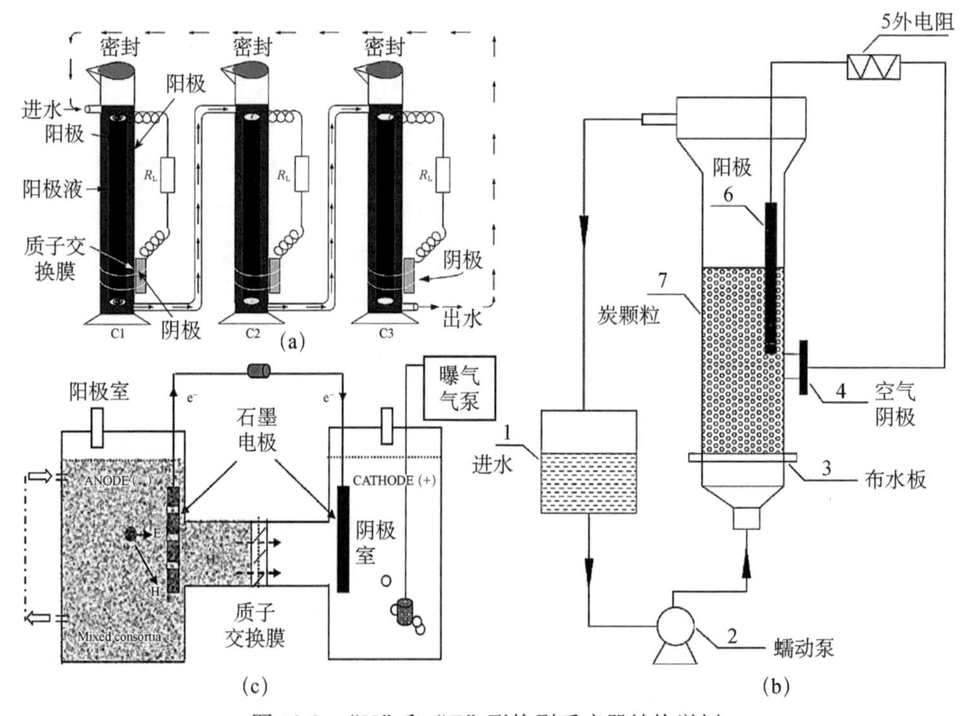

图10-2 “H”和“T”形构型反应器结构举例

为延长停留时间污水在三级MES中不断循环。HRT为4d时，去除79%的COD和82%的BOD_5。Kong等[14]在厌氧流化床侧壁开孔安装空气阴极形成MES反应器［图10-2（b）］，并用于处理生活污水处理，获得了89%的COD去除率。Mohan等[2]使用“H”形双室MES反应器处理化工废水（氯化物7.71g/L；COD 8.1g/L；BOD_5 2.48g/L）容积负荷1.404kg/（m^3·d）COD获得61%的去除率［图10-2（c）］。H型MES体积功率和库仑效率都很低。

表10-1　用于实际污水处理的“H”形构型MES反应器特征

体积（L）	污水种类	阴极材质	阴极液/催化剂	阳极材质	隔膜类型	功率密度（mW/m^2）	体积功率密度*（mW/m^3）
～1	垃圾渗滤液[13]	碳纱	$K_3[Fe(CN)_6]$-0.1mol/L	碳刷	质子交换膜	1.82	5.5
0.75	生活污水[14]	碳布	Pt-0.35mg/cm^2	石墨颗粒	单室无膜	530	222
14	化工废水[2]	石墨板	曝气	石墨板	质子交换膜	67.5	36

*基于反应器总空床体积（empty bed volume）计算得到的体积功率密度。

10.1.2　水平分层构型

水平分层结构（horizontal layered configuration）其特点是水平方向上形成分层结构。阴极层位于上部水体（或表层）而阳极层位于下部水体，部分反应器中部会安装间隔材料分隔阴阳极区域。安置上部的阴极结构的优势有：①能够直接将空气阴极直接漂浮或锚定在水体表面与空气直接接触进行复氧[15-17]；②利用表层水体中丰富的溶解氧复氧[18]；③直接让部分阴极暴露在空气之中增加自然富氧的面积和速率[19-21]；④可方便采用曝气装置为阴极复氧而不会影响到底部阳极区域的厌氧性[22]（图10-3）。水平分层构型MES反应器构型特征详见表10-2。

表10-2　用于污水处理的水平分层构型MES反应器特征

体积（L）	阴极类型**	阴极（cm^2）	催化剂*（mg/cm^2）	阳极类型	阳极（cm^2）	缓冲体系	体积功率密度（mW/m^3）	库仑效率（%）
1.75[17]	碳布（a）	625	Pt-5	石墨毡	625	PBS	4.3	60
0.77[22]	玻璃碳（c）	194	无	玻璃碳	97	PBS	1.2	0.7
0.75[20]	碳毡（b）	237	无	石墨板	150	PBS	0.005	—
5.00[15]	钛网（b，c）	270	Pt-5	石墨颗粒	0.8L	PBS	1.1	1.7
0.85[21]	石墨板（b）	26	无	石墨板	40	PBS	0.11	—
0.85[21]	石墨板（b）	26	无	石墨板	40	无	0.06	—
0.25[19]	碳纱（b）	250	AC-60	碳纱	250	无	12	—

*催化剂：阴极所使用催化剂的种类和载量，比如AC-60表示催化剂为活性炭（activated carbon，AC）载量为60mg/cm^2。

**阴极类型：阴极的材质和复氧方式，复氧方式用（a，b，c）标识，并与图10-3对应，例如碳布（a）表示MES采用碳布作为阴极基底材料，并如图10-3（a）所示浮于液面表面。

在MES领域早期研究中，水平分层式结构常用于对现有的水处理工艺进行改造。贺震等[22]使用升流式圆柱形反应器（以UASB反应器为基础）处理蔗糖人工污水，进水浓度为300～3400mgCOD/L，停留时间设定为24h。在进水浓度为2000mgCOD/L时，获得可溶性COD（SCOD）去除率约97%。该构型下部为玻璃碳填充的阳极区域，上部为玻璃碳填充

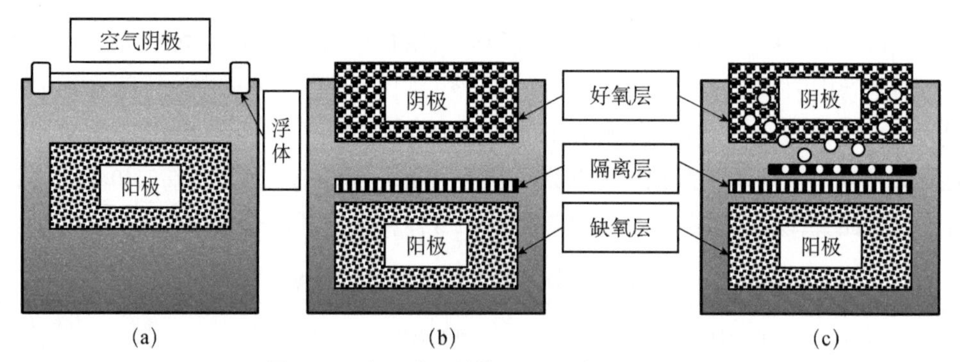

图10-3 水平分层结构MES反应器示意图

（a）阴极浮于表层与大气直接接触；（b）阴极利用表层水中的溶解氧复氧，或利用凸出水面接触大气的部分复氧；（c）阴极采用曝气装置进行复氧

的阴极区域，并使用曝气为阴极提供电子受体，中部为质子交换膜间隔材料防止电极短路和氧气向阴极扩散［图10-4（a）］。随后，贺震等[20]构建了以生物转盘结构为基础的MES反应器［图10-4（b）］，阴极由10片直径5.5cm的碳毡组成，并有40%位于反应器液面上，随着转盘不断转动对阴极进行复氧。阳极采用石墨板铺设于反应器底部，距离阴极下缘2.5cm。该反应器用以处理以氯化铵为含氮污染物配置的（总氮含量设为350mg/L）人工污水，停留时间1d，总氮去除率为50%，停留时间设为6d，总氮去除率增加到70%。

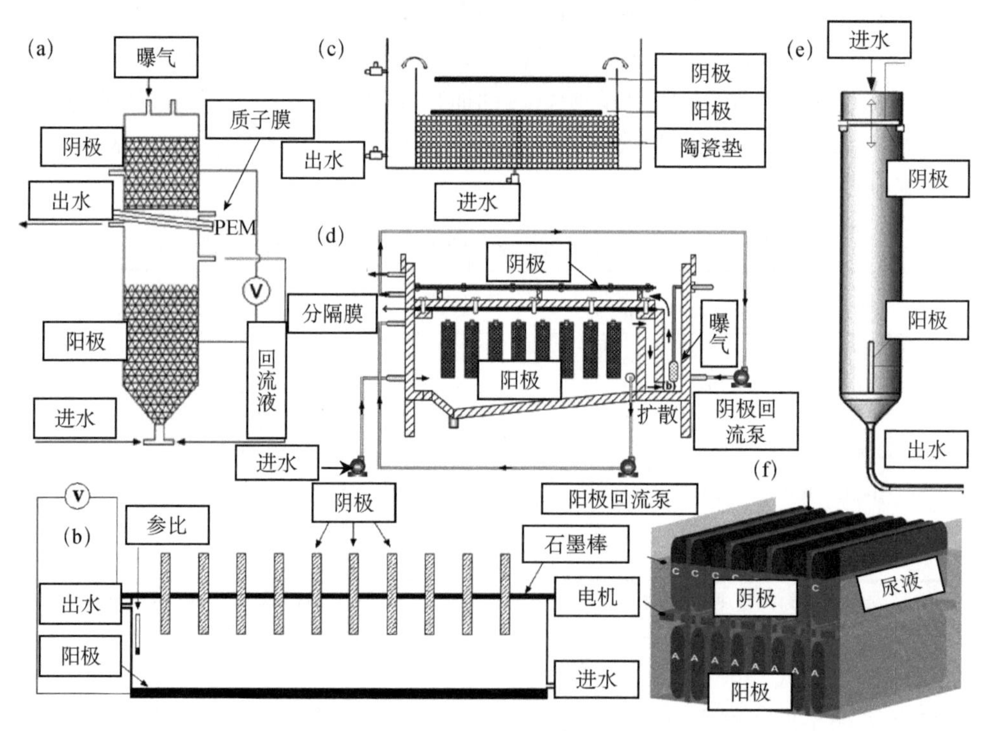

图10-4 水平分层构型反应器结构举例

Yoo等[17]采用漂浮于水面空气阴极和沉入污水中的石墨毡阳极组成MES反应器。该系统用以处理由葡萄糖配置的人工污水（1000mgCOD/L），其设计停留时间为1.56h获得

119.7mW/m² 的功率密度输出［图 10-4（c）］。Ryu 等[15]使用不锈钢包裹单石墨颗粒作为阳极，载铂钛网作为阴极构建 MES 反应器处理 COD 为 500mg/L 的乙酸钠人工污水［图 10-4（d）］。阴极锚定在反应器上部，氧气来源为曝气以及表层污水的自然复氧。Zhu 等[21]使用柱状反应器将半浸没式的石墨片从大气中直接复氧作为阴极，并与反应器底部的阳极构成 MES 反应器［图 10-4（e）］，用于处理约 3500mg COD/L 的葡萄糖人工污水，以及 2850mg COD/L 的啤酒废水，并分别获得了 34.7mW/m² 和 19.8mW/m² 的能量产出。Walter 等[19]用卷起的碳纱做阳极和阴极材料，并用聚丙烯多孔板作为间隔材料分隔阴阳极。阴极层位于上部，有 25%的部分暴露在空气中，其余 75%位于液面之下，依靠大气中的氧气自然复氧。而阳极则位于池底，在阴阳极之间形成自然的氧浓度梯度。反应器总体积 5L，包含 20 个单体反应器，每个单体模块体积为 0.25L，模块之间由陶瓷板分隔［图 10-4（f）］。该 MES 反应器用于处理尿液，单模块获得最大功率密度约为 12W/m³。

10.1.3 管状构型

管状结构（tubular type configuration）是较为常见的 MES 反应器结构，其特点是：阴极呈管状位于阳极外侧与空气接触，或装插入阳极室之内且内部形成中空管状用于空气流通（图 10-5）。管状结构常使用成型的管状材料例如有机玻璃管[23]、聚丙烯管[24]和聚氯乙烯管[25]等。管状结构的阴阳极之间较难形成稳定的间隙，因此阳极区域和阴极区域之间多采用能够导通离子但不会造成直接接触的间隔材料（separator）隔开阴阳极。在少量报道中，阴极也可制作成三角形[26]、四面体[27]或六面体[28]的形式插入或者包围阳极区域。

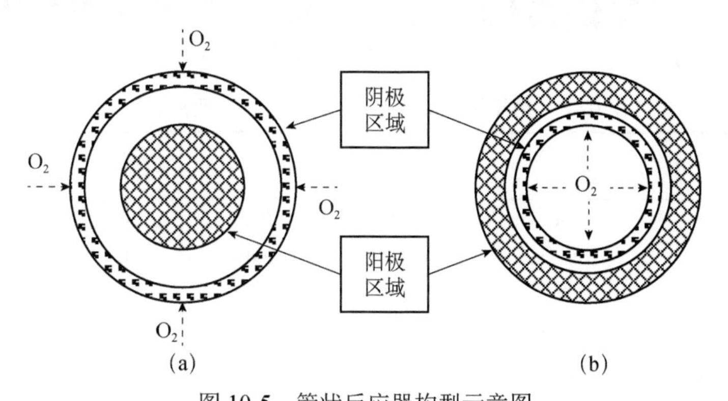

图 10-5　管状反应器构型示意图

（a）阴极区域包围阳极区域；（b）阴极区域在阳极区域内部

管状 MES 反应器的案例多有报道（表 10-3）。李贺等[23]使用中空管状阴极插入石墨颗粒填充阳极形成 MES［图 10-6（a）］，阴极和阳极之间以多孔的有机玻璃管作为间隔材料。该构型用以处理汽爆秸秆废水（原水 COD 30000mg/L，稀释后 COD 7160±50mg/L），当水力停留时间 6h 时，COD 去除率达到 89%。Kim 等[24]使用聚丙烯管材为结构基体，阳离子交换膜（cation exchange membrane，CEM）和阴离子交换膜（anion exchange membrane，AEM）作为间隔材料，处理 40mmol/L 乙酸钠（COD 约 2560mg/L）为主要碳源的人工污水，取得了最高为5W/m³的功率密度输出［图10-6（b）］。在两种间隔材料条件下MES库仑效率均高于50%，表明胞外电子传递过程导致的COD降解起主要作用。

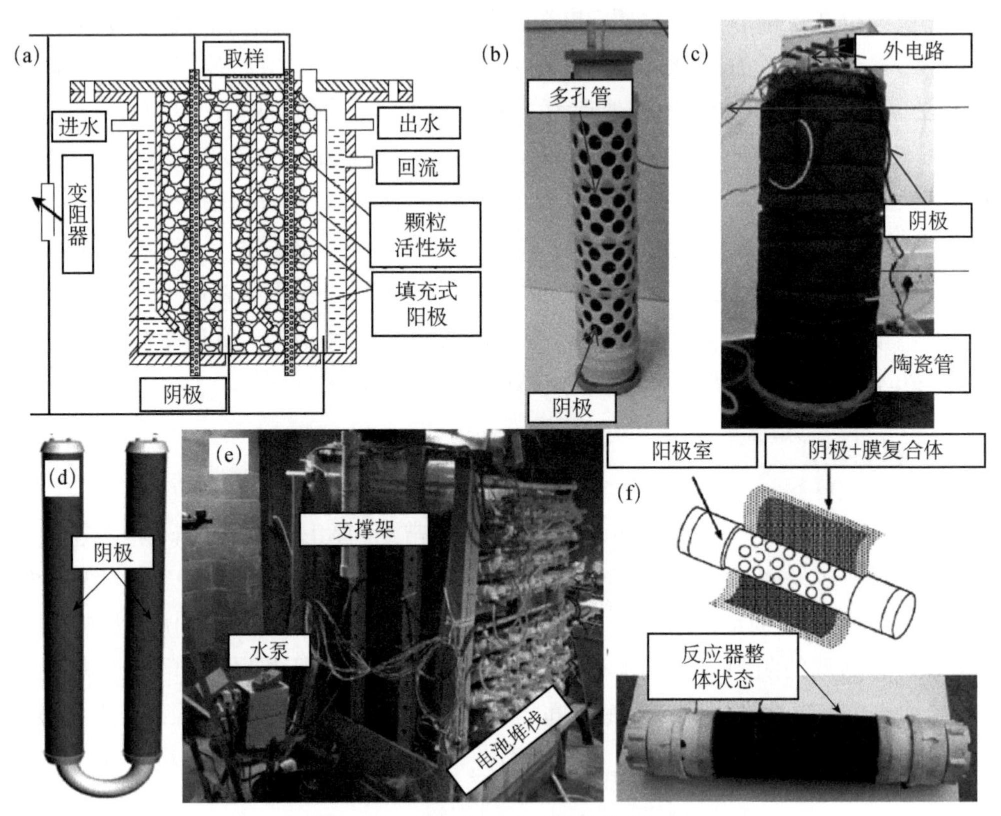

图10-6 管形构型反应器结构举例

表10-3 用于污水处理的管式构型MES反应器特征

体积/L	阴极类型	催化剂*（mg/cm²）	阳极类型	间隔材料	缓冲体系**	功率（mW/m³）	库仑效率（%）
0.92[23]	碳布	Pt-0.5	石墨颗粒	多孔管	PBS	4.9	7
0.25[24]	碳布	Pt-0.5	多孔碳柱	CEM	PBS	5	71
0.25[24]	碳布	Pt-0.5	多孔碳柱	AEM	PBS	~1.2	53
8.70[29]	碳毡	MnO_2-0.5	碳毡	陶瓷管	无	0.74	5
2.00[30]	碳布	AC-5	碳颗粒	CEM	无	0.009	10
2.00[31]	碳布	AC-5	碳颗粒	CEM	无	1.3	—
0.17[25]	碳布-镍	MnO_2-7.7	碳颗粒	帆布	0.5% NaCl	9.87	30
0.17[25]	碳布-石墨	MnO_2-7.7	碳颗粒	帆布	0.5% NaCl	2.83	20

*催化剂：阴极所使用催化剂的种类和载量，比如Pt-0.5表示催化剂为铂炭粉末催化剂，载量为0.5mg/cm²。

**缓冲体系：系统所采用的缓冲溶液，如PBS表示50mmol/L磷酸盐缓冲溶液。

Ghadge等[29]用0.69m高的陶管为基体包裹碳毡构成三级MES［图10-6（c）］，陶瓷管也作为间隔材料，以蔗糖人工污水（COD为2.0g/L）停留时间8h，去除率达到80%。Zhang等[30]使用2L管状反应器［图10-6（d）］以初沉池污水运行，反应器产能可以平衡甚至超过MES

运行能耗。进水总COD 280mg/L，水力停留时间11h，COD去除率65%～70%。Zheng等[31]使用96个相同MES模块，搭建总体积约200L的大型系统［图10-6（e）］获得130mW的能量输出以及79%的COD去除率。该系统通过水泵流速可实现0.006kW・h/m³污水的净产能[32]。Zhuang等[25]使用PVC管作为结构基体，碳布为阴极构建MES反应器［图10-6（f）］，处理啤酒废水（COD为2125mg/L，BOD为1380mg/L）停留时间为13～18d，在以镍和石墨为导电层的MES中获得95%的COD去除率。

10.1.4 平板式构型

平板式结构（plate type configuration）一般具有长方形的阴极室和阳极室并共享边界，两隔室之间有间隔材料隔开；或者在空气阴极反应器中，阴极固定于阳极室的一侧或双侧（相对）的表面与阳极间使用间隔材料如离子交换膜、尼龙布、玻璃纤维布等，形成间隔材料-电极结构（separator electrode assembly，SEA）或者控制阴阳极间距使其保持物理隔离形成间隙-电极结构（closely spaced electrodes，SPA）[33, 34]（图10-7）。不同于水平分层结构，平板式结构不依赖水体在深度方向上的分层。

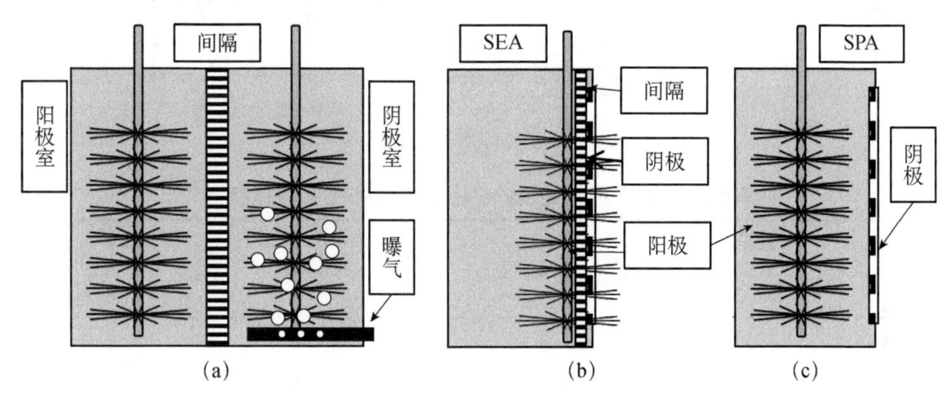

图10-7　平板状反应器构型示意图

（a）双室结构；（b）间隔材料-电极组合结构；（c）间隙-电极组合结构

平板式结构也是常见的MES反应器构型之一（表10-4）。Li等[35]使用1.5 L的平板式反应器，并采用双侧的阳极-隔膜-阴极三合一的SEA结构，处理以葡萄糖为底物的人工污水，获得88%的去除效率以及2.02W/m³的功率密度输出［图10-8（a）］。Clauwaert等[36]使用三个容积为2.16L的填料式MES单元组成的整体系统处理乙酸钠为底物的人工污水，在COD负荷为0.32kg/（m³・d）的条件下，停留时间为7d，获得2.1±1.0W/m³的功率密度输出［图10-8（b）］。An等[37]使用12个容积为1L的双侧SEA结构平板式反应器串联使用处理1g/L乙醇胺人工污水（COD为544mg/L，氨氮19.5mg/L），在总停留时间为12h的条件下获得了96%的COD去除和97%的氨氮去除［图10-8（c）］。Ahn等[38]使用生活污水（COD平均为275mg/L）为进水，采用130mL平板式反应器以碳刷阳极和廉价的纤维素-聚酯纤维织布为间隔材料，在停留时间为8h时COD去除率达到52%［图10-8（d）］。Wu等[39]用6组空床容积为12L的腔室分别作为阴、阳极室，并加入间隔材料层组成体积72L的大型反应器，用于处理乙酸钠为底物的人工污水。其中阳极总容积为36L，有效容积为15L。进水COD为800g/L反应器，停留时间（以阳极有效容积计算）为1.25h时，COD去除率达到78%［图10-8（e）］。

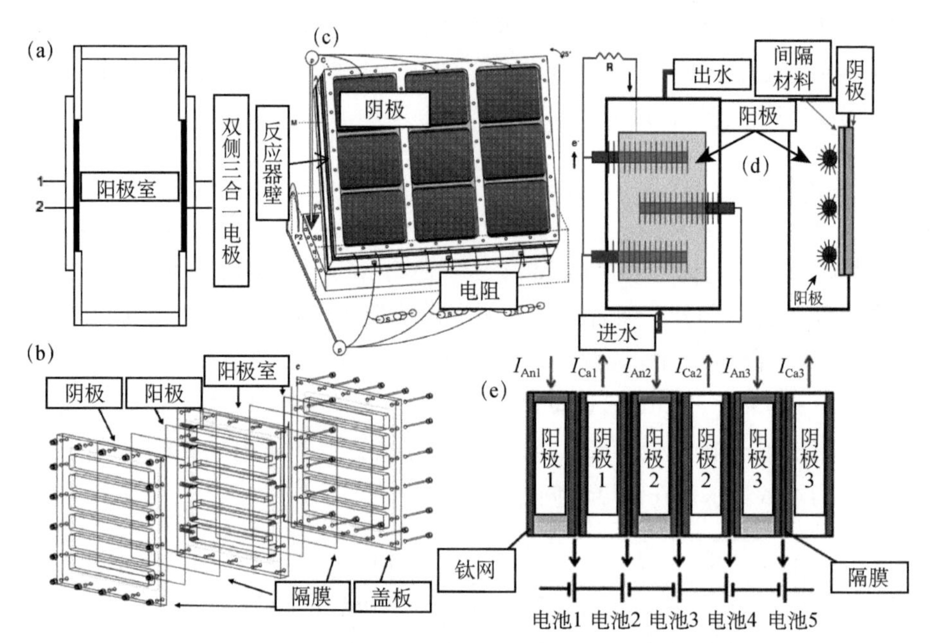

图10-8 平板式构型反应器结构举例

表10-4 用于污水处理的平板式构型MES反应器特征

体积（L）	阴极类型	阴极面积（cm^2）	催化剂（mg/cm^2）	阳极类型	阳极（cm^2）	间隔材料	缓冲体系*	体积功率密度（mW/m^3）	库仑效率（%）
1.50[35]	碳纸	320	Pt-5	碳纸	320	PEM	PBS	2.02	2.02
2.16[36]	碳毡	630	—	石墨颗粒	—	CEM	PBS	2.1	2.1
1.00[37]	碳布	720	Pt-0.35	碳布	720	CEM	PBS	61.92	62
0.13[38]	碳布	35	Pt-0.5	碳刷	—	纤维织布	无	7	15
12.00[39]	碳颗粒	—	—	碳颗粒	—	CEM	PBS	8.75	14

*缓冲体系：系统所采用的缓冲溶液，如PBS表示50mmol/L磷酸盐缓冲溶液。

卡式构型（Cassette type configuration）是一类特殊平板式构型，其特点是阳极位于外侧（溶液侧）而阴极位于内侧（空气侧）并形成独立腔体使其与空气接触。阴、阳极使用盖板压合固定[40]、捆绑[41]或螺栓固定[42]等方式构成整体模块，或者在制作时阴阳电极框架即加工在一起[43]，然后将该模块置于污水中运行。部分卡式模块固定在污水池体上[42, 44]。卡式模块可从反应器中取出，但阴阳极仍需拆卸不能直接分离，且结构复杂冗余的问题仍未解决。例如在由12个卡式模块构成的MES[44]中，阴极比面积达到36.7m^2/m^3的较高水平，但结构复杂造成反应器有效容积仅为1L而空床容积则为3.7L，体积利用率很低。为提高体积利用率，部分卡式构型采用较大的模块间隔，但阴极比面积却因此减小。例如总容积5.7L的三模块系统[40]，阴极比面积为11m²/m³；容积0.64L的两模块系统[42]阴极比面积为9m²/m³；容积90L的放大系统[43]阴极比面积降为6m²/m³。

在功率密度输出方面，使用人工污水的卡式构型功率密度输出较管式构型更高，例如在上述容积为0.64L的2个卡式模块的反应器[42]中获得17W/m³的体积功率密度；容积为0.5L的单模块系统[45]获得16W/m³的体积功率密度；而在上述3.7L的12个卡式模块的体系[44]中获得最高功率密度达35W/m³（基于空床体积），但其人工污水含有COD高达289g/L，由蛋白胨、淀粉和鱼的提取物配置而成。相同构型的含有10个卡式模块的3.7L反应器（有效容积同样为1L）[41]，在使用含淀粉、蛋白胨、酵母提取物配置的COD 500mg/L人工污水时最高功率密度降为5.8W/m³（基于空床体积）。实际废水为底物的卡式模块功率密度则普遍较低。例如在容积5.7L的3模块反应器[40]以110mg COD/L的生活污水为底物时功率密度为1.7W/m³（149mW/m²基于阴极面积）；在容积90L由5个卡式模块构成的系统[43]中，以啤酒废水为底物（COD>3000mg/L），功率密度约为1.0W/m³（170mW/m²基于阴极面积）（表10-5）。

表 10-5　卡式构型的MES反应器特征

空床体积（L）	有效容积（L）	模块数目（个）	进水水质	缓冲体系	阴极比面积（m²/m³）	体积功率密度*（W/m³）	停留时间（h）	库仑效率（%）
3.7[44]	1	12	淀粉、蛋白胨、鱼提取物289g/L	无	36.7	35.0	1200	28
3.7[41]	1	10	淀粉、蛋白胨、酵母膏500mg/L	无	38.6	5.8	24	20
未知[40]	5.7	3	生活污水～100mg/L	PBS	11.4	1.7	6	5
0.64[42]	0.4	2	乙酸钠配水 480mg/L	PBS	9.4	16.9	间歇	4
未知[45]	0.5	1	牛粪水悬液～6000mg/L	无	21.3	16.3	间歇	29
100[43]	90	5	啤酒废水原水～3200mg/L	无	6.0	1.0	144	8

*基于空床体积的功率密度，无空床体积数据的按照有效容积计算。

10.2　现有构型的放大潜力和缺陷分析

微生物电化学的基本构型包括“H”构型、管式构型、水平分层构型、平板式构型，从三维延展的角度分析，这四大类构型的可放大潜力有所不同。

10.2.1　“H”构型

“H”构型的两个隔室均为柱形，需要分别构建并使用连接臂联通，结构较为复杂。同时，高构型还需要使用隔膜材料，并为阴极室不断提供电子受体，运行成本较高。“T”构型反应器虽然避免了隔膜和阴极室构建和运行成本，但阴极比面积很低，因此仅能获得较低的能量和电流密度，无法发挥MES反应器的优势。

10.2.2 水平分层结构

水平分层结构可以具备多种反应器外形，但均利用了水体在不同深度的物理化学性质差异，如水的浮力以及表面水层的溶解氧，因此可以在深度方向上较为方便的构建出好氧的阴极区域和厌氧的阳极区域，并一定程度上节省阴极复氧的能耗。水平分层结构具有沿着水平的长度方向和宽度方向的放大的能力，但由于其依赖于水体在深度上的分层，故在深度方向上的延展比较困难。在场地要求不大的情况下，可以单层运行，如湿地微生物燃料电池[46]（wetland MFC）［图10-9（a）］，针对面源污染的农田微生物燃料电池（paddy-field MFC）[47]，生物修复的植物微生物燃料电池（plant MFC）[48]。水平分层结构深度方向的延展可使用多层的水平分层结构[17] ［图10-9（b）］但需要构建多层支撑体系。

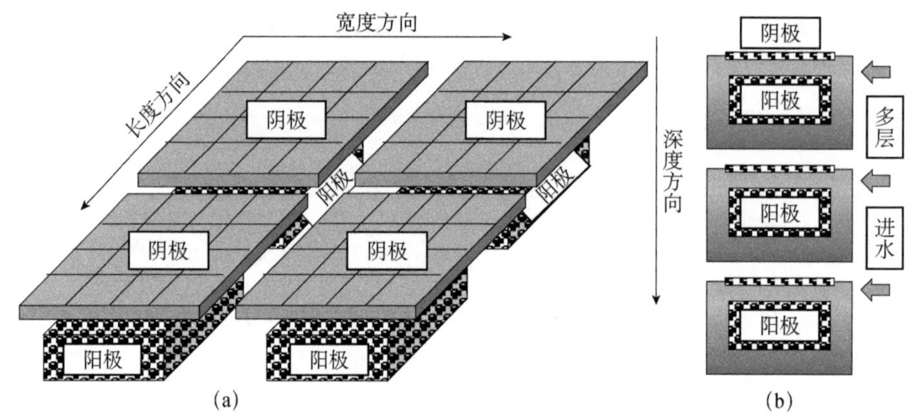

图10-9 水平分层MES反应器堆栈方式示意图

（a）反应器单层运行；（b）反应器多层运行

10.2.3 管状构型

管状构型在构建污水处理MES系统时具有较为明显的优势，因此到目前为止该构型有较为广泛的应用。①管状反应器结构基体易得，仅需在现有管状材料上进行简单加工即可使用；②管状反应器具有较大的阴极比面积，例如一个直径为5cm长度为100cm的管状反应器，体积为1.96L，阴极完全包裹管壁时面积为1570cm^2，则阴极比面积为80m^2/m^3；③污水在管中流动时，由于长度一般远大于管径，因此可认为流动是均匀的；④单体模块之间的水力连接较为方便，能够通过外部管路简便的构建大型系统。

然而考虑到实际污水运行状态，管状构型在放大方面仍然有自身的不足之处。首先管式MES单体放大较为困难。管状构型获得较大阴极比面积是以较小的管径为基础的。这就导致管式MES可以延长管体但增大直径则较为困难。管状结构的阴极比面积可以表示为S_{ca}=4/D，其中D表示管状结构直径（m），S_{ca}表示阴极比面积（m^2/m^3）仍以直径为5cm长度为100cm的管状反应器为例，如果其直径变为20cm，体积为31.4L，阴极比面积从80m^2/m^{3}到20m^2/m^3，构建1m^{3}容积需要32个模块。因此，管状结构具有在长度方向（或高度方向）延展的能力，而直径的变大是有限度的。管状阴极的放大，只能通过多模块组合堆栈的方式，且因为管式反应器无法共享边界，每个模块只能分别搭建。这对于立方米级别甚至更高体积的反应器构建和管理是较为烦琐的。在管式MES反应器可能的堆栈系统（图10-10）中，如果采用垂直于地面的反应器形式[30]［图10-10（a）］底部阴极将承受很大的压力，高度方面也受到限制；如果使用水平于地面的反应器[31]［图10-10（b）］虽然底部阴极在水压下的渗漏和崩解可以避免，但需搭建高强度的支撑结构，以平衡反应器和污水的重量。

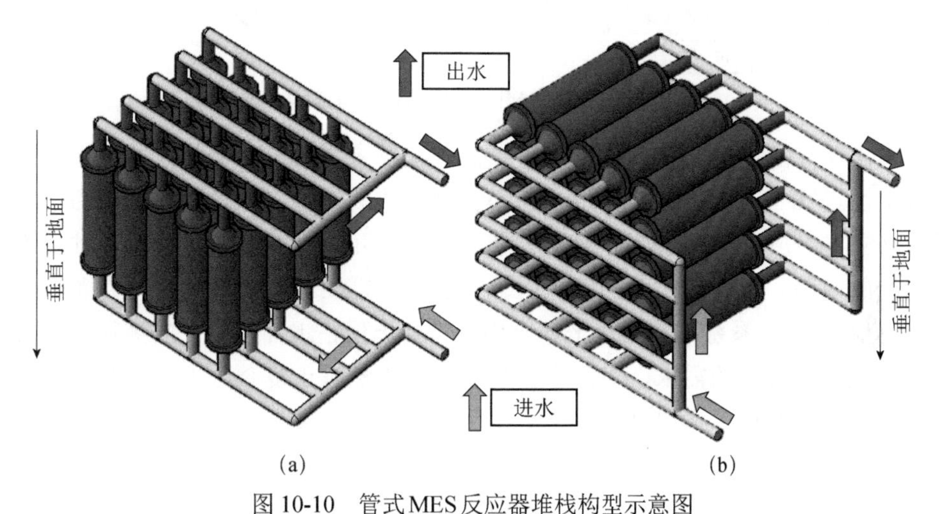

图 10-10　管式MES反应器堆栈构型示意图

（a）管状反应器垂直于地面；（b）管式反应器水平于地面

10.2.4　平板式构型

平板式构型的反应器与管式反应器相比报道数量处于劣势[49]，主要由于平板式构型的反应器在构建中仍有不足：①与管式反应器相比，平板式反应器没有标准化的结构基体可以利用，每个反应器都必须进行一定的加工，而管式反应器可以选择各种材质的管材作为结构基体加以改造；②与水平分层构型相比，平板式的反应器结构更为复杂，而简易的水平分层构型反应器只需要漂浮于水面的阴极和悬挂于阴极下方的阳极即可；③平板式的反应器需要将电极液（污水）束缚于反应器内部，因此反应器消耗大量材料。例如An等[37]使用的反应器总体积为5.37L（28cm×32cm×6cm），但有效容积仅有1L。较大的系统中边壁所占的体积会有所减少，但仍然占据大量成本，如Wu等[39]所使用的中试反应器，单体总体积18L（90cm×40cm×5cm），但有效容积仅有12L。

平板式构型具有其大型化方面的优势。首先平板式构型的反应器单体能够在三维方向上的任意两个方向延展，而通过多模块的叠加可以在三维尺度上放大，因此具备比管式结构和水平分层结构更为优越的大型化潜力（图10-11）。并且由于可以共享边界，该构型的多个模块之间可以直接方便的组合成整体[39]，而不需要每个模块分别构建。

综合对比上述各构型，管式MES构型对目前放大反应器研究中构建单体1～20L水平的

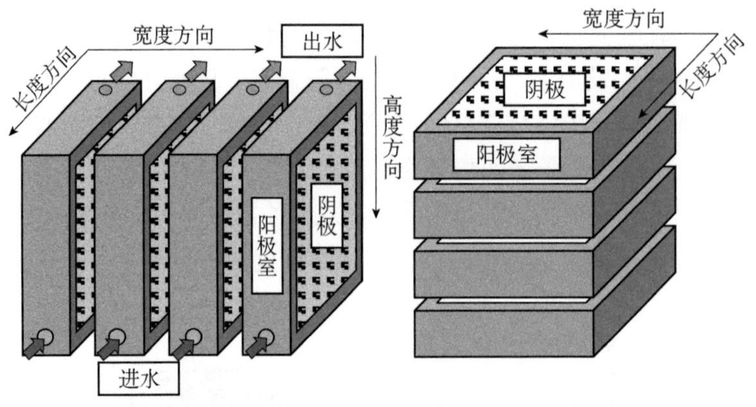

图 10-11　平板式MES反应器堆栈方式示意图

反应器表现出明显的优势。在该体积尺度上，管式反应器具有相比其他构型更大的比表面积，同时也由于其具有基体材料易得，结构容易改造的优势，使管式构型成为常见构型。但对于未来立方级放大MES系统的构建，管式构型会出现模块过多，且相互独立不易整体构建和调控的问题。与管式构型相比，水平分层构型需要借助空气和水体界面实现功能。对于较大容积的MES系统，使用水平分层构型将会出现占地面积较大的劣势或需要高强度的支撑体实现多层分布的需求，对污水构筑物来说仍然过于复杂。平板式结构本身能够在两个维度上放大，通过多模块堆栈能够进一步实现三维延展，且模块间相互共享边界能够形成有机整体。从对MES系统易于三维放大的角度上，本研究选取了平板式构型作为设计基础。但是平板式结构在实际设计和构建中仍需解决其设计加工复杂、冗余结构多、材料消耗量大、有效容积比例低以及构筑成本高等缺点。

10.3　大型化系统标准化的评价方法

10.3.1　能量效率和库仑效率

微生物电化学系统的能量效率和库仑效率，是描述MES反应器对底物中能量回收能力的重要参数。其中，能量转换效率（energy efficiency）表示反应器外电路回收的能量占底物氧化过程中的总释放能量的比例。MES能量转换效率公式[50]如式（10-1）所示：

$$\eta_{en} = \frac{\int_0^t E_{cell} I \mathrm{d}t}{\Delta H M_{added}} \tag{10-1}$$

式中，η_{en}为能量转化效率（%）；t 为运行时间（s）；E_{cell}为实时路端电压（V）；I为实时电流值（A）；ΔH为底物摩尔燃烧热（J/mol）；M_{added}为加入系统的底物摩尔数（mol）。

胞外电子传递过程是MES反应器能量回收的关键微生物过程，即阳极微生物必须以阳极作为底物氧化过程的电子受体才能在外电路形成电流回收能量。这一过程中电极是阳极微生物代谢过程中的电子受体。由于电极无法穿入或渗透细胞膜获取电子，所以细菌必须将电子转移到细胞膜的外表面，例如通过物理接触、电子中介体或者细胞表面的氧化还原蛋白等。但不管机理如何，导出胞外的电子需要一个有氧化还原活性的电子受体与之结合。这个电子受体承担着电子从胞内传递到电极的连接作用，能够和电极直接接触，并具有电化学活性，能被阳极氧化。

底物降解产生的能量可以分为底物到连接点，连接点到阴极最终电子受体的两个部分，其中第一个部分是阳极微生物可能获得的能量，而第二部分则是MFC中电路各部分所消耗的能量。阳极微生物从底物的氧化中分取了不可忽视的一部分能量 ΔG_{biol}。则MES外电路的部分所能获取的能量 ΔG_{elect} 可由下式计算：

$$\Delta G_{elect}=\Delta G_{total}-\Delta G_{biol} \tag{10-2}$$

微生物潜在获取的最大能量 ΔG_{biol}，也就是与总氧化释能相比MES外电路系统中失去的部分，反之亦然。获得更大的 ΔG_{elect} 则是部分MES领域研究者的首要目标，而获取 ΔG_{biol} 是电化学活性微生物倾向于进行胞外电子传递的驱动力。以葡萄糖作为底物的情况为例，单位摩尔葡萄糖完全氧化，标准状态下释放能量为2895kJ。

$$C_6H_{12}O_6+6O_2 \longrightarrow 6H_2O+6CO_2 \Delta G_0'=-2895\text{kJ} \tag{10-3}$$

发酵菌群以葡萄糖为底物产乙酸过程，有机物的化学能仅有约8%的释放[51]。

$$C_6H_{12}O_6+2H_2O+2NAD \longrightarrow 2CH_3COO^-+2H_2+2CO_2+2NADH+3H^+ \Delta G_0'=-232.2\text{kJ} \tag{10-4}$$

因此，当有机物经过胞外电子传递过程被阳极氧化时，如果阳极的电位足够高，为从底物氧化中获取更多的能量，阳极微生物即倾向于进行胞外电子传递过程，获取更多的ATP满足维持自身代谢需求。在此条件下电极表面产生一种驯化作用，即在电极表层的生物膜中富集电化学活性菌群。而MES尤其是大型MES的运行过程中，虽然希望底物氧化过程中的能量能更多的在反应器外电路回收，但外电路能够获得的能量是很有限的。在实际的水处理MES系统中，阳极污水中的能量去向可以分为以下几类：①产电过程直接相关的微生物代谢能量消耗有机物能量，及基于此过程的微生物同化作用以生物增量的形式固定部分能量，其余以热量形式耗散；②产电过程不直接相关的微生物代谢过程，如有机物的水解、发酵、好氧过程和无氧呼吸等过程，消耗大量有机物的能量，并部分供给微生物同化作用获得生物增量；③胞外电子传递过程产生外电路电流所克服的电极欧姆内阻，阳极扩散及活化等内阻损失，以热量形式耗散；④在外电路中以电流形式获得的能量；⑤随出水流出阳极的能量，仍然以污水有机物的形式存在。实际水处理系统中，研究者获得更高效的底物降解速率的需求，优先于从污水中获得更多的能量。

库仑效率（Columbic efficiency，CE）则用来表示通过外电路的电子与底物理论上完全氧化所转移电子的比例。理论上，对于无法参与发酵代谢的底物如乙酸，库仑效率可能达到100%。完成胞外电子传递的细菌能够消耗较为复杂的有机物比如葡萄糖。相关报道较少，*Rhodoferax ferrireducens*[52]能够直接降解葡萄糖。实际运行中，库仑效率只能接近这一水平。MES库仑效率公式[50]如式（10-5）所示：

$$\mathrm{CE}=\frac{M\int_{0}^{t}I\mathrm{d}t}{nVF\Delta\mathrm{COD}} \tag{10-5}$$

式中，t 为运行时间（s）；M 为氧气的摩尔质量（g/mol）；V 为双室MES阳极室体积或单室MES反应器液体容积（L）；I 为实时电流值（A）；n 为1摩尔氧气转移电子数（4mol/mol）；CE为库伦效率（%）；ΔCOD为进出水化学需氧量差值（mg/L）。

能量效率和库仑效率具有不同的物理意义，前者表述的是MES将有机底物的化学能转化成电能的效率，而后者则表述的是MES内有机底物被氧化的过程中所转移的电子中通过外电路的电子比例。在早期的研究中，库仑效率往往被认为代表或指示了能量效率，但实际上获得高库仑效率仅仅是高能量效率的必要不充分条件。

在能量效率和库仑效率的计算中，M_{added}和ΔCOD的基本物理意义是用以限定单位时间（0～t）内进入MES的底物的量（摩尔数量或化学需氧量）。那么对于常以序批式（batch mode）运行的小型MES而言，t一般代表一个或多个稳定运行周期。而对于常采用连续流运行（continuous flow）的大型MES而言，t可以代表一段稳定运行时间，通常可以是一个或多个稳定运行的水力停留时间。在连续流运行状态下，需要考虑流入系统和流出系统的底物的量的差值，即真实在MES利用消耗的部分。同时由于M_{added}和ΔCOD和进出水的密切关系，且有机物的电极氧化并形成通过外电路的电流的过程发生且仅发生在阳极室，因此库仑效率计算中的体积参数（V）应该采用单室MES反应器液体容积或者双室MES阳极室体积。

微生物电化学系统中，能量转化效率的范围通常较大，差别可以从2%～50%之间。进入阳极的氧气是影响能量转化效率的首要因素。氧气进入阳极系统将会作为电子受体从而和阳极极板竞争电子流。因此，能够从外电路收集到的电子将会由于这一竞争作用而降低，从而影响总体的库仑效率和能量效率。电极间隔材料的存在能够有效的防止氧气渗入。Korneel等[53]使用石墨平板作为电极构建双室有膜MES，并从培育成熟的MES反应器接种。在运行期间，注入2g COD/L的葡萄糖溶液能够使体系维持2.2W/m^{2}高效产能24h，并获得高能量转化率达65%。Liu等[8]使用有质子交换膜和无质子交换膜状态的单室空气阴极MES反应器进行对比，使用质子交换膜时能量效率可达15%，而去除质子交换膜后能量转化效率仅有7%。张潇源等[54]通过选择尼龙布为间隔材料，通过空隙大小控制氧气渗入，发现使用致密的间隔材料隔绝空气阴极的氧气渗入，库仑效率可以实现显著提高。

10.3.2 MES作为产能单元的其他评价参数

1）MES的电压和电动势

极化曲线（polarization tests）能够获得不同电流密度下的电极电位和反应器的路端电压，是用来分析和描述MES反应器的能量输出性能的基本测试之一（图10-12）。极化曲线的测试可以通过间歇流单周期逐级变电阻、连续流逐级变电阻等方式或借助电化学工作站测定。单周期极化曲线测定时，首先为MES反应器提供新鲜的进水保证底物供给，在开路状态下获得稳定的路端电压。之后可以通过连接MES反应器的外阻，并逐级降低外阻，获得不同路端电压、电流和功率数据，也可以通过电化学工作站扫描电流和电压（电位）变化测定。对于放大的MES反应器，内阻往往较低，通常选取递减的10个以上阻值进行测试，以保证反应器的功率输出曲线足够密集并出现拐点。对于序批式运行的MES，单周期极化曲线每个外阻一般稳定30～60min。但需要确认该反应器的单周期内的稳定运行期足够长从而涵盖整个逐级调低电阻的测试时间。多周期极化曲线的测定方式则是每个序批式运行周期替换一个外电阻阻值，并用该周期内的稳定期峰值电压计算反应器的最大电能输出。稳定期峰值电压并非整个周期的峰值电压。连续流运行的MES逐级变电阻测量极化曲线则是在MES反应器以某设定停留时间连续工作的状态下逐级降低外阻获得电池的能量输出性能，一般每个外阻工作时间为数个HRT时长。

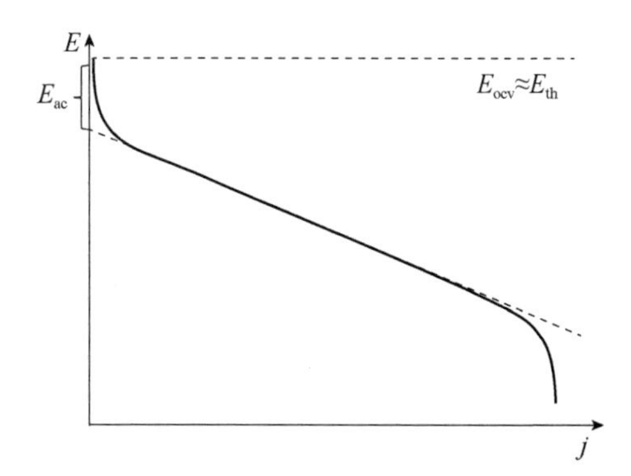

图 10-12　微生物电化学系统产能单元的典型极化曲线

对于微生物电化学系统的产能单元中，电池的开路电压E_{ocv}趋近于电极电动势，即由阴阳极反应经能斯特方程计算得到的理论电极电位的差值。

活化电势E_{ac}可以由Butler-Volmer方程进行计算：

$$I = A \cdot i_0 \cdot \left\{ \exp\left[\frac{\alpha_a nF}{RT}\left(E - E_{eq}\right) \right] - \exp\left[-\frac{\alpha_c nF}{RT}\left(E - E_{eq}\right) \right] \right\} \tag{10-6}$$

或者写为：

$$i = i_0 \cdot \left\{ \exp\left[\frac{\alpha_a nF\eta}{RT} \right] - \exp\left[\frac{\alpha_c nF\eta}{RT} \right] \right\} \tag{10-7}$$

式中，I为电流（A）；A为电极有效表面积（m^2）；i为电极表面电流密度（A/m^2）；i_0为交换电流密度（A/m^2）；E为电极电势（V）；E_{eq}为平衡电位（V）；T为绝对温度（热力学温度）（K）；n为电极反应涉及电子数；F为法拉第常数；R为通用气体常数；α_c为阴极电荷转移系数，无量纲；α_a为阳极电子转移系数，无量纲；η为活化过电势（定义式$\eta=E-E_{eq}$）。近似的可以由Tafel equation计算：

$$E - E_{eq} = a + b\log\left(i\right) \tag{10-8}$$

对于确定材料的阴阳极其a、b的值是确定的。材料变化主要改变a的值。电流密度极小时将出现误差。

理论上电池的开路电压E_{ocv}和电池的尺度并没有直接关系。但实际研究中往往较大电池的开路电压更趋近于理论值。这可能是由于即使是开路状态，电极之间也会存在微弱的电极反应和微小电流，只是电流并不通过外电路；而大型MES电流密度相对较小，对于较小的电流密度带来的活化电势损失也相应比较低。

2）MES的表观内阻和最大功率点

微生物燃料电池系统可以看做由阳极电阻R_{an}，阳极电容C_{an}，内部欧姆电阻R_t，阴极电阻R_{ca}，阴极电容C_{ca}，阳极和外电路接触电阻$R_{an\text{-}con}$，阴极和外电路接触电阻$R_{ca\text{-}con}$以及外电路电阻R_{ex}（用电器）组成（图10-13）。其中内部欧姆电阻在不同的系统中包括电解液内阻R_l并有可能包括离子交换膜内阻R_m和阴极表面保护层（separator）内阻R_s。在MES体系稳态供电的时候，阴阳极电容可以看做短路，忽略不计。对于一个微生物电化学系统，可以由下图进行近似分析：

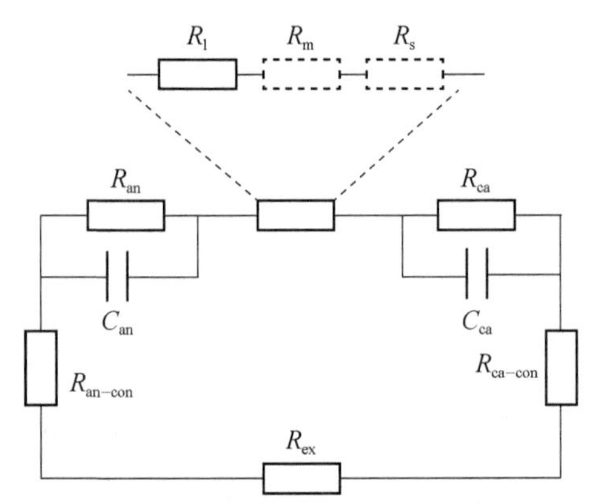

图10-13　微生物电化学系统的简化电路图

如果我们考察用电器所能获得的能量，那么其余电阻均可视为内阻的组成部分。则MES的内阻R_{in}可表示为

$$R_{in} = R_{an} + R_{ca} + R_l + R_m + R_s + R_{an-con} + R_{ca-con} \tag{10-9}$$

在已知开路电压E_{ocv}和电池内阻的条件下，对于某个电池的最大功率输出可由下式近似表示：

$$P_{max} = \frac{E_{ocv}}{R_{in} + R_{ex}} \tag{10-10}$$

式中，P_{max}为最大功率输出；E_{ocv}为电池的开路电压；R_{in}为电池的内阻；R_{ex}为电池的外阻，且此时$R_{ex}=R_{in}$。

由此可知对于一个电池知道其开路电压和内阻就可以预测其最大功率输出值。但实际系统中，式（10-9）中的E_{ocv}需要减去活化电势E_{ac}，才能在随后的改变外电阻放电过程中更符合式（10-10）（图10-12）。而对于大型MES系统的产能单元，由于尺度较大所以E_{ac}所占比例较大，则直接用E_{ocv}带入式（10-10）也可以近似进行计算，并得到较实际值偏大的结果。电池内阻是较E_{ocv}对电池的电能输出性能影响更大的因素。电池的最大功率输出点，电池内阻等于外阻，那么尽可能降低电池内阻是提高MES产能单元功率密度输出的直接和首要手段。

10.4　平推流平板式MES的构建与运行

2004 年，Liu 和 Logan 构建了单室空气阴极微生物燃料电池（microbial fuel cell，MFC）反应器[8]，简化了反应器的结构，提出了将该技术作为一种潜在污水处理技术的概念[55]。与传统工艺相比[56]，该技术避免了传统水处理过程中高能耗[57]和高污泥产率[58]的不足，并能够实现污染物的去除和污水的能源化，实现整个水处理过程的可持续[59]。微生物燃料电池系统是微生物电化学系统（MES）的一个分支，其特点在于利用阴阳电极反应间的电势差自发形成离子和电子的定向迁移。本章所论述的微生物电化学系统（MES）的内容，其重点即在于此类原电池系统的放大过程。在过去的十余年中，该技术受到了世界范围内研究者广泛的重视和深入研究。目前，多种有机污染物已被证明可作为微生物电化学系统的阳极菌群的底物[60]，同时该技术在污水资源化[61, 62]、脱氮[63]、剩余污泥减量[64]等多个方面展现优势，并在远海可持续能源[65]、生物修复[66]、生物传感器[67]等多个其他方面拓展了其应用范围。

系统的大型化过程是该技术推广应用的必经阶段和重要挑战。然而MES反应器长期停留在数百毫升以下的实验室水平。虽然在放大系统MES设计和运行方面已有众多有益尝试（详见10.1节），但本节研究前的单体试验模块体积绝大多数仍处于10L以下。使用小型的MES固然可以在一定程度上避免放大过程中的性能衰减，由于大尺度MES的匮乏造成对其放大过程中的尺寸效应缺乏足够认识，关键问题不明确、解决方法并不清晰等问题，导致放大方式缺乏实用性。

为对放大的MES系统的规律和特点做深入的分析和研究。本章研究构建了可堆栈的模块化容积为250L的空气阴极MES单体，将空气阴极MES的研究对象从数升提高了两个数量级，并考虑成本因素使用了廉价电极材料。在此基础上总结研究放大的MES系统运行规律、放大过程中的性能限制因素以及现有构型在大型化中的不足，为后续的改进构型提供设计依据和实验基础。

10.4.1　平推流放大系统的结构设计

1）单体放大模块的结构设计

该MES单体模块采用平板式构型。阳极采用由东丽石墨纤维和双股纯钛金属丝绞成的石墨纤维刷，其总长度为110cm，有效长度（含碳纤维部分，下同）为100cm，直径为4cm。阳极碳刷在安装前经过450℃热处理30min。阳极碳刷沿污水流动方向均匀排列，每排32根，相互之间并联连接。安装阳极时，模块内部有若干根可以调节高度的有机玻璃杆，其上钻孔可以保证阳极碳刷穿过，从而在反应器中部起到支撑碳刷的作用，形成上下两层阳极阵列分别贴近反应器上下表面的空气阴极。阴极采用低成本的3K碳纤维织布为基底，载Pt催化剂0.25mg/cm^2，有效面积1m×1m。本实验中两层阳极碳刷分别和上下表面的阴极构成上电池和下电池两个电池系统（up and down cell）。在阴极和阳极之间由聚碳酸酯多孔板作为间隔材料形成电极绝缘层。多孔板厚度为1cm，蜂巢孔直径3mm。阳极中心（钛丝）距离阴极的间距为2cm。由于该构型微生物燃料电池反应器采用可堆栈的模块化设计，污水进入单体模块后以平推流的形式穿过反应器内部（图10-14），因此命名为可堆栈平推流MES反应器（stackable horizontal plug flow microbial electrochemical system，SHMES）。

反应器主体结构使用机玻璃板构建。污水首先通过溢流堰进入反应器的进水端，并在出水端经溢流流出。出口溢流堰相对反应器池底高度29cm。因为每个单元阴极安放在上下表面，下表面的阴极需要承受29cm水压，上表面阴极也需要承受4cm的水压。承压的阴极有助于排出可能堆积的气体。阴极外侧覆盖有不锈钢丝网和钢制框架作为反应器水压的主要承受体（图10-14）。

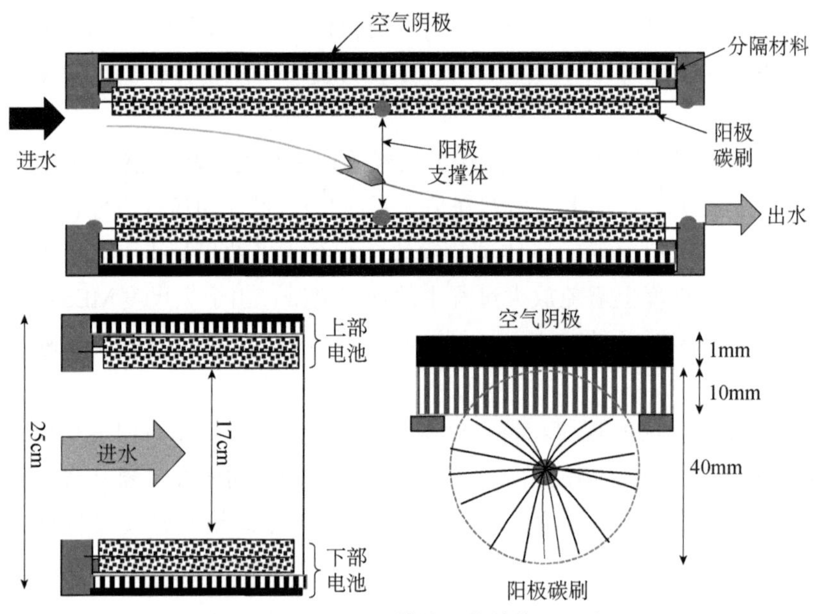

图10-14　SHMES模块主体结构和尺寸

2）多模块堆栈设计

SHMES反应器采用模块化设计（图10-15）。四个MES单体能够嵌入带有管路和流道的框架之内，形成四联体单元。四联体结构各模块产能过程可独立调控。即当某一个模块出现问题时，可将其独立取出更换或维修，而不影响其他模块的运行。基于这种方式，系统可以构建出更大尺度的MES系统（图10-16）。

四联体单元采用中央进水两侧出水的方式，水力连接为并联连接，但各个四联体单元之间还可以层状堆栈叠加，形成更大的系统，比如由10层四联体单元组成的$10m^3$单元（图10-17）。

承重构架
阴极
隔膜
侧壁

图10-15　SHMES单体模块组装方式和支撑结构（250L容积的单体模块）

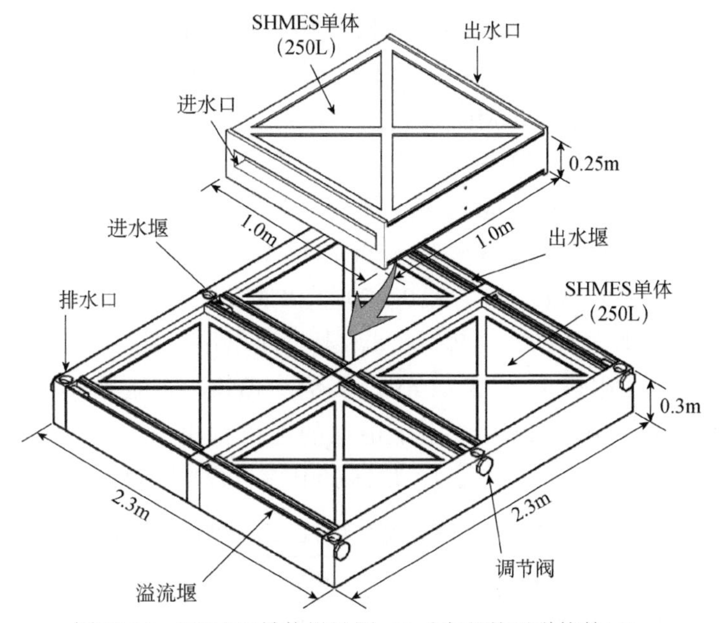

图10-16　SHMES堆栈设计图（1m³容积的四联体单元）

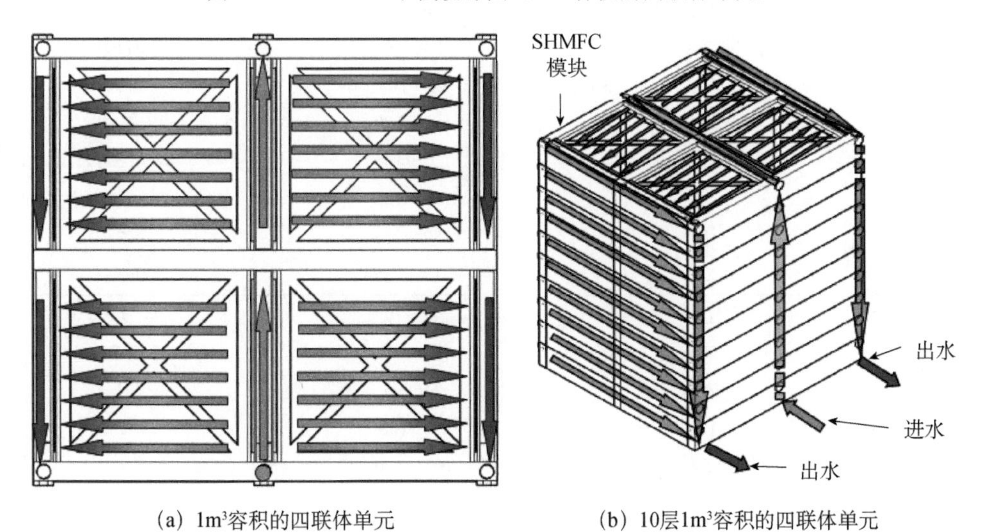

（a）1m³容积的四联体单元　　（b）10层1m³容积的四联体单元

图10-17　SHMES堆栈的布水设计图

10.4.2 SHMES的能量输出性能

1）反应器的启动

SHMES反应器以生活污水为底物。反应器接种菌源来源于厌氧颗粒污泥和生活污水。启动之初，10L厌氧颗粒污泥和240L生活污水完全混合后静置，上清液泵入反应器内部作为菌源。在随后的运行中，SHMES仅以生活污水为底物，以42±0.5L/d的固定流速运行，水力停留时间为6d。接种后，SHMES采用逐步降低内阻的方式，使电流密度逐步提高，逐渐富集和筛选具有胞外电子传递功能的阳极菌群。反应器外阻从1000Ω 逐步降低到2Ω（1000、500、250、100、50、20、10、5和2Ω）。整个启动富集阶段共持续240h（10d）。

根据电池组的位置，位于SHMES上层的称之为上部电池（up cell），反之称之为下部电池（down cell）。接种初期的0～20h，下部电池的电压在剧烈波动中升高至598±6mV，并在随后的20～40h稳定在616±3mV。在40h时，上部电池也开始收集到电能，并在40～50h从198mV升高到590mV，随后在50～70h间逐步稳定在600±10mV。而同样时间区间内，下部电池电压稳定在630±7mV。在0～70h，SHMES的外电阻固定在1000Ω。从70～84h，SHMES外阻缩小为500Ω。在此区间，上电池电压仍然在逐渐提高，最终稳定在693±2mV；下电池电压则稳定在723±1mV。从84～135h，电池外电阻逐渐从500降低到20Ω（250、100、50、20和20Ω），上下电池的电压输出依次为688±17mV（250Ω）、595±17mV（100Ω）、527±17mV（50Ω）、424±18mV（20Ω）（表10-6）。

表10-6 启动期上下两组电池外阻分步下调和电压输出性能变化

SHMES	外电阻（Ω）	时间段（h）	稳定电压输出（mV）
下层电池	1000	0～70	0～630±7
	500	70～84	633～693±2
	250	84～96	671±1
	100	96～108	578±1
	50	108～120	510±1
	20	120～135	406±1
	10	135～180	201～479±2
	5	180～212	403±2
	2	212～235	263±1
上层电池	1000	40～70	198～600±10
	500	70～84	614～723±1
	250	84～96	704±1
	100	96～108	612±1
	50	108～120	544±1
	20	120～135	441±1
	10	135～180	232～556±2
	5	180～212	497±1
	2	212～235	370±1

值得注意的是，从500降低到20Ω的这段时期，每个电阻运行的12～15h区间内，上下电池的阳极电位呈阶梯状上升，同时电流在每个电阻下也很快趋于稳定并呈平台状上升趋势。在整个0～135h区间内，电流从0逐渐上升至0.021±0.001A，因阴极面积为1m^2，电流密度为0.021±0.001A/m^2。在135～180h，SHMES在10Ω下运行期间观察到较大变化。这一时期，随着电流的增大阳极的胞外电子传递性能出现较大幅度的提高，阳极电位从−75.5±0.5mV降低至−217±16mV（相对标准氢电极，vs. SHE）。随之带来的是，电流密度从0.035±0.002A/m^{2}上升到0.052±0.005A/m^2，升高45%。阳极菌群在此区间内，对电流输出的驯化较为明显。

随后180～212h，SHMES在5Ω下运行，电流稳定在0.09±0.01A/m^2，但并未继续发现该电阻下电流输出的大幅提高。从212～235h，SHMES在2Ω下运行，电流稳定在0.16±0.04A/m^2，同样未发现该电阻下电流输出的明显提高。由于并未继续发现推高电流后对阳极驯化的促进，此时可认为SHMES阳极驯化完成启动期结束。SHMES中上下层阳极的电位非常接近，启动期阳极性能并没有因为所处位置的水压相差25cm（2.5kPa）而出现不同。但在5Ω和2Ω外阻下，上电池的电流输出分别比下部电池高出0.019A/m^{2}和0.054A/m^2，结合下层阴极所观察到的在水压作用下凸起，这一差别可能来源于空气阴极在不同水头压力下的性能变化（图10-18）。

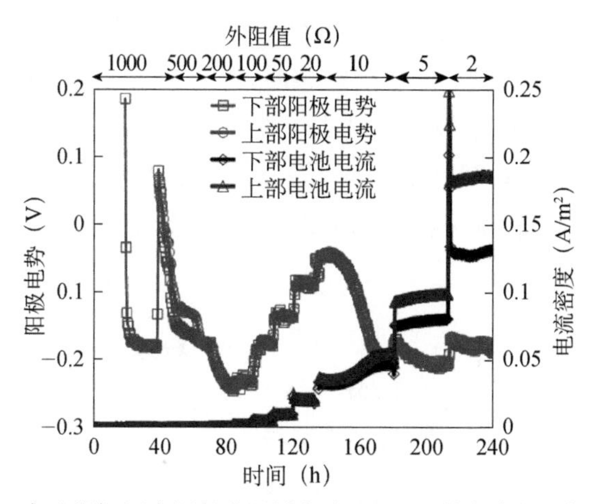

图10-18　启动期间逐步调低内阻过程中SHMES的电流和阳极电位变化

2）反应器的稳定电能输出

启动期结束之后，反应器在外阻2Ω下保持稳定的电压输出。随后将反应器的外电阻进一步调为1Ω，经过一段时间的波动（360～520h，电压波动范围为93～223mV），反应器最终在1Ω外阻下稳定运行。在整个运行过程中，反应器的电压输出最终保持在（0.20～0.22V），阳极电位保持在−0.2V（vs. SHE）左右。在1Ω外阻运行期间，SHMES的上电池电流密度为0.203A/m^2，下电池为0.139A/m^2，二者间仍有0.064A/m^{2}的差异。外阻1Ω下波动过程中，上层电池和下层电池的电压输出逐渐接近，上层电池不再表现出大幅优于下层电池的性能。二者之间的电压差最终可以忽略。外阻1Ω稳定后，上电池电流密度为0.225A/m^2，下电池为0.215A/m²。与外阻2Ω对比，上电池电流密度提升幅度仅为10%，而下电池电流密度提升幅度达到55%（图10-19）。最终1Ω外阻下，上下电池的电压稳定在217±5mV，阳极电位则维持在−240±5mV（vs. SHE），电池平均电流密度值0.217±0.005A/m²，单体模块电流总产出为0.435±0.005A，体积电流密度3.48A/m³。

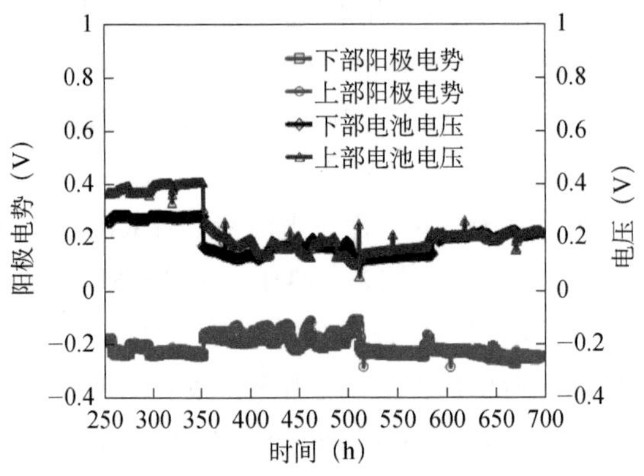

图10-19 运行期SHMES电压和阳极电位

250～355h，外阻2Ω；355～700h，外阻1Ω

反应器在2Ω外阻下运行至稳定后测定极化曲线。上、下电池分别获得最大输出功率为53.8mW和45.3mW。通过对阴阳极电位曲线线性区域的拟合[68]可知，反应器上下层电池系统欧姆内阻分别为2.4Ω和2.2Ω。在启动结束时，下层电池的电压和功率输出低于上层电池。从电位曲线可得，上下层阳极性能几乎一致，因此功率输出差异主要是由于下电池阴极的性能较低造成的。（图10-20）在反应器2Ω外阻下运行至稳定后测定反应器的极化曲线。反应器上下电池分别获得最大输出功率为53.8mW和45.3mW。

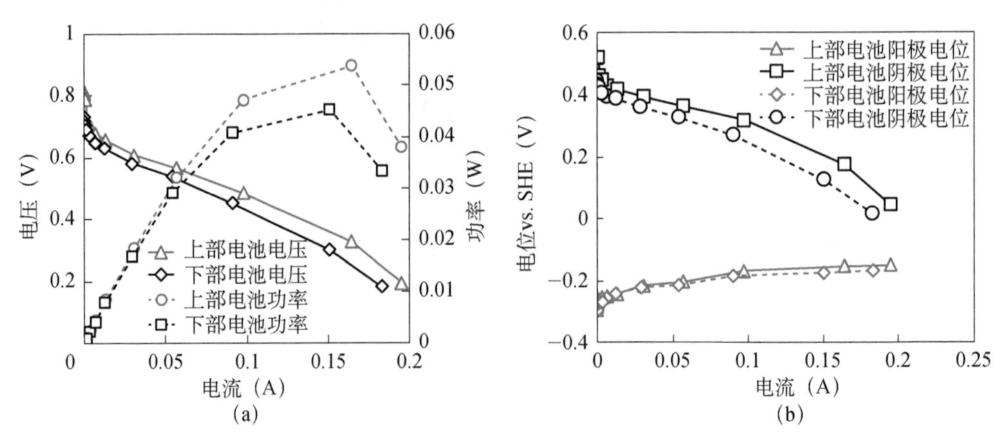

图10-20 SHMES系统启动期结束后2Ω外阻运行期极化曲线（a）和电极电位曲线（b）

通过对阴阳极电位曲线线性区域的拟合[68]可知，反应器上下层电池系统欧姆内阻分别为2.4Ω和2.2Ω。在启动结束时，下层电池的电压和功率输出低于上层电池。从阴阳极电位曲线可得，上下层阳极阵列的性能几乎一致，因此功率密度的差异主要是由于下电池阴极的性能较低造成的（图10-20）。而对于相同材质和制作工艺的阴极，这一由位置导致的差别可能来源于阴极在承压条件下的性能变化（图10-19）。

在反应器在1Ω外阻下稳定运行后再次测定反应器的极化曲线。获得的反应器的最大输出功率值为57±2mW。通过线性拟合可知，反应器上下层电池系统欧姆内阻均为2.2±0.1Ω。这段期间，上下电池的最大功率输出差异从1Ω时的8.5mW（53.8～45.3mW）缩小到2.6mW（57.8～55.2mW），其差异仍主要是由阴极的差别造成的（图10-21）。

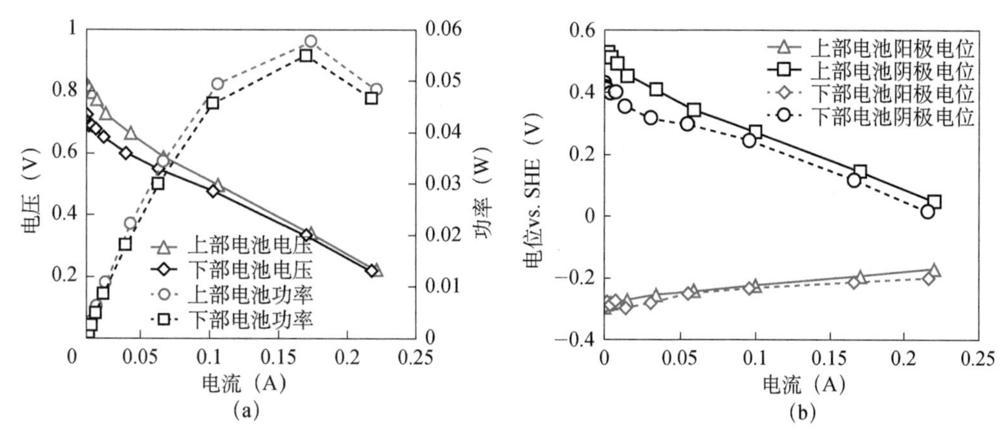

图10-21　SHMES 稳定运行后1Ω外阻运行期间极化曲线（a）和电极电位曲线（b）

通过对电极和外电路接触点（或面）的内阻测量，以及由极化和电势曲线线性区间所获得的电池阴阳极内阻，可获得SHMES内阻分布。其中上电池总内阻2.44Ω，80%为阴极内阻；下电池内阻2.03Ω，74%为阴极内阻，因此阴极仍然是SHMES的电池能量输出的主要限制因素。值得注意的是，在实验室水平MES反应器中被忽略的接触内阻在内阻构成中占很大比例。例如上电池阴极内阻1.97Ω，其中0.7Ω为阴极本身和外电路的欧姆内阻；阳极总内阻0.53Ω中，接触内阻为0.3Ω。接触内阻占总内阻中比例达41%取代溶液（电解液）内阻成为主要内阻（表10-7）。

表10-7　SHMES稳定运行期电池内阻组成

	总电池内阻（Ω）	总阴极内阻（Ω）	阴极内阻（Ω）	阴极接触电阻（Ω）	总阳极内阻（Ω）	阳极内阻（Ω）	阳极接触电阻（Ω）
上电池	2.44	1.97	1.27	0.7	0.53	0.23	0.3
下电池	2.03	1.50	0.80	0.7	0.47	0.17	0.3

10.4.3　SHMES污染物去除性能

微生物燃料电池的性能依赖于一定浓度的底物（COD），因此在一个模块中很难实现持续的高电能输出以及高COD去除[64]。空气阴极透过的氧气能进行一定程度的硝化作用同时反应器主体处于厌氧状态，因此氨态氮能够在阴极表面氧化形成硝酸盐氮，然后硝酸盐氮在阳极区域还原成N_2脱除。这一过程使MES反应器表现出一定的脱氮能力。反应器在启动期（1～10d），出水COD、SCOD和TN均呈现迅速下降的趋势，并逐渐趋于呈现稳定的去除率。

从启动期结束，即第10d起，以每个测量周期的进出水各项水质指标评价其去除率。在此期间，进水COD为334±60mg/L，出水COD为70±20mg/L，去除率为78%±7%。进水SCOD为254±56mg/L，出水SCOD为53±8mg/L，去除率为78%±9%。进水中的总氮含量为47±6mg/L，出水中总N含量为13±3mg/L，去除率为71%±8%。总氮的去除率和前期报道中HRT同样为6 d的MES反应器69.7%±3.6%的去除率相当[20]（图10-22）。

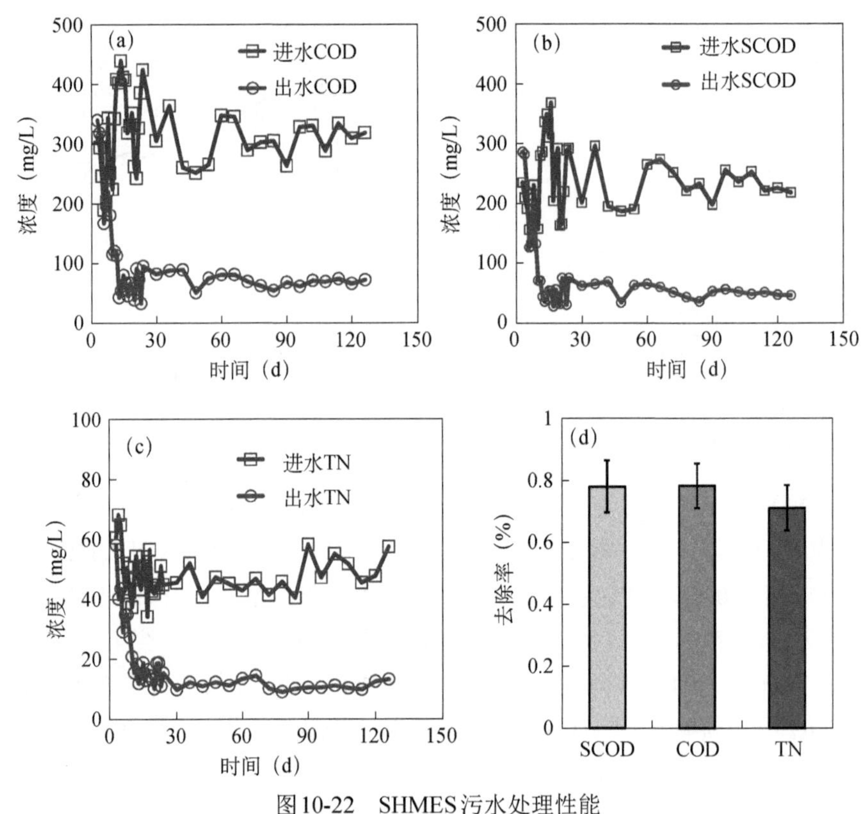

图10-22 SHMES污水处理性能

（a）进出水COD；（b）进出水SCOD；（c）进出水总氮；（d）去除率

污水电导率被认为对MES反应器的性能有重要关系[69]。在SHMES运行中，进水COD的电导率为（770±120）μS/cm，出水电导率为（730±100）μS/cm。整个运行期间，出水pH为7.9±0.2，未出现明显的pH偏向碱性。因此，与50mmol/L PBS相比（6.8～7.0mS/cm），污水电导率仅为缓冲盐体系的11%，但在截面积为1m^2放大的MES体系中，由电导率计算的欧姆内阻仅为0.26Ω。与小反应器不同，其在整个内阻中不占主要地位[70]。缓冲能力能够维持阴极表面pH中性，主要由阴离子决定。通过离子色谱对部分常见阴离子测定可得污水所含主要阴离子的浓度（表10-8）。其中进出水中Cl^-所占质量分数最大约（62±2）%，总磷酸盐次之约占（17±1）%。从离子组成来看，起缓冲作用的主要由总磷酸盐。

表10-8 SHMES进出水主要阴离子组成

离子	进水浓度（mg/L）	出水浓度（mg/L）
F^-	3±1.4	2±1.1

续表

离子	进水浓度（mg/L）	出水浓度（mg/L）
Cl^-	60±17	57±13
NO_3^-	0.7±0.9	0.7±0.9
SO_4^{2-}	17±7	15±8
总磷酸盐	17±11	15±9

在2Ω 外阻下，基于COD去除量，SHMES的库仑效率为3%±1.2%；基于SCOD的去除量，SHMES 的库仑效率为 3.5%±1.5%。外阻调节到 1Ω，在 360～520h 的波动期，基于 COD 和 SCOD 去除量的库仑效率分别为 3.4%±0.5%和 4.7%±1.4%。外阻 1Ω 下电压稳定后，基于COD和SCOD去除量的库仑效率分别为 4.5%±1.7%和 6.6%±2.5%。SHMES的库仑效率较低，主要原因是较大的反应器内阻限制了电流产生，导致由胞外电子传递导致的底物去除所占比例较小，从而限制了整体的库仑效率提高（图10-23）。

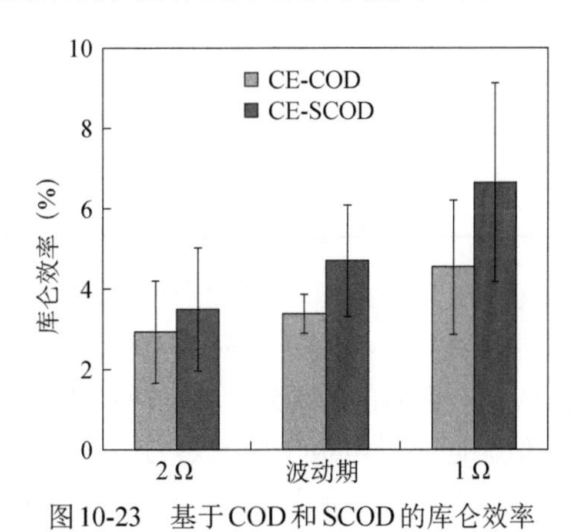

图10-23　基于COD和SCOD的库仑效率

10.4.4　尺寸效应和放大化MES的基本特征

随着反应器尺度的增加，MES系统基于总体积和阴极面积的功率密度这两项首要电化学指标逐渐降低。通过将本研究所构建的250L SHMES单体和不同大小的平板式反应器对比可以发现放大过程中反应器电化学性能的变化规律以及主导性能变化的影响因素。这些关键因素的分析有助于克服反应器放大过程中的“尺寸效应”并使放大系统的体积（面积）功率密度能够接近实验室水平的小型系统。

由于介于中间的反应器（数升到数十升）样本不足，故选择典型实验室使用的28mL立方型（cube）反应器和135mL平板式西门子（Siemens）反应器进行对比。因为SHMES使用了低成本碳纤维阴极，所以首先参考立方形反应器中进行的碳布和碳纤维阴极的对比。在相同阴极制备条件下，采用碳纤维阴极的反应器功率获取仅比采用碳布阴极的反应器减小 100mW/m^2，而反应器的其他电化学指标如内阻、开路电压等均十分接近。综合而言，可认为碳布阴极和碳纤维阴极的反应器具有直接可比性。从而可将以生活污水为底物的，碳纤维阴极SHMES和使用碳布阴极的cube MES与Siemens MES反应器进行直接对比（表10-9）。

表10-9 SHMES与实验室水平小型系统参数对比

重要参数	SHMES 碳纤维	cube[64] 污水	Siemens[34, 71] 污水	cube[72] 碳布	cube[72] 碳纤维
体积/L	250	0.028	0.13	0.028	0.028
截面积/cm^2	10000	7	35	7	7
启动期/d	10	12	4～20	～9	～9
停留时间或周期/d	6	0.5	0.5	～0.8	～1
阳极碳刷的填充密度/（m^2/m^3）	128	1250	1250	1250	1250
阴极的填充密度/（m^2/m^3）	8	25	27	25	25
1000Ω 下电压/V	0.7～0.8	～0.4	～0.54	～0.6	～0.6
开路电压/V	～0.8	～0.8	～0.8	～0.8	～0.8
最大电流值/A	0.217	～0.0014	～0.0012	～0.005	～0.005
最大电流密度-阴极/（A/m^2）	0.217	～2	～1.7	～7.5	～7.5
最大功率输出/mW	116	0.21	0.2	0.98	0.91
最大功率密度-阴极/（mW/m^2）	58	300	280	～1400	～1300
最大体积密度/（W/m^3）	0.47	7.5	7	35	32.5
内阻/Ω	2.3	～375	～85	120～130	120～130
面电阻/（$Ω/cm^2$）	$2.3×10^4$	2625	～3000	840～910	840～910
库仑效率/%	3%～5%	～20%	～15%	50%～60%	60%～70%

从运行参数上看，面向污水处理的大型MES的产电启动时间并没有随尺度放大有明显变化。借鉴小型反应器实验中较大电流有利于反应器阳极菌群驯化的原理，本研究采用逐级降低外电阻提高电流的方式使电极的菌群得到逐级适应和驯化。该过程的持续时间为10d左右与实验室小型反应器相似。同时受电极反应的热力学性质限制，同样的电极反应条件下电极电动势随着电极面积的增大而提高十分有限。因此MES的截面积对反应器的开路电压影响很小，各种大小的MES开路电压均为0.8V左右。但1000Ω外阻下的电压差异明显，截面积越大的MES此时路端电压越大。考虑到SHMES的内阻仅为2.3Ω，是cube MES的0.6%和Siemens MES的2.7%，千欧外阻下的路端电压则更接近电池开路电压。

理想状态下电池的面电阻应该不随电池截面积的增大而变化。但是在实际放大过程中，电池内阻虽然逐渐减小，电池的面电阻却出现显著的提高。Siemens MES与cube MES相比截面积扩大5倍，面电阻从2625Ωcm^2升高14%达到约3000Ωcm^2。考虑到生活污水之间的差异，可认为二者是接近的。两反应器在功率密度、电流密度等涉及单位阴极面积的各项指标均十分接近。但SHMES的面电阻为$2.3×10^4$Ωcm^2是cube MES的8.76倍，导致SHMES基于阴极面积的最大功率密度输出仅为cube MES的20%。因此，SHMES内阻未随着截面积扩大而等比缩小（即面电阻增大）是其功率密度衰减的重要原因之一。

对比放大过程中的体积功率密度变化，MES电极中的阴极面积被认为是电极功率获取的限制因素[6]，故提高阴极的填充密度对体积功率密度十分重要。SHMES的阴极比面积为8m^2/m^3，而cube MES为25m^2/m^3。若其他条件不变，提高SHMES的阴极比面积到25m^2/m^3，体积功率密度将从0.47W/m^3提高到1.47W/m^3，但与cube MES的7.5W/m^3的体积功率密度比仍有较大差距。

综合而言，MES在放大过程中的尺寸效应主要表现在电池面电阻和阴极比面积两个方面。以本节实验为例，与28mL cube MES相比，SHMES由于内阻较大导致的体积功率衰减占85%，而由于阴极比面积降低造成的功率衰减占15%。

综合上述，为减小放大系统中的尺寸效应，获得可以比拟实验室小型系统的体积（面积）功率密度输出，除应当具备三维放大的潜力、极其简化的结构和较低的构筑成本外，大型MES反应器的构型还应当具有以下基本特征：①模块化设计。仅对单体MES放大是低效率的，需要由多个模块合理的堆栈形成更大体积的构筑物。过大的单体MES由于电池面电阻的增大明显将导致体积（面积）功率密度的迅速衰减。同时MES构建过程也应尽量选择导电性高的电极材料并尽量降低外电路和电子收集体的接触电阻以抑制电池面电阻的增大。②密集堆栈设计。MES电极中的阴极是系统功率获取的限制因素[6]。通过密集堆栈获得较高的阴极比面积是MES堆栈系统获得可观体积（面积）功率密度输出的基本条件。通过构建250L放大系统总结得到的大型MES反应器的构型基本特征是本研究后续构型设计的实验和理论基础。

10.4.5 大型化过程中影响因素总结

实验大型系统单体模块容积达到250 L，并在设计之初就考虑到布水问题以及模块的堆栈问题。目前该模块仍是单体MES模块中最大的实际运行反应器。通过对该反应器运行参数的总结和对比发现以下放大过程中的潜在影响因素。这些潜在关键影响因素的发现和归纳对本课题后续研究提供了理论指导。

1）空气阴极气液两相压力不均的影响

空气阴极需要承受不均衡的液相和气相压力是大型MES系统的独特现象。在250L模块运行过程中电池的下层阴极向外鼓起，而上层阴极则处于承受压力较小的状态。并且实验中发现下部阴极的性能比上部电极略低，据推测可能是水压造成阴极电化学性能的改变。为验证上述问题空气阴极需要进行承压测试。放大系统在设计时也需要考虑空气阴极的两相压力不均的问题。

2）大型MES系统的设计形式

大型MES系统中仅对单体进行扩容而不随之增加电极组的数目（模块化堆栈）会带来整个反应器体积效率下降。放大的MES系统应该采用模块化设计和密集堆栈的组合形式，提高单位容积内电极对的面积，尤其是阴极的填充面积，是提高放大系统污水去除效率和减少放大过程中体积（面积）功率输出密度衰减的重要手段。

3）放大的多模块MES系统运行和联接模式的影响

未来放大系统采取多模块堆栈，为获得整体的高电能输出性能，各模块间的调控和平衡具有重要意义。各模块之间的水利联接控制以及电极组的组合方式直接影响到阳极菌群的底物获取和胞外电子传递过程。水力联接模式调控对上下游模块的电能输出性能以及污染物的去除效率的影响仍需要深入的研究。

10.5 电极分置的插入式MES构建和运行

近年来低成本电极材料的开发和使用取得极大进展，成为大型化研究的重要材料基础。使用石墨纤维丝制备的碳纤维刷通过方便简洁的热处理方法[73]即可实现低成本高性能的阳极体系[74, 75]；而使用低成本活性炭粉末为催化剂的阴极也避免了贵金属的使用[76]，同时不锈钢辊压阴极的制备方法也使制备适用于大型系统的空气阴极成为可能。基于以上条件，大型化研究的主要问题在于新构型的尝试，使其能够去除冗余结构并降低构筑成本，同时具有通过模块化设计三维放大的潜力和密集堆栈的特征。

作为污水处理系统，MES应当具有在连续运行状态下较短时间内去除污染物的能力。目前阴极污染是MES系统长期运行过程中性能衰减的主要原因[77]。在长期运行中，大型MES系统的维护要求其电极组能够方便的取出。同时由于阳极依赖微生物实现电子导出，但阴极的维护常使用化学（弱酸）清洗的方式[78, 79]，因此阴、阳极要求分别维护。

目前放大的MES系统最常见有管式构型和平板式构型（详见10.1节）。对于管式构型，其体积的增大受到直径的限制，同时阴、阳极很难从装置中取出维护。平板式构型能够在两个维度上延展并通过多模块堆栈构成更大系统。但平板式构型结构过于复杂，构建成本很高。同时电极分别维护仍需拆卸反应器。因此面向大型化的MES的构型急需创新，在实现结构简化、模块化、密集堆栈等要求的同时实现阴阳电极组的分置。

本章研究开发的阴阳极分置的新构型，将MES反应器的结构极大简化，去除冗余结构，降低了构筑成本，并提高了可维护性和可堆栈性。在间歇流运行和连续流运行的条件下，考查了该构型反应器的电能输出能力以及运行特征。

10.5.1 电极分置的插入式构型设计

1）电极分置的插入式MES模块化设计

设计MES模块的外部池体由透明材质的聚碳酸酯板加工而成，其空床容积（内部无任何电极或支撑材料时）为2L（22cm×7cm×13cm）。阴极模块居中放置，双侧均安装有阴极，阴极之间有支撑材料隔开，相邻阴极间距为1cm。两列阳极模块位于阴极模块的两侧，并分别与对应一侧的阴极模块的连接形成电路并分别标记为“A”和“B”加以区别。由于阴极模块的插入，阳极区域的空床容积为0.86L，工作容积（插入阳极模块后）0.7L（图10-24）。阴极的有效面积为200cm^2（10cm×20cm），因此基于工作容积，该模块的阴极比面积为29m^2/m^3，基于空床容积则为20m^2/m^3。以上计算均未考虑外部池体的加工厚度。

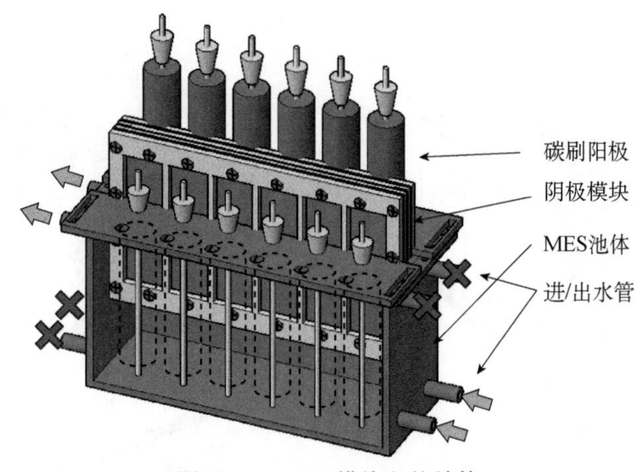

图 10-24　MES 模块主体结构

2）电极分置的插入式MES的支撑体设计

该系统涉及三种不同形式的支撑材料，分别是柔性塑料网材料，硬质塑料板框支撑结构，硬质钢丝支撑材料。塑料网厚度约1.5mm，曾经在实验室常用的cube MES反应器进行试验，并在使用一层塑料网的情况下保持了阴极的氧气获取，但该测试中阴极直径仅为3cm[80]。本研究中通过填充6层多孔网充满整个1cm宽的阴极腔室并提供一定的支撑。塑料网支撑材料和6片U型垫片（厚度同为1.5mm）一同使用，用来对阴极腔室两侧和底部密封防止污水进入，而顶部开口允许空气流通。塑料板框结构厚度1cm，顶部具有10个φ为6mm的孔与大气接通，使空气能扩散进入支撑结构。同时每个纵向支撑框有五个φ为4mm小孔供氧气在支撑体内部横向传输。

硬质钢丝支撑取材于金属试管架。单层金属支撑框镶嵌入4mm厚的长方形塑料框中即可为一面阴极提供支撑。两侧阴极各自有内侧的支撑网支撑，两层金属框架由一层U型垫片用来对阴极腔室密封防止污水进入，顶部开口与大气进行气体交换（图10-25）。在水压作用下，总会有一部分的阴极面积和不可渗透空气的支撑体系紧密贴合。这部分面积被称为支撑体系的阴影面积，由阴极模块使用后支撑体系留在阴极上的印迹面积计算。阳极由石墨纤维编织组成。阳极碳刷直径为φ为2.5cm，碳纤维部分长度为12cm，总长度为15cm。碳纤维刷在450℃热处理30min[73]。阴极为不锈钢辊压阴极，其不锈钢基底为304型60目不锈钢网，催化层为活性炭粉末[81]。

10.5.2　单模块系统的接种和驯化

1）反应器的接种和底物污水

MES模块接种和运行所使用的污水来源于美国宾夕法尼亚州立大学污水处理厂初沉池污水（在部分实验中采用了乙酸钠掺混的污水）。污水在使用前储存与4℃冰箱中。污水COD范围为400～550mg/L，可溶性COD（SCOD）范围在200～300mg/L。在前期针对三种不同支撑结构的优化过程中，污水按照体积比9∶1混合以乙酸钠为底物的培养液，最终

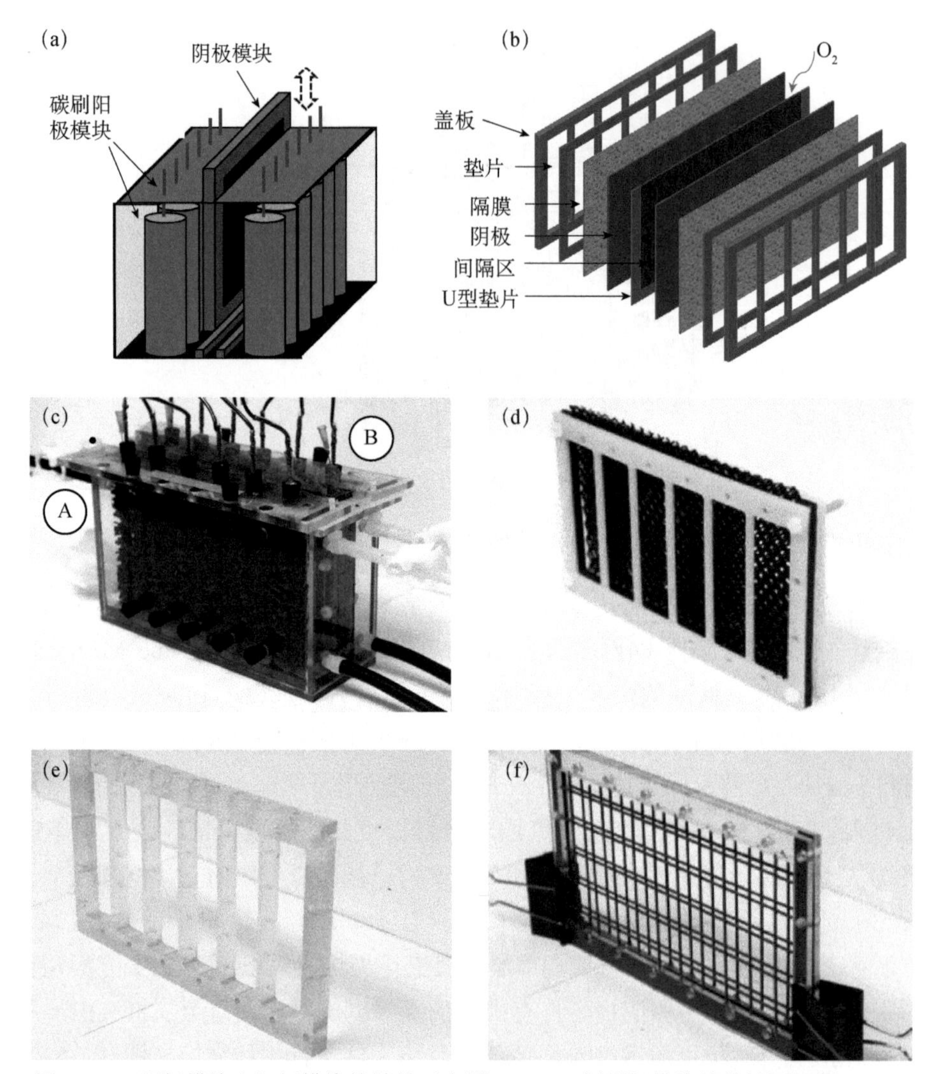

图 10-25 阴极模块和阳极模块的结构示意图（a）、双侧阴极模块的等轴测视图（b）、反应器（c）、塑料网支撑体（d）、框架支撑体（e）和金属网支撑体（f）

乙酸钠浓度为1.0g/L。该培养基含有磷酸缓冲盐体系。最终混合污水中磷酸缓冲盐体系浓度为50mmol/L，pH在7左右，电导率随污水样本不同略有波动（8.7～9.2mS/cm）。混合污水的COD浓度在1200～1300mg/L之间波动。Ag/AgCl电极（+210mV vs. SHE）作为参比电极。两个阳极室各有一个参比插孔（图10-26）。参比在污水中电位易于偏移，因此需要对参比进行翻新和校正保持其电位偏差不大于±10mV。所有的MES实验在环境温度下进行（20±2℃）。

污水从储存柜取出泵入MES模块之前暂存于9L的高密度聚乙烯桶并放置在有冰屑填充的冷却盒内。污水由蠕动泵从一侧泵入阳极室底部并经由另一侧顶部管路流出（图10-24）。MES首先以乙酸钠混合污水为底物序批式启动。采用逐级降低外阻的启动方法，每个周期调低MES模块的外阻（依次为1000、500、200、100、50、20、10、8、7、6、5Ω），不断地使反应器适应高电流密度并找到MES运动的最大功率输出位点。MES启动并稳定产

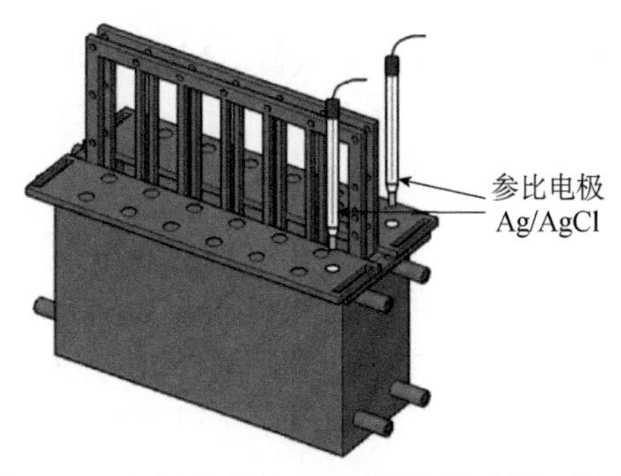

图 10-26　参比电极在 MES 反应器中的相对位置

能后，依次检测三种不同支撑体系的产能和内阻。最后使用最优的支撑结构，反应器使用原污水经过一个月的过渡和适应，最终在连续流状态下稳定运行，HRT 设定为 8h。

2）梯级降低外阻启动单模块 MES 反应器

MES 反应器在外阻 1000Ω 下启动，第一个周期持续 120h（0～120h），峰值电压均值为 141±10mV；第二个周期持续 90h（121～210h），峰值电压为 597±30mV，已经可以产生较高电压输出；第三个周期持续 70h（210～280h），持续时间进一步缩短，两个平行运行的阳极模块表现出良好的重现性，峰值电压为 633±2mV。经过前三个周期，可认为 MES 反应器阳极菌群已经逐步形成规模。在此期间，阳极电位表现出持续而未定的下降趋势，从启动初期的 200mV 逐渐降低至第三周期的−485mV（图 10-27）。

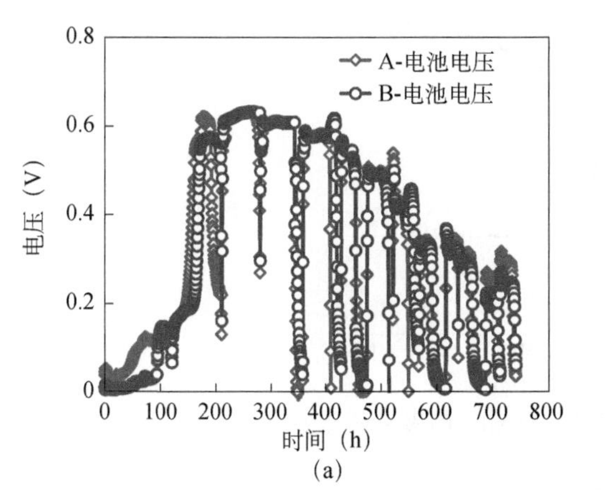

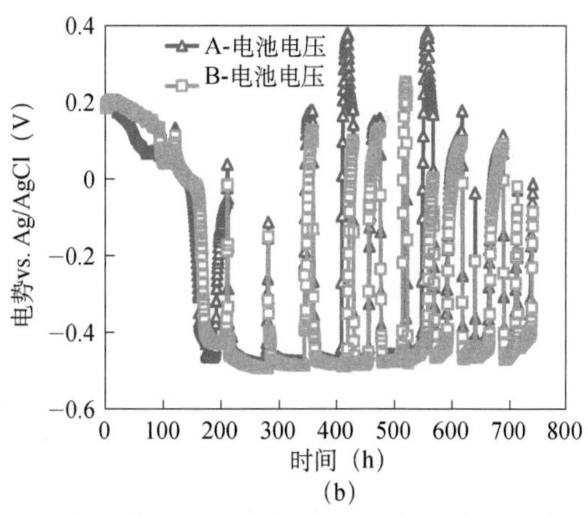

图 10-27　MES 反应器启动期间电压曲线（a）和阳极电位（AnP）曲线（b）

第四周期起逐级降低内阻，反应器的周期时间迅速下降。从 1000Ω 时的 70h 逐步降低到外阻 10Ω 时的 25.5±0.5h。继续降低内阻到 5Ω（8、7、6 和 5Ω）周期时间稳定在 23～25h 之间。随着外阻降低，阳极的电位略向正向移动，但总体处于−500～−450mV 的狭窄区间内。而从 1000Ω 逐级降低内阻到 5Ω，反应器各电阻下的稳定电流从 0.6mA 逐渐升高至 49±5mA（图 10-27）。

反应器的库仑效率随着外阻的降低而提高。从 1000Ω 下 CE=2%，逐步提高到 50%左右。其中最大库仑效率为56%在外阻7Ω下获得。MES反应器的COD去除率由一个周期末出水COD和进水COD的差值计算。在各电阻运行条件下，COD去除率保持稳定始终保持在91%±1%，出水COD保持在100～110mg/L（图10-28）。反应器结束5Ω外阻运行，启动期结束。对阳极碳纤维刷阵列以0.1mV/s为扫速、乙酸钠掺混的污水为电极液进行循环伏安扫描，获得稳定的阳极电流输出和电位曲线。在−0.7～0.1V的扫描区间内，两侧阳极平行性良好，并具有最大电流210±7mA。阳极菌群表现良好的胞外电子传递能力（图10-29）。

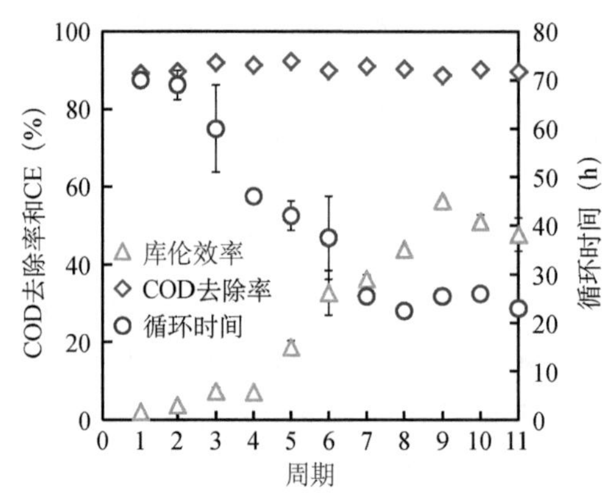

图10-28　乙酸钠掺混污水间歇流运行中MES反应器周期时间COD去除率及库仑效率（CE）

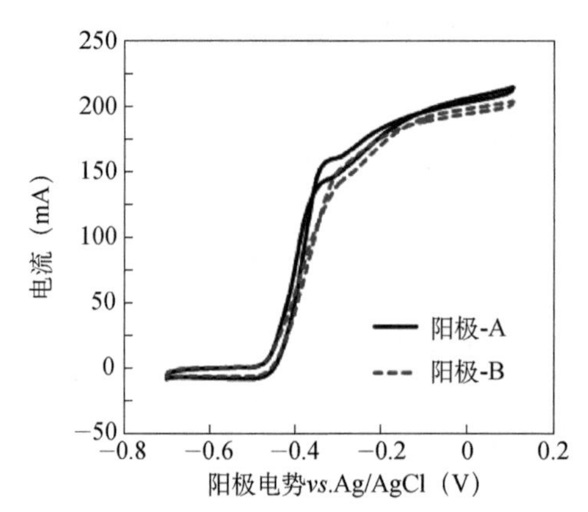

图10-29　乙酸钠掺混污水启动结束后MES阳极循环伏安曲线

10.5.3　支撑体结构对空气阴极性能的影响

经过数周的启动和调试，反应器开始稳定的运行并产能。极化曲线以及功率密度曲线被用于衡量评价各种阴极间隔材料的效能。硬质金属框架支撑材料取得最大功率密度为1100±10mW/m^2（32±0.2W/m^{3}基于实际容积，22W/m^{3}基于反应器空床容积）；塑料板框支撑体测试过程所采集到的能量输出略低于硬质金属网，其最大功率密度输出为1010±10mW/m^2（20±0.2W/m^3，基于空床容积，下同）；柔性塑料网的效果最差，最大功率输出仅获得650±20mW/m^{2}折合能量密度13±0.6W/m^3。使用同样的阳极体系和同一批次制备的不锈钢辊压阴极，性能最好的硬质金属框架支撑体系所获得的能量密度是使用多层柔性塑料网支撑体系的1.7倍。从电极极化曲线可以发现，三类支撑材料的测量范围内阳极电位基本是重合的，因此支撑结构导致的阴极性能差异是导致最终MES反应器的能量输出性能产生巨大差异的主要原因（图10-30）。使用完全相同制作方式和材料的阴极在28mL cube MES反应器中获得的功率为1086±8mW/m^2[76]；使用相同菌源和阳极碳纤维刷材质及相似催化剂和制备工艺的报道中，cube MES最大功率密度在1340±120～1270±80mW/m^2[82]。

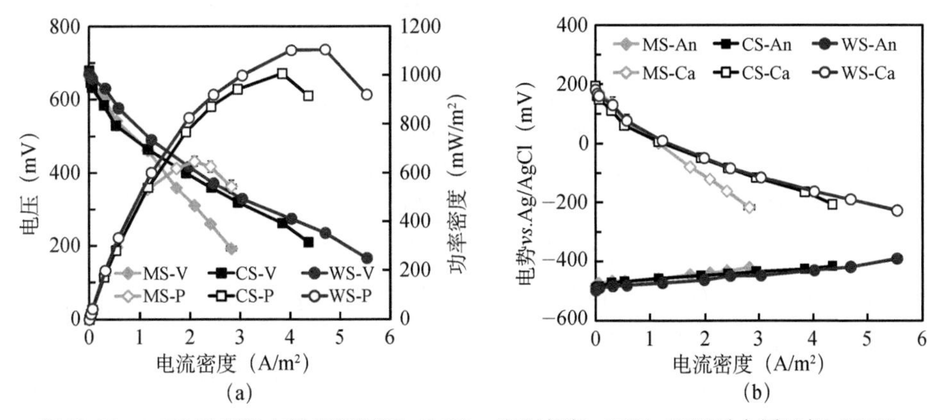

图10-30　MES反应器在采用塑料网（MS）、塑料框架（CS）和硬质金属丝框（WS）支撑结构时的电池极化曲线和功率曲线（a）以及阴极（Ca）和阳极（An）的电位曲线（b），标准偏差（±SD）误差线由电池的两个平行隔室“A”和“B”的平均值计算得到

研究所构建的反应器阴极面积（200cm^2）和容积（0.86L）与cube反应器（容积28mL，阴极面积7cm^2）比有较大提高。因采用高电导率的电极材质，尽量减少接触电阻，采取密集堆栈特征的新构型，有效的避免了MES反应器放大过程中的尺寸效应（详见10.3节），其功率密度衰减值在0（相对同样阴极cube[76]）～15%（相对同材质阳极、同一菌源和相似阴极cube[82]）。

装配三种不同支撑材料对MES的阴极性能和电池能量密度输出有巨大影响，本研究使用交流阻抗谱分析（electrochemical impedance spectrum analysis，EIS）来检测电池各部分的误差变化（图10-31）。系统阴极内阻大于阳极内阻，证明该构型性能仍然受限于阴极。采用多层塑料网支撑结构，阴极的非欧姆内阻为1.40±0.15Ω，表示此时阴极的电荷转移内阻和扩散内阻之和。塑料网支撑结构导致的阴极非欧姆内阻是使用塑料框架支撑体（0.63±0.10Ω）和硬质金属丝框支撑体（0.68±0.08Ω）的阴极模块的两倍左右。虽然EIS所获得的内阻阻值并非电池的全部内阻，但由支撑结构导致的阴极内阻的显著上升可部分解释电池能量输出下降。阴极的欧姆内阻主要由电解液和阴极催化剂一侧的间隔材料内阻导致，因此未发现其随支撑结构的变化而出现显著差异。系统阳极内阻在使用硬质金属丝框支撑体（0.40±0.05Ω）和塑料网支撑结构（0.35±0.08Ω）十分接近，在使用塑料框架支撑体（0.55±0.08Ω）时略有上升。相对于阴极内阻的变化，阳极内阻的变化幅度较小不是功率密度差异的主要原因。

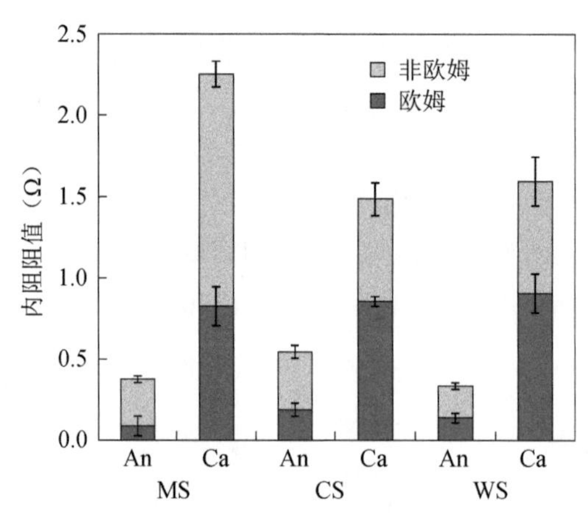

图10-31 MES反应器在采用塑料网（MS）、塑料框架（CS）和硬质金属丝框（WS）支撑结构时的电池阴极（Ca）和阳极（An）的内阻分布，标准偏差（±SD）误差线由电池的两个平行隔室“A”和“B”的平均值计算得到

支撑结构最初是为了使两个相邻反应器能够尽可能接近，同时留有缝隙作为阴极表面的空气交换通道，因此被称为阴极垫片（spacer）[80, 83]。在放大的反应器中，其功能还包括了在水压作用下保持阴极模块的结构稳定，防止阴极在水压作用下形变，并和模块的其他结构之间发生相对位移，因此称为支撑结构。因此，研究中的放大MES反应器中，支撑结构对阴极的影响主要包括对氧气通透性的影响以及在水压作用下和阴极紧密贴合造成的阴影效应。根据运行结束阴极去除后，支撑结构留在阴极扩散层一侧的印迹可以估算其“阴影效应”造成的阴极有效面积的减少。其中硬质金属丝框架支撑体减少阴极有效面积5.5%（11cm^2），塑料框支撑体减少10%（20cm^2）。

塑料网在电渗析组件中用于分隔相邻的离子交换膜，并观察到对水透过量的减少效果。在离子交换膜实验中，塑料网做间隔体使离子通量减少了15%[84]。塑料网的阴极阴影遮蔽面积达20%（40cm^2）。仅基于阴极有效面积，相对金属框支撑体，塑料网支撑体就会造成15%的能量衰减。另外，金属框支撑体的空隙率达到98%（基于支撑材料所占体积和支撑结构所支撑空间体积之比），塑料框架支撑结构则为90%，多层塑料网的空隙率仅为65%。支撑结构空隙率比例（WS∶CS∶MS=98∶90∶65）和MES反应器功率密度比例（WS∶CS∶MS=1100∶1010∶650）相似，表明支撑结构空隙率对空气扩散的影响更为重要。

10.5.4 单模块系统污水处理和能量回收性能

在乙酸钠混合污水的运行结束后，MES反应器开始逐步适应原始生活污水的运行，其适应过程持续30d。阴极模块选择硬质金属框为支撑结构。适应期结束，MES反应器使用生活污水获得了稳定的产能。通过极化曲线测试，MES模块的A、B两个隔室分别获得了400±8mW/m^2（“A”侧电极组）和400±3mW/m^2（“B”侧电极组）的相似能量输出性能。基于该MES反应器的空床体积，以生活污水为底物MES的最大功率密度达到了7.9±0.1W/m^3（11.3±0.1W/m^3，基于总容积）。间歇流运行下，MES反应器的周期长度从5Ω

外阻条件下的约20h，变为1.5Ω外阻条件下的约8h（图10-32）。

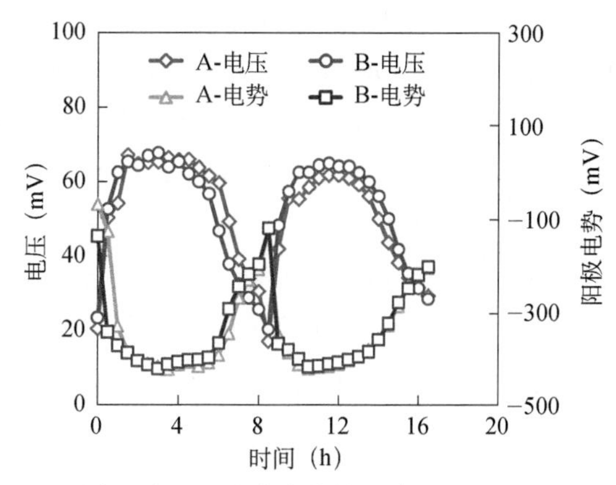

图10-32　MES反应器生活污水为底物外阻1.5Ω下的电池电压和阳极电位

经过三个月的生活污水运行，MES反应器再次进行极化曲线测定以评估电极性能随时间的变化。MES最大功率密度输出下降到300±10mW/m²（“A”侧电极组）和275±7mW/m²（“B”侧电极组）。在运行期为一个月（1M）时的阳极电位和最终三个月（3M）时的阳极电位基本重合，表明经过一个月的适应，MES的阳极菌群已经稳定适应了生活污水的处理，而电池性能随着运行时间的延长而有所下降主要是由于阴极性能的变化，而非由于更换进水导致。前期报道中曾发现不锈钢活性炭粉阴极的性能衰减现象[78, 79]，并且使用弱酸清洗能够几乎恢复阴极原有性能[78]（图10-33）。

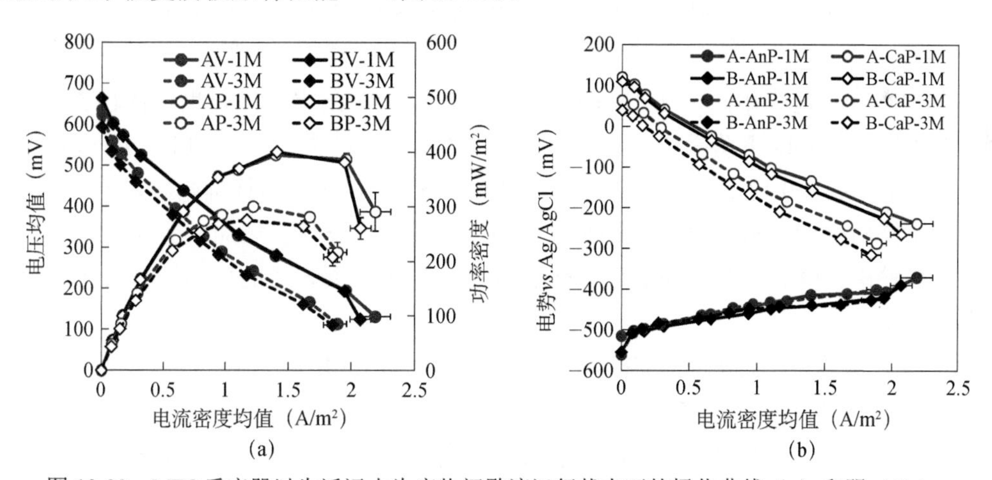

图10-33　MES反应器以生活污水为底物间歇流运行状态下的极化曲线（a）和阴（Ca）、阳极（An）功率曲线（b）

实线：一个月时的运行结果（1M）；虚线：三个月时的运行结果（3M）；*P*=电位，*V*=电压；标准偏差（±SD）误差线由“A”和“B”两个平行隔室中组成每组阳极阵列的6根碳纤维刷分别测定电位和功率的平均值计算得到

MES电流的产生和能量的输出依赖于一定COD浓度的污水[69]。在小电阻下（1.5Ω）MES的周期大约为8h。为检测COD浓度对MES性能的影响，周期8h被等分6个时间段（T1～6，每段约80min），并在每个时间段起始之初测定MES的电流，以及电解液中COD

的浓度。阳极内阻也在一个周期内按上述时间间隔测定6次EIS，每次测量持续时间约30min，两次EIS之间间隔为50min（图10-34）。在前四个测量时段内（T1～4），MES的电流密度一直保持在2.0±0.1A/m^2，同时COD浓度从初始的450±10mg/L降低到288±15mg/L。然而，随后电流密度出现了迅速下降，在T5时段电流密度为1.3±0.2A/m^2，COD浓度为275±15mgCOD/L；在T6时段，电流密度为0.9±0.1A/m^2，COD浓度为250±5mgCOD/L。阳极EIS的测定也按照6个时段（T1～6）依次排列，测量电位设定在–420mV（最大功率点附近）。阳极首先在此电位下恒电位运行50min，随后在同一设定电位下进行交流阻抗谱分析（时长约30min）。阳极的非欧姆内阻伴随着电流密度的下降和COD浓度的降低而逐渐升高。

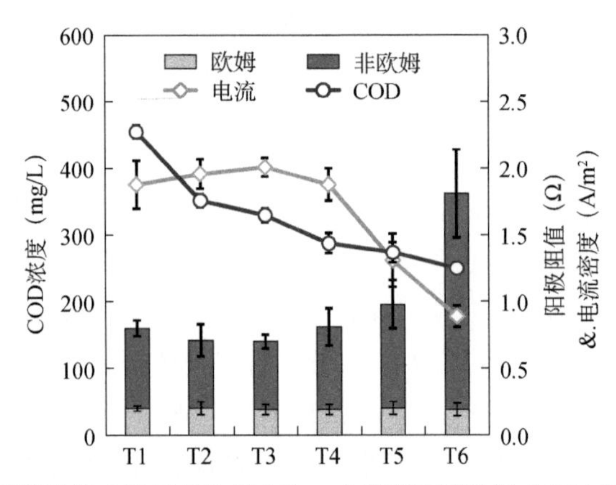

图10-34　阳极的欧姆内阻和非欧姆内阻、电流密度随着污水底物浓度的变化曲线

图中标准偏差（±SD）误差线由电池的两个平行隔室“A”和“B”的平均值计算得到；T1～T6：对MES反应器小电阻运行时按各周期长度（8h）进行6等分的时间间隔（每个间隔时间80min）

与电流密度的趋势相同，在T1～4四个测量时间段，阳极的内阻也保持较小水平。在后两个时间段，COD下降到275mg/L以下，阳极的非欧姆内阻从T1～4阶段的0.56±0.09Ω，升高到0.77±0.18Ω（T5）和1.62±0.33Ω（T6）。在MES运行阶段，末端（出口处）污水浓度下降将会对阳极产生反馈抑制，使阳极的活化内阻显著增加，造成MES反应器的电流和能量输出下降。因此，在实际运行中MES反应器需要合适的后续处理工艺将COD处理到较低水平。

MES反应器的生活污水间歇流运行期持续约1个月，MES反应器通过逐步调节停留时间和外阻使MES设定在连续流模式。参考MES外阻1.5Ω时的周期时长，停留时间为8h。连续流运行过程中，每组阳极阵列的6根碳纤维刷分别通过独立的外电阻和线路与对应的阴极相连。各个阳极碳纤维刷的外电阻同步等值调节，以对比阳极阵列中沿流程6根碳刷的性能。经过一段时间适应期，在固定的水力停留时间（8h）下，在每个外阻运行2个HRT（16h），可以获得连续流状态下的极化曲线（图10-35）。

MES的最大功率密度输出为250±20mW/m^2，对应外阻为60Ω（MES连续流实验，电阻值表示单根阳极碳刷和阴极之间的电阻，下同）。通过对沿程阳极碳刷极化曲线测试，处于流程下游的阳极（碳刷4、5和6）性能逐渐下降，更容易发生极化曲线测定中的“回返”现象（power overshoot）；位于流程上游的阳极（碳刷1、2和3）底物较为充裕，正常输出

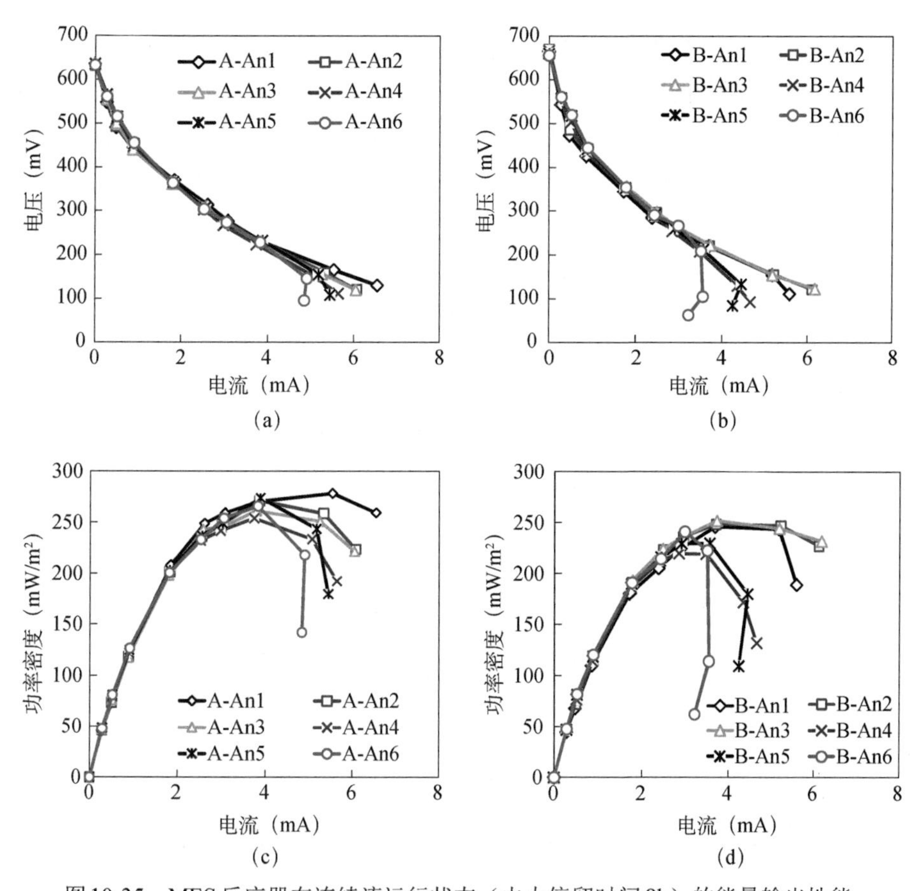

图10-35 MES反应器在连续流运行状态（水力停留时间8h）的能量输出性能

平行阳极阵列“A”（a）和“B”（b）的极化曲线以及平行阳极阵列“A”（c）和“B”（d）的功率曲线；功率密度基于每根阳极碳刷对应的阴极有效面积（200/6cm²）

电流未发现回返现象。将HRT=8h的连续流运行中沿程六根阳极碳刷和间歇流分段（T1～6）测试中的6个时间段对比，位于流程下游的阳极碳纤维刷由于COD沿程降解，不足以维持阳极的正常电极反应。因此，位于流程下游的阳极会在小电阻运行时出现电压的迅速下降而导致功率曲线回折（图10-35）。在连续流状态经过一段时间的驯化反应器获得稳定的去除效率。进水平均COD浓度在480mg/L，SCOD浓度在225mg/L。COD以及SCOD的去除率分别为57%和48%（图10-35）。

实验中通过降低外阻，COD的去除速率有明显的加快。在开路状态下，MES的COD去除基本依靠从阴极扩散进入反应器的氧气。此时，COD去除率为0.42±0.01kgCOD/（d·m³）。在2000Ω（0.08±0.002A/m²）降低到120Ω（0.75±0.03A/m²）的区间内，COD的去除率升高67%到0.70±0.04kgCOD/（d·m³）。继续降低外阻，MES模块的COD去除率进一步的提高，在120Ω（1.6±0.2A/m²）降低到20Ω（0.89±0.02A/m²）的区间中，COD去除率和开路状态相比提高了110%，从0.81±0.01kgCOD/d最高达到0.89±0.04kgCOD/d。实验表明，电流对COD的去除有明显的促进作用（图10-36）。

在外阻逐渐降低的过程中，MES反应器的库仑效率也相应变化，在较大外阻下

（2000Ω）MES的库仑效率为4.4%±0.2%，而在较小外阻下（30Ω）取得最高值为42%±4.0%。库仑效率能够表示依靠阳极菌胞外电子传递作用去除的COD占MES总降解COD的比例。较高的库仑效率表示MES电流产生过程伴随的COD降解比例增大。本研究中，MES反应器在HRT=8h的连续流运行状态下，库仑效率能够达到41%±2%（外阻30Ω和20Ω），这一数值在同样运行条件的MES反应器中处于领先地位（图10-37）。

库仑效率和反应器COD降解速率的提高依赖于电流密度的提高。本研究中，MES反应器在外阻为30Ω时取得了最大的库仑效率，但该位点并非MES反应器的最大功率输出位点（外阻60Ω为最大功率点）。因此使用更小的外电阻，增大电流密度并提高应器COD降解速率可以使MES在更短的HRT下运行。但同时，MES的功率输出却可能因此而减少。因此，未来MES反应器的运行可能要在停留时间和COD去除速率之间相互妥协，并通过进一步的研究寻找最佳的运行效率和最低的运行成本。

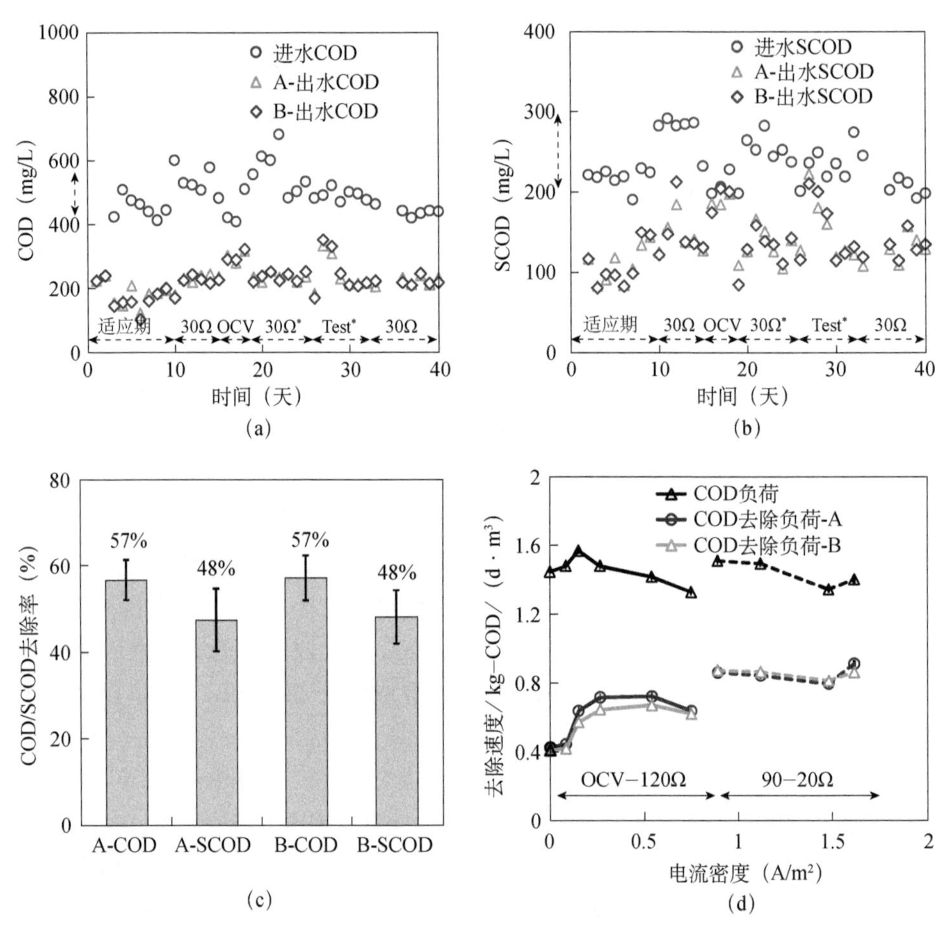

图10-36 生活污水连续流运行状态下的总COD（a）和SCOD（b）以及“A”和“B”两侧阳极阵列平均COD和SCOD的平均去除率（c）以及电流密度和COD去除速率的关系（d）

（a，b）中箭头表示MES反应器在生活污水运行状态的不同阶段，包括适应期（adaption）、定电阻（30Ω）运行、极化曲线测试（test*）以及开路状态运行（OCV）；（d）中MES电流密度通过外阻调节，从大电阻运行（OCV，2000，1000，500，200和120Ω）以及小电阻运行（90，60，30和120Ω）；（d）中实线和虚线分别表示实验所用的两批污水

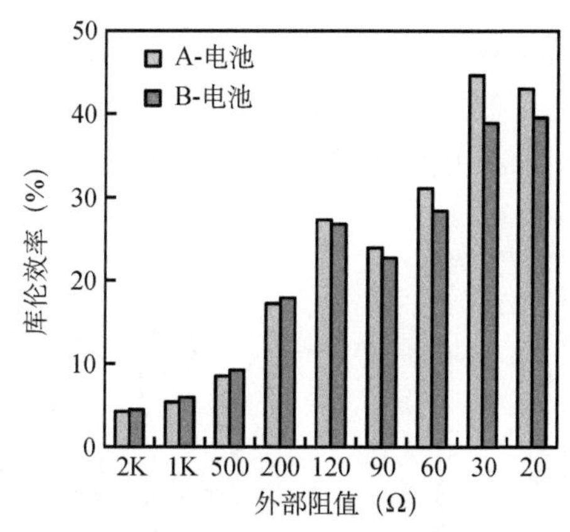

图10-37　MES反应器在连续流运行状态以及不同外电阻下的库仑效率变化

10.5.5　插入式构型对比优势和能量输出性能评价

1）电极分置的插入式构型放大潜力

MES系统的独特工作原理，复杂性结构特征，以及实际工程环境对放大系统的需求都制约着该技术走出实验室面向应用。本研究中所设计的“阴阳极分置插入式构型”，改变了原有反应器设计思路、采用逆向思维简化MES处理系统，以“模块化结构堆栈设计”为核心，解决了微生物电化学处理模块结构设计、多模块堆栈式系统构建、三维方向上对体系放大等问题，为微生物电化学污水处理系统新的思路和突破口。该MES构型具体包括以下主要设计优势。

（1）通过逆向思维设计，解决了微生物电化学工艺构筑成本高昂、系统结构冗余的问题。改变原有模块设计中反应器模块容纳待处理污水的模式，采用模块插入式设计，仅需在污水池基础上添置固定装置插入电极模块即可搭建。

（2）分置式电极易于维护，无需拆解构筑物即可抽离系统。MES长期运行中阴极较易污染，需要化学试剂清洗再生或直接替换。分置的阴、阳极模块使阴极的再生或替换更为便捷，且阴极维护不会影响阳极微生物。

（3）MES的阴极需要承受污水侧的压力，长期运行将造成阴极变形、性能下降和结构破坏。分置设计中的阴极模块采用了阴影效应小且空隙率高的支撑材料，平衡了水压影响，保证复氧通畅，提高了系统结构稳定性。

（4）同传统设计相比，该构型具有良好的三维拓展能力，适于大型化设计，极大节约了构筑成本，有助于该技术应用推广。该构型可以实现电极对的密集填充，获得更高的体积电流密度和生物载量，进而取得更高效的污水处理效果。

与传统构型相比，阴阳极分置的插入式构型在三维方向上的可堆栈性方面有明显优势（图10-38）。基于该构型，将阴阳极模块交替排列插入池体之中即可改造成具有密集堆栈特征的大型MES系统。以阴阳极间距（2cm）和双侧阴极模块间的阴极间距（1cm）计算，基于污水池体的空床容积，该系统阴极比面积可达40m^2/m^3；以总有效容积计算，阴极比面积可达58m²/m³。在构建具备大阴极面积的模块或者需要构建较深池体时，现有支撑结构无法提供足够支撑力或足量氧气通量时，可封闭阴极模块形成阴极腔室独立空间，辅助使用承压空气流供氧保持较小的阴极间距，实现系统密集堆栈的特性。

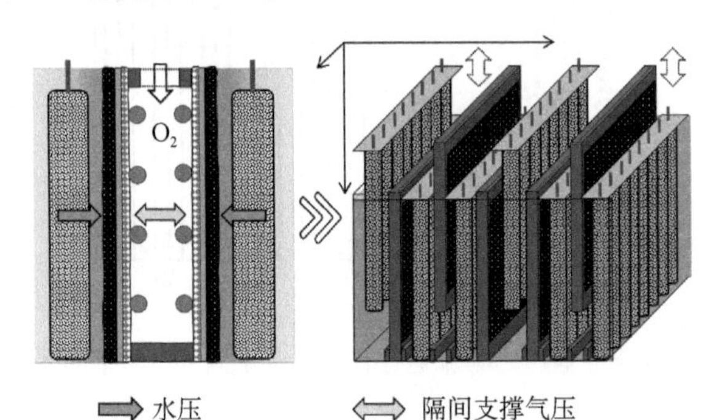

图10-38 阴阳极分置的插入式MES构型设计侧视示意图及三维拓展方式示意图

若要实现等值阴极填充密度，管式构型的反应器直径约为7cm，则每立方米有效容积需要1m高的管式反应器260根，且需要分别构建，缺乏实际可行性。平板式构型可以使用多个薄而狭长的反应器堆栈实现基于总有效容积的58m²/m³的阴极填充密度，但每个反应器都需要制备腔体和阴极盖板，成本高昂。管式构型和平板式构型的阴极一旦发生渗漏，污水渗出体系外部造成污染；阴极的替换和维护也需拆卸整个模块，破坏阳极的厌氧环境。电极分置的插入式构型，即使发生某片阴极损坏也只会影响一个双侧阴极模块，并可以随时取出置换、维护而不会影响到阳极区域的严格厌氧型的微生物群落。

2）MES反应器电能输出性能横向对比

本研究中MES反应器在运行过程中取得了优异的能量输出性能。在使用乙酸钠掺混的生活污水（含50mmol/L PBS）为底物时，MES反应器基于阴极有效面积取得最大能量密度输出1100±10mW/m²（32±0.2W/m³基于空床总积，22W/m³基于反应器总有效容积）；以生活污水（～500mg/L）为唯一底物时，MES基于阴极有效面积取得400±8mW/m²的最大功率密度输出，基于空床体积功率密度达到7.9±0.1W/m³（11.3±0.1W/m³，基于总有效容积）。

与现有管式阴极相比，虽然该反应器在阴极比面积的参数上不占优势但仍取得更为优异的性能。例如在一个由40个管式模块组成的总有效容积为10L的MES系统中，其阴极比面积为62m²/m³（仅考虑反应器有效容积，未包括模块腔体体积和各模块阴极表面所需空气流通空间，下同）。该系统使用啤酒废水为进水（2100mg/L）停留时间为48h，获得功率密度66mW/m²，体积功率密度4.1W/m³[85]。在另一个使用两根管式模块组成的4L MES管式反应器[30]，以市政污水为底物停留时间11h，阴极比面积为80m²/m³，经过估算其功率密度为0.12±0.09mW/m²（体积功率密度9.2±7.3mW/m³）。

平板式反应器和管式构型相比阴极比面积参数处于劣势。例如体积为0.13L的平板式反应器，其阴极比面积为27m²/m³，以生活污水为底物，停留时间8h，其功率密度为280mW/m²，体积功率密度为7W/m³[38]。在由6个平板式模块（12L）组建的总容积为72L

的生物阴极大型系统[39]中，反应器以乙酸钠人工污水（含50mmol/L PBS）为底物，进水COD为800mg/L，停留时间（以总有效容积30L计算）为2.5h，获得体积功率密度为8.75W/m^3（以阳极总空床容积36 L计算，不计生物阴极容积）。本研究所构建MES系统，考虑到污水运行过程中可能出现的污泥堆积和絮体积累等现象可能造成的堵塞，因此选用了较为适中的阴极填充密度（20m^2/m^3），而未过度缩减阴阳极间距。在多模块堆栈中由于模块之间共享边界体系的阴极填充密度还能够进一步提升（40m^2/m^3）（图10-24）。以本节和10.5节所对比的各类反应器构型和性能数据来看，采用磷酸盐缓冲体系的人工污水普遍具有较高的体积功率密度，而管式构型在较小管径时能够获得远高于平板式构型的阴极比面积，而使用原始污水作为底物的MES系统，往往较高的COD浓度可以获得体积密度的提升。图10-39中包含了本节中除H构型外单体体积大于0.1L的各构型反应器信息。与前期报道的数据对比，本研究所构建MES系统的性能处于领先地位。

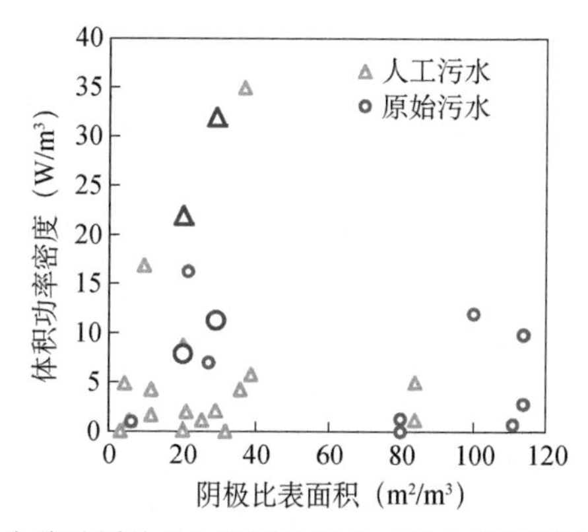

图10-39 使用人工污水（含磷酸缓冲盐）和原始污水（不含磷酸缓冲盐）的MES反应器性能和文献数据横向对比

本节中设计放大系统的性能用红色标志表示；体积功率密度优先以空床容积计算，无空床容积按照有效容积计算；生物阴极反应器仅计算阳极空床容积

10.6 多模块插入式MES构建和运行

MES系统能够将污染物在阳极区域氧化并将电子传递到阴极参与氧还原反应[50]，实现污染物去除并同步产生电能[55, 60, 86]。近年来，MES大型化研究取得重要进展[87, 88]，增进了该技术应用于实际污水处理的可行性[89]。本研究设计的电极分置的插入式构型，简化了系统结构，实现阴极和阳极模块独立维护，获得较高能量输出性能，处于同类型反应器领先地位（详见10.4节）。然而合理构建多模块MES系统仍是实现模块化MES系统三维放大和密集堆栈运行的重要步骤和必经阶段（详见10.1节），而MES模块间的联接模式是构建多模块MES系统过程中的重要课题。

MES模块之间的水力联接有两种基本模式：并联联接和串联联接，即污水是在分别流入并流出各个独立模块（并联），抑或依次流经各个模块。串联联接在多电极MES体系中使用较多，例如在一个MES反应器内部多个阳极之间串联布水[90]，或者多个MES反应器通过管路串联联接[40]。也有少量平板式构型采用并联联接流入各个独立单元[44]。串、并联布水所主要影响的是污水在MES系统内的流速差异，从而造成污水在某个模块内的停留时间差异，以及在某个模块内的污水平均COD浓度差异。在具有多个阳极的单模块内，出水口的低COD浓度会造成模块整体电能产出下降；而多模块串联链接的系统中，位于流程下游的MES模块能量产出也会受到很大影响[38, 91]。长期的底物缺乏还会造成阳极菌群中非产电菌的增殖进而造成电能回收性能不稳定[41]。

本节构建了多模块的放大堆栈构型（4个阳极模块和3个阴极模块）并使用折流板控制各模块间的污水布水模式。插入或抽出折流板能够调控布水方式为串联或并联模式。MES堆栈采用相同的总体停留时间保证整体COD负荷的统一。该多模块系统在污水处理厂中运行并以初级澄清池出水为底物连续流运行，检测了反转流向布水和固定流向布水在串联或并联模式下的作用效果。

10.6.1 多模块堆栈系统、联接模式和电极组合形式设计

多模块MES堆栈使用透明材质的聚碳酸酯板加工而成，其内部尺寸长250mm，宽195mm，高135mm。进水泵入模块之后首先穿过多孔匀流区域。匀流区域由20层1.5mm厚的多孔塑料网组成，其总厚度为3cm。匀流区的设置能够使污水流入或者流出时保持断面流速均匀。在250mm的长度方向上，两侧各设有15mm宽的布水廊道。该堆栈反应器共具有4组阳极模块，分别包括8根碳纤维刷（直径2.5cm，碳纤维部分长度12cm），以及3个双侧阴极模块（22cm×13cm×2.5cm），相邻阴极间距为1cm并使用硬质金属丝框为支撑材料。每张阴极尺寸为22cm×15cm，有效面积为200cm^2，以不锈钢网为基体，活性炭粉末为催化剂，用辊压法制作。阴极和阳极之间使用双层纤维织布作为间隔材料。每层纤维织布含有54%的聚酯纤维和46%的纤维素，厚度为0.3mm。纤维织布覆盖在阴极催化层一侧防止电极之间短路以及阴极生物附着。四列阳极中，第一列和第四列阳极阵列只与单侧阴极连接，中部的两列阳极和相邻的两侧阴极相连（图10-40）。

在多模块系统中阴阳极交替排列可形成电极阵列，则电极组合可包括两种模式，一种是一排阳极与其两侧的阴极模块连接外电阻形成电极对，标记为1An2Ca模式；另一种则是每排阳极和其一侧的阴极模块连接外电阻形成电极对，1An1Ca模式（图10-41）。第一种模式中，增加了阴极的填充密度，但每两片阴极共享一列阳极可能会造成基于阴极有效面积的MES功率密度降低。而第二种模式，阴极填充密度减少，但不需要共享阳极因此MES功率密度有可能较高。两种电极组合模式需要在实际运行中进行优化。

污水厂初沉池出水从堆栈反应器中部的入水口泵入并从出水口溢流流出。出水溢流堰高度为12.5cm（比反应器的内部净高低0.5mm）。导流板（0.5cm×1.5cm×13cm）能够方便的调控反应器的污水分布。在导流板全部取出时，各个模块之间独立运行分别布水，模式为并联布水；当某些节点插入导流板则能够使污水依次经过所有的阳极室（串联布水）

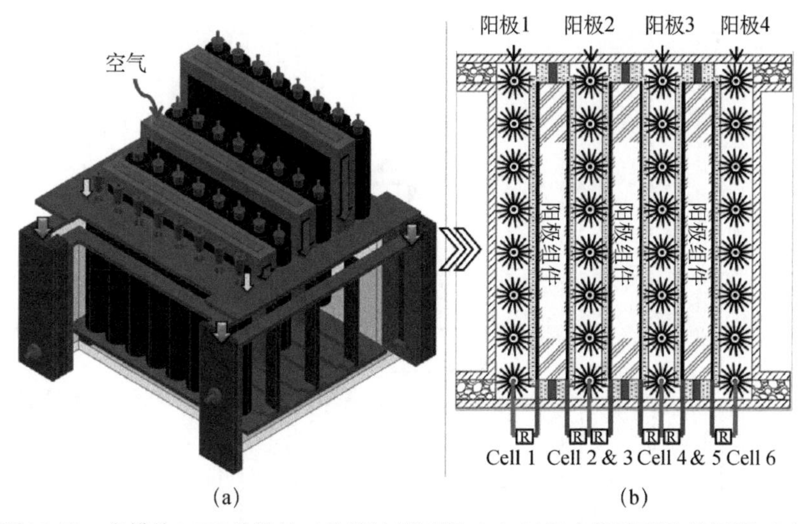

图 10-40　多模块MES 堆栈的三位等轴侧视图（a）以及电极阵列的俯视图（b）

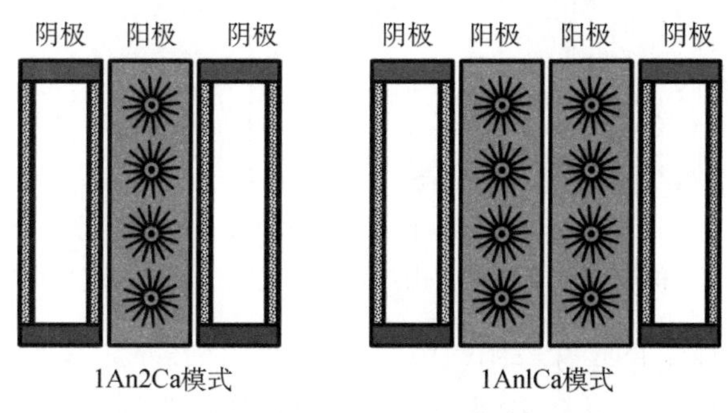

图 10-41　电极阵列中阴、阳极模块的组合方式

（图 10-42）。堆栈反应器的空床容积为 6.1L（19.5cm×25cm×12.5cm）其中用以进出水的区域和布水廊道共计 0.7L，其余 5.4L 可用于安装电极模块。四组阳极和三组阴极完全装配完毕后，堆栈反应器的有效容积为 4.5L。基于此容积，空气阴极的填充密度为 $27m^2/m^3$；基于空床体积，空气阴极的填充密度为 $20m^2/m^3$。池体顶部盖有盖板能够固定阴极模块的位置。阳极碳刷和阴极模块都能够分别取出系统维护或重新插入系统而无需打开盖板、拆解反应器或影响其他阴阳极。

10.6.2　多模块堆栈系统运行和模块间联接方式

多模块 MES 系统在市政污水处理厂实地运行，污水源来自污水流经初级澄清池后的出水。污水的停留时间在前期研究中优化为 4h，则每天堆栈反应器进水约 27L。污水进水 COD 的范围在 200～600mg/L 波动，SCOD 的波动范围在 100～300mg/L。多模块 MES 堆栈约 200d 的运行周期从冬季跨越到夏季，而夏季的污水 COD 浓度一般低于冬季。MES 堆栈设置在污水处理厂初沉池旁的实验室内，实验室温度为自然温度无空调系统，其温度范围在 20～25℃之间。

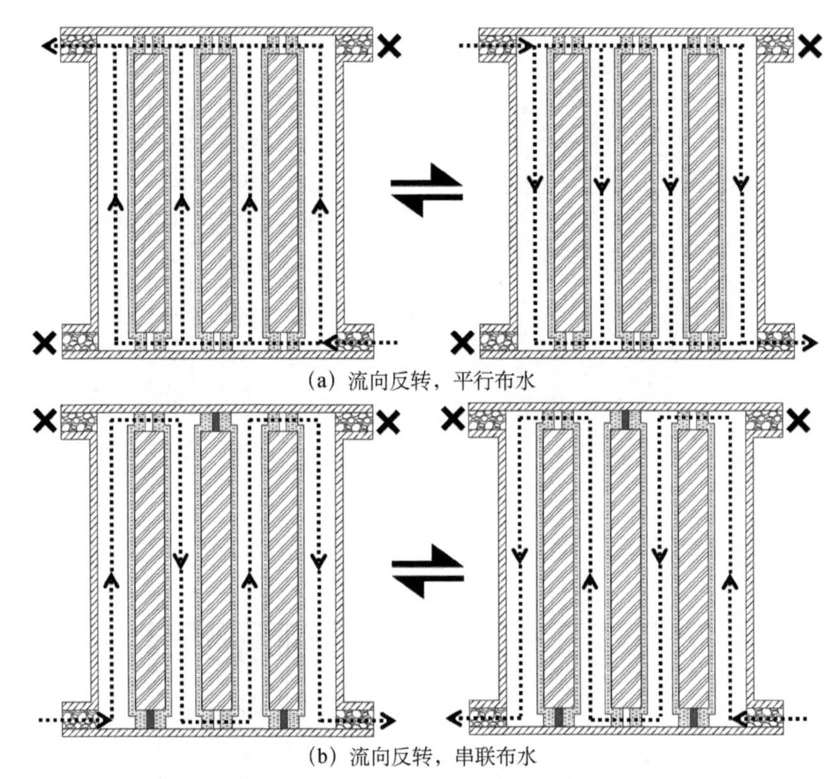

图10-42 导流板调控的联接模式控制及由放开或封闭某进、出水端口调控的流动方向控制

多模块MES堆栈体系首先安装阳极模块并接种生活污水。接种期持续7d（表10-10，阶段1），每天更换新鲜污水（图10-43），此时阴极模块未插入系统，减少潜在催化剂污染。接种期结束后装入阴极模块，并设定在连续流运行状态，布水模式为流向周期反转的并联布水状态，流向反转周期为24h［图10-42（a）］。并联布水并反转流向能够保证阳极菌群不会长期暴露在局部的低污水浓度之中。启动方式仍然沿用前期研究中所使用的逐级降低外阻的方式使阳极菌群逐渐适应连续流运行以及大电流产生状态。外阻阻值从开路状态（open circuit conditions）逐步降低到2Ω（开路、2000、1000、500、200、100、50、20、10、5和2Ω）。MES堆栈启动期共持续12d（表10-10，阶段1）。

在启动期结束后，多模块MES堆栈调整到以48h为周期流向反转的并联布水状态（表10-10，第20～39d，阶段3）。MES堆栈处于非运行状态的时间，例如反应器清洗，阴极维护、极化曲线测试、电化学测试，未计入总运行时长统计。随后，通过在特定位置装配导流板（图10-42）MES堆栈调整到以48h为周期的流向反转的串联布水状态（表10-10，第40～58d，阶段4）。最后两个联接模式测试阶段为流向固定的并联布水（表10-10，第59～100d，阶段5）以及流向固定的串联布水（表10-11，第101～119d，阶段6）。第五阶段固定流向并联布水的运行周期中由于中期的剧烈污水水质波动又分成了两个阶段（第59～79d，阶段5a；第80～100d，阶段5b）。

多模块MES堆栈的电化学测试包括极化曲线测试（polarization tests），循环伏安测试（cyclic Voltammetry tests，CV）以及电化学阻抗谱分析（electrochemical impedance spectroscopy

图 10-43　插入阳极模块的多模块 MES 堆栈

tests，EIS）。电化学测试仅在污水 COD 浓度高于 400mg/L 时进行，用以避免由于测试过程中底物浓度限制而造成的性能差异。每个测定周期结束后，MES 堆栈都会进行一组电化学测试。在测试后，MES 堆栈调整到下一个调控状态，并稳定 3～4d（不计入总运行天数），以确保在下一个联接模式测试实验中反应器性能不因前一次电化学测试的影响而出现波动。

表 10-10　多模块 MES 系统实际污水运行状态

阶段	运行日*	运行状态	标记符号	流向调整（周期/方向）	联接模式	进水 COD 浓度/（mg/L）
1	1～7	接种	inoculation	无流向	间歇	450±30
2	8～19	启动	startup	流向反转（1d）	并联布水	490±70
3	20～39	反转并联流	A-P	流向反转（2d）	并联布水	480±70
4	40～58	反转串联流	A-S	流向反转（2d）	串联布水	540±85
5a	59～79	定向并联流	F-P	固定（阳极 4 到 1）	并联布水	550±100
5b	80～100	定向并联流	F-P	固定（阳极 4 到 1）	并联布水	350±95
6	101～119	定向串联流	F-S	固定（阳极 1 到 4）	串联布水	240±80

*反应器清洗，阴极维护、极化曲线测试、电化学测试等非运行状态不计入运行天数统计。

由于 MES 堆栈使用实际污水运行，阴极模块所使用的不锈钢网辊压阴极会逐渐发生阴极污染现象，因此阴极模块需要定期维护。在每个运行阶段结束后，阴极模块均进行例行清洗维护。首先，将阴极模块从反应器中取出，并在阴极催化剂一侧喷洒商品漂白液使阴极表面的微生物附着层失活。静置 5min 后，喷洒稀释的（0.01mol/L 盐酸）盐酸溶液去除阴极表面所附着的盐类。静置 10min 后，使用自来水冲洗阴极模块随后经过短时间的干燥即可装配回 MES 系统。运行期间，由于阴极性能的不可逆衰退，在阶段 5b 和阶段 6 更换了新的阴极。新阴极在第 80d 开始使用。

10.6.3　联接模式对污水处理性能的影响

串联布水和并联布水以及流向反转对系统污水污染物去除能力的体现主要基于系统总

体COD以及SCOD去除率的对比。在启动阶段（startup period），COD的去除率为45%±4%，而SCOD的去除率则为33%±3%（图10-44）。在流向反转并联布水（alternating flow parallel flow，A-P）的条件下，COD和SCOD的去除效率略有提高分别为52%±5%和46%±5%。

在流向反转串联布水（alternating flow serial flow，A-S）的条件下，COD去除效率保持稳定为52%±6%，SCOD的去除率为40%±9%。两种联接状态下，MES堆栈的底物去除效率没有明显差异（$P>0.05$，T检验，表10-11）。因为污水在整个反应器内的总流速一定，即无论串联布水抑或并联布水污水在MES堆栈进口处和出口处的流速一致。在周期性流向反转的串联布水和并联布水两种联接状态下，MES堆栈的污染物去除率在整体比例上没有发现明显差别。

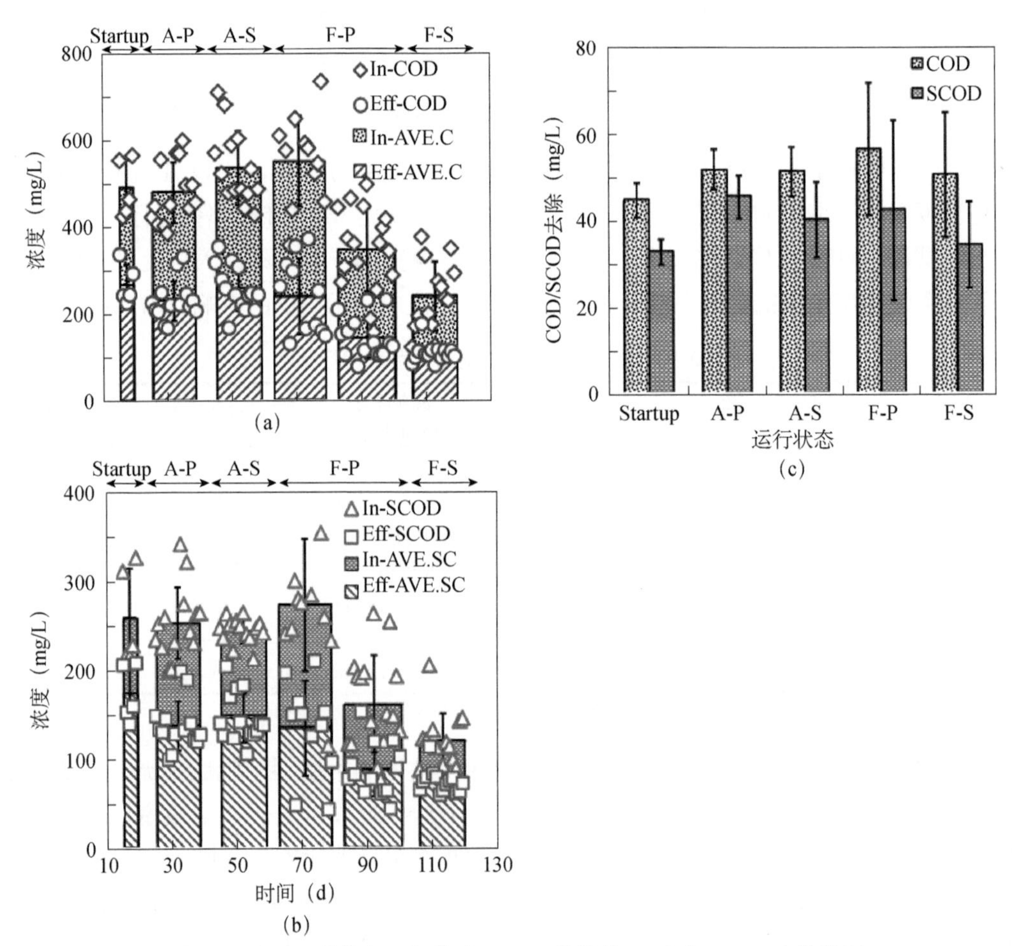

图10-44　不同联接和运行模式下MES堆栈的COD和SCOD去除情况

随后MES堆栈调节到固定流向进出水模式。在固定流向并联布水（fixed direction，parallel flow，F-P）的条件下，COD去除效率略有提高为57%±15%；而SCOD的去除效率与流向反转并联布水状态相似，为43%±21%。在固定流向串联布水（fixed direction serial flow，F-S）的条件下，COD去除效率为51%±15%；SCOD去除率有所下降，降低为35%±10%（图10-44）。整个运行期间污水COD浓度呈现剧烈波动。主要变化发生在第5阶段，即固定流向并联布水运行期，第5阶段前期进水COD浓度均值为550±100mg/L，后期降为350±95mg/L。这主要是夏季污水COD和SCOD浓度降低导致。

在各联接模式条件下的COD去除效率通过学生氏T检验（P=0.05）进行比较，以确定固定流向或反转流向、并联布水或串联布水对MES堆栈污染物去除率的影响。整体来看，各联接模式对MES堆栈降解生活污水COD和SCOD的去除率造成的差异并不显著（表10-11）。仅在流向反转并联布水和固定流向串联布水两个运行状态下，MES堆栈的SCOD的去除率出现显著差异（P=0.0024，T检验）。其他运行模式下的其他COD和SCOD的比对和显著性分析的结果表明，这个特殊差异可能主要是由于固定流向串联布水运行状态下进水水质的显著下降造成的（表10-12）。

表10-11 不同联接模式条件下的COD和SCOD去除率的差异检验P值

	COD	A-S	F-P（Phase 5b）	F-S
COD去除显著性对比	A-P	0.83541	0.26960	0.26960
	A-S		0.24122	0.82615
	F-P*			0.25460
	SCOD	A-S	F-P（Phase 5b）	F-S
SCOD去除显著性对比	A-P	0.05605	0.60068	0.00236
	A-S		0.71078	0.19616
	F-P*			0.28103

表10-12 不同联接模式条件下的污水进水水质的差异检验P值

	COD	S-S	F-P（Phase 5b）	F-S
进水COD浓度对比	S-P	0.06712	0.00011	<0.00001
	S-S		<0.00001	<0.00001
	F-P			0.00293
	SCOD	S-S	F-P（Phase 5b）	F-S
进水SCOD浓度对比	S-P	0.45178	0.00005	0.00236
	S-S		0.00009	<0.00001
	F-P			0.01239

流向反转的并联布水运行期（A-P）和流向反转的串联布水运行期（A-S）污水的COD未发现明显差异；但固定流向的两个运行期（F-P和F-S）进水水质发生了明显的变化。例如，第三阶段，流向反转的并联布水，进水COD均值为480±70mg/L，第六阶段，固定流向串联布水，进水COD均值仅有240±80mg/L。从这个角度来看，该MES堆栈在较大变化的水质范围内表现出稳定的污水去除效率，具有一定的抗冲击能力。进行流向周期反转的调控以及采用并联布水并没有造成污染物去除效率的下降，表明该布水模式可以作为多模块MES堆栈的潜在调控模式。

10.6.4 联接模式和电极组合方式对系统能量输出性能的影响

MES堆栈的污染物去除性能为明显受到反应器模块间联接模式的影响，但是联接模式和污水中的污染物浓度显著影响了反应器的能量回收性能。MES堆栈经过在每种模式下的适应和驯化后测定极化曲线确定其能量输出性能变化。

系统启动期，阶段2：MES堆栈装配完毕后首先以序批式进水的方式来预先培养阳极菌群。系统所使用的阳极以市政污水为菌源在开路条件下预先培养一周，每天更换污水一次。随后多模块MES堆栈被安放于市政污水处理厂中并连接外电路和电压采集系统。随后采取逐级降低外阻的方式将MES堆栈组电极对之间的外电阻从开路逐级降低到2Ω（图10-45）。运行模式同时改为连续流，HRT为4h。为保证启动阶段结束后各阳极阵列的性能保持一致，系统采用流向反转的并联布水模式。污水最初48h流动方向是从阳极1附近的进口流入，从阳极4附近的出口流出，流向每24h反转一次。

在阶段2（启动期）运行结束后，MES堆栈进行极化曲线测试。每一组电极对同批测定，外电阻等值同步调节。匹配单侧阴极的阳极阵列1和4功率密度为290±8mW/m²，而匹配双侧阴极的阳极2和3产生功率密度225±8mW/m²。由于MES研究中，功率密度的计算一般是基于阴极有效面积，则阶段2结束时，阳极2和3（1An2Ca模式）比阳极1和4（1An1Ca模式）多产生了67%的总功率密度。因为前者在功率密度计算时对应有效阴极面积是后者的两倍。基于空床容积的体积功率密度，即每列阳极阵列对应总空床容积6.1 L的1/4体积，阳极2和3产生体积功率密度为5.9±0.2W/m³，阳极1和4则为3.8±0.1W/m³。MES连续流启动阶段，反应器总体功率密度输出为6.1±0.2W/m³最大功率密度点在20Ω。启动期结束后的间歇流单周期内极化曲线测定中，总体体积功率密度输出为4.8W/m³（图10-45）。

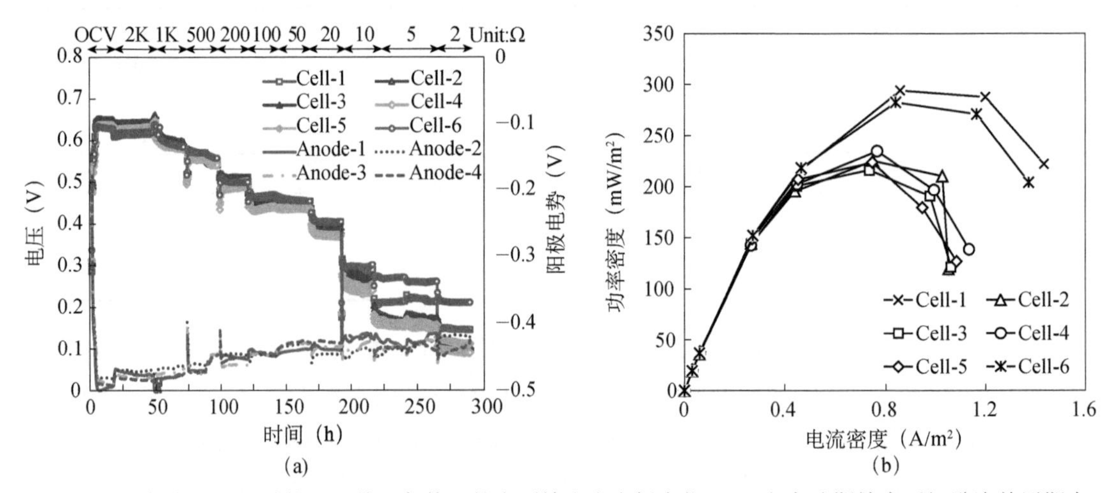

图10-45 启动期MES堆栈不同外阻条件下的电压输出和电极电位（a）和启动期结束后间歇流单周期内极化曲线测定中各电极对的电能输出性能（Anode：阳极；Cell：全电池）

流向反转的并联布水运行期，阶段3：启动期之后，MES堆栈调节为流向周期反转的并联布水运行模式（表10-10，阶段3，第20～39d），流向反转周期为2d。基于启动期的极化曲线测试结果，在本阶段以及随后各阶段运行中，各电极对之间的外电阻均调节为20Ω，即在最大功率密度输出点运行。阶段3运行结束后，阳极2和3（1An2Ca模式）获得平均功率密度输出236±11mW/m²，而阳极1和4（1An1Ca模式）获得平均功率密度输出

255±14mW/m²。基于体积功率密度，1An2Ca模式运行的阳极模块（阳极阵列2和3）获得最大功率密度输出为6.2±0.2W/m³，是匹配了一侧阴极的阳极阵列（阳极1和4，3.3±0.2W/m³）的1.9倍。在阶段3电池整体的最大体积功率密度输出为4.8W/m³，与启动期相似。阶段3连续流运行期间，MES堆栈的平均体积功率密度输出为4.2±0.5W/m³（图10-46）。阶段3中，阳极1、4以及阳极2、3虽然分布在反应器的不同区域，但其功率随时间的变化曲线十分相似，表明流向周期反转的并联布水运行模式能够保证堆栈体内部不同区域阳极阵列获得相似功率输出性能，例如阳极1和阳极4位于MES堆栈两侧，均为1An1Ca电极匹配模式，阶段3运行期间，其功率–时间曲线的数值和变化趋势均十分相似［图10-47（a）］。

流向反转的串联布水运行期，阶段4：在特定节点插入导流板，MES堆栈可调控为流向反转的串联布水模式。阶段4MES堆栈的总能量密度和阶段3相比仅有少量下降，表明流向反转的并联或串联布水没有对MES堆栈整体能量密度造成显著影响。阶段4运行结束后，匹配两侧阴极的阳极阵列（阳极2和3，1An2Ca模式）获得平均功率密度输出216±22mW/m²，而仅匹配了一侧阴极的阳极阵列（阳极1和4，1An1Ca模式）获得平均功率密度输出235±50mW/m²。基于体积功率密度，1An2Ca模式运行的阳极模块（阳极阵列2和3）获得最大体积功率密度输出为5.7±0.5W/m³。对于1An1Ca模式运行的阳极模块（阳极1和4），最大体积功率密度输出仅为3.1±0.7W/m³。阶段4结束后的功率密度测试中，MES堆栈整体则最大体积功率密度输出为4.2W/m³，连续流运行状态的体积功率密度输出均值为3.9±0.5W/m³（图10-46）。

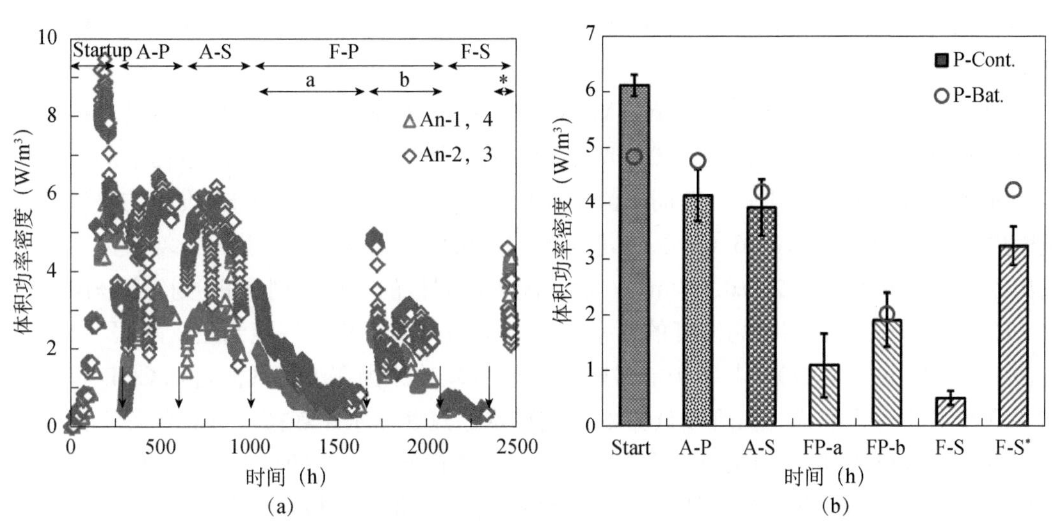

图10-46　各运行阶段MES堆栈的体积功率密度随时间的变化（a）以及连续流运行状态下功率密度（P-Cont.）和间歇流状态（P-Bat.）下极化曲线测得功率密度的对比（b）

实箭头：阴极清洗；虚箭头：阴极更换；运行模式：Start：启动期，A-P至F-S等见表10-10，F-S*：污水COD>400mg/L的固定流向串联布水模式的短期运行

与阶段3相比，阶段4整体功率密度下降的可能原因是阴极性能随时间的衰减。由于这两个阶段中，污水水质相似，因此排除了底物浓度对各电极对性能的影响。在阶段4，连续

流运行阶段，不同位置但相同电极匹配模式的阳极阵列之间的差异较阶段3有所上升。例如阳极1和阳极4在阶段3连续流运行期的最大功率输出差异为1.2mW，约占性能较优的阳极阵列1功率输出（～4.9mW）的24%；而在阶段4最大差异扩大到2.3mW，约占性能较优的阳极阵列1功率输出（约5.2mW）的44%。这表明，虽然流向反转的并联布水模式和流向反转的串联布水模式所获得的MES整体体积功率密度输出差别不大（阶段3，4.2±0.5W/m^3；阶段4，3.9±0.5W/m^3，图10-46），但流向反转的并联布水模式显然在使多模块堆栈体不同位置电极模块获得更加均匀的电能输出方面具有优势。

固定流向的并联布水运行期，阶段5：流向周期反转模式测试结束，MES堆栈采用固定流向的并联布水运行。由于污水水质的变化，阶段5可以分为两个时期，前期污水COD浓度均值为550±100mg/L（阶段5a），后期则为350±95mg/L（阶段5b）。阶段5整个运行周期内COD均值浓度为430±140mg/L；而前一个运行周期阶段4的COD均值浓度为540±85mg/L（表10-10）。由于阶段4运行期间，阳极阵列1性能要优于阳极阵列4，所以阶段5的进水口设在阳极4而出水口在阳极1。在阶段5a运行期，MES堆栈的电能输出性能逐渐下降并最终衰减到仅1.1±0.6W/m^3［图10-46（a）］，这种衰减可能的原因是：阴极性能的衰退，较低的进水COD浓度[92]，或采用固定流向的布水方式。其中阴极性能衰退是主要原因，这是因为阶段5a进水COD仍然处于较高水平，所以排除COD抑制的原因；而反转流向转变为固定流向确实可能造成流程下游（阳极1）的性能下降，但阶段 5a中各阳极能量输出性能的整体下降（相对于阶段3、4）则表明流向固定并非主要原因。阶段5b中MES堆栈更换阴极，但由于COD浓度迅速下降（图10-44），造成反应器性能短暂恢复后立即下降。

为评价COD变化对体系的影响，MES堆栈的各电极对在阶段 5b结束后进行极化曲线测试。为防止测试期间由于底物浓度抑制造成的阳极性能不同，MES的电化学测试仅在污水COD高于400mg/L时进行。在间歇流单周期内极化曲线测试中，MES堆栈的整体体积能量密度为2.0W/m^3［图10-46（b）］。匹配双侧阴极的阳极阵列2和3获得平均最大功率密度输出为105±25mW/m^2（2.8±0.2W/m^3）；而匹配单侧阴极的阳极阵列1和4则为97±10mW/m^2（1.3±0.1W/m^3）。这表明较高浓度的污水不能迅速恢复阳极阵列性能到正常水平（4.8W/m^3阶段3，4.2W/m^3阶段4）。各阳极能量输出性能较差的原因在于较低的进水COD和固定流向并联布水的运行模式。在阶段5b，低浓度进水通过并联水路连接，分布到各阳极模块。因此每个阳极模块都在低COD水平下驯化。阶段5初始状态时阳极1性能较优，而结束时阳极4性能较优（图10-47）。考虑到MES堆栈污水入口位于阳极4，则污水可能在阳极隔室4发生部分短流，使该隔室的污水流量相对较大。低浓度污水驯化后阳极阵列普遍性能下降，并且这种性能下降在提高污水COD浓度时不会立刻恢复，即阳极性能变化有滞后性。

固定流向的串联布水运行期，阶段6：由于在阶段5b结束时，阳极4的性能优于阳极1（图10-47）。因此在最后运行阶段，MES堆栈的进水口设在阳极1区域，出水口设在阳极4区域，在特定区域插入导流板使污水依次通过阳极室1～4（图10-42）。阶段6中进水COD的平均浓度仅为240±80mg/L，并因此导致MES系统的能量输出衰减为0.45±0.10W/m^3

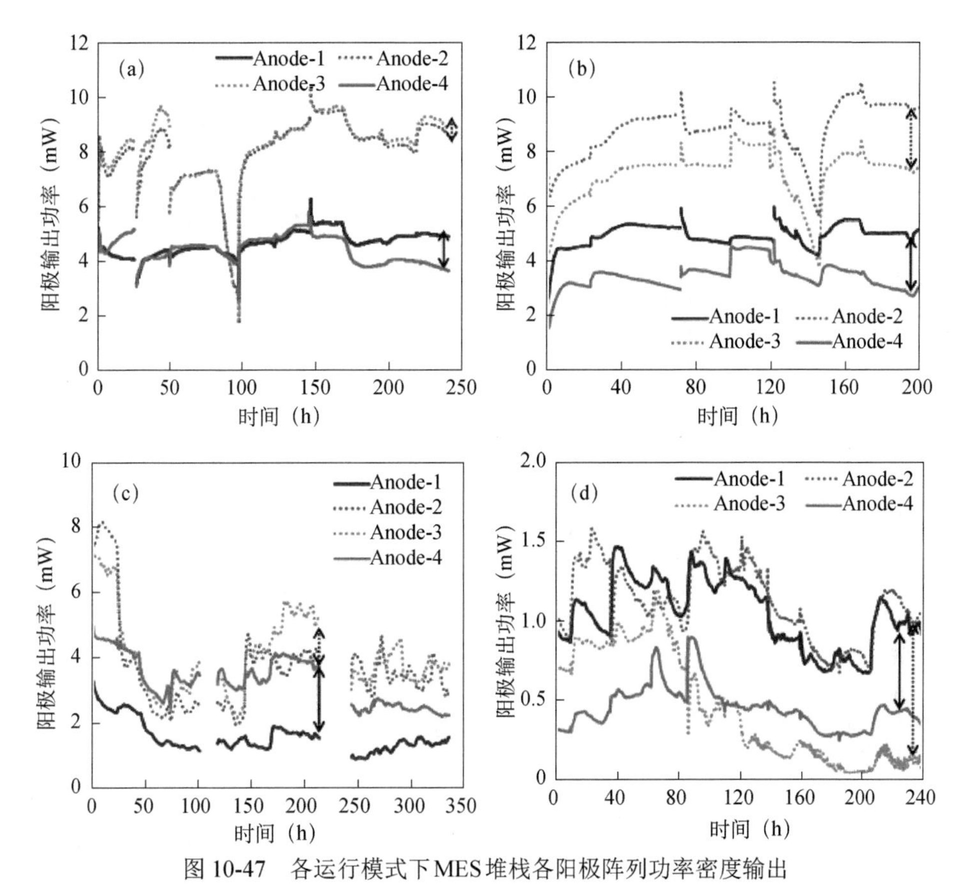

图10-47 各运行模式下MES堆栈各阳极阵列功率密度输出

（a）流向反转并联布水，阶段3；（b）流向反转串联布水，阶段4；（c）流向固定并联布水，阶段5b；（d）流向固定串联布水，阶段6（实线：匹配单侧阴极的阳极阵列；虚线：匹配两侧阴极的阳极阵列；Anode：阳极）

（图10-48）。阶段6结束后，极化曲线测试仍使用COD浓度大于400mg/L的污水测定，以排除由于测试期间底物浓度抑制造成的差异。使用较高浓度的污水，MES堆栈在20Ω 外阻下以连续流状态短暂（1d）运行并获得3.3±0.4W/m³的平均体积功率（图10-46），此体积功率值与阶段3：流向反转并联布水模式（4.2±0.5W/m³）和阶段4：流向反转串联布水模式（3.9±0.5W/m³）中所获得的体积功率密度接近。这再次确定，阶段6的较低能量密度是因为较低的进水COD浓度。

在阶段6运行期间，进水COD很低。在单室空气阴极cube MES反应器间歇流运行时，经滤膜过滤后的污水COD范围为150～200mg/L时即导致电流产生明显受抑制[92]，而前期研究中表明污水COD范围约为250mg/L就开始出现电流的抑制。而阶段6的进水COD恰处于这一范围。流程上游的模块由于距离入口较近可以获得具有较高底物的新鲜进水，但流程下游的模块则只能在低COD环境中运行。由于流程上下游的阳极模块所在区域的COD差异，MES堆栈的上游阳极阵列1和2获得了与阶段2～4运行期间接近的功率密度输出；但下游阳极阵列3和4的功率密度输出则受到很大影响（图10-48）。在连续流运行阶段，上下游阳极的差异也十分明显。

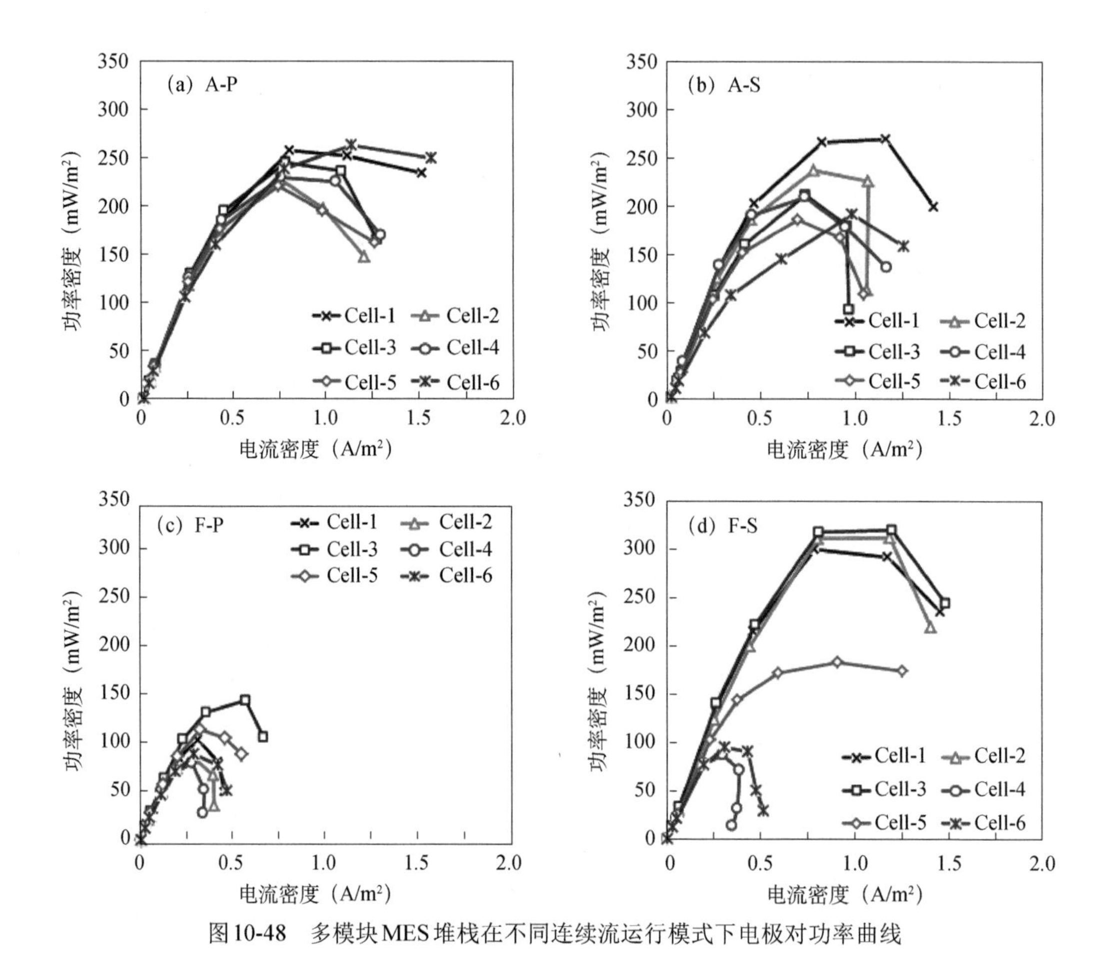

图10-48 多模块MES堆栈在不同连续流运行模式下电极对功率曲线

10.6.5 电极组合方式对阳极电子传递性能的影响

循环伏安测试（cyclic voltammetry，CV）能够检测在各联接模式下的阳极胞外电子传递性能。在四中联接状态下匹配双侧阴极的阳极阵列都获得更高的电子输出性能，这一结论和前期极化曲线测试结果相一致（图10-48～图10-50）。

例如启动期结束时，匹配单侧阴极的阳极阵列（阳极1和2）获得最大电流值为41±17mA，而匹配双侧阴极的阳极阵列（阳极2和3）的最大电流值则为74±20mA［图10-49（a)］。但不同运行模式下循环伏安测试中最大电流的变化幅度要超过极化曲线测试中最大电流值的变化幅度（图10-50）。启动期结束后MES堆栈在流向周期反转的运行模式下，阳极胞外电子传递能力进一步提高，且1An2Ca组合形式的阳极性能显著高于1An1Ca组合的阳极性能。在周期流向反转并联布水模式下，1An2Ca组合形式的阳极最高电流为133±6mA，而1An1Ca组合形式的阳极为87±9mA［图10-49（b)］；在流向反转串联布水模式下，1An2Ca形式的阳极最高电流为113±4mA，而1An1Ca组合形式的阳极则为77±2mA［图10-49（c)］。但是在阶段2、3和4中，阳极阵列2和3的电能输出性能十分接近，说明其胞外电子传递能力并未完全发挥。虽然，流向周期反转的运行模式获得了较高的阳极性

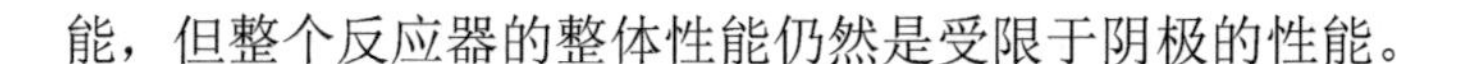
能，但整个反应器的整体性能仍然是受限于阴极的性能。

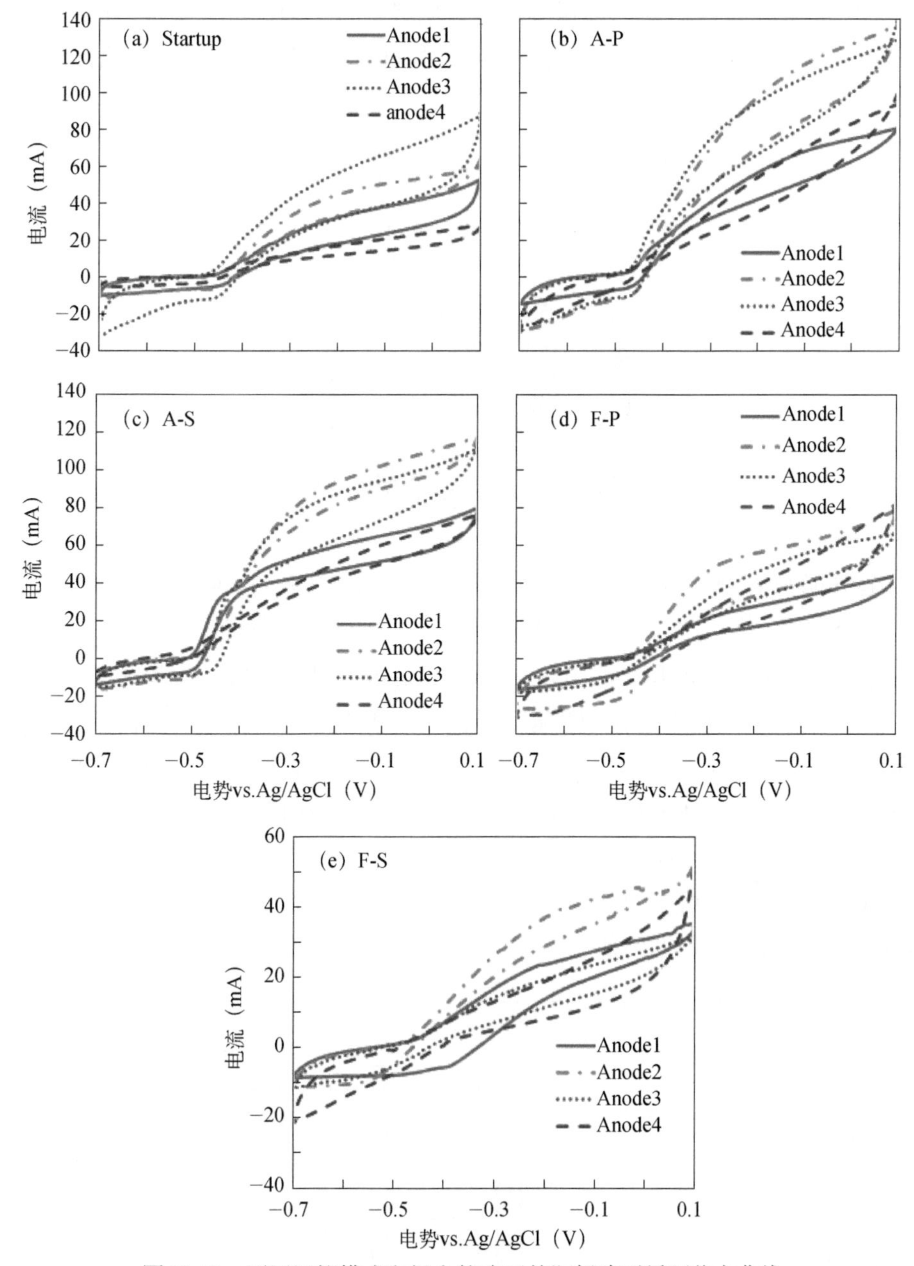

图10-49　不同调控模式和组合策略下的阳极阵列循环伏安曲线

(a) 启动期；(b) 流向反转并联布水；(c) 流向反转串联布水；(d) 固定流向并联布水；(e) 固定流向并联布水；Anode：阳极

在随后的固定流向并联布水（F-P）和串联布水（F-S）测试中，阳极循环伏安测试中最大电流值也迅速下降。两种组合形式的阳极性能普遍下滑，其原因很可能是由于进水中COD下降，而不是由于采用了固定的流向。并且匹配双侧阴极的阳极模块（阳极2和3）性能也不再严格的优于匹配单侧阴极的阳极模块（阳极1和4）。例如固定流向并联布水模式下，1An2Ca形式的阳极最高电流为73±8mA，而1An1Ca组合形式的阳极则为63±26mA［图10-49（d）］。匹配双侧阴极的阳极阵列并无明显优势。因此，在阳极受底物抑制的条件下，并不能给出一个获得更高阳极性能的最优的电极组合模式，而会发现阳极性能的普遍下降。

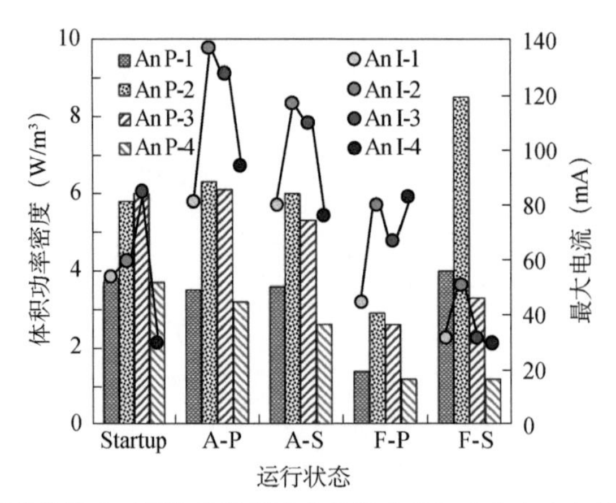

图10-50　各阳极阵列不同联接模式下极化曲线测试中的最大体积功率密度和循环伏安测试中的最大电流

An：阳极；P：最大功率密度；I：电流；联接模式见表10-10；以上功率密度数据仅包括间歇流极化曲线测试

阳极的交流阻抗谱分析和交流阻抗谱分析结果基本保持一致，即匹配双侧阴极有利于阳极获得较小的内阻。在启动期，匹配双阴极的阳极内阻为6.4±3.0Ω，而匹配单阴极的阳极内阻为8.7±3.3Ω。在流向周期反转运行期，阳极内阻均显著下降，在并联布水时，匹配双阴极的阳极内阻下降到1.3±0.1Ω，而匹配单阴极的阳极内阻下降为3.0±1.8Ω。在流向反转串联布水条件下，匹配双阴极的阳极内阻为1.0±0.3Ω，而匹配单阴极的阳极内阻为3.3±1.7Ω。（图10-51）在这三个阶段中，匹配双阴极的阳极获得明显小于匹配单阴极的阳极的内阻，这一趋势和阳极循环伏安测试保持一致。

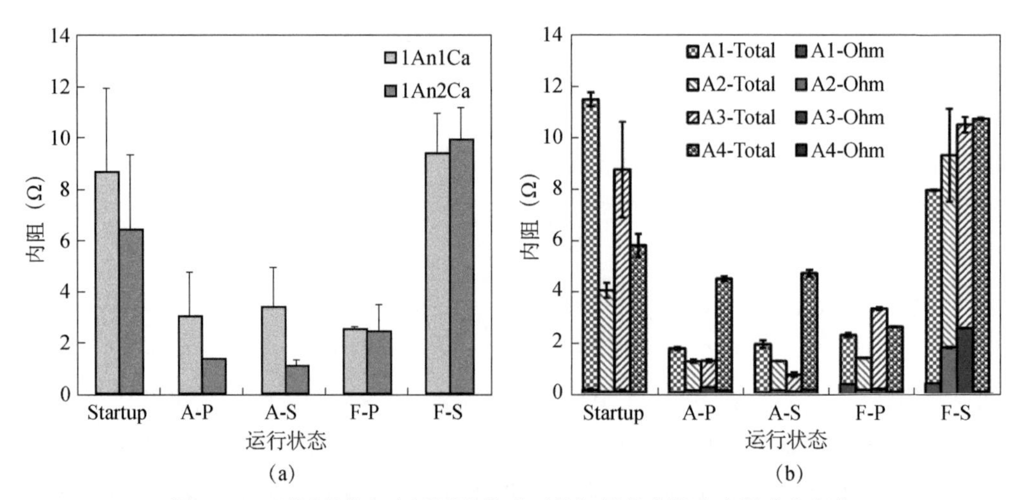

图10-51　不同联接和电极匹配模式下的阳极总内阻和内阻分布变化

1An1Ca：阳极匹配一侧阴极模式；1An2Ca：阳极匹配双侧阴极模式；Startup：启动期；A-P：反转流向的并联布水；A-S：反转流向的串联布水；F-P：固定流向的并联布水；F-S：固定流向的串联布水

与CV的最大电流值相同，在低浓度污水运行（F-P和F-S，阶段5和6）条件下，匹配双侧阴极电极组合形式的优势被低底物浓度限制甚至抵消。在阶段5b（F-P模式）末期，匹配双侧阴极的阳极（2.4±1.1Ω）和匹配单侧阴极的阳极（2.5±0.2Ω）差距十分有限。CV测试中两类阳极的最大电流值也相差不大。由于进水中COD浓度过低（240±80mg/L），在阶段6（F-S模式），匹配双侧阴极的阳极内阻为9.9±1.3Ω，甚至高于匹配单侧阴极的阳极内阻（9.4±1.6Ω）（图10-51）。因此在底物浓度受限的时候，MES堆栈功率输出、电流产生等电化学性能主要受阳极内阻的限制，阴极的性能不再是主要限制因素。

10.6.6　多模块MES堆栈系统最优运行模式

在较高浓度的乙酸钠人工污水、工业废水或市政污水运行的系统中，MES的能量输出性能一般是由阴极限速的。但是本研究发现在低COD浓度下阳极成为MES性能的限制因素。在进水COD相对较高（约500mg/L）的条件下，一列阳极阵列匹配双侧阴极的电极组合形式（阳极阵列2，6.0±0.5W/m^3；阳极阵列3，5.8±0.5W/m^3）能够使MES堆栈获得高于配单侧阴极的电机组合形式（阳极阵列1，3.6±0.2W/m^3；阳极阵列4，3.2±0.5W/m^3）。这一现象和前期研究中增加阴极填充密度可以增加体积能量效率的结论一致[70, 93, 94]。更大面积的阴极具有更多的氧还原催化位点能够产生更高的电流。通过对阳极性能的分析发现，高电流运行对阳极有正向的反馈作用，即高电流密度下阳极的胞外电子传输能力提高而内阻显著降低。因此匹配两片阴极获得更高的功率密度输出不仅在于阴极面积的简单增加，阳极的性能提高对总体功率密度的提高也有正向作用。

但是在进水COD浓度较低时，即固定流向运行模式期间，进水COD浓度为350mg/L（F-P）以及240mg/L（F-S）。匹配双侧阴极的阳极阵列在阳极的性能不再严格的优于匹配单侧阴极的阳极阵列。匹配双侧阴极对阳极性能的正反馈作用因底物抑制而减弱甚至消失。在这一阶段，由于底物抑制造成的阳极性能下降导致的功率密度下降，要大于匹配双侧阴极所带来的功率密度提高，即MES反应器从阴极受限的运行阶段转变为阳极受限的运行阶段。为了避免MES的这种运行状态，MES反应器需要选择较高浓度的进水并控制出口处的底物浓度不会过低，以防止流程下游的MES模块受到底物抑制的影响。MES的出水也需要匹配后处理工艺实现达标排放。

进水COD浓度较低并未对MES反应器的COD去除率造成显著影响，但是却显著的影响了反应器的稳定性和电能回收性能。同时，采用各种模式的联接模式（串联或并联布水，流向反转或固定）也对COD的总体去除影响不大。在流向周期反转的运行模式下，无论串联布水或并联布水，反应器的整体能量输出性能保持稳定。但并联布水在不同位置的相同组合形式的模块间获得了更加一致的性能。由于反应器运行后期COD浓度的显著变化，固定流向的运行模式很难直接和流向周期反转的运行模式对比。但固定流向并联布水运行期间，四组阳极阵列均受到低COD浓度的抑制，最终整体功率输出性能在四个模式中处于最低水平。而固定流向串联布水运行期间，流程上游的两组阳极阵列（阳极1和2）由于能够获得新鲜污水，功率密度输出未受明显抑制。因此虽然下游模块（阳极3和4）性能受到抑制，但整体功率输出仍然高于并联布水。这一现象表明，并联布水仍然可以获得更为均匀的阳极性能（阳极1-4均处于受底物抑制状态），但在低浓度进水的条件下，串联布水能够维持部分上游模块的性能从而获得更高的整体功率密度输出。

综合上述，联接模式的影响主要在于对底物在各模块之间分配的影响，而非联接模式本身造成模块性能的改变。并联布水能够较为均匀的将底物在各模块之间分配，而串联布水则会形成上下游各模块的COD负荷不同；采用周期反转的流向能够减小两种布水模式对各模块底物分配的差异，使各模块性能趋于均一。对于部分运行条件下，上下游模块需要实现不同的功能，则可选择串联布水。对于以最大化功率密度或电流密度为目标的大型化多模块MES堆栈的运行，除了应选取较高浓度进水的因素外，流向周期反转的并联布水可能是最佳的运行模式。这种策略能够最大程度的消除由于不均匀的COD分布导致的模块性能差异。而匹配双侧阴极的电极组合形式也有助于提高阳极的性能，并提高反应器整体的体积功率密度。

10.7 小结

通过对现有微生物电化学系统大类构型的提炼、革新以及放大系统的实际运行经验总结，提出了适于放大应用的MES构型的基本特征和大型化过程的关键问题。通过简化冗余结构，设计电极分置的插入式构型，优化阴极模块的支撑体结构，并考察了单模块系统能量输出与污染物去除特性。以该构型为基础，设计并构建多模块MES堆栈，考察模块间联接模式对多模块系统能量获取、污染物去除和阳极电流输出性能等方面的影响，为多模块MES堆栈系统的构建、调控和运行提供指导。具体结论如下：

（1）放大MES系统（250L）以生活污水为底物稳定运行获得最大电流0.435±0.010A，最大功率输出为116mW，获得79%±7%的COD去除率和71%±8%的总氮去除率。采用逐级降低内阻的启动方式能够在较短时间（10d）使阳极菌群得到驯化并获得稳定的电流输出。

（2）非理想内阻放大过程中不随截面积增大而减小，造成面电阻增加和能量密度衰减。仅对单体MES扩容是低效率的。MES大型化应采取模块化的方式，并尽量减小非理想内阻，控制放大过程的尺寸效应。阴极填充密度直接影响能量输出，密集堆栈应成为放大系统必要特征。

（3）电极分置的插入式构型设计，简化冗余结构，可实现模块密集堆栈，具有三维拓展能力。阴极模块中使用阴影效应小并且孔隙率高的支撑体系能够获得较小的阴极扩散内阻，获得更高的能量输出性能。金属框架支撑体获得最大的功率密度输出为1100±10mW/m^2，体积功率密度为32±0.3W/m^3。较低浓度的实际污水如生活污水运行时，COD和SCOD对阳极性能的抑制浓度分别为 200mg/L和120mg/L。低于此浓度，阳极活化内阻显著增大，系统电流密度降低，功率密度曲线回返。

（4）电极间的电子流对COD降解有促进作用。MES反应器电流密度为1.61±0.13A/m^{2}时，COD降解过程反应速率常数是开路状态的2.1倍。产电菌造成COD降解速率随电流密度提高而提高且在MES整体COD降解中所占比例提升；非产电菌造成COD降解主要与阳极电位相关，并与产电菌群形成底物竞争。

（5）多模块堆栈是构建大型MES反应器的必要形式。流向反转和流向固定、并联布水和串联布水两类四种联接模式的影响方式，在于调节底物在各模块之间分配的调控。为获得整体功率密度的提高以及各模块间均匀的能量输出性能，多模块MES堆栈的运行应该选取较高浓度进水，并采取流向周期反转的并联布水联通各个模块。模块间联接模式以及进水COD的波动对MES堆栈的总体COD去除影响不大。

（6）充足底物条件下，匹配双侧阴极的阳极模块的功率密度输出是匹配单侧阴极的阳极模块的1.9倍。更高的功率密度输出不仅因为阴极面积增加，还由于高电流密度对阳极的性能正向反馈，从而获得较小的阳极内阻和较高的电流输出性能。在底物匮乏的条件下，匹配双侧阴极对阳极的正向反馈被影响甚至消失；与匹配双侧阴极的阳极相比，阳极性能也变得无明显差别。

参考文献

[1] Wang H M，Ren Z Y J. A comprehensive review of microbial electrochemical systems as a platform technology. Biotechnology Advances，2013，31：1796-1807.

[2] Mohan S V，Mohanakrishna G，Srikanth S，et al. Harnessing of bioelectricity in microbial fuel cell（MFC）employing aerated cathode through anaerobic treatment of chemical wastewater using selectively enriched hydrogen producing mixed consortia. Fuel，2008，87：2667-2676.

[3] Zhao L L，Song T S. Simultaneous carbon and nitrogen removal using a litre-scale upflow microbial fuel cell. Water Science and Technology，2014，69：293-297.

[4] Xiao L，Damien J，Luo J，et al. Crumpled graphene particles for microbial fuel cell electrodes，Journal of Power Sources，2012，208：187-192.

[5] Kim J R，Min B，Logan B E. Evaluation of procedures to acclimate a microbial fuel cell for electricity production. Applied Microbiology and Biotechnology，2005，68：23-30.

[6] Oh S，Min B，Logan B E. Cathode performance as a factor in electricity generation in microbial fuel cells. Environmental Science and Technology，2004，38：4900-4904.

[7] Bond D R，Lovley D R. Electricity production by Geobacter sulfurreducens attached to electrodes. Applied and Environmental Microbiology，2003，69：1548-1555.

[8] Liu H，Logan B E. Electricity generation using an air-cathode single chamber microbial fuel cell in the presence and absence of a proton exchange membrane. Environmental Science and Technology，2004，38：4040-4046.

[9] 曹效鑫，梁鹏，范明志，等. 用于产电纯菌研究的MFC反应器的开发，中国给水排水，2012，28

（7）：96-100.

[10] 黄霞，范明志，梁鹏，等. 微生物燃料电池阳极特性对产电性能的影响，中国给水排水，2007，23（3）：8-13.

[11] Li X，Damien J，Luo J，et al. Crumpled graphene particles for microbial fuel cell electrodes[J]. Journal of Power Sources，2012，208：187-192.

[12] Oh S E，Logan B E. Proton exchange membrane and electrode surface areas as factors that affect power generation in microbial fuel cells. Applied Microbiology & Biotechnology，2006，70：162-169.

[13] Galvez A，Greenman J，Ieropoulos I. Landfill leachate treatment with microbial fuel cells；scale-up through plurality. Bioresource Technology，2009，100：5085-5091.

[14] Kong W，Guo Q，Wang X，et al. Electricity generation from wastewater using an anaerobic fluidized bed microbial fuel cell. Industrial and Engineering Chemistry Research，2011，50：513-518.

[15] Ryu J H，Lee H L，Lee Y P，et al. Simultaneous carbon and nitrogen removal from piggery wastewater using loop configuration microbial fuel cell. Process Biochemistry，2013，48：1080-1085.

[16] Zhang L，Zhu X，Kashima H，et al. Anolyte recirculation effects in buffered and unbuffered single-chamber air-cathode microbial fuel cells. Bioresource Technology，2015，179：26-34.

[17] Yoo K，Song Y C，Lee S K. Characteristics and continuous operation of floating air-cathode microbial fuel cell（FA-MFC）for wastewater treatment and electricity generation. KSCE Journal of Civil Engineering，2011，15：245-249.

[18] Liu B C，Weinstein A，Kolln M. Distributed multiple-anodes benthic microbial fuel cell as reliable power source for subsea sensors. Journal of Power Sources，2015，286：210-216.

[19] Walter X A，Gajda I，Forbes S，et al. Scaling-up of a novel，simplified MFC stack based on a self-stratifying urine column. Biotechnology for Biofuels，2016，9：1-11.

[20] He Z，Kan J J，Wang Y B. Electricity production coupled to ammonium in a microbial fuel cell. Environmental Science and Technology，2009，43：3391-3397.

[21] Zhu F，Wang W C，Zhang X Y. Electricity generation in a membrane-less microbial fuel cell with down-flow feeding onto the cathode. Bioresource Technology，2011，102：7324-7328.

[22] He Z，Minteer S D，Angenent L T. Electricity generation from artificial wastewater using an upflow microbial fuel cell. Environmental Science and Technology，2005，39：5262-5267.

[23] Feng Y J，Lee H，Wang X，et al. Continuous electricity generation by a graphite granule baffled air-cathode microbial fuel cell. Bioresource Technology，2010，101：632-638.

[24] Kim J R，Premier G C，Hawkes F R，et al. Development of a tubular microbial fuel cell（MFC）employing a membrane electrode assembly cathode. Journal of Power Sources，2009，187：393-399.

[25] Zhuang L，Zhou S G，Wang Y Q，et al. Membrane-less cloth cathode assembly（CCA）for scalable microbial fuel cells. Biosensors and Bioelectronics，2009，24：3652-3656.

[26] Kim D，An J，Kim B，et al. Scaling-up microbial fuel cells：configuration and potential drop phenomenon at series connection of unit cells in shared anolyte. ChemSusChem，2012，5：1086-1091.

[27] Katuri K P，Scott K. Electricity generation from the treatment of wastewater with a hybrid up-flow microbial fuel cell. Biotechnology and Bioengineering，2010，107：52-58.

[28] Sonawane J M，Gupta A，Ghosh P C. Multi-electrode microbial fuel cell（MEMFC）：A close analysis towards large scale system architecture. International Journal of Hydrogen Energy，2013，38：5106-5114.

[29] Ghadge A N，Ghangrekar M M. Performance of low cost scalable air–cathode microbial fuel cell made from clayware separator using multiple electrodes. Bioresource Technology，2015，182：373-377.

[30] Zhang F，Ge Z，Grimaud J，et al. Long-term performance of liter-scale microbial fuel cells treating primary effluent installed in a municipal wastewater treatment facility. Environmental Science and Technology，2013，47：4941-4948.

[31] Ge Z，Wu L，Zhang F. Energy extraction from a large-scale microbial fuel cell system treating municipal wastewater. Journal of Power Sources，2015，297：260-264.

[32] Ge Z，He Z. Long-term performance of a 200 liter modularized microbial fuel cell system treating municipal wastewater：treatment，energy，and cost. Environmental Science：Water Research and Technology，2016，2：274-281.

[33] Zhang X Y，Cheng S O，Xin W，et al. Separator characteristics for increasing performance of microbial fuel cells. Environmental Science and Technology，2009，43：8456-8461.

[34] Ahn Y，Hatzell M C，Zhang F，et al. Different electrode configurations to optimize performance of multi-electrode microbial fuel cells for generating power or treating domestic wastewater. Journal of Power Sources，2014，249：440-445.

[35] Li Z，Lu Y，Kong L，et al. Electricity generation using a baffled microbial fuel cell convenient for stacking. Bioresource Technology，2008，99：1650-1655.

[36] Clauwaert P，Mulenga S，Aelterman P，et al. Litre-scale microbial fuel cells operated in a complete loop. Applied Microbiology and Biotechnology，2009，83：241-247.

[37] An B M，Heo Y，Maitlo H A，et al. Scale d-up dual anode/cathode microbial fuel cell stack for actual ethanolamine wastewater treatment. Bioresource Technology，2016，210：68-73.

[38] Ahn Y，Logan B E. Domestic wastewater treatment using multi-electrode continuous flow MFCs with a separator electrode assembly design. Applied and Environmental Microbiology，2013，97：409-416.

[39] Wu S，Li H，Zhou X，et al. A novel pilot-scale stacked microbial fuel cell for efficient electricity generation and wastewater treatment. Water Research，2016，98：396-403.

[40] Yu J，Seon J，Park Y，et al. Electricity generation and microbial community in a submerged-exchangeable microbial fuel cell system for low-strength domestic wastewater treatment. Bioresource Technology，2012，117：172-179.

[41] Miyahara M，Hashimoto K，Watanabe K. Use of cassette-electrode microbial fuel cell for wastewater treatment. Journal of Bioscience & Bioengineering，2012，115：176-181.

[42] Wang B，Han J I. A single chamber stackable microbial fuel cell with air cathode. Biotechnology Letters，2009，31：387-393.

[43] Dong Y，Qu Y，He W，et al. A 90-liter stackable baffled microbial fuel cell for brewery wastewater treatment based on energy self-sufficient mode. Bioresource Technology，2015，195：66-72.

[44] Shimoyama T，Komukai S，Yamazawa A，et al. Electricity generation from model organic

wastewater in a cassette-electrode microbial fuel cell. Applied and Environmental Microbiology，2008，80：325-330.

[45] Inoue K，Ito T，Kawano Y，et al. Electricity generation from cattle manure slurry by cassette-electrode microbial fuel cells. Journal of Bioscience and Bioengineering，2013，116：610-615.

[46] Zhao Y，Collum S，Phelan M，et al. Preliminary investigation of constructed wetland incorporating microbial fuel cell：Batch and continuous flow trials. Chemical Engineering Journal，2013，229：364-370.

[47] Ueoka N，Sese N，Sue M，et al. Sizes of anode and cathode affect electricity generation in rice paddy-field microbial fuel cells. Journal of Sustainable Bioenergy Systems，2016，06：10-15.

[48] Habibul N，Hu Y，Wang Y K，et al. Bioelectrochemical chromium（vi）removal in plant-microbial fuel cells. Environmental Science and Technology，2016，50：3882-3889.

[49] Janicek A，Fan Y Z，Hong L. Design of microbial fuel cells for practical application：A review and analysis of scale-up studies. Biofuels，2014，5：79-92.

[50] Logan B E，Hamelers B，Rozendal R A，et al. Microbial fuel cells：methodology and technology. Environmental Science and Technology，2006，40：5181-5192.

[51] 任南琪. 污染控制微生物学. 哈尔滨：哈尔滨工业大学出版社，2011.

[52] Chaudhuri S K，Lovley D R. Electricity generation by direct oxidation of glucose in mediatorless microbial fuel cells. Nature Biotechnology，2003，21：1229-1232.

[53] Rabaey K，Lissens G，Siciliano S D，et al. A microbial fuel cell capable of converting glucose to electricity at high rate and efficiency. Biotechnology Letters，2003，25：1531-1535.

[54] Zhang X，Cheng S，Huang X，et al. The use of nylon and glass fiber filter separators with different pore sizes in air-cathode single-chamber microbial fuel cells. Energy and Environmental Science，2010，3：659-664.

[55] Liu H，Ramnarayanan R，Logan B E. Production of electricity during wastewater treatment using a single chamber microbial fuel cell. Environmental Science and Technology，2004，38：2281-2285.

[56] Fallgren T. Energy and performance comparison of microbial fuel cell and conventional aeration treating of wastewater. Journal of Microbial & Biochemical Technology，2013，6：231-242.

[57] Rabaey K，Verstraete W. Microbial fuel cells：novel biotechnology for energy generation. Trends in Biotechnology，2005，23：291-298.

[58] Murray A，Horvath A，Nelson K L. Hybrid life-cycle environmental and cost inventory of sewage sludge treatment and end-use scenarios：a case study from China. Environmental Science and Technology，2008，42：3163-3169.

[59] McCarty P L，Bae J，Kim J. Domestic wastewater treatment as a net energy producer-can this be achieved?. Environmental Science and Technology，2011，45：7100-7106.

[60] Pant D，Bogaert G V，Diels L，et al. A review of the substrates used in microbial fuel cells（MFCs）for sustainable energy production. Bioresource Technology，2010，101：1533-1543.

[61] Ghangrekar M M，Shinde V B. Simultaneous sewage treatment and electricity generation in membrane-less microbial fuel cell. Water Science and Technology，2008，58：37-43.

[62] Wang H M，Park J D，Ren Z J. Practical energy harvesting for microbial fuel cells：A review.

Environmental Science and Technology，2015，49：3267-3277.

[63] Ahn Y H. Sustainable nitrogen elimination biotechnologies：A review. Process Biochemistry，2006，41：1709-1721.

[64] Ahn Y，Logan B E. Effectiveness of domestic wastewater treatment using microbial fuel cells at ambient and mesophilic temperatures. Bioresource Technology，2010，101：469-475.

[65] Rezaei F，Richard T L，Logan B E. Analysis of chitin particle size on maximum power generation，power longevity，and Coulombic efficiency in solid-substrate microbial fuel cells. Journal of Power Sources，2009，192：304-309.

[66] Morris J M，Jin S. Feasibility of using microbial fuel cell technology for bioremediation of hydrocarbons in groundwater. Journal of Environmental Science and Health Part A-Toxic/Hazardous Substances & Environmental Engineering，2008，43：18-23.

[67] Tront J M，Fortner J D，Plotze M，et al. Microbial fuel cell biosensor for in situ assessment of microbial activity. Biosensors and Bioelectronics，2008，24：586-590.

[68] Hutchinson A J，Tokash J C，Logan B E. Analysis of carbon fiber brush loading in anodes on startup and performance of microbial fuel cells. Journal of Power Sources，2011，196：9213-9219.

[69] Feng Y，Xin W，Logan B E，et al. Brewery wastewater treatment using air-cathode microbial fuel cells. Applied Microbiology and Biotechnology，2008，78：873-880.

[70] Fan Y. Improved performance of CEA microbial fuel cells with increased reactor size. Energy and Environmental Science，2012，5：8273-8280.

[71] Kim K Y，Yang W，Logan B E. Impact of electrode configurations on retention time and domestic wastewater treatment efficiency using microbial fuel cells. Water Research，2015，80：41-46.

[72] Luo Y，Zhang F，Wei B，Liu G，et al. Power generation using carbon mesh cathodes with different diffusion layers in microbial fuel cells. Journal of Power Sources，2011，196：9317-9321.

[73] Feng Y，Yang Q，Wang X，et al. Treatment of carbon fiber brush anodes for improving power generation in air–cathode microbial fuel cells. Journal of Power Sources，2010，195：1841-1844.

[74] Wei J C，Liang P，Huang X. Recent progress in electrodes for microbial fuel cells. Bioresource Technology，2011，102：9335-9344.

[75] Zhou M，Chi M，Luo J，et al. An overview of electrode materials in microbial fuel cells. Journal of Power Sources，2011，196：4427-4435.

[76] Dong H，Yu H，Wang X. Catalysis kinetics and porous analysis of rolling activated carbon-PTFE air-cathode in microbial fuel cells. Environmental Science and Technology，2012，46：13009-13015.

[77] Hoskins D L，Zhang X，Hickner M A，et al. Spray-on polyvinyl alcohol separators and impact on power production in air-cathode microbial fuel cells with different solution conductivities. Bioresource Technology，2014，172C：156-161.

[78] Zhang X，Pant D，Zhang F，et al. Long-term performance of chemically and physically modified activated carbons in air cathodes of microbial fuel cells. Chemelectrochem，2014，1：1859-1866.

[79] Zhang F，Pant D，Logan B E. Long-term performance of activated carbon air cathodes with different diffusion layer porosities in microbial fuel cells. Biosensors and Bioelectronics，2011，30：49-55.

[80] Yang Q，Feng Y J，Logan B E. Using cathode spacers to minimize reactor size in air cathode microbial fuel cells. Bioresource Technology，2012，110：273-277.

[81] Dong H，Yu H，Wang X，et al. A novel structure of scalable air-cathode without Nafion and Pt by rolling activated carbon and PTFE as catalyst layer in microbial fuel cells. Water Research，2012，46：5777-5787.

[82] Zhang X，Xia X，Ivanov I，et al. Enhanced activated carbon cathode performance for microbial fuel cell by blending carbon black. Environmental Science and Technology，2014，48：2075-2081.

[83] 杨俏. 紧凑堆栈生物电化学系统电极材料与系统构建研究. 哈尔滨：哈尔滨工业大学，2013.

[84] Geise G M，Curtis A J，Hatzell M C，et al. Salt Concentration Differences Alter Membrane Resistance in Reverse Electrodialysis Stacks. Environmental Science and Technology Letter，2014，1：36-39.

[85] Li Z，Yong Y，Wang Y，et al. Long-term evaluation of a 10-liter serpentine-type microbial fuel cell stack treating brewery wastewater. Bioresource Technology，2012，123：406-412.

[86] Arends J B A，Verstraete W. 100 years of microbial electricity production：three concepts for the future. Microbial Biotechnology，2012，5：333-346.

[87] Cheng S，Ye Y，Ding W，et al. Enhancing power generation of scale-up microbial fuel cells by optimizing the leading-out terminal of anode. Journal of Power Sources，2014，248：931-938.

[88] Logan B E，Wallack M J，Kim K Y，et al. Assessment of microbial fuel cell configurations and power densities. Environmental Science and Technology letter，2015，2：206-214.

[89] Lu W，Liu Y，Ma J，et al. Rapid degradation of sulphamethoxazole and the further transformation of 3-amino-5-methylisoxazole in a microbial fuel cell. Water Research，2016，88：322-328.

[90] Ahn Y，Logan B E. A multi-electrode continuous flow microbial fuel cell with separator electrode assembly design. Applied and Environmental Microbiology，2012，93：2241-2248.

[91] Ren L J，Zhang X Y，He W H，et al. High current densities enable exoelectrogens to outcompete aerobic heterotrophs for substrate. Biotechnology and Bioengineering，2014，111：2163-2169.

[92] Zhang X Y，He W H，Ren L J，et al. COD removal characteristics in air-cathode microbial fuel cells. Bioresource Technology，2015，176：23-31.

[93] Cheng S A，Logan B E. Increasing power generation for scaling up single-chamber air cathode microbial fuel cells. Bioresource Technology，2011，102：4468-4473.

[94] Zhang X Y，Cheng S A，Liang P，et al. Scalable air cathode microbial fuel cells using glass fiber separators，plastic mesh supporters，and graphite fiber brush anodes. Bioresource Technology，2011，102：372-375.

第 11 章　沉积物微生物电化学系统与效能

我国改革开放40年来，人口剧增和城镇化发展加快，导致城市病加剧，其中就包括城市河道脏、臭、黑、塞等现象。《2019年中国生态环境状况公报》显示，全国地表水监测的1935个水质断面（监测点位）中，Ⅰ～Ⅲ类比例为74.9%，Ⅳ类及Ⅴ类水体比例占21.7%，劣Ⅴ类比例为3.4%[1]，部分城市河道存在脏、臭、黑、塞等现象，这一问题已经成为人民日益增长的美好生活需要和不平衡不充分的发展之间的矛盾之一。国家对城市水环境整治高度重视，先后出台了《水污染防治行动计划（水十条）》和《城市黑臭水体整治工作指南》。但截污不彻底、沉积物污染严重、城市管网普遍欠账多、雨污混合严重、初期雨水污染严重等导致我国城市河道水环境长期变差，也是导致治理之后频发复黑复臭的主要原因。如何研发适合我国流程现状的水生态水环境技术，是当前我国城市水生态水环境恢复的国家重大需求。

11.1　水环境水生态主要修复技术

在河道生态恢复过程中，必须采取一定的工程手段，有效抑制沉积物中有机物、氨氮等污染物的释放，在河道水质净化的同时底质得到净化，避免二次污染。污染水体沉积物修复技术按修复机理可分为物理修复、化学修复和生物修复（图11-1），生物修复技术又可以分为微生物修复技术和植物修复技术；按处置地点可分为原位修复技术和异位修复技术。

11.1.1　物理/化学修复法

物理方法主要有清淤疏浚、换水稀释、增氧、电动修复等。在对受污染沉积物的众多治理方法中，疏浚技术作为一种主要的异位处理方法应用范围最为广泛。由于能够将污染物彻底移出水体，该技术能在较大程度上削减底泥对上覆水体的污染。但是因费用昂贵、污染残留、污染物漏失以及对原有水体底部生态破坏严重等缺点难以大范围地推广和应用。目前，国内对疏浚后的底泥大多是采用农田施用和填埋的处置方式，底泥的利用价值低，处理不彻底，且容易造成二次污染。掩蔽即是通过在受污底泥上铺置一层或多层覆盖物，将底泥与水体隔离，阻止底泥中的污染物向水体中迁移，但存在可能会导致覆盖层的物质也受到污染的问题。

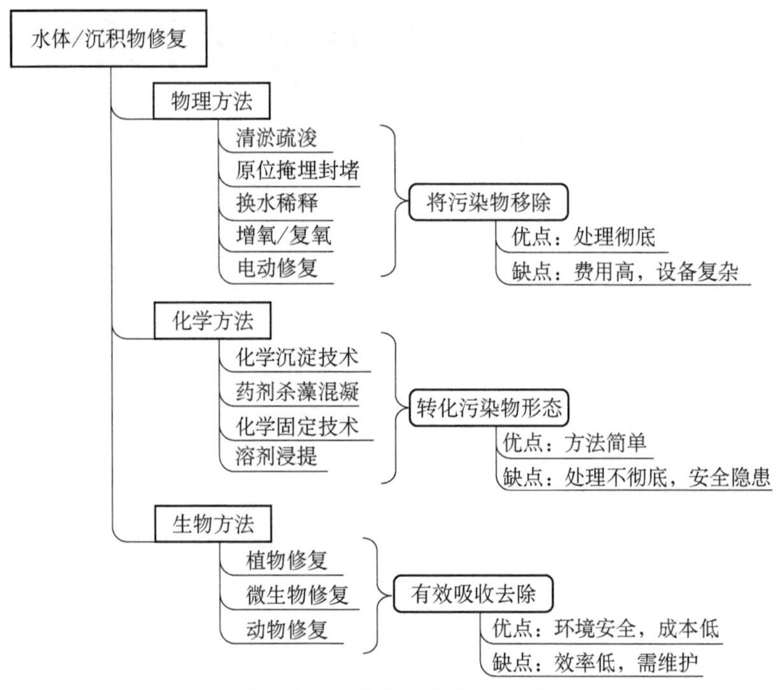

图11-1 水体/沉积物修复方法

化学法主要包括化学沉淀技术、药剂杀藻混凝、化学固定技术、溶剂浸提等方法。Fe、Ca和Al都能使水中的磷酸盐从溶液中沉淀下来，美国华盛顿州西部的长湖是富营养化严重的湖泊，在向湖中投加铝盐沉淀湖中的磷酸盐后的第四年夏天，湖水中的磷浓度下降了一半，湖泊水质有了明显的改善。采用壳聚糖、单宁酸和羟基磷灰石对沉积物中重金属进行稳定化处理，并运用毒性浸出方法（TCLP）和重金属形态变化来评价其稳定效果。羟基磷灰石对4种重金属Pb、Cu、Zn和Cd的稳定效率最高。CaO_2由于其自身独特的物理化学特性具有制备工艺简单、使用安全环保及无二次污染等优点，应用于黑臭水体生态修复治理可快速提升水体溶解氧含量，对黑臭水体中的有机物、重金属、氮磷营养元素及硫化物等污染物具有良好的分解、固定与抑制作用，同时对水体微生物具有一定的促进作用，在黑臭水体生态修复治理方面具有推广价值，然而CaO_2虽然可一定程度缓解水体黑臭但并不能完全解决目前城镇水体黑臭问题，添加络合剂 EDTA、有机酸以及无机酸会影响电动修复污染土壤效果。

11.1.2 生物修复法

物理和化学法虽然在某种程度上可以使水体澄清，但只能取得短期性的表面治理，若长期使用会加速水体衰老，甚至引发新的环境问题[2]。目前，还没有一种经济且高效的方法可以将有机物、重金属等污染物从底泥中直接去除，只能通过化学的方法减小污染物向食物链迁移，降低重金属污染风险。化学修复无法将污染物从底泥中清除，只能将污染物稳定在底泥中。

水体生物修复是指利用微生物的催化降解作用，将有机污染物转化成其他污染物、从而消除污染的一个自发或受控的过程，是对氮、磷等营养物质控制的有效方法，也是国内外治理湖泊水体富营养化的重要措施[3]。生物修复和调控的方法治理湖泊富营养化问题是低成本、无二次污染的方法，日益成为湖泊污染治理和水体修复研究的热点。一般来说，自然的生物修复是一个缓慢的过程，而工程化的人工强化修复技术能够治理较大面积的污染，是传统生物治理的延伸。在生物生态修复过程中，底泥微生物极其重要，是湖泊生态系统物质循环和能量流动的主要动力。底质微生物包括沉积物中微小生物的总称，严格意义上包括细菌、真菌、古菌、原生动物、病毒和显微藻类。底泥微生物是自然界的初级生产者和分解者，对整个生态系统稳定具有重要作用，参与碳循环、氮循环、腐殖质分解和合成，磷、硫、铁以及其他元素的形态转化等。图11-2列出了生物生态修复常用方法的技术原理。

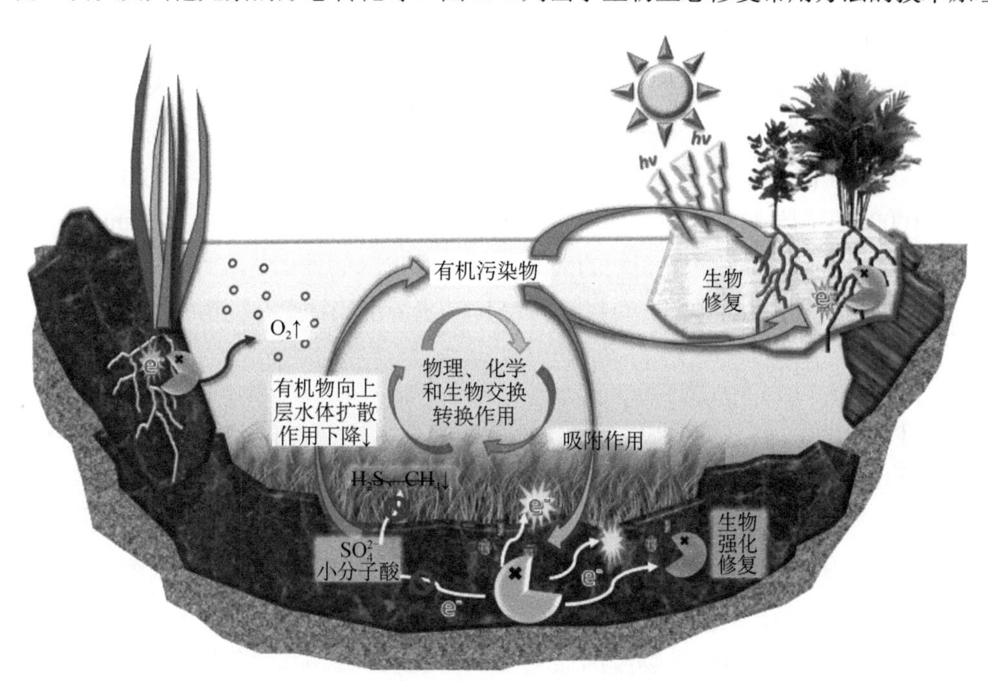

图11-2　水体/沉积物生物生态修复过程

11.2　沉积物微生物电化学系统结构与发展

沉积物微生物电化学系统（sediment microbial electrochemical system，SMES）是一种典型的无膜微生物电化学系统，它借助于沉积物中具有电化学活性微生物的催化作用、氧化沉积物中有机物，获得电流。SMES 中阳极材料放置于厌氧的沉积物中，阴极材料位于上层好氧的水相中，阴极和阳极之间通过导线和电阻连接，有机物在阳极区附近被微生物氧化分解，产生的电子经过外电路到达阴极，与阴极区中的电子受体结合，从而实现沉积物中有机污染物去除[4]。

一般认为，SMES有两个主要的潜在应用领域：一是为海洋或内陆水体的长期监测仪器提供低功率的电源[5, 6]；二是作为一种新型、高效的沉积物原位生物修复技术[7, 8]，进行污染水体-沉积物联合修复。

11.2.1 沉积物微生物电化学系统分类

沉积物型微生物电化学系统研究历史尚短，在构型开发上还没有形成统一的认知，研究人员针对研究对象和应用对象，在实验室研究中使用了若干构型，并对系统效能进行了系统研究。

1）柱状结构反应器

早期对SMES的研究中柱状构型是反应器比较常见形状之一。利用这类反应器，研究人员系统研究了基质[9]、电阻[4]、电极材料等对运行效能的影响。Mark E. N.等通过多个平行的柱状反应器研究了外源性电子供体对微生物介导的电子传递过程的影响，发现添加外源电子供体（乳酸）的SMZS产生更多的累积电荷，但在乳酸富集期间不产生更高的平均电流，乳酸的添加还促进了硫酸盐的还原[8]。Tian-Shun Song等利用体积约1400mL的柱状反应器研究了在10～1000Ω不同外阻条件下，实验室规模的沉积物微生物燃料电池（sediment microbial fuel cell，SMFC）对沉积物中有机物的去除，发现SMFCs的外部电阻对阳极的工作电位有较大的影响，认为通过优化外电阻，可以提高SMFCs去除沉积物中有机物的性能[4]。

2）立方体结构反应器

伴随对SMES工作机制和运行条件优化的逐渐深入，探索其构建的条件和规律的研究开展的越来越多，且研究方向也扩展到针对该技术的进一步应用。立方体结构因有利于连续流布水、更接近实际应用场景等优势被广泛采用。Liu R构建了立方体结构的中试微生物燃料电池并耦合厌氧-缺氧-缺氧处理生活污水系统，考察污染物的出水浓度、功率密度和微生物群落结构，并在自然条件下连续运行1年以上。结果表明，该处理系统在大部分时间内运行良好，阳极和阴极生物膜的微生物群落结构在长期运行过程中发生了较大的变化，并与出水质量相关[10]。Heinz Hiegemann构建了45L的立方体结构的MFC系统，并在污水处理厂实际条件下运行，优化出了最优的操作条件和调控策略，实现稳定的输出功率和基质能量回收。在水力停留时间为22h时，COD、TSS和氮去除率分别为24%、40%和28%，库仑效率为24.8%。通过能量计算表明，减少剩余污泥产量和MFC的能量增益所节省的能量明显高于用于减少沼气产量所造成的能量损失[11]。哈尔滨工业大学冯玉杰团队完成了从小试到中试不同规格的立方米SMFC构型的研发，为系统应用提供了完备的技术参数。

3）植物或人工湿地耦合系统

与植物或人工湿地耦合也是SMFCs发展的方向之一，一般称为植物微生物燃料电池

（plant microbial fuel cells，PMFC）。Atsushi Kouzuma 等 2013 年构建了栽种有水稻的 SMFCs，以葡萄糖及乙酸钠作为基质，考察了根系分泌物对阳极产电菌的影响，并分析了微生物群落结构。结果表明 *Geobacteraceae* 在阳极富集率较高，*G. psychrophilus* 及其近缘菌种在有根系分泌物的阳极中通过微生物间互养对阳极提供电子供体[12]。Clara Corbella 等 2014 年构建了 $1.2m^3$ 体积的人工湿地耦合 SMFCs 并考察了不同深度梯度的氧化还原电位，发现反应器最上层和最底层之间存在氧化还原梯度及分布，且在氧化还原梯度最大的条件下运行，得到最大功率密度为 $16mW/m^2$[13]。

人工湿地-微生物燃料电池（constructed wetland-microbial fuel cells，CW-MFC）是人工湿地（CWs）和微生物燃料电池（MFCs）兼容的技术，均依赖于细菌的作用来清除废水中的污染物。一般而言 MFCs 要求的阳极保持无氧、而阴极暴露于有氧的条件，在人工湿地中自然存在，近年来这两种技术结合起来 CW-MFC 逐渐受到重视。

11.2.2　提高 SMES 效能的方法

与废水处理用 MES 相比，沉积物系统由于沉积物的物理特性等原因，传质成为限制效率的主要原因之一。另外，由于电极空间分布设计，电极间通常距离较大，导致系统内阻大。此外，阳极完全在水下作业，需要非常坚固的设计，能够承受高压、巨浪，防腐和鱼类破坏等。因此，此类 SMES 的设计及应用面临更大的挑战。

尽管人们越来越认识到 SMES 在促进沉积物生物修复方面的潜力，但对这一过程的基本原理仍知之甚少，工程方面的研究也尚在起步阶段，可参考的案例不多，很多以废水为燃料的 SMES 研究中获得的数据及经验不能适用于沉积物修复。因此与废水处理 MES 相比，沉积物 SMES 系统的操作条件和效能影响因素有很大的不同。

1）电极材料

碳基材料是最常用的 SMES 电极材料。通过比较碳纤维布和碳毡两种不同材料作为阳极的 SMES 反应器的性能，发现碳纤维布作为阳极的反应器表现出最高的性能 $33.5\pm1.5mW/m^2$，硝酸酸洗的碳纤维布作为阳极可提高最大功率密度[14]。将片状石墨按不同比例（5%、15%、20%和 40%）加入阳极沉积物中，以 20%比例加入 SMES 反应器相对于对照（304mV、0.26mW）表现出最好的性能（578mV、0.37mW），而更高的加入比例则会导致反应器性能的下降[15]。

通过掺杂对碳材料进行改性可有效提高电子传递效率，例如苯胺与多壁碳纳米管以 9∶1 的最优比例制成复合石墨烯阴极不仅功率密度最大且内阻最小，得到了此种方法下性能最优的阴极且使反应器性能得到明显提高[16]。通过电泳淀积等方法将多壁碳纳米管与不锈钢网复合作为阴极使用结果最大功率密度为 $31.6mW/m^2$，是使用普通不锈钢网阴极反应器的 3.2 倍。研究比较了不锈钢网阴极，碳布阴极及活性炭阴极等不同阴极的运行效果，发现活性炭阴极表现出最高的性能 $55.05mW/m^2$[9]。

哈尔滨工业大学研究团队系统研究了立体阳极及平面阳极对系统效能的影响。以构建用于水体沉积物修复的BMES系统（benthic microbial electrochemical system，BMES）为目标，研发出了立体结构阳极，并与之前常用的平面结构阳极效能进行了对比分析。从电压输出、电极电位、功率密度和EIS，以及水质变化、水质三维荧光光谱和沉积物污染物含量变化等方面考察了不同阳极结构对BMES污染物去除效率过程及电化学过程的影响。研究表明，开发的立体阳极结构材料具有环保、强度高、性能稳定、便于使用施工和经济实惠等优点，可成为BMES系统大规模应用时理想的阳极材料之一。

2）阳极基质

阳极基质对SMFC的效能有着重要的影响。化学分析表示内源性有机碳及乳酸作为原料进行硫酸盐还原，以硫化物及小分子碳化物作为电子供体[8]，可导致电子通量的增加。研究人员比较了蓝藻、葡萄糖和醋酸钠为阳极微生物碳源的效能，结果表明以太湖蓝藻作为阳极微生物碳源的实验组获得72mW/m^{2}的功率密度和76.2%的COD去除率，同时间接证明了细胞分泌的氧化还原介质及生物膜参与了电子传递[17]。将二氧化硅加入电导率低的沉积物中形成二氧化硅溶胶，可以提高阳极沉积物的电导率，进而提高离子迁移率及反应器的功率，保证电子供体充分利用[18]。哈尔滨工业大学研究团队在研究使用该方法对底质中PAHs的去除中，以葡萄糖为代表的有机物作为共基质，PAHs的去除率提高74%，生物相分析表明共基质的存在丰富了功能微生物结构，是PAHs去除率提高的主要原因[19]。

3）生物阴极

空气阴极是最早SMFC使用的阴极之一，但空气阴极长时间运行会表现出性能下降甚至崩溃等现象[20, 21]。原因主要包括电极表面生物膜污染、黏合剂性能下降、电极形态变化和物理损坏等[22]。

相对传统氧还原空气阴极，生物阴极使用寿命较长，且不需要任何外源添加催化剂、电子受体，造价较低等特点。但是生物阴极也存在一些使用上的缺陷，比如对氧浓度要求较高、需要曝气，对环境（温度、pH等）要求高，环境适应性差、催化效率较低等。利用生物电化学系统耦合人工湿地系统（蕹菜）进行含偶氮染料废水的脱色处理，结果表明阴极植物提高了阴极电势的同时使脱色效果略有增强[23]；在研究MES用于各种实际废水处理过程中，生物阴极的应用越来越多[21]。针对富含重金属水体，生物阴极可有效提高水体中重金属的迁移转化效率，通过高通量测序等发现生物阴极富集的 γ-变形菌类在污染物去除、产能输出等方面都起到决定性作用[24]。哈尔滨工业大学研究团队系统研究了与沉水植物耦合的生物阴极，通过沉水植物泌氧为生物阴极提供充足的电子受体，合适的氧浓度使得生物阴极具有良好的脱氮效果[25]。生物阴极耦合挺水植物后，植物的根系分泌物可有效控制阴极液的电导率，进而提升生物阴极的性能，且根系分泌物作为碳源，也可有效提高系统的TN去除率[26]。

4）电极排布

为了提高SMES的性能和稳定性，研究人员对电极的排布方式进行了优化。如图11-3所示，在四组阳极水平排列（HA）和垂直排列（VA）的反应器中，电荷输出分别为833C和762C。135天后石油总烃（TPH）的去除率高达12.5%，比对照组高50.6%，比开路对照组高95.3%。碳氢化合物指纹图谱分析表明，水平排列（HA）系统中烷烃和多环芳烃（PAHs）的降解速率均高于垂直排列（VA）反应器，HA较VA具有更大的功率和更大的TPH降解。随着TPH的去除，HA土壤的pH从8.26增加到9.12，VA土壤的pH从8.26增加到8.64，而HA的电导率从1.99降低到1.54mS/cm，在VA实验组中土壤的电导率从1.99降低到1.46mS/cm。考虑到碳氢化合物的生物降解作用和HA中电荷的生成，水平排列阳极的SMES是一种很有前景的结构[27]。

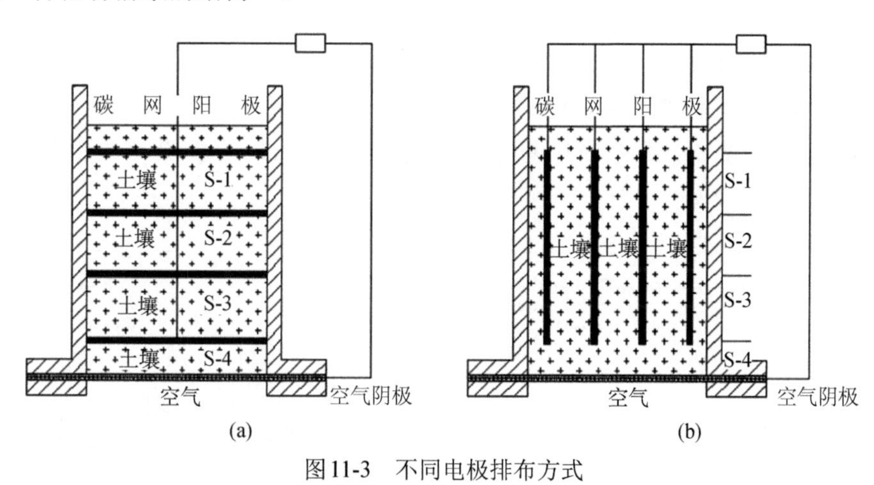

图11-3　不同电极排布方式

11.3　空气阴极SMES系统构建及水体/沉积物修复效能

SMES应用于水体修复效果的重要考察指标之一就是对水体和沉积物中污染物的去除效率[28]。哈尔滨工业大学冯玉杰团队为考察SMES用于水体沉积物修复效果，构建了175 L和350L的BMES反应体系，系统研究了对沉积物及水体的修复效果。

11.3.1　空气阴极SMES水体修复效能

在175L的SMES反应体系中，采用活性炭空气阴极（阴极尺寸为20cm×30cm）与置于沉积物中的阳极构成回路。活性炭空气阴极漂浮于上层水体，阴极厚度约为1.5mm，阴极下表面浸于水面，上表面与空气充分接触。

对照反应器（S Control）与图11-4所示反应器大小、结构完全一致，但开路运行。考虑现行水体修复多处仍存在“治水不治泥”或“清水冲淤”的情况，设置了利用清水冲刷沉积物的清水反应器（W Control），以对比水体和沉积物中污染物去除效果。

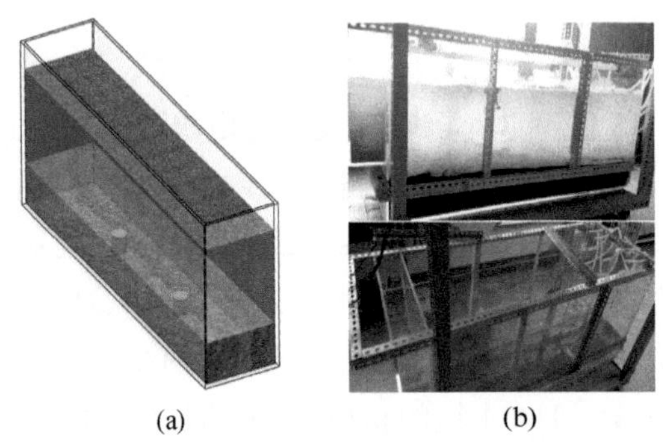

图 11-4　175L 反应器结构图（a）及实物图（b）

1）污染物去除特性

SMES 系统中对水体中污染物的去除和控制要明显优于 S Control（对照）反应器。所有反应器中 W Control 反应器中 TOC 含量最低，主要由于采用 400L/h 流速的自来水冲刷，水体中污染物被快速稀释和去除。稳定运行期间（30～60 天）SMES 反应器内 TN 含量明显低于 S Control，可见 SMES 系统中对水体中污染物（TN）的去除和控制要明显优于 S Control 反应器（图 11-5）。

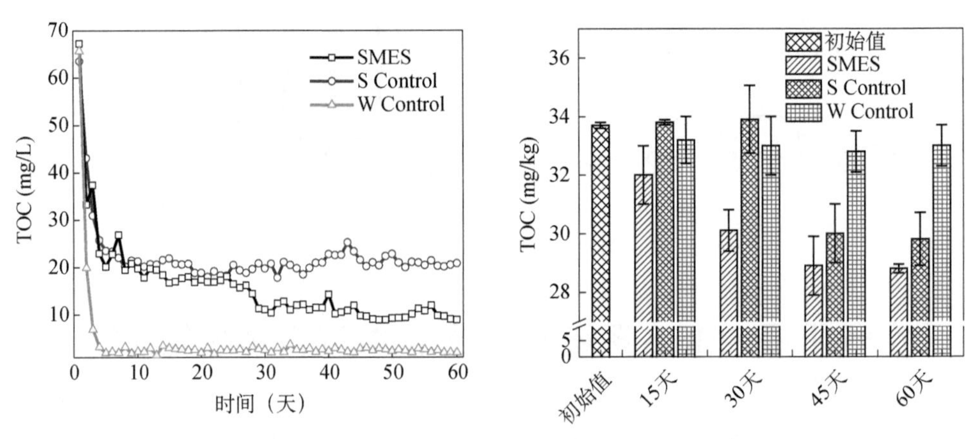

图11-5　各个反应器上层水体及沉积物中TOC含量变化

SMES 反应器对沉积物 TOC 的去除速度分别是 S Control 反应器（去除率 11.6%）和 W Control 反应器（去除率 2.1%）的 1.2 倍和 6.9 倍。SMES 反应器中沉积物 TN 去除率为 18.5%（图 11-7），对于 TN 的去除速度分别是 S Control 反应器（去除率 1.9%）和 W Control 反应器（去除率 1.0%）的 8.7 倍和 18.2 倍。可以看出换水或者清水冲刷对于水体修复过程中的上层水体水质改善效果虽然明显，但是对沉积物中污染物的去除效率却十分有限。

2）SMES 系统电化学特性

在外电路电阻 10Ω 条件下闭路运行反应器，60 天运行周期内 SMES 反应器的平均电压输出为 90mV，获得最大功率密度为 81mW/m^2。随着电压输出持续下降，进一步检测得到运行第 40 天的最大功率密度为 66mW/m^2，最大功率密度较之前下降了 18.5%（图 11-6）。

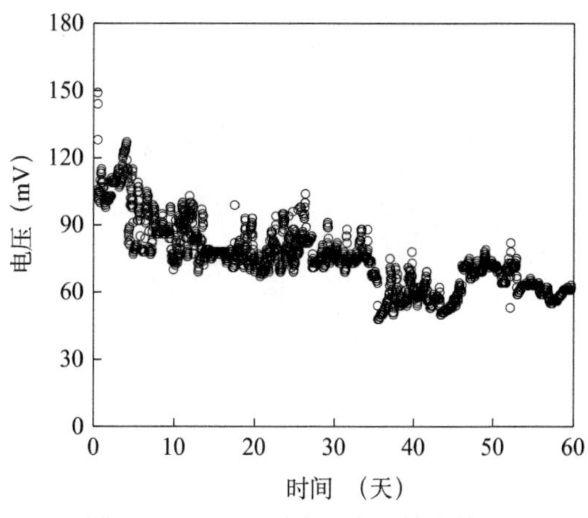

图 11-6　SMES 反应器电压输出情况

检测电极电位情况发现阴极的电极电位变化幅度相对更大，说明在构建的 SMES 系统中阳极相对更加稳定。在采用的空气阴极用于水体及沉积物修复过程中可保持一段时间内（20 天左右）性能的稳定，而基于较长时间的运行（40 天以上）明显看出阴极性能的下降（图 11-7）。

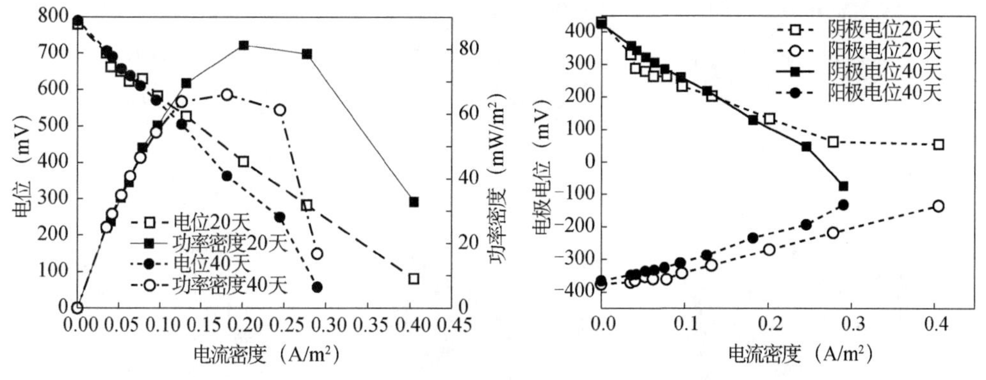

图 11-7　SMES 反应器运行 20 天及 40 天最大功率密度及电极电位

3）SMES 强化修复过程中微生物群落对比

对阳极微生物群落进行了检测分析，以期分析 SMES 系统与微生物产电之间的联系（图 11-8）。先前研究中发现 *Deltaproteobacteria* 有助于电子向电极传递，本研究在初始底泥、SMES、S Control 和 W Control 中 *Deltaproteobacteria* 分别占总群落结构的 1.95%、12.26%、4.89%和 11.89%，*Deltaproteobacteria* 在各个样本中所占的比例较之前类似研究在阳极中发现的比例（10%和 70%）稍低。被广泛报道的产电相关菌属 Geobacter 在初始底泥，SMES，S Control，和 W Control 中分别占群落结构总比例的 0.07%、4.94%、0.16%和 0.12%，Geobacter 的比重增加说明了系统产电性能与产电相关菌种的直接联系。

有研究报道发现 *Gammaproteobacteria* 和 *Bacteroidetes* 菌属在电极生物膜中均有大量发现，尤其是 *Gammaproteobacteria* 被认为直接参与电子转移影响产电效率[29, 30]。同样的，*Flavobacteria* 和 *Bacteroidia* 也在较早的研究中被认为是产电相关菌属[30, 31]。研究测序结果

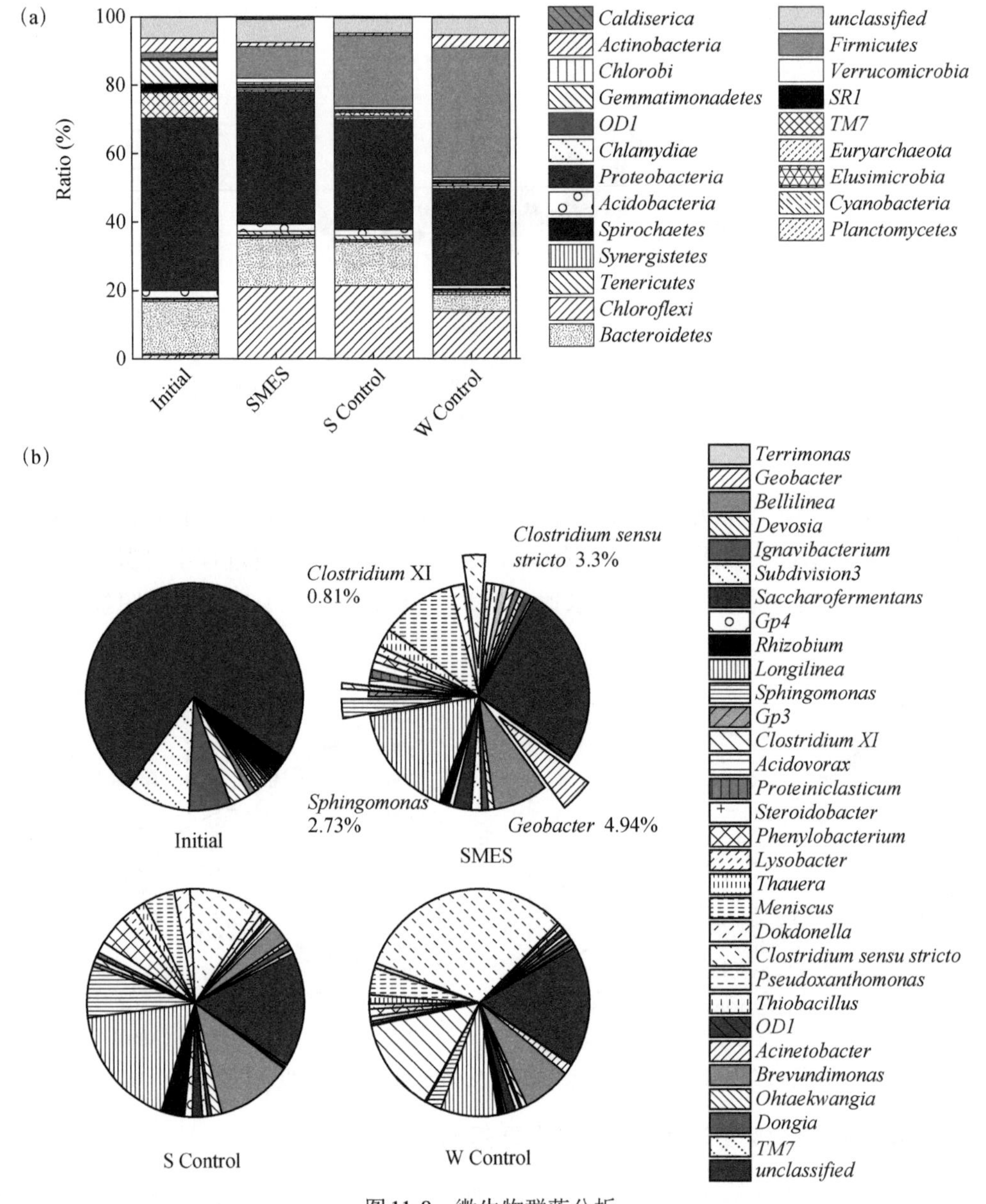

图11-8　微生物群落分析

可以发现SMES系统中微生物群落结构在电流刺激下发生明显变化，产电及产电相关菌属占总群落的主导[31]，可见SMES的构建对沉积物中微生物群落结构有明显的改善作用。

11.3.2　空气阴极SMES系统水体/沉积物修复效能

在证实构建的SMES用于水体的强化修复效果基础上，哈尔滨工业大学冯玉杰团队构建了体积为370L的SMES，用以系统考察其用于水体及沉积物联合修复效能。另外通过监测沉积物中芳香族有机化合物（多环芳烃类）含量变化，考察系统对简单有机物和难降解有机物共同作用下的协同降解效率。

系统采用了两片活性炭空气阴极（阴极尺寸为20cm×30cm）Cathode 1和 Cathode 2与置于沉积物中的阳极构成回路（图11-9）。

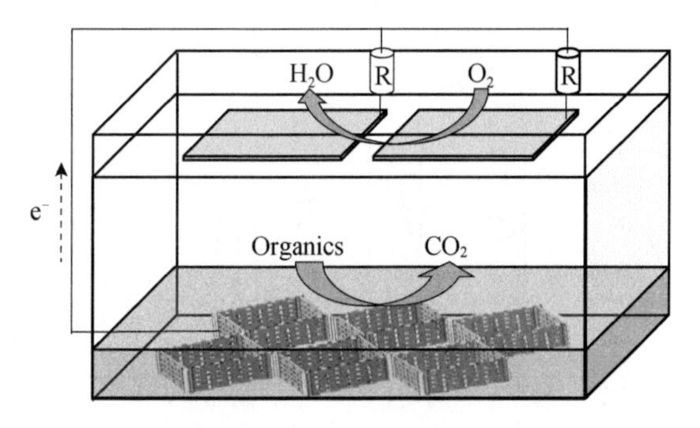

图11-9　SBMES反应器构型图

1）SMES对水体/沉积物修复效能

经过SMES系统稳定和去除之后水体中TOC含量最终稳定在40±2mg/L去除率为76%（图11-10）。加入不同浓度的外源污染物（第二周期和第三周期），水体中的TOC含量稳定在34±8～36±1mg/L，水体中TOC去除率高达83%～93%。没有外加碳源时系统内TN的去除率只有30%。随着外源营养物质加入，SMES系统中微生物活性得到明显提高。在这个过程中TN的去除效率有明显提高，水体中NH_4^+-N去除率提高到51%～75%。

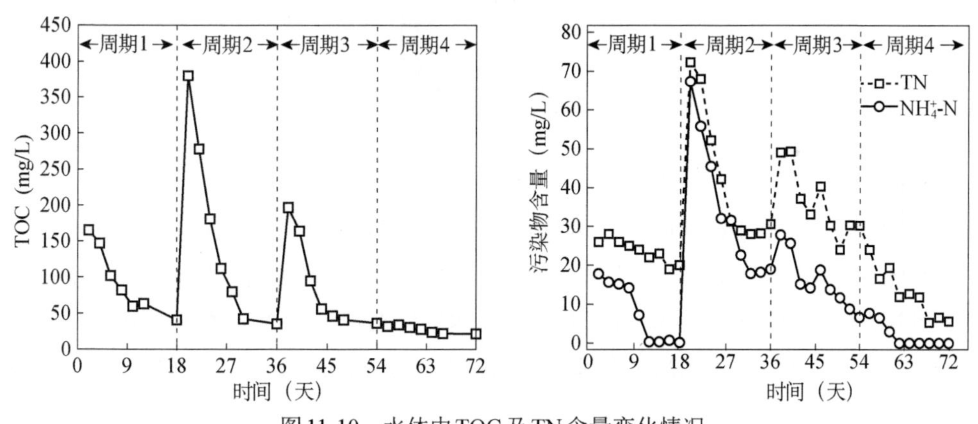

图11-10　水体中TOC及TN含量变化情况

阳极对沉积物中TOC去除率高达70%，远离阳极作用部分的沉积物中TOC去除率为22%（图11-11）。通过向反应器内加入简单有机物，长期累积在沉积物中的难降解有机物在第四周期中被逐渐降解相对于自然降解过程，在整个协同降解过程中立体结构阳极促使微生物更好的发挥对有机物的去除作用。

在SMES修复效果对比研究发现这三种比较难降解的多环芳烃经过60天运行在SMES系统中去除率仅为50%[32]。在本研究中通过72天的运行。SMES系统中阳极作用区域沉积物中的PAHs去除率达到了74%，远离阳极部分沉积物中PAHs去除率为60%。相对于SMES系统中TOC的去除，PAHs的去除过程可以看出微生物对于系统中难降解有机污染物的协同降解作用可以明显提高有毒难降解有机物的去除效率（图11-12）。

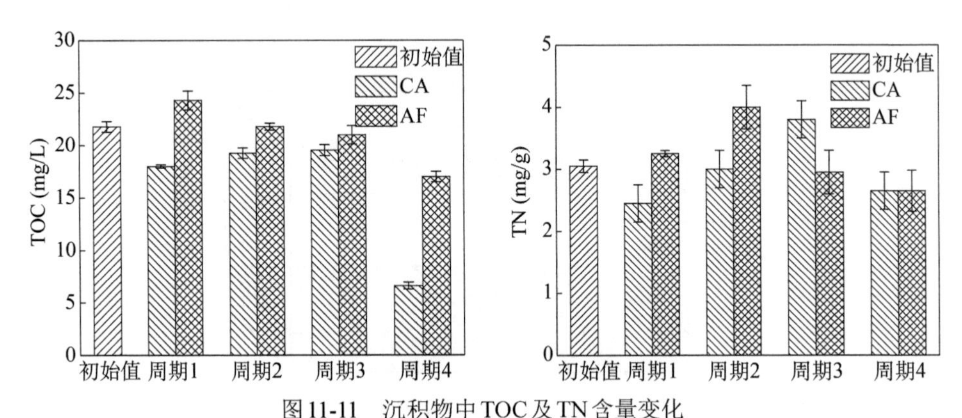

图11-11　沉积物中TOC及TN含量变化

CA：阳极采样区域样品结果；AF：对照采样区域样品结果

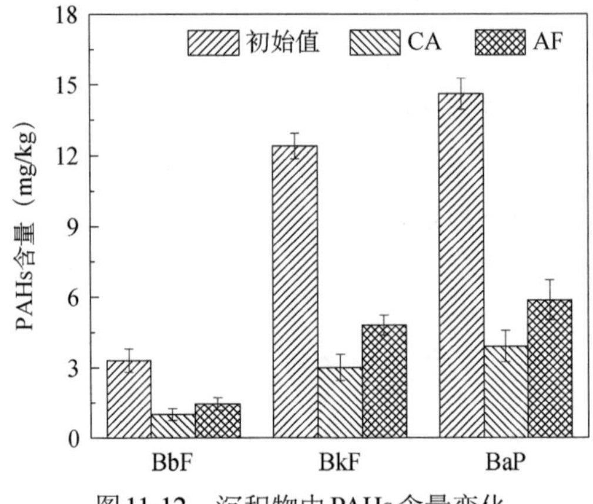

图11-12　沉积物中PAHs含量变化

SMES系统内沉积物中TOC的去除速度分别是S Control反应器和W Control反应器的1.2倍和6.9倍；SMES中沉积物TN的去除速度分别是S Control反应器和W Control反应器的8.7倍和18.2倍；SMES中沉积物PAHs的去除速率分别是S Control和W Control中的1.4倍和1.8倍。SMES系统对于沉积物中TOC、TN和PAHs等难降解污染物去除加速效果明显。

2）SMES系统电化学效能

SMES系统在外电阻10Ω 条件下运行，运行60天的平均电压输出为150±30mV。两组电极获得平均电压从230±20mV下降至120±2mV（图11-13）。SMES获得了63±3mW/m^{2}的最大功率密度（图11-14），长时间运行后最大功率密度下降到30±3mW/m^2，通过电极电位可以看出SMES系统的产电性能在这一周期同样受限于基质浓度的下降。

3）微生物群落结构分析

高通量测序分析了微生物群落结构发现SMES系统阳极部分沉积物中微生物群落结构表现出最高的物种丰富度（ACE=18，126，Chao=8921），初始沉积物样品的物种丰富度稍低（ACE=7310，Chao=4998）（图11-15）。

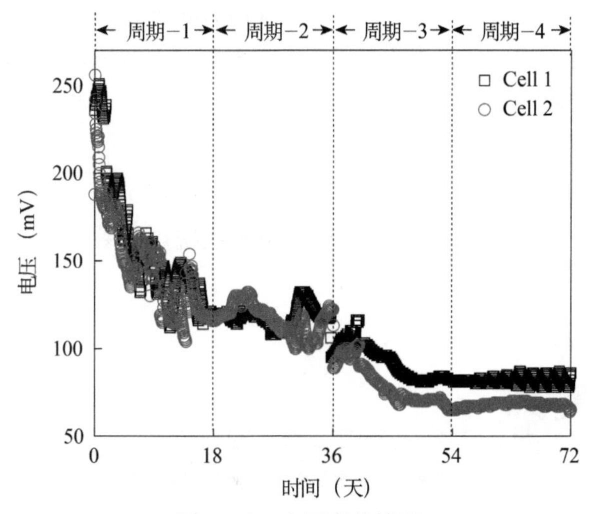

图11-13　电压变化情况

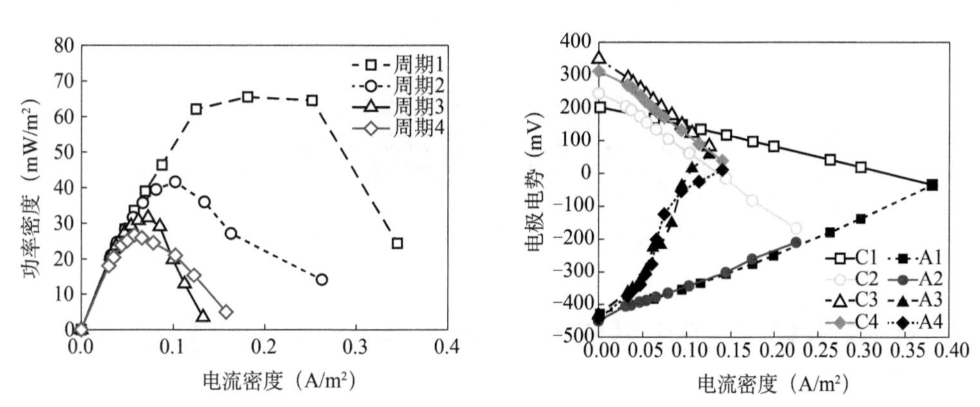

图11-14　各个周期功率密度曲线及电极电位变化情况

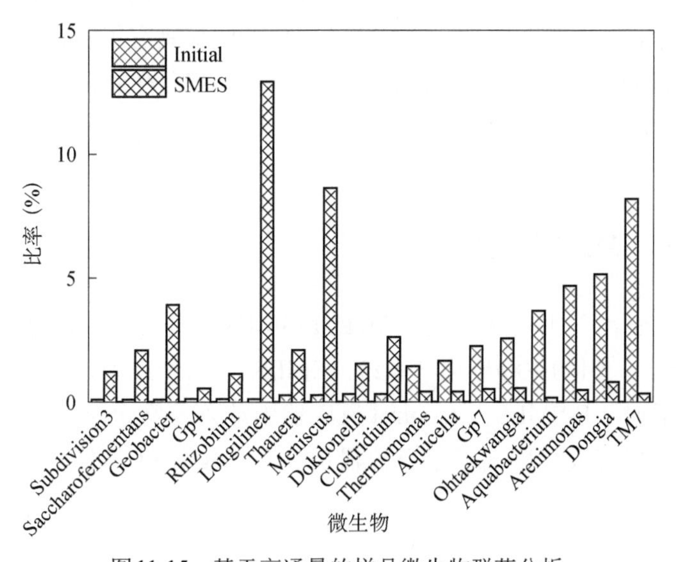

图11-15　基于高通量的样品微生物群落分析

SMES系统中变形菌门（Proteobacteria，40%～49%）和拟杆菌门（Bacteroidetes，14%～15%）均占有较大的比例。先前研究发现Proteobacteria和Bacteroidetes均在电极生物膜微生物群落中占有很大的比例，甚至有伽玛−变形菌（*Gammaproteobacteria*）被认为直接参与电极表面电子转移[33]。*Deltaproteobacteria*也被认为直接参与将电子传递到的过程[33]。微生物群落进行了属水平的分类分析，发现本研究中地杆菌属（*Geobacter*）在阳极作用区域沉积物中分布明显高于对照沉积物说明地杆菌属（*Geobacter*）在SMES系统中与产电联系十分紧密。本研究中通过高通量测序发现SMES系统可有效改变阳极及沉积物微生物群落结构使之向更有利于产电方向发展（图11-16）。

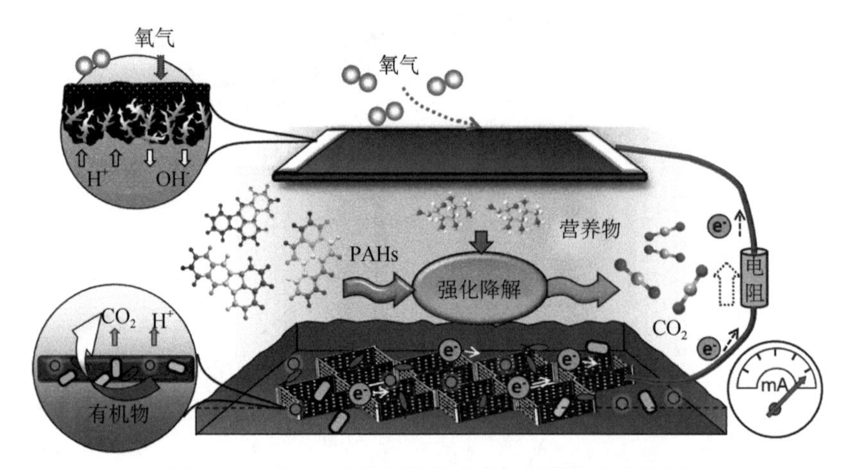

图11-16 SMES系统沉积物中有机污染物去除机制

11.4 生物阴极SMES系统构建及水体/沉积物修复效能

空气阴极构建SMES研究过程中，通过电极电位可以看出SMES系统性能的下降主要归因于阴极性能的下降。但生物阴极相对传统催化剂阴极具有很多优势，使用寿命较长、不需要任何外源添加催化剂、电子受体、造价较低等。但是生物阴极也存在一些使用上的缺陷，比如：对氧浓度要求较高需要曝气，对环境（温度、pH等）要求高，催化效率较低等[34]。

11.4.1 生物阴极SMES系统构建

哈尔滨工业大学冯玉杰团队构建了8L的F-SMES修复系统（F-SMES）（图11-17），同时设置2组对照，一组为生物电化学系统（SMES），另一组为未设置生物电化学系统的对照。启动反应器时，F-SMES及Control反应器中放入观赏鱼30条，SMES中则无观赏鱼运行。运行开始后每天分别向每个反应器内加入0.5g鱼粮，不加入其他任何基质或营养物质。

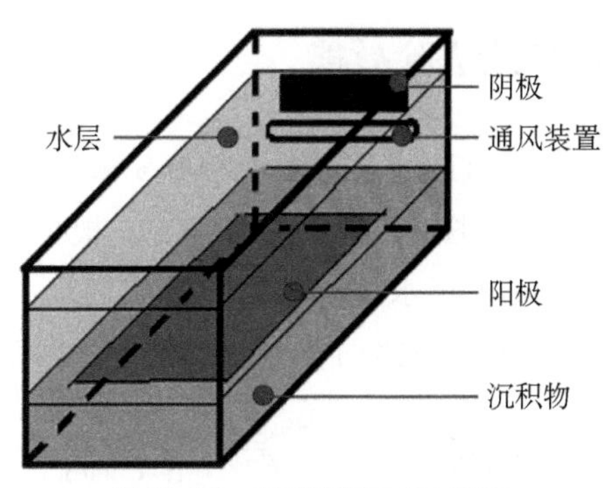

图11-17 反应器构型示意图

11.4.2 生物阴极沉积物微生物电化学系统效能

运行期间F-SMES反应器的电压输出较SMES反应器高39%，由电压输出可以看出F-SMES反应器相对启动更快，电压输出更高。F-SMES和SMES反应器的最大功率密度分别为195mW/m²和123mW/m²，F-SMES反应器最大功率密度比SMES反应器高59%（图11-18）。F-SMES反应器电极电位相对稳定，没有出现明显的极化现象。而SMES反应器阴极电位从363mV下降到−273mV，阴极极化明显，说明阴极性能是限制SMES反应器功率输出的主要原因。稳定运行后获得544mV的平均电压输出和195mW/m²的最大功率输出（图11-19）。

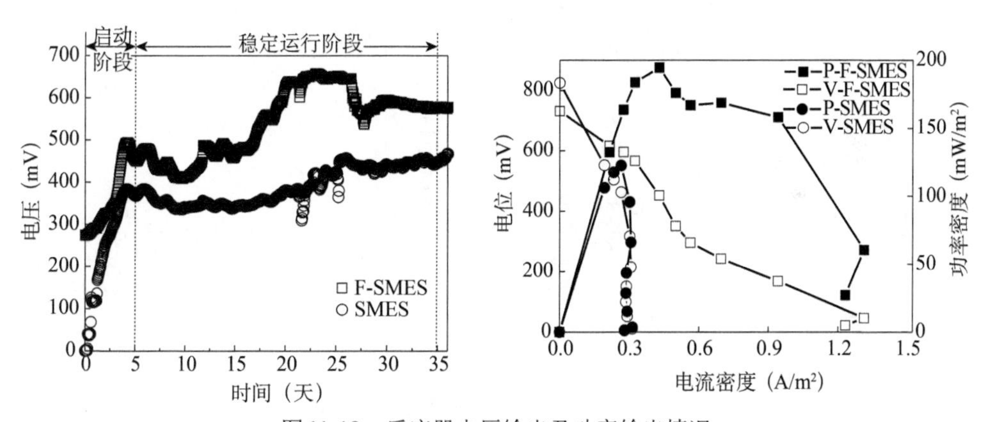

图11-18 反应器电压输出及功率输出情况

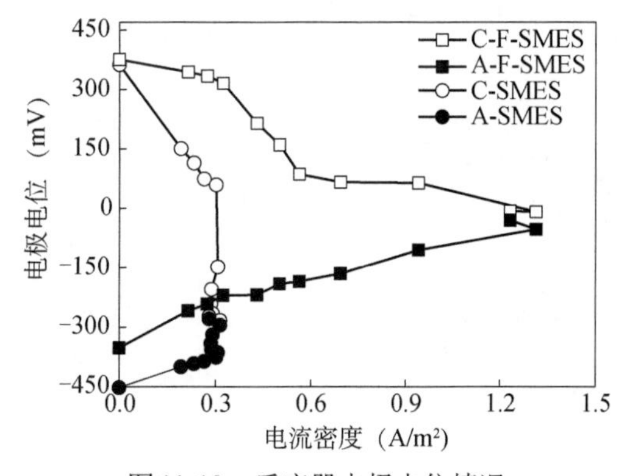

图11-19 反应器电极电位情况

11.4.3 生物阴极SMES污染物去除效能

F-SMES对水体中TOC、TP和TN的去除优于SMES和Control反应器。F-SMES反应器在水体污染物去除方面表现最佳（图11-20～图11-22）。根据《淡水池塘养殖水排放要求SC/T 9001—2007》等相关条例对于淡水鱼养殖水的排放规定，F-SMES反应器满足达标排放要求，而SMES反应器和Control反应器均有不同程度不达标或临界排放标准的情况。

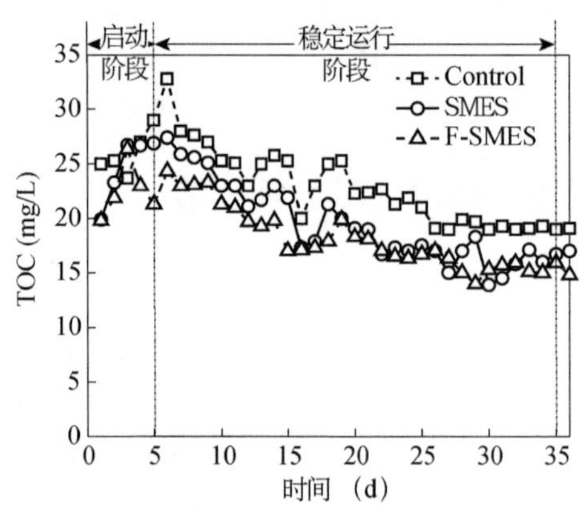

图11-20 反应器水体TOC含量变化情况

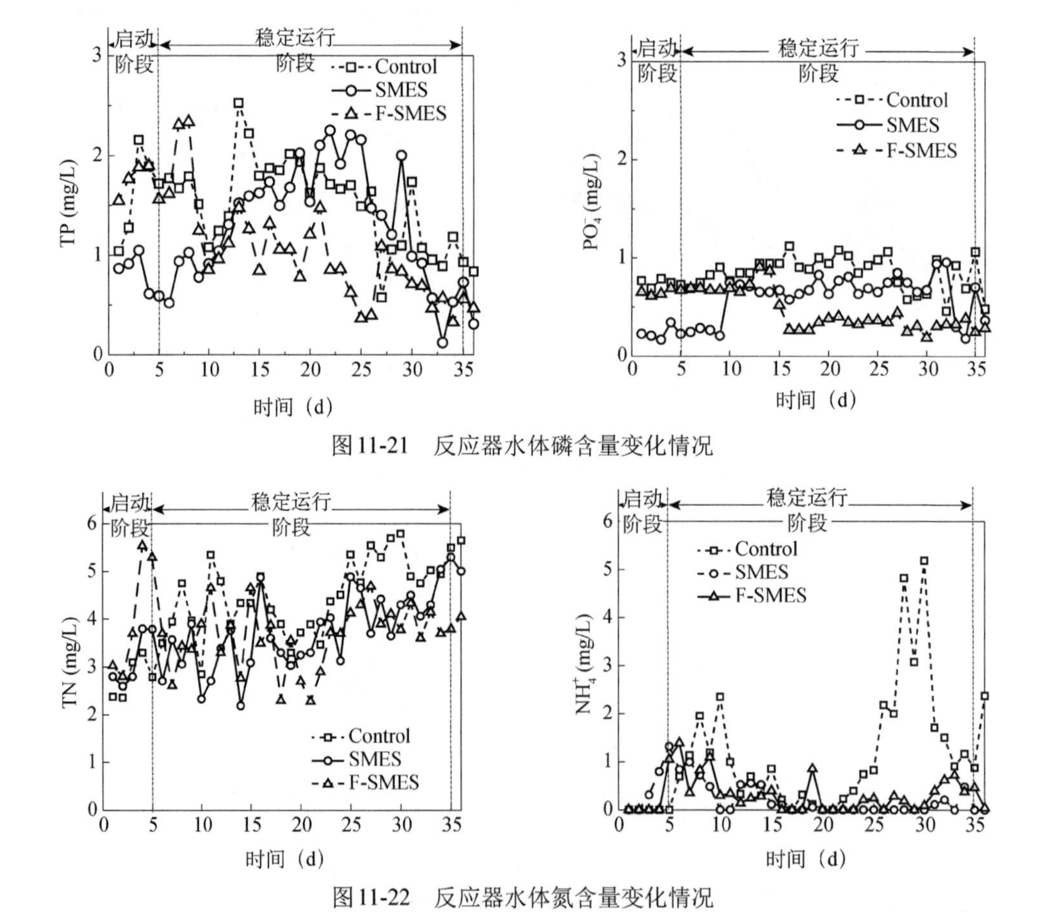

图11-21 反应器水体磷含量变化情况

图11-22 反应器水体氮含量变化情况

F-SMES反应器内底泥接收来自鱼食投喂、鱼类新陈代谢等多方面污染物，而水体水质却表现良好，进一步说明系统效能优于对照。反应器启动时底泥中TOC含量为11.6mg/g，SMES和F-SMES反应器中底泥TOC去除率分别比Control反应器高13.6%和22.0%。SMES和F-SMES反应器中底泥TP去除率分别比Control反应器高8.0%和34.2%。分析原因可能是F-SMES反应器中的MES系统效能最好，置于底泥之中的阳极对污染物去除转化效率更高[32]。底泥中总有机物（TOC）去除率达到28%，总磷（TP）去除率达到4%（图11-23）。

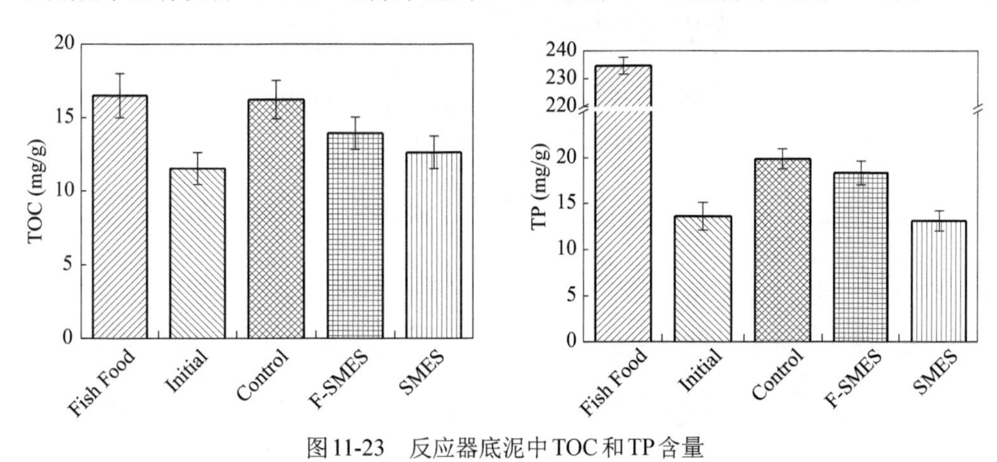

图11-23　反应器底泥中TOC和TP含量

从结果推断SMES系统原位修复观赏鱼养殖水体具有可行性和其他方法不可替代的优势，有利于节约用水和节能减排。

11.5　沉水植物耦合沉积物微生物电化学系统与效能

哈尔滨工业大学冯玉杰团队开发了一种新型管状的沉水植物耦合沉积物微生物电化学系统。沉水植物代替曝气零能耗产生足够的氧作为电子受体。在适宜的好氧条件下，驯养多功能生物阴极，去除水体中的碳氮污染物，同时，阳极可以积累电活性细菌，增强沉积物中有机物的降解。该耦合系统具有功能性淹没生物阴极、易于放大、配置灵活等优点，在地表水体的实际修复中具有很大的潜力。

11.5.1　沉水植物强化电化学性能

沉水植物耦合生物/生态修复系统见图11-24所示，上下均为长10cm，直径为5cm的打孔圆柱，孔径4mm，中间用隔板隔开。阴阳极的材料均为10cm×15cm的碳毡，外阻为1000Ω。

设置CS（空白系统）、NP-BES（单一电化学系统）、PS（单一植物系统）和P-BES（耦合系统）共四个系统，连续流运行，系统设置如图11-25所示，水力停留时间为2d。考察启动成功的耦合系统在连续流状态下的处理效果，光照时间为24h，连续流共运行18天。

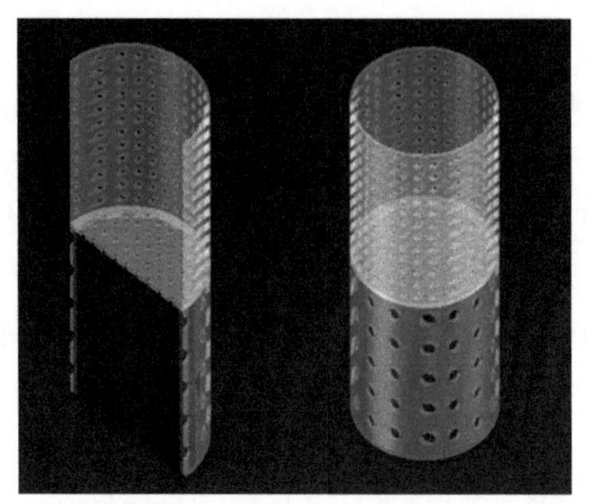

图11-24 反应器立体示意图

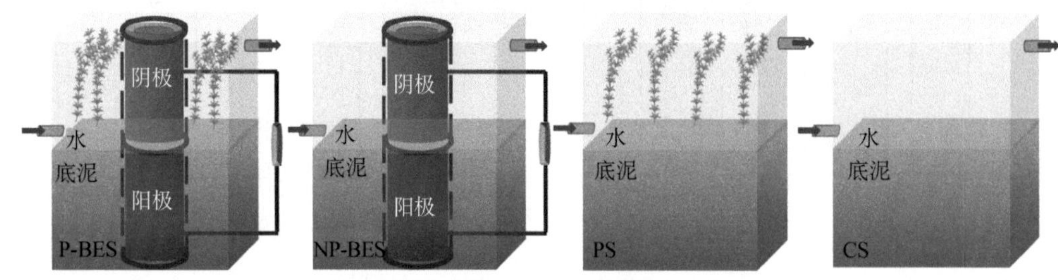

图11-25 反应器设置图

如图11-29所示为两个电化学系统在连续流18d内的电压变化情况，在前两天，由于阴极电位的降低，耦合系统（P-BES）和单一生物电化学系统（NP-BES）的电压从约400mV急剧下降到10mV。而后沉水植物的光合作用产生氧气使得耦合系统中的溶解氧从1.6mg/L增加到5.2mg/L，阴极电位稳定在200mV左右。单一生物电化学系统中的溶解氧维持在1.1±0.3mg/L，阴极电位稳定在100mV左右。单一生物电化学系统的最大功率密度为17.3mW/m^2，内阻为701Ω，而耦合系统的最大功率密度为20.8mW/m^2，内阻为612Ω。

由于生物电化学系统体积大，电容电流掩盖还原峰，因此采用三电极系统在缓冲溶液中进行CV扫描测试。从图11-26（d）可以看出，溶解氧水平较高时，单一生物电化学系统和耦合系统两种生物阴极的电流密度逐渐增加到0.22A/m^{2}和0.58A/m^2，电压降低到200mV左右，溶解氧浓度较低时，电流密度随电压降低没有明显变化。结果表明，阴极发生了氧气还原反应，然而，该还原反应的催化作用是由微生物还是电极还不确定。在氧饱和条件下，对空白碳毡（对照）进行了条件相同的测试且未观察到电流，而耦合系统中的生物阴极产生的电流密度是单一生物电化学系统的2.6倍，说明耦合系统的生物阴极可利用氧气作为电子受体，同时也证明沉水植物产生的氧气对阴极的电化学特性有重要影响。

11.5.2 沉水植物强化污染物去除转化

如图11-27所示，连续流进水的TOC浓度为12.89±2.94mg/L，空白系统、单一电化学系统、单一植物系统和耦合系统平均出水浓度为分别为11.4±0.5mg/L、10.1±2.0mg/L、

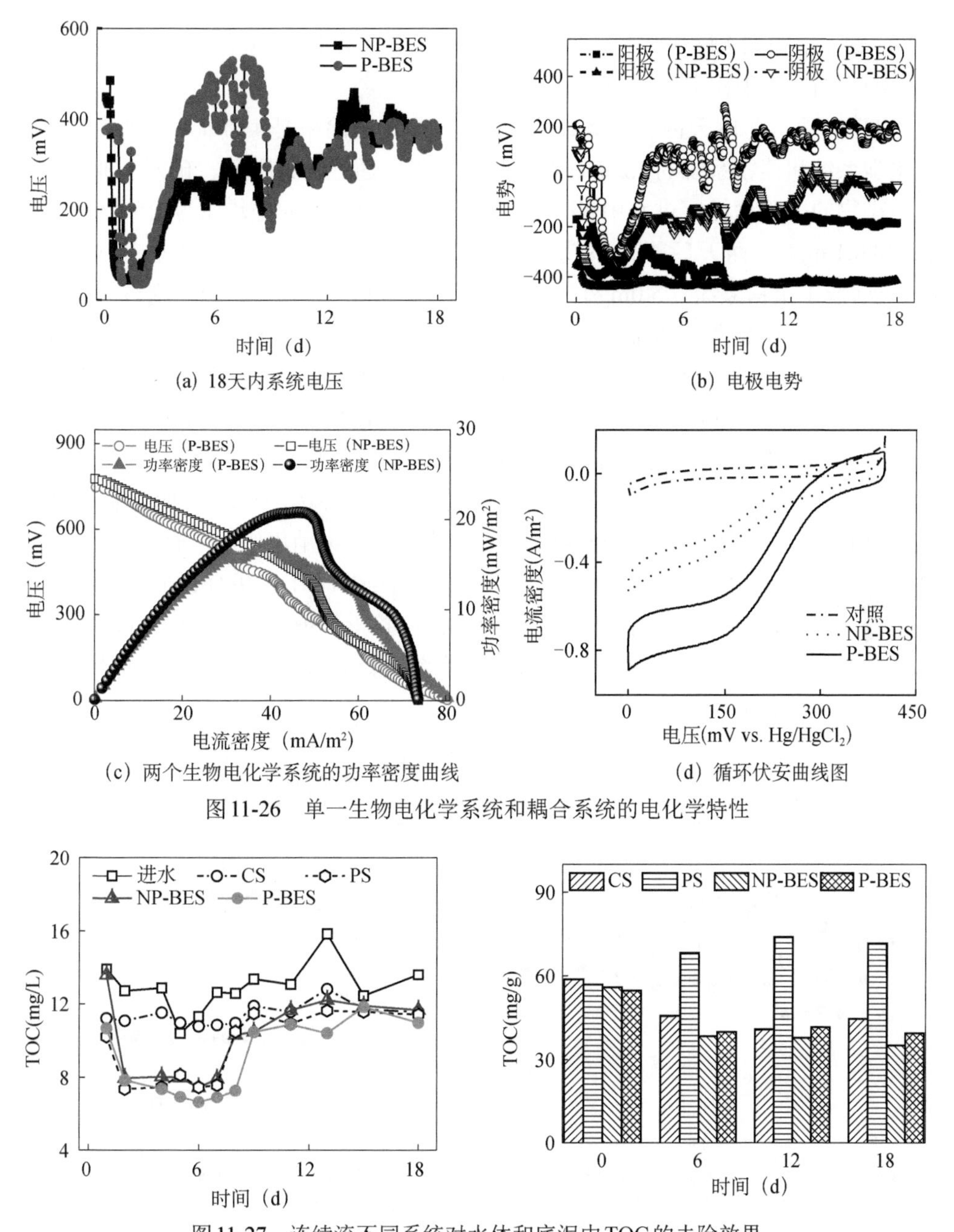

(a) 18天内系统电压　(b) 电极电势

(c) 两个生物电化学系统的功率密度曲线　(d) 循环伏安曲线图

图 11-26　单一生物电化学系统和耦合系统的电化学特性

图 11-27　连续流不同系统对水体和底泥中 TOC 的去除效果

9.6±1.8mg/L 和 9.0±1.9mg/L，去除率分别为 10.5%、22.0%、26.1%和 30.3%。18d 后空白系统、单一电化学系统和耦合系统底泥中 TOC 的去除率 24.1%、37.2%和 28.0%，而植物系统底泥中 TOC 含量增加了 26.3%，说明电化学系统强化了水和底泥中碳的去除。由于植物的吸收和微生物的降解作用，植物系统水中 TOC 去除率是空白系统的 2.2 倍，而由于植物的分解作用，底泥中的 TOC 反而增加。空白系统水中 TOC 的去除率仅为 11.5%，可以看出底泥的吸附作用和水中好氧菌的降解作用对碳的去除效果不大。耦合系统中对水和底泥中的有机碳的去除率分别比空白系统高 65.3%和 13.9%，且水中有机碳去除率比单一电化学系统高17.4%，底泥中的碳去除率比单一电化学系统低24.8%，说明电化学系统阳极可以积累电活性微生物，加速沉积物有机质的降解。

如图11-28所示，18天内耦合系统中出水TN平均去除率是44.7%，分别为空白、单一生物电化学系统和植物系统的2.2倍、4.0倍和2.1倍。通过测试氨氮、硝氮和亚硝氮进一步解析氮污染物的去除途径。进水中NH_4^+-N、NO_3^--N和NO_2^--N的平均浓度分别为10.4mg/L、1.2mg/L和0.1mg/L。两天后耦合系统和植物系统出水NH_4^+-N平均浓度分别为0.2mg/L和0.3mg/L，远低于空白系统（5.0mg/L）和单一生物电化学（9.3mg/L）。耦合系统和植物体系NH_4^+-N去除率分别为97.6%和96.9%。第2天后植物系统和耦合系统亚硝氮分别为0.5mg/L和0.4mg/L，高于空白系统（0.1mg/L）和单一生物电化学（0.0mg/L）。耦合系统出水平均硝氮维持在5.9mg/L，比植物系统出水（约8.1mg/L）低。有研究表明沉水植物会影响溶解氧、pH等环境因素，这些环境因素会影响氨氧化菌和反硝化菌的丰度[35]。空白系统和单一生物电化学系统对氨氮的平均去除率分别为52.1%和11.3%，明显低于耦合系统（98.1%）和植物系统（96.9%）。因此氨氮主要是由于微生物硝化作用，而非底泥吸附和植物吸收作用。此外有研究表明，当溶解氧为4.35±0.08mg/L时在阴极处同时进行硝化反硝化（SND）[36]，该溶氧浓度与构建的耦合系统溶氧浓度接近4.9±1.4mg/L（图11-29）。综上所述，耦合系统中的沉水植物产氧提高氨氮的去除率，影响微生物群落，同时阴极可以富集好氧反硝化细菌，利用氧和硝酸盐作为电子受体。

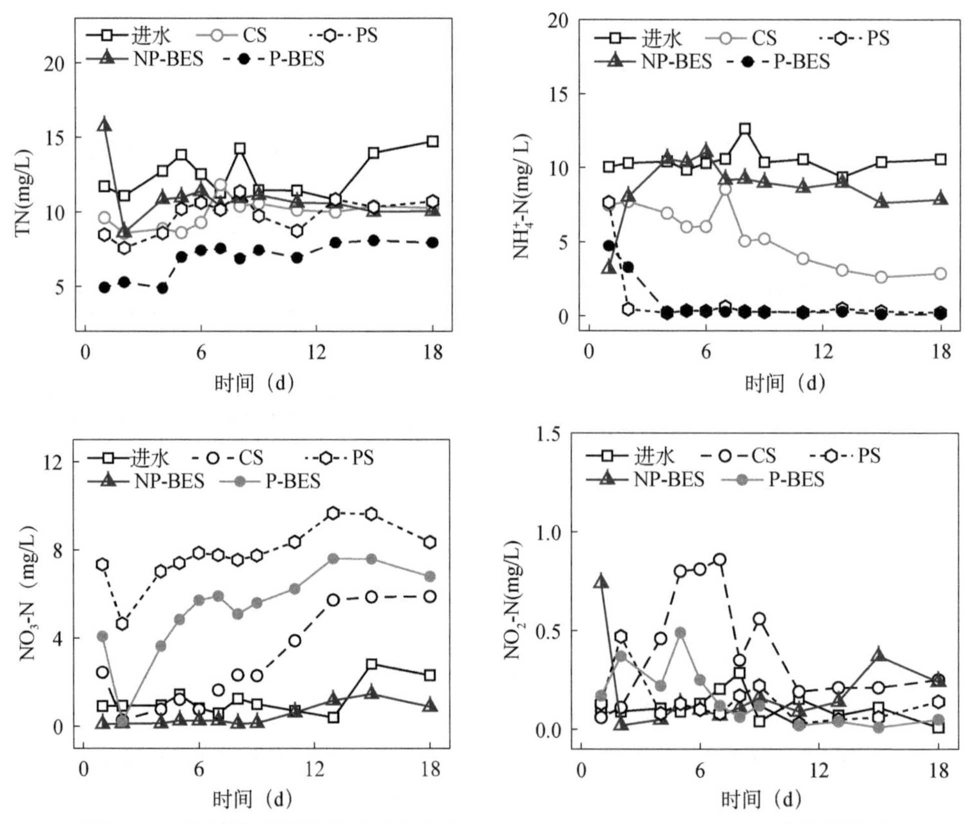

图11-28 连续流时不同系统对水体中TN、NH_4^+-N、NO_3^--N、NO_2^--N变化的影响

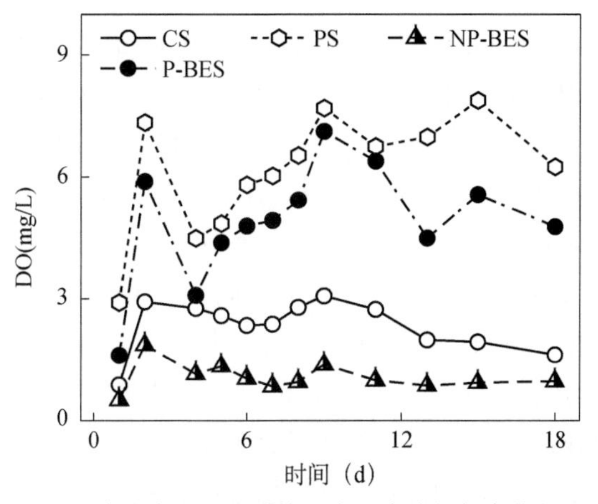

图 11-29　连续流时不同系统对水体中溶解氧变化的影响

动力学实验考察了间歇模式下NH_4^+-N、NO_3^--N和NO_2^--N的去除率（图 11-30）。采用零级动力学反应拟合NO_3^--N速率的增加。单一植物系统和耦合系统对NH_4^+-N的去除率显著高于单一生物电化学系统和空白系统。第 1 天空白系统中NH_4^+-N浓度显著降低了 11.1mg/L，而NO_3^--N和NO_2^--N浓度仅增加了 0.87mg/L 和 0.77mg/L。单一植物系统、耦合系统和单一生物电化学系统在 3d 内NH_4^+-N浓度分别降低了 23.9mg/L、23.9mg/L 和 21.9mg/L，NO_3^--N浓度分别增加了 10.7mg/L、7.8mg/L 和 5.1mg/L。第 3 天单一生物电化学系统 NO_2^--N 浓度

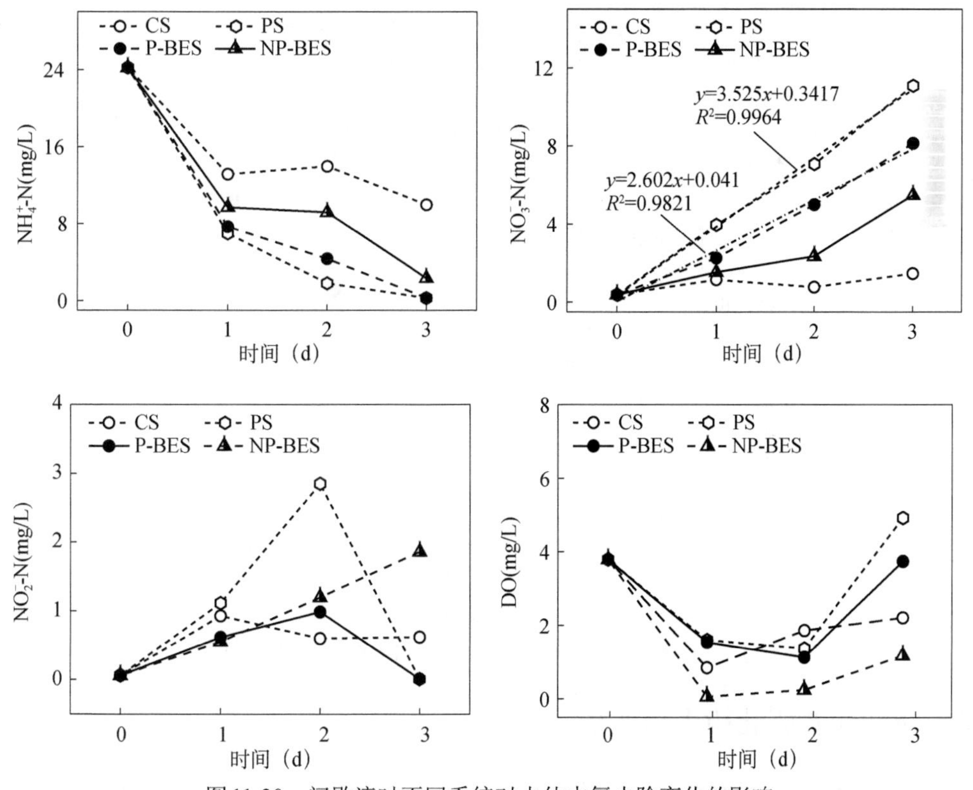

图 11-30　间歇流时不同系统对水体中氮去除变化的影响

（1.9mg/L）是空白系统（0.6mg/L）、单一植物系统（0.0mg/L）和耦合系统（0.2mg/L）的3倍以上。结果表明，沉积物的吸附和固定是4个系统第一天氨氮去除的主要途径。沉水植物产生的氧气和氨氮反应，硝化作用是去除耦合系统和单一植物系统中氨氮的主要途径。由于单一生物电化学系统的平均溶解氧（1.32mg/L）最低，系统中的氨氮首先被氧化为亚硝酸盐，然后再转化为硝酸盐。此外，耦合系统中硝态氮的生成速率系数k（2.602）比单一植物系统（3.525）低26.2%。这可能是由于生物阴极同时使用硝态氮和氧作为电子受体。

从氮的物质平衡来看（图11-31），耦合系统中未转化氮占14.6%，比单一植物系统、空白系统和单一生物电化学系统分别低8.0%、65.2%和81.0%。沉水植物可显著增强硝化作用，且不同系统的硝化作用比例与各系统中的溶解氧浓度呈线性相关（图11-32）。耦合系统的反硝化作用占17.7%，是单一生物电化学系统的3.7倍（4.8%）。

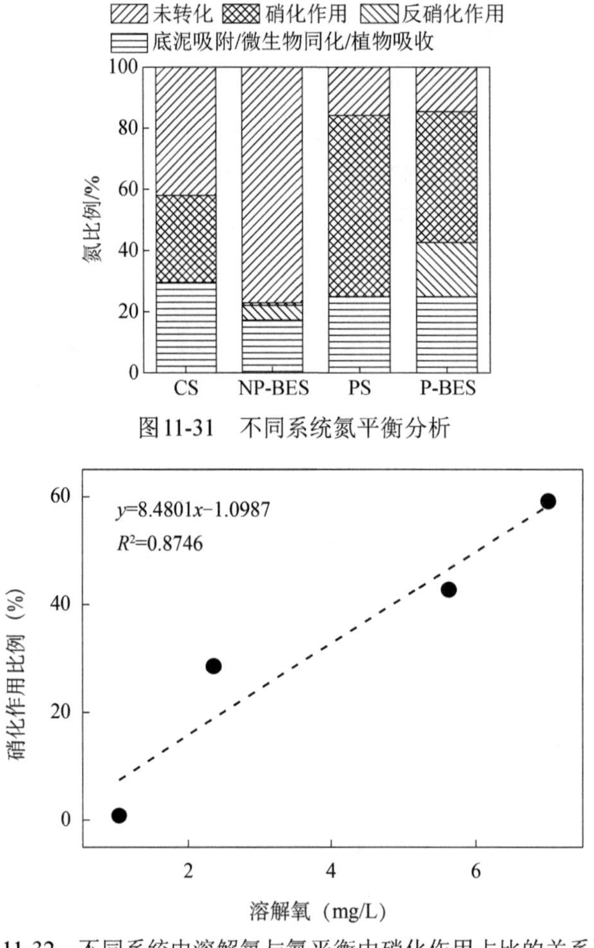

图11-31　不同系统氮平衡分析

图11-32　不同系统中溶解氧与氮平衡中硝化作用占比的关系图

11.5.3　沉水植物强化微生物富集

通过测试阴阳极微生物群落结构结合污染物去除效果探讨污染物的去除路径，表中单一生物电化学系统的阴极和阳极简称为C_MES和A_MES，耦合系统的阴极和阳极简称为C_plant_MES和A_plant_MES。

从属水平上分析生物阴极的群落结构，如图11-33所示，单一生物电化学系统生物阴极上的优势菌属为*Terrimonas*、*Pirellula*、*Arthrobacter*、*Exiguobacterium*和*Nitrospira*，耦合系统生物阴极的优势菌属为*Pseudomonas*、*Arthrobacter*、*Acinetobacter*、*Exiguobacterium*、*Bacillus*、*Terrimonas*、*Citrobacter*。

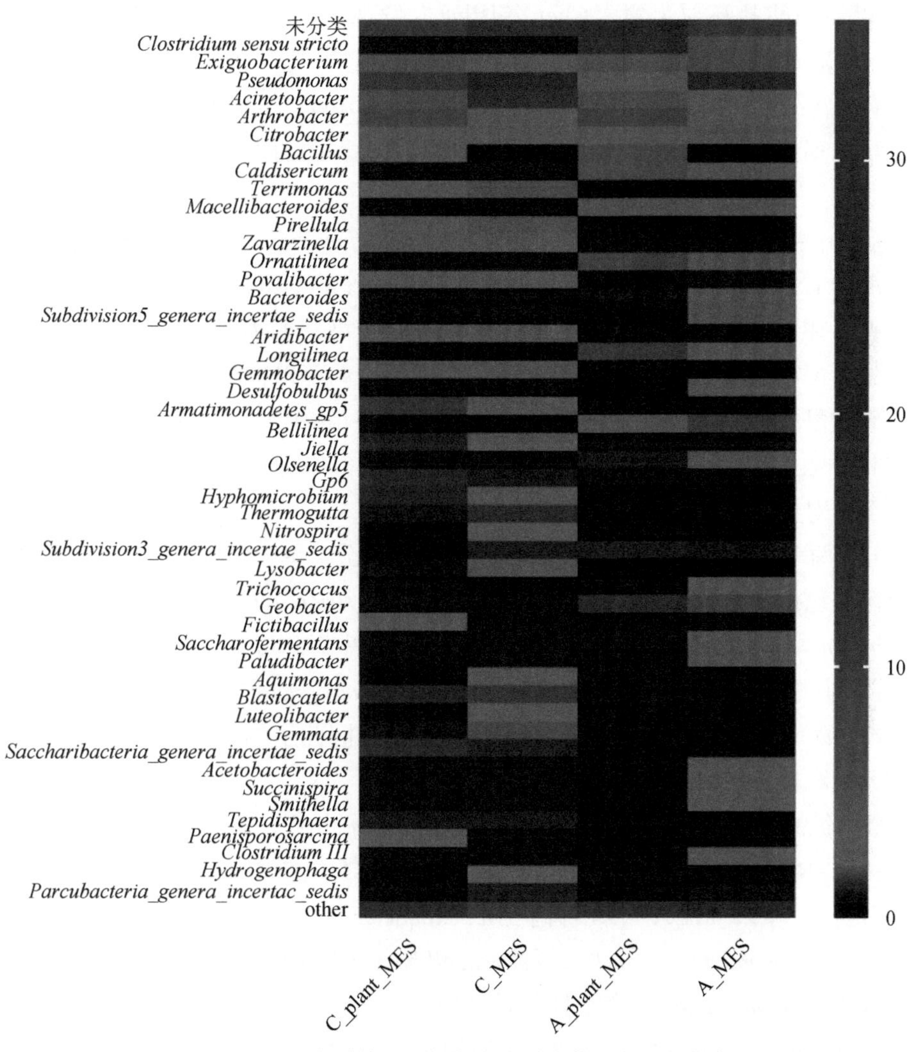

图11-33 两个系统阴阳极微生物群落菌属水平上分布

耦合系统中阴极表面附着的好氧菌属如假单胞菌、节杆菌和不动杆菌的相对丰度分别是12.77%、8.82%和6.21%，分别是单一生物电化学系统的11.8倍、2.6倍和5.1倍，这类菌属与氧还原相关[37, 38]，该结果也与功率密度输出及循环伏安扫描曲线结果一致。此外耦合系统阴极表面的*Arthrobacter*、*Exiguobacterium*、*Bacillus*和*Citrobacter*的相对丰度也高于单一生物电化学系统。这类菌属为化学有机营养菌，可以利用有机物。

耦合系统和单一生物电化学系统中氨氧化菌（AOB）如*Nitrosomonas*的相对丰度分别为0.02%和0.82%，且常见*Denitratisoma*的相对丰度仅为0.07%和0.19%，说明较高的溶解氧条件不适合传统反硝化细菌的生长。耦合系统中，*Pseudomonas*、*Bacillus*、*Terrimonas*和*Flavobacterium*在阴极被检测到，该类菌种在好氧条件下可以还原硝酸盐。例如Korner等报道，当溶解氧浓度为5mg/L时，*Pseudomonas stutzeri* SU2可以合成硝酸还原酶[39]。SU等[40]报道了*Pseudomonas stutzeri* SU2在充足的溶解氧条件下，在不积累亚硝酸盐和消耗氧气的情况下可以将硝酸盐还原为氮。Chen等[41]研究发现，当溶解氧浓度为0～2.2mg/L时，*Pseudomonas aeruginosa*可以同时还原氧和硝酸盐。研究表明假单胞菌、芽孢杆菌和不动杆菌能够降解有机污染物，同时氧化NH_4^+-N为NO_2^--N和NO_3^--N，然后在好氧条件下还原NO_3^--N。综上所述，本研究认为在好氧浓度下，耦合系统阴极表面的微生物可以同时降解氨氮和硝酸盐。

耦合系统中生物阴极上的产电菌假单胞杆菌（*Pseudomonas*）和柠檬酸菌属（*Citrobacter*）的相对丰度为12.77%和2.78%，是单一生物电化学系统的11.8倍和1.5倍。而且由于有沉水植物的存在，生物阴极表面根际微生物的丰度相对较高，如类芽孢杆菌（*Paenibacillus*）、嗜冷杆菌（*Psychrobacter*），其中有研究表明类芽孢杆菌可以抑制根系病原体[42]，嗜冷杆菌可以生成碳酸酐酶，调节pH，与植物的光合作用密切相关[43]。而反硝化菌相对丰度在的单一生物电化学系统中为22.1%，在耦合系统中是7.9%，原因可能是单一生物电化学系统中的氧气浓度相对偏低，更利于反硝化菌的生长。

同样分析两个系统中生物阳极属水平的群落结构组分，单一生物电化学系统和耦合系统的共同优势菌属包括*Exiguobacterium*、*Clostridium sensu stricto*、*Citrobacter*、*Macellibacteroides*和*Caldisericum*，其中*Macellibacteroides*为典型的发酵菌，可以降解系统底泥中的有机物质。且系统中亦存在其他菌属如*Anaerolinea*、*Anaerobacter*、*Geobacter*、*Subdivision5_genera_incertae_sedis*均可降解多肽、糖类等有机物，因此生物电化学系统底泥的去除效率相对空白系统和植物系统较高。

结合碳、氮的去除率以及阴极、阳极微生物群落分析结果，提出了耦合系统中污染物的去除途径如图11-34所示。底泥中的有机物在阳极上被具有电活性的细菌［如*Clostridium sensu stricto*、芽孢杆菌（*Bacillus*）、不动杆菌（*Acinetobacter*）、微小杆菌属（*Exiguobacterium*）和柠檬酸杆菌属（*Citrobacter*）］氧化，再被*Macellibacteroides*和*Anaerolinea*等发酵细菌降解。同时，阴极上的*Arthrobacter*、微小杆菌属（*Exiguobacterium*）、芽孢杆菌属（*Bacillus*）、柠檬酸杆菌属（*Citrobacter*）等化能有机营养型细菌也能降解水中的有机物。当与氧还原有关的电活性细菌（假单胞菌、节细菌、不动杆菌）作为催化剂时，沉水植物产生的氧气可以接受有机物和氨氮氧化产生的电子，且阴极表面附着的AOB和常见的反硝化细菌较少，而氨氮的去除率为98.1%。故本研究中认为异养硝化和好氧反硝化细菌，如假单胞菌、不动杆菌、芽孢杆菌等能同时氧化氨氮和还原硝氮。此外，一些好氧反硝化细菌如*Terrimonas*、*Flavobacterium*也能实现反硝化。

沉水植物和生物电化学系统对污染物的去除起着至关重要的作用。一方面，植物产生

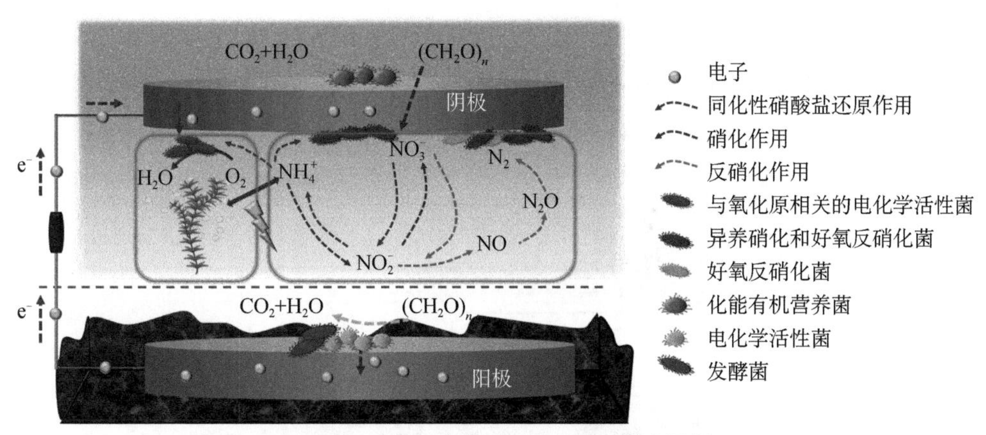

图11-34　耦合系统污染物去除路径分析图

足够的氧气作为电子受体，使生物电化学系统能够氧化底泥中的有机物；另一方面，生物电化学系统的生物阴极通过还原氧气产生电能。二者的结合为异养硝化和好氧反硝化细菌提供一个合适的溶氧环境，从而获得最高的脱氮效率。

11.6　挺水植物耦合沉积物微生物电化学系统效能

哈尔滨工业大学冯玉杰团队构建了植物-生物电化学系统（plant bio-electrochemical system，PBES）以用于水体污染物去除和产电。所采用的生物阴极由不锈钢网和椰壳颗粒活性炭堆砌构成。所用的植物为水稻，并且没有任何曝气、外加催化剂或能量输入。同时设置了具有生物阴极但是开路运行的植物对照（P control）反应器和没有植物的BES反应器以对比考察构建的生物阴极与PBES系统的运行效能。

11.6.1　系统构建

为构建更高效节能的PBES系统，将挺水植物与沉积物系统耦合，构成生物阴极沉积物微生物电化学系统。生物阴极由不锈钢网和椰壳颗粒活性炭堆砌构成，所用的植物为水稻，没有曝气、外加催化剂或能量输入。同时设置了具有生物阴极但是开路运行的植物对照（P control）反应器和没有植物的BES反应器以对比考察构建的生物阴极与PBES系统的运行效能（图11-35）。阴极和阳极之间有一布满直径1.5mm孔的隔板。用于阻挡阴极部分活性炭掉落到下方阳极。设置三组实验：①P control（无土栽培植物）；②BES（无植物）；③PBES。每组实验设置一组平行，共设置6个平行反应器。

11.6.2　植物PBES运行效能

1）系统电化学性能

无论是启动期间还是稳定运行期间，植物耦合的微生物电化学系统PBES的电压输出均

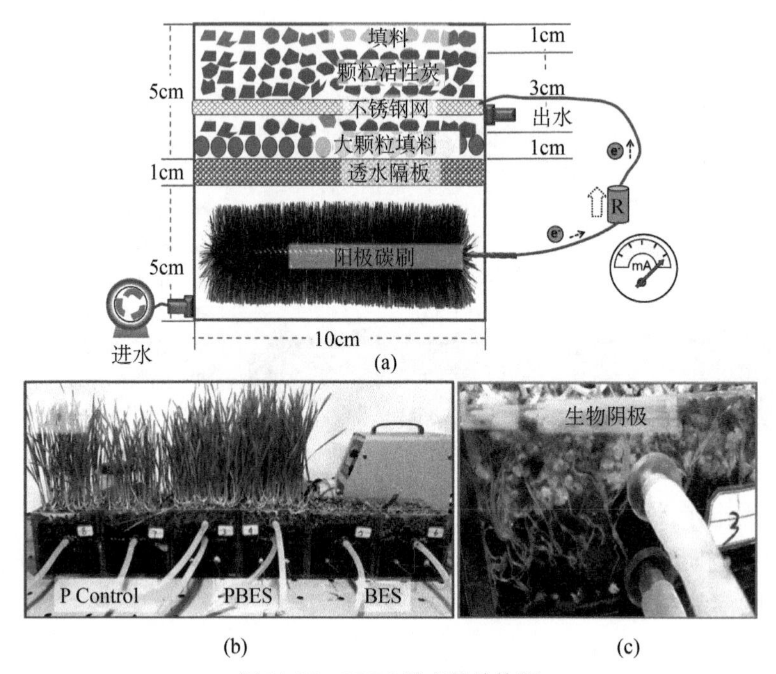

图 11-35 PBES 反应器结构图

（a）反应器结构示意图；（b）PBES、BES 及 P Control 反应器；（c）PBES 反应器生物阴极

明显高于 BES 反应器。PBES 得到 0.83W/m³ 的最大体积功率密度，而 BES 反应器的最大体积功率密度仅为 0.57W/m³。PBES 和 BES 反应器中阳极电位比较接近，阴极电位差距较大。对经驯化的生物阴极和未经驯化的非生物阴极进行线性伏安扫描，结果显示生物阴极较非生物阴极具有更高的电化学活性和电容性（图 11-36）。

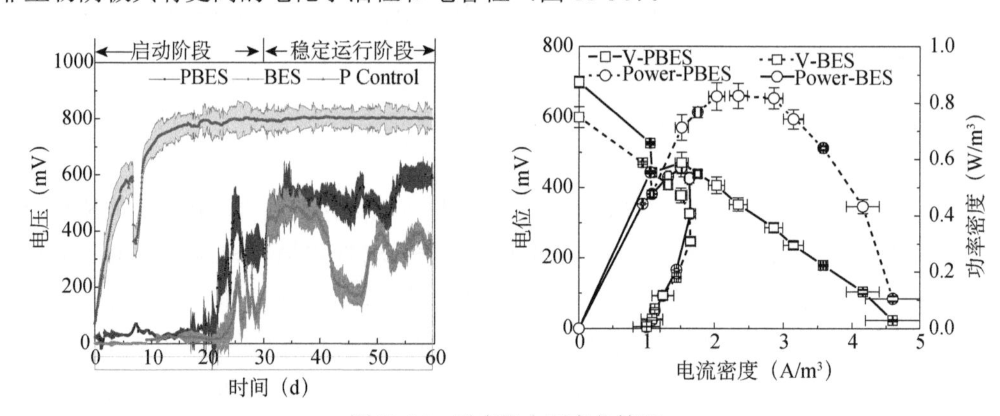

图 11-36 反应器电压变化情况

2）系统污染物去除效能

稳定运行阶段，以人工配水作为 PBES 反应器入水（TOC 浓度在 395～415mg/L）。在水力停留时间为 24h 的情况下，PBES、BES 和 P Control 反应器的出水 TOC 浓度均降低至低于 35mg/L 以下。总氮（TN）去除过程中，PBES 的去除效率（85%）明显高于 BES（72%）和 P Control（76%）（图 11-37）。可以看出 PBES 对于 TOC 和 TN 均有较好的去除效果，说明

挺水植物耦合对于污染物去除具有一定促进作用。

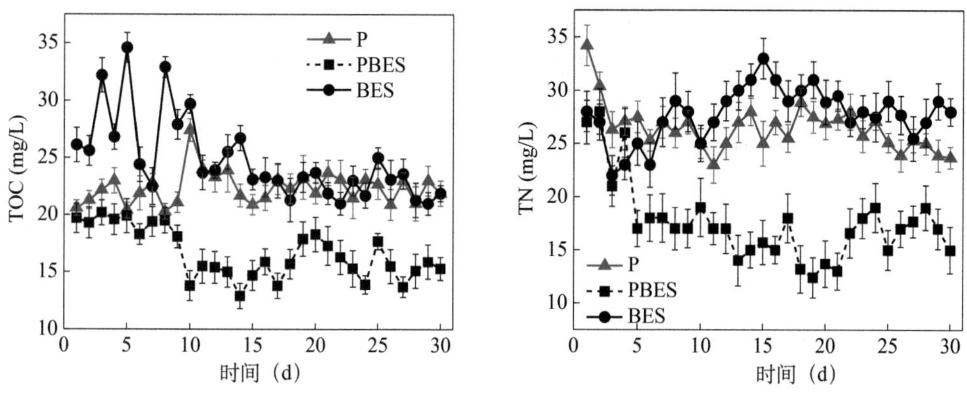

图 11-37　稳定运行期间PBES、BES和P Control反应器中出水TOC及TN变化情况

三个系统内阴极液电导率（EC）分别为541±8μS/cm（PBES）、633±25μS/cm（BES Control）和770±35μS/cm（P Control），差异较大。BES Control中EC比P Control低18%，可见微生物电化学系统比植物修复更有利于水体中溶解盐、离子成分等污染物去除。PBES系统中电导率较BES Control和P Control分别低15.8%和27.1%。伴随着水体中TOC和TN含量的降低，EC也逐渐下降，可以看出EC与水体中污染物的去除有一定的关系。另外本研究中较高的EC很可能是影响植物生长的主要因素之一。表11-1中可见PBES的发芽率比P Control高60%，过高的EC可能导致了P Control的发芽率较低。高盐胁迫环境会导致植物遭受高盐胁迫从而引起干旱反应。本研究中BES的阴极性能明显低于PBES也可能与BES Control的EC过高有关，研究认为过高的EC会直接影响阴极的性能。可见PBES对于水体EC的控制有助于维持系统的性能。

表 11-1　PBES、BES Control和P Control中pH、电导率和根系分泌物等参数变化

		PBES	BES Control	P Control
pH	阳极	4.74±0.07	4.76±0.11	6.09±0.06
	阴极	5.56±0.49	5.98±0.46	6.05±0.15
电导率（μS/cm）	阳极	545±31	659±12	720±37
	阴极	541±8	633±25	770±35
发芽率（%）		80	—	50
根系分泌物		21	6	4

相对于BES Control和P Control反应器，PBES反应器中较高的TN去除率、更高的发芽率和更多的根系分泌物产生，说明植物根系分泌物与TN的去除率和植物发芽率有着明显的正相关关系。可见，植物的根系分泌物在PBES系统运行过程中成为重要的碳源之一，从而保证了PBES系统较高的运行效能。本研究中可以看出植物不仅有利于提高PBES系统的污染物去除性能，同时还有利于植物本身的发芽和生长。利用GC-MS定性检测了根系分泌物中的可溶解性有机物（dissolved organic matters，DOMs）。在PBES反应器，BES Control和P Control反应器中分别发现了21种、6种和4种DOMs（表11-2）。PBES反应器中TN去除

率、发芽率和根系分泌物种类均明显高于对照反应器，且根系分泌物和TN去除率以及发芽率有明显的正相关关系。

表 11-2 PBES反应器、BES Control和P Control反应器中根系分泌物成分分析

反应器	化合物名称	分子式
PBES	Phthalic acid，ethyl 2-propylphenyl ester	$C_{19}H_{20}O_4$
	N-（9-Anthrylmethylene）aniline	$C_{21}H_{15}N$
	Ethylamine，N，Ndinonyl-2-（2-thiophenyl）	$C_{24}H_{45}NS$
	（Benzo（b）thien-6-yl）acetic acid	$C_{10}H_8O_2S$
	2H-Benzotriazole，2-ethyl	$C_8H_9N_3$
	5-Hydroxy-7-methoxy-2-methyl-3-phenyl-4-chromenone	$C_{17}H_{14}O_4$
	6H-Benzofuro[3，2-c][1]benzopyran，3，9-dimethoxy	$C_{17}H_{14}O_4$
	5-Hydroxy-7-methoxy-2-methyl-3-phenyl-4-chromenone	$C_{17}H_{14}O_4$
	Anthracene，9-ethyl-9，10-dihydro-9，10-dimethyl	$C_{18}H_{20}$
	2-Fluoro-6-trifluoromethylbenzoic acid，4-nitrophenyl ester	$C_{14}H_7F_4NO_4$
	1-Propanone，2，2-dimethyl-1-（2'-methylaminophenyl）-	$C_{12}H_{17}NO$
	4-（4-Methylbenzoylmethyl）-2H-1，4-benzoxazin-3（4H）-one	$C_{17}H_{15}NO_3$
	Cpd 120：1-Pentanone，1-（4-methylphenyl）-	$C_{12}H_{16}O$
	Pyrrolo[1，2-a]-1，3，5-triazine-8-carbonitrile，3-ethyl-1，2，3，4-tetrahydro-2，4-dioxo-7-phenyl	$C_{15}H_{12}N_4O_2$
	Thiazole，2-（phenylthio）-	$C_9H_7NS_2$
	Benzo[f]naphtho[2，1-c]cinnoline	$C_{20}H_{12}N_2$
	4-（Fluoromethyl）-5-methyl-2-phenyl-2H-1，2，3-triazole	$C_{10}H_{10}FN_3$
	Ethylamine，N，Ndinonyl-2-phenylthio	$C_{26}H_{47}NS$
	Pyrido[2，3-b]isoquinolino[3，4-d]furan-5（6H）-one，7，9-dimethyl	$C_{16}H_{12}N_2OS$
	（5-Methyl-2-thioxo-2H-[1，2，4]triazolo[1，5-a]pyridin-3-yl）-m-tolylmethanone	$C_{15}H_{13}N_3OS$
	2，5-Octadiyne，4，4-diethyl	$C_{12}H_{18}$
BES	Benzene，1，1'-（1，2-ethenediyl）bis[4-methoxy]	$C_{16}H_{16}O_2$
	N-（9-Anthrylmethylene）aniline	$C_{21}H_{15}N$
	Ethylamine，N，Ndinonyl-2-（2-thiophenyl）-	$C_{24}H_{45}NS$
	Benzoic acid，4-（dimethylamino）-，2-oxo-2-phenylethyl ester	$C_{17}H_{17}NO_3$
	5-Hydroxy-7-methoxy-2-methyl-3-phenyl-4-chromenone	$C_{17}H_{14}O_4$
	N-（9-Anthrylmethylene）aniline	$C_{21}H_{15}N$
P Control	1，2-Benzenediol，mono（methylcarbamate）	$C_8H_9NO_3$
	1，2-Benzenediol，*O*（butoxycarbonyl）-*O'*（isobutoxycarbonyl）-	$C_{16}H_{22}O_6$
	Methane，tribromofluoro	CBr_3F
	Isophthalic acid，2-formylphenyl propyl ester	$C_{18}H_{16}O_5$

3）生物阴极微生物分析

基于生物阴极反应器在电能输出和污水处理方面较高的性能，对生物阴极表面进行了SEM观测（图11-38）。未经生物阴极运行的活性炭颗粒表面可见粉尘碎屑等附着，但并无微生物附着。经过生物阴极运行驯化之后，可以明显看出活性炭颗粒表面有大量微生物附着。

图 11-38　生物阴极活性炭颗粒表面SEM结果

（a）活性炭颗粒（空白）表面；（b）生物阴极活性炭颗粒表面

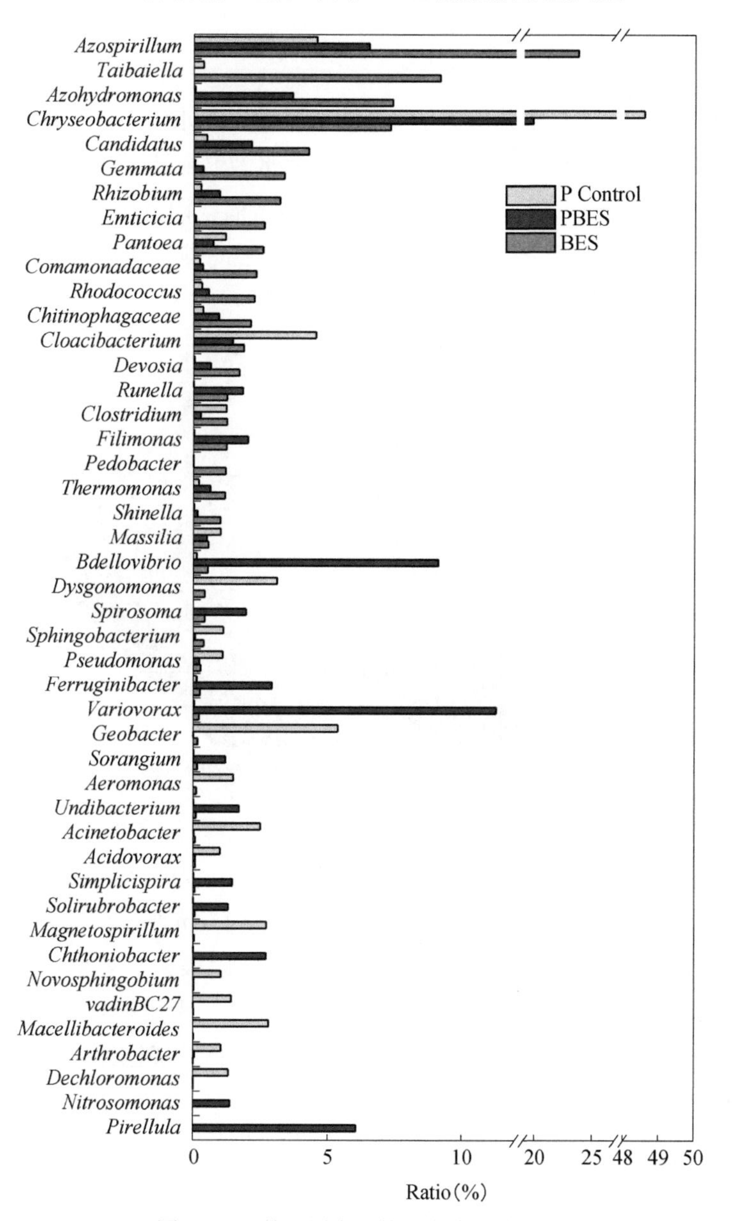

图 11-39　基于属水平的微生物群落分析

对生物膜进行门水平分类分析发现变形菌门（Proteobacteria）和拟杆菌门（Bacteroidetes）在PBES反应器中分别占总群落的48%和33%，是PBES反应器中的主要菌种。对测序结果进行属水平的群落分析发现以硝酸盐作为末端电子受体时，反应器阴极微生物群落结构中具有氮还原功能的微生物比例增加。一般而言亚硝酸菌属可以促使阴极生物膜发生氨氧化反应将NH_3-N转化为NO_2^-[44]，本研究中该菌属在PBES 反应器阴极表面占1%，有助于在生物阴极对氮氧化物进行还原的自养型贪噬菌属（*Variovorax*）在PBES系统生物阴极占11%。

11.6.3 中试放大系统及实际污水处理效能

1）系统构建

在实验室研究基础上，在室外构建了体积为8m³的人工水池，进行场地实验。水池主体为混凝土结构，内壁加筑抗渗混凝土。水池单体内径长/宽/高尺寸分别为200/200/200cm，水池单体容积为8m³。本研究拟通过生物阴极与生态浮岛耦合构建BMES，并通过对电压和水体污染物去除效率监测评价系统效能。预期通过生态浮岛与BMES耦合的作用改善水体水质至地表水Ⅳ类水体水质标准或者达到景观回用水水质。

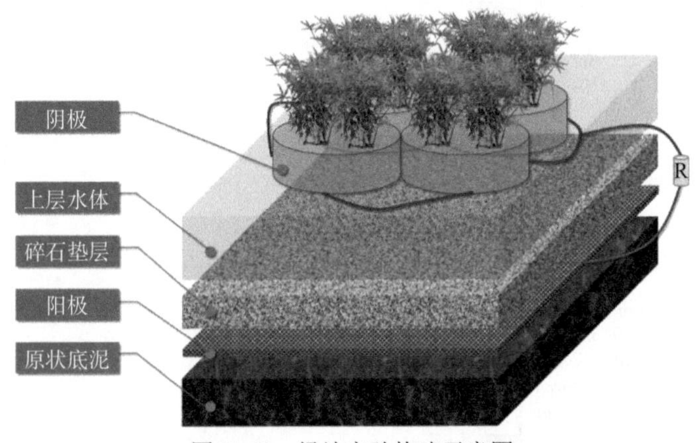

图11-40　场地实验构建示意图

阳极材料为碳纤维布，尺寸为（2×1.5）m。启动阶段注入的实验用水为市政自来水体，水体水深为1.4m，水体体积5.6m³。选择植物（菖蒲）为生态浮岛耦合植物构成生物阴极，浮岛由16个（33×33）cm的单体拼接而成。填料层15cm厚，分为表层、中层和底层。表层填料为厚度5cm的蛭石颗粒（ϕ3～6mm），中层（阴极层）填料厚度5cm材料为活性炭颗粒（ϕ3～6mm）和不锈钢网（长×宽：15×15cm），底层厚度5cm材料为蛭石颗粒（ϕ3～6mm）。通过外接导线将阴极不锈钢网与阳极相连接构成回路，与底泥上的阳极通过外电路连接构成一个完整的微生物电化学系统。

2）系统启动情况

在启动期将每4个生态浮岛单体（生物阴极单体）连接在一起作为一组阴极，共有4组生物阴极。由4根导线（ϕ=0.5mm钛金属丝制成）分别连接4组阳极和4组阴极，构成4组回路，在外电阻1000Ω下闭路运行。每天采集电压和阴/阳极电位数据。如图11-41所示的为开路启动期6天各组BMES的电压和电极电位变化情况。经过6天的启动期，开路稳定电压能够达到780±20mV，阴极电位340±10mV，阳极电位−430±20mV。

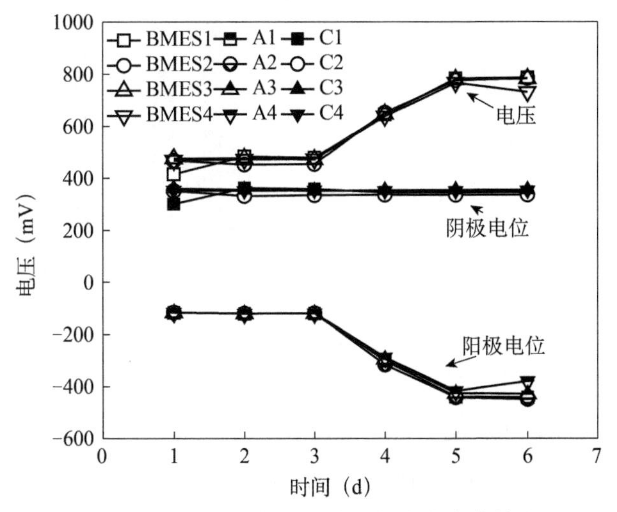

图11-41　启动期电压及阴/阳极电位变化情况

对阳极区域溶解氧进行监测显示：5cm碎石层厚度下，阳极附近溶解氧为0.76mg/L，阳极的电位为−120±10mV；增加碎石层厚度至10cm，阳极溶解氧为0.56mg/L；将碎石层厚度增至15cm，阳极附近溶解氧为0.35mg/L，阳极电位降低至−430±20mV，开路电压升至780±20mV。以上规律说明该体系中由于阳极区域溶解氧的影响（图11-42），引起开路电压的降低是由于阳极电位的升高。因此，为保持系统正常启动运行，要保持阳极区域较好的厌氧环境，阳极上方铺设碎石或粗砂等大粒径材料厚度需达到15cm以上。

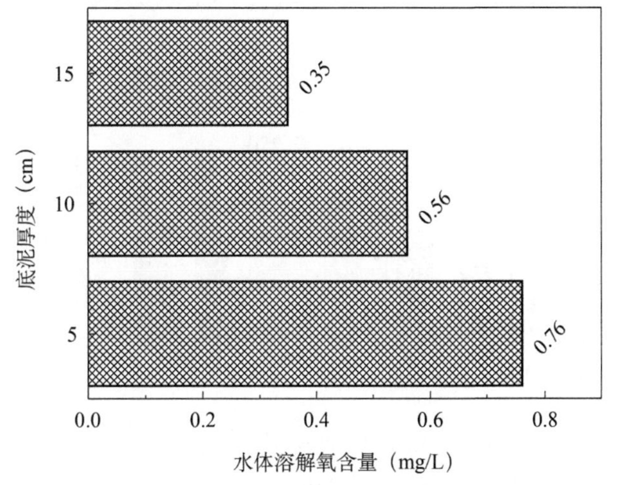

图11-42　启动期阳极区域水体溶解氧含量随碎石厚度变化情况

虽然沉积物中污染物不断向上层水体释放，但是在开路状态下BMES系统的生态浮岛对水体中COD有一定去除作用，经过6天净化作用COD含量下降至10.5mg/L，去除率为36.7%（图11-43）。

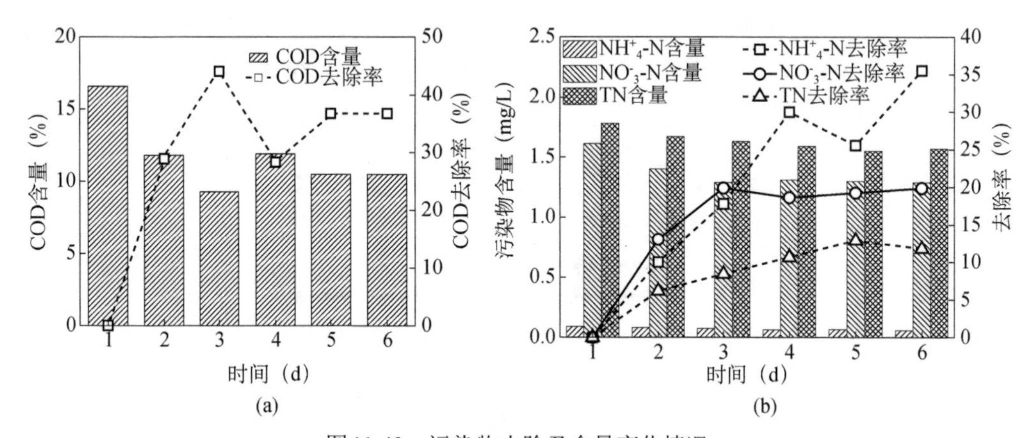

图11-43 污染物去除及含量变化情况

（a）COD去除及含量变化情况；（b）NH_4^+-N，NO_3^--N和TN的去除及含量变化情况

水体中TN、NH_4^+-N和NO_3^--N经过6天净化作用含量分别下降至1.57mg/L、0.058mg/L和1.29mg/L，去除率分别为12%、36%和20%（图11-45）。可见在开路状态下BMES系统的生态浮岛对水体中的含氮污染物有一定的去除作用，但是水体中TN含量仍处于劣五类水质的水平，无法达到地表水Ⅳ类或以上。因此在下一步闭路运行过程中含氮污染物的去除情况将会被进一步监测分析。

BMES系统稳定运行阶段采取闭路运行（图11-44）。以葡萄糖为添加碳源，使水体COD含量接近污水处理厂一级B排放标准。经过6天运行，系统对COD的去除率能够达到67%，该系统对COD去除作用比较明显。BMES系统内氨氮去除率46.4%，硝态氮去除率为24.8%，总氮去除率24.6%。与系统启动阶段污染物含量去除效率相比，系统闭路运行之后污染物的去除效率明显提高，说明BMES系统对于污染物去除有一定的强化作用。

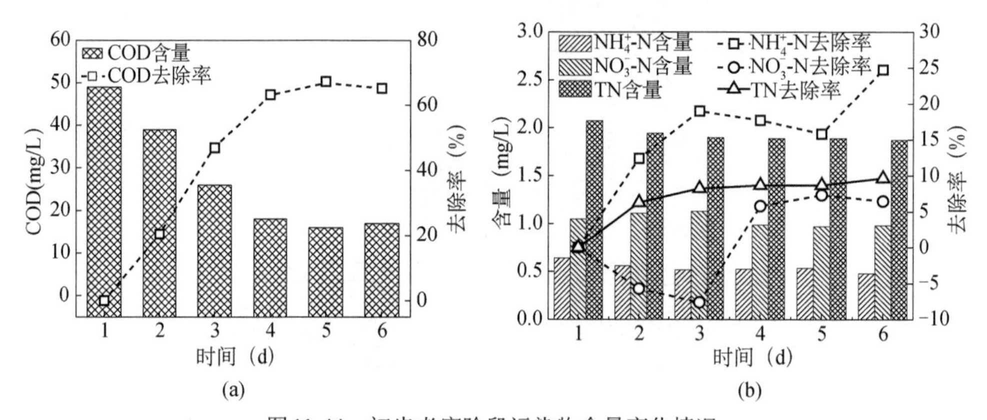

图11-44 初步考察阶段污染物含量变化情况

（a）COD含量变化情况；（b）NH_4^+-N，NO_3^--N和TN的含量变化情况

3）实际污水处理效能分析

为进一步考察系统对实际废水的处理效能，参考典型城市污水厂出水水质进行人工配水，考察SMES的修复效果，水质见表11-3，主要超标污染物是NH_4^+-N、TN和TP。

表 11-3　目标水体及水质标准

	BOD_5	COD	SS	NH_4^+-N	TN	TP
某城市内河	5.284	30	62	3.47	10.1	0.484
Ⅳ类	6	30	—	1.5	1.5	0.3
Ⅴ类	10	40	—	2	2	0.4

参照某城市内河水质情况，进行配水（其中本系统中水体积为$6m^3$）。

由图11-45可知，经过5天运行，污染物得到有效去除。系统对COD的去除率为61.9%，NH_4^+-N的去除率为63.3%，NO_3^--N的去除率4.9%，TN去除率5.8%以及TP的去除率39.3%。COD由67mg/L降解到16mg/L，NO_3^--N、NH_4^+-N和TN均有不同程度去除。对比地表水Ⅳ标准可知，该系统能够有效去除COD、NH_4^+-N和TP，这三项指标均能达标。

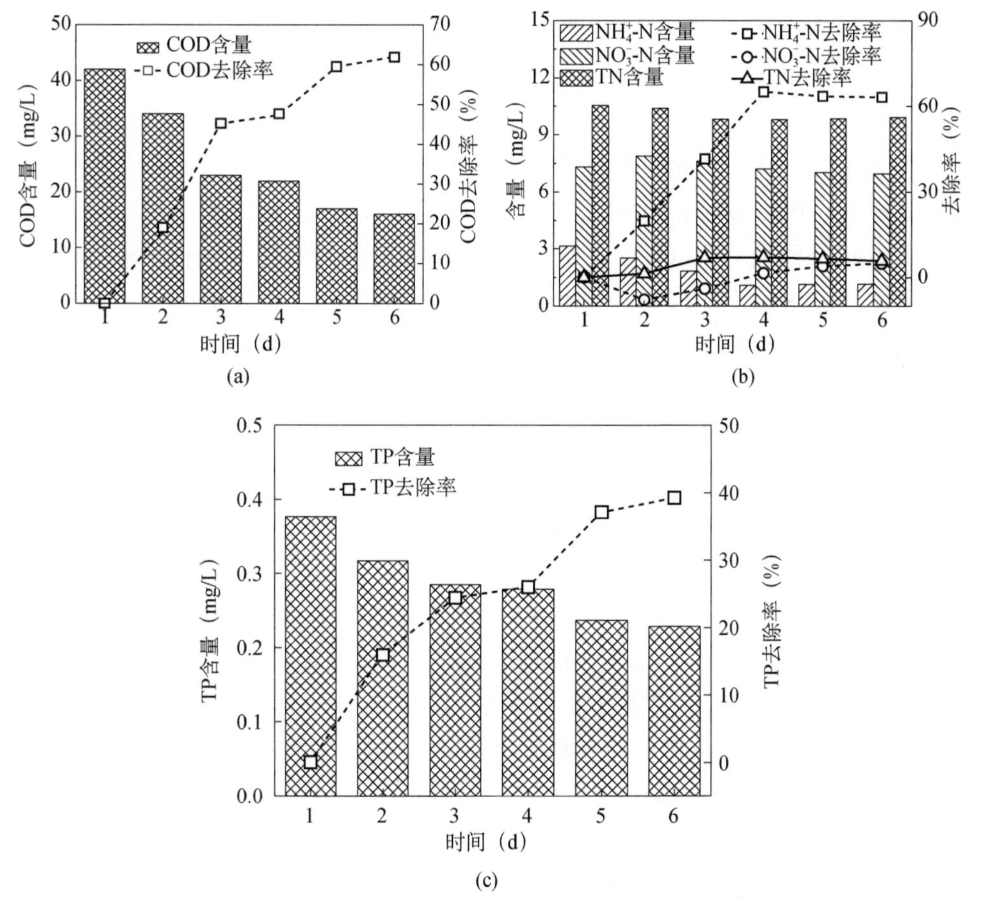

图11-45　实际水体中污染物去除情况（a）水体中COD去除情况；（b）水体中NH_4^+-N、NO_3^--N和TN去除情况；（c）水体中TP的去除情况

11.7 总结

（1）以河道沉积物作为阳极底质，通过运行195L和370L沉积物空气阴极系统，证明了该系统对水体及沉积物修复效果优良，且SMES系统对沉积物中PAHs去除率高达74%。SMES系统最大功率密度达到81mW/m^{2}的，系统阳极区域微生物群落结构丰富，Chloroflexi、Firmicutes 和exoelectrogenic 以及Geobacter等与产电相关微生物比重增加。

（2）利用生物阴极构建BES生态系统（F-SMES），稳定运行后获得544mV的平均电压输出和195mW/m^{2}的最大功率输出。运行期间F-SMES反应器的电压输出较SMES反应器高39%，最大功率密度较SMES反应器高59%。构建的SMES系统原位修复观赏鱼养殖水体具有可行性和其他方法不可替代的优势，有利于节约用水和节能减排。稳定运行期间观赏鱼养殖鱼缸不曾换水，水中污染物含量波动较小，TOC、TN和TP平均浓度为16mg/L、0.98mg/L和3.7mg/L，可满足观赏鱼养殖水质，形成一个稳定的水生生态系统。底泥中总有机物（TOC）去除率达到28%，总磷（TP）去除率达到4%。

（3）构建了一种新型管状沉水植物耦合生物电化学修复系统，评估沉水植物和生物电化学系统对污染物去除的作用及其反应机理。耦合系统对水体TOC、TN和NH_4^+-N的最大去除率分别为45.4%、61.6%和99.0%，沉积物TOC的最大去除率为28.0%。耦合系统中硝酸盐增加的速率系数k（2.602）比单一植物系统（3.525）低26.2%。沉水植物会使系统中硝化作用显著增强，且与溶解氧浓度呈线性相关。耦合系统中与氧还原相关的电化学活性细菌如假单胞菌（*Pseudomonas*）（12.77%）、节杆菌（8.82%）和不动杆菌（*Acinetobacter*）（6.21%）的丰度分别是单一电化学系统的11.8倍、2.6倍和5.1倍，这也解释了耦合系统的功率密度（20.8mW/m^2）高于单一生物电化学系统的功率密度（17.3mW/m^2）。植物和氧还原生物阴极为异养硝化和好氧反硝化提供了适宜的溶解氧浓度（4.9±1.4mg/L）。阴极上的假单胞菌（*Pseudomonas*）、芽孢杆菌（*Bacillus*）、不动杆菌（*Acinetobacter*）、阳极上的柠檬酸杆菌（*Citrobacter*）、梭状芽孢杆菌（*Clostridium sensu stricto*）等功能菌在耦合系统中对碳氮的去除起着重要作用。

（4）构建了挺水植物耦合的生物阴极PMES系统，获得了0.83W/m^{3}的最大体积功率密度，高于对照45%以上。微生物群落结构分析发现PMES系统生物阴极中氮还原和产电相关细菌比重明显高于自然体系。说明PMES系统在植物和生物阴极协同作用下，系统稳定性和运行效能均有较大提高。通过植物耦合生物阴极构建PMES系统，TOC和TN去除率分别达到了97%和85%，出水水质接近地表Ⅳ类。其中TN去除率明显高于对照反应器，说明利用植物耦合构建的生物阴极可通过植物根系和生物阴极协同作用取得较好的氮去除效果。PMES系统研究证实了植物与生物阴极结合用于污水处理的可行性。同时在系统构建运行过程中进一步节约构建成本和节能提供了思路和方法。

（5）系统放大用于实际水体修复，出水水质达到准四类，开路电压可达780mV，COD去除率为61.90%，NH_4^+-N去除率为63.26%，NO_3^--N去除率为4.92%，TN去除率为5.79%，

TP去除率为39.26%，系统能够有效去除COD、NH_4^+-N和TP。

参 考 文 献

[1] 中华人民共和国生态环境部.中国生态环境状况公报，2019.

[2] 李保民，张敏，蔡清武，等. 不同修复方式下养殖池塘底质营养物质的迁移特征. 水产科学. 2017，36（01）：72-77.

[3] Roni P，Hanson K，Beechie T. Global review of the physical and biological effectiveness of stream habitat rehabilitation techniques. North American Journal of Fisheries Management. 2008，28（3）：856-890.

[4] Song T S，Yan Z S，Zhao Z W，et al. Removal of organic matter in freshwater sediment by microbial fuel cells at various external resistances. Journal of Chemical Technology & Biotechnology. 2010：1489-1493.

[5] DEWAN A，DONOVAN C，HEO D. Batteryless，wireless sensor powered by a sediment microbial fuel cell. Environmental Science & Technology：ES&T. 2008，42（22）：8591-8596.

[6] Zhang F，Tian L，He Z. Powering a Wireless temperature sensor using sediment microbial fuel cells with vertical arrangement of electrodes. Journal of Power Sources. 2011，196（22）：9568-9573.

[7] Kim H J，Hong S W，Choi Y S. Field experiments on bioelectricity production from lake sediment using microbial fuel cell technology. Bulletin of the Korean Chemical Society. 2008，29（11）：2189-2194.

[8] Nielsen M E，Wu D M，Girguis P R，et al. Influence of substrate on electron transfer mechanisms in chambered benthic microbial fuel cells.Environmental Science &Technology. 2009，43（22）：8671-8677.

[9] Rahman K Z，Wiessner A，Kuschk P，et al. Müller. Removal and fate of arsenic in the rhizosphere of juncus effusus treating artificial wastewater in laboratory-scale constructed wetlands. Ecological Engineering. 2014，69：93-105.

[10] Liu R，Tursun H，Hou X，et al. Microbial community dynamics in a pilot-scale mfc-aa/o system treating domestic sewage. Bioresource Technology：Biomass，Bioenergy，Biowastes，Conversion Technologies，Biotransformations，Production Technologies. 2017，241：439-447.

[11] Hiegemann H，Herzer D，Nettmann E，et al. An integrated 45L pilot microbial fuel cell system at a full-scale wastewater treatment plant. Bioresource Technology：Biomass，Bioenergy，Biowastes，Conversion Technologies，Biotransformations，Production Technologies. 2016，218：115-122.

[12] Kouzuma A，Kasai T，Nakagawa G，et al. Comparative metagenomics of anode-associated microbiomes developed in rice paddy-field microbial fuel cells. PLoS One. 2013，8（11）：77443.

[13] Corbella C，Garfi M，Puigagut J. Vertical redox profiles in treatment wetlands as function of hydraulic regime and macrophytes presence：surveying the optimal scenario for microbial fuel cell implementation. Science of The Total Environment. 2014，470-471：754-758.

[14] Song T S，Tan W M，Wu X Y，et al. Effect of graphite felt and activated carbon fiber felt on performance of freshwater sediment microbial fuel cell. Journal of Chemical Technology & Biotechnology. 2012，87（10）：1436-1440.

[15] Babu M L，Mohan S V. Influence of graphite flake addition to sediment on electrogenesis in a sediment-

type fuel cell. Bioresource Technology. 2012，110：206-213.

[16] Ren Y，Pan D，Li X，et al. Effect of polyaniline-graphene nanosheets modified cathode on the performance of sediment microbial fuel cell. Journal of Chemical Technology & Biotechnology. 2013，88（10）：1946-1950.

[17] Zhao J，Li X F，Ren Y P，et al. Electricity generation from taihu lake cyanobacteria by sediment microbial fuel cells. Journal of Chemical Technology & Biotechnology. 2012，87（11）：1567-1573.

[18] Dominguez-Garay A，Berna A，Ortiz-Bernad I，et al. Silica colloid formation enhances performance of sediment microbial fuel cells in a low conductivity soil. Environmental Science & Technology. 2013，47（4）：2117-2122.

[19] Li H，He W，Qu Y，et al. Pilot-scale benthic microbial electrochemical system（bmes）for the bioremediation of polluted river sediment. Journal of Power Sources. 2017，356：430-437.

[20] He Z，Angenent L T. Application of bacterial biocathodes in microbial fuel cells. Electroanalysis. 2006，18（19-20）：2009-2015.

[21] Xie X，Criddle C，Cui Y. Design and fabrication of bioelectrodes for microbial bioelectrochemical systems. Energy & Environmental Science. 2015，8（12）：3418-3441.

[22] Yang Q，Feng Y，Logan B E. Using cathode spacers to minimize reactor size in air cathode microbial fuel cells. Bioresource Technology. 2012，110：273-277.

[23] Fang Z，Song H L，Cang N，et al. Performance of microbial fuel cell coupled constructed wetland system for decolorization of azo dye and bioelectricity generation. Bioresource Technology. 2013，144：165-171.

[24] Wu X，Zhu X，Song T，et al. Effect of acclimatization on hexavalent chromium reduction in a biocathode microbial fuel cell. Bioresource Technology. 2015，180：185-191.

[25] Qiu Y，Yu Y，Li H，et al. Enhancing carbon and nitrogen removals by a novel tubular bio-electrochemical system with functional biocathode coupling with oxygen-producing submerged plants. Chemical Engineering Journal. 2020，402：125400.

[26] Li H，Qu Y，Tian Y，et al. The Plant-enhanced bio-cathode：root exudates and microbial community for nitrogen removal. Journal of Environmental Science（China）. 2019，77：97-103.

[27] Zhang Y，Wang S，Li X，et al. Horizontal arrangement of anodes of microbial fuel cells enhances remediation of petroleum hydrocarbon-contaminated soil. Environmental Science & Pollution Research. 2015，22（3）：2335-2341.

[28] Li W W，Yu H Q. Stimulating sediment bioremediation with benthic microbial fuel cells. Biotechnol Advance. 2015，33（1）：1-12.

[29] Ewing T，Ha P T，Babauta J T，et al. Scale-up of sediment microbial fuel cells. Journal of Power Sources. 2014，272：311-319.

[30] Zhang Y，Min B，Huang L，et al. Generation of electricity and analysis of microbial communities in wheat straw biomass-powered microbial fuel cells. Applied & Environmental Microbiology. 2009，75（11）：3389-3395.

[31] Lin H，Wu X，Miller C，et al. Improved performance of microbial fuel cells enriched with natural microbial inocula and treated by electrical current. Biomass and Bioenergy. 2013，54：170-180.

[32] Li H，Tian Y，Qu Y，et al. A pilot-scale benthic microbial electrochemical system（bmes）for enhanced organic removal in sediment restoration. Science Reports. 2017，7：39802.

[33] Alatraktchi F A，Zhang Y，Angelidaki I. Nanomodification of the electrodes in microbial fuel cell：impact of nanoparticle density on electricity production and microbial community. Applied Energy. 2014，116：216-222.

[34] Zhang G，Zhao Q，Jiao Y，et al. Efficient electricity generation from sewage sludge using biocathode microbial fuel cell. Water Resource. 2012，46（1）：43-52.

[35] Yin X J，Liu G L，Peng L，et al. Microbial community of nitrogen cycle-related genes in aquatic plant rhizospheres of lake liangzi in winter. Journal of Basic Microbiology. 2018，58（11）：998-1006.

[36] Virdis B，Rabaey K，Rozendal R A，et al. Simultaneous nitrification，denitrification and carbon removal in microbial fuel cells. Water Research. 2010，44（9）：2970-2980.

[37] Rabaey K，Read S T，Clauwaert P，et al. Cathodic oxygen reduction catalyzed by bacteria in microbial fuel cells. Isme Journal. 2008，2（5）：519-527.

[38] Rothballer M，Picot M，Sieper T，et al. Strik. Monophyletic group of unclassified gamma-proteobacteria dominates in mixed culture biofilm of high-performing oxygen reducing biocathode. Bioelectrochemistry. 2015，106：167-176.

[39] Korner H，Zumft W G. Expression of denitrification enzymes in response to the dissolved-oxygen level and respiratory substrate in continuous culture of pseudomonas-stutzeri. Applied and Environmental Microbiology. 1989，55（7）：1670-1676.

[40] Su J J，Liu B Y，Liu C Y. Comparison of aerobic denitrification under high oxygen atmosphere by thiosphaera pantotropha atcc 35512 and pseudomonas stutzeri su2 newly isolated from the activated sludge of a piggery wastewater treatment system. Journal of Applied Microbiology. 2001，90（3）：457-462.

[41] Chen F，Xia Q，Ju L K. Competition between oxygen and nitrate respirations in continuous culture of pseudomonas aeruginosa performing aerobic denitrification. Biotechnology And Bioengineering. 2006，93（6）：1069-1078.

[42] Hao Z P，Tuinen D V，Wipf D，et al. Gianinazzi-Pearson，M. Adrian. biocontrol of grapevine aerial and root pathogens by paenibacillus sp strain b2 and paenimyxin in vitro and in planta. Biological Control. 2017，109：42-50.

[43] Lasa A，Romalde J L. Genome sequence of three psychrobacter sp. strains with potential applications in bioremediation. Genomics Data. 2017，12：7-10.

[44] Li C，Xu M，Lu Y，Fang F，et al. Comparative analysis of microbial community between different cathode systems of microbial fuel cells for denitrification. Environmental Technology. 2016，37（6）：752-761.

第 12 章　有机污染土壤修复及效能分析

随着经济的发展，城市规模逐渐扩张，原来位于城市郊区的化工场地成为人居环境，而土壤中化工作业导致遗留的有机污染物必须要经过清除后方可使用。另外，由于工业、农业化学投入品的大量使用导致的农药、酞酸酯、石油烃、抗生素、激素等农田有机有毒有害污染问题已成为国家和社会广泛关注的重大生态环境问题，对现代农业和社会经济的可持续发展、农业生态环境质量安全、农产品和食品质量安全以及人身健康构成了严重威胁。因此，有机污染土壤的修复是一个长期而迫切的工作，同时也是一个严峻的挑战。

常见的有机污染土壤修复方法有物理修复、化学修复和生物修复。尽管物理、化学修复的技术能够快速高效的去除土壤中的有机污染物，但是该方法对土壤结构和微生态环境所构成的损害是不可逆的，同时常常伴随二次污染的产生[1, 2]。生物修复通常指利用植物、微生物自身的生长代谢将有机污染物从土壤中去除的一种技术，即植物修复和微生物修复，这里微生物修复涉及生物添加和生物刺激两种方式。相对于物理、化学的方法，生物修复显然更加有利于土壤生态环境的保护。基于气候条件的限制和对土壤生态环境最低干扰的考虑，生物刺激的修复方式相对更受青睐。因为生物刺激是基于土壤生态系统自身的恢复能力，辅以人工措施刺激土著微生物的生长，从而将污染物代谢降解的一种方法[3]。

在有机污染土壤微生物修复过程当中，随着电子受体的持续消耗，电子供体（有机污染物）的氧化反应速率会逐渐受到限制。因此，土壤电子受体的缺乏成为有机污染土壤微生物修复的一个瓶颈问题。土壤微生物电化学修复（microbial electrochemical remediation，MER）基于微生物燃料电池技术（microbial fuel cell，MFC）[4]，利用自产生的生物电流（biocurrent）刺激土壤中降解功能菌的活性，进而加速有机污染物去除的一种新型技术[5]。

12.1　土壤MER的原理与功能分析

土壤MER不添加菌剂、缓冲溶液等任何物质，基于土著微生物原位自产生生物电流刺激在将有机污染物去除的同时伴随电能的产出，无二次污染，是一种绿色的、安全的修复技术。目前，空气阴极土壤MER凭借以取之不尽的空气中的氧气作为终端电子受体的优势研究最为广泛。下面我们主要针对空气阴极土壤MER展开介绍。

如图12-1所示，在土壤MER中，阳极室中产电微生物代谢土壤中容易代谢的有机物质同时将体内的电子呼出，电子传递至阳极，随后经过外电路到达阴极表面，在阴极表面电子与氢离子和氧气结合反应最终生成水。基于土壤中产电微生物生长代谢的需求，形成的生物电流会刺激提升土壤微生物的催化活性，进而将大分子的难降解的有机污染物代谢成小分子的容易降解的有机底物，在实现污染物降解去除的同时伴随生物电流的产生。简单来说，就是该修复过程将有机污染物降解去除的同时伴随生物电能（bioelectricity）的产生。

与常见的微生物修复相比，首先土壤MER提供了永不枯竭的电子受体，解决了有机污染土壤修复过程中电子受体缺乏的难题[6]；其次土壤微生物自产生的生物电流可刺激提升功能降解菌的数量和活性，解决了有机污染土壤中功能微生物活性低的难题[7, 8]；再次生物电流的形成过程促进了土壤中的电子传递有效性[9]，进一步加速了有机污染物的氧化代谢反应速率；最后是生物电能的产生，实现了将有机污染物直接资源化。此外，土壤MER过程中未产生任何二次污染，可在常温常压下运行，运行条件温和且易于控制，不仅对低浓度污染物适宜，经过驯化后对中高浓度的有机污染土壤也可发挥很好的修复效果。

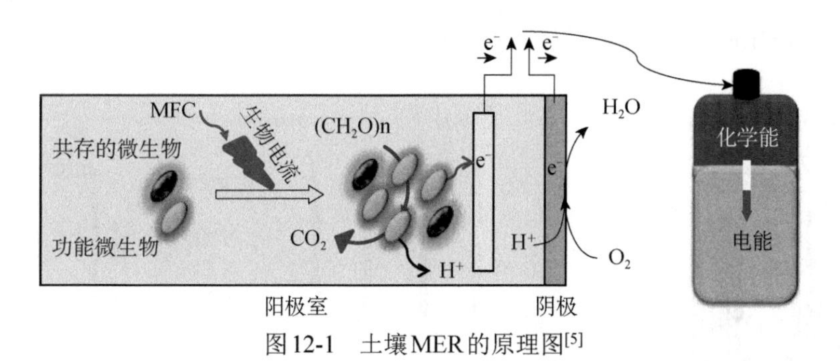

图12-1 土壤MER的原理图[5]

除了通常认为的土壤MER原理外，最近研究人员发现了两种有意思的现象，一种是土壤MER的开路系统显示了较好的降解能力，另一种是氯代有机污染物（除草剂异丙甲草胺）在阴极附近更容易被降解去除。因此，研究人员推测在土壤MER中，可能存在其他两种降解效应，一是电极本身对有机污染物的促进降解效应，即无外电路下电极在土壤中形成了“微域电流”，如图12-2（a）；二是生物阴极与生物阳极可共同发挥促进降解效应，即氯代有机污染物可从阴极获取电子从而实现还原脱氯降解，如图12-2（b）。

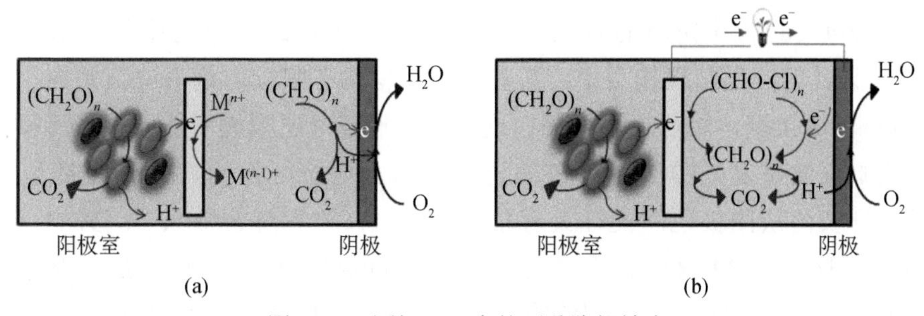

图12-2 土壤MER中的两种降解效应

12.2 土壤MER的常见构型

基于实际应用的可行性和最低成本的原则，目前的土壤MER构型中基本都是应用空气阴极和碳基阳极。总结已报道的构型，将其分为三类：管式、层式和复合式。

第一种类型之所以称为管式构型，是因为其均为管状。该构型由空气阴极、绝缘层和阳极构成，空气阴极经过多孔管直接与空气接触，阳极直接与污染土壤接触。在这种类型的构型里，只有阳极发挥促进降解的作用，阴极不参与污染物的直接去除。如图12-3，已报道的有插入式[10]、U式[8]和柱式[11]三种类型。其中插入式土壤MER是应用于苯酚污染土壤的修复［图12-3（a)]，显而易见其构造十分简单，易于实际操作和应用。U式土壤MER是应用于石油污染土壤的修复［图12-3（b)]，由四层阳极和四层阴极构成，与插入式的土壤MER构型相比，多层电极的构造增加了阳极与污染土壤的接触面积，从而一方面增加了污染土壤的修复范围，另一方面增加了阳极收集电子的能力，进而提升了土壤MER的降解效能和产电能力。柱式土壤MER是应用于0#柴油污染土壤的修复［图12-3（c)]，该构型与插入式的土壤MER构型类似，仅电极材料不同。

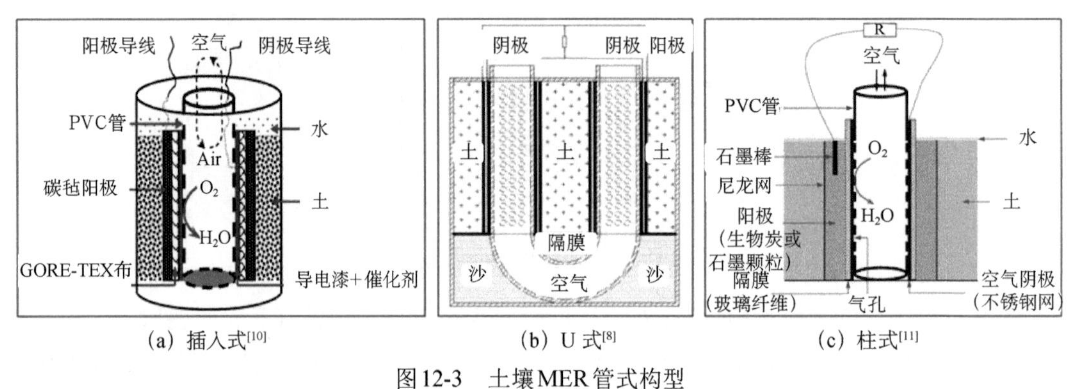

(a) 插入式[10]　　(b) U式[8]　　(c) 柱式[11]

图12-3 土壤MER管式构型

第二种类型之所以称为层式构型，是因为其阴阳两极是分层平行/垂直放置的。该构型中阴阳两极之间无绝缘层，而是阴极和阳极均与污染土壤直接接触，同时发挥促进降解的作用。如图12-4，已报道的有多层阳极[7]和单层阳极[12, 13]两种构型。其中多层阳极土壤MER构型是基于U式构型而设计的，由三层阳极和一层阴极组成，应用于石油污染土壤的修复，如图12-4（a)。在先前的U式土壤MER构型中，最有效的修复范围是阳极附近1cm，因此在设计的多层阳极构型中，所有修复土壤均在阳极附近1cm范围内，即每层阳极上下各1cm污染土壤，然后逐层叠加。这种通过设置多层阳极增加阳极与污染土壤接触面积进而增加有效修复范围的设计在理论和实际上均是可行的，一方面是在U式土壤MER中已经证实两层阳极之间同样具有较好的有机污染物降解效果[8]；另一方面是因为同样的阴极面积在土壤MER中输出电流密度（～80mA/m^2）仅为水介质MER输出电流密度（～800mA/m^2）的十分之一左右[14, 15]，也就是说在MER中固定阴极面积能够支持更大面积的阳极。同时，多层阳极与阴极垂直放置的构造与图 12-4（a）的土壤 MER 构型相比，阴阳两极平行放置对有机污染物的降解效果更好[16]。单层阳极室应用于杀菌剂六氯代苯和除草剂阿特拉津污染土壤的修复，与多层阳极土壤MER构型相比，该构型的阴极放置于污染土壤表层，更易于现实污染土壤修复的应用。

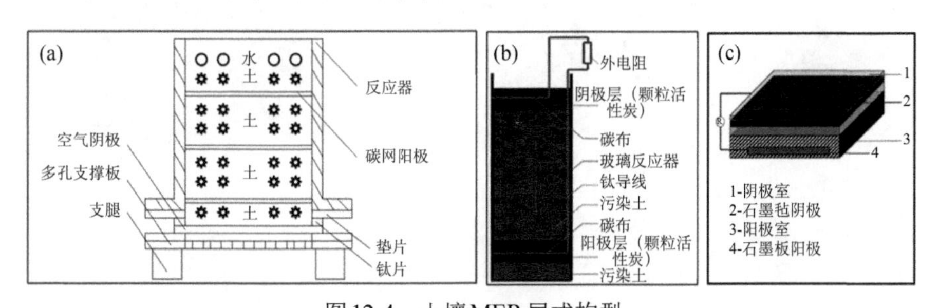

图 12-4　土壤MER层式构型

（a）多层阳极[7]，（b）[12] 和（c）单层阳极[13]

第三种类型之所以称之为复合式构型，是源于阳极由导电碳纤维和石墨棒构成的复合阳极，如图 12-5 所示。该构型基于多层阳极土壤MER构型而构造，想法源于水介质微生物燃料电池中的碳刷阳极[17]。在复合式阳极的土壤MER中，分散在污染土壤中的导电碳纤维作为阳极，石墨棒作为集流体（相当于碳刷阳极的钛芯）。此构型应用于石油污染土壤的修复[9]，不仅显著增加了阳极收集电子的能力，而且克服了污染物在土壤中传质难的问题，既明显提升了土壤MER生物电能的产出又扩增了污染土壤的有效修复范围。通过如图 12-5（a）土壤MER构型的叠加，可将污染土壤有效修复范围至少拓展至 20cm，同时累积生物电能产出量增加 16 倍。在有机污染土壤中，污染物从远离电极位置扩散至电极附近较难，相比电子在土壤中的传递则相对较为容易，因此复合阳极通过提供电子传递通道（导电碳纤维）从而将远离电极的电子有效收集，进而高效实现了产电与降解双功效，其原理如图 12-6（a）所示。此外，土壤 MER 后的导电碳纤维与污染土壤非常容易分离［图 12-6（b）］，也就是说采用的导电碳纤维可以重复使用，所以在实际应用中既增加了适用性又大大降低修复成本。

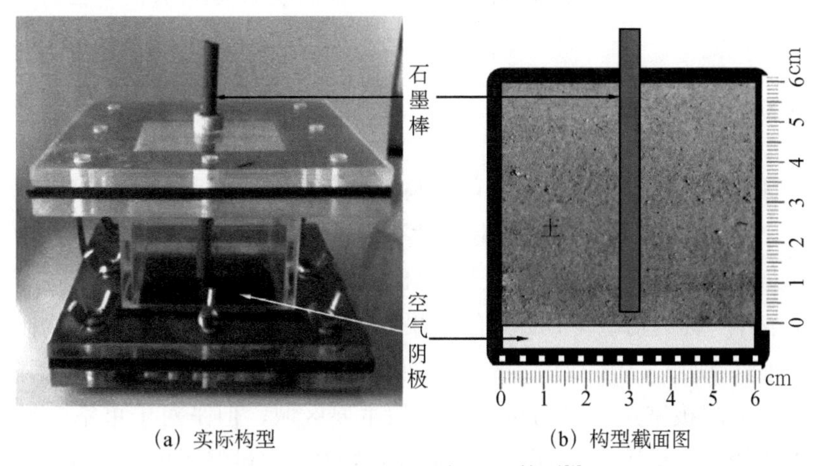

（a）实际构型　　　　（b）构型截面图

图 12-5　复合式土壤MER构型[9]

需要指出的是，以上所述的土壤MER构型若想保证系统的库仑效率，必须保证阳极室的厌氧环境。因此，土壤MER反应器中的污染土壤或者维持水饱和状态，或者设置一个水封层，以避免氧气对阳极上电子的消耗。

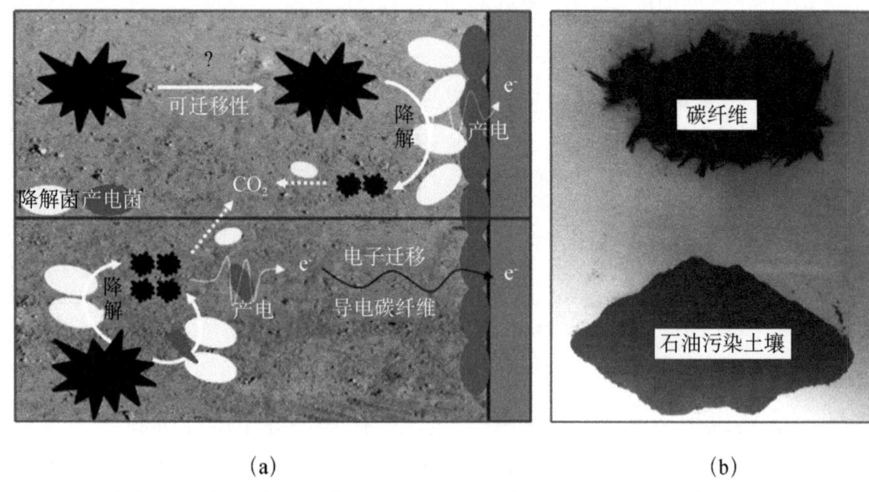

图12-6 复合式阳极作用原理（a）和碳纤维与土壤的分离（b）

12.3 土壤MER的影响因素

通常情况下，土壤温度、含水量、有机质含量、pH、土壤孔隙度、含盐量、营养元素（例如氮、磷等）含量、土壤类型等土壤基本理化性质均对土壤MER具有重要的影响。从污染物降解的角度考虑，土壤MER的主要影响因素有污染物的生物有效性（极性、水溶性、分子量等）、降解微生物的数量和活性等；从生物电能产出的角度考虑，土壤MER的主要影响因素有电极材料（活化极化）、土壤的电导性（欧姆极化）和物质传质特性（浓度极化）以及产电菌的数量和活性等。当然，反应器的构型直接决定着作用电极与污染土壤的接触面积，所以也是一个重要的影响因素。下面我们就土壤MER的一些关键影响因素综合地给予了详细分析。

12.3.1 土壤MER的构型

这里所说的构型主要涉及的因素有电极与污染土壤的接触面积、两极之间的距离和排布方式、外电阻的大小以及反应器的实际尺寸等。

电极与污染土壤的接触面积越大，土壤MER的效果越佳。在土壤MER 管式构型中，如果假设其他条件一样的情况下，U式的效果要比插入式和柱式更好，因为阳极与污染土壤的接触面积几乎增加了一倍（图12-3）。当然，与污染土壤接触的电极，除了阳极还包括阴极。尽管理论上阳极室是有机污染物降解的主要区域，但是对于单室的空气阴极土壤MER阴极附近土壤中有机污染物的降解也非常值得关注。虽然阴极附近有机污染物的降解并不能转化成生物电能输出，但是阴极表面高的pH对增加有机污染物的可溶性是非常有利的，特别是大分子、非极性的难溶性有机污染物[18]。土壤MER中阴极的降解作用还需进一步发掘，但是距离阴极最近的土壤中有机污染物的去除效果确实表现出了与阳极可比的效果[19]。

在实际研究中，阴阳两极之间的距离越近，土壤MER的效果越佳。例如在多阳极构型的土壤MER中，我们观察到阴阳两极最近的最底层阳极附近有机污染物的降解率最高。这种最好的降解表现，或许来自于阳极和阴极的共同降解的作用。此外，较近的阴阳两极距离更有利于物质的传输，例如OH^-，以便更好的维持土壤MER中的酸碱平衡[20]，因为趋向于更高的碱性或者更低的酸性均不利于土壤中微生物的生长和活性。在土壤MER中，阴极的放置基本都是平行于水面的，而阳极的放置可以与阴极平行，也可以与阴极垂直。尽管我们先前的研究已经证实，阳极平行于阴极放置与垂直放置相比，更有利于污染物的降解[16]，但是对于修复污染土壤过程中的实际操作来说，似乎垂直放置阳极更便于操作。

目前的研究，外电阻基本采用的是100Ω和1000Ω的外电阻来连接土壤MER回路的（表12-1）。显然，100Ω外电阻的回路中电流强度大于1000Ω的外电阻，更大的电流强度能够刺激土壤中的微生物更好地降解有机污染物，但是更小的外电阻并不利于土壤MER生物电能的输出[21]。因为我们知道内外电阻相等输出功率最大，而研究实验中的沉积物内阻少则已经几千欧[22]，更不用说土壤的内阻了。也就是说更高的降解率和更多的生物电能输出难以兼得。对于土壤MER反应器的尺寸来说，实际就是指修复污染土壤的量。因为少量的污染土壤用于实验室研究更易控制，所以修复的效果更好些。而在大量污染土壤或者实际田块、场地修复时，由于可变且不易控制的环境因素较多，常常会导致修复效果不如实验室的结果。

表12-1　土壤MER的构型[5]

构型	外电阻（Ω）	反应器材料	反应器尺寸
管式（插入式）	100	聚氯乙烯	20cm×5cm（长×直径）
管式（U式）	1000	有机玻璃	18cm×7.6cm×20cm
多室式	1000	塑料	6cm×4cm×5cm
管式	100	聚氯乙烯	20cm×3.5cm（长×直径）
管式（柱式）	100	聚丙烯	100cm×50cm×17cm
层式（多阳极）	1000	有机玻璃	6cm×6cm×6cm
层式（单室）	1000	玻璃	15cm×3.5cm（长×直径）
复合式（石墨棒-碳纤维复合阳极）	100	有机玻璃	6cm×6cm×20cm
层式	3000	塑料	4cm×6.5cm×3.5cm

12.3.2　土壤MER的电极材料

这里所说的电极材料主要涉及阳极材料、阴极材料以及阴极催化层材料。目前土壤MER中所采用的电极材料见表12-2。

表 12-2 土壤MER中的电极材料[5]

构型	阴极	阳极	催化剂（mg/cm²）
管式（插入式）	GORE-TEX 布-Pt/C	碳毡	Pt（0.5）
管式（U式）	碳网-Pt/C	碳网	Pt（0.1）
多室式	石墨毡	石墨板	—
管式	活性炭布-Pt/C	碳布、生物炭	Pt（0.1）
管式（柱式）	不锈钢网-Pt/C	石墨颗粒、生物炭	Pt（0.1）
层式（多阳极）	不锈钢网-AC	碳网	AC（50）
层式（单室）	碳布-颗粒活性炭	碳布-颗粒活性炭	AC（1040）
复合式（石墨棒-碳纤维复合阳极）	不锈钢网-AC	石墨棒-碳纤维	AC（50）
层式	石墨毡	石墨板	—

注：AC为活性炭。

对于阳极来说，使用的材料基本都是炭基材料，例如碳毡[10]、碳布[23]、碳网[8, 24]、石墨板[13, 25]、颗粒状活性炭加碳布[12]、生物炭或者石墨颗粒加石墨棒[11]等。之所以阳极材料选择炭基材料是因为炭基阳极耐腐蚀、导电性高、生物兼容性好等特性决定的。我们可以看出，对于非一种炭基材料组成的阳极，往往有一种炭基材料发挥了收集电子的作用，也就是通常所说的集流体。在柱式土壤MER中［图12-3（c）］，作者比较了石墨颗粒和生物炭颗粒作为阳极的降解和产电性能，发现采用内阻更大的生物炭阳极（25.6Ω，电阻采用电化学阻抗谱表征）输出电流密度更低（35.2mA/m²单位阴极面积，100Ω 外电阻，阴极包括活性碳布、Pt/C催化层以及PTFE扩散层，0.1mg Pt/cm²，阴极面积为0.011m²），而内阻更小的石墨阳极（11.1Ω）输出电流密度相对较高（70.4mA/m²）[11]，然而并未有更多的研究关注这个重要的问题。对于不同的炭基材料组成的阳极，其电导性或者说阳极内阻对于电子的有效导出有着重要的影响，阳极的电阻越小越有利于土壤MER效能的发挥。石墨棒和碳纤维的复合阳极与先前报道的所有阳极均不同（见第三种土壤MER常见构型），该复合阳极将发挥降解作用的阳极与土壤接触由一个面拓展到了整个空间，即达到了全方位的接触，是一个很好的技术创新[9]。

阴极材料与阳极材料相比，类似的基本也都是炭基材料，例如防水布料（GORE-TEX）[10]、碳网[8]、碳毡、活性碳布[23]、颗粒活性炭加碳布[12]、超级电容活性炭和炭黑加不锈钢网[7]等。阴极材料选择炭基材料的原因与阳极材料类似，有一点不同的是，阴极材料中的集流体有的使用了金属基不锈钢网。与石墨棒或者碳布充当集流体相比，不锈钢网的耐腐蚀性相对较弱，但是它的导电性更好，同时也可发挥对阴极形状很好的支撑作用。需要指出的是，在长期的土壤MER中电极的老化是一个不容忽视的问题，不仅是不锈钢网集流体的腐蚀问题，而且还有炭基材料的石膏化问题[26]。甚至，这种石膏化的现象通常在阴极和阳极都会发生。同样的，阴极的电阻越小越有利于土壤MER效能的提升。

阴极材料中一个非常重要的组成是催化层的材料，常见的催化剂见表12-2。虽然贵金属Pt的价格昂贵，但是氧化还原催化性能极好，所以仍然被广泛使用。包括后来发展的沉积物MER中，阴极使用较多的也是Pt催化剂[22, 27]。土壤MER的构造是按照水/沉积物介质的MER模拟设计的，因此起初的电极材料基本相同，即采用Pt作为阴极催化剂[8, 10]。随后的优化研究，虽然把Pt的负载量从0.5mg/cm^{2}降低到了0.1mg/cm^2[11, 23]，但是对于应用于实际污染环境的修复来说，Pt较大的使用量确实是一个不可承受的经济问题。超级电容活性炭的出现，给阴极催化剂Pt的替代提供了契机。研究发现辊压的活性炭空气阴极与Pt/C阴极相比，在土壤MER中催化性能相当且持续发挥作用可达180d以上[7]。也就是说，催化剂活性炭能够很好的活化阴极上的还原反应（降低活化极化）。活性炭空气阴极的成本与Pt/C阴极相比低得多，因此可能是将来实际应用的一种重要材料。

12.3.3　土壤的电导性

在土壤MER中，土壤的电导性我们指的是电子在土壤中的传导能力。在污染的土壤中，电子传导的途径主要有两种，一种是通过土壤孔隙液中的带电颗粒传导，例如阴阳离子以及分散于土壤孔隙液中的带电胶体等，另一种是吸附于土壤颗粒表面的双电层物质，例如铁或者锰的氧化物等。在利用土壤MER时，由于土壤中一些无机物与不同粒径的黏粒形成了致密堆积，从而阻碍了物质的传输（例如电子被传输至电极和污染物的扩散），即通常所说的表观欧姆内阻较大，不利于电流的产出和污染物的降解。因此，土壤巨大的内阻即较低的电导性始终是限制土壤MER效能进一步提升的一个最重要的难题[28]。总的来说，通常影响土壤电导性的因素有含水量、盐分含量、离子浓度、温度、粒径组成等。

对于非饱和土壤来说，增加土壤的含水量能够增加土壤孔隙水的饱和度，同时也增加了土壤盐分的溶出，提升了土壤孔隙液中的离子浓度，从而降低土壤的电阻率[29]。因此，在土壤MER石油污染的盐碱土壤时，当土壤的含水量从23%升高至28%，并继续升高至33%时，土壤的内阻从42.6Ω 降低到了10.8Ω，并继续降低至7.4Ω（电阻采用电化学阻抗谱表征），对应的土壤MER效果也随之递增（1000Ω 外电阻，阳极为碳网，阴极包括碳网层和PTFE防水层，Pt催化剂，0.1mg Pt/cm^2，阴极面积143cm^2）[8]。对于饱和的土壤来说，增加土壤的含水量对于增加土壤的电导性已经贡献不大，甚至会稀释土壤孔隙液中的离子浓度，此时可以通过增加土壤的孔隙度来降低土壤的电阻率。例如，在土壤MER中通过向石油污染土壤中添加大颗粒的沙粒，从而将土壤的孔隙度从44.5%提升至51.3%，结果土壤的内阻下降了46%，生物电能的输出从每克污染土壤产出2.5C电量增加至3.5C，石油烃的降解最高提升了268%（1000Ω 外电阻，阳极为碳网，阴极为超级电容活性炭和炭黑加不锈钢网，活性炭为催化剂，阴极面积36cm^2）[19]。因此，只有对于非饱和的污染土壤来说，增加土壤的含水量才可以提升土壤的电导性。但是在土壤MER实际应用中，要求阳极室的污染土壤是水饱和或者水封的，故增加土壤的孔隙度或者提供其他降低土壤电阻率的措施是非常有必要的，例如向土壤中添加硅胶胶体可显著降低土壤的电阻率[28]，因此这些方面的研究更需要关注。

向污染土壤中添加电解质溶液以增加土壤盐分含量和离子浓度，从而增加土壤的电导性是不可行的，因为这样操作势必会导致土壤盐碱化，不利于土壤环境的良性恢复和发展。但是对于天然的盐碱土壤，盐分含量高，土壤的电导性较高，恰巧给土壤MER提供了先天的有利条件。实际上，世界上40%的土壤受到了不同程度的盐碱侵蚀，尤其是在滨海地区土壤的盐碱化比较严重[30]。而滨海地区石油污染的盐碱土壤修复是土壤修复研究的重要内容，特别是我国有相当多的油田位于滨海/河地区，例如我国的大港油田、胜利油田、冀东油田等，玉门油田、大庆油田虽然不在滨海区域，也都存在盐碱土壤问题。在这些地区，不合理的操作或者泄漏事故等时有发生，导致了大面积的土壤受到石油烃的污染，因此我们开展了一系列的土壤MER研究。这里有一个不可忽视的问题，就是由于土壤的盐分含量高，导致土壤的渗透压也较高，结果使得土壤中的微生物量非常贫瘠。在研究不同程度的土壤盐渍化对石油污染土壤的生物修复与生物强化影响的实验中，如果把土壤的可溶性盐含量从2.86%降至0.10%时，采用微生物修复后总石油烃降解率能够提升30%，说明高的盐分含量严重限制着盐碱土壤石油烃降解微生物的生长和活性[31]。土壤的高盐度在保证其高电导性的同时，也伴随着对土壤微生物的高胁迫性，因此对于利用土壤MER石油污染盐碱土壤时，怎样平衡这种博弈关系显得尤为重要。例如，我们通过灌水洗盐石油污染的盐碱土壤，将土壤盐分从2.8%降至0.3%，结果土壤内阻升高了238%，此时我们通过添加2%质量分数的导电碳纤维与污染土壤中，发现土壤内阻仅为原始土壤的46%[32]。更有意思的是，向灌水洗盐后的土壤中掺入导电碳纤维后，土壤内阻竟然与原始土壤类似，也就是说掺入导电碳纤维对土壤内阻的降低量抵消了灌水洗盐对土壤内阻的增加量。

12.3.4 土壤中物质传质

对于土壤MER中物质传质来说，这里关注的是污染物扩散、电子的传递、阴阳离子定向运移以及氧气的扩散等。

有机污染物在土壤中的浓度扩散是非常难的。在先前采用U式构型土壤MER石油污染土壤的研究中，第25天修复结束时，距离阳极1～3cm的土壤中总石油烃的降解率基本都处于3.7%～6.9%，仅在土壤含水量为33%、距离阳极<1cm的一组反应器土壤中降解率最高为15.2%（1000Ω 外电阻，阳极为碳网，阴极包括碳网层和PTFE防水层，Pt催化剂，0.1mg Pt/cm^2，阴极面积143cm^2）[8]。在这里我们发现，石油烃很难从远离阳极（>1cm）的土壤扩散至阳极附近，导致土壤MER的有效范围仅约为1cm。在采用柱式的空气阴极土壤MER柴油污染土壤的研究中，其实验验证的有效修复距离为34cm，预计可拓展至90cm，甚至拟合估算出空气阴极的影响距离可高达300cm（100Ω 外电阻，阳极为石墨颗粒和生物炭，阴极包括不锈钢网、Pt/C催化层以及聚合物防水层，0.1mg Pt/cm^2，阴极面积为168cm^2）[23]。对于这两项研究中土壤有机污染物的扩散距离或者土壤MER的有效范围的明显差异，或许可以从以下三方面给予一定的解释：①两种污染土壤的粒径分布差异较大，在柴油污染土壤MER研究中土壤沙粒含量高达61.83%，而石油污染的盐碱土壤中沙粒含量仅为24%～30%。土壤中更高的沙粒含量使土壤的孔隙度更高，即传质阻力更小，从而促进了土壤中污染物的传质[19]。②污染物的本身结构性质差异较大，柴油的分子居于C10～

C20之间，而石油烃的分子居于C17～C40之间。有机污染物更小的分子使其亲水性相对强些，从而更容易分散于土壤孔隙液中进行扩散传输。当然，通过添加表面活性剂增加石油烃的可溶性，从而降低土壤MER中的浓度极化，也是一项值得尝试的措施[33]。③两种研究土壤的含水量不同，柴油污染土壤的含水量高达46%，石油烃污染土壤的含水量最高为33%。尽管两种土壤的含水量超过30%几乎都达到了饱和的状态，但是对于相对容易溶解的柴油来说，更多的水还是在一定程度上促进了它的浓度扩散。

土壤MER中电子传递的有效性决定于有机污染物降解所贡献的电子有多少有效地到达阳极，从而形成生物电流。从水介质到污泥/沉积物MER，再到现在的土壤介质的MER，介质中的电子传质过程越来越难，以致输出的能量效率也越来越低。例如，在利用土壤MER石油污染的沉积物时，沉积物的内阻高达4163 Ω（极化曲线拟合的方法表征），以致仅得到较低的输出功率密度37mW/m^3（1000Ω 外电阻，70mL体积，2.5cm直径和6.4cm长的不锈钢刷阳极，10cm长和4cm宽的碳布阴极，阴极催化层是Pt/C，10%的Pt），但是沉积物中总石油烃的降解率却被提升了11倍之多[22]。也就是说，较低的输出功率可能是由于电子从沉积物到电极的传递过程受到严重限制，而电子从有机物到沉积物的传递过程并未受到太大影响。另外，有研究表明在沉积物微生物电化学系统中，加入可溶性的葡萄糖溶液和不可溶性的木质素或纤维素粉竟然得到类似的输出功率密度（约37mW/m^{2}阴极面积，1000Ω 外电阻，5cm长和2cm宽的碳纸阴极，阴极催化层是Pt/C，10%的Pt，5cm长和3cm宽的碳布阳极），说明能量的输出主要受到系统内阻即电子从沉积物到阳极传递过程的限制，而非底物的降解动力学[34]。在用层式土壤MER石油污染土壤的实验中，向土壤中掺入了1%（*w/w*）的导电碳纤维，土壤总内阻降低58%，降低的内阻中83%来自于电荷转移内阻[9]。也就是说，土壤中的导电碳纤维给电子传递提供了更多更顺畅的“通道”，结果土壤MER中输出最大电流密度、最大功率密度和累积产出生物电能分别增加了9倍、21倍、15倍之多。综述以上研究，我们不难发现增加电子在土壤介质中的传递效率是提升土壤MER降解和产电的一项关键措施。

土壤MER中氧气的扩散主要受土壤孔隙度的影响。在应用多层阳极土壤MER石油污染的土壤中，添加33%质量分数40～70目大颗粒的沙粒扩充土壤孔隙后，土壤中溶解氧的扩散系数升高了164%[19]。不难理解，土壤介质中氧气的扩散对于有机污染物的降解势必发挥促进的作用，与此同时也会降低阳极室中电子收集的有效性。对于空气阴极来说，穿过它扩散至土壤介质中的氧气对有机污染物的降解作用是一个值得考虑的问题，因为在开路的土壤MER中，空气阴极表面土壤中有机污染物也呈现了降解较好的现象。

阴阳离子的运移除了受土壤孔隙度影响之外，还直接受到生物电场的作用。土壤中离子浓度高即土壤的电导性强，理论上是有利于土壤MER的。然而在生物电场下，阴阳离子定向地分别向两极运移，却不同程度的促使了阴阳极的老化。在土壤MER石油污染的盐碱土壤中，在活性炭空气阴极、碳网阳极表面土壤中Na和Ca分别增加了338%～562%和100%～119%，此外在阳极表层土壤中Al和Fe分别增加了24%和21%，在阴极表层土壤中Mg和Fe分别增加了84%和155%[26]。Ca在阴极表面的累积导致了阴极表层土壤严重石膏化，Fe在阳极表面的累积导致了阳极本身的硬化，从而阻碍了土壤MER的效能。土壤MER中电极老化是一个不可避开的问题，因此研究电极防护或者修复措施是非常有必要的。

12.3.5 土壤中的微生物

在土壤MER中，我们通常更关注土壤中有机污染物的降解菌和产电菌的数量和活性。最早关注土壤中降解菌是在U式构型土壤MER石油污染的盐碱土壤中，在降解率最高的阳极表层土壤中石油烃的功能降解微生物比开路处理组的土壤中高了两个数量级，首次证明了土壤自产生的生物电流对有机污染物降解菌强有力的刺激效应，并且随着与阳极距离的增加土壤中的石油烃降解菌呈下降趋势，此外当土壤MER中的含水量增加时，对应的石油烃降解菌也便随着增加[8]。然而在利用柱式土壤MER柴油污染的土壤时，却得到了相反的结论，在距离阳极较近的土壤中石油烃降解菌的数量反而低于远距离的土壤，可能是因为柴油相对于老化的石油烃来说比较容易被降解，阳极表面的烃类基本被降解消耗殆尽，底物的消失导致了降解功能微生物的数量下降。对于产电菌（例如*Comamonas* sp.）来说，在阳极表面确实发生了选择性的富集[11]。在多层阳极土壤MER石油污染土壤中，我们不仅在阳极上发现了模式产电菌*Geobacter* sp.的富集，而且观察到石油烃降解菌*Alcanivorax* sp.的富集。此外，相关性分析表面邻近空气阴极土壤中微生物的多样性与系统中生物电流的强度相关性更高，而远离空气阴极土壤中微生物多样性与污染物的浓度更相关[24]。

在土壤MER中，土壤微生物门水平主导的是变形菌门（Proteobacteria）、厚壁菌门（Firmicutes）、拟杆菌门（Bacteroidetes）和放线菌门（Actinobacteria）等，在这些微生物中存在相当多的菌种都是电活性微生物和降解相关的菌，伴随着有机污染物的降解和生物电流的产生，特定的微生物菌种发生了选择性的富集。在土壤微生物高通量测序当中，变形菌门（Proteobacteria）的相对丰度均处于绝对优势，一般是要重点考察的对象。在石油和柴油污染土壤MER中，α-和 γ-变形菌门的相对丰度有所降低，而 β-和 δ-变形菌门的相对丰度有所升高[11, 32]。尽管在添加表面活性剂的土壤MER石油污染土壤中 β-和 δ-变形菌门的相对丰度表现有所差异，但是 α-和 γ-变形菌门的相对丰度同样呈现降低的趋势[33]。与此相比，厚壁菌门当中的梭菌纲（Clostridia）在生物电流的刺激下显著升高，无论是在石油烃还是除草剂异丙隆污染土壤MER中均表现出类似的结果[33, 35]。对于拟杆菌门，通常是黄杆菌纲（Flavobacteriia）和拟杆菌纲（Bacteroidia）的相对丰度占较大优势；对于放线菌门，通常是放线菌纲占优势[32, 33]。在属水平下，通常情况是地杆菌属（*Geobacter*）、梭菌属（*Clostridium*）、丛毛单胞菌属（*Comamonas*）等与产电相关的菌种相对丰度有所升高，而富集的功能降解菌种会根据有机污染种类的不同而不同。

在生物电流刺激的土壤MER有机污染中，碳源相对来说充足，而其他营养元素，例如氮源通常比较匮乏，因此土壤MER中降解菌的数量和活性在一定程度上也会依赖于微生物可利用氮素的含量，因为良好的微生物生长需要特定的碳氮元素比例。这样就启示我们，土壤MER中有机污染物降解菌与氮转化过程（固氮、硝化、反硝化、氨化）相关功能菌之间的耦合关系研究是一个重要的研究方向。特别是基于共代谢原理，例如向土壤MER过程中添加葡萄糖促进难降解有机污染物的去除时，微生物的数量迅速增加，导致对其他营养元素的需求急剧升高，这时碳源之外的某种营养元素的含量或许会产生短板效应[24]。

毋庸置疑的是，土壤MER中无论是产电微生物还是降解微生物，它们均不是孤立发挥作用的，而是与其他菌种之间存在千丝万缕的联系，正是这种彼此之间的相互协作关系构成了微生物的生态系统，如图12-7。生物电流的刺激也正是通过改变一个一个菌种的数量和活性，从而改变菌种之间的关系，进而改变微生物群落作为一个整体所发挥的功能。至于生物电流对不同微生物群落整体生态功能的诱导作用是否是定向的，至今还没有一个明确的证实。不过，我们通过基因距离矩阵（gene distance matrix）初步探索了土壤MER中微生物在纲和属水平的特定种间关系，分别发现了十对和十四对显著性相关（$p<0.05$）的菌群（图12-8），例如 R 为 0.9168～0.9764：（Erysipelotrichia、Actinobacteria、Acidobacteria）、0.9538～0.9966：（*Alcaligenes*、*Dysgonomonas*、*Sedimentibacter*）、0.9162～0.9577：（*Bacillus*、*Phenylobacterium*、*Solibacillus*）[33]。我们推测这是整个土壤微生物生态系统的最小组成单元，众多的这种单元构成了土壤微生物的代谢网络，而产电、降解仅是这个代谢网络的部分功能。鉴于此，从单独分析某个门、某个属微生物丰度的变化，上升到立足于整体微生物生态系统来探索它的功能显得更为重要。

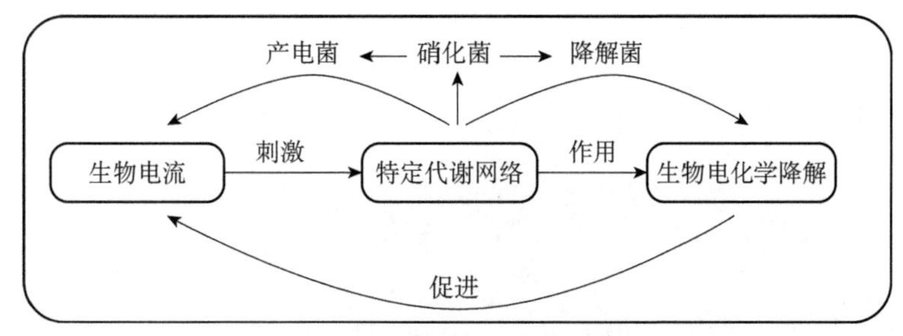

图12-7　土壤MER的代谢关系

12.3.6　其他因素

相对于水介质来说，土壤介质最为复杂，因此影响土壤MER的因素多种多样。例如冬夏季节不同的温度、南北方土壤不同pH和有机质含量等均对土壤MER有着重要的影响[36, 37]，有待于进一步去完善相关研究。另外，除了污染物的分子量、亲疏水性以外，还有污染物的极性、电负性等物质本身固有的特性也是需要关注的重要影响因素，研究表明极性更强的有机污染物更容易被微生物电化学降解[38]。此外，为了更好提升和维持微生物的活性，必要的磷素、微量金属元素及其他营养元素也是有必要考察的。同时，开发多孔的导电修复材料也是一项有意义的工作，当然如果该种材料即可负载微生物又可回收利用，那么对于土壤MER的实际应用会起到很大的推动作用。

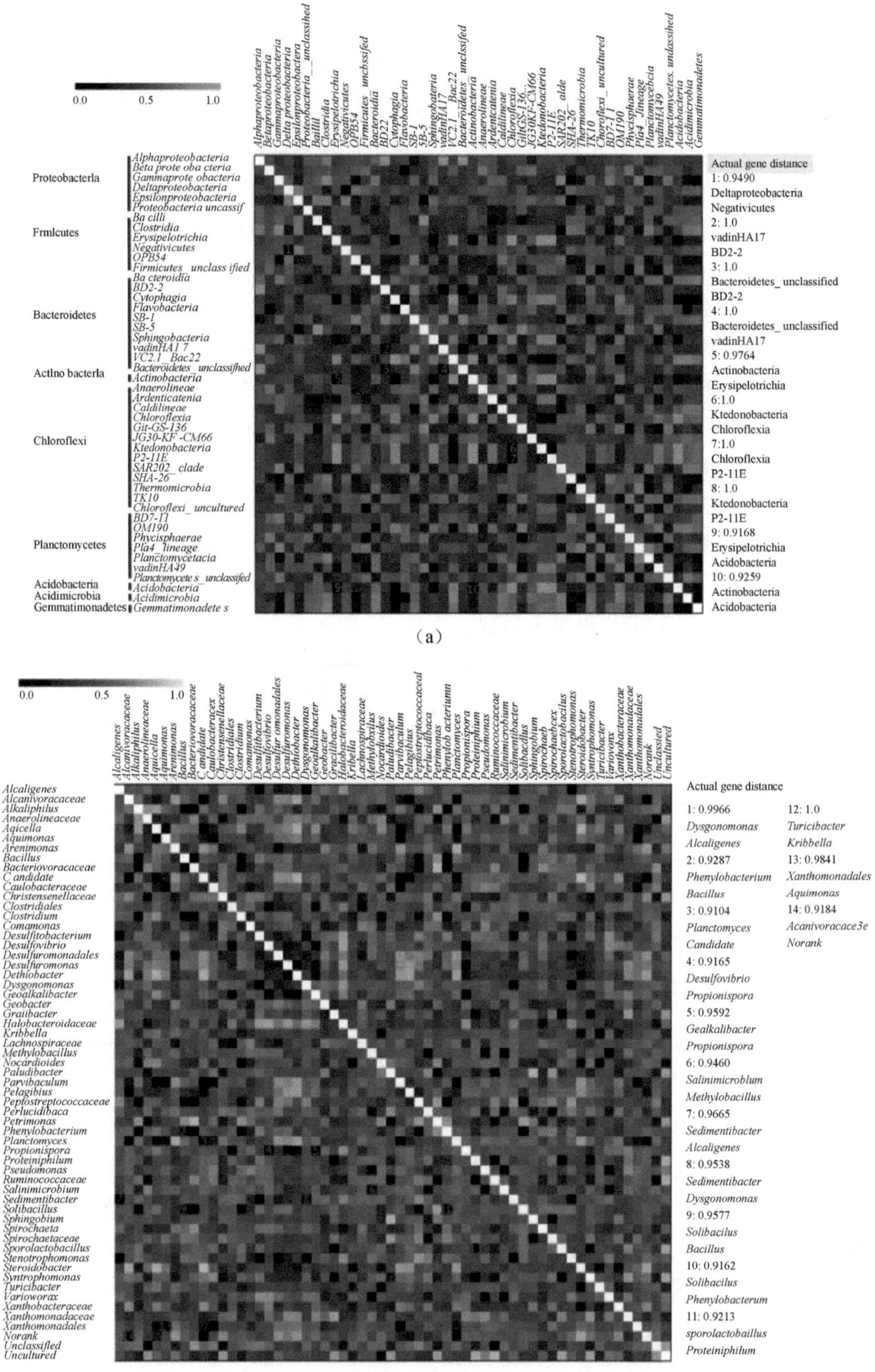

（a）

（b）

图12-8 纲（a）和属（b）水平下种间关系[33]

12.4　土壤MER的降解过程与能量释放过程分析

理论上，所有可被生物降解的有机物均能够作为微生物电化学修复系统的“燃料”，也就是说微生物电化学修复技术可去除所有生物可降解的污染物[39]。污染土壤MER研究正处于起步阶段，目前涉及的有机污染物主要有苯酚[10]、石油烃[8]、林丹[25]、柴油[11, 23]、六氯代苯[12]、阿特拉津[13]和异丙隆[35]等（表12-3），其中烃类（石油烃和柴油）污染土壤是实际污染的土壤，受到的关注度最高，当然烃类物质的厌氧降解也是重要的地球元素化学行为。

12.4.1　模式底物苯酚的降解

在使用插入式空气阴极土壤MER苯酚污染土壤的研究中，其中阳极材料为碳毡，阴极材料为合成布料，阴、阳极面积为187.5cm^2，其中Pt作为阴极催化剂（负载量：0.5mg/cm^2），外电阻为100Ω，苯酚初始浓度为80mg/L，在水封、黑暗、25℃条件下运行10d后苯酚的降解率高达90.1%，在开路系统和无电极对照中降解率仅为27.6%和12.3%，可见闭路处理与无电极对照相比增加了6倍以上，但是最大输出功率密度仅为29.45mW/m^2[10]。

12.4.2　石油烃类的降解

在运用柱式土壤MER柴油污染土壤的研究中，将两个柱式MER模型安装到盛有污染土壤、容积为50 L的聚丙烯容器，两个MER模型使用了不同材料的阳极，一个为石墨颗粒阳极，另一个为生物炭阳极，颗粒材料极大地增加了阳极的表面积，阴极包括不锈钢网、Pt/C催化层（Pt负载量：0.1mg/cm^2）以及两层聚合物防水层，阴极有效面积为168cm^2，外电阻为100Ω，初始污染物总石油烃（TPH）浓度为12.25±0.36g/kg干土，在土壤水分处于饱和态，22±2℃的条件下运行120 d后总石油烃的降解率达到82.1%～89.7%，最大输出电流密度为70.4mA/m^2[23]；作者在应用该系统处理石油烃污染（特别是柴油）的另一研究中，使用了不同的电极材料，阳极材料为碳布和生物炭，阴极包括活性碳布，Pt/C催化层（Pt负载量：0.1mg/cm^2）以及四层PTFE扩散层，阴极有效面积为110cm^2，外电阻为100Ω，TPH初始浓度为11.46g/kg干土，在土壤饱和状态、黑暗、20～22℃条件下修复64d后阳极附近的去除率（63.5%～78.7%）几乎是开路对照处理（37.6%～43.3%）的2倍，伴随73～86mA/m^{2}的最大电流密度输出[11]。在这里，由于柴油的分子较小（C8～C25/C10～C20），导致无电极的对照组去除率较高（67.9%）。

采用土壤MER滨海油田开采场地及周边石油污染的土壤，U式构型是首先被应用的，其中阳极材料为碳网，阴极材料包括碳网和PTEF防水层，Pt为催化剂（负载量：0.1mg/cm^2），有效面积为143cm^2，外电阻为1000Ω，在23±3℃下经过25d的修复后，阳极附近（<1cm）总石油烃的去除率被提升了120%，其中正构烷烃（C8～C40）和16种优先控制的

多环芳烃（PAHs）的最高去除率分别达到79%和42%，同时伴随最高0.85mW/m^2的功率密度以及125C生物电能的产出[8]。为了扩展土壤MER的有效范围，我们设计了多层阳极的土壤MER构型，阳极采用碳纤维刷，阴极为超级电容活性炭和炭黑加不锈钢网，活性炭代替了Pt催化剂，阴极有效面积为7cm^2，外电阻为1000 Ω，反应器接种了运行超过一年的MFC流出液，在30℃下经过180d的修复后，土壤中的总石油烃、C8～C40总量和16种PAHs总量与自然衰减相比分别升高了18%、36%和29%[7]。与U式构型的修复效果相比石油烃降解率较低的原因可能有三个，一是多层阳极的受试土壤中石油烃老化比较严重，二是受试土壤的盐分含量较高，三是这里所指的降解率是6cm污染土壤的平均值。但是，在180d的多层阳极土壤MER中累积生物电能产出达到918C，输出最大功率密度为37mW/m^2（102mA/m^2，366mV，阴极面积，1000Ω外电阻）。另外，与U式构型相比虽然单位时间的产电量基本类似（5.1/5C/d），但是多层阳极土壤MER构型的单位质量土壤的产电量却升高了将近33倍（2.7/0.08C/g）。

土壤低电导性和传质难是有机污染物降解的重要限制因素，基于二氧化硅胶体能够提升土壤电导性的启发[28]，同时我们发现在高降解率的柱式土壤MER中土壤的沙粒含量高达62%[11]，而我们构建的多层阳极土壤MER中仅为30%，因此土壤沙粒含量可能是土壤MER产电和降解的一个重要影响因素。鉴于此，我们开展了土壤MER中沙粒含量对石油污染土壤修复效果的研究，使用三层碳网作为阳极，活性炭空气阴极，接触面积为36cm^2，外电阻为1000Ω，掺入不同比例的沙粒，在水封、30℃下运行135d，结果表明沙粒的掺入扩充了土壤的孔隙度，进而促进了O_2、H^+、OH^-的扩散和PAHs的运移，掺入质量分数为1/3的沙粒的反应器与对照相比总石油烃和16种PAHs总量的降解率分别提升了83%和42%，土壤MER中最大电压和累积电量输出分别增加了33%和44%（每克干土）[19]。此外，共代谢是难降解有机污染物去除的一种有效途径，而葡萄糖氧化酶是土壤中常见的脱氢酶，为此我们进一步考察了土壤MER中PAHs与葡萄糖的共代谢机制。反应器阳极使用碳网，阴极为超级电容活性炭和炭黑加不锈钢网，有效面积为36cm^2，外电阻为1000Ω，添加质量分数为0.5%（*w*/*w*）的葡萄糖、水封、30℃下运行135d后，发现与对照相比在开路系统中PAHs的降解并没有明显的增加，而在闭路系统中PAHs的降解率增加了44%～73%，证明了一种由生物电流诱导的共代谢降解机制的存在[24]。高的土壤盐分含量不利于土壤中降解微生物的生长[31]，因此我们通过简单的灌水洗盐方式来降低受试石油污染盐碱土壤的盐分含量。实验中电极材料与之前相同，不同的是阳极只用了一层碳网，阴极面积为36cm^2，外电阻为100Ω，在水封30℃条件下运行约65d，结果表明盐分含量的降低缩短了土壤MER的启动时间，输出最大电流密度和累积电量分别提升了314%和23%，同时石油烃的降解率也得到了相应的提升[32]。如前所述，低的土壤电导性是土壤MER生物电能输出的一个瓶颈问题。导电碳纤维的引入，其中阳极为石墨棒与碳纤维组成的复合阳极，阴极所采用的材料与之前的研究相同，有效面积为36cm^2，外电阻为100Ω，在水封30℃条件下运行144d，使得土壤MER的平均输出电流密度与对照相比升高了15倍，最大功率密度和累积产出电量分别升高了21倍和9倍，更大的生物电流将土壤中总石油烃的降解率进一步提升了100%[9]。与多层阳极土壤MER中单位质量土壤所产出的生物电能相比，碳纤维的引入将单位质量污染土壤的产电量又进一步升高了1倍（5.4C/g），而单位时间的产电量升高超过了6倍（37.5C/d）。针对土壤中石油烃老化严重致使生物有效性较低的问题，我们考察了阴离子、阳离子、非离子、两性和生物表面活性剂等五种不同类型的表面活性剂对土壤MER老化石油污染土壤效果的研究，采用了碳纤维、碳网复合阳极，阴极材料与前面的研究相同，接触面积36cm^2，外电阻为100Ω，在水封30℃条件下运行182d，结果发现两性表面活性剂卵磷脂促进作用最强，而非离子表面活性剂单甘酯和阴离子表面活性剂溴代十六烷基三甲胺提升作用有限[33]。添加卵磷脂的石油污染土壤MER中，总石油烃的去除率提升了328%，单位质量土壤和单位时间的产电量高达58.5C和32.1C。在土壤MER中，通过促进土壤中的传质、提供共代谢碳源、降低土壤的渗透压、增加土壤的电导性和提升污染物的生物有效性等强化措施，污染物的降解率和生物电能的产出得到了很大的提升。污染物的降解去除和生物电能的产出是相互依赖和相互促进的，而整个土壤MER系统的库仑效率最高才15%，低的库仑效率甚至不到1%，可见对于土壤MER生物电能的产出仍有非常大的提升空间。

12.4.3　农药及其他有机物的降解

在采用层式空气阴极土壤MER林丹污染土壤的研究中，阳极为石墨板，阴极为碳布（Pt负载量：0.1mg/cm^2），阴、阳极面积均为19.6cm^2，电极用离子交换膜隔开，实验中反应器接种了林丹驯化的硫酸盐接种液，林丹初始浓度为100mg/kg干土，在室温条件运行30d后林丹降解率达到78%，最大输出功率密度为634mW/m^3，有机质的去除率高达72%～76%，而库仑效率仅为5.4%～15%[25]。在应用构造的表层土壤MER六氯代苯污染土壤的研究中，活性炭颗粒层包埋碳布作为阳极，阴极材料同样为活性炭颗粒，与土壤接触面积约为9.6cm^2，外电阻为1000Ω，污染物初始浓度为40mg/kg，实验中每个反应器加入了营养液，在密封、黑暗、30℃条件下修复56d后六氯代苯去除率达到71.15%，最大输出功率密度为77.5mW/m^2[12]；而且随着六氯代苯浓度的升高，生物电能的输出能力并未得到提升[40]。应用多室阳极空气阴极土壤MER除草剂阿特拉津污染的土壤，其中阳极为石墨板，阴极材料为碳毡，阴极与土壤接触面积为26cm^2，外电阻为3000Ω，污染物初始浓度为1.5mg/kg土壤，在水封、黑暗、室温下运行7 d后阿特拉津的去除率达到83%，整个过程中最大输出电流密度为66mA/m^2[13]，同样作者应用该系统处理二苯并噻吩污染的土壤，其中阳极为石墨板、阴极为碳毡，接触面积为17.5cm^2，外电阻为1000Ω，污染物浓度为5mg/kg，在水封、30±0.5℃条件下，25d后二苯并噻吩的去除率与自然衰减相比提升了3倍以上[41]（表12-3）。

表12-3　土壤MER中的电能产出与污染物降解[5]

构型	最大电流（mA/m^2）/功率密度（mW/m^2）（单位阴极面积）	累积电量（C）	修复时间（d）	温度（℃）	提升的降解率 a		
					与自然衰减相比	与开路相比	目标污染物
插入式	140/29.45		10	25	633%	226%	苯酚
U式	5.5/0.85	125	25	23±3		120%	石油烃

续表

构型	最大电流（mA/m²）/功率密度（mW/m²）（单位阴极面积）	累积电量（C）	修复时间（d）	温度（℃）	提升的降解率[a]		
					与自然衰减相比	与开路相比	目标污染物
多室	20/0.85		25	30±0.5	300%	11%	二苯并噻吩
管式	85.9/8.11		64	20～22		81%～89%	柴油
柱式	70.4/39		120	22±2	21%～32%		柴油
多阳极	102/37	918	180	30		18%	石油烃
多阳极（沙粒）	74/20	771	135	30	268%	84%	石油烃
多阳极（葡萄糖）	127/58	2859	135	30	200%	62%	石油烃
单室	8.48/2.76		56	30	83%	36%	六氯代苯
复合阳极	203/15	5398	144	30	329%[b]	100%[c]	石油烃
层式	66/13		7	室温	68.5%	83%	阿特拉津

a. 提升的降解率=（处理组的降解率－对照组的降解率）/对照组的降解率×100%。

b. 开路状态下的对照组。

c. 闭路状态下的对照组。

参考文献

[1] Riser-Roberts E. Remediation of petroleum contaminated soils：biological，physical，and chemical processes. Boca Raton：CRC Press，1998.

[2] 周启星，宋玉芳. 污染土壤修复原理与方法. 北京：科学出版社，2004.

[3] 周启星，魏树和，张倩茹. 生态修复. 北京：中国环境科学出版社，2006.

[4] 布鲁斯·洛根. 微生物燃料电池. 冯玉杰，王鑫等译. 北京：化学工业出版社，2009.

[5] Li X，Wang X，Weng L，et al. Microbial fuel cell for organic contaminated soil remedial application：a review. Energy Technology，2017，5：1156-1164.

[6] Zhang T，Gannon S M，Nevin K P，et al. Stimulating the anaerobic degradation of aromatic hydrocarbons in contaminated sediments by providing an electrode as the electron acceptor. Environmental Microbiology，2010，12：1011-1020.

[7] Li X，Wang X，Zhang Y，et al. Extended petroleum hydrocarbon bioremediation in saline soil using Pt-free multianodes microbial fuel cells. RSC Advances，2014，4：59803-59808.

[8] Wang X，Cai Z，Zhou Q，et al. Bioelectrochemical stimulation of petroleum hydrocarbon degradation in saline soil using U-tube microbial fuel cells. Biotechnology and Bioengineering，2012，109：426-433.

[9] Li X，Wang X，Zhao Q，et al. Carbon fiber enhanced bioelectricity generation in soil microbial fuel cells. Biosensors and Bioelectronics，2016，85：135-141.

[10] Huang D，Zhou S，Chen Q，et al. Enhanced anaerobic degradation of organic pollutants in a soil microbial fuel cell. Chemical Engineering Journal，2011，172：647-653.

[11] Lu L，Huggins T，Jin S，et al. Microbial metabolism and community structure in response to bioelectrochemically enhanced remediation of petroleum hydrocarbon-contaminated soil. Environmental Science

& Technology，2014，48：4021-4029.

[12] Cao X，Song H，Yu C，et al. Simultaneous degradation of toxic refractory organic pesticide and bioelectricity generation using a soil microbial fuel cell. Bioresource Technology，2015，189：87-93.

[13] Domínguez-Garay A，Boltes K，Esteve-Núñez A. Cleaning-up atrazine-polluted soil by using Microbial Electroremediating Cells，Chemosphere，2016，161：365-371.

[14] Li X，Wang X，Zhang Y，et al. Opening size optimization of metal matrix in rolling-pressed activated carbon air-cathode for microbial fuel cells. Applied Energy，2014，123：13-18.

[15] Liu X，Li W，Yu H. Cathodic catalysts in bioelectrochemical systems for energy recovery from wastewater. Chemical Society Reviews，2014，43：7718-7745.

[16] Zhang Y，Wang X，Li X，et al. Horizontal arrangement of anodes of microbial fuel cells enhances remediation of petroleum hydrocarbon-contaminated soil，Environmental Science and Pollution Research，2015，22：2335-2341.

[17] Logan B，Cheng S，Watson V，et al. Graphite fiber brush anodes for increased power production in air-cathode microbial fuel cells. Environmental Science & Technology，2007，41：3341-3346.

[18] Rabaey K，Angenent L，Schröder U，et al. Bioelectrochemical systems：from extracellular electron transfer to biotechnological application. London：IWA publishing，2010.

[19] Li X，Wang X，Ren Z J，et al. Sand amendment enhances bioelectrochemical remediation of petroleum hydrocarbon contaminated soil. Chemosphere，2015，141：62-70.

[20] Wang X，Feng C，Ding N，et al. Accelerated OH^- transport in activated carbon air-cathode by modification of quaternary ammonium for microbial fuel cells. Environmental Science & Technology，2014，48：4191-4198.

[21] Wang H，Park J D，Ren Z J. Practical energy harvesting for microbial fuel cells：a review. Environmental Science & Technology，2015，49：3267-3277.

[22] Morris J M and Jin S. Enhanced biodegradation of hydrocarbon-contaminated sediments using microbial fuel cells. Journal of Hazardous Materials，2012，213：474-477.

[23] Lu L，Yazdi H，Jin S，et al. Enhanced bioremediation of hydrocarbon-contaminated soil using pilot-scale bioelectrochemical systems. Journal of Hazardous Materials，2014，274：8-15.

[24] Li X，Wang X，Wan L，et al. Enhanced biodegradation of aged petroleum hydrocarbons in soils by glucose addition in microbial fuel cells. Journal of Chemical Technology and Biotechnology，2016，91：267-275.

[25] Camacho-Pérez B，Ríos-Leal E，Solorza-Feria O，et al. Preformance of an electrobiochemical slurry reactor for the treatment of a soil contaminated with lindane. Journal of New Materials for Electrochemical Systems，2013，16：217-228.

[26] Li X，Li Y，Zhao X，et al. Cation accumulation leads to the electrode aging in soil microbial fuel cells. Journal of Soils and Sediments，2018，18：1003-1008.

[27] Yuan Y，Zhou S，Zhuang L. A new approach to *in situ* sediment remediation based on air-cathode microbial fuel cells. Journal of Soils and Sediments，2010，10：1427-1433.

[28] Domínguez-Garay A，Berná A，Ortiz-Bernad I，et al. Silica colloid formation enhances performance

of sediment microbial fuel cells in a low conductivity soil. Environmental Science & Technology，2013，47：2117-2122.

[29] 郭秀军，武瑞锁，贾永刚，等. 不同土壤中含油污水污染区的电性变化研究及污染区探测. 地球物理学进展，2005，20：402-406.

[30] Serrano R and Gaxiola R. Microbial models and salt stress tolerance in plants，Critical Reviews in Plant Sciences，1994，13：121-138.

[31] Qin X，Li D，Tang J，et al. Effect of the salt contentin soil on bioremediation of soil by contaminated petroleum. Letter in Applied Microbiology，2012，55：210-217.

[32] Li X，Wang X，Zhang Y，et al. Salinity and conductivity amendment of soil enhanced the bioelectrochemical degradation of petroleum hydrocarbons. Scientific Reports，2016，6：32861.

[33] Li X，Zhao Q，Wang X，et al. Surfactants selectively reallocated the bacterial distribution in soil bioelectrochemical remediation of petroleum hydrocarbons. Journal of Hazardous Materials，2018，344：23-32.

[34] Rezaei F，Richard T L，Brennan R A，et al. Substrate-enhanced microbial fuel cells for improved remote power generation from sediment-based systems. Environmental Science & Technology，2007，41：4053-4058.

[35] Quejigo J R，Domínguez-Garay A，Dörfler U，et al. Anodic shifting of the microbial community profile to enhance oxidative metabolism in soil. Soil Biology & Biochemistry，2018，116：131-138.

[36] Deng H，Wu Y，Zhang F，et al. Factors affecting the performance of single-chamber soil microbial fuel cells for power generation. Pedosphere，2014，24：330-338.

[37] Jiang Y，Zhong W，Han C，et al. Characterization of electricity generated by soil in microbial fuel cells and the isolation of soil source exoelectrogenic bacteria. Frontiers in Microbiology，2016，7：1776.

[38] Xia C，Xu M，Jin L，et al. Sediment microbial fuel cell prefers to degrade organic chemicals with higher polarity. Bioresource Technology，2015，190：420-423.

[39] Logan B and Rabaey K. Conversion of wastes into bioelectricity and chemicals by using microbial electrochemical technologies. Science，2012，337：686-690.

[40] Cao X，Yu C，Wang H，et al. Simultaneous degradation of refractory organic pesticide and bioelectricity generation in a soil microbial fuel cell with different conditions. Environmental Technology，2017，38：1043-1050.

[41] Rodrigo J，Boltes K，Estevenuñez A. Microbial-electrochemical bioremediation and detoxification of dibenzothiophene-polluted soil. Chemosphere，2014，101：61-65.